지하수관리와 응용

한정상, 한찬 공저

::::
문제부지를 오염시킨 지하수오염물질의 지하기동기작과 운명, 지하수환경의 오염가능성평가와 최적관리기법, 남북한의 암반 지하수의 특성과 분류 및 재생 열에너지자원으로서 국내 천부지하수 등 국내외 지하수환경관리에 대한 종합적인 연구조사 결과들을 일목요연하게 정리하였다.

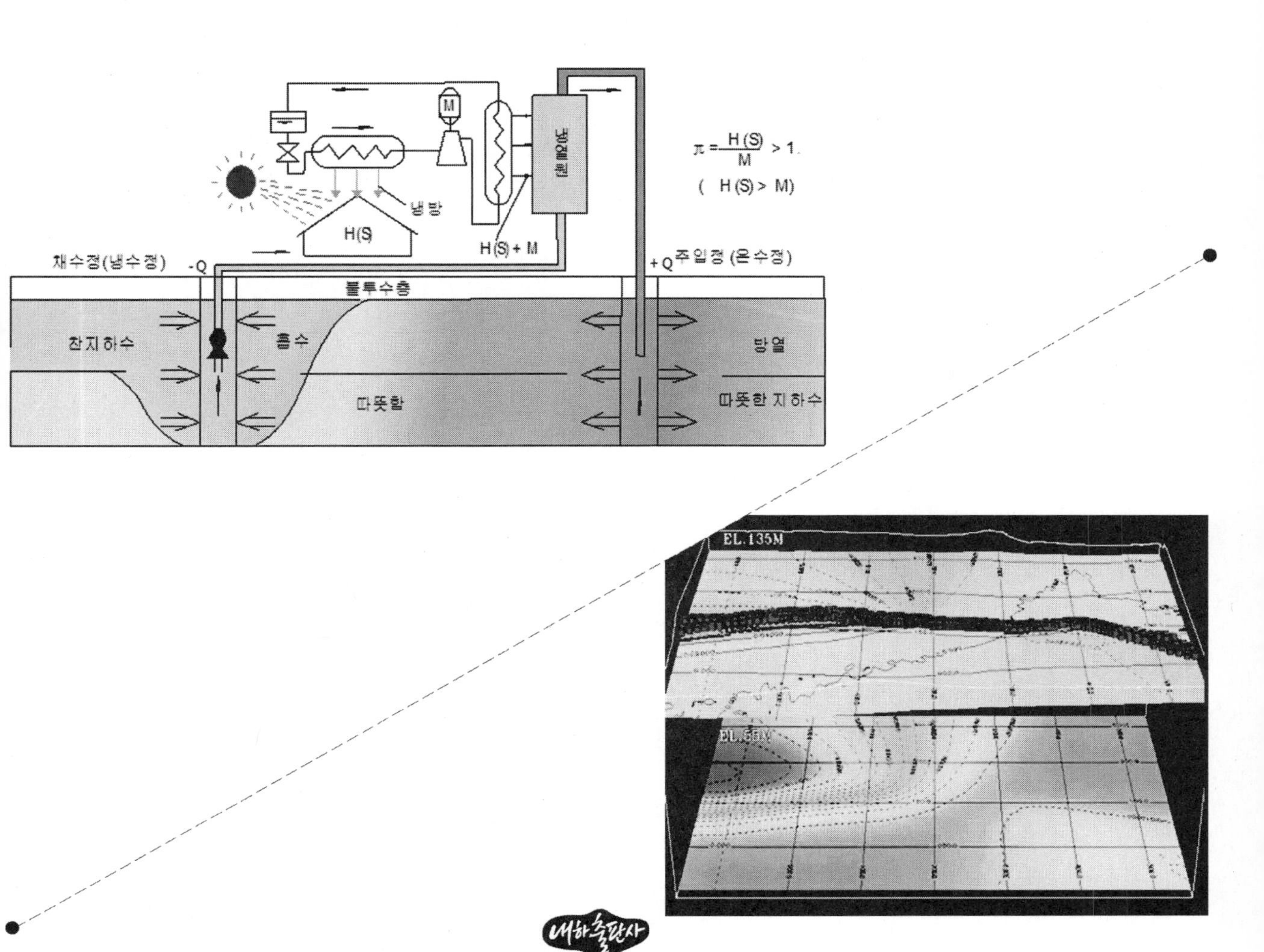

:: PREFACE

금년(2015년) 10월까지 전국에 내린 강수량은 평년의 절반 정도밖에 되지 않은 극심한 가뭄으로 인해 채소류 값의 급등(40-59%)에 따른 물가 공포와 그간에 있었던 메르스에 대한 공포에 추가해서 앞으로 발생할 심각한 물 부족 공포까지 느끼게 되었다. 세계에서 경제 대국 중 10위권에 속하며 최신의 IT 강국이라 자랑하는 우리나라에 40년 만에 온 최악의 예측 가능했던 가뭄사태에 대해 국내 유수의 물 관련 기관마저도 백여 년 전에나 있을 법한 기우제나 지냈다. 충분히 예측 및 대처 가능했던 현재의 물 부족 문제에 대해 안이하게 대처한 국내 물 정책 관련기관들의 무능력 때문에 야기된 일종의 인재가 아닐 수 없다.

우리나라는 1년 중 65%가 비풍수기이고 이 시기의 하천유수 가운데 대부분은 풍수기에 내린 비가 땅속으로 스며든 후 지하수로 변했다가 갈수기에 다시 하천을 통해 흐르는 지하수에 기원을 두고 있음 감안한다면, 국내 지표수와 지하수는 서로 분리해서 다루어서는 안 되는 물자원이다. 특히 우리나라에 부존되어 있는 지하수량은 12년간의 강수량에 해당하는 막대한 양이며, 이 중 매년 지하로 함양되어 안전하게 개발 이용할 수 있는 량은 소양강댐 만수 용량(약 29억 톤)의 약 7배에 이르는 량이다. 현재 지하수 이용량은 우리나라 총 용수 이용량의 약 11%(약 37억 톤/년)이다. 그런데 정부가 지하수에 투자하는 예산은 총 용수 관련 예산의 1% 미만이다. 이는 형편성에도 어긋나는 국가 예산 배분임은 물론, 현 정부의 지하수자원 관련 정책이 얼마나 비합리적이고 편협적인지를 보여주는 단편적인 예이다. 특히 우리나라에서 극심한 가뭄 시 물 공급에 가장 취약한 지역은 물 공급에 전혀 지장이 없다고 알려진 저수지 하류구간의 수리안전답이다. 수리안전답은 가뭄에 저수지가 고갈되면 농업용수를 전혀 공급할 수 없는 지역이다. 그러나 일반적으로 이 지역들은 다량의 지하수자원을 포장한 대수층이 잘 발달되어 있어 현재와 같은 가뭄을 대비해 평소에 지하수 개발·사업을 꾸준히 해 두었다면 지금과 같은 물난리를 겪지 않았을 것이다. 지난 8년간 4대강사업이나 해외자원개발에 허비했던 귀중한 시간과 탕진했던 혈세를 국내 지하수자원의 개발·확보에 투자했다면 30년이 아니라 몇 백년 만에 오는 가뭄에도 걱정 없이 물 문제를 해결할 수 있는 천연의 풍부한 지하수자원을 전국적으로 개발 확보할 수 있었을 것이다. 지난 군사정권 시절에도 가뭄 때에는 항상 한해대책의 일환으로 범국가적인 지하수 개발 사업을 지속적으로 수행했었다. 지금과 같이 비가 오지 않아 물 공급이 어려운 가뭄에 이를 해결할 수 있는 유일한 방법은 해당지역에 부존된 지하수자원을 적기에 개발 · 공급하는 관정사업이다. 그런데 현재 정부가 수행하고 있는 한해 대책에는 이러한 관정사업을 찾아볼 수가 없다. 정부는 지금부터라도 지표수 위주정책에서 비가시적이라고 등한시하는 국내 지하수자원을 적극 개발· 활용하는 정책을 지속적으로 펼쳐야 할 것이다.

이는 지하수자원이 지표수자원에 비해 비가시적이고 개발대상이 지표수자원에 비해 대규모가 아니라는 단순한 이유만으로 정책당국이 관심을 두지 않기 때문이다. 만일 국내 지하수자원을 현재와 같이 체계적으로 이용· 관리 및 보호하지 않는 경우에 이미 선진제국에서 경험했던 쓰라린 전철을 우리도 밟을 수 있음을 명심해야 한다.

앞으로 정부가 중점적으로 시행해야 할 지하수관리정책에 대한 소견을 제시하면 다음과 같다.

① 이용· 개발이 선행되지 않은 보전은 의미가 없다. 따라서 국내 지하수자원은 최적관리기법에 의거하여 약 100억m 3규모의 안전개발 가능량을 이용· 개발하는데 최우선 순위를 두고 보전관리 정책을 펴야 한다.

② 국내 천부 지하수를 위시한 암반의 연 평균 지중온도는 14.3℃로 거의 일정하여 천부지하수와 지중열은 청정 재생에너지원으로서 최적의 조건을 구비한 냉난방열원이다.

③ 현재 정부가 시행하고 있는 폐공 찾기에 소요되는 비용과 시간은 지양해야 한다. 폐공은 오염원이 아니라 일종의 오염통로이다. 만일 불량폐기물 매립지 한곳에서 누출된 침출수가 인근지하수를 오염시키는 규모는 수백~ 수천 개의 폐공이 오염시키는 것보다 크다.

따라서 추후 국내 지하수자원의 관리는 폐공 찾기와 같은 실용성이 없는 지하수관리는 지양하고, 수자원으로서의 지하수의 합리적인 개발· 이용과 보전 그리고 재생 냉난방열에너지원으로 이용· 개발에 중점을 두어야 할 것이다.

전 세계적으로 볼 때, 지구상에서는 물자원이 부족해서 고통을 받고 있는 반면 물자원이 비교적 풍부한 지역도 수자원의 비합리적인 관리로 인해서 물자원이 대규모로 오염되는 등 심각한 부작용을 낳고 있다. UN의 1997년 보고서에 의하면 1995년에 전세계 인구의 20%가 깨끗한 식수를 마시지 못하고 있으며, 수세식 화장실 사용 인구는 50% 이상이다. UN의 영국대사였던 Tickell경에 의하면 지구는 현재 광범위한 물 문제를 안고 있으며, 오히려 Oil shock보다 더 많은 문제와 국지적인 전쟁을 유발시킬 수 있는 요인이 될 소지가 있다고 하였다.

세계적으로 물소비량은 매 21년마다 2배씩 증가하고 있으나 우리가 쓸 수 있는 물의 양은 한정되어 있는데 문제의 심각성이 있다. 따라서 지금이라고 지구상의 물자원에 대한 극단의 조치가 강구되어야 할 때이다.
물자원이 풍부한 지역에서도 이 물은 마셔도 괜찮은 물인가? 라는 심각한 문제에 봉착하고 있다. 강과 하천은 인간의 이기심으로 인해 인위적으로 훼손되는가 하면 나아가 무분별한 개발과 농약이나 공장의 산업폐수나 처리되지 않은 생활하수 때문에 심각하게 오염되고 있다. 오늘날의 물자원은 생명의 젖줄인 동시에 질병과 죽음의 위험을 주는 양면성을 띠고 있다. 스톡홀롬 보고서에 의하면 개도국에서 살고 있는 인구의 절반이 수인성 전염병으로 고통을 받고 있으며, 다른 UN 보고서에는 매일 25,000명이 더러운 물로 인해 생명을 잃고 있다고 한다.
식수의 안정성에 관한 문제는 비록 빈국뿐만 아니라 산업화된 국가에서도 공급수의 오염 때문에 심각한 몸살을 앓고 있다. 즉 물과 공기를 오염시킨 이들 물질들은 이를 이용하는 각종 동물이나 어류 및 인간의 지방에 축적되어 암이나 선천적인 결손증이나 여러 가지의 병을 유발시킨다. 영국의 Womens Environmental Network에 의하면 시골에 사는 유아 중 1~8%가 다이옥신이나 PCB에 노출되어 약한 신경계통의 손상이나 기억력 상실증에 시달리고 있다고 한다. 1996년 중국 환경청의 발표에 의하면 중국의 각 도시를 관통해서 흐르는 하천수 중 98%는 이미 마시기에 부적합한 물이며, 특히 양자강은 하루에 약 4천만 톤의 산업 및 하수에 의해서 오염되고 있다. 또한 UN 개발 프로그램의 보고에 따르면 중국인 가운데 79%가 오염된 물을 식수로 이용하고 있으며 특히 동부유럽에 있는 대다수의 강이나 호소는 생태학적으로 이미 죽은 상태이거나 위험할 정도로 오염되었다고 한다. 이러한 현상은 비록 이들 국가뿐만 아니라 우리의 경우도 정도의 차이는 있으나 대동소이하다.
물은 생명체의 원천일 뿐만 아니라 지역경제 성장과 산업발전 및 도시성장의 기초자원이기 때문에 앞으로의 수자원의 오염양태, 물 분쟁 빈도나 양상은 더욱 복잡하고 심각해질 것으로 예상된다. 미국의 국제인구행동연구소(PAI)는 우리나라도 21세기부터는 물부족국가에서 물기근국으로 전락할 것이라고 예측한 바 있다. 또한 미국의 세계 물정책연구소는 20세기의 범세계적인 분쟁 중 많은 원인이 석유였다면 21세기에는 많은 분쟁요인이 물자원일 것이라고 이미 예고한 바 있으며, 세계은행과 UNDP는 세계인구의 40%가 이미 물 부족에 처해 있고 2050년대에는 세계인구의 65%에 달하는 66개국이 물부족으로 고통을 받을 것이라고 예측한 바 있다.
미국의 경우에는 뚜렷한 지하수에 관한 통일된 단일법이 없는데도 지하수자원의 보호와 오염지하수의 정화정책을 최우선 환경정책으로 다루고 있다. 그 이유는 지하수자원의 오염은 지표수자원이 오염과 직결되어 있고, 지하수자원은 한 번 오염되면 반영구적으로 지하환경 내에 잔존해서 우리 세대뿐만 아니라 우리 후세에게도 지대한 악영향을 미칠 뿐만 아니라 오염된 지하수를 정화 시 오염물질의 지하거동과 운명의 불확실성(uncertainty)과 정화비용이 과다하게 들기 때문이다.

그러기에 폐기물 관리법의 일종인 RCRA와 CERCLA 내에 규정된 지하수관련 규제사항을 적용해서 지하수자원의 오염을 '요람에서 무덤까지' 관리하고 있다. 그래서 구미 선진국들은 지하수자원의 보전과 정화에 많은 노력을 기울이고 있다.

UN은 '보이지 않는 자원 지하수(invisible resources groundwater)'란 주제로 1998년도의 물의 날을 지낸바 있다. UN이 이러한 주제를 선정한 이유는 지구상의 물 자원 중에서 지하수자원이 차지하고 있는 중요성을 지구촌 사람들에게 인식시키기 위함이었을 것이다.

정부는 국내지하수자원의 중요성을 인식하고 1993년에 지하수법을 제정한 바 있다. 우리의 지하수법은 '국내 지하수자원의 적절한 개발 · 이용과 효율적인 보전 · 관리'에 관한 사항을 정함으로서 공공의 복지증진과 국민경제의 발전에 이바지함에 있다고 규정하고 있다. 본 법에서 적절한 개발 · 이용과 효율적인 보전 · 관리라 함은 오염취약성이 큰 국내 지하수자원을 각종 잠재오염원으로부터 사전에 오염되지 않도록 보호하면서, 최적 개발 가능량의 범위 내에서 이를 합리적으로 개발 · 이용하고, 법 제정 이전에 이미 오염된 지하수환경을 가장 과학적이고 경제적인 방법으로 정화해서 이용, 보전하는 행위까지를 포괄적으로 정의하고 있다.

저질화된 지표수자원의 보전과 정화에 대해서는 정권이 바뀌거나 낙동강 phenol 사건처럼 물 오염 문제가 발생할 때마다 수질개선 대책을 범국가적으로 다루고 있으나 이 대책 내에는 우리가 늘 수자원의 최후 보루하고 입버릇처럼 말하는 지하수자원의 보전 문제는 항상 도외시되고 있는 것이 우리의 현실이다. 이는 지하수자원이 지표수자원에 비해 비가시적이고 개발대상이 지표수자원에 비해 대규모가 아니라는 이유만으로 정부나 매스컴이나 심지어 그렇게 환경보전 문제를 중요시하는 각종 환경단체에 이르기까지 지하수의 오염문제를 등한시 하고 있다.

그러나 연간 65%가 비풍수기인 우리나라의 수문특성상 이 시기의 하천수중 그 대부분이 풍수기에 강수가 지하로 침투된 후 지하수로 변했다가 갈수기에 다시 하천을 통해 서서히 지표로 배출되는 지하수임을 감안 한다면 지하수자원의 오염은 지표수자원의 오염과 직결되어 있고, 따라서 범정부차원의 오염된 지하수의 정화대책이 얼마나 시급한 명제인지를 우리는 쉽게 알 수 있을 것이다.

특히 지금처럼 불량 폐기물매립지, 각종 유해폐기물의 저장, 운송, 처리시설, 최근에 사회적인 문제가 되고 있는 미 8군을 위시한 군부대에서 운영한 각종 유류저장탱크로부터 누출된 독성 유기화학물질, 제초제와 같은 농약의 부적절한 살포와 처분, 산성광산 폐수와 같은 각종 잠재오염원으로부터 과거 두레박으로 퍼서 시원하게 마실 수 있었던 우리의 순수한 천연의 지하수자원을 지금처럼 마구 방치만 하는 경우에 나타날 결과는 예측할 수 있다. 따라서 정부는 소 잃고 외양간 고치는 누를 범하지 않도록 현행 지하수법을 적극 활용하여 지하수자원의 보전과 최적 활용에 극단적인 조치를 취해야 할 시점이다. 이 이외에도 오염된 지하수정화를 위해서는 오염대수층의 정화가 반드시 병행되어야 하는데 현재 국내 실정은 그러하지 못하다. 이는 정부가 규정한 지하수의 정화기준(생활용수 기준 적용)은 다음과 같이 지극히 비현실적이기 때문이다.

① 지하수의 생활용수 수질기준 가운데 카드뮴, 비소, 시안 및 수은의 수질기준은 정부가 국민에게 먹는 물로 공급하는 상수도나 정부가 철저히 규제하고 있는 해당성분의 먹는 물의 수질기준과 동일하거나 훨씬 엄격하다.
② 만일 현재 농공업용수로 허가를 받아 사용하던 지하수가 오염되어 농공업용수로 사용하지 못할 정도로 오염이 된 경우에 이들 오염된 지하수의 정화기준을 지하수의 생활용수 기준으로 격상한 후, 정화해야 할 것인지 아니면 아예 정화를 하지 않아도 되는지 이에 대한 명확한 규정이 없다.
③ 지하수 상위에 소재하는 오염토양을 현재의 토양정화기준(TPH, BTEX 및 기타 중금속 들)으로 정화했을 경우에 그 하부에 부존된 지하수수질이 현재 설정된 지하수의 정화기준을 초과하지 않는다는 과학적인 근거가 전혀 없다.
④ 초기에 지하수의 수질기준을 설정할 당시에는 지표수 수질기준을 바탕으로 하여 짜깁기 식으로 지하수 수질기준을 지하수의 이용목적에 따라 설정하여 지하수의 보전 측면이 전혀 고려되지 않았다. 지하수의 생활용수 수질기준은 국민건강과 삶의 질을 고려하여 국민이 사용하는 각종 생활용수의 수질기준으로 설정한 기준이지 결코 오염된 지하수를 정화하기 위한 기준이 아님을 명심할 필요가 있다.

따라서 지하수의 정화기준은 빠른 시일 내에 현실에 부합되게 수정보완 되어야 하며, 보다 합리적이고 과학적인 국내 오염지하수와 오염대수층의 정화기준 설정을 위한 연구와 더불어 오염 토양정화기준과 지하수 정화기준과의 상호연관성에 관한 연구가 빠른 시일 내에 이루어져야 할 것이다.

본 교재의 제1편인 〈수리지질과 지하수모델링〉은 저자들이 1999년도에 저술한 〈지하수 환경과 오염〉과 〈3차원 지하수모델과 응용〉의 내용 가운데 필요한 부분을 발췌하여 요약 편집 및 보강하였고 제2편인 〈지하수관리와 응용〉과 제3편인 〈오염지하수정화〉는 각종 지하수의 관리기법과 오염 토양 지하수의 정화방법 등을 저자들이 지난 20~30여 년간 국내외에서 직접 실시했던 지하수조사/개발, 오염 부지조사(environmental site assessment) 및 각종 문제 TSDF에 의해 오염된 토양과 지하수환경의 조사 및 정화사업을 통해 취득했던 현장 경험과 결과들을 토대로 하여 작성하였다. 특히 이를 바탕으로 하여 금년에 미비한 내용을 다음과 같이 다시 보완 수정하여 본 교재들을 발간하게 되었다.
1편인 〈수리지질과 지하수모델링〉의 7장에는 암반 대수층에 심정을 설치할 경우에 현재 국제적으로 널리 적용되고 있는 심정의 설계방법과 강변여과수를 위시한 대용량 지하수개발시설인 방사 수평집수정(radial collector well, laterals 등)을 설치할 경우의 우물설계방법과 사례들을 추가하였다. 특히 한반도는 전국토의 75% 정도가 결정질 암석으로 구성되어 있고, 단열형 암반지하수는 전체 지하수 부존량의 약 83%에 해당하는 대종을 이루고 있기 때문에 암반지하수가 산출되는 암반 단열매체에서 지하수 산출특성과 대수성시험 분석법을 별도로 9장에서 다루었다. 10장에서는 국내 지하수자원의 최적관리와 오염된 지하수 정화 시 가장 효율적이고 경제적인 방법을 선정하고 결정하는데 필수적인 3차원 지하수모델링기법에 대한 내용과 모델보정과 모델검증 시 이용되는 민감도분석에 관한 내용을 추가하였다.
2편인 〈지하수관리와 응용〉의 5장에는 남북한에서 사용하는 수문지질단위와 이를 토대로 산정한 지하수자원의 부존량과 개발 가능량 및 남한에서 실시하고 있는 지하수 관리체계와 지하수 정보관리에 대해 기술하였다. 6장에는 현재 재생에너지의 열원으로 우리나라에서 각광을 받고 있는 저 엔탈피의 지하수열을 위시하여 일반 지중열을 이용한 냉난방열에너지 이용방법과 국내 천부 지하수와 천부 지중열의 지역별 분포 특성과 계절별 변동특성을 분석하여 지중열교환기나 지하수열펌프시스템 설계 시 가장 중요한 입력인자인 지역별 평균 지중온도와 계절별 변동특성에 관한 내용을 분석하여 추가하였다.
미국의 경우에 NPL site를 위시하여 오염된 토양과 지하수환경은 고비용의 인공적인(공학적인) 정화방법(Superfund innovative technology evaluation)으로 정화작업을 수행해 왔으나, 그 성공률이 매우 저조한 데 비해, 지하환경의 자연적인 저감능에 의한 자연정화가 보다 효율적임이 특히 연료용 유류에 의해 오염된 지역에서 밝혀지기 시작하였다. 따라서 자연저감은 1995년부터 가장 각광을 받고 있는 일종의 경제적이며, 효율적인 정화대안으로 인식되고 있는 자연정화법이다. 따라서 3편인 〈오염지하수 정화〉의 1장에서는 오염된 지하수의 자연정화기작과 자연정화법을 상세히 기술하였다. 특히 최근 미국을 위시한 선진 제국에서 시행하는 정화작업은 오염된 토양이나 지하수 내에 함유된 오염물질의 양을 인공적으로 감소시키기 위해서 공학적인 정화를 실시하기 이전에 이들 오염물질에 의한 위해로부터 인간을 위시한 각종 수용체에 미치는 위해성을 경감 및 감소시키는데 주안점을 두고 있다. 따라서 가장 경제적이고, 효율적인 방법을 결정하기 위해 과거에 사용해 왔던 전통적인 부지조사와 위해성평가를 기초로 하여 정화방법의 선정과 정화기준을 설정하는 종합적인 단계접근법인 위해성 기초 정화-교정방법을 널리 적용하고 있다. 따라서 3편 2장에서는 위해성 기초 정화교정법에 관한 내용을 상세히 다루었다.

3편 3장에서는 오염된 토양과 지하수의 비용 경제적(cost effective)인 정화방법을 위시하여 국내 오염토양과 지하수에 관한 법령과 정화기준, 공기분사기법(air sparging) 및 양수처리법(pump and treat)과 같은 오염 지하수와 오염대수층의 정화방법과 설계방법 등을 구체적으로 기술하였다. 본서는 지면상 제1편, 제2편 및 제3편의 상세한 내용과 지하수모델링 및 오염 토양과 지하수의 위해성 평가 및 천부지하수 열에너지와 천부 지중열에너지를 이용한 냉난방에너지의 원리와 활용성에 대한 상세한 내용을 기술할 수 없었기 때문에 이에 대해 관심이 있는 독자는 기 발간된 〈3차원 지하수모델링과 응용(1999,박영사)〉, 〈오염토양지하수의 자연정화와 위해성평가(2000, 도서출판 한림원)〉 및 〈지열에너지(2010, 도서출판 한림원)〉를 참고하기 바란다.

마지막으로 수리지질학과 이와 관련된 학문을 전공하는 후학들에게 몇 가지 당부를 하고자 한다. 첫째, 국내에서 현재 개발·이용되고 있는 지하수 이용량은 전술한 바와 같이 총 용수 이용량의 11%에 해당하는 연간 37억㎥이며 추후 개발 가능량은 연간 약 100억㎥에 이른다. 그런데 그간에 있었던 내린천, 영월댐, 동두천댐 및 낙동강의 사례에서 이미 경험한 바와 같이 지표수자원만으로는 국내 물 문제를 해결할 수 없는 상태에 이르렀다. 따라서 국내 지표수자원 개발의 한계성과 지하수자원의 중요성을 감안하여 앞으로 수리지질기술자들은 지하수와 토양의 보호는 물론 지하수자원을 최적 관리법에 의거하여 적극적으로 개발 이용할 수 있는 정책을 정부가 펼칠 수 있도록 학문적이고 실제적인 뒷받침을 해야 할 것이다. 우리는 지금도 '지하수는 퍼서 바로 마실 수 있는 항상 깨끗한 물이어야 한다'라는 그릇된 생각을 가지고 있다. 그래서 지하수는 조금만 저질화 되어도 폐공을 시키거나 오염되어 사용할 수 없는 자원으로 호도되고 있다. 예를 들어 서울의 지하철에서 용출되는 지하수가 아무리 저질화 되었다 하더라도 한강 원수의 수질보다는 계절별로 안정성도 있고 깨끗하다. 지표수의 원수는 반드시 정수 처리한 후 음용수나 생활용수로 사용한다. 그런데 왜 지하수는 조금만 오염되어도 사용하지 못하는 물자원이란 말인가 ? 약간 오염된 지하수는 폐기대상이 아니라 최소한 지표수처럼 원수의 개념으로 처리한 후 이용하도록 해야 할 것이다.

둘째, 지하수자원은 수자원으로서 중요성 이외에도 무한한 재생 에너지원(Renewal energy source)이기 때문에 열 에너지원으로서의 중요성 또한 매우 크다. 현재 국민 1인당 실제소득 대 에너지 소비량은 우리나라를 100으로 했을 때 일본이 36, 독일이 69, 프랑스가 71 및 미국이 97로서 우리나라는 OECD국가의 평균치인 79보다 훨씬 높다. 이들 선진국의 1인당 GDP가 우리나라의 2~3배 정도임을 감안하면 우리의 1인당 에너지 소비량은 단연 세계 최고이다. 뿐만 아니라 실질 국내총생산 1,000$을 생산하는데 투입하는 에너지양은 일본이 0.107toe, 대만이 0.285toe인데 비해 우리나라는 0.362toe로서 우리의 에너지 소비효율은 매우 뒤떨어져 있다. 환언하면 우리나라는 전형적인 저효율 고소비형의 에너지 구조로 이루어져 있다.

석유 수입량 세계 4위, 에너지의 국외 의존도 97% 이상인 우리나라는 유가가 배럴당 10$ 상승하면 국내 경제성장률은 0.72% 포인트 둔화하는 국제유가변동에 매우 민감한 경제구조와 취약한 에너지 공급구조로 이루어져 있다.

앞으로 석유는 약 40년, 가스는 약 60년, 석탄은 약 150~200년이면 화석연료는 고갈될 것이라고 한다. 에너지를 거의 전량 해외에서 수입해야 하는 자원빈국인 우리나라는 현재와 같이 예측 불허한 국제 유가변동과 화석연료의 고갈 및 기후변화 협약(교토의정서)에 따른 국제 환경규제 강화에 적절히 대처하기 위해 에너지 저소비형 산업구조로 경제체질을 전환해야함은 물론 이를 위해 청정 및 환경친화적인 에너지원이며 에너지 절약형이면서 비 고갈성인 재생에너지의 개발보급을 국가적인 최우선 정책으로 다루어야 할 때이다. 이미 유럽제국은 1970년대 두 차례의 오일쇼크를 거치면서 천부지하수와 같은 재생에너지를 지속적으로 개발하여 현재 그 이용률은 전체 에너지의 7%(프랑스)에서 23%(핀란드)에 이르는 고효율 저소비형 에너지 선진국으로 변신하였다. 그러나 우리나라의 재생에너지 개발과 보급은 지난 20년간 거의 답보상태이며 신재생에너지 이용률은 고작 2~3% 수준이다. 현재 국내에서 냉난방에너지 이용량은 전체에너지 이용량의 약 20% 규모이다. 국내 가용한 재생에너지원 가운데 국내 어디서나 저렴하게 개발가능하며 개발보급에 가장 양호한 조건을 구비하고 있는 에너지절약형, 청정 및 친환경 재생에너지는 우리 발밑에 무진장 부존되어 있는 지하수가 보유한 열과 지표하 500m 이내에 부존된 천부 지중열이다.

2004년 말 국내에서 연간 개발이용하고 있는 지하수량은 전술한 바와 같이 연간 약 37

억㎥ 정도이며 연평균 지하수 수온은 14.3℃ 이다. 만일 이들 지하수를 각종 용수로 이용하기 전에 지하수가 보유하고 있는 지열가운데 약 4~5℃ 만 추출해서 사전에 냉방과 난방용 에너지원으로 활용한 후 당초의 목적대로 용수로 이용하더라도 용수이용에는 전혀 지장이 없다. 이 경우에 추가로 개발 이용할 수 있는 천부지열 에너지량은 약 2.5~ 3백만 KW에 해당한다.

지하수열과 천부지중열을 열에너지원으로 이용하는 냉난방시스템은 국산화 비율이 80% 정도 이상이기 때문에 11개 신재생에너지 가운데 현재 가장 비용-경제적으로 개발 이용이 가능하고 널리 활용할 수 있는 추후 보급전망이 매우 밝은 분야이다. 정부는 지금부터라도 손쉽게 개발할 수 있는 지하수를 위시한 천부지중열을 이용한 재생에너지 개발 이용보급을 극대화하여 급변하는 국제 유가변동과 국제 환경 규제에 대처함은 물론 열에너지의 안정적인 공급과 에너지 절약을 도모해야 할 것이다. 따라서 지하수를 위시한 천부지열 이용기술은 앞으로 젊은이들이 적극적으로 참여하고 개발해야 할 새로운 분야이다. 물론 천부지열 이용기술은 수리지질기술만으로는 해결할 수 없는 분야이기 때문에 천부지열(지하수열 포함)을 직접 열에너지로 변환 이용하는데 필요한 공기조화와 설비공학분야의 지식과 기술을 공부해야 할 것이다. 참고로 미국 NGWA는 현재 5개 Interest Group을 운영하고 있는데 그 중에 한분야가 바로 천부지열이용(Geothermal Interest Group)그룹임을 명심할 필요가 있다.

2015년 늦가을에

저자 일동

:: CONTENTS

Chapter 01 지하수의 물리 화학적인 특성

1.1 농도 및 측정단위 020

1.2 화학적인 평형 023

1.3 산화 환원반응(REDOX) 026

1.4 지하수의 Eh 또는 pH와 P_e 031

1.4.1 pH(hydrogen concentration) 031
1.4.2 pH와 Eh의 관계 033
1.4.3 Eh-pH 다이아그램 033
1.4.4 Eh-pH 안정영역 036

1.5 지하수의 수질특성 인자 045

1.5.1 지하수의 물리 및 화학적인 특성 045
1.5.2 주요 비금속성 무기물질과 그 특성 053
1.5.3 주요 금속성분과 그 특성 059

1.6 지하수의 수질특성 도시법 061

1.6.1 이온농도 다이아그램의 종류 061

1.7 모암의 수리지질 특성에 따른 지하수의 수질특성 065

1.7.1 화성암 기원의 지하수 066
1.7.2 퇴적암 기원의 지하수 067
1.7.3 변성암 기원의 지하수 070

1.8 미생물과 지하수 072

1.8.1 비포화대 내에서 미생물의 성장에 영향을 미치는 요인들 072
1.8.2 지하수환경 내에서 각종 박테리아의 생존기간과 질병 072

1.9 먹는물(음용수), 먹는샘물(생수) 및 지하수의 수질기준 075

1.9.1 국내 먹는물(음용수)의 수질기준 075
1.9.2 먹는샘물(生水)의 수질기준 075
1.9.3 지하수의 수질기준 079

Chapter 02 수리분산 이론과 오염물질의 지하거동

2.1 수리분산 082
2.1.1 역학적인 분산 083
2.1.2 확산 085
2.2 다공질 매체 내에서 비반응 오염물질의 거동 087
2.2.1 오염물질의 거동지배식 087
2.2.2 Peclet 수와 수리분산 091
2.2.3 분산지수와 분산지수의 규모종속 095
2.2.4 분산지수 산정법 101
2.2.5 수리분산 이론 105
2.3 수리분산식의 해석학적인 해 111
2.3.1 경계조건과 초기조건 111
2.3.2 농도의 1차원(1-D) 계단변화(제1형 경계조건, step change in concentration) 113
2.3.3 1차원 지하수 흐름계에서 연속 주입(제2형 경계조건) 114
2.3.4 제3형 경계조건 116
2.3.5 1차원 지하수 흐름계에서 순간 주입 117
2.3.6 2차원(2-D) 균질 흐름장에서 연속 주입 118
2.3.7 2-D 균질 흐름장에서 순간 주입 119
2.4 반응물질의 비생물학적인 작용과 저감(attenuation) 120
2.4.1 반응용질의 수리분산 지배식 120
2.4.2 흡착 및 탈착작용 121
2.4.3 흡착 등온모델 123
2.4.4 반응 오염물질의 1-D식 129
2.4.5 지연계수의 결정[매개변수(parameter) 결정] 130
2.4.6 비평형(동적) 흡착모델(kinetic sorption model) 130
2.4.7 공용해와 이온화(cosolvation and ionization) 132
2.4.8 이온교환(ion exchange) 135
2.4.9 산화와 환원(REDOX) 137
2.4.10 가수분해(hydrolysis) 138
2.4.11 침전/용해(speciation) 139
2.4.12 소수성 유기화합물질(HOC)의 흡착 140
2.4.13 방사능 물질의 붕괴 144
2.5 유기화합물질의 특성과 미생물에 의한 생물학적인 작용 145
2.5.1 미생물의 대사(metabolism) 145
2.5.2 자연수계 내에서 미생물 146
2.5.3 포화대 내에서 미생물 활동 149
2.5.4 유기화학물질의 물리적인 특성 150
2.5.5 지하수환경을 오염시키는 대표적인 유기오염물질들 154

2.6 유기오염물질의 종류 157
2.6.1 탄화수소계열의 유기화학물질 157
2.6.2 지방질 탄화수소(aliphatic hydrocarbons) 158
2.6.3 방향족 탄화수소(aromatic hydrocarbons) 162

2.7 비포화대(토양대)에서 유기오염물질의 거동 지배식 164
2.7.1 연속방정식 164
2.7.2 유출식 165
2.7.3 저유식 168
2.7.4 토양수와 용질 거동식 168
2.7.5 분리계수 171
2.7.6 반응항과 반응률 173

Chapter 03 지하수환경의 오염특성과 오염가능성평가

3.1 지하수환경에 악영향을 주는 잠재오염원 176
3.1.1 점오염원(point source) 176
3.1.2 비점오염원(non-point or diffused source) 188

3.2 지하수환경의 오염가능성 평가법 190
3.2.1 경험적 평가법 혹은 간접평가법의 기본개념 190
3.2.2 지표 저류시설 평가(surface Impoundment assessment, SIA) 195
3.2.3 지하수 오염 가능성도(DRASTIC)와 DRASTIC 평가 197
3.2.4 매립지의 오염가능성 평가(landfill site rating) 203
3.2.5 폐기물, 비포화대 및 매립부지의 상호연관 행렬식 평가법(waste-soil-site interaction matix) 207
3.2.6 부지 점수화 평가법(site rating methodology, SRM) 215
3.2.7 부지 점수화-등위시스템(site ratng system, SRS) 220
3.2.8 농약사용에 따른 평가(leach methodology 또는 PESTICDE index) 222

3.3 Belgium-Flemish 지역의 지하수 오염가능성도 작성과 활용 223

Chapter 04 지하수자원의 최적관리와 보호대책

4.1 국지적인 보호계획으로서 취수정 보호계획(WHPA) 229
4.1.1 지하수자원 보호의 목적 229
4.1.2 취수정의 잠재오염 위험 230
4.1.3 취수정 보호구역(WHPA)의 선정기준(delineation criteria) 230
4.1.4 기준의 한계 235
4.1.5 WHPA의 설정방법(도형작업) 236

4.1.6 WHPA 설정의 운영사례 248
4.1.7 취수정 1개소당 WHPA 설정비용 256

4.2 광역적인 보호계획(regional protection strategy) **256**
4.2.1 함양지역 보호 257
4.2.2 중앙정부 차원의 대수층 분류 257
4.2.3 유일 대수층 보호계획(SSAP)와 대수층 보호지역(APA) 257
4.2.4 광역적인 지하수 보호계획의 사례 258

4.3 국내지하수 자원의 보호전략 수립 시 고려해야 할 사항 **261**
4.3.1 민감지역 확인 261
4.3.2 민감지역 보호에 따른 국지적인 지침 263

Chapter 05 한반도의 지하수자원

5.1 남한의 수자원과 지하수자원 **268**
5.1.1 남한의 물수지 268
5.1.2 남한의 수문지질 단위와 암종별 지하수 산출특성 270
(1) 제4기 미고결암 - 공극수 274
(2) 쇄설성 퇴적암류 - 공극단열수 275
(3) 탄산염암과 카르스트 - 공동단열수 279
(4) 화산암류 - 공극단열수와 단열수 282
(5) 관입화성암류 - 단열수 288
(6) 변성암 - 공극단열수와 단열수 290
5.1.3 남한의 지하수 부존량과 개발 가능량 295
5.1.4 남한의 지하수 관리체계와 국가 지하수 정보관리 298
5.1.5 국내에서 운영중인 지하수 관측망 304
5.1.6 지하수의 분포 및 변동 특성 309

5.2 북한의 지하수 **311**
5.2.1 북한의 기상 수문 및 수계 311
5.2.2 북한의 수문지질 단위와 지하수 산출상태 315
(1) 제4기 미고결 퇴적층과 제4기 - 공극수 316
(2) 탄산염암과 카르스트 - 공동균열수 318
(3) 쇄설암류와 쇄설암 - 층간 균열수 319
(4) 변성암류와 변성암 - 균열수 320
(5) 관입암류와 관입암 - 균열수 320
(6) 분출암류와 분출암 - 층간 균열수 321
5.2.3 북한의 지하수 부존량과 적정 개발 가능량 323

5.3 남북한에 분포된 지하수자원과 대수층의 비교 **327**

Chapter 06 재생에너지원으로서 지하수와 천부지열에너지

6.1 대열층과 수문지열계 334

6.2 열펌프의 종류와 지열펌프 335
6.2.1 열펌프와 열펌프의 종류 335
6.2.2 지열펌프란 337

6.3 지열펌프의 냉난방주기와 작동원리 및 성적계수 340
6.3.1 지열펌프의 난방주기와 냉방주기 340
6.3.2 지열펌프의 작동원리와 기작 342
6.3.3 열펌프의 효율 344
6.3.4 지열펌프의 열원으로서 지하수 347
6.3.5 지열펌프의 장단점 348

6.4 지중 온도와 지하수 온도 349
6.4.1 지표면의 열수지 349
6.4.2 지중 온도의 일 및 연간 변화 351
6.4.3 항온대 353
6.4.4 지중 온도와 지하수 온도와의 관계 354
6.4.5 대기 온도와 지하수 온도와의 관계 355

6.5 남한의 천부 지중온도와 지하수 온도의 경시별 변동특성 357
6.5.1 천부 지중온도의 변동특성 358
6.5.2 국내 천부 지하수의 수온특성 361
6.5.3 국내 지하수 온도의 변동유형과 특성 366

6.6 천부 지하수열과 천부 지열을 열원으로 이용하는 지열펌프 시스템 372
6.6.1 개방형 지열펌프 시스템과 수주 지열정 시스템(SCW) 373
6.6.2 밀폐형 지중연결 지열펌프 시스템 382
6.6.3 복합형 지열펌프 시스템 387

6.7 지중 열교환기(GHEX)의 종류와 사용재료의 사양 389
6.7.1 지중 루프의 형식과 종류 390
6.7.2 지중 열교환기의 설계절차 395
6.7.3 지중 열교환기로 사용하는 PE 파이프의 사양 396

6.8 건물의 냉난방 부하 계산법 401
6.8.1 건물의 냉난방 부하 계산용으로 사용되는 방법들(전산법 포함) 401
6.8.2 소규모 건물의 간이 부하기준을 사용하는 방법 403

6.9 최적 지열펌프(GHP)의 선정과 지중 열교환기 규격 결정 408
6.9.1 건물의 냉난방부하와 지열펌프의 규격과의 관계 408
6.9.2 지중열교환기의 소요길이 산정 409

6.10 최적 순환펌프 선정과 배관설계 및 최적 GHEX 설계 전산예 413
6.10.1 순환펌프의 효율적인 설계기준과 순환펌프의 등급 413
6.10.2 GLD program을 이용한 수직 지중열교환기 설계 사례 415

6.11 지하수류와 열에너지부하가 다중천공열교환기(BHE) 성능에 미치는 영향 419
6.11.1 이론적인 배경 419
6.11.2 地下水流가 있는 지역에서 순수열전도-지하수이류형 열전달식 422
6.11.3 지하수류가 BHE 성능에 미치는 영향을 규명키 위한 모델링 방법 424
6.11.4 모의결과 및 분석내용 426
6.11.5 밀폐형 BHE 시스템에서 열이동의 주 기작 선별기준(이류 또는 열전도) 432

부록 437
참고문헌 464
에필로그 467
찾아보기 474

Chapter

01

지하수의 물리 화학적인 특성

1.1 농도 및 측정단위
1.2 화학적인 평형
1.3 산화 환원반응(REDOX)
1.4 지하수의 Eh 또는 pH와 P_e
1.5 지하수의 수질특성 인자
1.6 지하수의 수질특성 도시법
1.7 모암의 수리지질 특성에 따른 지하수의 수질특성
1.8 미생물과 지하수
1.9 먹는물(음용수), 먹는샘물(생수) 및 지하수의 수질기준

일반적으로 2개 이상의 물질을 포함하고 있는 균질 혼합물(기체, 액체 및 고체에 모두 적용 가능)을 용액(solution)이라 하고, 용액 내에 다량으로 존재하는 성분을 용매(solvent)라 하며, 용액 내에 소량으로 존재하는 성분을 용질(solute)이라 한다.

지하수는 각종 지각 구성 물질과 접촉하고 있는 용매(solvent)이다. 따라서 지하수는 자연적인 용존 양이온과 음이온뿐만 아니라 규산(SiO_2)과 같은 비이온성 무기물질을 함유하고 있다. 자연 지하수는 용존고형물질(dissolved solids)을 100mg/ℓ 미만에서 500,000mg/ℓ까지 포함하고 있다. 자연수 내에 함유된 주 양이온은 Na^+, K^+, Mg^{2+} 및 Ca^{2+} 등이고 주 음이온은 Cl^-, SO_4^{2-}, HCO^{3-}, CO_3^{2-} 등이며 그 외 용존가스로는 N_2, CO_2, CH_4 및 H_2S 등이 있다.

뿐만 아니라 지하수 수질에 큰 영향을 미칠 수 있는 소량의 물질들도 함유하고 있다. 지하수는 이들 무기물질 이외에도 자연발생적인 유기물질과 인공적인 유기물질과 각종 미생물들이 포함되어 있다. 순수한 천연의 지하수가 인간의 활동에 의해 생성된 각종 유기 독성 화학물질이나 유해한 미생물에 의해 오염될 경우에는 주변 생태계에 심각한 부작용을 일으킨다.

1.1 농도 및 측정단위

용질의 화학량을 용액의 전체 부피로 나눈 값을 농도라 한다. 지하수의 수질성분 분석결과는 용매의 체적당 용질의 중량비로 표현한다. 사용하는 단위는 다음과 같은 6가지가 있다.

① ppm(part per million) : 용매 1kg과 용질 1mg이 혼합되어 있을 때 이를 1ppm이라 한다. 즉 물 1kg과 Na^+ 이온 1g이 혼합되어 있으면 이를 Na^+ 1ppm이라 한다. 따라서 1%는 10,000ppm에 해당한다.

② mg/ℓ(milligram per litre) : 물 1ℓ(체적) 내에 용질 1mg이 용해되어 있을 때 이를 1mg/ℓ이라 한다. 4℃의 순수한 물에서 1mg/ℓ는 1ppm과 같다. 그러나 용질의 양이 증가하면(농도가 증가하면) 용액의 밀도는 증가하고, 온도가 상승하면 용액의 밀도는 변하므로 엄격한 의미에서 1ppm과 1mg/ℓ는 서로 다르다. mg/ℓ단위는 용액의 단위 체적당 용질의 질량비인데 반해 ppm은 용액의 단위 무게당 용질의 질량비이다. 실제로 용질의 농도가 7000ppm 이하이고 온도가 동일할 때 mg/ℓ와 ppm 사이에는 큰 차이가 없기 때문에 ppm과 mg/ℓ는 동일하게 사용할 수 있다. mg/ℓ의 1000분의 1을 ㎍/ℓ이라 한다. 예를 들면 [그림 1-1]과 같이 500mg의 Na^+를 순수한 물에 혼합하여 용액 1ℓ를 만들었을 경우(용매인 물과 용질을 합한 체적이 1ℓ일 때) 이 용액의 농도를 Na^+ 500mg/ℓ이라 한다. 이에 비해 500mg의 Na^+를 순수한 물 1kg에 혼합하여 용액의 무게가 1,00,500mg되었을 경우 Na^+의 농도를 500ppm

이라 한다.

실제로 용질의 총고형물질(TDS)이 10,000mg/ℓ 이하이며 온도가 100℃ 이하일 때 ppm과 mg/ℓ 사이의 관계는 다음 식과 같은 관계를 가지고 있다.

$$mg/\ell = [\text{용액의 밀도}(g/cc) - TDS] \cdot ppm \tag{1-1}$$

만일 용질과 용매(지하수)를 합한 용액(solute)의 밀도가 1.008g/cc이며, TDS가 10,000ppm (0.01g/cc)일 때 mg/ℓ와 ppm과의 관계는 다음과 같다.

$$\frac{mg/\ell}{ppm} = 1.008\ g/cc - 0.01\ g/cc = 0.998\,g/cc$$

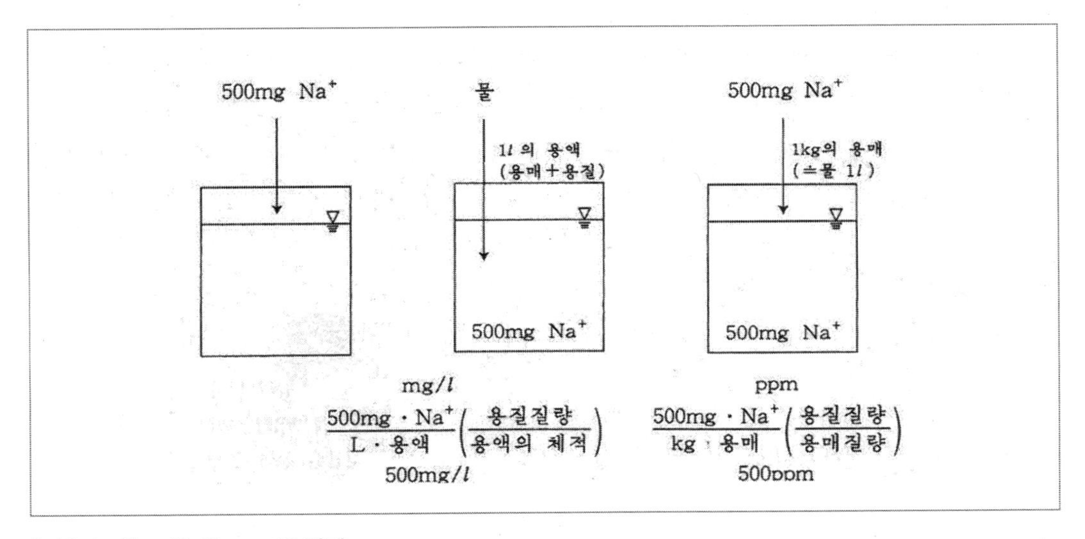

[그림 1-1] mg/ℓ 와 ppm의 관계

③ mole : 용질의 분자량을 g으로 표시한 것을 mole이라 한다.
[예 : Na^+ 이온의 원자량은 23이므로 Na^+ 이온 23g은 1mole이다. 따라서 0.5 g(500 mg)의 Na^+ 이온은 0.022 mole이다(0.5g/23g=0.022, mole].

④ 몰농도(molarity) : 용액 1ℓ(solution) 내에 용해되어 있는 용질의 mole 수를 몰농도라 하며 단위는 mole/ℓ이다.

지하수계 내에서 지구화학적인 반응을 이해하기 위해서는 ppm이나 mg/ℓ 단위 대신에 mole/ℓ이나 mole/kg의 단위를 사용한다. 1mole은 전술한 바와 같이 용액 내에 녹아 있는 용질의 원자 또는 분자수로서 1mole은 해당성분의 분자나 원자의 Avogadro 수(6.022×10^{23})와 같다. 따라서 1 mole은 해당성분의 원자 및 분자량과 같은 질량을 가진다. 예를 들면 탄소원자의 원자량은

12이기 때문에 탄소 12g은 1mole이며 1mole의 탄소는 6.022×10^{23}의 탄소원자로 이루어져 있다. 탄산염(CO_3^{-2})의 분자량은 60이며 탄산염 60g는 1 mole이고 이는 6.022×10^{23}개의 탄산염원자로 이루어져 있다. 다음 식은 방해석이 생성되는 반응식이다.

$$Ca^{2+} + CO_3^{2-} = CaCO_3$$

상기 식에서 나타난 바와 같이 1mole의 양이온은 1mole의 음이온과 반응하여 1mole의 고체 방해석을 석출시킨다. 이와 같이 화학양론식은 반응하는 물질들의 질량을 기준으로 반응하는 것이 아니라 원자나 분자에 기초한 mole 수에 따라 반응한다.

⑤ 몰랄농도(molality) : 용매 1kg 내에 용해되어 있는 용질의 mole 수를 몰랄농도라 하며 단위는 mole/kg이다.

⑥ 당량(equivalent weight)과 epm(equivalent per million) 및 equivalent per liter(eq/ℓ) : 당량이란 용질의 원자량이나 분자량을 원자가 혹은 전하로 나눈 값이고, epm은 ppm으로 표시된 용질의 농도를 당량으로 나눈 값이다. 즉 1ℓ 용액 내에 녹아 있는 용질의 mole 수에 용질의 원자가를 곱한 것이 1eq/ℓ이다. 예를 들어 Ca^{2+}의 원자량은 40.08 g이고 원자가는 +2가이므로 Ca^{2+}의 당량은 20.04g이다. 만일 지하수가 28.3 ppm의 Ca^{2+}를 포함하고 있다면 epm은 1.41(28.3/20.04)이다. 또한 mg/ℓ로 표시된 용질의 농도를 당량으로 나눈 값을 equivalent per liter이라 하고 이의 1000분의 1을 milliequivalent per liter(meq/ℓ)이라 한다.

예를 들어 지하수 내에 함유된 각 양이온과 음이온의 함양이 다음과 같을 때 몰농도(molarity)와 meq/ℓ은 다음 표와 같다.

[표 1-1] 지하수 내에 함유된 양이온과 음이온의 함양이 다음과 같을 때 molarity와 meq/ℓ

성분	농도(mg/ℓ)	원자량(g)	molarity (mol/ℓ)	원자가	meq/ℓ	비고
Ca^{2+}	92.0	40.08	2.3	+2	4.6	7.74
Mg^{2+}	34.0	24.31	1.4	+2	2.8	
Na^{+}	8.2	23.0	0.36	+1	0.36	
K^{+}	1.4	39.1	0.04	+1	0.04	
Fe^{3+}	0.09	55.8	0.002	+3	0.006	
HCO_3^{-}	339.0	61.0	5.56	-1	5.56	7.74
SO_4^{2-}	84	96.0	0.88	-2	1.7	
Cl^{-}	9.6	35.5	0.27	-1	0.27	
NO_3^{-}	13.0	62.0	0.21	-1	0.21	

$$Ca^{2+} \quad \frac{92\text{mg}}{\ell} \times \frac{1\text{g}}{1000\text{mg}} \times \frac{1\text{mole}}{40.08\text{g}} \times \frac{10^3\text{millimoles}}{\text{mole}} \times \frac{2\text{meq}}{\text{millimole}} = 4.6\frac{\text{meq}}{\ell}$$

이와 같이 epm은 보통 용액 내에서 이온화할 수 있는 용질에만 사용할 수 있으므로, 규소나 철과 같이 물에 용해되지 않는 불용해성 물질은 epm으로 표시할 수 없다.

[표 1-2]는 지하수 내에 용해되어 있는 물질(원소)의 양(ppm)을 epm으로 환산할 때 사용하는 표이다. 즉 이 표에서 환산계수는 1/당량으로 계산한 값이다.

[표 1-2] ppm과 epm의 환산표

이온(ppm)	승수(epm)	이온(ppm)	승수(epm)
Al^{3+}	0.11119	Cr^{6+}	0.011536
Ba^{2+}	0.01456	Cu^{2+}	0.03148
HCO_3^-	0.01639	F^-	0.05263
Br^-	0.01251	K^+	-.0256
Ca^{2+}	0.0499	OH^-	0.05880
CO_3^{2-}	0.0333	I^-	0.00788
Cl^-	0.0282	Na^+	0.043

1.2 화학적인 평형

순수한 지하수 내에는 여러 종류의 용질이 포함되어 있다. 100g의 용매를 포화시키는 데 필요한 용질의 질량(gram 수)을 용해도(solubility)라 하며 포화된 용액을 포화용액이라 한다.

지금 A, B라는 2개 물질이 반응해서 C, D의 물질을 만드는 경우에 그 반응이 가역적일 때는 다음 식과 같이 표현한다.

$$aA + bB \rightleftharpoons cC + dD \tag{1-2}$$

(1-2)식에서 오른쪽 방향으로의 반응률은 (1-3)식과 같고,

$$R_1 = k_1'[A]^a[B]^b \tag{1-3}$$

왼쪽 방향으로의 반응률은 (1-4)식과 같다.

$$R_2 = k_2'[C]^c[D]^d \tag{1-4}$$

여기서 [ ]는 해당 물질의 활동도의 농도(실농도)이다.

1개 지점에서 두 반응률이 동일하면 $R_1 = R_2$ 이다. 즉

$$k_1'[A]^a[B]^b = k_2'[C]^c[D]^d \tag{1-5}$$

$$\frac{[C]^c[D]^d}{[A]^a[B]^b} = \frac{k_1'}{k_2'} = K_{eq} \tag{1-6}$$

여기서 K_{eq}를 평형상수라 한다.

2개 이상의 이온들이 반응하여 고상의 침전물을 만들고, 그 반응이 가역적일 때는 다음 식으로 표현할 수 있다.

$$aA + bB \rightleftharpoons cAB \tag{1-7}$$

즉 포화 용액에서 해리된 이온과 녹지 않는 침전물(고체) 사이에는 다음과 같은 평형식이 이루어진다.

$$\frac{[C]^c[D]^d}{[AB]^c} = K_{sp} \tag{1-8}$$

즉 일정한 온도에서 해리된 이온 농도의 곱은 일정하다. 여기서 K_{sp}는 용해도곱(solubility product)이다. 용해도곱과 이온농도의 곱의 관계에서, $K_{sp} > [A]^a[B]^b$이면 이는 불포화용액으로 A와 B의 침전물이 고체상으로 침전되지 않는다.

$K_{sp} = [A]^a[B]^b$일 경우에는 포화용액이며,

$K_{sp} < [A]^a[B]^b$일 경우에는 과포화용액으로 고상의 침전물이 침전한다.

25℃에서 일부 광물과 물질의 용해도곱은 [표 1-3]과 같다.

[표 1-3] 25℃에서 일부 광물과 성분들의 용해도곱(solubility product)

성분	용해도 곱	광물 명
Chlorides		
CuCl	$10^{-6.7}$	
$PbCl_2$	$10^{-4.8}$	
Hg_2Cl_2	$10^{-17.9}$	
AgCl	$10^{-9.7}$	
Fluorides		
BaF_2	$10^{-5.8}$	

CaF_2	$10^{-10.4}$	Fluorite
MgF_2	$10^{-8.2}$	Sellaite
PbF_2	$10^{-7.5}$	
SrF_2	$10^{-8.5}$	
Sulfates		
$BaSO_4$	$10^{-10.0}$	Barite
$CaSO_4$	$10^{-4.5}$	Anhydrite
$CaSO_4 \cdot 2H_2O$	$10^{-4.6}$	Gypsum
$PbSO_4$	$10^{-7.8}$	Anglesite
Ag_2SO_4	$10^{-4.8}$	
$SrSO_4$	$10^{-6.5}$	Celestite
Sulfides		
Cu_2S	$10^{-48.5}$	
CuS	$10^{-36.1}$	
FeS	$10^{-18.1}$	
PbS	$10^{-27.5}$	Galena
HgS	$10^{-53.3}$	Cinnebar
ZnS	$10^{-22.5}$	Wurtzite
ZnS	$10^{-24.7}$	Sphalerite
Carbonates		
$BaCO_3$	$10^{-8.3}$	Witherite
$CdCO_3$	$10^{-13.7}$	
$CaCO_3$	$10^{-8.35}$	Calcite
$CaCO_3$	$10^{-8.22}$	Aragonite
$CoCO_3$	$10^{-10.0}$	
$FeCO_3$	$10^{-10.7}$	Siderite
$PbCO_3$	$10^{-13.1}$	
$MgCO_3$	$10^{-7.5}$	Magnesite
$MnCO_3$	$10^{-9.3}$	Rhodochrosite
Phosphates		
$AlPO_4 \cdot 2H_2O$	$10^{-22.1}$	Variscite
$CaHPO_4 \cdot 2H_2O$	$10^{-6.6}$	
$Ca_3(PO_4)_2$	$10^{-28.7}$	
$Cu_3(PO_4)_2$	$10^{-36.9}$	
$FePO_4$	$10^{-21.6}$	
$FePO_4 \cdot 2H_2O$	$10^{-26.4}$	

1.3 산화 환원반응(REDOX)

일부 화학반응에서 반응 물질들은 전자를 잃든지 얻는 과정(전이과정)을 통해 그들의 원자가(valence)가 바뀐다. 만일 1개 물질이 반응을 하면서 전자를 얻게 되면 환원상태로 바뀌어 원자가가 감소하고 반대로 전자를 잃으면 원자가가 증가하여 산화(oxidation)된다. 이 두 반응을 합쳐서 산화-환원반응(oxidation-reduction, REDOX)이라 한다.

일반 환경시스템에서, REDOX는 미생물의 활동에 의해서 조절되기도 한다. 즉 미생물은 직접반응에 참여하지는 않으나 산화-환원이 일어날 수 있도록 촉매작용을 한다. 대수층 내에서 미생물들은 대수층 구성물질의 표면에 생물막(biofilm)의 형태로 존재한다. 따라서 미생물은 유기물질이나 수소의 산화작용이나 철, 질소, 유황과 같은 환원된 무기물질의 산화작용을 통해 에너지를 취한다.

이와 같이 생물학적으로 조정되는 REDOX 반응이 일어나기 위해서는 전자수용체(electron acceptor)가 있어야 한다. 호기성상태(aerobic condition)에서는 산소가 전자수용체이고, 혐기성상태(unaerobic condition) 하에서는 질산염, 탄산염 및 이산화탄소 등이 전자수용체가 된다(McCarty, Rittman 등, 1984). 예를 들어 다음과 같은 1/2-반응식에서

$$Fe^{2+} + 2e^{-} \rightleftharpoons 3Fe^{0} \tag{1-9}$$

2가철(ferrous iron)은 2개의 전자를 수용하여 0가의 금속철로 환원된다.

또한 자철석이 산화되어 적철석이 되는 경우에 반응식은 일반적으로 다음과 같이 표현한다.

$$2Fe_3O_4 + \frac{1}{2}O_2 \rightleftharpoons 3Fe_2O_3$$

$$2Fe^{+} + \frac{1}{2}O_2 + 2H^{+} \rightleftharpoons 2Fe^{3+} + H_2O$$

이를 전자의 전이로 표현하면,

$$2Fe_3O_4 + H_2O \rightleftharpoons 3Fe_3O_4 + 2H^{+} + 2e^{-}$$

$$Fe^{2+} \rightleftharpoons Fe^{3+} + e^{-} \tag{1-10}$$

(1-10)식과 같이 2가철은 1개의 전자를 잃고 Fe^{3+}(ferric iron)로 산화된다. (1-10)식은 1/2-반응(half-reaction)식이다. 이때 필요한 전자는 전류에 의해 공급되든지 다른 원소가 산화되어 필요한 전자가 방출되는 즉각적인 반응을 통해 공급되어야 한다.

1/2 반응의 표준전위는 평형반응에서 전자의 흐름을 volt로 표현한 것이다. 온도가 25℃ 이며 압력이 1기압일 때의 표준상태 하에서 표준전위는 E°로 표시한다. H^{+}가 수소가스(H_2)로 환원되

는 데 필요한 표준전위는 0이다.

$$2H+ \ 2e^{-} \rightleftharpoons H_2(gas)\uparrow \quad (1\text{-}11)$$

2가철이 3가철로 되려면 1개의 전자를 잃고 산화된다((1-10)식).
산화환원 반응에서 반응에 참여한 물질들의 원자가는 여러 가지로 바뀔 수 있다. 예를 들면 철이온은 +2가나 +3가에서 0가의 금속철로 바뀔 수 있다. 따라서 중금속은 0가를 가진 금속광물이나 기타 다른 원자가를 가진 물질로 바뀔 수 있다. [표 1-4]는 환경문제를 야기하는 원소들의 원자가와 이들의 화합물을 도표화한 것이다.
화학반응에서 산화 - 환원반응이 동시에 일어나기 위해서는 1개 원소가 환원되면 다른 1개 원소는 산화되어야 한다. 예를 들어 2가철과 3가철의 완전한 화학반응식은 다음 식과 같다.

$$4Fe^{2+} + O_2 + 4H^{+} \rightleftharpoons 4Fe^{3+} + 2H_2O \quad (1\text{-}12)$$

(1-12)식을 산화와 환원반응을 표현하는 2개의 실반응식으로 표현하면 다음 식들과 같다.

$$4Fe^{2+} \rightleftharpoons 4Fe^{3+} + 4e^{-} \text{ (산화반응)} \quad (1\text{-}13)$$

$$O_2 + 4H^{+} + 4e^{-} \rightleftharpoons 2H_2O \text{ (환원반응)} \quad (1\text{-}14)$$

수용성 용액에서 산화전위는 Eh로 표시하며 Eh는 다음과 같이 Nernst식으로 계산한다.

$$Eh - E^{\circ} - \frac{RT}{nF} ln \frac{[\text{생성물질}]}{[\text{반응물질}]} \quad (1\text{-}15)$$

여기서, Eh : 수용성 용액의 산화전위, volts
E° : 산화반응의 표준전위, volts
R : 가스상수, 0.00187 kcal/(mole · K)(여기서 1 Kcal=4.186 KJ)
T : 켈빈(kelvins) 온도
F : 파라데이상수, 23.06 kcal/V
n : 1/2 반응에서 전자수
[ ] : 반응물질과 생성물질의 활동도(activity)

[표 1-4] 산화상태로 존재할 수 있는 1개 이상의 원소들

원소	원자가	예
탄소	+4	HCO_3^{-}, CO_3^{2-}
	0	C
	-4	CH_4
크롬	+6	CrO_4^{2-}, $Cr_2O_7^{2-}$

	+3	Cr^{3+}, $Cr(OH)_3$
구리(동)	+1	CuCl
	+2	CuS
수은	+1	Hg_2Cl_2
	+2	HgS
철	+2	Fe^{2+}, FeS
	+3	Fe^{3+}, $Fe(OH)_3$
질소	+5	NO_3^-
	+3	NO_2^-
	0	N
	-3	NH_4^+, NH_3
산소	0	O
	-1	H_2O_2
	-2	H_2O, O^{2-}
황	-2	H_2S, S^{2-}, PbS
	+2	$S_2O_3^{2-}$
	+5	$S_2O_6^{2-}$
	+6	SO_4^{2-}

상기 식에서 1개 반응에 대한 표준전위(E^0)는 다음 식으로 구할 수 있다.

$$E^\circ = \frac{-\Delta G_R^\circ}{nF} \tag{1-16}$$

여기서 ΔG_R° 는 반응 시 깁스의 자유에너지(Gibbs free energy 또는 자유에너지)

[표 1-5] 특정물질과 원소의 표준 깁스 자유에너지(Gibbs free energy)

Species	ΔG° Kcal/mol	Species	ΔG° Kcal/mol	Species	ΔG° Kcal/mol
Arsenic		Manganese		UO_2(c)(uranite)	-246.61[e]
As_2O_5(c)	-187.0[c]	MnO_2(c)(pyrolusite)	-11.18[b]	UO_2^+(aq)	-229.69[e]
As_4O_6(c)	-275.46[c]	Mn_2O_3(bixbyite)	-210.6[b]	UO_2^{2+}(aq)	-227.68[e]
As_2S_3(c)	-40.3[c]	Mn_3O_4(hausmannite)	-306.7[b]	$(UO_2)_2(OH)_2^{2+}$(aq)	-560.99[e]
$FeAsO_4$(c)	-185.13[c]	$Mn(OH)_2$(c)amorphous	-147.0[b]	$(UO_2)_3(OH)_5^{2+}$(aq)	-945.16[e]
H_3AsO_4(aq)	-183.1[c]	$MnCO_3$(c)(rhodochrosite)	-195.2[b]	$(UO_2)_3(OH)_7^-$	-1037.5[e]
$H_2AsO_4^-$(aq)	-180.04[c]	Mn^{2+}(aq)	-54.5[b]	$UO_2CO_3^0$(c)	-367.07[e]
$HAsO_4^{2-}$(aq)	170.82[c]	$MnOH^+$(aq)	-96.8[b]	$UO_2(CO_3)_2^{2-}$(aq)	-503.2[e]
AsO_4^{3-}(aq)	-155.0[c]	Molybdenum		$UO_2(CO_3)_3^{4-}$(aq)	-635.69[e]
$HAsO_2$(aq)	-96.25[c]	MoO_3(c)	-159.66[b]	Miscellaneous	species
AsO_2^-(aq)	-83.66[c]	MoO_2(c)	-127.40[b]	$ZnFe_2O_4$(c)	-254.2[a]
Chromium		$FeMoO_4$(c)	-233[b]	$CuFeO_2$(c)	-114.7[b]

Cr_2O_3(c)	-252.9[f]
$HCrO_4^-$	-182.8[f]
$Cr_2O_7^{2-}$(aq)	-311.0[f]
CrO_4^{2-}(aq)	-173.96[f]
Copper	
CuO(c)	-31.0[b]
$CuSO_4$. $3Cu(OH)_2$(c) (brochantite)	-434.5[b]
Cu_2O(c)	-34.9[b]
Cu_2S(c)	-20.6[b]
Cu^{2+}(aq)	15.67[b]
$CuSO_4$(aq)	-165.45[b]
$HCuO_2^-$(aq)	-61.8[b]
CuO_2^{2-}(aq)	-43.9[b]
Cu^+(aq)	11.95[b]
Iron	
$Fe(OH)_3$(c)ppt	-166.0[h]
$Fe(OH)_2$(c)ppt	-116.3[f]
$FeCO_3$(c)(siderite)	-159.35[b]
FeS_2(c)(pyrite)	-39.9[b]
Fe_2O_3(hematite)	-177.4[b]
Fe^{3+}(aq)	-1.1[b]
$FeOH^{2+}$(aq)	-54.83[b]
$Fe(OH)_2^+$(aq)	-106.7[i]
Fe^{2+}(aq)	-18.85[b]
$FeOH^+$(aq)	-62.58[i]
$Fe(OH)_3^-$(aq)	-147.0[b]
$Fe(OH)_4^-$(aq)	-198.4[i]
FeO(c)	-60.03[g]
Fe_2S(c)(pyrite)	-38.3[g]
FeS(c)	-24.22[g]
MoO_4^{2-}(aq)	-199.9[b]
Silver	
AgO_2(c)	-2.68[b]
AgCl(c)	-26.24[b]
Ag_2S(c)	-9.72[b]
Ag_2CO_3(c)	-104.4[b]
Ag^+(aq)	18.43[b]
AgOH(aq)	-22.0[b]
$Ag(OH)_2^-$(aq)	-62.2[b]
AgCl(aq)	-17.4[b]
$AgCl_2^-$(aq)	-51.5[b]
Vanadium	
$H_4VO_4^+$	-253.67[k]
$H_3VO_4^0$	-249.2[k]
$H_2VO_4^-$	-244[k]
HVO_4^{2-}(aq)	-233.0[k]
VO_4^{3-}(aq)	-214.9[k]
VO^{2+}(aq)	-106.7[k]
$V(OH)_3^0$(aq)	-212.9[k]
VOH^{2+}(aq)	-111.41[k]
$V(OH)_2^+$	-163.2[k]
$VOOH^+$	-155.65[k]
V^{3+}	-57.8[k]
Uranium	
U^{4+}(aq)	-126.44[e]
UOH^{3+}(aq)	-182.24[e]
$U(OH)_4^0$(c)	-347.18[e]
$CuFe_2O_4$(c)	-205.26[b]
$NiFe_2O_4$(c)	-232.6[b]
H_2O(l)	-56.687[a]
OH^-(aq)	-37.594[a]
O_2(aq)	-3.9[a]
HSO_4^-(aq)	-180.69[a]
SO_4^{2-}(aq)	-177.97[a]
H_2S(aq)	-6.66[a]
HS.(aq)	2.88[a]
S^{2-}(aq)	20.5[a]
CO_2(g)	-94.254[a]
CO_2(aq)	-92.26[a]
H_2CO_3(aq)	-148.94[a]
HCO_3^-(aq)	-140.26[a]
CO_3^{2-}(aq)	-126.17[a]
Cl^-(aq)	-31.37[a]
CH_4(g)	-12.13[a]
CH_4(aq)	-8.22[a]
H^+(aq)	-0.00
Cl^-(aq)	-31.38[c]
PO_4^{3-}(aq)	-243.5[a]
HPO_4^{2-}(aq)	-260.34[a]
$H_2PO_4^-$(aq)	-270.14[k]
$H_3PO_4^0$(c)	-273.10[a]
Na^+(aq)	-62.59[c]
K^+(aq)	-67.51[c]
NH_4^+(aq)	-18.99[c]
Pb^{2+}(aq)	-5.83[a]

1개 이상의 상을 이루고 있는 용액이 화학평형을 이루고 있을 경우에 그 화학적인 포텐셜을 이용해 보자. 평형상태에 있는 1개 화학반응에서 총 반응 자유에너지는 생성물질의 총 자유에너지에서 반응물질의 총 자유에너지를 제한 것과 같다. 즉

$$aA + bB \rightleftharpoons cC + dD \tag{1-17}$$

(1-17)식에서 총 자유에너지는,

$$\Delta G_R = [c\Delta G_c + d\Delta G_d] - [a\Delta G_a + b\Delta G_b] \quad (1\text{-}18)$$

1개 화학반응에서 평형상수와 반응의 자유에너지는 (1-19)식과 같은 관계를 가지고 있다.

$$\Delta G_R^{\circ} = -RT\ln K_{eg} \quad (1\text{-}19)$$

또한 표준온도(25℃)와 표준압력(1기압) 하에서 ΔG_R°은 다음 식과 같이 표현할 수 있다.

$$\log K_{eg} = -\frac{\Delta G_R^{\circ}}{2.3RT} = \frac{\Delta G_R^{\circ}}{2.3[(273+25)\times 0.00199]} = \frac{\Delta G_R^{\circ}}{1.364} \quad (1\text{-}20)$$

수용성 용액의 산화전위(oxidation potential, Eh)는 수전극을 이용해서 측정할 수 있다. 이때 전위가 (+)이면 산화상태이고 (-)이면 환원상태이다.

산화전위는 표준 수소전극(SHE Eh=0)에서 상대적인 volt로 측정한다(그림 1-2). 현재 상업용 지하수시료 채취장치에는 SHE가 장착되어 시판되고 있다. 이때 진공상태에서 시료를 채취하면 가스가 날아가므로 진공 시료 채취기를 사용해서 시료를 채취하지 말 것이며 특히 채취 물시료가 공기에 노출되면 대기 내 산소와 접하므로 물시료 채취 시 대기에 노출되지 않도록 해야 한다.

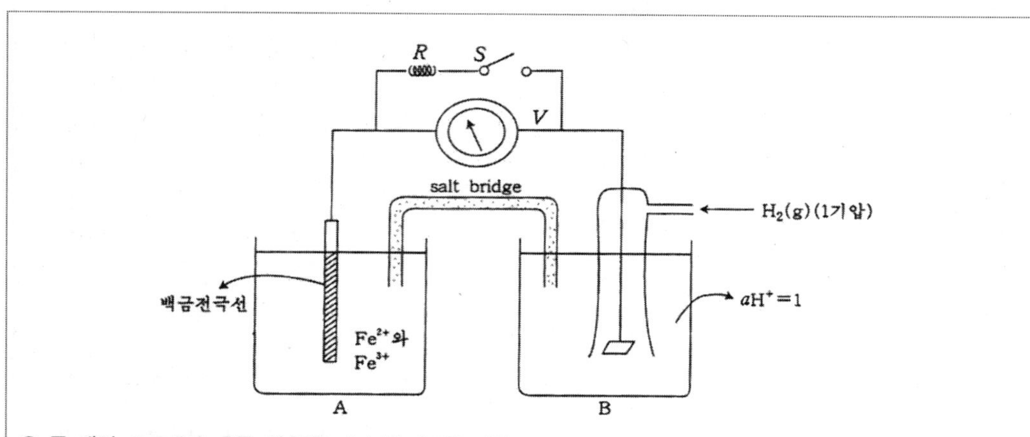

① 두 개의 $\frac{1}{2}$ cell A, B를 염수관(salt bridge)으로 연결
② A cell에는 백금전극선이 설치되어 있고, 백금전극선은 전자를 용액으로나, 용액으로부터 전이시키는 역할을 한다.
③ 전극부에서 반응 $Fe^{2+} = Fe^{3+} + e^-$
④ 전체반응 $Fe^{3+} + 0.5H_2 \rightleftharpoons Fe^{2+} + H^+$
⑤ pH=0에서 Eh=0volts

[그림 1-2] 표준 수소전극(standard hydrogen electrode, SHE)과 전기화학적인 셀의 모식도

1.4 지하수의 Eh 또는 pH와 P_e

1.4.1 pH(hydrogen concentration)

물분자는 극성을 띠고 있기 때문에 다른 전해질 물질과 비슷하게 다음과 같이 이온화 한다.

$$H_2O \leftrightharpoons H^+ + OH^- \tag{1-21}$$

윗 식에서 화학평형상수 K_{eg}는 다음 식과 같다.

$$K_{eg} = \frac{[H^+][OH^-]}{[H_2O]} \tag{1-22}$$

여기서 K_{eg} 는 온도의 함수이고, 25C에서 $K_{eg} = 10^{-14}$ 이다.

H^+ 이온과 OH^- 이온의 수가 동일한 물은 중성이며, H^+ 이온이 많이 함유된 물은 산성, OH^- 이온이 많이 함유된 물은 염기성이다.
수용성 용액에서 pH는 물속에 들어 있는 수소 이온(양자)의 수로 나타낼 수 있다. pH는 수소이온 활동의 (-)대수치로서 표현하며 물속에 전해되어 있는 수소이온의 상대적인 농도를 뜻한다.
(1-22)식에서 $[H_2O] = 1$이므로,

$$K_{eg} = [H^+][OH^-] = 10^{-14} \tag{1-23}$$

(1-23)식에 log를 취하면

$$\log[H^+] + \log[OH^-] = -14$$

상기 식에서 수소이온 농도를 pH라 한다. 여기서 pH의 첨자 p는 "음의 log(즉 - log)"를 의미한다.

$$pH = -\log[H^+]$$
$$pOH = -\log[OH^-]$$

따라서 25℃ 에서 $pH + pOH = 14$이다.
pH는 일반적으로 0~14 범위이나 특수한 경우에는 0보다 약간 적거나 14보다 약간 큰 경우도 있다. pH는 pH미터나 특정 pH치에 따라 색이 달라지는 지시용액을 이용하여 측정한다. pH를 측정할 때는 물시료가 깨끗해야 한다. 일반적으로

① 호수의 밑바닥에서 일어나는 현상과 같이 산소를 소모하는 산화작용이 일어날 때 pH는 감소하고

② NO_3 → NO_2 → N_2으로 변하는 탈질작용이나 탄산염의 환원작용은 산소가 생성되므로 pH는 증가한다.
③ 광물질을 함유하고 있는 물의 pH는 대체적으로 6~9의 범위에 있고 거의 일정한 값을 갖는다.

지하수의 오염문제를 다룰 때, pH는 다음과 같은 두 가지 이유로 매우 중요한 인자이다.

① 생명체가 존재할 수 있는 pH의 범위는 대체적으로 6~9 사이이다.
② 수용성 상태로 존재할 수 있는 화학물질은 그 pH에 따라 좌우된다.

예를 들어 다음과 같이 용존 암모니아 가스와 암모니움 이온의 반응식에서

$$NH_3 + H_2O \rightleftharpoons NH_4^+ + OH^-$$

pH가 7보다 크면 반응은 왼쪽으로 진행되어 용존 암모니아 가스가 발생하고, pH가 작을 때 반응은 오른쪽으로 일어나 암모니움 이온(NH_4^+)이 생성된다. (1-23)식에서 pH값이 1배 증가하면 수소이온 농도는 10배 증가한다. 예를 들면 증류수에 소량의 염산을 첨가하여 pH가 7에서 6으로 변했다면 이때 물 속에서 수소이온의 수는 10배 증가한다. 반대로 NaOH를 소량 첨가하여 pH가 7에서 8로 변했을 경우, 수소이온의 수는 1/10로 줄어들었거나 수산이온(OH^-)이 10배 증가했다는 뜻과 같다.

일반적으로 지하수의 pH는 용해된 탄산염이나 탄산가스의 양에 의해서 좌우된다. 지하수 내에 탄산가스가 용해되어 있으면 산성을 띠게 되나 증류수에 탄산이 소량 포함되면 pH값이 현저히 떨어진다. 이에 비해 알칼리염인 칼슘이나 마그네슘의 탄산염이 지하수속에 용해되어 있을 경우에는 용존 탄산가스 경우만큼 pH는 감소되지 않는다.

지하수의 pH를 좌우하는 주요 화학성분은 탄산가스와 탄산염이다. 그러나 이들도 압력이나 온도가 변하면 그 관계가 상당히 불안정해 진다. 예를 들면 지하수 내의 압력이 급격히 감소되면 지하수 내에 용해되어 있던 탄산가스가 가스 상태로 달아나게 된다. 환언하면 지하수 채수 시 대수층 내에 저유되어 있던 지하수가 수위강하에 의하여 압력이 감소하면 양수기를 이용하여 채취한 지하수의 수질은 대수층 내에 저유되어 있던 원지하수의 수질과는 약간의 차이가 난다. 따라서 수질분석용 시료를 채취할 때는 가능한 한 양수기를 사용하지 않고 시료병을 우물 속으로 내려 보내서 시료를 직접 채취하는 것이 가장 좋다. 그러나 직접채취가 불가능한 경우는 양수기를 사용하여 지하수를 채취하되, 채취 즉시 채취병을 잘 밀봉해야 한다. 그러므로 지하수의 pH는 반드시 현장에서 직접 측정해야만 한다.

1.4.2 pH와 Eh의 관계

용액(solution)은 두 가지로 특성화시킬 수 있다. 즉 pH는 물속에 들어있는 양자(H^+이온)의 수와 관련이 있으며 산화전위(Eh)는 물속에 들어있는 전자의 수와 관련이 있는 인자이다.
다음 반응처럼 반응식이 물과 H^+이온을 포함하고 있을 경우에 Nernst식을 이용하여 상기 반응에서 Eh와 pH와의 관계를 설정할 수 있다.
즉 반응식이 다음 식과 같다면

$$bB + nH^+ + \neq^- \rightleftharpoons aA + wH_2O \tag{1-24}$$

여기서,	A : 반응물질	B : 생성물질
	n : 방출된 전자의 수	a : 반응물질의 mole수
	w : 물의 mole수	b : 생성물질의 mole수
	m : 수소이온의 mole수	

(1-24)식에 대한 Nernst식은,

$$Eh = E^\circ - \frac{RT}{nF} ln \frac{[A]^a [H_2o]^w}{[B]^b [H^+]^m} \tag{1-25}$$

물의 활동도 $[H_2O] = 1$이므로 윗 식을 다시 정리하면 다음과 같다.

$$Eh = E^\circ - 2.303 \frac{RT}{nF} log \frac{[A]^a}{[B]^b [H^+]^m} \tag{1-26}$$

$$= E^\circ - 2.303 \frac{RT}{nF} log \frac{[A]^a}{[B]^b} + 2.303 \frac{RTm}{nF} log [H^+] \tag{1-27}$$

그런데 25℃와 1기압 하에서는 (1-27)식은 다음과 같이 된다.

$$Eh = E^\circ - \frac{0.0592}{n} log \frac{[A]^a}{[B]^b} - 0.0592 \frac{m}{n} pH \tag{1-28}$$

[참고 : $2.303 \times RT/F = 2.303 \times \frac{(273+25) \times 0.00199}{23.06} = 0.0592$]

1.4.3 Eh-pH 다이아그램(diagram)

Eh와 pH의 관계를 Eh-pH의 다이아그램의 형태로 작도해서 사용하면 실제적으로 매우 편리하다. 만일 용액이 다른 물질을 생성하는 데 반응할 수 있는 이온을 여러 개 가지고 있거나 원자가 다른 상태에서 생성될 수 있는 이온을 여러 개 가지고 있을 경우에 일정한 농도를 가진 반응물체의 상태에서 원자가나 생성되는 안정한 화합물질은 용액의 pH나 Eh에 따라 달라진다. [그림 1-3]은 기본적인 Eh-pH 다이아그램을 도시한 것이다. 이 그림에서 pH는 1에서 14까지이며 Eh는 +1.4에서 -1.0V이다. [그림 1-3]의 Eh와 pH 구역중 상위 구간에서는 물이 O_2로 산화되고, 하위 구간에서는 H_2로 환원된다.

예 1-1

표준상태에서 물의 안정구역을 계산해보자.

가) 물의 산화과정은 다음과 같고,

$$O_2(\text{가스}) + 4H^+ + 4e^- \rightleftharpoons 2H_2O\ (\text{액상})$$

Gibbs의 자유에너지는 다음 식과 같다.

$$\Delta G_R^\circ = 2\Delta G^\circ_{H_2O\ (\text{액상})} - (\Delta G^\circ_{O_2\ (\text{가스})} + \Delta G^\circ_{H^+})$$

[표 1-5]에서 각 물질의 표준 Gibbs 자유 에너지값을 상기 식에 대입하면,

$$\Delta G_R^\circ = 2(56.69) - 0 - 4(0) = -113.38Kcal \text{ 이다.}$$

따라서 윗 식을 이용해서 E^0를 구하면 E^0=1.229(113.38/(4×23.06)이다.
또한 Nernst식인 (11-15)식은 다음과 같다.

$$Eh = E^\circ - 2.303\frac{RT}{nF}log\frac{[H_2O]}{[O_2][H^+]^4}$$

여기서 용존 산소가스의 활동도 $[O_2]$는 부분압 Po_2이다. 표준상태의 1기압에서 물의 활동도 $[H_2O]$ = 1이다. 상기 값을 Nernst식에 대입하면 산화전위(Eh)는 다음 식과 같이 된다.

$$Eh = 1.229 - 2.303 \times \frac{0.00199 \times (223 + 25)}{4 \times 23.06} log[H^+]^4$$
$$= 1.229 - 0.0592pH \qquad (1\text{-}29)$$

(1-29)식은 [그림 1-3]에서 Eh의 절편이 1.229이며 기울기가 -0.0592인 직선이다. 즉, 이 곡선은 물에 대한 안정영역의 최상위 경계조건으로서 이 경계선 상위구간에서는 물은 산화되어 산소가스와 H^+로 해리된다.

나) 수소이온이 가스상의 수소로 환원되는 과정은 다음과 같다.

$$2H^{+} + 2e^{-} \rightleftharpoons H_2(\text{가스})$$

[표 1-4]에서

$$\Delta G^{\circ}_{H^{+}} = 0 \text{이고, } \Delta G^{\circ}_{H_2(\text{가스})} = 0 \text{이므로}$$

$$\Delta G^{\circ}_{R} = \Delta G^{\circ}_{H_2} - 2\Delta G^{\circ}_{H^{+}} = 0 \text{ 이다.}$$

따라서 $E_0 = \dfrac{-\Delta G^{\circ}_{R}}{nF} = 0$ 이다.

Nernst식에 위의 값들을 대입하면 산화전위(Eh)는

$$Eh = E_0 - 2.303 \times \frac{0.00199 \times (298)}{2 \times 23.06} log \frac{P_{H_2}}{[H^{+}]^2} \text{ 이다.}$$

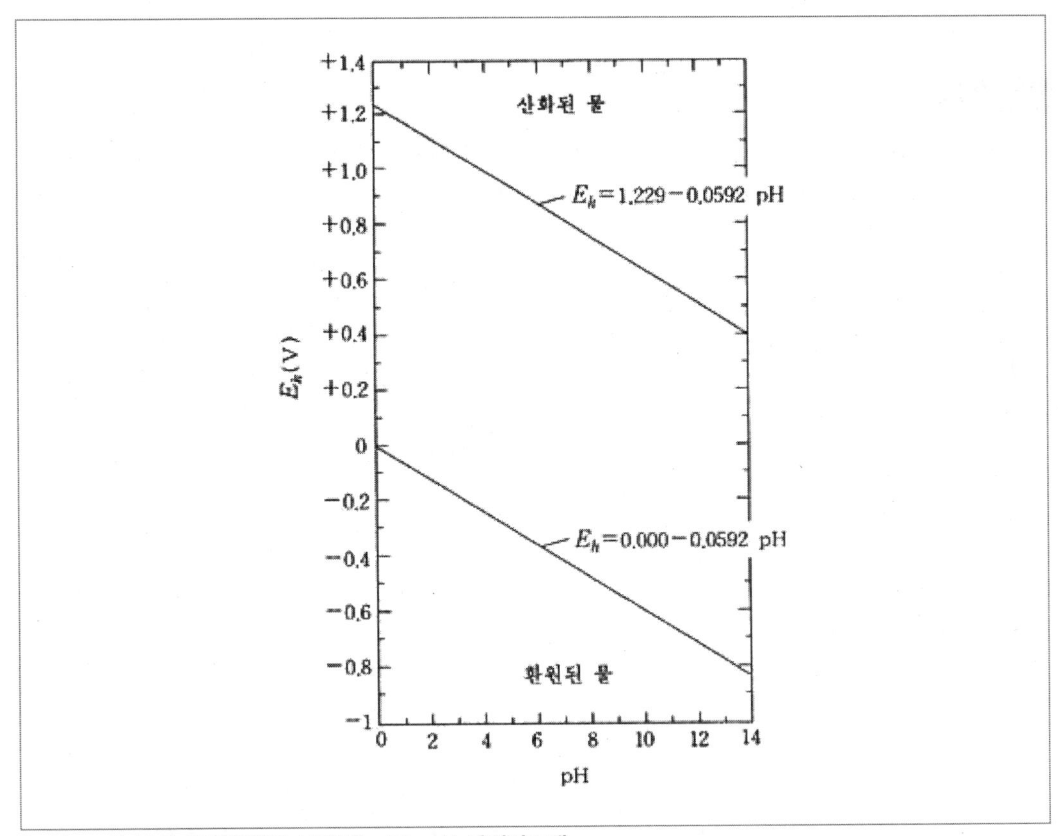

[그림 1-3] 물의 안정영역을 나타내는 Eh-pH 다이아그램

여기서 표준상태에서 $P_{H_2}=1$기압이고, $E^0=0$이므로, Eh는 다음과 같다.

$$Eh_{(v)} = 0 - 0.0592\,pH$$

이 직선은 [그림 1-3]에서 기울기가 -0.0592이며 절편이 0인 직선이다. 즉, 이 직선은 물의 최하위 안정영역의 경계선으로서 이 선 하부구간에서는 물은 환원작용에 의해 분리된다.

1.4.4 Eh-pH 안정영역

Eh-pH 다이아그램 내에서 1개 원소의 여러 가지 형태에 대한 안정영역은 화학적인 열역학을 이용해서 계산할 수 있다. 다른 원자가를 갖는 용해질 간의 원소의 경계는 Nernst식을 이용해서 계산한다. 만일 두 이온의 원자가가 동일한 경우에는 화학 평형식을 사용해서 계산하고 1개 원소의 고형체와 용해상태 사이의 경계를 계산하고자 할 때에는 고형체의 화학적인 활성도 1을 사용한다.
고형체의 기타 경계선에 대해서는 용해상태의 동일원소에 대한 활동도를 가정해야 한다.

예 1-2

$Fe(OH)_3$와 FeO가 고체상으로 존재할 때 철의 Eh-pH 다이아그램을 작도해 보자. 단 용존철의 활동도는 56㎍/ℓ(10^{-6}M)이다.

가) 수용성인 2가철과 3가철의 형태는 Fe^{2+}, Fe^{3+}, $FeOH^{2+}$ 및 $Fe(OH)_2^{+}$이다. 이들 이온 사이에서 일어나는 변이는 REDOX 식으로 결정할 수 있다. 즉,

1) $$FeOH^{2+} + H^+ + e^- \rightleftharpoons Fe^{2+} + H_2O \quad (+3\sim+2) \qquad (1\text{-}30)$$

$$Fe(OH)_2^+ + 2H^+ + 2e^- \rightleftharpoons Fe^{2+} + 2H_2O \quad (+3\sim+2) \qquad (1\text{-}31)$$

$$Fe^{3+} + e^- \rightleftharpoons Fe^{2+} \quad (+3\sim+2) \qquad (1\text{-}32)$$

2) 이들 반응에 대한 자유에너지와 표준전위는 (1-18)식과 (1-19)식으로 구할 수 있다. [표 1-5]에서 각 성분의 자유에너지는 다음과 같다.

단위 Kcal/mol

성분	자유에너지	성분	자유에너지
$FeOH^{2+}$	-54.83	$Fe(OH)_3$	-166
$Fe(OH)_2^+$	-106.7	$Fe(OH)_4^+$	-198.4
Fe^{2+}	-18.85	H_2O	-56.687
Fe^{3+}	-1.1	H^+	0
FeO	-60.03		

3) (1-30)식의 반응식에서

$$\Delta G_R^\circ = [\Delta G_{H_2O}^\circ + \Delta G_{Fe^{2+}}^\circ] - [\Delta G_{FeOH^{2+}}^\circ + \Delta G_{H^+}^\circ]$$

= -56.687 - (-18.85) - [-(54.83) + 0]

= -20.71 Kcal/mol

따라서 $E_0 = \frac{\Delta G_R^\circ}{nF} = \frac{-(-20.71)}{1 \times 23.06} = 0.898\,V$

4) (1-31)식의 반응식에서

$$\Delta G_R^\circ = [\Delta G_{Fe^{2+}}^\circ + 2\Delta G_{H_2O}^\circ] - [\Delta G_{Fe(OH)_2^+}^\circ + 2\Delta G_{H^+}^\circ]$$

= [-18.85 + 2×(-56.687)] - [(-10.67) + 2×(0)]

= -25.53 Kcal/mol 이므로,

$$E^\circ = \frac{-G_R^\circ}{nF} = \frac{-(-25.53)}{1 \times 23.06} = 1.107\,V$$

5) (1-32)식의 반응식에서

$$\Delta G_R^\circ = \Delta G_{Fe^{2+}}^\circ - \Delta G_{Fe^{3+}}^\circ$$

= -188.85 - (-1.1) = -17.75 이므로

$$E^\circ = \frac{-G_R^\circ}{nF} = \frac{-(-17.75)}{1 \times 23.06} = 0.77\,V$$

나) 안정영역 사이의 경계는 Nernst식으로 구한다.

두 영역 사이의 경계에서 반응식의 오른쪽 부분의 활동도는 왼쪽 부분의 활동도와 동일하다.

즉, 두 영역의 경계면에서 두 개 성분은 서로 평형상태이다.

1) (1-30)식에서 ($FeOH^{2+}$ + H^+ + e^- ⇌ Fe^{2+} + H_2O);

$$Eh = E^\circ - \frac{0,0592}{n} log\frac{[Fe^{2+}]}{[FeOH^{2+}]} - 0.0592\frac{m}{n}pH$$

여기서 $[FeOH^{2+}]$ = $[Fe^{2+}]$이고, m(수소이온의 수)=1, n(전자의 수)=1이고,
E°=0.898V이므로, 상기 식은,

$$Eh_{(v)} = 0.898 - 0.0592\ pH \tag{1-33}$$

2) (1-31)식에서 ($Fe(OH)_2^+ + 2H^+ + e^- \rightleftharpoons Fe^{2+} + 2H_2O$);

$$Eh = E^\circ - \frac{0{,}0592}{n} log \frac{[Fe^{2+}]}{[Fe(OH)_2^+]} - 0.0592 \frac{m}{n} pH$$

여기서 $[Fe^{2+}]=[Fe(OH)_2^+]$ 이고, m=2, n=1이고, E°=1.107V이므로,

$$Eh_{(v)} = 1.107 - 0.1184\ pH \tag{1-34}$$

3) (11-32)식에서 ($Fe^{3+} + e^- \rightleftharpoons Fe^{2+}$);

$$Eh = E^\circ - \frac{0{,}0592}{n} log \frac{[Fe^{2+}]}{[Fe^{3+}]} - 0.0592 \frac{m}{n} pH$$

여기서 $[Fe^{2+}]=[Fe^{3+}]$ 이고, m=0, n=1이므로,

E°=0.770V이다. (1-35)

(1-32)식에서 수소이온(H^+)이나 OH^-이온의 활동도는 0이므로 이 반응은 pH와 무관하다.

다) 동일한 원자가를 가진 두 개의 용존성분 사이의 경계는 화학평형으로부터 구할 수 있다. 이온들 중에서 3가 철이온은 물에 용해된 이온들 사이에 두 개의 경계가 존재한다. 그 경계는 다음 반응식으로 표현된다.

$$Fe^{3+} + H_2O \rightleftharpoons Fe(OH)_2 + H^+ \tag{1-36}$$
$$FeOH^{2+} + H_2O \rightleftharpoons Fe(OH)_2 + H^+ \tag{1-37}$$

1) (1-36)식으로 표현된 반응식에서 Fe^{3+}와 $FeOH^{2+}$ 사이의 분리경계선을 구해보자.
(1-36)식에서 평형상수(K_{eq})는 반응의 자유에너지에서 구할 수 있다. 즉,

① 첫 단계로 (11-36)식에서 반응에 필요한 자유에너지를 구하면 다음과 같다.

$$\Delta G_R^\circ = [\Delta G_{FeOH^{2+}}^\circ + \Delta G_{H^+}^\circ] - [\Delta G_{Fe^{3+}}^\circ + \Delta G_{H_2O}^\circ]$$
$$= -54.83 - 0 - (-1.1) - (56.69) = 2.96\ Kcal/mol$$

② 둘째 단계로 첫 단계에서 구한 자유에너지를 (1-20)식을 사용해서 평형상수를 구하면,

$$\log K_{eq} = -\Delta G_R^\circ = \frac{-2.96}{1.364} = -2.17$$

$$\therefore K_{eq} = 10^{-2.17}$$

그런데 K_{eq}는 (1-6)식에서,

$$K_{eq} = \frac{[FeOH^{2+}][H+]}{[Fe^{3+}][H_2O]} = 10^{-2.17} \text{이다.}$$

여기서 $[H_2O]=1$, 경계선에서 $[FeOH^{2+}]$ = $[Fe^{3+}]$이므로,

$$K_{eq} = \frac{[H^+]}{1} = 10^{-2.17}$$

$\therefore$ $[H^+]$ = 10 − 2.17 $\therefore$ pH=-2.17 이다. (1-38)

(1-38)식은 pH=2.17(수직선)에서 Fe^{3+}와 $FeOH^{2+}$가 서로 분리된다는 뜻이다.

2) (1-37)식에서 반응에 필요한 자유에너지(ΔG_R°)는,

$$\Delta G_R^\circ = (\Delta G_{Fe(OH)_2}^\circ + \Delta G_{H^+}^\circ) + (\Delta G_{FeOH^{2+}}^\circ + \Delta G_{H_2O}^\circ)$$

= -106.7 + 0 − (-54.83) − (56.69) = 4.82 Kcal/mol 이다.

이로부터 평형상수를 구하면

$$\log K_{eq} = \frac{-\Delta G_R^\circ}{1.364} = \frac{-4.82}{1.364} = -3.53$$

따라서 K_{eq} = $10^{-3.53}$ 이며,

$$K_{eq} = \frac{[Fe(OH)_2^+][H+]}{[FeOH^{2+}][H_2O]} = 10^{-3.53} \text{ 이다.}$$

여기서, $[H_2O]=1$이며, 경계면에서 $[Fe(OH)_2^+]$ = $[FeOH^{2+}]$이므로,

$$K_{eq} = \frac{[H^+]}{1} = 10^{-3.53}$$

$\therefore$ pH = 3.53이다. (1-39)

라) 침전물인 고상의 안정영역 사이의 경계도 동일하게 구할 수 있다. 평형상태에서 용존물질과

고상물질의 활동도는 1이다. 따라서 고상물질의 경계선 지점은 용존이온의 양에 따라 좌우된다. 이러한 조건 하에서 $Fe(OH)_3$와 FeO와 같은 2종의 안정광물이 침전하는데 경계선에서의 반응은 다음과 같다.

$$Fe(OH)_3 + H^+ \rightleftharpoons Fe(OH)_2^+ + H_2O \tag{1-40}$$

$$Fe(OH)_3 + 3H^+ + e^- \rightleftharpoons Fe^{2+} + 3H_2O \tag{1-41}$$

$$Fe(OH)_4 + H^+ \rightleftharpoons Fe(OH)_3 + H_2O \tag{1-42}$$

$$Fe(OH)_3 + e^- \rightleftharpoons FeO + H_2O + OH^- \tag{1-43}$$

$$Fe(OH)_4^- + 2H^+ + e^- \rightleftharpoons FeO + 3H_2O \tag{1-44}$$

$$FeO + 2H^+ \rightleftharpoons Fe^{2+} + H_2O \tag{1-45}$$

1) (1-40)식에서 평형상수와 pH를 구하면 (1-46)식과 같다.

$$\Delta G_R^\circ = \Delta G_{Fe(OH)_2}^\circ + \Delta G_{H_2O}^\circ - \Delta G_{Fe(OH)_3}^\circ - \Delta G_{H^+}^\circ$$

$$= -106.7 + (-56.69) - (-166) - 0 = 2.61$$

$$\log K_{eq} = \frac{-\Delta G_R^\circ}{1.364} = \frac{-2.61}{1.364} = -1.91$$

$$K_{eq} = \frac{[Fe(OH)_2^+][H_2O]}{[Fe(OH)_3][H^+]}$$

여기서 $Fe(OH)_3$는 고체침전물로서 그 활동도는 1이고 $[H_2O]=1$이므로,

$$[H^+] = \frac{[Fe(OH)_2^+]}{10^{-1.91}} \tag{1-46}$$

2) (1-41)식을 Nernst식으로 풀면,

$$\Delta G_R^\circ = \Delta G_{Fe^{2+}}^\circ + 3\Delta G_{H_2O}^\circ - \Delta G_{Fe(OH)_3}^\circ - 3\Delta G_{H^+}^\circ$$

$$= -18.85 + 3(56.69) - (-166) - 0 = -22.95 \text{ Kcal/mol}$$

$$E^\circ = \frac{-\Delta G_R^\circ}{nF} = \frac{-(-22.951)}{1 \times 23.06} = 0.994\,V$$

$$Eh = E^\circ - \frac{0.0592}{n} log \frac{[Fe^{2+}]}{[Fe(OH)_3]} - 0.0592 \frac{m}{n} pH$$

여기서 수소이온의 수(m)=3이고 전자의 수(n)=1, $[Fe(OH)_3]=1$이므로,

$$Eh_{(v)} = 0.994 - 0.0592\ \log[Fe^{2+}] - 0.078\ pH \quad (1\text{-}47)$$

3) (1-42)식에서 평형상수를 구하면

ΔG_R° = - 24.29 kcal/mol

log K_{eq} = 17.8

∴ K_{eq} = $10^{17.8}$

$$K_{eq} = \frac{[Fe(OH)_3][H_2O]}{[Fe(OH)_4^-][H^+]} = 10^{17.8}$$

여기서 $[Fe(OH)_3]$ = 1, $[H_2O]$ = 1이므로,

$$[H^+] = \frac{10^{17.8}}{[Fe(OH)_4^-]} \quad (1\text{-}48)$$

4) (1-43)식을 Nernst식으로 풀면,

ΔG_R° = 11.69 kcal/mol

$$E^\circ = \frac{-\Delta G_R^\circ}{nF} = \frac{11.69}{1 \times 23.06} = -0.507\,V$$

$$Eh_{(v)} = -0.507 - \frac{0.0592}{n} log \frac{[FeO][H_2O][OH^-]}{[Fe(OH)_3]}$$

여기서, $[Fe(OH)_3]$ = 4, $[FeO]$ = 1, $[H_2O]$ = 1이므로,

$Eh_{(v)} = -0.507 - 0.0592\ \log[OH^-]$이다.

여기서 $[H^+][OH^-] = 10^{-14}$ 이므로 $[OH^-]$를 $[H^+]$로 표현할 수 있다. 즉,

log $[H^+]$ + log $[OH^-]$ = -14 이므로

∴ log $[OH^-]$ = -14 − log $[H^+]$ 이다.

∴ $Eh_{(v)} = -0.507 - 0.0592\ \log[pH - 14]$

$$= 0.322 - 0.0592\ pH \quad (1\text{-}49)$$

5) (1-44)식을 Nernst식으로 풀면,

$(Fe(OH)_4^- + 2H^+ + e^- \rightleftharpoons FeO + 3H_2O\ )$

ΔG_R° = -31.7 kcal/mol

$$E^{\circ} = \frac{-(31.7)}{1 \times 23.06} = 1.357\,V$$

$$Eh = E^{\circ} - \frac{0.0592}{n} log \frac{[FeO][H_2O]^3}{[Fe(OH)_4^-][H^+]^2}$$

$$= 1.357 - 0.0592\log \frac{1}{[Fe(OH)_4^-][H^+]^2}$$

윗식을 pH로 표현하면,

$$Eh_{(v)} = 1.357 + 0.0592\ \log[Fe(OH)_4^-] + 2(0.0592)\log[H^+]$$

$$Eh_{(v)} = 1.357 + 0.0592\ \log[Fe(OH)_4^-] - 0.118\ pH \tag{1-50}$$

6) (1-45)식을 평형 반응식으로 풀면,($FeO + 2H^+ \rightleftharpoons Fe^{2+} + H_2O$)

$$\Delta G_R^{\circ} = \text{-15.51 Kcal/mol}$$

$$\log K_{eq} = \frac{\Delta G_R^{\circ}}{1.364} = 11.36$$

$$K_{eq} = 10^{11.36}$$

$$K_{eq} = \frac{[Fe^{2+}][H_2O]}{[FeO][H^+]} = 10^{11.36}$$

여기서 $[H_2O]$와 $[FeO]$=1이므로,

$$[H^+]^2 = \frac{[Fe^{2+}]}{10^{11.36}}$$

$$H^+ = \sqrt{\frac{[Fe^{2+}]}{10^{11.36}}} \tag{1-51}$$

(1-46), (1-47), (1-48), (1-50) 및 (1-51)식들은 용존이온의 활동도에 따라 변하지만 다음 식들은 용존이온의 활동도에는 관계없는 식들이다. 일단 용존이온의 소요몰농도에 대한 식들이 유도된 다음에는 각 식으로 표현되는 선을 Eh-pH 영역에 작도한다. [그림 1-4]는 이와 같이 작성한 그림이며 직선상의 숫자는 해당식이다.

경계	식	산화전위	비고
$FeOH^{2+} \rightarrow Fe^{2+}$	(1-30), (1-33)	$Eh_{(v)} = 0.898 - 0.0592$ pH	
$Fe(OH)_2^{+} \rightarrow Fe^{2+}$	(1-31), (1-34)	$Eh_{(v)} = 1.107 - 0.118$ pH	
$Fe^{3+} \rightarrow Fe^{2+}$	(1-32), (1-35)	$Eh_{(v)} = 0.77$	
$Fe^{3+} \rightarrow FeOH^{2+}$	(1-36), (1-38)	pH = 2.17	
$FeOH^{2+} \rightarrow Fe(OH)_2^{+}$	(1-37), (1-39)	pH = 3.53	
$Fe(OH)_3 \rightarrow Fe(O)$	(1-43), (1-49)	$Eh_{(v)} = 0.322 - 0.0592$ pH	

용존 이온 활동도가 10^{-6}mol일 때의 pH 및 산화전위

경계	식	산화전위	비고
$Fe(OH)_3 \rightarrow Fe(OH)_2$	(1-40), (1-46)	$[H^+]=[10^{-6}]/10^{-1.91}=10^{-4.09}$	
$Fe(OH)_3 \rightarrow Fe^{2+}$	(1-41), (1-47)	$Eh_{(v)} = 0.994 - 0.0592 \log[10^{-6}]$ -0.0178 pH = 1.349-0.0178pH	
$Fe(OH)_4 \rightarrow Fe(OH)_3$	(1-42), (1-48)	$[H^+]=10^{-17.8}/[10^{-6}]=10^{-11.8}$	
$Fe(OH)_4 \rightarrow FeO$	(1-44), (1-50)	$Eh_{(v)} = 1.375 - 0.0592 \log[10^{-6}]$ -0.118 pH = 1.0202-0.118pH	
$FeO \rightarrow Fe^{2+}$	(1-45), (1-51)	$[H^+]=([10^{-6}]/10^{11.36})^{0.5}=10^{-8.68}$ pH = 8.68	

안정영역 다이아그램을 마무리하기 위해서 먼저 각 선의 어느 영역이 필요한지 결정해야 한다. 예를 들어 Fe^{3+}부터 시작해보자. Fe^{3+}는 두 가지의 반응식과 관련되어 있는데 그 하나는 (1-35)식과 (1-38)식이다.

이중에서 (1-35)식은 pH에 무관하게 Eh(v)=0.77 V인 수평직선이고 (1-38)식은 E_h(v)와는 무관하게 pH = 2.17인 수직 직선이다. 이 두 직선이 교차하는 지점의 왼쪽 상부구간은 Fe^{3+}가 존재할 수 있는 영역이다. (1-38)식은 $FeOH^{2+}$ 구역으로부터 Fe^{3+} 구역을 구분하는 경계선이 되고 이 구역은 다시 (1-33)식과 (1-39)식으로 Fe^{2+}와 $Fe(OH)_2$의 경계선이 구역화 된다.

서로 교차되는 선들로 구역화 되는 구간은 $FeOH^{2+}$ 구역으로 정의된다. 이와 같은 방법으로 각 성분의 안정영역을 결정하여 [그림 1-5]와 같은 철성분의 Eh-pH 다이아그램을 작도한다. 25℃에서 Eh와 P_e와의 관계는 다음과 같다.

$$Eh=(2.303 \times R \times T \times P_e)/F=2.303 \times 1.987 \times (272.15+25)P_e/(23.06 \times 1{,}000mv/r)=0.592P_e \text{ (Volt)}$$

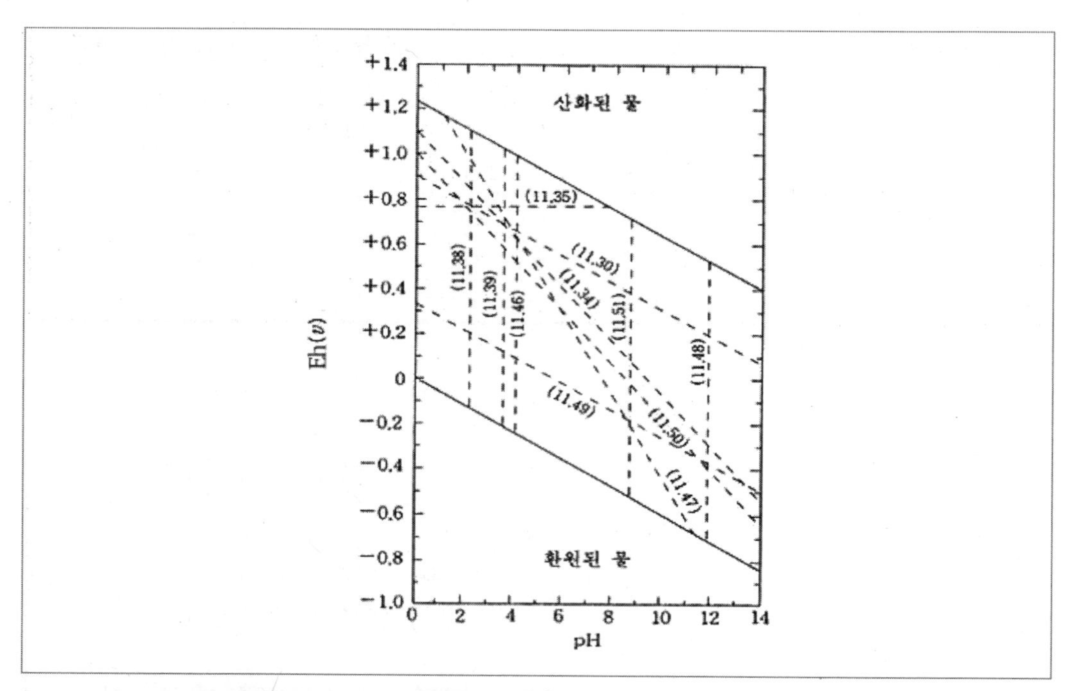

[그림 1-4] 표준상태 하에서 용존 이온의 활동도가 10^{-6}mol일 때 용존철의 Eh-pH 다이아그램 작도법

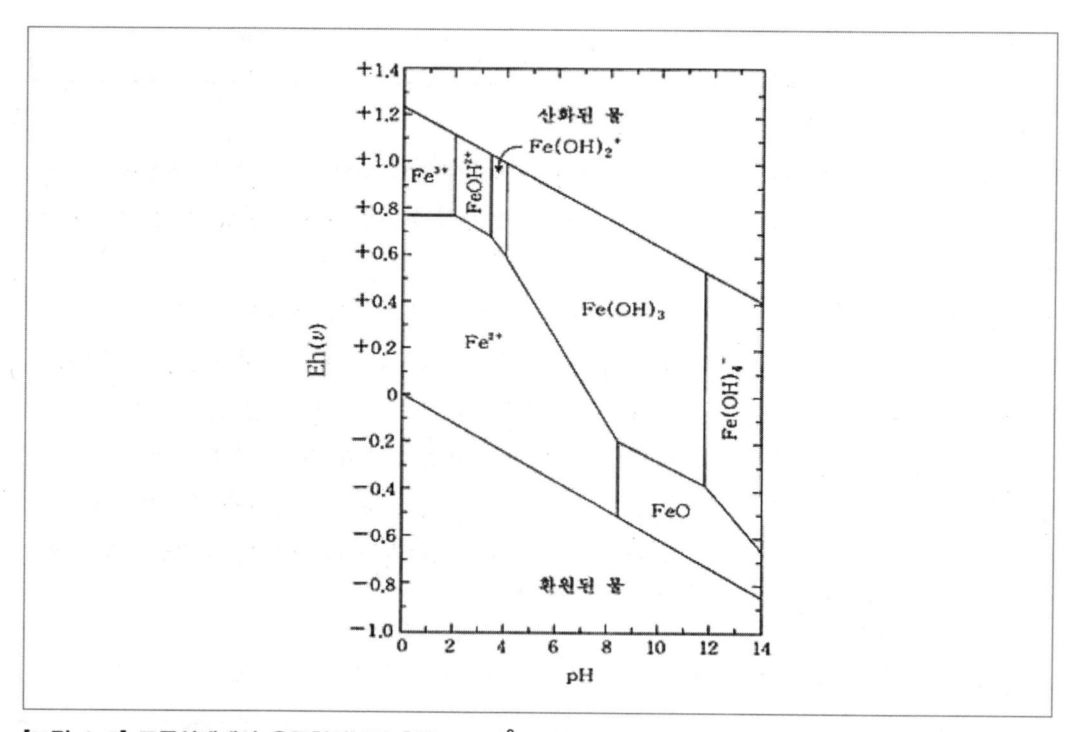

[그림 1-5] 표준상태에서 용존철성분의 활동도=10^{-6}mol일 때 용존철의 최종 Eh-pH 다이아그램

1.5 지하수의 수질특성 인자

1.5.1 지하수의 물리 및 화학적인 특성

지하수의 대표적인 물리적인 특성으로는 총 고용물질(TDS), 증발 잔유물(total solid), 부유물질(suspended solid), 휘발성 부유물질(volatile suspended solid) 및 전기전도도(conductivity) 등을 들 수 있다.

(1) 증발 잔유물(total solid, TS)

103~105℃나 180℃에서 물을 증발시킬 때 증발접시에 남아있는 잔량을 증발 잔유물 또는 TS(total solid)라 한다. 따라서 완전히 물을 증발시킨 후 증발접시에 남아있는 잔유물은 부유물질과 콜로이드 상태로 있는 물질과 용존물질의 합이다.

일반적으로 물속에 함유된 물질은 그 크기에 따라 다음과 같이 용존물질(dissolved solid), 콜로이드 물질(suspended solid) 및 부유물질(suspended solid)로 분류한다([표 1-6] 참조).

[표 1-6] 입자크기에 따른 분류

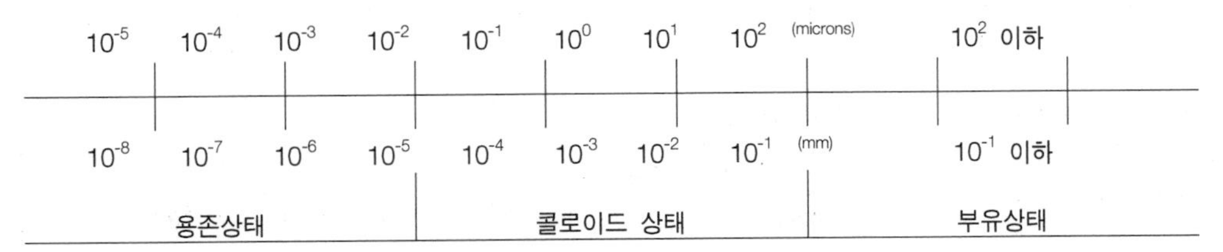

위의 표에서 콜로이드 상태로 있는 물질은 응집처리로 제거 가능하고 부유물질은 침전으로 제거 가능하다.

(2) 부유물질(suspended solid, S.S.)

부유물질(S.S.)은 1 micron(10^{-6}mm) 크기의 filter를 통과하지 못하는 즉, 직경이 10^{-6}mm 이하인 물질을 의미한다. S.S는 유기물질일 수도 있고 무기물질일 수도 있다. 가정용 하수의 평균 S.S 함양은 약 200mg이다.

(3) 휘발성 부유물질(volatile suspended solid, VSS)

VSS는 부유물질 중에서 유기물질의 함량을 나타내는 것으로 600℃에서 휘발되는 양이다. 특히 600℃에서 휘발되고 남은 잔량(ash나 residue)을 고정 부유물질(fixed suspended solid)이라 하고 이는 광물과 같은 무기물의 함량의 척도로 이용된다.
600℃ 이하에서 분해되는 무기염은 단지 탄산마그네슘 밖에 없다. 이에 반해 무기염의 대다수를 차지하는 탄산칼슘은 825℃ 에서도 안정하다. TOC(total organic carbon)는 용존 및 콜로이드 물질을 포함하고 있으나 VSS는 그렇지 않은 것 이외는 TOC와 유사하다.

(4) 총 고용 물질(total dissolved solid, TDS)

TS에서 SS를 감한 양을 TDS라 한다(1-52식).

$$TDS = TS - SS \tag{1-52}$$

증발 잔유물에서 부유물질만 뺀 양을 TDS로 정의하기 때문에 TDS는 물속에 녹아 있는 용존물질이나 콜로이드 상태로 있는 물질의 총합이다.
염도(salinity)는 해양학에서보다 복잡한 의미로 쓰이긴 하지만 원칙적으로 TDS와 같은 의미로 사용된다. 따라서 폐수를 처리할 때 TDS는 단순한 물리적인 침전이나 화학적인 응집처리로서 제거할 수 없는 물질의 총양을 의미한다. 따라서 TDS에 해당하는 함량은 박테리아들이 이를 먹이원으로 이용하기 때문에 일반적으로 생물학적 처리를 통해서 제거한다. TDS를 이용하여 물의 형태를 분류하면 다음과 같다.

[표 1-7] TDS의 함량에 따른 물의 형태(단위 ㎎/ℓ)

물의 형태	TDS(염의 형태)		비고
	David와 Dewiest(1967)	Cleary(1990)	Drever(1988)
담수(fresh)	1,000 이하	1,000 이하	1,000 이하
흑수(blackish)	1,000~10,000	1,000~35,000	1,000~20,000㎎/ℓ
해수(sea water)	10,000~100,000	35,000	saline water ±35,000
고염수(brine)	100,000	35,000 이상	35,000 이상

해수 내에 포함된 염류는 주로 NaCl, $MgSO_4$ 및 $CaSO_4$이며 해수에서 Cl^-이온의 평균농도는 19,000mg/ℓ이고 Na^+ 이온의 농도는 10,760mg/ℓ 정도이다. 따라서 TDS와 Cl^-은 직접적인 상관관계를 가지고 있으며 현재 TDS를 이용하여 Cl^-이온을 측정할 수 있는 기기들이 제조 시판되고 있다.
현재 미국은 TDS가 10,000mg/ℓ인 지하수도 보호대상으로 하고 있다. 그 이유는 현재의 기술로는 TDS가 10,000mg/ℓ인 지하수를 처리하는 데 상당한 처리비용이 들지만 앞으로 우리 후세대들은 이러한 지하수도 염가로 간단히 처리할 수 있는 기술이 개발될 것으로 확신하고 있기 때문이다.

(5) 비전도도(specific conductance)와 전기전도도(conductivity)

전도도(conductivity)는 일명 전기전도도(electrical conductivity, EC), 비전도도(specific conductance)나 혹은 conductance라 한다. 그러나 엄격한 의미에서 전기전도도(electric conductance 및 conductivity)는 1개 물질이 전류를 흐르게 하는 능력을 나타내는 단위인데 반해 비전도도(specific electric conductance 및 specific conductance)는 특정 온도 하에서 단위 길이나 단위 단면적을 갖는 물체의 전기전도도를 나타내는 단위이다. 즉, 비전도도는 체적 전기전도도(volume conductivity)와 동의어이며 체적저항(volume resistivity)의 역수이다(Weast, 1968). ASTM은 물의 전기전도도를 단위 체적($1cm^3$)을 갖는 25℃ 의 수용성 용액의 두 대응면에서 측정한 전기저항(ohm)의 역수로 정의하고 있다. 따라서 용액 내에 이온이 많을수록 전기저항은 감소되고 전기전도도는 증가한다. 따라서 전기전도도의 단위는 특정 온도(℃)에서 cm당 micromhos로 표현해야 한다고 규정하고 있다.

정의에서 이미 규정한 바와 같이 측정규모를 단위체적의 양면 사이의 거리로 규정했기 때문에 구태여 전기전도도의 단위에 mhos/cm와 같이 길이 단위를 사용하지 않아도 된다. 즉 mhos만 사용해도 무방하다. 전기전도도를 나타내는 표준온도는 25 ℃ 이다. 전기전도도는 전기저항의 역수이기 때문에 단위는 ohms를 반대로 표기한 mhos로 표현한다.

자연수의 비전도도는 일반적으로 1mho보다 훨씬 적기 때문에 0.003 mho와 같이 불필요한 소수점을 사용하는 것을 피하기 위해서 μmhos(micromhos)라는 단위를 사용한다. 즉 1 mho=10^6 μmhos이다.

1947년 10월 이전에 미국지질조사소(United State Geological Survey, USGS)는 비전도도를 10^5×mhos를 사용한 바도 있다. SI(international system of units)는 전기전도도의 단위를 "siemens"로 개명해서 사용하고 있으나 아직까지 전 세계적으로 널리 이용되고 있지는 않다. 여기서 1 siemens=1 mhos와 같고 1 microsiemens(μS) = 1 μmhos와 같다.

순수한 물은 25℃ 에서 전기전도도가 수백분의 1μmhos/cm 정도로 매우 낮다. 그러나 자연상태에서 순수한 물을 찾아보기는 힘들다. 물속에 전하를 띤 이온이 많을수록 물의 전기전도도는 커진다. 즉, 용액 내에서 이온농도가 증가할수록 용액의 전기전도도는 증가하기 때문에 전기전도도는 바로 이온농도의 지시인자이다.

이온농도와 비전도도 사이의 관계는 매우 단순하며 단일 염일 경우에는 그 희석정도에 따라 직접 비례한다. [그림 1-3]은 KCl의 농도가 0.01 mol(746mg/ℓ)까지 변할 때 KCl의 농도별 용액의 비전도도와의 관계를 나타낸 그림이다. KCl의 농도가 0.01 mol을 초과하면 그 기울기는 약간 감소한다. 즉, KCl의 농도가 7.460mg/ℓ일 때 [그림 1-3]의 기울기를 이용하여 유추하면 비전도도는 14,000μmhos/cm이어야 하지만 실제는 12,880μmhos/cm가 된다.

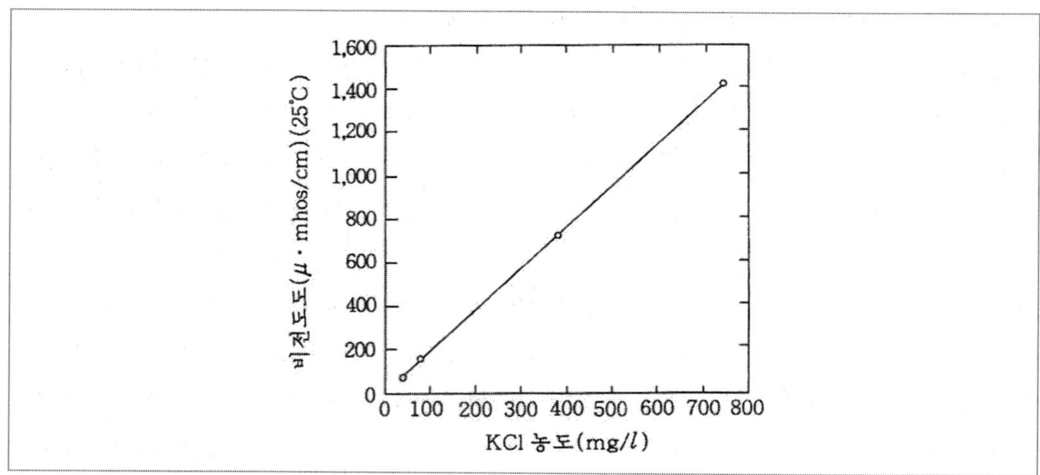

[그림 1-6] KCl 용액의 농도와 비전도도

[그림 1-6]은 KCl의 농도가 746mg/ℓ인 경우, 용액의 온도가 0℃에서 35℃ 범위까지 변할 때 온도변화와 용액의 전기전도도의 변화를 도시한 그림이다. 이에 따르면 비록 용액 내에서 KCl의 농도가 동일할지라도 온도가 증가하면 전기전도도도 증가함을 보여주고 있다. 대체적으로 온도변화에 따른 전기전도도의 변화는 염의 종류나 농도에 따라서 달라진다.

그러나 대개 시험실에서 용액을 희석시키는 경우, 온도가 1℃ 증가하면 전기전도도는 약 2% 증가한다.

[그림 1-7]은 1947년 미국지질조사소가 Arizona에 있는 Gila River에서 시료를 채취하여 작성한 고용물질의 농도와 비전도도와의 관계를 도시한 그림이다. 이 관계를 이용해서 전기전도도(±100mg/ℓ 정도의 오차는 있긴 하지만)만 측정해도 고용물질의 함량을 구할 수 있다.

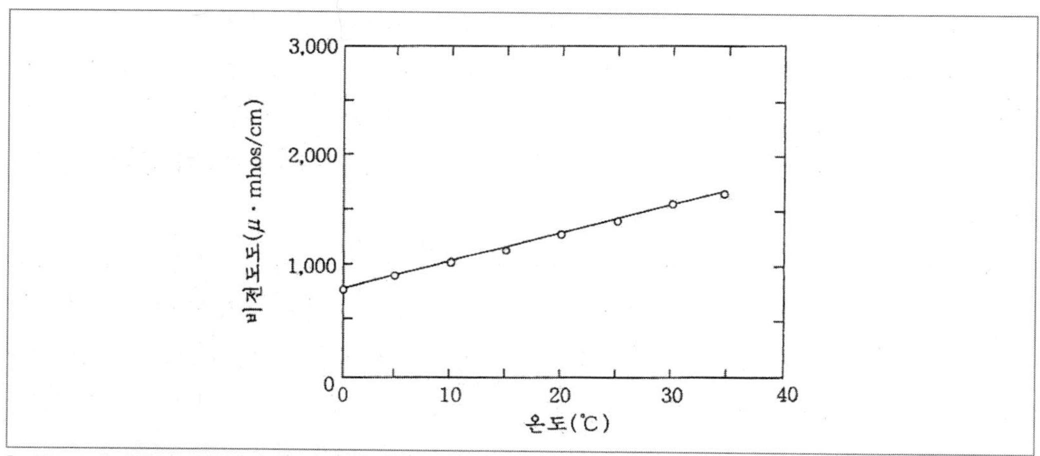

[그림 1-7] 온도에 따른 전기전도도의 변화

[그림 1-7]에서 전기전도도와 고용물질의 함량(일반적으로 TDS를 사용한다) 사이의 관계는 (1-53) 식과 같다.

$$\text{TDS}(mg/\ell) = A \times \text{전기전도도}(\mu mhos) \tag{1-53}$$

Gila River의 경우 비례상수 A는 0.59 정도이다. 그러나 [그림 1-8]과 같이 고용물질의 함량이 1000mg/ℓ 이하인 경우의 회귀선의 기울기는 약간 급하다. 고농도의 경우와 비교해볼 때 대동소이 하다. 자연수에서 A는 0.54~0.96 사이이며 일반적으로 A는 0.55~0.75 정도이다. 이외에 전기전도도는 다음 식을 이용해서 양이온의 총량(meq/ℓ)으로부터 구할 수도 있다(Hounslow, 1955).

$$\text{전기전도도}(\mu mhos) = \text{양이온의 총량}(meq/\ell) \times 100$$

전기전도도(μmhos/cm)에 따라 물을 분류하면 [표 1-8]과 같다.
하와이의 기저지하수와 제주도의 지하수 내에 함유된 염소이온 농도와 전기전도도(μmhos/cm)와의 관계는 [그림 1-9]와 같다. [그림 1-9]와 같이 하와이에 부존된 지하수 가운데 상위 기저지하수, 하위 기저지하수 및 전이대에서 염소이온 농도와 EC와의 관계는 각각 다음과 같다.

하위 기저지하수 : $Cl^{-1} = 0.1429$ EC
상위 기저지하수 : $Cl^{-1} = 0.333$ EC - 109
점이대 : $Cl^{-1} = 0.2976$ EC

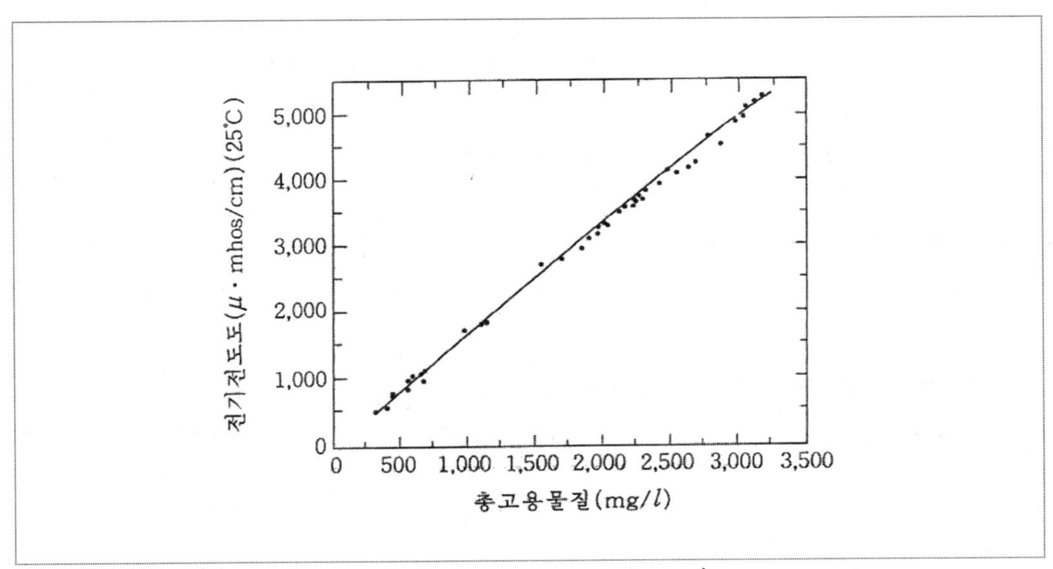

[그림 1-8] 총 고용물질과 전기전도도와의 관계(Arizona의 Gila강, 1944)

[표 1-8] 물의 종류에 따른 전기전도도(microsiemens)

물의 종류	Hem(1985)	Cleary(1990)
	전기전도도(μmhos/cm or microsiemens)	
순수한 물(증류수 포함)	0.05	0.5~2
녹은 눈	2~42	
일반수(원수)		50~500
광화수		500~1000
산업용 폐수		10,000 이상
해수	41,500 이상	
고염수	225,000	

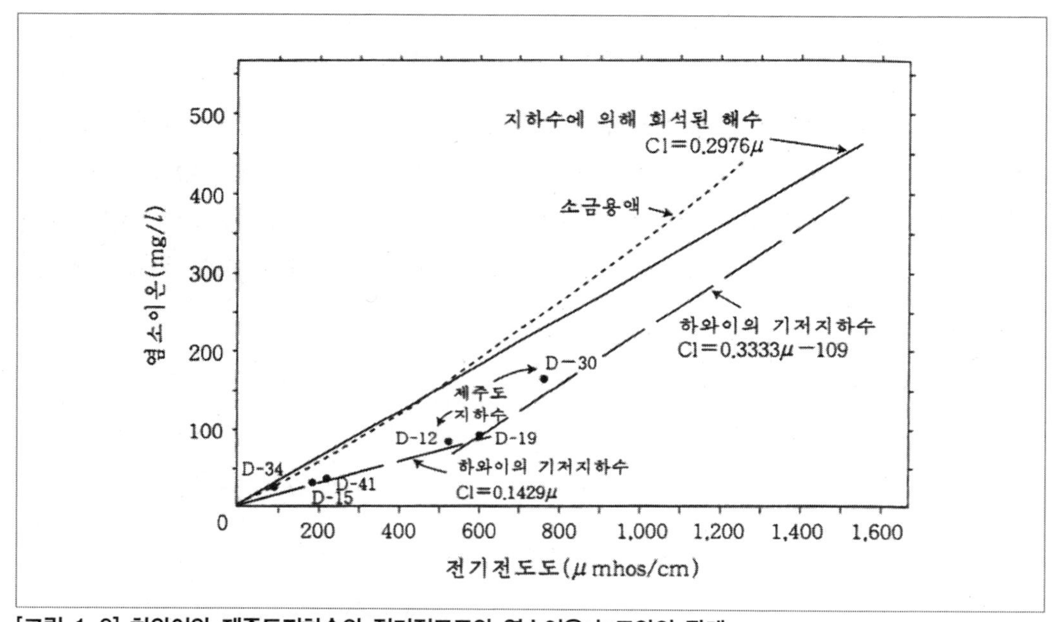

[그림 1-9] 하와이와 제주도지하수의 전기전도도와 염소이온 농도와의 관계

[표 1-9]는 이스라엘의 사해(Dead sea)의 수심별 염소이온 농도와 비중, 수온 및 주요광물성분을 요약한 표이다. 이에 따르면 사해는 Br, K, 및 Mg과 같은 경제성이 매우 양호한 광물의 보고이다.

[표 1-9] 사해의 심도별 염소이온 농도와 주 구성성분

심도(m)	염소이온(mg/L)	비중	수온(℃)	주요 성분
0 ~ 40	300,000	1.3	19 ~ 37	SO_4, HCO_3
40 ~ 100	전이대			
100 ~ 400	332,000	1.332	22	NaCl, Br, K, Mg, H_2S, Cl^{-1}, 바닥에 NaCl침전

(6) 경도(hardness)

경도는 일반적으로 비누가 거품을 내는 비누의 사용량으로 표현한다. 따라서 경도와 비누 소모량은 서로 비례한다. 경수를 이루고 있는 광물이 비누와 반응해서 비누에 의해 제거되지 않는 한 비누거품은 일어나지 않을 것이다.

Ca과 Mg은 경수를 만드는 주요 화학성분이지만 주로 이들의 탄산염, 유화염, 염화물 및 질산염과 같은 염에서 유래된 것들도 있다. 이들 칼슘과 마그네슘이온과 탄산, 유화, 염화 및 질산이온은 용액상태로 존재하며, 특히 이들 중 칼슘과 마그네슘이온은 물의 온도나 압력이 변하는 경우에 경수 내에서 침전하여 피각현상을 일으킨다.

중탄산염이온은 용해된 탄산가스(CO_2)에 의해 지하수 내에서 용존상태로 존재한다. 즉 용해된 탄산가스가 석회암이나 백운암과 접촉할 때는 이들 암석 내에 포함된 칼슘 및 마그네슘 성분과 반응하여 중탄산염으로 변한다.

시험결과에 의하면 탄산염으로 구성된 암석이 용존탄산가스에 의해 용해될 때 다음과 같은 현상이 발생한다. 약 44mg/ℓ의 용존탄산가스는 100mg/ℓ의 중탄산염을 생성시킬 수 있다. 그런데 중탄산염이온은 칼슘 및 마그네슘과 매우 약한 결합을 이루고 있으므로, 이러한 경수를 끓이면 용존상태로 있던 탄산가스는 기화하여 일출하고 중탄산염의 일부가 탄산염으로 변하여 앙금상태로 침전한다. 즉,

$$Ca^{2+} + (HCO_3)^{2-} \dashrightarrow CaCO_3 + H_2 + CO_2\uparrow \qquad (1\text{-}54)$$

위의 화학식에서 CO_3^{2-}이온은 경수 속의 칼슘이나 마그네슘이온과 재결합하여 불용해성인 탄산칼슘이나 탄산마그네슘의 앙금(scale)을 만든다. 일반적으로 탄산칼슘은 매우 불용해성이므로 탄산칼슘은 탄산마그네슘보다 먼저 침전한다. CO_2를 포함하지 않은 경수는 보통 용액 속에서 14mg/ℓ의 탄산칼슘을 수반하지만 동일한 조건 하에서 탄산마그네슘은 탄산칼슘보다 그 용해도가 약 5배나 된다.

경수의 총경도(total hardness)는 일시 경도와 영구 경도로 구분한다. 일시경도란 칼슘과 마그네슘이온이 소량의 탄산염이나 중탄산염과 결합된 상태인 경우를 의미하며, 일시 경도인 물을 끓이면 탄산염이온이 탄산칼슘($CaCO_3$) 및 탄산마그네슘($MgCO_3$)의 형태로 침전되므로 경수를 연수화시킬 수 있다.

이에 비하여 칼슘이나 마그네슘이 유화염, 염화염 및 질산염이온과 결합하여 있을 때 이런 물은 끓여도 이들 염이 침전되지 않으므로 경수를 연수화시킬 수 없다. 이러한 염이온을 가진 물의 경도를 영구경도(permanent hardness), 혹은 비탄산경도(non carbonate hardness)라 한다. 경도가 50mg/ℓ 이하인 물을 연수(soft water)라 하고, 그 이상인 물은 경수(hard water)라 한다.

경도가 50~150mg/ℓ 사이의 물은 어떠한 목적으로도 사용 가능하며, 비누사용량은 경도가 증가함에 따라 그 양도 증가한다. 예를 들어 다량의 비누를 사용하는 세탁소나 기타 공장에서는 물의 경도가 50mg/ℓ 이하가 되도록 처리한 후 용수로 사용한다. 만약 경도가 100~150mg/ℓ인 물을 보일러용수로 사용하면 다량의 앙금이 파이프 내에 침전하여 파이프를 손상시킨다. 또한 경도가 200mg/ℓ 이상인 경수를 가정용으로 사용하려면 이를 반드시 연화시켜야 한다. 만일 대규모 상수도용으로 사용할 원수가 경수일 경우에는 경도가 최소 85mg/ℓ 정도까지 연화시키는 것이 좋다. 그 이하로 연화시킬 수 있으면 좋으나 그렇게 되면 물처리에 경비가 너무 많이 들어가게 된다.

경수와 연수의 관계는 항상 상대적이기 때문에 연수가 많이 분포된 미국 뉴잉글랜드주 지역과 같은 곳에서는 경도가 100mg/ℓ인 물도 경수라 부르지만 연수가 흔하지 않은 네브라스카주나 미네소타주와 같은 지역에서는 경도가 100mg/ℓ인 물도 연수라고 한다.

(7) 알칼리도(alkalinity)

물속의 산을 중성화시킬 수 있는 능력을 알칼리도(alkalinity)라 한다. 따라서 알칼리도란 술어를 사용하는 데는 약간의 혼동이 생기게 되는데, 알칼리도의 존재는 물의 pH가 반드시 7 이상이어야만 되는 것은 아니다. 경수의 지하수는 산도(pH)가 7 이하인 경우에도 산을 중화시킬 수 있는 염을 동시에 가지고 있으므로, 측정할 수 있을 정도의 약간의 알칼리도를 가지고 있다. 알칼리도에 영향을 미치는 이온은 탄산염 및 중탄산염이 있으며 기타 염산, 황산 및 질산염이온은 영향을 미치지 않는다. 수화물이나 수산기(OH^-)가 물속에 들어 있을 때는 이들이 알칼리도에 영향을 미치지만, 지하수에서는 수화물을 가진 것이 거의 드물다. 그러나 일단 처리한 물이나 콘크리트와 접하고 있는 물속에서 이들 수화물을 다량으로 발견할 수 있다. 알칼리도 측정은 페놀프탈레인이나 메틸오렌지 등의 지시약을 사용한다.

(8) 산도(acidity)

산도란 전술한 알칼리도의 반대로서 물속에 있는 알칼리 및 염기(base)를 중화시킬 수 있는 능력을 말한다.

산성은 대부분이 황철광이나 기타 유화금속이 화학적 변화를 일으켜서 발생한 유산으로부터 유래된 것이 일반적인 것으로 물과 산소와 유화물이 반응하여 유산이 된다. 비록 pH가 7 이하인 물을 산성수(acid type water)라고는 하나 pH가 4.5 이하인 경우에도 자유광산이 존재한다. 따라서 지하수에서 총산도는 보통 황산(sulfuric acid)에 대응되는 양으로 표시한다.

(9) 이온교환(ion exchange)

대부분의 자연광물은 자체의 이온을 다른 이온으로 바꿀 수 있는 능력을 가지고 있다. 그러나 음이온을 교환하는 광물은 아직까지 알려져 있지 않으며 대부분의 이온교환은 양이온을 교환하는 광물들 사이에서 일어난다. 특히 그들 중에서 Ca, Mg 및 Na은 대표적인 이온교환이 가능한 양이온들이다. 양이온교환은 광물입자표면에 흡착된 이온과 물에 용해된 양이온들이 서로 다를 때 가장 잘 일어난다. 광물질의 양이온과 물속에 용해된 양이온 사이에 평형상태가 도달할 때까지 이온교환은 계속해서 일어난다. 이온교환 가능광물은 비교적 범위가 넓기 때문에 많은 지역에서 지하수의 화학적 성분은 양이온 교환에 따라 크게 달라진다.

대표적인 이온교환 가능광물로는 제올라이트(zeolite)군, Ca과 Na을 포함한 수인성 알루미늄, 규산질군 및 녹니석군(glauconite group) 등이 있다. 특히 해성퇴적물은 나트륨이온으로 과포화되어 있기 때문에 해성 퇴적물 내로 연수가 침투하면, 나트륨이온은 물속에 포함되어 있는 마그네슘이나 칼슘과 이온교환을 하여 연수는 점차 경도가 감소된다. 즉 광물이온과 연수에 들어 있는 이온들이 평형에 도달하여 더 이상 이온교환이 발생되지 않는 상태에 도달할 때까지 이온교환은 계속된다. 이로 인해 이온변환 광물은 결국 연수를 화학적으로 완전히 다른 물로 변화시킨다. 반대로 염수가 대수층 내로 침투하면 염수 속의 나트륨 광물에 의하여 이전에 흡착된 칼슘과 마그네슘이온을 치환하여 침투된 염수는 연수로 변한다.

1.5.2 주요 비금속성 무기물질과 그 특성

(1) 질산염(nitrate)과 질소

질산염의 농축과정은 여러 가지이다. 알파파(alfafa)같은 식물은 대기 중에서 질소를 취하여 질산염형태로 토양 속에 이를 농축시킨다. 또 식물의 부식, 동물의 배설물 및 질소비료에 의해서도 토양 속에 질산염이 농축된다.

우물에서 채수한 지하수 속에 질산염이 다량 함유되어 있을 경우는 우물 속으로 질산염에 의해 오염된 지표수가 직접 유입되었거나, 또는 대수층 상부에 발달된 토양대 속에 농축된 질산염이 강수에 의해 대수층으로 침투하여 지하수가 오염된 것으로 생각할 수가 있다. 변소, 재래식 하수구, 정화조, 화학비료 및 퇴비(manure)는 다량의 유기 및 무기질소를 포함하고 있는 잠재오염원이다. 따라서 지하수 내에 다량의 질산염이 발견되었을 경우에는 상기 지역이 이들 물질에 의해 오염된 것으로 생각할 수 있다.

질산염의 농도가 45mg/ℓ 이상인 물은 유아에게 청색증을 일으키기 때문에 가정용수로는 사용할 수 없다. 이러한 독성효과는 유아들에게 무기력(listless) 및 졸음증을 일으키게 하며, 피부가 청색으로 변하는 병으로 상당량이 함유되어 있을 때는 생명까지 잃을 수 있다. 그러나 성인이나

다 자란 아이들에게는 청색증이 발병했다는 보고는 아직까지 없다.

질산염의 음용수 수질기준은 45mg/ℓ인데, 이를 질산성 질소(NO_3-N)로 환산하면 10mg/ℓ에 해당한다. 질산염은 탄산염처럼 물을 끓여도 제거할 수 없다. 질산염을 제거하기 위해서는 물을 증발시키거나 물속의 광물성분을 분리시켜야만 한다.

만일 질산염이 폐수에 의해 지하수 속에 포함되어 있을 때는 통상 염화물이 이와 수반된다. 따라서 질산염(nitrate)과 염화물(chloride)이 지하수 내에 동시에 상당량이 함유되어 있으면 폐수나 외부에서 오염된 것으로 생각해도 무방하다.

무기질 질소의 일반적인 형태는 NO_3(nitrate), NO_2(nitrite), 질소가스(N), 암모니움(NH_4^+) 및 시안(CN^-) 등이 포함되어 있다. 토양과 지하수계 내에서 질소원소는 미생물에 의해 산화・환원 반응을 한다. 산화조건 하에서 암모니아는 NO_2^-로 바뀌고 다시 NO_3^-로 바뀐다. 특히 NO_2^-는 매우 반응성이 큰 이온이기 때문에 즉시 NO_3^-로 바뀐다. 따라서 지하수 환경 내에서 NO_2^-의 함량은 소량이다. 이에 비해 환원조건 하에서 NO_3^-는 초기에 질소가스로 변하는데 이를 탈질작용(denitrification)이라 한다.

유기물질은 환원상태에서 암모니아로 바뀐다. 예를 들어 정화조에서 배출된 하수 속의 암모니아 농도는 매우 높고, 이에 비해 NO_3^-의 함량은 매우 낮다. 만일 정화조의 하수가 환원상태에 있는 지하수계로 유입되면 질소원소는 암모니아의 형태로 존속하나 산화상태에 있는 지하수계로 유입되면 박테리아가 암모니아를 질산염으로 바꾼다. 많은 연구자들이 질산염에 관한 연구를 시행해 왔다. 대체적으로 수림이나 영구 목초지 하부에 분포된 지하수의 질산성 질소(NO_3-N)의 함량은 1mg/ℓ 미만인 데 반해 비료를 많이 사용하는 농경지 하부의 지하수의 질산성 질소의 함량은 10mg/ℓ 이상이다.

질소는 ^{14}N와 ^{15}N과 같은 두 종의 동위원소가 있다. 이중 ^{14}N은 주로 대기 속에 풍부히 존재한다. 질산염 중 $\frac{^{15}N}{^{14}N}$의 비를 이용해서 질산염의 근원이 화학적인 비료에서 유래된 것인지 아니면 분뇨나 동물의 배설물에서 유래된 것인지를 구분하는 데 사용한다(Flipse 등, 1984).

$$\delta^{15}N(mill) = \frac{\left(\frac{^{15}N}{^{14}N}\right)_{시료} - \left(\frac{^{15}N}{^{14}N}\right)_{표준}}{\left(\frac{^{15}N}{^{14}N}\right)_{표준}} \times 1000 \qquad (1\text{-}55)$$

여기서 mill은 $\frac{1}{1000}$이다. 표준은 대기 속의 함량이다.

만일 $\delta^{15}N$이 (+)이면, 시료 내에 함유된 NO_3-는 표준치에 비해 ^{15}N가 보다 많이 농축되어 있기 때문이다. 주로 가축 분뇨나 인분에 의해서 유래된 질산염은 $\delta^{15}N$가 10 mill 이상이다.

(2) 불소(fluoride)

불소는 물속에서 F^- 이온으로 산출된다. 자연수 내에서 불소의 농도는 일반적으로 1mg/ℓ 이하이며, 최대 67mg/ℓ까지 보고된 바 있다.

불소는 형석(CaF_2)이나 인회석[$Ca_5(Cl, F, OH)(PO_4)_3$]과 같은 광물로 존재하다가 풍화를 받으면 분리된다. 또한 불소는 불화수소산을 사용하는 산업공정의 부산물로 생성되기도 하며 인산비료 제조과정에서도 생성된다.

미국 플로리다주에 소재하고 있는 비료공장의 폐수 내에는 불소가 2,810~5,150mg/ℓ까지 함유되어 있다(Cross와 Ross, 1970). 불소는 물속에서 3가철, 벨릴리움 및 알루미늄과 같은 양이온과 결합하여 화합물의 형태로 존재한다. 물에 용해된 불소는 Ca^{2+}과 반응하여 형석을 만들기도 한다. 형석의 용해도곱(solubility product)은 $10^{-10.4}$이다. 물속에 Ca^{2+}이 녹아있을 때 용액 내에 녹아있는 불소량은 형석의 침전으로 인해 조절된다.

불소는 지하수 속에 소량 존재하며, 그 기원은 형석과 화성암 내에 포함된 불소광물이나 기타 불소화합물로부터 유래된 것들이다. 그밖에 화산가스로부터도 일부 유래되기도 한다.

불소화합물이 다량 함유된 물은 유아에게 극히 해롭다. 불소가 많이 함유된 지하수를 유아가 장기간 복용하면, 소위 모틀에나멜(mottled enamel, 서로 다른 색을 띠는 피막물질)로 알려진 치아 결핍 현상을 일으킨다. 한편, 최근의 조사에 의하면 불소가 적당히(0.9~1.0ppm) 함유된 물은 치아부식 방지에 좋다는 사실이 밝혀져 현재 우리들이 사용하고 있는 치약에 약간의 불소화합물을 혼합해서 쓰고 있다.

(3) 염소와 브롬

염소와 브롬은 화학적인 특성이 유사하다. 염소가스는 정수과정의 살균제로 널리 사용하며 물에 녹였을 때 매우 강한 산화제이다. 자연수 내에 함유되어 있는 염소이온의 농도는 대체적으로 100mg/ℓ 이하이다.

염소이온은 산업용 폐수, 하수, 동물의 배설물 및 제설제 등으로 인해 지하수로 유입된다. 상업비료는 KCl의 형태로 염소를 함유하고 있다. 특히 염소와 브롬은 산업용제나 농약 제조용 할로겐 유기화합물의 성분으로 사용된다. 이들 물질은 농약처럼 의도적이거나 누출이나 유출 사고에 의해 지하로 유입된다.

염소와 브롬은 모두 비반응성 물질이기 때문에 산화환원 반응에 참여하지 않을 뿐만 아니라 대수층 매체에 흡착되지도 않는다. 따라서 이들 두 물질은 보수적인 추적자로 이용된다.

일반적으로 염소이온의 농도가 500mg/ℓ 이상이면 물맛이 불쾌하다.

(4) 유황(sulfur)

황철광을 함유하고 있는 암석들이 미생물의 촉매작용에 의해 산화되면 유황을 배출한다. 그 대표적인 예가 폐광산에서 유출되고 있는 산성 광산폐수를 들 수 있다.
황은 유화광물의 재련과정이나 화석연료를 연소시키는 과정에서도 생성되는데 이때 약간의 황을 배출한다. 황산염은 석고나 경석고에서 용출되거나 또는 황철광이 산화되어 지하수 내에 존재한다.
만일 상당량의 황산마그네슘(epson 염)이나 황산나트륨염이 지하수 속에 함유되어 있으면 쏘는 맛을 내며 이 물을 마시면 설사를 하게 된다.

(5) 비소(arsenic)

비소는 +5, +3, +1, 0 및 -3가로 산출된다. 물속에서 용존상태로 산출되는 비소화합물로는 원자가가 +5가인 비산염($H_nAsO_4^{3-n}$)과 원자가가 +3가인 이비산염($H_nAsO_3^{2-n}$)이 있다. +5가의 비소는 +3가의 비소보다 흡착능이 매우 크다. 용존비소는 수산화철에 의해 흡착되므로 지하수계 내에서 거동은 제약을 받는다.
비소는 석탄연소나 광석제련 시 생성되어 지하 환경을 오염시킨다. 과거에 비소는 살균제, 사체의 방부제로 널리 사용한 바 있다. 미국의 시민전쟁 초기(1860~1865년)에 비소를 주로 전사한 병사의 방부제로 1명당 평균 1.4kg씩 사용하였다. 비소에 의한 오염의 주근원이 시민전쟁 시 조성했던 군인묘지임이 밝혀져 1910년에 미국 연방정부는 비소를 방부제로 사용하는 것을 금지시켰다. 지하수 내 비소의 함양이 높은 곳은 arsenopyrite 폐석이 풍화되거나 우라늄광, 금광 및 심부 지열개발 지역 등이다. 특히 최근에 알려진 사실로는 히말라야 산맥을 발원지로 하고 있는 방글라데시의 갠지스 강 하류와 브라마푸트라의 중하류 지역, 월남의 홍강 하류, 미얀마의 이라와디강 하류, 캄보디아의 메콩강 하류 및 태국의 스윈강 하류에 분포된 현세 충적층 가운데 저습지의 환원성 상태 하에 부존된 천부 지하수 내에는 철 망간과 함께 상당량의 비소가 함유되어 있음이 알려져, 이들 지하수를 음용수나 관개용수로 이용하는 주민들의 건강에 심각한 악영향(피부암, 신장암 등)을 미치고 있어 국제적인 문제가 되고 있다.

(6) 용존가스

용존가스란 물속에 가스 상태로 녹아 있는 물체이다. 가장 일반적인 것으로는 용존산소, 유화수소(H_2S), 탄산가스, 질소, 아황산가스 및 암모니아 가스 등이다. 이중에서 지하수 속에 가장 보편적으로 들어있는 것으로는 용존산소, 용존탄산가스 및 유화수소이다. 이들을 좀더 상세히 설명하면 다음과 같다.

1) 용존산소(dissolved oxygen, DO)

지하로 침투하는 물속에 들어 있던 용존가스가 비포화대를 통해 그 하부로 침투할 때, 대부분의 용존산소는 유기물과 반응하여 산화되므로, 깊은 곳에 저유된 지하수 속에는 용존산소의 함량이 적다. 간혹 심도 30m 이상 되는 지하수 속에서도 용존산소가 존재할 때도 있으나 이러한 경우는 매우 드물다. 일반적으로 대기압과 동일한 상태에서 온도가 0℃인 물속에 용해되어 있는 공기량은 약 29mg/ℓ 정도이며, 그중 10%가 산소이다.

용존산소는 철, 망간, 양철 및 놋쇠에 대해 부식성이 있으며 온도가 높을수록 부식력은 증가한다. 그러나 온도증가에 따라 용존산소의 양은 감소하므로 온도, 부식정도 및 압력은 서로 상관관계를 갖는다. 용존산소를 다량 함유한 물은 산성인 경우 부식성이 월등히 증대된다. 또한 전기비전도도가 크고 pH가 8보다 클 때는 부식성이 더욱 커진다.

용존산소의 농도가 클수록 지하수는 호기성상태이다. 호기성상태 하에서 지하로 누출된 유류중 BTEX는 거의 대부분 호기성 박테리아에 의해 생분해된다. 천부지하수 중 충적층 지하수의 용존산소의 농도는 1~12mg/ℓ 정도이다.

2) 유화수소(hydrogen sulfide)

유화수소가 함유되어 있는 지하수는 마치 썩은 달걀과 같은 냄새를 풍기므로 쉽게 알아낼 수 있다. 차가운 지하수가 유화수소를 0.5mg/ℓ 정도 함유하고 있을 경우에는 상당히 지독한 냄새가 난다. 유화수소를 함유한 물은 약산성이므로 부식성이 있고, 상당량의 용존가스가 존재할 때는 동합금 물질까지도 부식시킨다.

지하수 속에는 황산염을 감소시키는 박테리아가 서식한다. 이들은 산소가 결핍된 곳이거나 황산염 함량이 높은 곳에 서식하면서 황산염을 유화수소로 변화시킨다. 동파이프를 매설한 곳에 이들 유화가스를 함유한 물이 흐를 때 철과 화학반응을 일으켜 유화철이 생성된다. 이들 유화철은 비용해성 물질로서 파이프 속에 철-앙금(scale)을 만든다.

이밖에 철박테리아는 해리된 철을 불용해성 산화물로 변화시켜 파이프 내에서 산화철의 스케일을 만드는데, 이들 용해된 철은 철파이프 자체에서 부식되어 나온 부산물이다. 이때 부식된 면에 이들 산화물의 앙금이 가라앉게 된다. 이러한 두 가지 현상은 피각작용에서 일반적으로 잘 발생하는 현상이다. 철은 처음에 부식작용에 의해 용해되지만 다시 침전하여 앙금을 이룬다. 만일 앙금이 점차 가라앉아 원 파이프의 체적보다 크게 되면 점차 파이프를 메우게 되고 이로 인해 우물의 산출률이 감소된다. 일부 조사에 의하면 스케일 때문에 감소되는 연간 산출량의 감소율은 전산출량의 1~2% 정도라고 한다.

3) 탄산가스(CO_2)

강우는 지표로 하강하는 동안이나 지표에서 흐를 때나 또는 식물이 자라는 토양을 통해서 지하로 침투할 때 많은 양의 탄산가스를 흡취한다. 즉 식물 뿌리나 부패된 식물은 비포화대 내에 발달된 공극에 탄산가스를 보충시킨다. Peterson과 Thorne의 조사에 의하면 토양 1평방 마일 내에서 탄산가스는 2~3리터가 생긴다고 한다.

지하수 속에 칼슘이나 중탄산염이 용해되어 있을 때는 탄산가스는 큰 역할을 한다. 이들 용해물은 탄산가스가 달아나지 못하게 큰 압력을 주면 안전상태에 도달하나, 만일 지하수 채수로 인해 압력이 급격히 내려가면 탄산가스는 대기 속으로 배출된다. 따라서 평형상태가 와해되면 용액은 대기압 하에서 용존상태로 있는 탄산가스와 평형상태가 이루어질 때까지 탄산염이 계속 침전한다. 그러므로 양수할 때 탄산가스가 들어 있는 물에는 상당량의 탄산염물질이 계속 석출된다. 지하수 채수 시 이러한 탄산염의 석출을 방지하기 위하여 지하수위를 최대한 유지하여 압력 감소현상이 최소화 되도록 해야 한다.

(7) 규산(silica)

규소는 지각 구성원소 가운데 산소 다음으로 많은 원소이다. 이들이 산소와 반응하여 이산화규소(SiO_2)로 되는데 이를 규산이라 한다. 광물중 석영은 가장 순수한 규산으로서 결정질암뿐만 아니라 비결정질암에도 널리 분포되어 있다. 석영은 물에 의해 극소량만 용해된다. 일반적으로 100mg/ℓ 이상의 규산을 함유한 물은 드물고, 보통 20mg/ℓ 정도이다.

지하수 내의 규산은 암석 속에 들어 있던 규산염광물이 풍화, 부식된 후 지하수 속에 용해된 것들이다.

규산의 양은 물의 경도에 영향을 미치지는 않으나, 보통 칼슘 및 마그네슘 규산염의 형태로 앙금을 일으킨다. 이러한 규산염 앙금은 어떠한 화학처리에 의해서도 용해시킬 수 없다.

(8) 총유기탄소(TOC, total organic carbon)

1) 총유기탄소(TOC)와 휘발성 유기탄소(VOC)

총유기탄소는 실험실에서 쉽게 측정할 수 있는 일종의 보조지시인자(surrogate parameter)로서 현재 가용한 대다수의 TOC 측정기기를 이용하여 1~2mg/ℓ까지 측정할 수 있다.

일부 기기는 연소과정에서 발생하는 CO_2를 메탄가스(CH_4)로 환산한 후 FID(flame ionization detector)로 TOC를 직접 측정하기도 하나, 대다수의 기기는 총탄소(total carbon, TC)와 총무기탄소(total inorganic carbon, TIC)를 측정하여 다음 식으로 TOC를 환산한다.

$$TOC = TC - TIC \tag{1-56}$$

TIC는 시료를 150℃에서 연소한 후 purging과 산성화시켜 측정하며, TC는 적외선 분석으로 950℃에서 연소한 후 모든 탄소를 CO_2와 H_2O로 환산하여 측정한다.

과거의 기기들은 산성화와 purging 단계에서 휘발성 유기탄소(volatile organic carbon, VOC)가 모두 휘발해버리므로 정확히 VOC를 측정할 수 없었다. 따라서 종래 방법으로 측정한 TOC는 항상 최소 함량의 TOC만 측정할 수밖에 없었다.

현재 휘발성 유기 화합물질에 의해 오염된 토양이나 지하수를 연구하는 데 있어 가장 중요한 인자는 VOC이다. 따라서 VOC를 정확하게 측정할 수 있는 기기를 사용해야 함은 두말할 나위가 없으며, 이러한 기기들이 많이 개발 이용되고는 있으나 그 측정 단위가 1㎍/ℓ 이상인 것이 대다수이다. 따라서 TOC를 1㎍/ℓ 이하 단위까지 측정할 수 있다면 TOC는 유기화합물에 의해 오염된 토양이나 지하수 환경연구에 가장 적절히 이용할 수 있는 매우 긴요한 선별인자(screening parameter)이다. 즉 TOC를 1mg/ℓ 단위까지만 측정할 수 있는 기기를 이용할 시에는 1,000㎍/ℓ 이하의 농도는 측정이 불가능하다. 많은 연구조사 결과에 의하면 유기화합물질로 오염된 지하수나 토양의 경우에 TOC 농도가 1,000㎍/ℓ 이하인 경우가 대부분인데 이때는 TOC가 선별인자가 될 수 없다.

2) 총용존 할로겐화 유기화합물(total dissolved organic halogen, TOX or DOX)

할로겐 유기화합물은 대부분 발암물질로서 인체에 극히 유해한 화합물이다. 특정 할로겐 유기화합물을 분석하려면 많은 시간이 소요되고 그 경비도 매우 고가이다. 따라서 보조지시인자로 TOX를 널리 사용한다. 특히 미국의 자원보존 회수법(Resources Conservation and Recovery Act, RCRA)에서 규정하고 있는 유해 폐기물 규제지침서에서는 반드시 TOX를 측정하도록 규정하고 있다. TOX는 트리할로메탄(trihalomethane)이나 염화유기용제와 같은 purge 가능한 할로겐 유기화합물(POX)과 농약이나 PCB와 같은 purge가 불가능한 할로겐 유기화합물(NPOX)로 구성되어 있다.

1.5.3 주요 금속성분과 그 특성

금속은 주로 양이온으로 구성되어 있다. 따라서 광물입자 표면에서의 흡착력과 양이온 교환능력 등으로 지하수와 대수층 내에서 거동은 상당히 제한을 받는다. 이들 금속은 특정 Eh-pH 상태 하에서 용해도에 따라 침전한다. 그러나 이들 금속들은 Eh-pH의 범위가 용존 이온들이 존재하는 경우나 양이온 교환능력이 적은 대수층에서는 지하수계 내에서 유동성이 크다.

특히 금속류가 유동하고 있는 콜로이드에 부착되어 있을 때는 거동률이 커질 수 있다.

금속류의 지하거동을 촉진시키는 다른 요인은 산성화와 f_{oc}나 점토함량이 적은 투수층을 들 수 있다.

(1) 철(iron)

실제로 모든 지하수는 철을 약간씩 함유하고 있으며, 물속에 포함된 철은 비록 소량일지라도 생활 및 공업용수로서의 사용에 큰 영향을 미친다. 그러므로 철은 지하수뿐만 아니라 다른 물 자원에서도 상당히 중요한 수질성분이다.

국내 먹는물 기준에 의하면 음용수로서의 철 이온의 농도는 0.3mg/ℓ 이하로 규정하고 있다. 그러나 이보다 많은 양을 섭취해도 인체나 동물에 큰 해를 끼치지는 않는다. 실제로 인간은 1일 평균 5~6밀리그램의 철분을 섭취해야 하는데, 이는 0.3mg/ℓ의 철을 함유하고 있는 물 17ℓ에 해당하는 양이다.

철이 함유된 물은 세탁물을 얼룩지게 하며, 우물의 스크린 및 파이프에 피각현상과 공매현상(plugging)을 일으킨다. 따라서 철의 함량이 0.5mg/ℓ 이상인 경우에는 항상 문제가 야기된다. 일반적으로 지하수에서 철 함량은 1~5mg/ℓ이 가장 보편적이므로, 이러한 물은 대기 중에서 산화시키면 0.1mg/ℓ 이하로 감소시킬 수 있다.

그밖에 우물 내에서는 우물 케이싱이나 양수기부분, 기타 파이프에서 철이 지하수로 용해되기도 하여 지하수의 철 함량이 증가되기도 한다. 우물 내에 들어 있는 지하수는 대수층 내의 지하수보다 철함량이 약간 높은데 이는 우물 케이싱 내의 지하수가 대수층의 지하수보다 철관과 접촉하고 있는 시간이 길기 때문이다. 따라서 수질분석용으로 지하수를 채취할 때는 우물에서 어느 정도 지하수를 채수한 연후에 물 시료를 채취하되, 물이 대기와 접촉하지 않도록 펌프 가까이에서 채취해야 한다.

지하수 속에 용해되어 있는 철은 2가철(Fe^{2+}, ferrous)과 3가철(Fe^{3+}, ferric)이 있다. 2가철은 대기에 노출되면 상당히 불안정하여 3가철로 변한다. 따라서 철분을 포함하고 있는 지하수를 공기 중에서 노출시키면 결국 2가철은 다음과 같이 3가철로 산화된다. 즉,

$$4FeO + O_2 \rightarrow 2FeO_3 \qquad (1\text{-}57)$$

2가철은 비교적 중성인 물 속에서는 약 50mg/ℓ 정도 용해되어 있으며, 약산성 물에서는 이보다 약간 더 용해되어 있다. 그러나 3가철은 약산이나 약 알카리성 물에는 거의 녹지 않는다. 즉, 2가철이 포함된 지하수를 일단 공기 속으로 살포시키면 용해되어 있던 상태에서 산화철과 수산화철 형태인 3가철로 변하여 파이프에 슨 녹(석출)과 같은 형태로 나타난다. 그러므로 2가철을 다량 함유한 지하수를 우물에서 채수하면 처음에는 무색투명하나, 장시간 공기 중에 노출되면 2가철이 공기 중의 산소와 반응하여 색이 약간 불투명해지다가 마침내는 용기 바닥에 적갈색의 3가철을 침전시킨다. 국내에서 이러한 현상이 전형적으로 발생하고 있는 지역은 경기도 파주시 일대의 곡능천 하류와 저습지대의 지하수이다.

철이 많이 용해되어 있는 지하수는 크레노스릭스(crenothrix)와 같은 박테리아가 서식하기 좋은 조건으로서, 이들이 간혹 스크린의 구멍을 메우는 일이 발생한다. 철박테리아는 얇은 피막으로 모두 둘러싸여 있으며, 이들 피막형의 철박테리아가 우물이나 우물자재 벽에 부착해서 서식하거나 혹은 대수층 내의 공극 속에서 서식한다.
간혹 유기물이 용해성의 철을 불용해성의 철로 바꾸어 놓아 대수층이 공극이나 유기물의 주위에 가라앉아 마치 찐득찐득한 젤리와 같은 슬라임(slime)을 형성하여 공극이나 우물 스크린의 틈을 메우는 일이 있다. 이들 철박테리아는 어두운 곳에서 가장 잘 자라며, 용해철과 용존 탄산가스나 산소가 결핍된 혐기성상태 하에 있는 물속에서도 잘 자란다.

(2) 망간(Mn)

망간의 산출상태와 화학적인 특성은 철과 비슷하나 철보다는 암석의 조암광물로서 소규모로 분포되어 있기 때문에 지하수 속에 포함된 양은 철보다 적다. 망간은 철처럼 용해성인 중탄산망간 [$Mn(HCO_3)_2$]이 공기 중의 산소와 반응하여 불용해성인 수산화망간[$Mn(OH)_2$]으로 변하면서 얼룩이 생기는데, 망간에 의한 얼룩은 철에 의한 얼룩보다 더 강력하다.
$Mn(HCO_3)_2$는 $Fe(HCO_3)_2$와 같은 형태로 용해상태에서 공기 중의 산소와 반응해서 분해된다. 철박테리아와 유사한 슬라임(slime)형 박테리아가 역시 망간을 산화시켜 불용해성 물질을 생성시키기도 한다. 따라서 지하수 속에 함유된 철 및 망간이 용해상태에서 분리되는 것을 방지하기 위해서 인산나트륨(sodium hexameta phosphate, 분산제의 일종)을 물에 소량 넣어주면, 이들이 철 및 망간을 안정시켜주어 침전을 지연시킨다. 지연시간은 사용한 분산제의 양에 따라 달라진다. 물론 이들 분산제는 지하수가 공기와 접촉하기 전에 희석시켜 주어야 한다.

1.6 지하수의 수질특성 도시법(圖示法)

1.6.1 이온농도 다이아그램(ionic concentration diagram)의 종류

지하수와 물속에 용해되어 있는 주 양이온 및 음이온이나 모든 용해물질의 농도를 epm이나 equivalent per liter로 도시화해서 표현한 다이아그램을 이온농도 다이아그램이라 한다. [그림 1-10]은 Collins가 창안한 바-다이아그램(bar-diagram)으로서 막대 그래프는 두개 조로 구성되어 있다. 1조의 막대그래프 중 오른쪽은 주 양이온을, 왼쪽은 주 음이온을 epm으로 환산해서 표시한다. [그림 1-10]에서 X축은 지하수의 시료, Y축은 epm으로 환산한 이온농도이다.

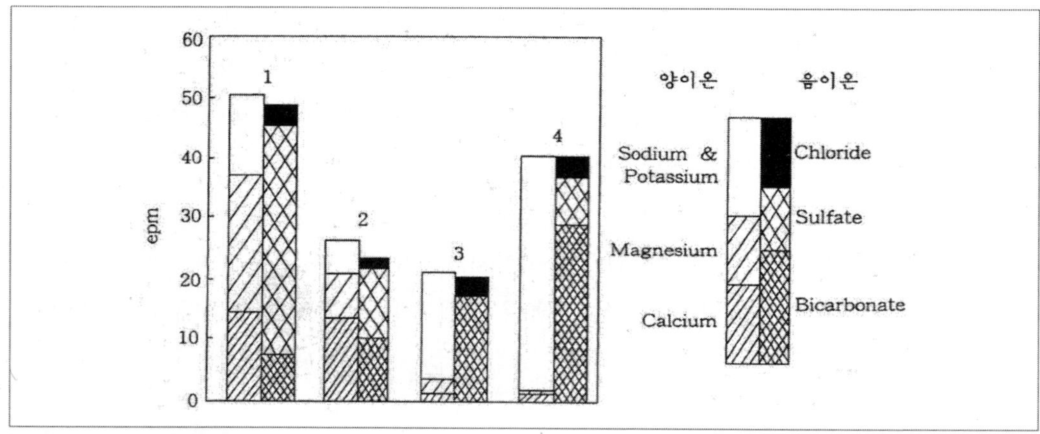

[그림 1-10] Collins의 Bar diagram(mg/L)

[그림 1-11]은 Reistle(1927)이 처음 사용한 일종의 바 - 다이아그램으로서 단위는 mg/L이다. 도표의 0선을 중심으로 상부는 양이온의 농도를, 하부는 음이온의 농도를 나타내어 양 및 음이온을 서로 구별하기 쉽게 작성한 그래프이다. 일반적으로 고용물질은 지하수 수질에 크게 영향을 미치므로 수질의 총농도를 일목요연하게 볼 수 있도록 바 - 다이아그램을 많이 사용한다.

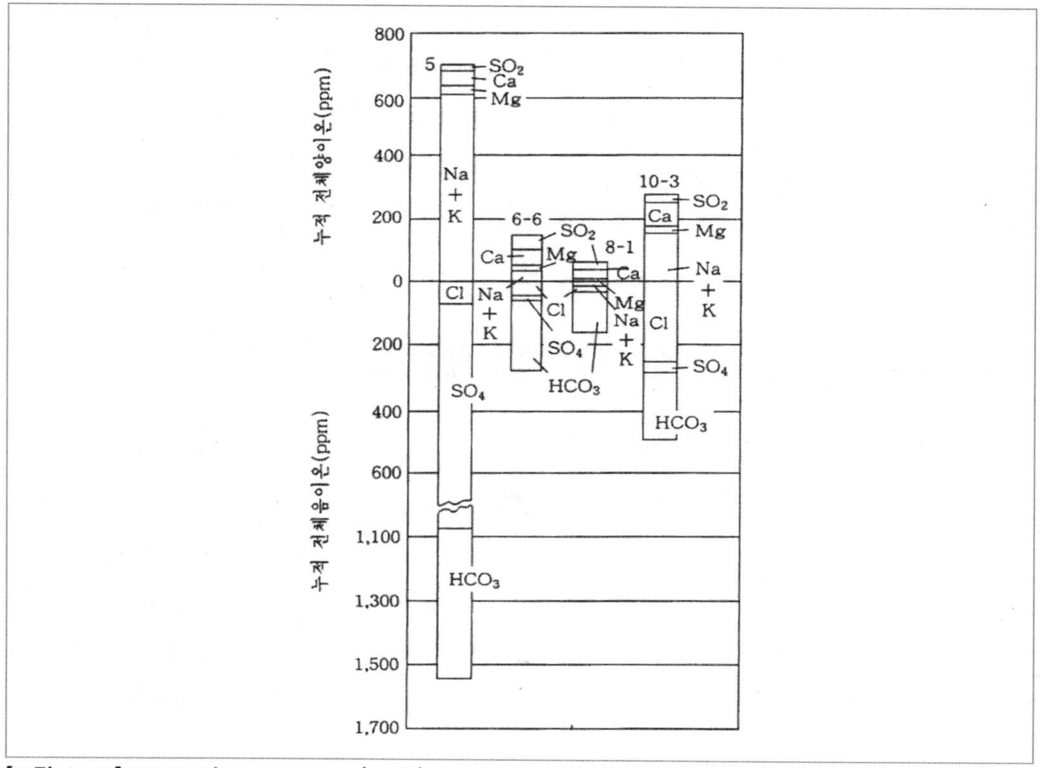

[그림 1-11] Reistle의 Bar-Diagram(mg/L)

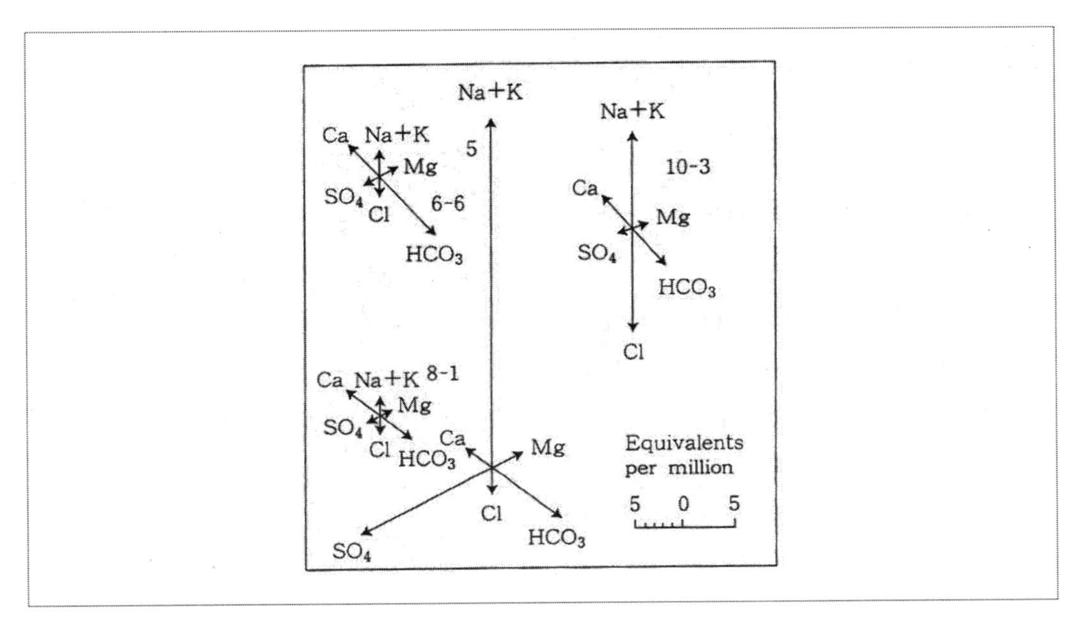

[그림 1-12] 벡터로 표시한 수질 다이아그램(단위, epm)

이외에도 [그림 1-12]와 같이 Na^{+}+K^{+}, Ca^{2+}, Mg^{2+}의 양이온과 HCO_3^{-}, SO_4^{2-} 및 Cl^{-}의 음이온의 농도(epm)를 벡터(vector)로 표시하는 방법도 있다.

특히 지하수 조사보고서에 널리 사용하고 있는 방법으로는 [그림 1-13]과 같이 스팁(Stiff)의 모형다이아그램(pattern diagram)이 가장 널리 이용되고 있다. 스팁의 다이아그램은 도표의 중앙선을 중심으로 왼쪽은 양이온 중에서 Na^{+}+K^{+}, Ca^{2+}, Mg^{2+}의 이온농도를, 오른쪽은 음이온 중에서 주 음이온인 Cl^{-}, HCO_3^{-}, 및 SO_4^{2-}의 농도를 일종의 모형으로 나타내어 작성한 것이다. 지하수조사에 있어서 각 시료채취 지점에 수질분석 결과를 이러한 스팁의 모형 다이아그램으로 도시화하면, 기원이 동일한 지하수는 같은 형태의 모양을 나타내므로 유용하게 사용할 수 있다.

지하수의 특성을 파악할 때, 스팁 다이아그램의 다른 형태로 [그림 1-14]와 같이 표현하는 방법도 있다. 양이온으로는 Na^{+}, K^{+}, Ca^{2+}, Mg^{2+} 이외에 특정 오염물질 중 1~2개를 사용할 수도 있고 음이온도 Cl^{-}, SO_4^{2-}, CO_3^{2-}, HCO_3^{-} 이외에 NO_3^{2-} 등 특정성분을 표기할 수도 있다.

이외에 지하수조사에서 가장 널리 이용되고 있는 수질 도시법으로는 삼각도시법(triliner plotting diagram)으로 일명 파이퍼(piper) 다이아그램이라고도 한다(그림 1-15). 하단의 두 개 삼각형 중 왼쪽은 주 양이온인 Na^{+}+K^{+}, Ca^{2+}, Mg^{2+}의 농도(epm)를 백분율로 환산하여 도시하고 오른쪽 삼각형에는 주 음이온인 Cl^{-}, SO_4^{2-}, HCO_3^{-}+CO_3^{2-} 이온의 농도(epm)를 역시 백분율로 환산하여 도시한다. 그런 다음 양이온과 음이온이 도시된 점을 상부에 있는 다이아몬드형

그래프에 도시하여 지하수의 유형분석과 진화 및 혼합작용을 분석하는 데 이용한다. [그림 1-15]는 총 4개의 지하수수질 분석 자료를 파이퍼(piper) 다이아그램에 도시한 것이다. 이 그림에서 원형은 지하수의 총 고용물질(TDS)의 농도를 나타낸 것이다.

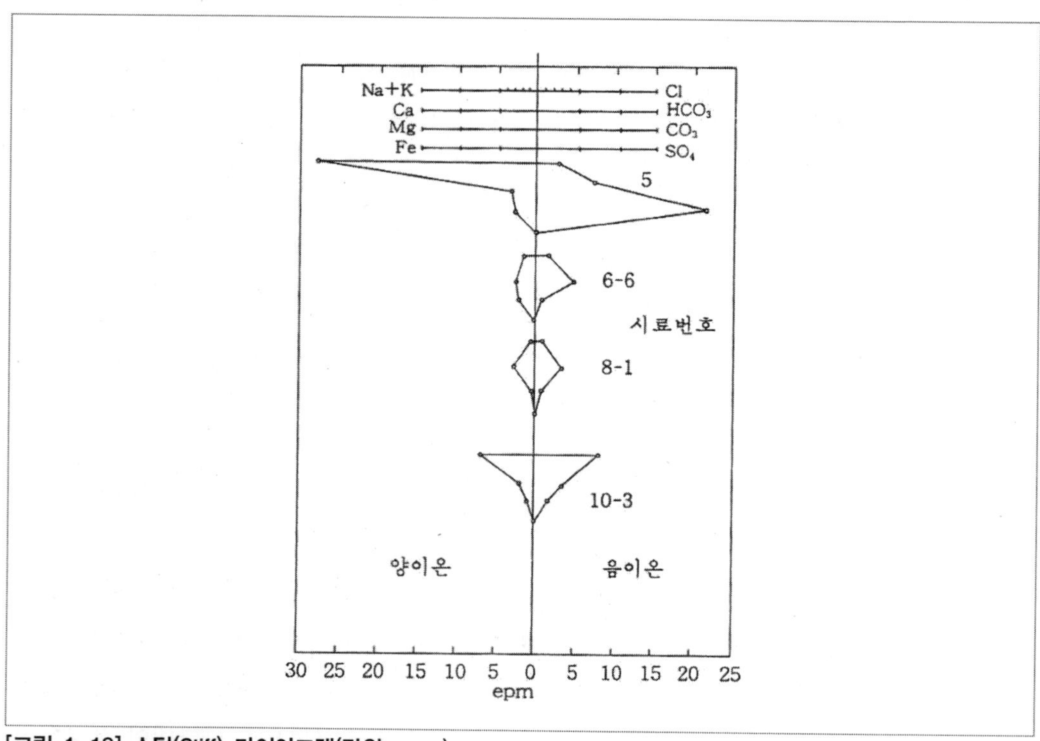

[그림 1-13] 스팁(Stiff) 다이아그램(단위, epm)

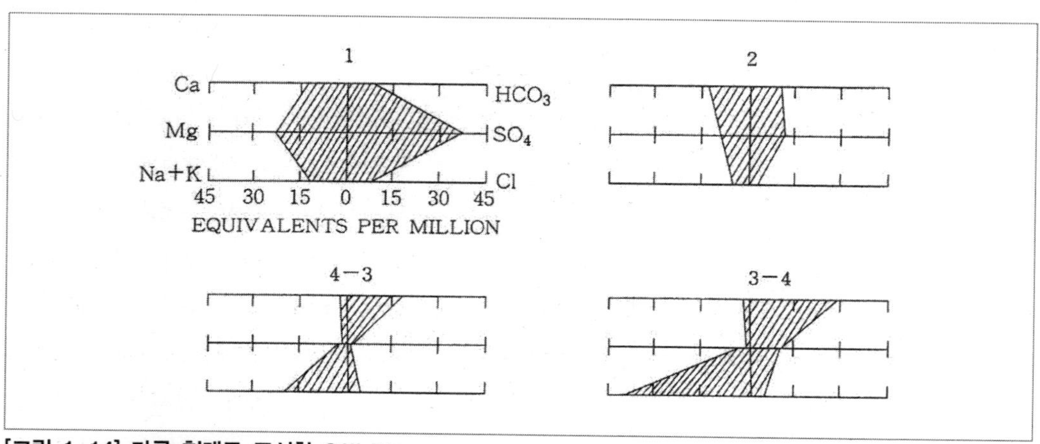

[그림 1-14] 다른 형태로 표시한 Stiff Diagram

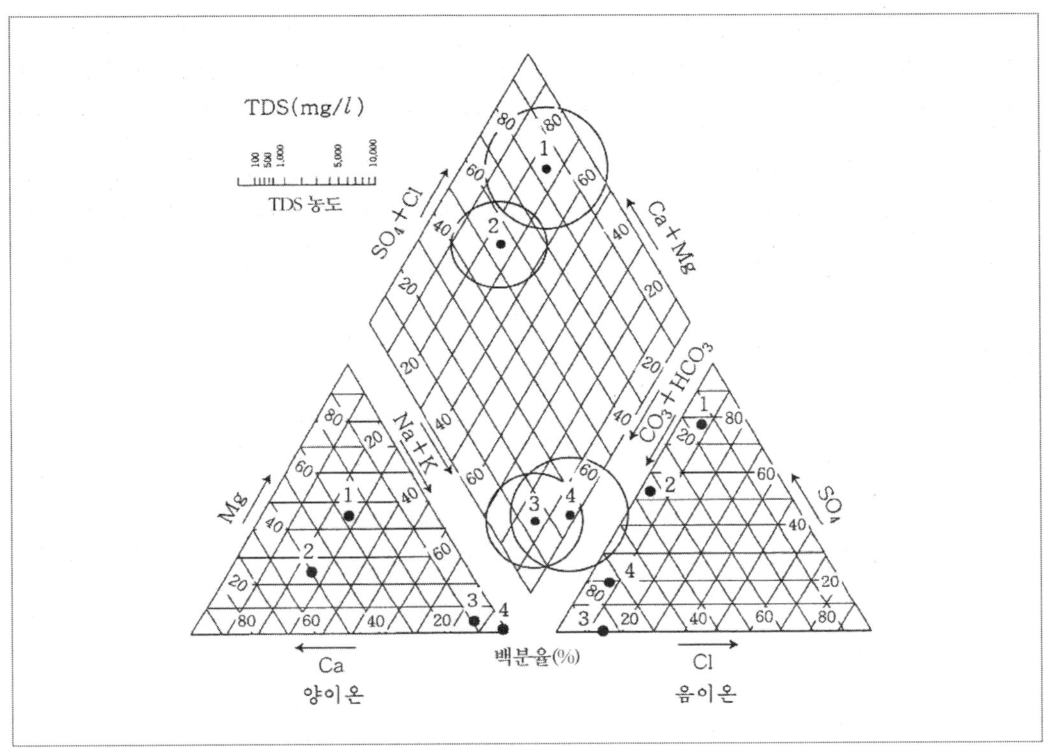

[그림 1-15] 삼각 다이아그램 또는 파이퍼 다이아그램

1.7 모암의 수리지질 특성에 따른 지하수의 수질특성

지하수의 수질특성을 정확하게 규명하려면 지하수의 수질특성에 영향을 미치는 수리지질의 특성 즉 지하수를 배태하고 있는 모암의 특성을 우선 파악해야 한다.

자연수에 함유된 광물성분과 자연수를 저유하고 있는 대수층의 구성성분은 서로 밀접한 관계가 있다. 만일 지하수가 직접 강우의 지하침투에 의해 대수층으로 함양되었거나, 혹은 한 개 대수층 내에서 지하수가 다른 대수층으로 유동하지 않거나 또는 다른 종류의 지하수가 혼합되지 않은 경우에는 이들 사이의 관계는 비교적 간단하다. 그러나 성질이 전혀 다른 지하수가 서로 혼합되는 경우나 성격이 다른 대수층을 통해 지하수가 유동하는 경우, 염기치환이나 용해질 이온의 흡착과 같은 화학반응이 수문순환 과정에서 발생하는 경우는 대수층과 지하수의 수질특성 사이의 관계는 매우 복잡하게 된다.

특히 지표면에 가까이 저유되어 있는 지하수나 지표수는 토양성분이나 토양수의 특성에 따라 영향을 받는다.

암석은 수용성이 서로 다른 광물의 결합체이다. 특히 증발암(evaporite) 이외의 모든 암석은 대다수가 불용해성 광물로 구성되어 있어 암석이 지하수에 미치는 영향은 주로 암석의 희소광물에 좌우된다. 예를 들면 화강암은 대부분 상당히 안정된 불용해성 규산염광물로 구성되어 있으나, 간혹 용해성이 큰 희소광물을 포함하기도 한다.
저항암(resistate)과 세립퇴적암과 같은 암석은 지하수의 수질에 큰 영향을 미치는 광화된 초생수를 함유하고 있으므로, 지표수가 이러한 암석 위를 흐를 때는 지표수의 수질도 크게 변한다. 그밖에 암석이 풍화 받은 정도와 기후차이에 따라 수질이 달라질 수도 있다.
그러면 각종 암종에 따른 지하수의 일반적인 수질을 살펴보기로 하자.

1.7.1 화성암 기원의 지하수

화성암은 그 산출상태에 따라 심성암, 관입암 및 분출암으로 분류한다. 이중 분출암의 대표적인 암석으로는 화산폭발에 의해 지표로 분출되어 형성된 화산성 쇄설암 및 용암과 같은 암석이다. 이들 중에서 화산각력, 화산탄, 응회암, 분석(cinder) 같은 화산퇴적물과 분출형 현무암은 양호한 대수층을 이룬다.
이에 비해 관입암은 암석이 치밀・견고하여 함수성이 비교적 불량하다. 일반적으로 화성암은 구성광물의 화학적 특성, 암석구조와 같은 제반 특성에 따라서 지질학적으로 분류한다. 그러나 그들과 지하수의 수질 특성과의 관계는 암석의 구성광물 성분과 가장 관련이 깊다.
그밖에 암석의 구조와의 관계도 중요한 요소가 된다. 즉 암석생성 이후에 암석의 수축에 의해 생긴 틈(crack)이나, 절리나 화산공동들을 포함하고 있는 분출화성암은 다량의 지하수를 부존, 유출시킨다. 투수성이 낮은 암석의 경우에 암석에서 지하수의 흐름은 매우 느리기 때문에, 지표수보다는 용해작용이 더 효과적으로 발생한다. 특히 화성암이 탄산가스를 포함한 지하수와 작용하면 규소광물로부터 규소를 유리시킨다. 따라서 다량의 규소를 함유한 지하수는 대체적으로 화성암으로부터 유래된 것이 대다수이다.
[그림 1-16]의 바 다이아그램(bar diagram)은 여러 종류의 화성암 내에 저유된 지하수의 수질분석 결과를 도시한 것이다. 이중에서 규소를 가장 많이 포함하고 있는 지하수는 Na^{+}의 백분율이 가장 큰 지하수이고, 규소를 가장 적게 포함하고 있는 것은 철, 마그네슘 광물을 다량 포함한 암석 내에 부존된 지하수이다. 뿐만 아니라 규소는 냉온보다 고온에서 잘 용해되므로 지하수의 규소함량과 지하수의 온도는 서로 밀접한 관계가 있다. 이에 비해 염기성인 현무암은 많은량의 Ca, Na 장석들과 다량의 초염기성 광물로 구성되어 있기 때문에 이들 암석 내에 부존된 지하수는 다량의 초염기성 광물성분을 포함한다. [그림 1-16]은 감람석(olivine)을 다량 포함한 암석

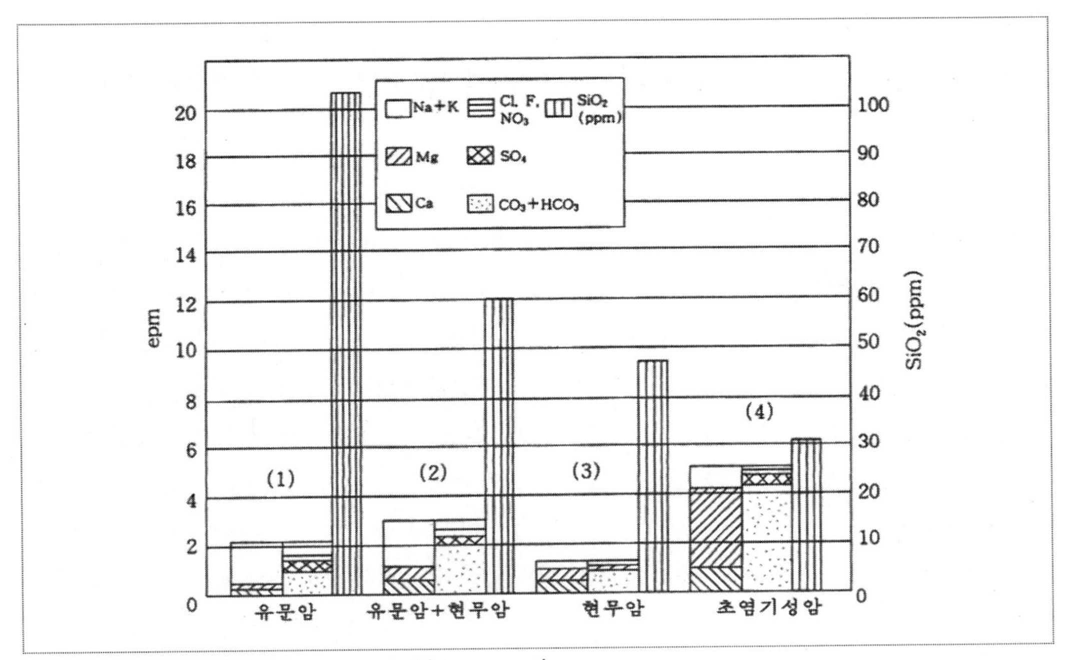

[그림 1-16] 화성암 기원의 지하수의 특성(Hem, 1959)

내에 부존한 지하수의 수질분석 결과치인데, 감람석이 사문석(serpentinization)으로 변할 때는 1개 규소분자가 4개의 Mg 이온을 생성시키므로 최대 Si : Mg의 비율은 1 : 4이다.

1.7.2 퇴적암 기원의 지하수

퇴적암은 구성물질 자체의 화학성분, 입경 및 물리적 특성에 따라서 분류한다. 이는 대개 고결암이 풍화되어 생성된 쇄설암, 탄산염으로 이루어진 화학적인 침전암(precipitate)과 증발에 의해 수분이 달아나고 잔여물만 남아 형성된 증발암(evaporates) 등으로 구분한다. 1933년 Goldschmmidt는 퇴적암을 그 화학성분과 광물의 변성정도에 따라 다음과 같이 4종으로 구분하였다.

① 저항암(resistate) : 모암이 풍화작용을 받아 파쇄물이 되고, 파쇄물이 화학적으로는 변성되지 않은 상태에서 만들어진 퇴적암(예 : 사암, 역암 및 미고결 퇴적암).

② 세립질 퇴적암(hydrolyzate) : 물에 의해 일단 변질이 된 입자들이 모여 만들어진 퇴적물 또는 암석으로서 모암이 풍화작용을 받을 때 화학적 반응에 의해 형성된 불용해성 부산물로 이루어진 암(예 : 셰일, 점토).

③ 침전암(precipitate) : 용해질 광물성분이 화학적 침전에 의해 만들어진 퇴적암(예 : 석회암,

백운암).

④ 증발암(evaporate) : 증발에 의해 증발되고 남은 잔여물이 퇴적되어 형성된 퇴적암(예 : 암염, 석고).

그러나 이 분류는 다소 문제가 있다. 예를 들면 풍화작용의 경우에 풍화의 정도는 범위가 매우 넓다. 저항암은 주로 세립질 광물로 구성되어 있다. 이러한 저항암 중 일부는 완전히 세립이 분말화된 것을 포함되어 있기 때문에 이들이 다시 퇴적되면 세립질 퇴적암(hydrolyzate)이라 명명해야 할 것이 있는가 하면, 퇴적물이 염수의 침입을 받아 염분을 다량 함유하고 있을 경우에는 침전과 증발현상이 동시에 일어나 암석형성과 함께 암염이 생성되기도 한다.

대부분의 퇴적암은 풍화 잔여물과 혼합물들이 운반, 퇴적되어 만들어진 것이기 때문에 상기 분류법으로 퇴적암을 명확히 분류할 수는 없다. 순수한 석영질 모래는 전형적인 저항암의 주성분 광물이지만, 비교적 고결정도가 양호한 사암, 역암, 장석질 및 미고결 충적층들도 저항암으로 분류된다. 또한 점토는 세립질 퇴적암의 전형적인 물질이지만 셰일과 같이 불순물을 다량 포함한 퇴적암도 세립질 퇴적암으로 분류한다. 따라서 불용해성 석영입자나 석류석, 전기석 및 질콘과 같은 저항성이 큰 광물입자로 구성된 암들은 대표적인 저항암이다. 그러나 이와 같은 광물은 화학적이거나 물에 의한 풍화작용에 아주 강하지만, 이들 광물 사이에서 고결물질(cementing material)의 형태로 존재하고 있는 매트릭스(matrix)는 대개 물에 의해 용해된 후 침전된 것이므로 다시 용해될 수 있다.

예를 들면 사암의 고결물질은 주로 $CaCO_3$이며 지하수에 의해 쉽게 재용해 된다. 그밖에 전형적인 고결물질로는 불용해성의 점토물질, 규소, 유황 황산철($FeSO_4$) 등이 있다. 따라서 저항암의 고결물질은 여러 가지 종류가 있으므로 이들 암석 내에 부존된 지하수의 수질도 다양하다.

[그림 1-17]은 저항암 내에 저유되어 있는 지하수의 수질분석 결과이다. 이중에서 (c)시료는 건조지방에서 풍화를 받은 화성암의 쇄설물로 구성된 저항암 내에 저유되어 있는 지하수의 수질분석 결과이다. 규소와 나트륨의 비율만으로도 이 지하수는 알칼리장석의 영향을 받았음을 쉽게 알 수 있다. (b)시료는 사암 내에 부존되어 있는 지하수의 수질분석 결과이다. 지하수가 사암층을 통해 장기간 유동하면서 사암 내에 포함되어 있던 초생수 중의 유황과 염소를 용해했거나 이들과 반응해서 Cl^-와 SO_4^{2-}의 함량이 높다([그림 1-17] 참조).

이에 비해 세립질 퇴적암은 물에 의해 이미 변성된 물질로 구성되어 있어 공극률은 크지만 크기가 매우 작아 투수성이 불량하다. 세립질 암석이 바닷물 속에서 퇴적될 때 주 공극수는 염수이다. 따라서 염수(초생수)는 장기간 공극 내에 잔존해 있거나 광물입자에 부착되어 서서히 암석 밖으로 배출된다. 그러므로 셰일 내에 부존된 지하수는 일반적으로 용해성물질의 농도가 높다.

대구지방의 경상계 지층 내에 부존된 일부 지하수는 염소유화물의 농도가 상당히 높은데 이는

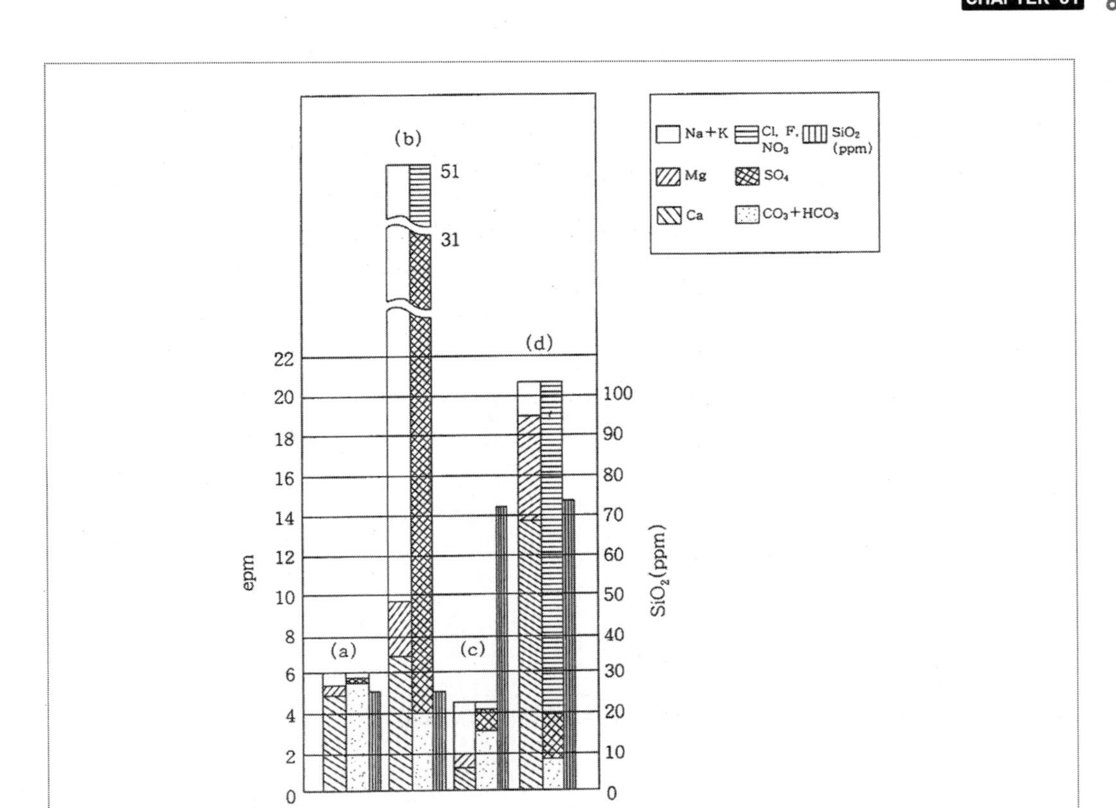

[그림 1-17] 저항암 형의 퇴적암 내에 부존된 지하수의 수질특성(Hem, 1959)

상술한 이유 때문이다.

셰일은 일반적으로 저투수성 지층이기 때문에 개발가능한 지하수양이 극히 제한되어 있다. 따라서 셰일이 널리 분포된 지역은 셰일층의 규모에 따라 지하수의 수질이 일정하지 않을 경우가 허다하다. 예를 들면 범위가 수백 km^2이나 되는 셰일층 내에 사암으로 구성된 대수층이 협재되어 있으면 셰일층으로부터 고농도의 염수가 사암대수층으로 이동하여 지하수질이 저질화되는 경우도 있다. [그림 1-18]은 셰일층에 부존된 지하수의 수질분석 결과로서 각 시료의 염소이온의 농도가 매우 높다. 그러나 단순히 염소이온의 농도가 높다는 사실 하나만으로 셰일층에서 유래된 지하수라고만 단정할 수는 없다. 즉 어떤 셰일층은 나트륨을 다량 포함한 점토광물로 구성되어 있어 나트륨이온이 다른 이온과 염기치환을 일으켜 지하수를 연화시킬 수도 있다.

(e)시료는 미국 차타누가(Chattanooga) 셰일에서 채취한 지하수의 수질분석 결과치이다. 시험결과 SiO_2의 함량이 매우 큰데, 이는 셰일이 변질을 받지 않는 규질물질을 많이 포함하고 있었거나 다른 암석에 의해 지하수가 영향을 받았기 때문이다.

침전암(precipitate)은 주로 화학반응에 의해 만들어진 것이어서 [그림 1-19]에서 순수한 광물성

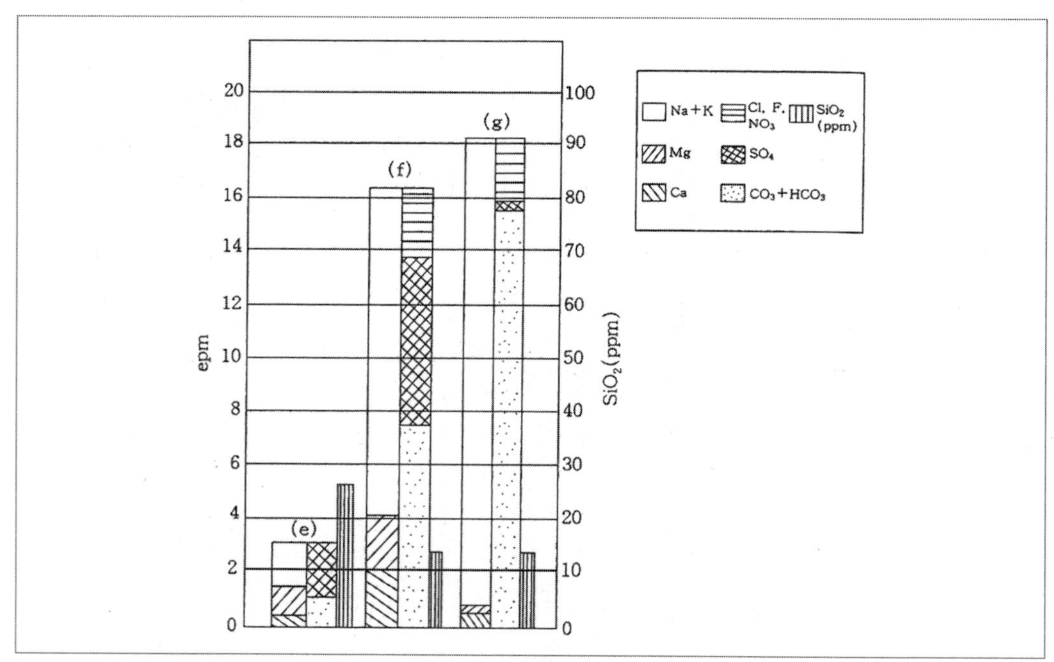

[그림 1-18] 세립질 퇴적암 내에 부존된 지하수의 수질특성(Hem, 1959)

분으로 구성되어 있다. 순수석회암은 거의 탄산칼슘($CaCO_3$)으로 구성되어 있으므로 석회암 내에 부존된 지하수는 Ca^{2+}와 HCO_3^- 이온의 함량이 높다((k)참조).

일반적으로 백운암이나 석회암 내에 부존된 지하수는 다른 음이온보다 HCO_3^- 함량이 높다. 따라서 HCO_3^- 이외의 음이온이 많이 함유되어 있는 지하수는 석회암 내에 불순물이 들어 있었거나, 혹은 인접한 다른 종류의 암석에 의해서 영향을 받았거나, 초생수 또는 기타 불순물에 의한 영향을 받았기 때문이다.

1.7.3 변성암 기원의 지하수

변성암인 편암이나 편마암은 비교적 치밀 · 견고한 저투수성 암석이기 때문에 우리나라에서 암반지하수의 산출성이 가장 불량한 암종이다. 그러나 특별한 조건에서는 양호한 대수대를 이루기도 한다. 이 경우 변성암의 주 구성광물인 규질광물은 지하수에 의해 화학작용을 받아 화성암의 경우와 같은 용존물질로 된다.

풍화를 받지 않은 점판암이나 규암 같은 치밀한 구조를 가진 암석은 물과 표면접촉이 잘 이루어지지 않는다. 그러므로 지하수는 이러한 종류의 변성암으로부터 용해질 물질을 잘 용해시키지 못한다. 따라서 규암이나 점판암에 부존된 지하수는 다른 암석에 비하여 고용질 물질의 농도가 일반적으로 낮다. $CaCO_3$로 구성된 대리암의 용해작용은 석회암과 비슷하다. 따라서 지하수는

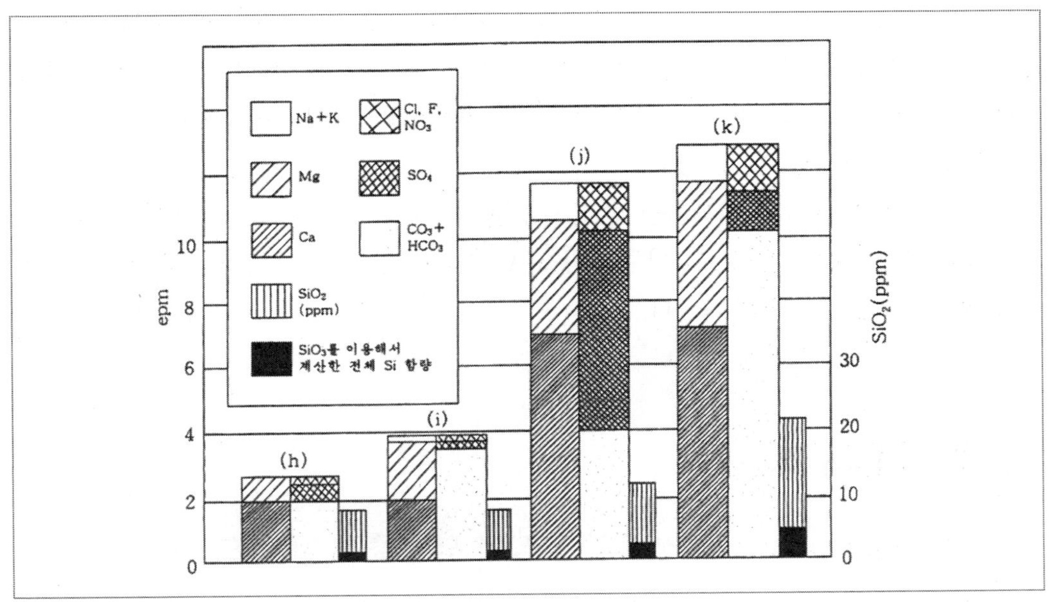

[그림 1-19] 침전암 내에 부존된 지하수의 수질특성

암석을 변성시킬 수 있는, 즉 변성작용의 한 요인이 되기도 한다. 즉 감람석은 물에 의해 변성을 받아 사문석으로 변한다.

[그림 1-20]은 변성암에 부존된 지하수의 수질분석 결과로서 주 양이온과 음이온의 농도가 다른 암석에 비해 매우 낮다. (A)시료는 편암 내에 부존된 지하수의 수질분석 결과로서 규질광물의

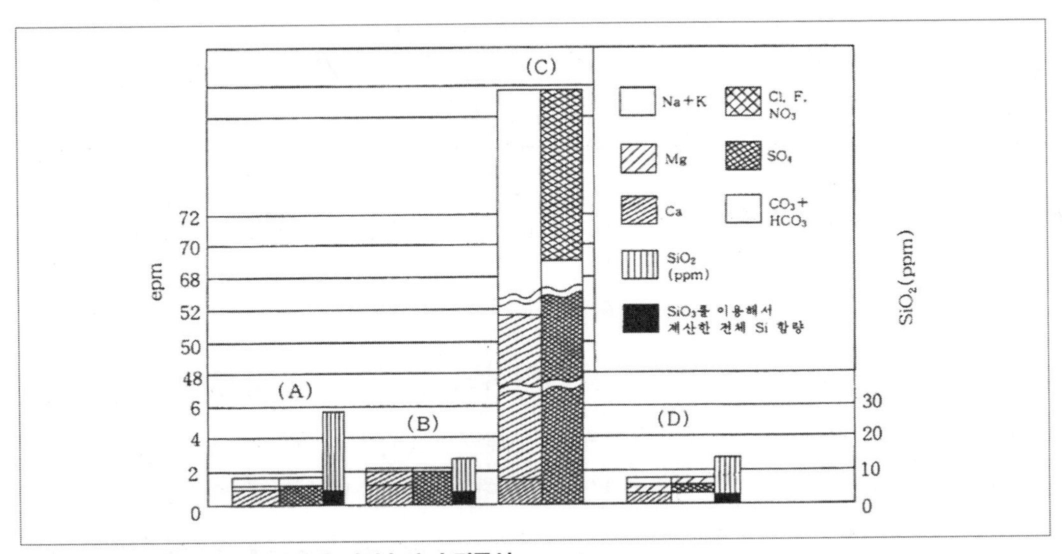

[그림 1-20] 변성암 내에 부존된 자하수의 수질특성

규소함량이 화산암과 동일한 경우이다. (B)시료는 규암 내에 부존된 지하수의 수질분석치로서 (A)시료에 비하여 규소성분과 총고용물의 함량이 극히 적은 것이 특징이다. 칼슘과 마그네슘의 함량은 규암 내에 소규모로 들어있던 광물로부터 용해되었거나 규암 주위의 다른 탄산염암으로부터 용해된 것으로 생각할 수 있다.

(C)시료는 사문암이 분포된 지역 내에 발달한 용천에서 채취한 지하수의 분석 결과치로서 용해질 물질의 일부가 다른 암석으로부터 유래되었음을 시사한다. 즉 지하수가 일종의 활성적인 변성작용의 한 요인이었음을 암시한다.

1.8 미생물과 지하수

1.8.1 비포화대 내에서 미생물의 성장에 영향을 미치는 요인들

토양 내에서 서식하는 각종 박테리아나 바이러스의 성장 및 사멸에 미치는 요인은 함수비, 비보유율, 온도, pH, 햇빛 및 유기물 함량 등이다. 이를 도표화하면 [표 1-10]과 같다.

[표 1-10] 비포화대 내에서 토착미생물 성장에 영향을 미치는 요인

요인 \ 내용	내용
함수비	습윤하고 강우량이 많을수록 생존기간이 길다.
비보유율	비보유율이 큰 암종일수록 생존기간이 길다. 점토질 토양이 모래질 토양보다 양호.
온도	낮은 온도 > 높은 온도, 겨울 > 여름
pH	pH 3~5일 때 생존기간이 가장 짧고 알카리성 토양에서 생존기간이 가장 길다.
햇빛	토양표면에서는 생육기간이 짧다.
유기물함량	상당량의 유기물질이 존재하면 생존기간이 길다.

[표 1-11]은 토양 내에서 각종 바이러스 생존에 미치는 영향을 도표화한 것이다(Canter, Bitton, 1978).

1.8.2 지하수환경 내에서 각종 박테리아의 생존기간과 질병

지하수환경 내에서 각종 박테리아나 바이러스의 생존기간과 반감기(die off rate)는 [표 1-12]와 같다. [표 1-12]의 piliovirus 1의 경우에 λ가 0.046이고 $t_{0.5}$=15.1일이므로 15.1일 이후에는 초기의 반으로 감소한다. 이러한 형태로 미생물의 수가 반씩 감소하여 초기에 생존하고 있던 미생

[표 1-11] 토양 내에서 바이러스의 감소율을 지배하는 요인

요인 \ 내용	내용
흐름률	흐름률이 38L/日/m^2 이하인 경우 청정수에서 99% 이상의 바이러스가 제거된다. 침투율이 증가할수록 바이러스의 흡착량은 비례해서 감소한다.
양이온	양이온중에서 2가 이온은 흡착을 촉진시킨다. 양이온들은 음전하를 띠는 바이러스와 토입자 사이에 반발하는 정전기 포텐셜을 감소시키거나 중성화시킨다. 이로 인해서 흡착현상이 일어난다.
점토	점토광물은 표면적이 넓고 이온교환능력이 커서 바이러스를 다량 흡수, 흡착한다.
수용성 유기물질	수용성 유기물질은 토양입자 내에서 흡착될 수 있는 지점을 서로 차지하려 하므로 수용성 유기물질이 많을수록 흡착되는 양은 감소하고 이미 흡착된 바이러스는 탈착된다.
pH	낮은 pH 조건 하에서 바이러스의 흡착은 가장 양호하게 일어나고 높은 pH 조건에서는 흡착된 바이러스는 오히려 탈착된다.
토양의 화학적 특성	Fe_2O_3와 같은 금속 complex는 그들 표면에 바이러스를 쉽게 흡착한다.

물의 수가 1% 이하까지 감소하는 데 소요되는 시간은 $t_{0.5}$의 약 7배 정도이다.

[표 1-12] 지하수환경 내에서 각종 미생물의 die off rate와 99% 제거시간

미생물 종류	die-off rate (일$^{-1}$) λ	$t_{0.5}$ (일)	99% 제거시간 (일)
piliovirus	0.046	15.1	106
	0.21	3.3	23.1
	0.77	0.9	6.3
coxsackievirus	0.19	3.65	25.6
rotavirus SA-11	0.36	1.9	13.3
colipage T7	0.15	4.6	32
colipage f2	1.42	0.49	3.5
	0.39	1.78	12.5
escherichia coli	0.32	2.2	15.4
	0.36	1.9	13.3
	0.16	4.3	30
fecal streptococci	0.23	3	21
	0.24	2.9	20
	0.03	2.3	16
salmonella	0.13	5.3	37
typhimurium	0.22	3.15	22

$$N = N_0 10^{-\lambda t}$$

여기서, N : t 일 이후의 미생물의 수
N_0 : 초기의 미생물 수
λ : 붕괴상수 $\frac{\ln 2}{t_{0.5}}$

Gerba(1975)가 정화조에서 누출된 하수에 의해 오염된 지하수에서 박테리아의 생존가능 기간을 연구 발표한 바에 의하면 그 결과는 [표 1-13]과 같다.

각종 유기화학물질에 의해 오염된 토양과 대수층 및 지하수를 정화하기 위해서 토착미생물이나 인공적으로 배양한 미생물을 이용하여 현장 생분해 기술을 적용하는 경우에 이들 미생물에 의해 생성된 부산물(byproduct)의 위해성과 미생물 자체가 그 하부나 하부구배구간의 비오염 지하수를 오염시킬 가능성이 농후하다. 따라서 하류구배 구간에 인간들이 사용하고 있는 용수원이 있을 경우에 이러한 현장생분해 기술을 정화기법으로 적용할 때에는 세심한 주의를 해야 한다.

[표 1-13] 박테리아의 지하수환경 내에서 생존기간

박테리아	생존기간	매체
E-coli	63일	함양정
salmonella	44일	모래
shigella	24일	모래
E-coli	3 ~ 3.5일	현장지하수
E-coli	4 ~ 4.5일	실험실
coliform	$t_{0.5}$ = 17시간	우물
shigella flexneri	$t_{0.5}$ = 26.8시간	우물
vibrio cholera	$t_{0.5}$ = 7.2시간	우물

일반적으로 각종 박테리아나 바이러스에 의해 오염된 지하수를 적절히 처리하지 못하고 음용수로 이용할 때 발생되는 수인성 전염병은 [표 1-14]와 같다.

[표 1-14] 각종 박테리아나 바이러스에 의해 오염된 지하수를 음용수로 사용함으로 인해 발생되는 수인성 전염병

미생물 \ 내용	부화기간	질병증세
shiegellois	1 ~ 7일	설사, 열, 구토, 복통, 뒤가 마려우면서 변이 안 나옴(tenesumus), 혈변, 이질
salmonellosis	0.25 ~ 3일	복부경련(abdominal pain), 설사, 구역질(nausea), 구토 및 열[장질환, 위장염, 설사] 장티푸스

typhoid fever	1 ~ 3일	복부경련, 열, 오환, 설사 및 변비(constipation), 출혈[장질부사]
기생충(parasite), giardiasis (애완, 야생동물의 변)	7 ~ 14일	지속적인 설사, 복부경련, 가스차기 악취를 풍기는 변, 피로, 체중감소(이질과 유사)
uiral hepatitisa	15 ~ 45일	열, 근육통, 식욕감퇴, 구역질, 황달(jaundice)
enterotoxigenic e. coli	0.5 ~ 3일	설사, 열, 복부경련, 구토
norwalk-likagent	0.5 ~ 2일	구토, 복부경련, 두통, 열
campylobacter fetus ssp. jejuni	1 ~ 7일	설사, 복부경련, 두통, 열, 구토, 혈변
yesinia enterocolitica	1 ~ 7일	복부 pain, 열, 두통, 설사, 구토증, 불쾌감(malaise)
돼지에서 유래되는 원생동물 쥐나 토끼로부터 유래된 원생동물	amebiasis, tularemia, balantidiasis, b-coli	

1.9 먹는물(음용수), 먹는샘물(생수) 및 지하수의 수질기준

1.9.1 국내 먹는물(음용수)의 수질기준

2011년 2월 1일부로 개정된 국내 먹는물의 수질기준은 [표 1-15]와 같다.

먹는물 수질기준은 MCL(maximum contaminant level)로 규정되어 있으며 미생물이 2종, 건강상 유해물질 가운데 무기물질이 11종, 유기물질이 16종이며 심미적인 영향물질이 16종이고 소독제와 소독부산물 8종이다.

[표 1-15]의 ④에 명시된 소독제 및 소독부산물의 성분과 기준은 THMs이 0.1mg/ℓ 이하, Chloroform이 0.08mg/ℓ 이하, 유리 잔류염소가 4.0mg/ℓ 이하, Chlorohydrate가 0.03mg/ℓ 이하, Trichloroacetonitril가 0.004mg/ℓ 이하, Dichloroacetonitril은 0.09mg/ℓ 이하, Haloacetic acids가 0.1mg/ℓ 이하이며, Dibromoacetonitril은 0.1mg/ℓ 이하이다. 그러나 샘물, 먹는샘물, 염지하수, 먹는염 지하수 및 먹는물 공동시설의 물에는 소독제 및 소독부산물의 성분과 기준은 적용하지 않는다.

[표 1-15]의 ⑤에 명시된 방사능물질은 염지하수에만 적용하고 그 기준은 세슘(CS-137)이 4mBq/L 이하, 스트론슘(SR-90)이 3mBq/L 이하, 트리티움이 6Bq/L 이하로 규정하고 있다.

1.9.2 먹는샘물(生水)의 수질기준

정부는 1995년에 먹는샘물의 생산 판매에 관한 '먹는물관리법'을 재정하여 시행하고 있으며 본법 제36조 제1항 및 제37조의 규정에 의 먹는샘물, 먹는샘물의 원수, 원수원 및 수원지를 다음과 같이 규정하고 있다.

[표 1-15] 먹는물의 수질기준(2011.02.01. 개정)

항 목	기준치 (mg/L)	항 목	기준치 (mg/L)
① 미생물(2종)		- 테트라클로로에틸렌	0.01 이하
- 일반세균	100CFU/mL 이하	- 트리클로로에틸렌	0.03 이하
- 대장균군(E-coli)	100mL 중 불검출	- 디클로로메탄	0.02 이하
- 총대장균군(T.Coliform)	100mL 중 불검출	- 벤젠	0.01 이하
- 분원성대장균(Fecal C.)	250mL 중 불검출	- 톨루엔	0.7 이하
- 아황산환원혐기성포자균	샘물과 먹는샘물에만 적용	- 에틸벤젠	0.3 이하
- 여시니아균	샘물과 먹는샘물에만 적용	- 크실렌(자일렌)	0.5 이하
② 건강상 유해영향 - 무기물질(11종)		- 1.1 디클로로에틸렌	0.03 이하
		- 사염화탄소	0.002 이하
- 납	0.05mg/L 이하	- 1,디브로모-3-클로로프로판	0.003 이하
- 불소	1.5 이하		
- 비소	0.05 이하	③ 심미적 영향물질(16종)	
- 세레늄	0.01 이하	- 경도	300 이하
- 수은	0.001 이하	- 과망간산칼륨소비량	10 이하
- 시안	0.01 이하	- 냄새	무취
- 암모니아성질소	0.5 이하	- 맛	무미
- 6가크롬	0.05 이하	- 동	1 이하
- 질산성질소	10 이하	- 색도	5도 이하
- 카드뮴	0.005 이하	- 세제(음이온계면활성제)	0.5도 이하
- 스트론튬	4.0 이하	- 수소이온농도	5.8 - 8.5
		- 아연	3 이하
		- 염소이온	250 이하
건강상 유해영향 - 유기물질(16종)		- 증발잔류물	500 이하
- 파라티온	0.06 이하	- 철	0.3 이하
- 페니트로티온	0.04 이하	- 망간	0.3 이하
- 카바릴	0.07 이하	- 탁도	INTU 이하
- 다이아지논	0.02 이하	- 황산이온	200 이하
- 페놀	0.005 이하	- 알루미늄	0.2 이하
- 1.1.1트리클로로에탄	0.1 이하	④ 소독제 및 소독부산물	8종
		⑤ 방사능물질	3종

1) 먹는샘물의 원수는 ① 암반대수층(岩盤帶水層, aquifer)안의 지하수 ② 암반대수층내의 염분 등 총 용존고형물의 함량이 2,000㎎/L 이상인 염지하수 ③ 지하수가 수압에 의하여 지표로 흘러나오는 용천수 ④ 강수량의 변화, 계절 및 기온의 변동, 취수 전·후의 주변 상황 변화 등 자연적·인공적인 상황변경에 불구하고 수질의 안전성, 수량의 안정성을 항상 유지할 수 있는 자연상태의 물로 정의하고 있으며,
2) "원수원"은 원수 중에서 먹는샘물 또는 먹는염지하수(이하 "먹는샘물 등"이라 한다)에 사용된 것으로
3) "수원지"라 함은 먹는샘물 등의 원수를 취수한 곳으로 정의되어 있다.
4) 먹는물관리법에 따르면 먹는샘물은 암반대수층 내의 지하수 또는 용천수 등 수질의 안전성을 계속 유지할 수 있는 자연 상태의 깨끗한 물을 먹는 용도로 사용할 원수(原水)인 샘물을 먹기에 적합하도록 물리적으로 제조한 물을 뜻한다. 즉 먹는샘물은 용기에 담아 제조 및 판매하는 물로서 국어사전에서는 "페트병에 담아서 파는 물"이라는 뜻으로 기록되어 있다. 먹는샘물은 병입수(bottled water) 또는 생수(生水)라는 말로 통용되기도 한다.

먹는샘물의 수질기준은 [표 1-16]과 같이 먹는물 수질기준과 유사하게 MCL(maximum contaminant level)로 규정하고 있으며 미생물들과 건강상 유해물질 가운데 무기물질 11종, 유기물질이 16종, 심미적인 영향물질 16종, 방사능 물질인 우라늄으로 이루어져 있으며 먹는물 수질기준에 적용하는 소독제와 소독부산물은 적용하지 않는다.
먹는샘물과 먹는염지하수에 적용하는 수질기준은 [표 1-16]과 같이 먹는물 수질기준 가운데 일부 성분(불소: 2이하, 비소: 0.05이하, 셀레늄: 0.05이하, 경도: 500이하이며, 보론, 브론산염, 세제, 철, 망간, 황산이온 및 전술한 소독제와 그 부산물은 적용치 않음)을 제외한 대다수 성분들은 먹는물의 수질기준과 대동소이하다.
우라늄은 일반적으로 화강암분포 지역에 부존된 지하수에서 주로 많이 산출되는 일종의 중금속으로서 인간이 일정한 량 이상으로 이를 장기간 복용할 경우에 신장에 독성을 미치는 것으로 알려져 있어 미국, 캐나다 및 호주 등 선진국에서는 우라늄에 대한 먹는물 수질기준(또는 가이드라인)을 설정하여 관리하고 있다.
우리나라의 경우에도 화강암 분포지역에서 산출되는 암반지하수 가운데 일부 지하수에서 우라늄의 농도가 비교적 높게 나타나, 2015년 5월에 정부는 먹는샘물의 수질기준으로 우라늄 수질기준치를 세계보건기구(WHO) 권고치, 미국의 수질기준, 우라늄의 인체위해도, 우라늄을 수질기준 항목으로 운영할 경우에 경제적, 사회적 비용 등을 종합적으로 고려하여 우라늄의 최대 허용농도를 '0.03 mg/L 이하'로 결정하였다([표 1-16] 참조). 우라늄 수질기준 적용대상은 지하수에 해당하는 먹는샘물, 샘물, 먹는염지하수 및 먹는물공동시설 등이다.

[표 1-16] 먹는샘물의 수질기준(2015)

항 목	기준치 (mg/ l)	항 목	기준치 (mg/ l)
① 미생물		- 테트라클로로에틸렌	0.01 이하
- 일반세균	저온 100CFU/m l 이하 중온 20CFU/m l 이하	- 트리클로로에틸렌	0.03 이하
- 총대장균군(E-coli)	250m l 중 불검출	- 디클로로메탄	0.02 이하
- 대장균, 분원성 대장균군	-	- 벤젠	0.01 이하
- 분원성연쇄상구균, 살모넬라 등	250m l 중 불검출	- 톨루엔	0.7 이하
- 아황산환원혐기성포자균	50m l 중 불검출	- 에틸벤젠	0.3 이하
- 여시니아균(먹는물 공동시설)	-	- 크실렌(자일렌)	0.5 이하
② 건강상 유해영향 무기질(11종)		- 1.1 디클로로에틸렌	0.03 이하
- 납	0.05이하	- 사염화탄소	0.002 이하
- 불소	2.0 이하	- 1,디브로모-3-클로로프로판	0.003 이하
- 비소	0.05 이하	③ 심미적 영향물질(16종)	
- 세레늄	0.01 이하	- 경도	500 이하
- 수은	0.001 이하	- 과망간산칼륨소비량	10 이하
- 시안	0.01 이하	- 냄새	무취
- 암모니아성질소	0.5 이하	- 맛	무미
- 6가크롬	0.05 이하	- 동	1 이하
- 질산성질소	10 이하	- 색도	5 이하
- 카드뮴	0.005 이하	- 세제(음이온계면활성제)	불검출
- 보론	0.3 이하	- 수소이온농도	5.8 ~ 8.5
- 브론산염	(0.01 이하)	- 아연	1 이하
- 스트론슘	(4.0 이하)	- 염소이온	250 이하
건강상 유해유기물질-(16종)		- 증발잔류물(무해성분제외)	500 이하
- 파라티온	0.06 이하	- 철	0.3 이하
- 페니트로티온	0.04 이하	- 망간	0.3 이하
- 카바릴	0.07 이하	- 탁도	INTU 이하
- 다이아지논	0.02 이하	- 황산이온	200 이하
- 페놀	0.005 이하	- 알루미늄	0.2 이하
- 1.1.1트리클로로에탄	0.1 이하	④ 방사능물질 (우라늄)	0.03 이하

1.9.3 지하수의 수질기준

지하수는 이용목적에 따라 생활용수, 농어업용수 및 공업용수로 구분하며 이에 해당하는 지하수 수질기준은 [표 1-17]과 같이 2010년 2월 16일부로 개정되었다. 여기서 생활용수라 함은 가정용 및 가정용에 준하는 목적으로 이용되는 지하수로서 음용수, 농업용수, 공업용수 이외의 모든 용수를 포함하고 있다. 공통사항으로 지하수를 농업용수, 어업용수, 공업용수로 이용할지라도 생활용수의 목적으로도 함께 이용하는 경우에는 생활용수 기준을 적용한다. 지하수를 음용수로 이용하는 경우에는 [표 1-15]의 먹는물 수질기준을 적용하고, 먹는샘물(생수)로 이용하는 경우에는 [표 1-16]의 먹는샘물 수질기준을 이용한다.

지하수의 이용목적상 염소이온의 농도가 인체에 해가 되지 않거나, 해수가 대수층으로 침입하여 일시적으로 염소농도가 증가한 경우나 어업용수인 경우에는 염소이온기준은 적용하지 않는다.

특히 [표 1-17]에서 규정한 지하수의 생활용수 수질기준을 오염된 지하수의 정화기준으로 적용하고 있어 이는 매우 비합리적인 기준이다. 그 이유는 다음과 같다.

① [표 1-17]의 오염 지하수의 정화기준(지하수의 생활용수 기준)가운데 시안, phenol, Cr^{+6}, PCE 및 TCE 등은 정부가 국민에게 먹는물로 공급하는 상수도나, 정부가 철저히 규제하고 있는 해당 성분의 먹는물의 수질기준(표 1-15)과 동일하여 타 성분에 비해(예, BTEX, 비소, 납 등) 너무 엄격하다([표 1-18] 참조).

지하수의 생활용수수질기준은 국민건강을 고려하여 국민이 사용하는 각종 생활용수의 수질기준으로 설정한 기준이지 오염된 지하수를 정화하기 위해 설정된 기준이 아님을 명심할 필요가 있다.

② 만일 지하수 이용자가 공업용수로 허가를 받아 사용하던 지하수를 심하게 오염시켜 공업용수로 사용하지 못할 정도로 오염시킨 경우에 오염된 지하수는 그 정화기준이 지하수의 생활용수 기준이기 때문에 이를 격상(공업용수 기준→생활용수 기준)하여 정화해야 할 것인지 아니면 아예 정화를 하지 않아도 되는지 현 지하수법은 이에 대한 명확한 규정이 없다.

③ 초기에 지하수의 수질기준을 설정할 당시에는 지표수 수질기준을 바탕으로 하여 짜깁기 식으로 지하수의 수질기준을 지하수의 이용목적에 중점을 두고 설정하여 지하수의 보전측면이 전혀 고려되지 않았다. 따라서 이 기준은 빠른 시일 내에 현실에 부합하게 보완 수정되어야 할 것이다.

[표 1-17] 지하수의 수질기준(단위 mg/L)

항 목 \ 이용목적별		생활용수 (오염지하수 정화기준)	농어업용수	공업용수
일반 오염물질 (mg/L)	수소이온농도	5.8 ~ 8.5	6.0 ~ 8.5	5.0 ~ 9.0
	대장균군수	5,000 이하 (MPN/100ml)	-	-
	질산성질소	20 이하	20 이하	40 이하
	염소이온	250 이하	250 이하	500 이하
특정 유해물질 (mg/L)	카드뮴	0.01 이하	0.01 이하	0.02 이하
	비소	0.05 이하	0.05 이하	0.1 이하
	시안	0.01 이하	0.01 이하	0.2 이하
	수은	0.001 이하	0.001 이하	0.001 이하
	유기인	0.0005 이하	0.0005 이하	0.0005 이하
	페놀	0.005 이하	0.005 이하	0.01 이하
	납	0.1 이하	0.1 이하	0.2 이하
	6가크롬	0.05 이하	0.05 이하	0.1 이하
	트리클로로에틸렌	0.03 이하	0.03 이하	0.06 이하
	테트라크로로에틸렌	0.01 이하	0.01 이하	0.02 이하
	벤젠	0.015 이하		
	톨루엔	1 이하		
	에틸벤젠	0.45 이하		
	쟈일렌	0.75 이하		
	1.1.1 트리클로로에탄	0.15 이하	0.3 이하	0.5 이하

[표 1-18] 오염지하수의 정화기준과 먹는물의 수질기준

내용	시안	phenol	6가크롬	TCE	PCE	비고
오염 지하수 정화기준	0.01	0.005	0.05	0.03	0.01	
먹는물 수질기준	0.01	0.005	0.05	0.03	0.01	

Chapter

02

수리분산 이론과 오염물질의 지하거동

2.1 수리 분산
2.2 다공질 매체내에서 비반응 오염물질의 거동
2.3 수리분산식의 해석학적인 해
2.4 반응물질의 비생물학적인 작용과 저감(attenuation)
2.5 유기 화합물질의 특성과 미생물에 의한 생물학적인 작용
2.6 유기 오염물질의 종류
2.7 비포화대(토양대)에서 유기오염물질의 거동 지배식

2.1 수리분산(水理分散)

과거 수리지질학에서 다루었던 지하수의 운동기작은 전적으로 지하수의 동수구배에 의한 이동, 즉 이류(移流, 一名 地下水流, advection)에 기초를 두고 있다. 즉 이류란 지하수환경으로 유입된 오염물질이나 용질(solute)이 지하수의 공극유속(pore water velocity, average linear velocity)과 같은 속도로 움직이는 것을 뜻한다.

그러나 지하수 환경내로 유입된 오염물질은 이류에 의한 지하수 동수구배를 따라 흐를 것이라고 예상되는 이동 경로(path way)로부터 이탈하여 분산 및 확산(spreading phenomenon)되는 경향이 있다. 이를 수리분산(水理分散, hydrodynamic dispersion)이라 한다. 따라서 미시적 규모(microscopic scale)에서 오염물질은 지하수의 동수구배에 의한 이류(advection)와 수리분산기작 때문에 이동하면서 그 농도가 점차 변화하게 된다(그림 2-1). 미시적 규모의 포화 다공질 매체 내에서 용질의 일반적인 수리분산은 다음 식과 같이 2개의 성분으로 구성되어 있다.

$$D = \alpha(\overline{V})_n + D^* \qquad (2\text{-}1)$$

여기서, D : 수리분산계수(hydrodynamic dispersion coefficient), L^2T^{-1}

$\overline{V}$: 지하수의 공극유속, LT^{-1}

α : 분산지수(dispersivity), L

D^* : 분자확산계수(molecular diffusion coefficient), L^2T^{-1}

일반적으로 종방향의 수리분산계수는 (2-1)식과 같이 공극유속의 n승에 비례하나(Nelson) 시험연구 결과에 의하면 n값의 범위는 대체적으로 1~2 정도이고 입상 다공질 대수층에서는 n=1이다. 따라서 (2-1)식은 다음 식과 같이 표현한다.

$$D = \alpha\bar{v} + D^* \qquad (2\text{-}2)$$

(2-2)식에서 $\bar{v}$, α를 이류에 의한 역학적인 분산(mechanical dispersion)이라 하고, D^*를 용질의 열역학적인 에너지에 의해 발생되는 분자확산(molecular diffusion)이라 한다. 미시적 규모에서 역학적인 분산 현상은 공극 내에서 용질의 속도차 즉 다음과 같은 공극의 불균질성에 의해 일어난다.

2.1.1 역학적인 분산

(1) 미시적 규모의 분산

미시적 규모의 다공질 매체 내에서 오염물질의 역학적인 분산원인은 다음과 같다(그림 2-2).

① 용질이 1개 공극을 통해 움직일 때 공극표면의 조도(roughness)에 의한 끌리는 힘(drag force) 때문에 중심부에서는 속도가 빠르고 매질 구성입자 부근에서는 속도가 느리기 때문에 분산한다(공극의 크기).

② 대수층의 공극은 모두 동일한 방향으로 배열되어 있지 않고 불규칙하며 공극의 크기, 연결통로가 서로 다르다. 따라서 지하수 환경으로 유입된 오염 용질은 불규칙한 공극을 따라 이동해야 하므로 분산된다(공극의 구부러진 통로(tortuosity), fingering, 불균질성, 분기).

③ 공극의 배열방향이 동일하더라도 공극의 크기에 따라 유속이 달라지기 때문에 용질은 분산된다.

(2) 거시적(macroscopic) 및 초거시적(megascopic) 규모의 분산

역학적인 분산은 평균유속으로 유동하고 있는 곳 주변에서 국지적으로 평균유속과는 전혀 다른 유속으로 움직이는 용질의 혼합현상(mixing process) 때문에 일어난다.

따라서 역학적인 분산은 이류작용에 의해서 생기는 것이지 화학적인 변화에 의해 발생되는 것

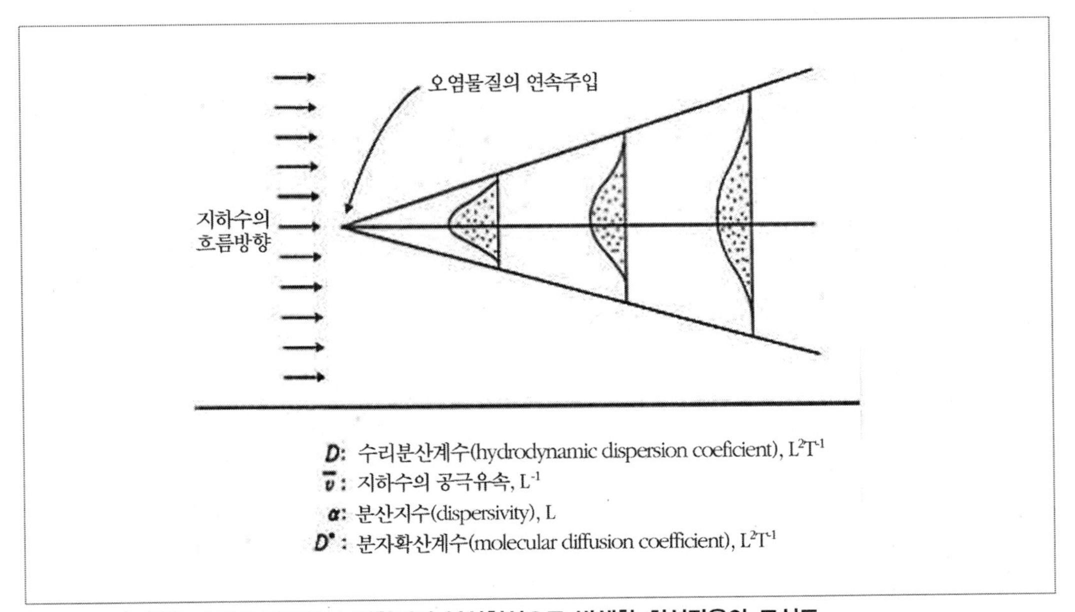

[그림 2-1] 입상 다공질 매체에서 역학적인 분산현상으로 발생한 희석작용의 모식도

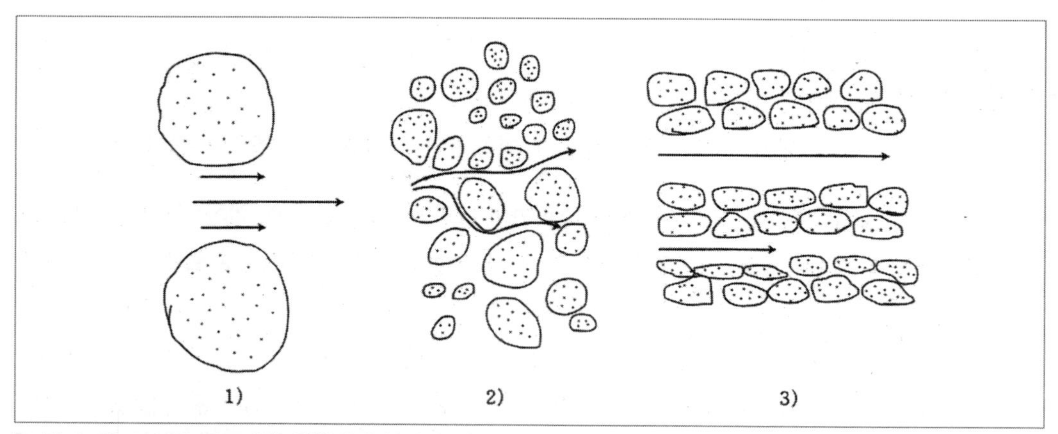

[그림 2-2] 미시적 규모에서 역학적인 분산이 일어나는 모식도

은 아니다. 용질 거동률이나 용질이동 방향의 변화를 일으키는 주요인은 대수층의 비전형적인 특성(non-ideality) 때문이며 이중에서 수리전도도가 가장 대표적인 예이다.

[표 2-1]은 비전형적인 특성을 일으키는 지질특성을 나열한 것이다.

[표 2-1] 다공질 매체에서 비전형적인 특성을 일으키는 지질 특성(Aplay, 1972)

1. 공극에서 공극규모의 미시적 규모의 불균질성
·공극크기
·공극의 기하학적인 배열
·사공극
2. 우물과 우물사이, 지층간의 거시적 규모의 불균질성
1) 층서적인 특징
·균일하지 않은 지층
·지층사이의 이질성
·층서의 연속성
·수직흐름의 단절
2) 투수성
·균질하지 않은 투수성
·일개방향으로 투수성이 클 때
·투수성의 점이적인 변화
3. 광역적이거나 대규모지층간의 초거시적인 불균질성
1) 대수층의 기하학적 형태
·단층이나 경사지층과 같은 층서적인 구조
·사구나 하도 퇴적층과 같은 층서적인 구조
2) 불균질한 파쇄구조

지하수의 유속이 가장 빠른 방향으로 용질이 분산 이동되는 현상을 종분산(longitudinal dispersion)이라 하고 지하수의 흐름방향에 직각으로 분산되는 현상을 횡분산(transverse dispersion)이라 한다.

분산작용은 일종의 혼합작용(mixing process)으로서, 종분산이 횡분산보다 대체적으로 10~20배 이상 크다. 다공질 매체 내에서 공극유속과 종분산의 개념은 서로 밀접한 관계를 가지고 있다. 종분산이 일어나는 경우에 일부 물분자나 용질분자는 지하수의 공극유속보다 빠르게 움직이거나 또는 느리게 움직인다. 따라서 용질은 지하수 흐름방향에서 분산되고 그 결과로 농도는 점차 감소된다.

2.1.2 확산(Diffusion)

Darcian 영역 하에 있는 지하수계 내에서 지하수는 동수구배가 존재하지 않으면(즉 $dh/dl = 0$이면) 지하수는 유동하지 않는다. 그러나 다공질 매체 내에 오염물질이 유입되었을 때는 비록 $dh/dl = 0$이더라도 농도구배(dC/dl)가 존재하면 지하수계 내에서 용질의 이온이나 분자는 그들의 운동량에 따라 농도구배가 높은 곳에서 낮은 곳으로 이동하게 된다. 이러한 현상을 확산현상(diffusion)이라 한다.

일반적으로 확산계수는 역학적인 분산계수에 비해 매우 적다. 즉 지하수의 주 양이온과 음이온의 이온확산계수(D_0, self, freewater, ionic diffusion)는 10^{-9}~$2\times10^{-9}m^2/s$ 정도이다. 그러나 다공질 매체 내에서 이들 이온(비반응용질)들은 다공질 매체의 불규칙한 배열이나 표면에서의 흡착 등으로 인하여 지하수보다는 긴 확산경로(diffusion path)를 따라 이동해야 한다. 이때의 확산계수를 분자확산계수(D^*, moleclar, or pore diffusion, or apparent diffusion coefficient)라 하며 일반적으로 $D^* < D_0$이다.

$$D^* = w \cdot D_0 \tag{2-3}$$

여기서, w : 비례상수로서 0.01~0.5정도이다. $\left(w = \dfrac{\theta + \delta_D}{\tau^2}\right)$

점토와 같은 저투수층 매체 내에서 지하수의 공극유속은 매우 적기($\overline{v} \simeq 0$)때문에 역학적인 분산이 0에 가까운 반면 불투수성 점토 내에 투입된 용질은 그 농도구배에 의해 이동될 수 있다. 그러나 농도구배가 존재하지 않을 경우에는 용질의 확산현상은 일어나지 않는다.

D^*는 매체 내에서 오염용질의 농도구배에 의해 분산되는 무작위 거동으로서 Fick 법칙으로 표현할 수 있다(그림 2-3).

실제 1개 유체 내에서 발생하는 용질의 확산은 Fick의 제 1 및 제2법칙으로 다음과 같이 표현할 수 있다.

$$F_0 = -D_0 \frac{\partial C}{\partial x}$$

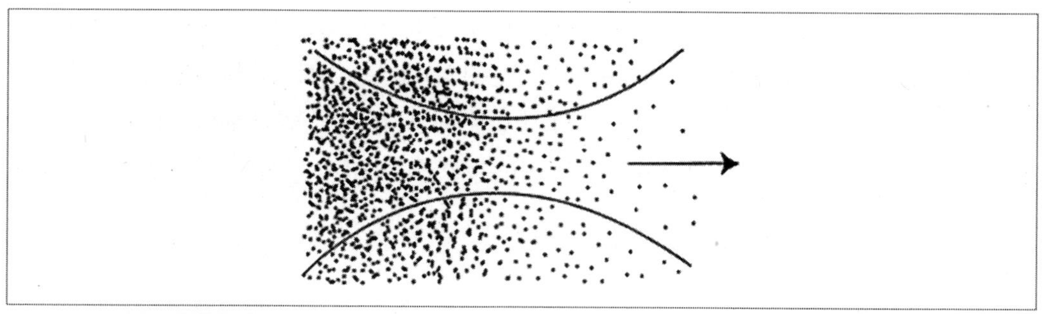

[그림 2-3] 균질 매체 내에서 분자확산

$$\frac{\partial C}{\partial t} = \nabla (D_0 \nabla C)$$

여기서, D_0 : 이온확산계수

F_0 : 유체 내에서 용질의 유출량

지금 Fick의 법칙을 미시적 규모의 대수층 내에서 일어나고 있는 용질거동 기작에 확대 해석해서 적용하면 대수층 내에서 분자확산에 의해 발생될 수 있는 수리분산식은 (2-4)식과 (2-5)식으로 표현할 수 있다.

$$F_0 = - D^* \frac{\partial C}{\partial l} \qquad (2\text{-}4)$$

$$\frac{\partial C}{\partial t} = \nabla (D^* \nabla C) \qquad (2\text{-}5)$$

여기서, F : 단위시간 동안 단위면적을 통해 확산된 용질의 질량, mass flux(ML-2T)

D^* : 분자확산계수(L^2T^{-1})

$\frac{\partial C}{\partial l}$: 농도구배

(2-5)식의 해를 구하기 위하여 용질의 농도가 서로 다른 2개의 지층이 서로 접해있다고 가정하자. 각 지층들은 포화상태이며 제1지층 내에 포함되어 있는 i 용질의 초기농도를 C_0라 하고 제2지층에서 i 용질의 초기농도(C)는 C_0에 비해 무시할 정도($C=0$)라고 한다면 두 지층 사이에는 농도구배가 존재하게 되어 i 용질은 농도가 높은 제1지층에서 농도가 낮은 제2지층으로 이동할 것이다. 또한 제1지층 내에서 용질의 농도를 항상 일정하게 유지하는 경우(연속주입시나 제1지층 내에서 광물의 분해작용으로 인하여 C_0가 일정하게 유지되는 경우)에 t 시간 이후 제1층과 제2층의 경계면에서 제2층으로 x 거리만큼 떨어진 지점에서의 농도는 다음과 같은 Crank식(1956)으로 표현할 수 있다.

$$\frac{C(x,t)}{C_0} = erfc\left(\frac{x}{2\sqrt{D^* t}}\right) \tag{2-6}$$

(2-6)식에서 i 용질의 분자확산계수 D^* 를 $5 \times 10^{-10} m^2/s$ 라고 가정하고 x=10m 지점에서 농도(C)가 초기농도의 10% 정도($0.1C_0$)되기까지 소요되는 시간을 구해보면 확산 소요시간 t=500년이 걸린다. 이와 같이 매질 내에서의 확산은 실제적으로 매우 서서히 일어난다. 따라서 투수성이 양호한 지하수계 내에서 용질의 이동은 주로 지하수의 이류에 지배되고 점토나 shale과 같은 저투수성 퇴적물로 구성된 지하수계 내에서는 지하수의 유속이 매우 느리기 때문에 지질시대 규모와 같은 장기간의 시간영역에서는 용해된 성분이 공간적인 분포에 큰 영향을 미칠 수 있다.

2.2 다공질 매체 내에서 비반응 오염물질의 거동

2.2.1 오염물질의 거동지배식

전절에서 설명한 바와 같이 용질이 지하수의 공극유속과 동일하게 거동하는 전반적인 이동(bulk movement)을 이류라고 한 바 있다. 이류는 일반적으로 세 가지로 분류한다. 즉 유체의 밀도차에 의해 움직이는 현상을 자연순환(natural convection)이라 하고 지하수와 같은 유체의 광역적인 자연흐름에 의해 움직이는 현상을 이류(advection)라 하며 대수층 내에 우물을 설치하여 지하수를 강제적으로 채수함으로 인해 지하수가 우물 쪽으로 유동하는 현상을 강제순환(forced convection)이라 한다. 따라서 혹자는 위의 세 가지 현상을 모두 합쳐서 단순히 순환(convection)이라고도 한다. 순환과 이류는 위에서 설명한 정도의 차이가 있다. 특히 지하수환경 내로 유입된 용질이 대수층 매체와 전혀 반응을 하지 않고 거동하는 경우에 이를 비반응 용질(non-reactive solute)이라 하고 이와 반대로 대수층 매체에 흡착되거나 반응을 하여 용액 내에서 용질의 질량이 시공간적으로 변하는 용질을 반응 용질(reactive- solute)이라 한다. 비반응 용질의 대표적인 물질로는 H^{3+}, cl^-, Br^-, I^- 및 NO_3^{2-} 등이 있다.
지하수의 흐름이 정류일 때 다공질, 등방 및 균질 포화매체 내로 유입된 오염물질은 이류에 의거하여 지하수의 공극유속과 비슷한 plug 상태로 움직이거나 미시적 규모에서 비반응 용질은 매체의 불규칙성과 공극크기의 차이에 의해 발생하는 역학적인 분산(mechanical dispersion $\bar{v} \cdot \alpha$)과 농도구배 및 지하수의 이류현상이 동시에 발생하는, 즉 이류와 수리분산(hydrodynamic dispersion)이 지배되는 조건 하에서 움직인다. 그러나 실제 지하수환경의 규모는 미시적이 아닌 거시적인 규모이므로 비반응 용질이 지하수계 내에서 움직일 때 그 운동기법은 거시적인 이류(macroscopic advection)와 제2의 운동기법인 수리분산작용의 혼합작용(mixing)에 의해 거동한다.

공극률이 n인 균질-다공질 대수층이 농도 C인 오염물질에 의해 오염되었다면, 대수층의 단위체적당 오염물질의 질량은 nC이다. 지금 고려대상 대수층이 균질이고 공극률이 일정하다면 대수층 내에서 Fick의 제1법칙은 다음과 같다.

$$\frac{\partial(nC)}{\partial x} = n\frac{\partial C}{\partial t}$$

매체 내 임의의 지점에서 모든 기하학적인 특정인자의 평균치가 2지점에서 단순치의 함수(single value function)로 표현되는, 즉 대상 매체가 연속체인 지하수계의 요소체적을 대표요소체적(representative elementary volume, REV)이라 한다(Bear와 Verru, 1987).

이는 어디까지나 용질거동 현상의 추계론적인 평균화에 기초하고 있다. 다공질매체 내에서 [그림 2-4]와 같은 다공질매체의 수리성을 대표할 수 있는 대표 요소체적(REV)의 크기를 dx, dy, dz하면 REV 내에서 용질의 질량변화율은 (2-7)식과 같다.

용질의 총질량 = 유출용질의 총질량 + 유입용질의 총질량 ± 반응으로 증감된 용질의 양 (2-7)

지금 REV 주위에서 Darcian 유속 〈비배출량〉을 V라 하면 V의 각 성분은 V_x, V_y, V_z이다. 또한 공극유속은 $\overline{V}=\frac{V}{n}$이므로 $\overline{V}$의 성분은 $\overline{V_x}$, $\overline{V_y}$, $\overline{V_z}$로 표시가 가능하다. 지하수계 내에서 용질은 이류와 수리분산 현상에 의해서 이동되므로 [그림 2-4]에서 x 방향을 따라 REV 내

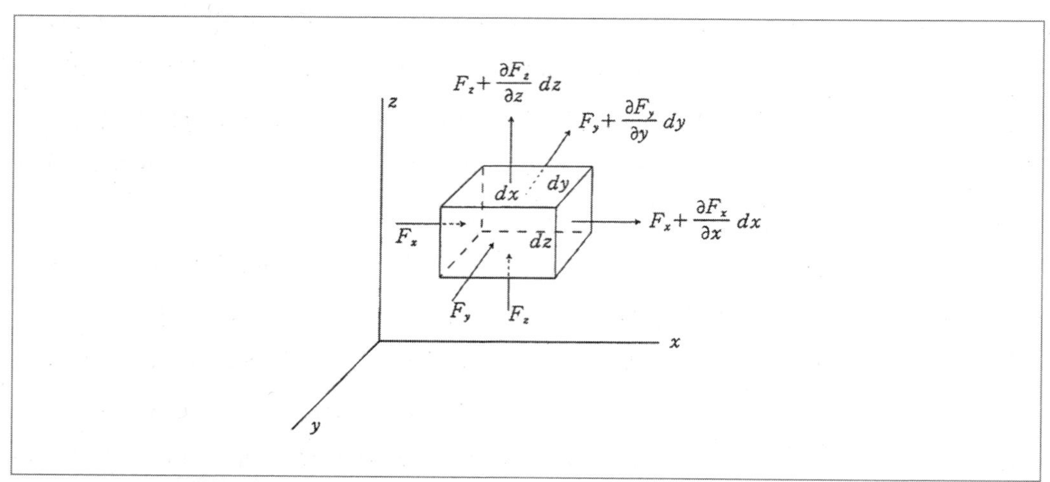

[그림 2-4] REV 내에서 Flux 원리 모식도

로 유입, 유출된 용질의 질량 중에서 이류에 의해 이동한 용질의 질량은

$$\overline{V_x} \cdot nC \cdot dA \tag{2-8}$$

분산에 의해 이동한 용질의 질량은

$$-D_x \cdot n\frac{\partial C}{\partial x} \cdot dA \tag{2-9}$$

x 방향의 수리분산계수 D_x 는 (2-1)식에서

$$D_x = \overline{V_x} \cdot \alpha_x + D^* \tag{2-10}$$

여기서 D^* 는 분자 확산계수이므로 만일 F_x를 단위시간 동안에 x 방향으로 REV 내의 단위면적($dA=1$)을 통해서 이동한 용질의 전체 질량이라고 하면 F_x는 (2-11)식과 같이 된다.(단 n 가 일정할 때).

$$F_x = \left(\overline{V_x} \cdot nC - D_x \cdot n\frac{\partial C}{\partial x}\right) = n\left(\overline{V_x} \cdot C - D_x\frac{\partial C}{\partial x}\right) \tag{2-11}$$

동일하게,

$$F_y = \left(\overline{V_y} \cdot nC - D_y \cdot n\frac{\partial C}{\partial y}\right) = n\left(\overline{V_y} \cdot C - D_y\frac{\partial C}{\partial y}\right)$$

$$F_z = \left(\overline{V_z} \cdot nC - D_z \cdot n\frac{\partial C}{\partial z}\right) = n\left(\overline{V_z} \cdot C - D_z\frac{\partial C}{\partial z}\right)$$

그런데 단위시간 동안 x, y, z 방향에서 REV 내로 유입된 전체 질량(flux)은 다음 식과 같고,

$$F_x \cdot dydz + F_y \cdot dxdz + F_z \cdot dxdy \tag{2-12}$$

단위시간 동안 REV 내에서 x, y, z 방향으로 유출되어 나간 용질의 전체 질량은 (2-13)식과 같다.

$$\left(F_x + \frac{\partial F_x}{\partial x}dx\right)dydz + \left(F_y + \frac{\partial F_y}{\partial y}dy\right)dxdz + \left(F_z + \frac{\partial F_z}{\partial z}dz\right)dxdy \tag{2-13}$$

용질이 비반응용질인 경우에는 (2-7)식에서 우측의 셋째 항인 반응항은 0이므로 단위시간 동안 REV 내에서 용질의 시간당 변화율은 다음 식과 같다.

$$-n\frac{\partial C}{\partial t} \cdot dxdydz \tag{2-14}$$

(2-6)식과 (2-12), (2-13) 및 (2-14)식을 조합하면 (2-14) = (2-13) - (2-12)와 같이 된다. 따라서 단위시간 동안 REV 내에서 유입 및 유출된 양의 차는 (2-15)식과 같다.

$$\frac{\partial F_x}{\partial x}+\frac{\partial F_y}{\partial y}+\frac{\partial F_z}{\partial z}=n\frac{\partial C}{\partial t} \tag{2-15}$$

(2-11)식을 (2-15)식에 대입하고 공극률 n가 일정하다면 다음 식과 같이 된다.

$$-\left[\frac{\partial}{\partial x}(D_x\frac{\partial C}{\partial x})+\frac{\partial}{\partial y}(D_y\frac{\partial C}{\partial y})+\frac{\partial}{\partial z}(D_z\frac{\partial C}{\partial z})\right]+ \tag{2-16}$$

$$\left[\frac{\partial}{\partial x}(\overline{V_x}\cdot C)+\frac{\partial}{\partial y}(\overline{V_y}\cdot C)+\frac{\partial}{\partial z}(\overline{V_z}\cdot C)\right]=-\frac{\partial C}{\partial t}$$

다공질매체가 균질이고, 공극유속이 정류상태이며, 균일(시간과 공간에 따라 불변)하다면, D_x, D_y, D_z는 그 지점에서 일정하게 된다. 이때 (2-16)식은 다음과 같이 표현할 수 있다.

$$\left[D_x\frac{\partial^2 C}{\partial x^2}+D_y\frac{\partial^2 C}{\partial y^2}+D_z\frac{\partial^2 C}{\partial z^2}\right]-\left[\overline{V_x}\frac{\partial C}{\partial x}+\overline{V_y}\frac{\partial C}{\partial y}+\overline{V_z}\frac{\partial C}{\partial z}\right]=\frac{\partial C}{\partial t} \tag{2-17}$$

따라서 비반응용질이 3차원의 지하수계 내에서 거동할 때의 일반식은 다음식과 같다.

$$\nabla\cdot(D\cdot\nabla C)-\nabla(\overline{V}\cdot C)=\frac{\partial C}{\partial t} \tag{2-18}$$

대상 지하수계가 균질, 등방, 포화 상태이고, 지하수계 내에서 흐르고 있는 지하수의 흐름이 정류일 때 1차원계(1-D) 내에서 비반응 용질의 운동식은 다음과 같이 간단히 표시할 수 있다.

$$D_l\frac{\partial^2 C}{\partial l^2}-\overline{V_l}\frac{\partial C}{\partial l}=\frac{\partial C}{\partial t} \tag{2-19}$$

여기서, l : 유선방향의 좌표

D_l : 종분산계수

$\overline{V_l}$: 유선방향에서 지하수의 공극유속

$D_l=\alpha_l\cdot\overline{V_l}+D^*$

α_l : 종분산지수(longitudinal dispersivity)

또한 불균질 2차원계(2-D)에서 비반응 용질의 일반식은 (2-20)식으로 표시 가능하다.

$$\left[D_l \frac{\partial^2 C}{\partial s_l^2} + D_T \frac{\partial^2 C}{\partial s_T^2}\right] - \left[\overline{V_l} \frac{\partial C}{\partial s_l}\right] = \frac{\partial C}{\partial t} \tag{2-20}$$

여기서, D_T : 횡분산계수로서 $D_t = \alpha_T \cdot \overline{V_l} + D^*$ 이며
l 첨자 : 종방향
T 첨자 : 횡방향을 의미한다.

만일 공극유속 $\overline{V_l}$ 이 유선을 따라 변한다면, D_l, D_T 도 매체 내의 각 지점에 따라 변할 것이다. 이때 (2-20)식은 (2-21)식으로 표현할 수 있다.

$$\frac{\partial}{\partial s_l}(D_l \frac{\partial C}{\partial s_l}) + \frac{\partial}{\partial s_T}(D_T \frac{\partial}{\partial s_T}) - \frac{\partial}{\partial s_l}(\overline{V_l} \cdot C) = \frac{\partial C}{\partial t} \tag{2-21}$$

(2-17) 식을 원통좌표의 2-D 방사흐름으로 표현하면 다음과 같다.

$$\frac{\partial}{\partial r}\left[D \frac{\partial C}{\partial r}\right] + \frac{D}{r}\frac{\partial C}{\partial r} - \bar{v}\frac{\partial C}{\partial r} = \frac{\partial C}{\partial t} \tag{2-22}$$

여기서, r =주입정에서 방사상 거리, L
$\bar{v}$=지하수의 평균 선형유속(공극유속), LT^{-1}
D=수리분산계수, L^2T^{-1}
$\bar{v} = \frac{Q}{2\pi r^2 n_e d}$, Q=주입정에서 추적자 혼합용액의 주입률, L^3T^{-1}
n_e =유효공극률, d=주입정의 스크린의 길이

2.2.2 Peclet 수(Peclet number)와 수리분산

1차원계 내에서 수리분산식의 해는 [그림 2-5]와 같은 보수적인 주상시험(column test)을 실시하여 구할 수 있다. 용질이 확산과 역학적인 분산의 합인 수리분산의 영향을 전혀 받지 않고 매체 내에서 지하수(혹은 유입수)와 동일하게 움직일 때는 시험관 내에서 용질의 이동전면(tracer front)은 [그림 2-6]의 (a)와 같이 수직형 플럭(plug)형태로 움직일 것이고 이때 용질의 운동지배식은 계단함수(step function)로 표현된다(연속주입인 경우).
그러나 시험관 내에 연속적으로 유입된 용질이 역학적인 분산에 의해 거동할 때에는 시험관 내에서 공극유속으로 움직이는 혼합수가 시험관의 배출구를 통해 배출되기 이전에 용질의 일부가 배출구에서 먼저 노출되기도 하고 혼합수가 시험관 배출구를 통해 완전히 배출되고 난 다음에도 용질은 계속 나타난다([그림 2-6]의 (b)). 따라서 시험관 내에서 일부 용질은 수리분산현상에 의해 공극유속보다 빠르게 움직이기도 하고 느리게 움직이기도 한다. [그림 2-6]의 (a), (b), (c)

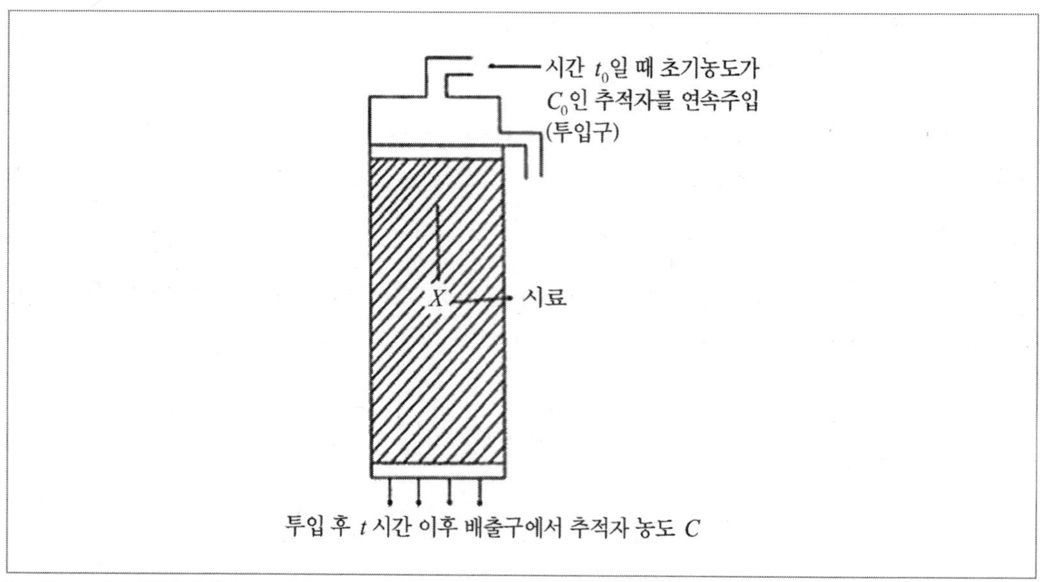

[그림 2-5] 정류상태에서 실내주상시험 모식도

및 (d)와 같이 시간별 농도변화 곡선 및 거리별 농도변화곡선 및 공극체적별 농도변화곡선 및 무차원 시간별 농도변화곡선을 통틀어 농도이력곡선(breakthrough curve)이라 한다.

점토와 같은 저투수성 매체는 공극유속이 매우 느리기 때문($\overline{V} \approx 0$)에 용질의 수리분산현상은 주로 확산작용에 의해 발생되며, 느슨한 구조를 가진 사력층과 같이 투수성이 양호한 매체는 공극유속이 상당히 클 뿐만 아니라 역학적분산($\alpha \overline{V}$)이 확산보다 훨씬 크므로 용질의 수리분산은 주로 역학적인 분산인 이류에 의해 지배된다(그림 2-7).

매체의 특성인 분산지수가 큰 매체일수록 용질 이동전면에서 혼합(mixing) 현상이 커진다. 포화, 균질 및 입상매체 내에서 용질의 운동이 확산현상에 의해 지배되는지 아니면 분산현상에 의해 지배되는지를 판별하기 위해 소위 Peclet number(P_{ec})라는 무차원 인자를 사용한다. Peclet 수(P_{ec} 수)는 다음 식으로 표시한다.

$$P = \frac{\overline{V} \cdot d_m}{D^*} \approx \frac{\overline{V} \cdot \alpha}{D_l} \tag{2-23}$$

여기서, D^* = 확산계수
D_l = 분산계수
$\bar{v}$ = 평균선형속도(공극유속)
d_m = 매체의 평균입경

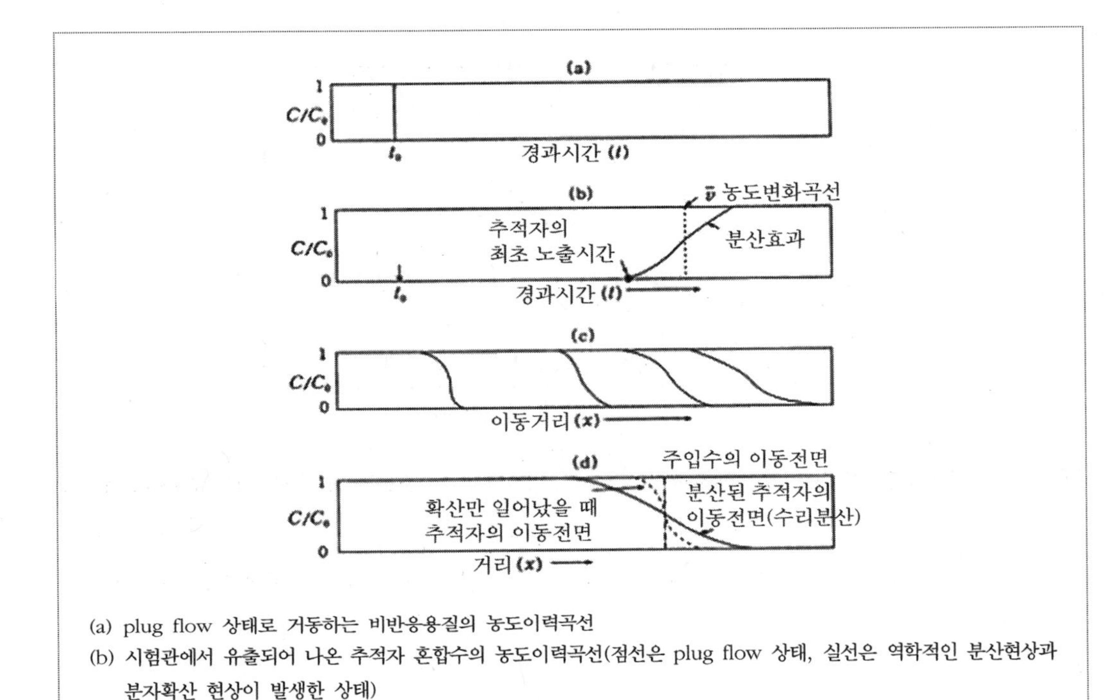

(a) plug flow 상태로 거동하는 비반응용질의 농도이력곡선
(b) 시험관에서 유출되어 나온 추적자 혼합수의 농도이력곡선(점선은 plug flow 상태, 실선은 역학적인 분산현상과 분자확산 현상이 발생한 상태)
(c) 시험관 내에서 시간별, 거리별 추적자의 이동전면
(d) 연속주입 시 시험관 내에서 분자확산, 수리분산작용에 의해 이동된 추적자의 농도이력곡선

[그림 2-6] 여러 종류의 농도 이력곡선들

[그림 2-7]은 입경이 서로 다른 미고결 모래와 구슬을 이용하여 실내실험으로 구한 분산계수, 매체의 입경과 지하수의 공극유속 사이의 상관관계를 도시한 것이다. 이에 의하면 매체의 종분산계수는 시험대상 지하수의 공극유속과 입경에 비례한다.

즉, 공극유속이 느리거나 P_{ec} 수가 적은 영역에서는 오염물질의 분산이 주로 분자확산에 지배를 받고, 지하수의 공극유속이 큰 즉, P_{ec} 수가 큰 영역에서는 오염물질의 분산이 주로 지하수의 이류에 의해 좌우된다.

이에 비해서 지하수의 유속이나 P_{ec} 수가 중간 정도인 전이대에서는 오염물질의 분산이 (2-1)식으로 표현한 역학적인 분산계수와 분자확산에 의해 지배를 받는다.

즉, 미시적 규모에서 수리분산계수(D)는 역학적인 분산계수($D' = \bar{v}\alpha$)와 분자확산계수의 합이다. 특히, 입상매체의 분자확산계수는 상당히 합리적으로 계산 가능하다(몇 order 정도). 그러나 역학적 분산계수의 실제적인 범위가 어느 정도이며 수리분산계수의 몇 %에 해당하느냐 하는 문제는 남아있다. 다행히 실험실 규모의 주상시험결과가 가용하여 이를 여기에서 소개코자 한다. 전술한 바와 같이 주상시험 시 종분산을 지배하는 인자는 사용한 유체의 공극유속과 사용한 시

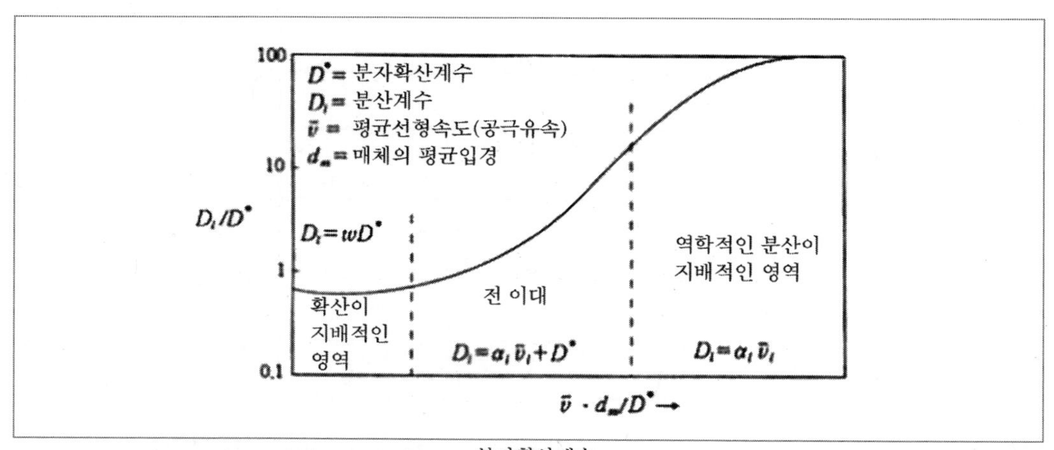

[그림 2-7] 균일한 입경으로 이루어진 모래층에서 $\frac{\text{분자확산계수}}{\text{종분산계수}}(D^*/D_L)$ 와 Peclet 수와의 관계(Perkins, 1963)

료의 입경이다. Pfannkuch(1962)는 기존 실험자료를 취합하여 이들 자료를 [그림 2-8]처럼 $\frac{D_l}{D^*}$, $\frac{D_T}{D^*}$와 $\frac{\bar{v}d_m}{D^*}$ 로 작성하였다.

여기서, D_e : 매체의 종분산계수, D^* : 매체의 분자확산계수
D_T : 매체의 횡분산계수, $\bar{v}$: 공극유속,
d_m : 실험대상 매체의 평균입경

여기서 $\frac{\bar{v}d_m}{D^*} = P_{ec}$ 수이며 [그림 2-8]은 P_{ec} 수와 관련하여 4종의 혼합(mixing) 영역을 보여주

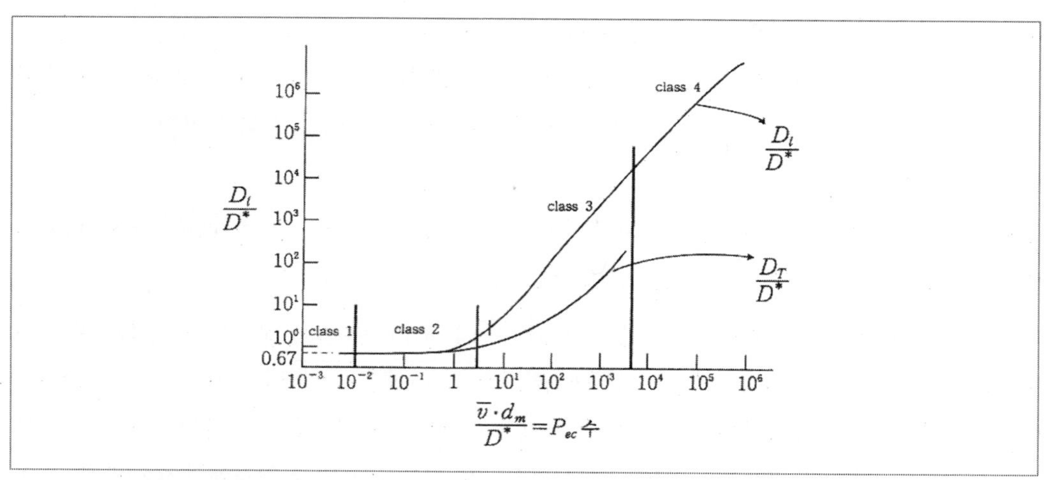

[그림 2-8] P_{ec} 수와 $\frac{D_l}{D^*}$ 및 $\frac{D_T}{D^*}$ 와의 관계(Pfannkuch,62 & Perkins & Johnston,63)

고 있다.

① 제1영역(class-1) : $\frac{D_l}{D^*}$는 P_{ec} 수와는 전혀 무관하며 용질혼합의 주기작은 분자확산인 경우이다. $\frac{D_l}{D^*}$는 약 0.67 정도이고 P_{ec} 수는 약 0.01 이하이며 D_l 은 D^* 와 동일한 값을 가질 때이다.

② 제2영역(class-2) : 이 영역에서 P_{ec} 수는 대체로 0.1~4 정도이고 용질의 혼합작용은 분자확산과 역학적인 분산에 의해 발생한다. 그 결과 $\frac{D_l}{D^*}$는 P_{ec} 수가 증가함에 따라 서서히 증가한다.

③ 제3영역(class-3) : 지하수의 유속이 서서히 증가하면 P_{ec} 수가 적은 영역을 제외하고는 역학적인 분산이 용질 혼합작용의 주기작이 되고 역학적인 분산계수(D_l)는 $\bar{v}^{1.2}$ 승에 비례한다. 이 단계에서 P_{ec} 수는 4~10^4 정도이다.

P_{ec} 수가 증가함에 따라 공극들 내에서 유속의 차가 발생하게 되며, 이때 D_l 은 v 내지 $\bar{v}^2$에 비례한다. 이 경우 매체의 구성 입자들 때문에 오염물질의 흐름경로 차이로 인한 용질 혼합현상이 두드러지게 발생한다.

④ 제4영역(class 4) : 이 영역에서 P_{ec} 수는 10^4~10^6 정도이며 분자확산은 무시할 수 있다. 이때 D_l 은 $\bar{v}$ 에 비례하고 그 기울기는 약 45° 정도이다.

주상시험을 통해 얻은 결과에 의하면 종분산는 지하수의 유속에 비례한다. 이러한 관계는 거시적이거나 초거시적(megascopic)인 규모에서 수리분산을 서술하는 데 일반화시킬 수 있다. [그림 2-7]과 같이 횡분산계수도 종분산계수처럼 P_{ec} 수에 비례한다. 그러나 동일한 P_{ec} 수에서 종분산계수는 횡분산계수보다 훨씬 크다. 예를 들어 P_{ec} 수가 100 이상인 경우에 D_l 은 D_T 보다 10배 이상인데, 이러한 경향은 미시적인 규모뿐만 아니라 거시적인 규모에도 적용할 수 있다.

2.2.3 분산지수(dispersivity)와 분산지수의 규모종속

분산지수란 대수층 내로 유입된 오염물질을 분산시키는 대수층의 특성으로서, 길이로 나타내며 대수층의 역학적인 분산을 정량화시키는 인자이다. 수리분산 인자 중에서 오염물질의 거동에 가장 큰 영향을 미치는 인자는 분산지수이다. 그런데 분산지수(α_l)는 다음과 같이 규모종속(scale dependent)이다.

• 실험실에서 구한 α_l 은 실험실 규모이다.

- 대수성 시험으로부터 취득한 전구간 수리전도도를 이용하여 α_l을 구한 경우, 전구간 분산지수는 다음 식과 같은 규모종속 효과를 나타낸다.

$$\alpha_l = (2 \sim 4)\alpha_L \text{ (stratum)} \tag{2-24}$$

- 시험대상 암석 내에서는 혼합수의 시료채취방식에 따라 규모종속현상이 발생한다. 시험정과 관측정 사이의 거리(l)에 따라서도 규모종속효과($\alpha = 0.1 \times l$)를 나타낸다.

이상과 같이 분산지수는 규모종속인자이므로 실험실이나 현장 수리분산 시험을 시행하여 α_l 값을 구할 때는 그 값이 일정한 값(asymptotic value)에 도달했는지 여부를 먼저 전문가에 의해 판단해야만 한다.

대체적으로 주상시험으로 구한 분산지수는 0.01~0.1㎝(한국의 KMRR 0.23㎝) 정도이나 현장 추적자 시험으로 구한 분산지수는 이보다 훨씬 크다. 기존오염구간을 정확히 평가할 때는 비교적 큰 값의 α_l을 사용한다(1.12~1,520㎝).

실내 주상 시험으로 구한 분산지수는 대체적으로 시험 대상시료의 평균입경 크기의 수배정도인 0.1~2.0cm 정도이다.

따라서 규모가 상당히 큰 실제 현장 대수층에 대해 실내규모의 분산지수를 이용하여 오염물질의 지하 거동을 모의하면 용질의 분산현상이 실제보다 매우 적게 나타나게 된다.

실험실 규모의 분산지수는 주로 대수층 구성입자나 공극 주위에서 용질 혼합현상으로 발생한 용질의 분산현상이지만 규모가 큰 대수층 규모의 수리분산지수는 ① 수리전도도의 불균질성, ② 지층의 파쇄상태, ③ 층서매체의 수리 특성과 정확치 못한 시료채취 방식과 ④ 적용한 근사법에 의해서 발생하는 용질 분산현상으로 인하여 더 큰 오차가 발생될 수도 있다(Evenson 등 1980, Anderson 1979).

현장시험 결과에 의하면 대수층을 구성하고 있는 각 지층의 수리전도도는 서로 다르기 때문에 이러한 수리전도도의 불균질성이 거시적인 분산(macro-dispersion)의 주된 요인임이 판명되고 있다. 또한 분산지수는 오염 용질의 이동거리가 증가할수록 그 값이 증가한다. 수리지질계의 분산현상을 분산지수와 같은 간단한 수리분산인자를 이용하여 특성화시키기는 매우 어렵다. 특히 모형화할 대수층에 비해 구성 대수층의 불균질성이 매우 클 때는 균질매체라는 가정 하에서 유도된 분산지배식을 사용할 수 없다.

다음과 같은 경우에 단순한 수리분산 모델을 사용하면 만족할 만한 결과를 얻을 수 없다.

① 투수성 렌즈와 같이 수리전도도가 전혀 다른 구간이 고려대상 매체 내에 협재되어 있어 고투수성 구간이 오염용질의 거동을 지배하는 경우

② 수리전도도가 매우 큰 용식 구간이나 파쇄대와 같은 fingering 효과를 나타내는 고투수성 구간이나 제한된 이동경로만을 따라 용질이 거동하는 지층
③ 불균질성이 매우 큰 구간에서 일부 소규모 구간의 시험 관측치만 이용하는 경우
④ 모형화할 수 없을 정도로 수리전도도의 변화가 심한 지층

이러한 현상을 Evenson 등 (1980)은 수로분산(channeling) 현상이라 했으며 석회암 지역의 카르스트(Karst)지역이나 결정질암의 단열계(fractured system) 내에서 주로 발생하는 기작이다. 이러한 매체는 일반적으로 모형에 의한 분산시험 분석이 불가능하다.
시험대상 구간에서 분산계수를 구하는 방법으로는 인공 추적자나 자연 추적자를 이용하여 직접 관측 및 측정할 수 있다. 추적자 주입 시험법은 비교적 짧은 거리와 짧은 기간 동안, 단정 및 2정 시험법을 이용하여 지하수조사 등에 널리 이용하는데 그 단점은 다음과 같다.

① 자연상태 하에서 지하수의 공극유속은 매우 느리다. 따라서 추적자를 자연흐름계 내에 투입하면 이들이 먼 거리를 이동하는 데에는 불필요하게 장시일이 소요된다. 이러한 이유 때문에 시험시간을 단축하면 흐름장을 완전히 대표하지 못하는 소규모 구간에서의 분산계수밖에 구할 수 없다.
② 수리지질계는 전형적으로 매우 불균질하다. 따라서 조사대상 흐름장 구간 내에서 추적자가 이동하는 과정을 정확하게 관측하기 위해서는 많은 수의 관측정이 필요하다. 뿐만 아니라 이동하고 있는 추적자의 농도변화를 측정하기 위해 흐름장 내에서 지하수를 채취하면 채취구간 내에서 흐름장은 상당히 교란된다.

[표 2-2]는 관측된 지하수계 내에서 오염 용질의 거동을 수치분석 모델에 의해 구한 분산지수와 현장 추적자 시험을 시행하여 구한 종 및 횡 분산지수를 도표화한 것으로 저자들이 국내에서 실시한 사례를 포함시켰다.

[표 2-2] 수치분석 모델과 현장 추적자시험을 시행하여 산정한 종 및 횡 분산지수

대상지역	종분산지수 α_L (m)	횡분산 지수 α_T (m)	Δx^2 (m)	$\bar{v}$ (m/d)	시험방법
Chalk River, Ontario alluvial aquifer	0.034				단정시험
Chalk River, strata of high velocity	0.034 - 0.1				단정시험
Alluvial, aquifer	0.5				2정시험
Alluvial, strata of high velocity	0.1				2정시험
Lyons, France alluvial aquifer	0.1 - 0.5				단정시험
Lyons(full aquifer)	5				단정시험

Lyons(full aquifer)	12.0	3.1 - 14		7.2	단정시험과 전기비저항
Lyons(full aquifer)	8	0.015 - 1		9.6	단정시험과 전기비저항
Lyons(full aquifer)	5	0.145 - 14.5		13	단정시험과 전기비저항
Lyons(full aquifer)	7	0.009 - 1		9	단정시험과 전기비저항
Alsace, France alluvial sediments	12	4			환경추적자
Carlsbad, N. Mex. fractured dolomite	38.1		38.1	0.15	2정시험
Savannah River, S. C. fractured schistgneiss	134.1		538	0.4	2정시험
Barstow, Calif. alluviall sediments	15.2		6.4		2정시험
Dorset, England chalk(fractured) (intact)	3.1 1.0		8 8		2정시험
Berkeley, Calif. sand/gravel	2.3		8	311 - 1,382	다점시료채취기구
Mississippi limestone	11.6				단정시험
NTS, carbonate aquifer	15				2정시험
Pensacola, Fla.석회암	10		312	0.6	2정시험
화성매립지(붕적층)	0.36		2		단정주입상
난지도매립지(충적층)	1.15 - 1.32		6	10.3	단정주입 - 채수상
음성(편마암 단열대)	79.8 - 100		6	17.55	단정주입 - 채수상
안양(편마암 단열대)	1.1 - 460		4.6	1.7 - 6	단정주입 - 채수상
Rocky Mtn. arsenal alluvial sediments	30.5	30.5	305		Areal(moc)
Arkansas river valley coalluvial sediments	30.5	9.1	660 × 1320		Areal(moc)
California alluvial sediments	30.5	9.1	305		Areal
Long Island glacial deposits	21.3	4.3	variable (50-300)	0.4	Areal(fe)
Brunswick, Ga. limestone	61	20	variable		Areal(moc)
Snake River, Idaho fractured basalt	91	136.5	640		Areal
Idaho, fractured basalt	91	91	640		Areal(fe)
Hanford site, Wash. fractured basalt	30.5	18			Areal(rw)
Barstow, Calif. alluvial deposits	61	18	305		Areal(fe)
Roswell Basin, N. Mex. limestone	21.3				Areal
Idaho Falls, lava flows and sediments	91	137	variable		Areal
Barstow, Calif. alluvial sediments	61	0.18	3×152		Profile(fe)
Alsace, France alluvial sediments	15	1			Profile
Florida(SE) limestone	6.7	0.7	variable		Profile
Sutter Basin, Calif. alluvial sediments	80 - 200	8 - 20	(2 - 20km)		3 - D(fe)

다공질 매질 내에서 오염물질의 분산현상은 규모종속이란 사실이 오래전부터 알려져 왔으며, 특히 1970년대부터 분산지수의 규모종속효과(scale effect)에 대한 사실이 수리분산 연구에 관심의 대상이 되어 왔다.

[표 2-3]은 입상대수층의 오염구간에 대해 전산처리하여 구한 종 및 횡분산지수의 값을 나타낸 표이다. [표 2-3]과 같이 오염구간이 클수록 종분산지수는 크며, 그 범위는 12~61m 정도이다. 그러나 주상시험으로 구한 실내 분산지수는 대체로 0.01~0.1cm(Lau 등 1958, Bears 1959, Reynold 1978, Hahn 1986, 0.23cm)로서 모델링으로 구한 분산지수는 실내규모의 분산지수에 비해 매우 크다([표 2-3]과 [표 2-4] 참조).

대부분의 오염운 연구나 현장 추적자시험 시 채취한 지하수시료의 채취심도는 수 m~수십 m이다. 따라서 대규모 수직구간 내에서 서로 혼합된 지하수를 채취하여 α_l 값을 구하였기 때문에 분산지수의 값이 비교적 크게 나타나게 된 주요 원인일 것이다. 이에 비해 Sudiky, Cherry(1979) 및 Lee(1980) 등은 다점 시료채취 기구를 이용하여 시료를 채취했기 때문에 [표 2-3]과 [표 2-4]에 제시된 기타 분산지수보다 적은 값을 보인다.

[표 2-3] 모델링으로 구한 입상퇴적층의 현장 분산지수

조사자	areal(A), cross-sectional(C), 혹은 one-dimensional(O)	시험구간 길이 (m)	종분산지수 (m)	횡분산지수 (m)
Pinder(1973)	A	- 1,300	21.3	4.3
Robson(1974)	A	> 8,000	61	n. r.
Konikow and Bredehoeft(1974)	A	- 18,000	30.5	9.2
Fried(1975)	O O	- 800 600 - 1,000	15 12	1 4
Konikow(1976)	A	- 13,000	30.5	n. r.
Robson(1978)	C	- 3,500	61	0.2
Wilson and Miller(1978)	A	- 1,300	21.3	4.3

[표 2-4] 추적자 시험으로 구한 입상 퇴적물의 현장분산지수

조사자	시험방법	시험정 사이 거리(m)	시험정유입 구간 거리(m)	종분산지수 (m)
Theis(1963) [cited by Cole(1972)]	natural gradient	3500 4000	n. r. n. r.	6 460
Mercado(1966)	single-well injection-withdrawal injection-withdrawal observation wells	n. a. ≤ 115	34 12 - 39	0.09 - 0.15 0.50 - 1.50
Percious(1969)	single-well injection-withdrawal	n. a.	30.5	0.08 - 0.25

Wilson(1971)[cited by Robson(1974)]	two-well nonrecirculating withdrawal injection	79.2	14.6	15.2
Wilson(1971)	single-well injection-withdrawal	n. a.	15.2	0.25 - 0.33
Fried 등(1972)	single-well pulse(individual layers)	n. a.	0.25 layers	0.1 - 0.6
Kreft 등(1974)	two-well pulse	5 - 6	n. r.	D/V - 0.18
Robson(1974)	two-well recirculating withdrawal-injection	6.4	27.4	15.2
Fried(1975)	natural gradient radial injection	$<$ 12 n. r.	n. r. n. r.	4.25 11.0
G. E. Grisak[unpublished data(1977)]	single-well injection-withdrawal	n. a.	1.8	0.29
Rousselot(1977)	natural gradient	$\leq$ 60	n. r.	1
Peaudecerf and Sauty(1978)	uniform gradient	$\leq$ 32.5	n. r.	1 - 2.7
Sauty(1978)	two-well pulse	9	n. r.	6.9
Sudicky and Cherry(1979)	natural gradient	6 $\leq$ 14	n. r. point pumping	0.3 0.01 - 0.22
Sauty 등(1979)	single-well injection-withdrawal central well observation well	n. a. $\leq$ 13	n. r. n. r.	1 0.18 × radius
Lee 등(1980)	natural gradient	$\leq$ 6	Point sampling	0.012

현장에서 시행한 수리분산 조사연구에서 분산지수가 규모종속이라는 사실은 다음과 같이 많은 조사자에 의해 확인된 바 있다.

① 실내시험 α_l 보다 현장 α_l 이 큰 이유는 실내시험 시 사용한 시험관(column) 내의 시료에 비해 현장에 분포된 대수층은 수리지질 특성인자의 불균질성을 잘 반영하고 있기 때문이다(Theis 1962~1963).

② Fried (1975)는 오염물질의 평균이동거리(mean travel distance)에 따라 분산지수는 다음과 같은 값을 사용할 것을 권유하고 있다.

- 국지규모 ……… $\alpha_l = 2 \sim 4\,m$
- 지역규모 1 ……… $\alpha_l = 4 \sim 20\,m$ (규모가 비교적 큰 대수층 구간)
- 지역규모 2 ……… $\alpha_l = 20 \sim 100\,m$
- 광역적인 규모(3~4㎞) ……… $\alpha_l = 100\,m$

[표 2-5]는 여러 연구자들에 의해 조사·연구된 실내 및 현장 규모의 종분산지수를 도표화한 것이다.

[표 2-5] 실내 및 현장 규모의 종분산지수

조사자	년도	내용
Menzi 등	1988	고결사암 $\alpha_l = 10^{-4} \sim 10^{-2} m$
Robson Anderson	1974 1979	수치분석에 의한 현장규모의 $\alpha_l = 1 \sim 100 m$
Picken과 Grisak	1981	기존자료를 종합 분석하여, 실험실 규모 $\alpha_l = 0.01 \sim 0.1 cm$ 현장규모(Computer modeling) $\alpha_l = 12 \sim 61 m$ 현장추적자 시험결과 $\alpha_l = 0.012 \sim 15 m$
한정상 등	1990 1993	현장규모 $\alpha_l = 0.16 \sim 100 m$ 실내규모 $\alpha_l = 1 \sim 10 cm$

$\frac{\alpha_L}{\alpha_T}$의 비는 2차원의 오염물질 거동에 있어 오염운의 형태를 조절하는 인자이다. $\frac{\alpha_L}{\alpha_T}$의 비가 적을수록 오염운의 폭은 커진다. 일반적으로 $\frac{\alpha_l}{\alpha_T}$의 비는 6~20(Anderson 1979, Klotz 등 1980) 정도이다.

Klotz 등(1980)은 현장 추적시험 결과, 추적자 오염구간의 폭은 이동거리를 따라 선형적으로 증가함을 확인한 바 있으며, 또한 Oakes와 Edworth(1977)은 사암대수층의 완전관통에서 2정 순간-방사주입시험을 실시한 바 완전관통 대수층의 분산지수는 개개 구성지층(discrete layers)의 분산지수보다 2~4배 큰 사실을 알아낸 바 있다.

이외에도 1차원적인 지하수의 흐름계 내에서 규모종속 효과는 부분적으로 최소한 유선의 영향 때문에 발생할 수도 있기 때문에 이를 유선효과(stream line effect)라고도 한다(Sauty, Cherry, Lee 등 1978~1980). 즉 유선이 서로 평행하지 않고 왜곡된 형태로 형성되어 있는 지하수계의 흐름장 내에서 일차원적인 지하수 흐름의 해석법을 이용하여 유선망분석으로부터 구한 α_l은 실제보다 상당히 차이가 있다. 지하수 흐름방향으로부터 용질이 분산(spreading)되거나 역분산되는 현상은 질량보존 법칙에 따라 이루어지며 그 외에는 다공질 매질의 함수비나 공극률에 따라서 그 분산현상이 달라질 수도 있다.

2.2.4 분산지수 산정법

(1) 오염운의 규모와 분산지수와의 관계

층서 대수층 내에서 수리분산계수(D)와 용질의 확산량은 용질의 이동거리와 함수관계이다(Warren 1964, Mercodo 1967). 그래서 Schwartz(1977)는 Montecarlo 법을 이용하여 대수층 내에서 분산지수를 분석해 본 결과, 대수층 내에서 일정한 값(unique dispersivity)의 분산지수는 존재하지 않을지도 모른다고 했다. 그 후 Smith와 Schwartz(1980)는 가상적인 이방성 지하수계 내에서 오염용질집단의 거동상태를 조사키 위하여 통합 결정론적인 통계적(hybrid deterministic probability) 접근법을 시도하였다. 그 결과에 의하면 대수층의 속도장(velocity field) 내에서 추적자 입자의 공간적 산술평균(spatial averaging)을 도출할 수 있을 정도로 범위가 충분히 넓고, 장거리인 경우에는 1개 대수층 내에서 분산지수는 일정한 값(constant)을 나타낼 수 있다고 했다.

Gelhal(1979) 등은 수직적인 수리전도도가 서로 다른 층서 지하수계 내에서의 종분산지수를 조사하기 위하여 확률적인 조사방법을 시행해 본 바, 장기간의 종분산지수는 수리지질계의 통계적인 성질에 따라 달라지는 비교적 일정한 값(a constant or asymptotic)을 나타냄을 알아냈다. 즉, 그들은 분산지수가 일정한 값에 접근한다는 사실 이외에도 초기에는 용질 거동이 비-휘크거동(non-Fickian transport)에 의해 발생될 수 있다고 했다. 따라서 이들은 현장시험 시 지하수계의 분산지수가 규모에 따라 변한다는 사실은 단순히 초기의 non-Fickian 운동 때에만 일어날 것이라고 생각했다. 이를 토대로 하여 현장시험은 일반적으로 장시간의 용질의 거동시간과 이동거리가 요구되기 때문에 일정한 값을 가지는 분산지수를 결정하기는 불가능하다고 생각했다.

Matheron과 Demarsily(1980)는 지하수의 흐름이 층서와 평행한 경우에, 층서 퇴적층 내에서 용질의 이동은 보수적인 수리분산식으로는 표현하기 힘들 뿐만 아니라 특히 지하수의 흐름이 층서와 평행하지 않는 경우(즉 수직흐름성분이 비록 소규모이지만 존재할 때)에는 Fick 법칙에 의한 용질의 확산은 이동시간과 이동거리가 큰 경우에만 일정하게 나타남을 확인하였다. 그러나 이론적 연구결과에 의하면, 모든 시간과 공간적인 이동거리 규모의 조건 하에 있는 이방성 매질 내에서 용질의 이동을 서술하는 데 일정치의 분산지수를 이용하여 수리분산식을 이용하기에는 많은 문제점을 내포하고 있다. 일정치의 분산지수를 이용하여 용질이동을 수리분산식으로 정확하게 나타내기 위해서는 용질분포의 공간적인 변화가 1차원계 내에서 평균이동거리와 시간에 대해 선형적으로 증가해야 한다.

Day(1975)의 실험결과에 의하면 분산지수 $\alpha_l = a \cdot l^{1.84-2.13}$(여기서 l은 이동거리) Godfrey는 $\alpha_l = a \cdot l^{2.17}$로 제시한 바 있다.

지하수계 내에서 분산계수 D는 $\overline{V} \cdot \alpha$ 인데 만일 분산계수가 일정한 공극유속을 갖는 지하수계 내에서 선형적으로 증가한다면 α는 용질의 이동거리에 따라 선형적으로 달라질 것이다.

층서 대수층의 수리전도도 분포에 대한 통계학적인 설명에 기초를 둔 전 대수층구간의 분산지수(full aquifer dispersivity)가 규모종속이라 함은 분산지수와 이동거리 기작이 서로 선형적인 관계를 가지고 있음을 의미한다.

(2) 규모종속인 전대수층 구간의 분산지수(full aquifer dispersivity)

시료채취정에서 채취한 지하수 시료 내에 포함된 용질의 농도는 초기농도, 대수층의 수리전도도, 대수층의 두께에 따라 달라진다. 예를 들어 지하수계의 각 구성지층의 두께를 b_i, 각 구성지층의 수리전도도를 K_i라 하면 용질을 포함한 주입수와 대수층 내에 저유되어 있던 지하수 사이에는 S형의 전이대가 형성되며, 그 형태는 분산작용에 의해 형성되는 분산유형(spreading pattern)과 유사하다(Mercado 1967).

만일 시료용 지하수를 전대수층 구간에서 채취했다고 가정하면 지하수의 흐름방향에서 용질의 분포폭은 다음과 같은 가정 하에서 (2-25)식으로 표현할 수 있다(Mercado). 이때의 가정은 다음과 같다.

① 수리지질계를 이루고 있는 각 지층은 수평이며
② 각 구성지층은 연속적이고 지하수의 흐름은 수평방향이며,
③ 각 지층의 경계면이나 층을 따라서 일어나는 수리학적인 분산은 무시한다.
④ 지하수의 동수구배는 각 층마다 일정하고
⑤ 전 지하수계 내에서 n(공극률)은 일정하며,
⑥ 수리전도도와 고유 투수계수는 각 층마다 비교적 일정한 분포를 가지고 있다.

$$\sigma = (\sigma_k \sqrt{K}) \cdot l \tag{2-25}$$

여기서, σ_k : 표준편차(수리전도도)
$\overline{K}$: 수리전도도의 평균 편차
l : 평균이동거리
σ : 용질분포의 표준 편차

Bear(1961)는 α_l 을 (2-26)식으로 표현하였다.

$$\alpha_l = \frac{d\sigma^2}{2 \cdot dx} \tag{2-26}$$

즉 분산지수는 용질의 이동거리(x)와 용질의 분포변화(σ^2)의 함수이다. (2-25)식과 (2-26)식에서 Pickens(1978)과 Gelhar(1979)는 α_l을 다음 식으로 구할 수 있다고 했다.

$$\alpha_l = \left(\frac{\sigma_k}{K}\right)^2 \cdot l \tag{2-27}$$

$$\therefore \alpha_l = \frac{1}{2}\left(\frac{\sigma_k}{K}\right)^2 / l = \frac{1}{2}\left(\frac{\sigma_k}{K}\right)^2 \cdot l$$

Warren과 Skiba(1964)는 Monte-Carlo기법을 이용한 모형시험을 통해 가상적인 3차원의 이방성 매질 내에서 혼합이동(miscible displacement)을 조사하고, 분산이 다공질 매질의 고유투수계수가 변할 경우에만 변한다는 가정 하에서, 대응 층서대수층의 거시적인 분산계수 (D)를 다음 식으로 구했다.

$$D = \frac{\overline{V} \cdot l}{2}\left\{\frac{1}{4}\left[\sqrt{8S^2+1}-1\right]\right\} \tag{2-28}$$

여기서, S^2 : 체재시간 분포의 분산

$\overline{V}$: 공극유속

l : 용질의 평균이동거리

(2-28)식에서

$$S^2 = \frac{\overline{K} - K_H}{K_H} \tag{2-29}$$

여기서, $\overline{K}$: 평균수리전도도

K_H : 조화평균 수리전도도

따라서,

$$S^2 = \exp(\sigma_L^2) - 1 \tag{2-30}$$

여기서, σ_L : log-normal 수리전도도의 표준편차이다.

Cosgrove(1964)는 반대수 방안지(semi-log paper)에다 log$K$를 작도하여 σ_1을 구했으며 만일 종분산지수(α_l)가 $\frac{D}{V}$이라고 하면 α_l은, (2-31)식으로 된다.

$$\alpha_l = \frac{D}{\overline{v}} = \frac{l}{8}\left\{\sqrt{(8S^2+1)}-1\right\} \tag{2-31}$$

위에서 설명한 (2-27)식과 (2-31)식에서 전대수층 규모의 분산지수는 l의 규모종속임을 명백히 알 수 있다. 그러나 단정-주입채수법이나 2정 재순환 주입-채수시험법(다점시료 체취정)으로 시험을 시행하면 대수층의 각 지층별 규모의 분산지수는 이동거리가 커지더라도 규모종속의 영향을 받지 않고 빠른 시일 내에 일정한 값에 도달한다.

2.2.5 수리분산 이론

(1) Darcy 법칙을 오염물질 거동에 적용 시 문제성

지하수의 흐름이나 오염물질의 지하거동과 운명을 서술할 때 널리 이용하는 법칙은 Darcy법이다. Darcy법 중에서 Darcy의 유속은 체적 흐름에 대한 비오염 지하수의 평균 및 비배출량으로서 대수층 내에서 지하수의 실유속이 아니다. 또한 대수층의 수리전도도는 대수층 특성과 비오염지하수의 특성함수 $\left(K\frac{k\rho g}{\mu}\right)$로서 텐서이다.

즉 불혼합 오염물질이나 밀도나 점성이 다른 오염물질에 의해 오염된 지하수는 비오염 지하수의 수리전도도나 지하환경 내에서 운명과 거동이 다를 것이다. 특히 Darcy 법칙에서 동수구배는 엄격한 의미에서 유선(stream line)에서만 적용가능하지, 미시적 규모의 대수층에서와 같이 오염물질의 이동경로가 일정치 않을 경우에 적용하면 상당한 문제가 야기될 수 있다.

(2) 수리전도도의 불균질성

수리전도도는 대수층 내에서 지하수의 실유속에 직접적인 영향을 미치는 인자로서 대수층을 오염시킨 오염물질의 거동과 운명에 지대한 영향을 미친다. 따라서 오염물질의 지하거동과 수리분산기작에 결정적으로 영향을 주는 인자는 공간적인 수리전도도의 불균일성 또는 변화이다(Smith와 Schwartz, 1981). 이러한 사실은 1986년 Sposit 등도 동일한 결론을 내린 바 있다. 즉 지하환경에서 거동하고 있는 오염물질의 공간적인 변화는 수리전도도에 기인한다. 그 외 Schwartz(1981)는 "지하환경의 불확실성(uncertainty)중 특히 속도장(velocity field)의 불확실성은 수리전도도의 불균일성과 지하수 동수구배가 공간적으로 서로 다르기 때문이라고 했고 비록 수리전도도의 값은 어느 정도 취득했다고 하더라도 속도장의 불확실성은 해결할 수 없다고 했다.

Molz(1983)는 지하환경에서 오염물질의 거동 특성을 정확히 연구하는 데 가장 장애가 되는 요인은 대수층 내에서 수리전도도의 공간적인 분포를 정확히 규명할 수 없기 때문이라고 했다. 왜냐하면 대규모 오염물질의 분산성과 일반적인 분산과정에 가장 큰 역할을 하는 것이 수리전도도의 공간적인 분포이기 때문이다.

따라서 우리들이 다루고 있는 대수층 자체의 불균질성(heterogeneity)은 바로 지하환경 내로 유입된 오염물질의 거동특성에 가장 큰 영향을 미치며 이러한 대수층의 불균질성을 정량화하거나 정확하게 규명할 수 없는 난제가 바로 오염물질의 거동을 모델링하는 데 제한 요소가 된다.

Philip(1980)은 대수층의 이질성(불균질성)을 다음과 같은 두 형태로 구분하였다.

① 결정론적인 불균질성(deterministic heterogeneity) : 수리전도도와 같은 대수성 수리특성

	모 형	지 배 식
等方均質	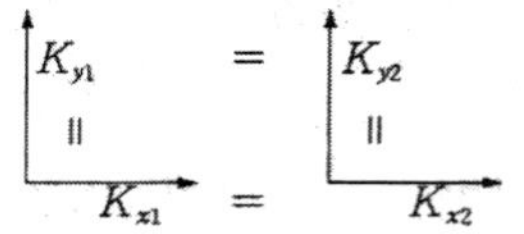 $K_{y1} = K_{y2}$, $K_{y1} \parallel K_{x1}$, $K_{y2} \parallel K_{x2}$, $K_{x1} = K_{x2}$	$v_l = -K\frac{\partial h}{\partial l}$
異方均質	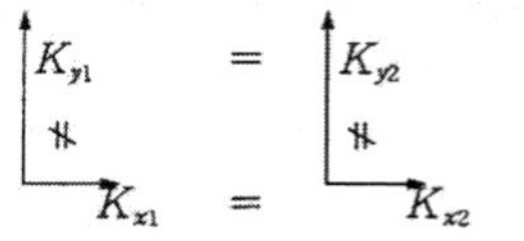 $K_{y1} = K_{y2}$, $K_{y1} \nparallel K_{x1}$, $K_{y2} \nparallel K_{x2}$, $K_{x1} = K_{x2}$	$v_l = -K_l\frac{\partial h}{\partial l}$
等方不均質	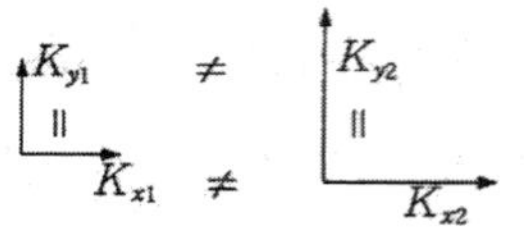 $K_{y1} \neq K_{y2}$, $K_{y1} \parallel K_{x1}$, $K_{y2} \parallel K_{x2}$, $K_{x1} \neq K_{x2}$	$v_l = -\frac{\partial}{\partial l}(K_h)$
異方不均質	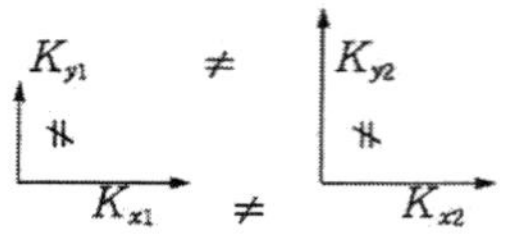 $K_{y1} \neq K_{y2}$, $K_{y1} \nparallel K_{x1}$, $K_{y2} \nparallel K_{x2}$, $K_{x1} \neq K_{x2}$	$v_l = -\frac{\partial}{\partial l}(K_{l \cdot h})$

[그림 2-9] 결정론적인 불균질성에 따른 수리전도도의 형태

이 이미 알려진 형태에서 공간적으로나 일시적으로 변하는 상태

② 추계론적인 불균질성(stochastic heterogeneity) : 대수층 수리특성인자의 공간적인 변화가 매우 불규칙하고 공간적인 변화의 규모가 다양하거나 확실히 알려져 있지 않거나 불규칙한 경우(random)

이중 추계론적인 불균질성은 최근에 주로 연구대상이 되고 있는 분야이다. 1편에서 이미 설명한 바와 같이 대수층의 결정론적인 불균질성을 수리전도도의 공간적인 분포로 도식화하면 [그림 2-9]와 같다.

(3) 규모의 문제(problem scale)

지하환경 내에서 각종 오염물질의 거동은 그 대상 규모에 따라 다르다. 이러한 규모는 소규모의 분자 사이의 입자표면에서 발생하는 것부터 광역적인 규모에 이르기까지 그 형태가 다양하다. Gupta와 Bhattacharya(1983)는 지하환경에서 용질이 거동할 때 일어나는 분산성을 그 시공간 규모에 따라 다음과 같이 3가지로 구분하였다.

① 동적규모(kinetic scale) : 분자이동이 액상과 고상의 용질 분자간의 상호작용에 의해 지배될 경우

② 미시적 규모(micro scale) : 액상과 고상이 불균질 연속체를 이루고 있을 때 용질 이동이 소규모의 추계론적인 기작에 의해 일어나는 경우

③ Darcian 규모 : 가장 큰 규모로 용질이 거동하는 경우로서 용질이동이 미시적 규모의 평균치로 표현이 가능할 경우이다.

이러한 여러 규모에서 수리특성인자의 평균 개념의 정립이 필요한데, 이를 위해서 현재 사용하고 있는 평균개념의 대표적인 예가 대표 요소체적(REV)이다.

(4) 미시적인 분산(microscopic dispersion)

미시적 규모보다 더 적은 초 미시적 규모인 토양입자 규모의 공극은 자유롭게 움직이는 물(freely flowing water, bulk solution water)과 토양입자 주위에 정체상태 내지 피막형으로 존재하는 물(fixed film or stationary water)과 토양입자로 구성되어 있다. 자유롭게 움직이는 물은 이류와 분산현상에 부가하여, 주변의 정체상태 내지 피막형의 물쪽으로 오염물질을 이동시키기도 한다.

일단 정체상태에서 용질은 흡착되거나 공극확산을 하거나 정체상태의 물을 따라 다시 유동하는 물로 거동하기도 한다. 만일 정체상태에서의 작용을 무시하면 분산현상은 단순히 미시적인 규모의 분산형태로 되돌아간다. 이러한 미시적인 기작의 영향은 결국 오염물질을 추가적으로 분산시키게 된다.

주상시험은 1-D의 흐름장에서 실시하는 실험이지만 실제 시험관 내에서 발생하는 용질은 2-D로 분산한다. 일반적으로 다공질 매체 내에서 미시적 규모의 기작은 결국 거시적 규모의 결과를 초래한다(수리분산의 경우가 좋은 예이다).

Darcy 유속 자체는 체적 평균유속이고 공극유속은 Darcy 규모에서 평균값이다. [그림 2-10]은 평균화과정(averaging process)의 영향을 나타낸 오염물질의 분산 현상이다. 평균 공극유속은 1-D(x방향)의 오염물질의 거동을 나타내는 값이긴 하지만 [그림 2-10]과 같이 공극유속은 2-D(x, y방향)의 공극채널 유속의 평균치이다.

(5) 거시적 분산(macroscopic dispersion)

실제 대수층은 거시 및 초거시적 규모의 불균질성 매체이다. 따라서 매체 내에서 수리전도도의 불균질성은 속도장의 공간적인 변화를 초래하고 이는 결국 거시적인 분산현상으로 나타난다. 따라서 거시적 규모의 불균질 매체 내에서 오염물질의 거동을 지배하는 결정적인 인자는 바로 공간적인 수리전도도의 불균질성이다(Smith와 Schwartz, 1981). 규모가 서너 개의 공극크기 일 때 발생하는 역학적인 분산은 1개 공극 내에서나 크기가 서로 다른 공극을 통과할 때 발생하는

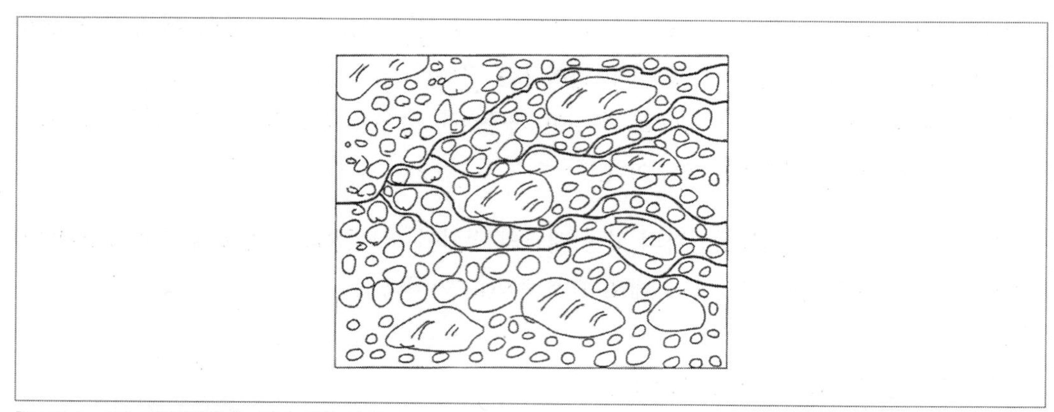

[그림 2-10] 오염물질의 거시적인 분산

유속변화나 거동거리가 서로 다른 경로를 따라 흐르기 때문에 일어난다.

현장 규모 크기에서 발생하는 종방향의 분산지수를 거시적인 분산(macro dispersion)이라 한다. 균질 대수층의 경우에도 수리전도도가 서로 다른 층이나 구역이 존재한다. 만일 1개 공극 내에서 유속차에 의해 분산이 일어난다면 수리전도도가 다른 구역이나 구간을 통해 유체가 통과할 때 발생될 수 있는 역학적인 분산은 상당히 클 것이다. 수리전도도는 주로 대수성시험을 실시해서 구하는데, 이때 구한 수리전도도는 사용한 시험정의 굴착 전구간과 영향권 내에 분포되어 있는 배수된 대수층 구간의 평균 수리전도도이다. 따라서 평균이란 배수된 구간에서 실제 존재하는 수평·수직 수리전도도를 재현할 수가 없다.

[그림 2-11]은 주로 중립, 세립, 실트 및 세립 모래로 구성된 층서 사질 대수층의 수리전도도를 log K로 표시한 단면도이며 그 크기는 길이가 19m, 심도가 1.7m인 경우로서 지하 수리지질환경의 불균질성을 잘 표현하고 있다(Sudicky, 1986).

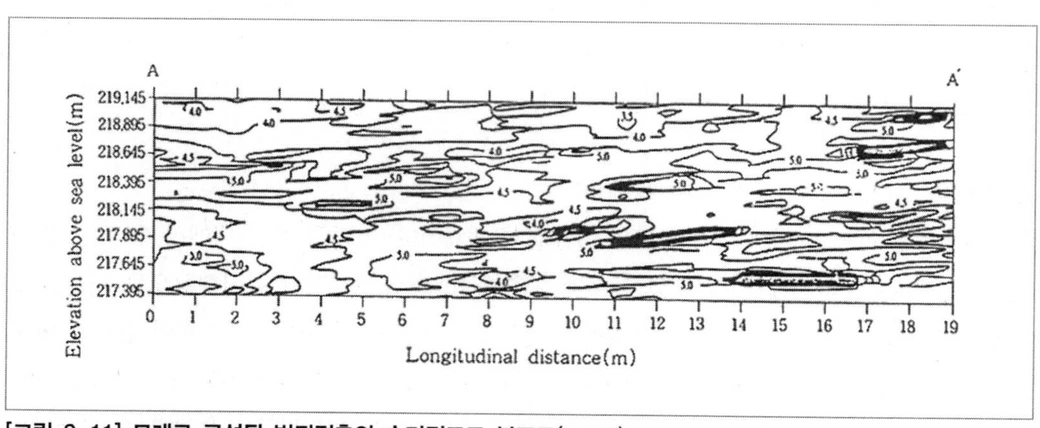

[그림 2-11] 모래로 구성된 빙퇴적층의 수리전도도 분포도(log K)

(6) 수리분산계수(D)와 분산지수(dispersivity)

수리분산계수는 다음 식과 같이 표현한다고 한 바 있다(2-2식 참조).

$$D_l = \alpha_l \overline{V^n} + D^*$$

따라서 수리분산계수는 공극유속의 n승에 비례하므로 실제 오염물질의 지하거동 해석시 가장 결정하기 어려운 인자 중의 하나이다. 현재까지 수리분산계수를 구하기 위한 많은 연구가 실시된 바 있어 이를 도표화하면 [표 2-6]과 같다.

[표 2-6] 수리분산계수 규명을 위한 연구내용 요약

연구자	년도	내용
Taylor	1953	1-D의 모세관 분석을 실시하여 n=2
Aris	1956	직선관을 이용하여 Taylor의 분석을 재검토 n=1
Scheidegger	1970	다공질 매체의 분산성에 대해 통계적인 분석을 실시 n=1~2
Salfman	1959	분산성을 통계학적으로 분석하여 $D_l = \overline{V \cdot ln(\bar{v} \cdot A)}$, $D_T = \bar{v}$ 여기서 A는 분자확산계수에 따라 결정되는 상수
De-Jong Bear	1958 1961	D_l는 $\bar{v}$ 에 선형으로 비례
Bigham 등	1961	사암과 입상 모래 n= 1.24~1.19 다공질 매체 n=1~2 사이
Rumer	1962	석영으로 구성된 자갈과 유리알(glass bead)로 실험 정류상태에서는 n이 비선형 부정류상태에서는 n이 선형
Klotz와 Moser	1974	2500회의 모래주상시험결과 mixing 효과가 분산의 주기작인 경우 D는 $\bar{v}$ 에 선형으로 비례
Klotz	1980	4000 개소의 현장시험분석 특정 유속값 이하일 때 : D는 $\bar{v}$ 에 비선형
Peter 등	1984	고결암 n=1.05
Lee와 Okyiga	1986	두께가 얇은 투수성 다공질 매체의 통계 model의 결과 n=2
Sahimi 등	1986	다공질 매체에서 분산작용이 무작위로 발생시, n=1.27

(7) 규모에 따른 영향(scale effect)

Knopman과 Voss(1987)는 수리분산계수에 대한 민감도 분석을 실시한 바 수리분산계수의 민감도는 공극유속의 민감도보다 10배가 크다는 사실을 알았다.

일반적으로 수리분산계수와 분산지수는 시험 방법에 따라(동일 매체인 경우) 변하는데, 현장에서 실측한 α_l 이 실험실에서 구한 값보다 크고 대체적으로 α_l 은 오염구간의 거리나 사용한 시험관 길이의 0.1배로 알려져 왔다.

Sposito 등(1986)은 용질이 이동하는 거리에 따라 α_l 과 D_l 이 달라지며, 일반적으로 이동거리가 멀수록 D_l 과 α_l 은 증가하는 현상을 규모영향(scale effect)이라고 하였고, Pickens 등은 규모종속(scale dependent)이라고 명명하였다.

일반적으로 미시적인 공극 규모 내에서 발생하는 용질의 속도차는 분산효과에 큰 영향을 미치지 않는다. 그러나 층서가 잘 발달된 대수층이거나 불균질 대수층 내에서 발생하는 현장 규모의 대다수 분산현상은 큰 규모의 유속변화에 의해 일어난다.

따라서 층서대수층이나 불균질 대수층에서 수리전도도의 변화에 따라 발생되는 분산현상을 차별이류(differential advection)라 부르기도 한다(Wbeatcraft와 Tyler, 1988).

다공질 매체 내에서 발생하는 거시 및 초거시적인 분산은 주로 수리전도도의 변화에 의해 발생한다(large scale contrast).

(8) 추계론적 순환-분산 모델(stochastic convection-dispersion model)

Gelhar(1979), Matheron 및 de Marsily(1980), Gelhar와 Axness(1983) 및 Dagan(1984) 등은 대수층 내에서 용질의 거동이 다르게 일어나는 주원인은 수리전도도가 서로 다르기 때문이며 이러한 변동은 추계론적인 분석으로 분석 가능한 random process에 의해 발생한다는 가정 하에 대수층 내에서 오염물질과 지하수흐름을 지배하는 물리적인 법칙과 random process의 개념을 조합하여 추계론적인 모델을 제시하였다.

Sposito 등(1986)과 Molz 등(1986)은 추계론적인 모델의 근본적인 문제를 연구한 결과 다음과 같은 문제점을 제시하였다.

① 대다수의 추계론적인 모델은 실대수층의 실수리특성인자를 규명한 후 사용한 것이 아니라 기존 자료를 수집한 후 그 평균치를 이용했고
② 실대수층의 수리전도도의 변화성을 고려하지 않았다.
③ 따라서 이러한 한계성 때문에 추계론적인 모델은 더 깊은 연구가 수행되어야 하며 현단계에서 현장규모의 오염물질거동 관리에 대한 오염물질거동 원리의 정량적인 응용도구로 사용해도 괜찮다는 보증이 없다고 하였다.

그러나 대수층의 불균질성을 감안할 때 앞으로 추계론적인 접근법이 잘 정립되는 경우에는 이 방법의 실용성이 기대되는 바가 크다.

2.3 수리분산식의 해석학적인 해

수리분산식은 수치분석이나 해석학적인 분석법으로 구할 수 있다. 해석학적인 해는 초기 및 경계조건 하에서 편미분 방정식을 풀어서 구할 수 있다. 이때 대수층은 균질이며 기하학적인 형태가 단순한 경우에 국한된다. 해석학적인 해는 오차함수와 간단히 계산기를 이용하여 구할 수 있다.

수치분석은 수치분석법을 이용해서 편미분 방정식의 해를 구한다. 즉 대수층이 불균질하거나 기하학적인 형태가 일정하지 않은 경우에도 그 해를 구할 수 있다. 그러나 수치모델을 이용하면 모델링 자체의 문제인, 즉 오염물질의 분산과는 전혀 관계가 없이 오염물의 거동전면이나 오염운이 너무 과도하게 재현되는 수치오차(numerical error)가 발생할 수도 있다.

2.3.1 경계조건과 초기조건

일개 편미분 방정식의 유일한 해를 구하기 위해서는 초기조건과 경계조건을 정해야 한다. 초기조건은 시험초기(t=0)에 대수층 내 오염물질의 농도는 0인 경우처럼 고려대상 변수의 특정값을 규정하고, 경계조건은 조사지역과 그 외부환경 사이의 상호관계를 규정해야 한다. 오염물질 거동에서 사용하는 경계조건은 다음과 같이 세 가지가 있다.

① 제1형의 경계조건은 농도가 일정한 경우(fixed concentration)

② 제2형의 경계조건은 농도구배가 일정한 경우(fixed gradient)

③ 제3형의 경계조건은 변동유출률(variable flux)이다.

(1) 제1형 경계조건

제1형 경계조건은 다음과 같은 여러 가지의 형태가 있다. 1차원의 흐름식은 시간(t)과 위치(x)와 관련된 조건들을 규정해야 한다. 이 경우 전통적으로 $C(x, t) = C(t)$로 표시한다.
예를 들면 다음과 같은 초기 및 경계조건이 있다고 하자.

① $C(0, t) = C_0, \ t \geq 0$

② $C(x, 0) = 0, \ x \geq 0$

③ $C(\infty, t) = 0, \ t \geq 0$

상기 식들을 자세히 설명하면 다음과 같다.

• ①의 경우 : t가 0이거나 0보다 큰 모든 시간에서 x=0 지점의 농도는 C_0임을 의미한다. 따라서

이 조건은 x=0인 지점에서 농도가 일정한 경우이므로 제1형 경계조건이다.

- ②의 경우 : t가 0일 때, x가 0이거나 0보다 큰 지점에서의 농도는 모두 0인 경우이다. 즉 고려대상 구간에서 시험을 개시하기 이전의 대수층내 모든 지점에서의 농도는 0인 초기조건을 의미한다.
- ③의 경우 : 고려대상 대수층의 범위가 무한대이고 오염물질 투입지점에서 무한대 거리에 위치한 곳의 농도는 경과시간에 관계없이 0이다. 따라서 이 경우는 x=∞ 인 경우에 제1형 경계조건이다.

- 고려대상 영역 내에서 초기농도가 Ci인 초기조건은 다음과 같이 표현한다.

$$C(x,0) = C_i \qquad x \geq 0$$

- 제1형 농도경계조건의 다른 예로는 오염원에서 오염물질이 지수적으로 붕괴되는 경우이다.

$$C(0,t) = C_0 e^{-\lambda t}$$

여기서, λ는 붕괴상수이다.

- t가 0에서 t_0까지의 시간동안에 x=0 지점에 순간주입시킨 농도가 C_0인 경우는

$$C(0,t) = C_0 \qquad 0 < t \leq t0$$ 로 표시하고,

- t가 t_0보다 큰 시간에 x=0인 지점에서 농도가 0이면

$$C(0,t) = C_0 \qquad t > t0$$ 로 표시한다.

(2) 제2형 경계조건(농도구배가 일정한 경우)

제2형 경계조건은 농도구배가 일정한 경우로서 다음과 같이 표현한다.

$$\frac{\partial C}{\partial x} \mid_{x=0} = f(t) \quad \text{또는} \quad \frac{\partial C}{\partial x} \mid_{x=\infty} = f(t)$$

여기서 f(t)는 이미 알고 있는 값이거나 함수로서 x=0이거나 x=∞ 인 지점에서 농도구배가 f(t)인 경우이다.

제2형 경계조건의 전형적인 예는 $\frac{dC}{dx} = 0$인 경우이다.

(3) 제3형 경계조건(변동유출률)

유출률이 변하는 경우로서 일반적인 제3형 경계조건은 다음과 같은 경우이다.

$$-D\frac{\partial C}{\partial C}+v_x C=v_x C(t)$$

여기서 C(t)는 알려져 있는 농도함수이다.

제3형 경계조건의 전형적인 예는 x=0인 지점에서 주입농도가 일정할 때 유출농도가 일정한 경우이다.

$$\left(-D\frac{\partial C}{\partial x}+vC\right)\Big|_{x=0}=vC_0$$

2.3.2 농도의 1차원 계단변화(제1형 경계조건-step change in concentration)

분자확산계수와 수리분산계수를 측정할 때는 주로 실내주상시험을 실시한다. 주상시험은 다음과 같이 실시한다. 시험관 내에 시료를 채운 후, 물로 포화시키고 시험관 내에 흐르는 물이 정류상태가 되도록 한다. 그런 다음 추적자를 혼합한 초기농도가 C_0인 추적자 혼합용액(tracer labeled solution)을 시험관 내로 흐르게 한다. 시험개시 전, 즉 추적자 혼합용액을 시험관에 투입하기 이전의 초기농도는 0이다. 시간이 경과함에 따라서 시험관의 유출구에서 경과 시간대별로 채취한 시료의 농도를 C라 하고 경과시간과 상대농도 $\left(\frac{C}{C_0}\right)$를 이용하여 농도이력곡선을 작도한다. 이를 고정계단함수(fixed-step function)라 한다.
이때 초기조건과 경계조건은 다음과 같다.

C(x, 0) = 0, x≥0 …… 초기조건
C(0, t) = C0, t≥0 …… 경계조건
C(∞, t) = 0, t≥0 …… 경계조건

이 조건 하에서 (2-19)식의 해는 (2-32)식과 같고 이를 Ogata해라 한다(Ogata 및 Banks, 1961).

$$\frac{C}{C_0}=0.5\left[erfc\frac{(l-\overline{v_l}t)}{2\sqrt{D_l t}}+\exp\left(\frac{v_l l}{D_l}\right)erfc\frac{(l+\overline{v_l}t)}{2\sqrt{D_l t}}\right] \tag{2-32}$$

(2-32)식에서 $\frac{\overline{v_l}l}{D_l}=P_{ec}$이므로 (2-32)식을 무차원 형태로 표시하면 (2-33)식과 같이 된다.

$$C_R(t_R P_{ec})=0.5\left\{erfc\left[\left(\frac{P_{ec}}{4t_R}\right)^{0.5}(1-t_R)\right]+\exp(P_{ec})erfc\left[\left(\frac{P_{ec}}{4t_R}\right)^{0.5}(1+t_R)\right]\right. \tag{2-33}$$

여기서, erfc는 보조오차함수

$C_R = \frac{C}{C_0}$ 로서 상대농도, 무차원

$t_R = \frac{\overline{v_l} \cdot t}{l}$, 무차원

$P_{ec} = \frac{\overline{v_l} \cdot l}{D_L}$, 무차원

(2-32)식과 (2-33)식은 주상시험의 농도이력곡선으로부터 수리분산계수나 P_{ec} 수를 구하는 데 이용한다.

2.3.3 1차원 지하수 흐름계에서 연속 주입(제2형 경계조건)

자연상태에서 대수층으로 유입되는 수질이 급격히 변하는 경우는 그리 흔하지 않다. 그러나 액상오염물이 누출되어 지하수를 오염시키는 경우는 흔히 찾아볼 수 있다. 실례로 심히 오염된 하천수나 운하수(canal water)가 그 주변 대수층으로 누출되는 경우에 이때 오염된 하천수는 하나의 선오염원(line source)으로 취급한다(그림 2-12). 만일 누출률이 일정하고 오염물질의 누출량이 누출시간에 비례한다고 가정하자. 대수층 내에서 오염물질의 초기농도는 0이고, 대수층으로 누출되는 오염물질의 초기농도를 C_0라 하면 오염물질은 대수층의 상, 하류구배구간에 자유로이 분산될 것이다.

이때 경계조건과 초기조건은 다음과 같다.

$$C(x,0) = 0 \qquad -\infty < x < \infty \quad \cdots\cdots \text{ 초기조건}$$

$$\int_{-\infty}^{\infty} n_e C(x,t) = C_0\, n_e\, v_x\, t \qquad t \geq 0 \quad \cdots\cdots \text{ 경계조건}$$

$$C(\infty,t) = 0 \qquad t \geq 0 \quad \cdots\cdots \text{ 경계조건}$$

두 번째 조건은 대상영역의 ∞ 와 -∞ 에 해당하는 전구간으로 누출된 오염물질의 총질량은 누출시간에 비례하고 그 양은 $C_0\, n_e\, \overline{N_x}\, t$ 이다.

이 경우의 해를 Sauty해(Sauty, 1980)라 하며 (2-34)식과 같다.

$$C_R = 0.5\left[erfc\frac{(l-\overline{v_x}t)}{2\sqrt{D_l t}} - \exp\left(\frac{v_x l}{D_l}\right) erfc\frac{(l+\overline{v_x}t)}{2\sqrt{D_l t}}\right] \qquad (2\text{-}34)$$

(2-34)식을 무차원 형태로 표시하면 (2-35)식과 같다.

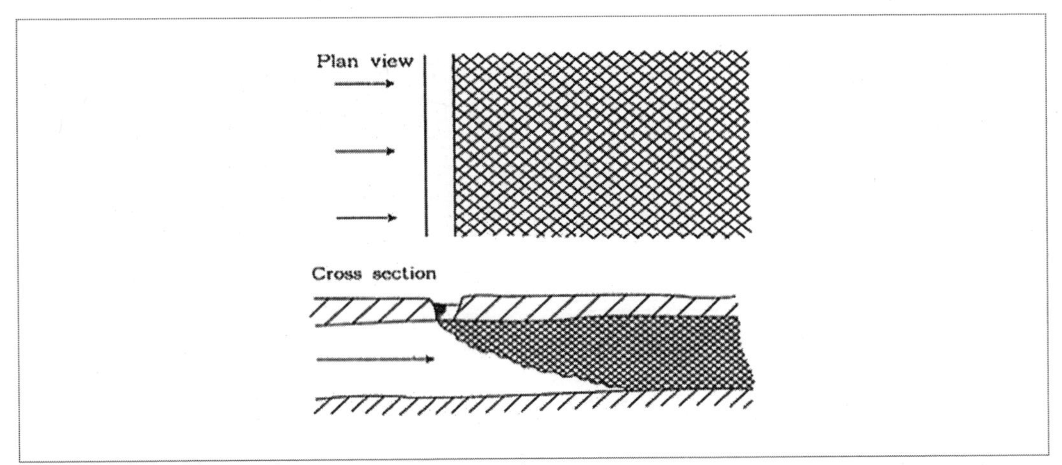

[그림 2-12] 오염물질이 운하로부터 선오염원으로 대수층에 연속 주입될 경우

$$C_R = 0.5\left\{erfc\left[\left(\frac{P_{ec}}{4t_R}\right)^{0.5}(1-t_R)\right] - \exp(P_{ec})erfc\left[\left(\frac{P_{ec}}{4t_R}\right)^{0.5}(1+t_R)\right]\right. \quad (2\text{-}35)$$

Sauty해는 두 번째 항이 (-)항인 것을 제외하고는 전술한 Ogata식과 매우 유사하다. Sauty(1980)는 (2-34)식과 (2-35)식에서 두 번째 항을 삭제한 1-D의 근사해를 다음과 같이 제시하였다.

$$C_R = 0.5\left[erfc\frac{(l-\overline{v_l}t)}{2\sqrt{D_l t}}\right] \quad (2\text{-}36)$$

$$C_R = 0.5\left\{erfc\left[\left(\frac{P_{ec}}{4t_R}\right)^{0.5}(1-t_R)\right]\right\} \quad (2\text{-}37)$$

(2-33)식과 (2-35)식에서 P_{ec} 수가 클수록 두 번째 항은 첫 번째 항보다 매우 적기 때문에 무시할 수 있다. [그림 2-13]은 P_{ec} 수가 1, 10 및 100일 때 고정계단함수를 이용하여 추적자를 연속으로 주입할 때 무차원농도(상대농도)와 무차원시간(t_R)과의 관계를 도시한 그림이다. [그림 2-13]은 1개 P_{ec} 수에 대해 3개 곡선이 작도되어 있는데 중간 곡선은 (2-37)식을, 제일 상위곡선은 (2-33)식의 고정계단함수를, 최하위선(연속주입)은 (2-35)식의 연속주입식을 이용해서 작도한 것이다.

Sauty(1982)가 정의한 P_{ec} 수는 (2-38)식과 같다.

$$P_{ec} = \frac{\overline{v_x}\cdot l}{D_l} \quad (2\text{-}38)$$

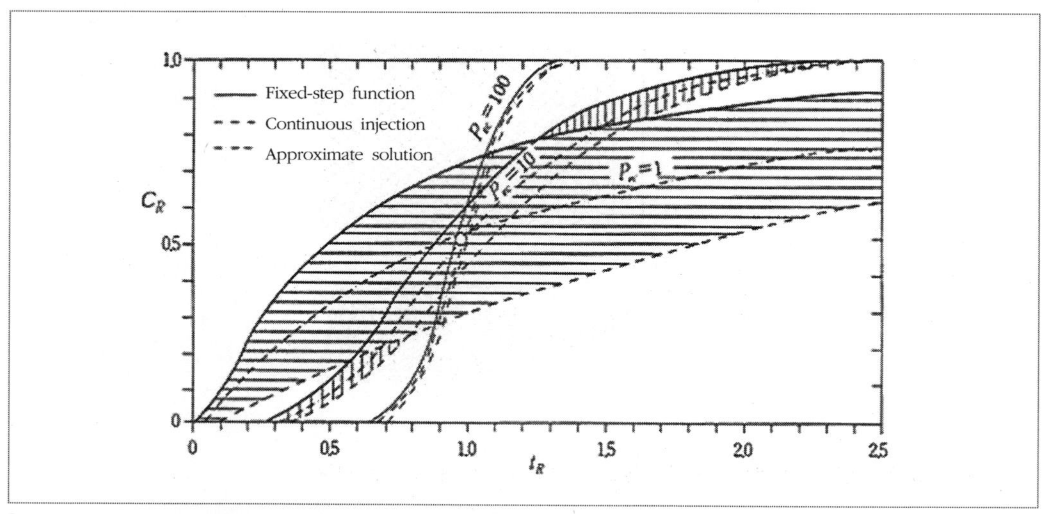

[그림 2-13] 1-D 흐름장에 연속으로 주입한 오염물질의 무차원 농도곡선

여기서, l : 오염물질의 주입지점에서 관측지점까지의 거리, L
D_l : 수리분산계수 , L^2T^{-1}
$\overline{v_l}$: 지하수의 공극유속, LT^{-1}

(2-38)식에서 P_{ec} 수는 수리분산에 의한 오염물질의 거동률에 대한 이류에 의한 거동률의 비이다. [그림 2-13]에서 $P_{ec}=100$일 경우, 고정 계단함수와 연속주입 함수는 거의 일치하는데 반해 $P_{ec}=1$일 경우는 이들 두 함수의 값이 매우 다르며, 개략해의 값은 고정 계단함수와 연속주입 함수의 중간치이다. [그림 2-13]에서 볼 수 있는 바와 같이 $P_{ec}>10$일 경우에는 개략해와 다른 두 함수의 해가 거의 일치하나 $P_{ec}<10$인 경우에는 차이가 있다. 특히 $P_{ec}=100$일 때 세 곡선은 거의 일치한다.

(2-38)식에서 오염물질의 거동거리가 증가하면 P_{ec} 수는 증가한다. 이때 오염물질의 거동은 수리분산에 의한 거동보다는 이류에 의해 좌우된다. 즉 오염물질의 누출지점 인근지역에서 취득한 농도이력자료를 이용하여 분석할 때 개략해를 사용하면 상당한 오차가 발생할 수 있으므로 반드시 (2-33)식이나 (2-35)식을 이용해서 그 해를 구해야 한다. 그러나 누출지점으로부터 상당히 떨어진 지점에서 취득한 농도이력자료를 이용하여 분석할 때는 개략해를 사용해도 무방하다.

2.3.4 제3형 경계조건

다음과 같은 경계조건 하에서 (2-19)식의 해를 Van Genuchten의 해(1981)라 한다.

$$C(x,0)=0 \quad \cdots\cdots \text{ 초기조건}$$

$$\left(-D\frac{\partial C}{\partial x}+\overline{v_x}\ C\right)\Big|_{x=\infty}=\overline{v_x}\ C_0 \qquad \cdots\cdots \text{경계조건}$$

$$\frac{\partial C}{\partial x}\Big|_{x=\infty}=\text{유한한값} \qquad \cdots\cdots \text{경계조건}$$

여기서 x가 무한대(∞)인 경우에도 농도구배는 특정값을 가지는 경우이다.
상기 조건에서 1차원 수리분산식인 (2-19)식의 해는 (2-39)식과 같다.

$$C_R=0.5\left\{\begin{array}{l} erfc\dfrac{(l-\overline{v_x}t)}{2\sqrt{D_l t}}+\left(\dfrac{\overline{v_x^2}t}{\pi D_l}\right)^{\frac{1}{2}}\exp\left[-\dfrac{(l-v_x t)^2}{4D_l t}\right] \\ -\dfrac{1}{2}\left(1+\dfrac{\overline{v_x}l}{D_l}+\dfrac{\overline{v_x^2}l}{D_l}\right)\exp\left(\dfrac{\overline{v_x}l}{D_l}\right)erfc\left[\dfrac{(l-\overline{v_x}t)}{2\sqrt{D_l t}}\right]\end{array}\right\} \qquad (2\text{-}39)$$

(2-39)식도 P_{ec} 수가 큰 경우나 오염물질의 거동거리(l)가 큰 경우에는 (2-36)식처럼 개략해로 간단히 표현할 수 있다.

$$C_R=0.5\left[erfc\frac{(l-\overline{v_l}t)}{2\sqrt{D_l t}}\right]$$

2.3.5 1차원 지하수 흐름계에서 순간 주입

균질의 1-D 지하수 흐름장에 오염물질이 순간적으로 주입되면(오염물질이 한번 누출되는 경우) 오염물질은 주입 후 $t_{\max}$ 시간에 최대농도 $C_{\max}$를 나타내면서 대수층을 통해 거동할 것이다. 이때 1-D의 수리분산식의 해를 무차원의 형태로 표현하면 (2-40)식과 같다(Sauty, 1980).

$$C_R(t_{R,}P_{ec})=\frac{E}{\sqrt{t_R}}exp\left[-\frac{P_{ec}}{4t_R}(1-t_R)^2\right] \qquad (2\text{-}40)$$

$$E=(\sqrt{t_{\max}})^{0.5}\exp\left[-\frac{P_{ec}}{4t_{R\max}}(1-t_{R\max})^2\right]$$

$$t_{R\max}=(1+P_{ec}^{-2})^{0.5}-\frac{1}{P_{ec}}, \qquad C_R=\frac{C}{C_{\max}}$$

[그림 2-14]는 P_{ec} 수에 따른 무차원시간 t_R과 상대농도 C_R을 도시한 그림이다. 최대농도가 나타나는 시간은 P_{ec} 수에 비례하고(P_{ec} 수가 커질수록 peak time도 커진다) 최상한 돌출시간은 t_R = 1일 때이다. 또한 P_{ec} 수가 커질수록 농도이력곡선은 최대돌출시간을 기점으로 양쪽 끝이 대칭이 된다.

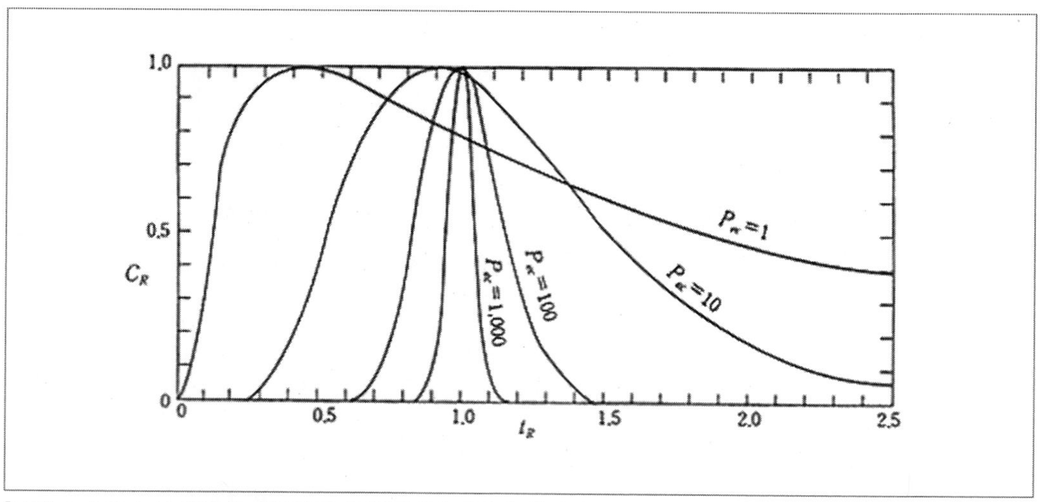

[그림 2-14] 1-D 지하수 흐름장에 오염물질이 순간 누출되었을 때 농도이력곡선

2.3.6 2차원 균질 흐름장에서 연속 주입

오염물질이 대수층을 완전 관통한 1개 지점을 통해 연속적으로 누출될 때 2차원으로 도시한 오염운(plume)은 [그림 2-15]와 같다. 이때 오염운은 지하수의 주 흐름방향으로는 종-수리분산성에 의해서, 흐름방향의 직각방향으로는 횡-수리분산성에 의해서 분산된다.

매립지나 지표 저류시설에서 그 하부 대수층으로 누출된 액상오염물질은 이와 같은 형태의 오염운을 형성한다. 이 경우에 누출지점이 x=0, y=0인 원점에 위치하고, 지하수의 공극유속은 $\overline{v_x}$ 이며, x 방향과 평행하다. 누출지점에서 누출량(Q)은 연속적으로 누출되고 오염물질의 초기농도를 C_0라 하면, 2-D 수리분산 지배식인 (2-20)식의 해는 다음과 같다(Bear, 1982).

누출경과시간이 무한대일 때 오염운의 크기가 안정될 경우에 해는 다음 식과 같다.

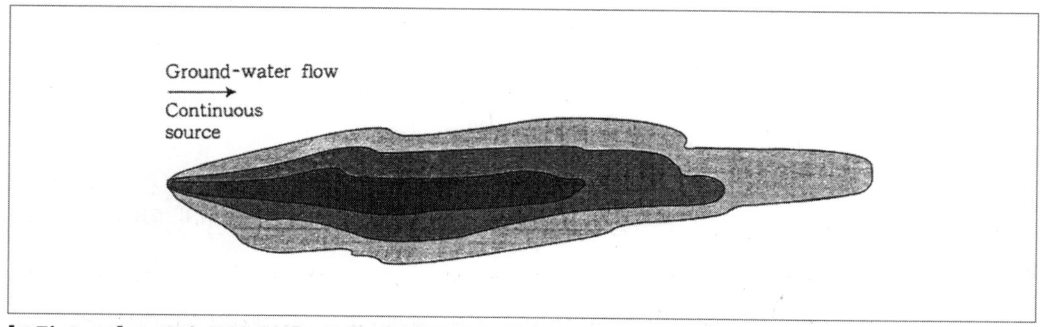

[그림 2-15] 2-D의 균질대수층 내에 오염물질이 연속적으로 누출될 때의 오염운

$$C(x,y) = \frac{C_0 Q}{2\pi\sqrt{D_l D_T}} exp\left(\frac{\overline{v_x} x}{2D_l D_T}\right) K_0 \left\{ \left[\frac{\overline{N^{2_x}}}{4D_L} \left(\frac{x^2}{D_l} + \frac{y^2}{D_T} \right) \right]^{0.5} \right\} \tag{2-41}$$

여기서, K_0는 수정 Bessel 함수의 제2종의 zero order와 같다.

Q는 농도가 C_0인 오염물질의 누출량, L^3T^{-1}

2.3.7 2-D 균질 흐름장에서 순간 주입

오염물질이 2-D 균질대수층의 전두께를 따라 매우 짧은 기간 동안 누출된 경우, 오염운은 시간이 경과함에 따라 지하수의 주 흐름방향으로 거동하면서 분산된다.
[그림 2-16]은 오염물질이 한 번 누출된 후 경과시간별 오염물질중 비반응 용질인 염소의 오염운을 도시한 것이다(Mackay 등, 1986).

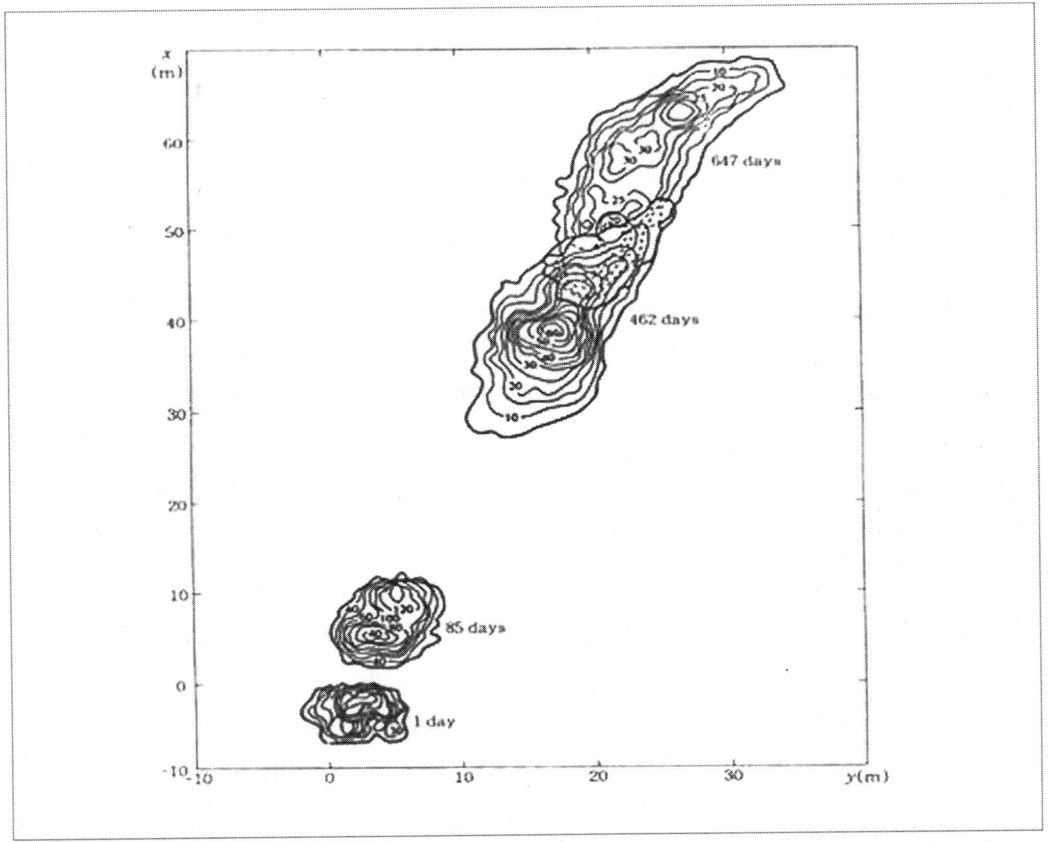

[그림 2-16] 천부 대수층 내에 염소이온을 순간 주입한 다음 1, 85, 462 및 647일 이후의 염소이온의 농도(수직구간별로 측정한 농도의 평균치)

(x_0, y_0)지점에서 면오염운으로부터 2-D 흐름장 내에 누출된 오염물질의 초기농도를 C_0라 하면, 오염물질의 경시별 농도 C(x, y, t)는 (2-42)식과 같다(De Josselin과 Dejong, 1958).

$$C(x,y,t) = \frac{C_0 A}{4\pi t\sqrt{D_l D_T}} exp\left\{\frac{x-(x_0-\overline{v_x}t)^2]^2}{4D_l t} - \frac{(y-y_0)^2}{4D_T t}\right\} \tag{2-42}$$

2.4 반응물질의 비생물학적인 작용과 저감(attenuation)

2.4.1 반응용질의 수리분산 지배식

지하수환경 내로 유입된 각종 오염물질은 다음과 같은 작용에 의해 용액 내에서 오염물질의 농도가 저감되거나 희석된다.

- 대수층 구성입자 표면에서 흡착
- 이온교환
- 대수층 내에 함유되어 있는 유기탄소에 의한 흡착
- 화학적인 침전
- 비생물학적이거나 생물학적인 분해
- 방사능 붕괴나 농약의 붕괴
- 가수분해, 휘발, 공용해(cosolvent)
- 이온화 작용 등

이러한 제반 작용에 의해 오염물질들은 오염물질을 이송시키는 지하수의 실유속보다 매우 느리게 거동하거나 지하수 내에서 제거된다. 이렇게 오염물질의 거동속도가 느려지는 현상을 지연현상(retardation)이라 한다. 생분해 현상이나 방사능 붕괴 및 침전현상은 오염운 내에서 용질의 농도는 감소되지만 오염운의 거동률을 반드시 지연시키지는 않는다.

균질 포화매체 내에서 흐르는 지하수가 정류일 때 지하수환경으로 투입된 오염용질이 대수층과 반응하는 물질을 반응용질(reactive solute)이라 하고 이 경우에 반응용질의 수리분산식은 비반응용질의 수리지배 분산식에 반응항(reaction term)을 추가한다.

1차원계의 다공질매체 내에서 반응용질이 대수층과 흡착반응을 일으키는 경우를 가정하면 REV 내에서 흐르는 지하수의 농도는 반응용질이 매체 내에 흡착된 양만큼 감소한다. 따라서 비반응용질의 1-D 수리분산식인 (2-19)식에 반응항을 첨가하면 (2-43)식과 같이 된다(Miller와 Weber, 1984).

$$\frac{\partial C}{\partial t} = D_l \frac{\partial^2 C}{\partial x^2} - \overline{v_x}\frac{\partial C}{\partial x} - \frac{r_d}{n}\frac{\partial S}{\partial t} + \left(\frac{\partial C}{\partial t}\right)_{rxn} \quad (2\text{-}43)$$

분산항 이류항 흡착항 반응항

여기서, C : 액상의 오염 지하수 내에서 오염물질의 농도, mg/l

D_l : 종분산지수, L^2T^{-1}

$\overline{v_x}$: 지하수의 공극유속, LT^{-1}

r_d : 대수층의 건조단위중량, g/cm^3

n : 포화매체의 공극률 또는 체적함수비

S : 대수층의 단위무게당 흡착된 오염용질의 질량

rxn : 흡착반응을 제외한 오염물질의 생물학적 및 화학적인 반응을 지시하는 첨자

t : 시간

(2-43)식에서 첫째 항은 오염용질의 분산항, 둘째 항은 오염용질의 이류항, 셋째 항은 흡착기작에 의해 오염물질이 액상용액에서 고체상태로 전이되는 흡착항, 마지막 항은 생화학 반응이나 각종 붕괴작용으로 인해서 오염용질의 농도가 저감되는 반응항이라 하며 일반적으로 λc로 표시한다.

2.4.2 흡착 및 탈착작용(adsorption 및 desorption)

반응용질의 비생물학적인 작용으로는 흡착 및 탈착현상, 이온교환, REDOX, 침전 및 용해작용, 가수분해, 공용해(cosolvent), 이온화작용 및 붕괴 등을 들 수 있다. 이들 제반 요인 중에서 오염물질이 지하매체와 반응하여 액상의 오염지하수로부터 그 농도가 감소되는 가장 큰 기작은 흡착작용이다.

흡착(adsorption)이란 대수층과 오염지하수의 경계면에서 오염용질이 집적되는 현상을 의미한다(Adamson, 1982). 지하환경에서 오염물질의 거동과 운반에 가장 큰 영향을 미치는 경계면은 액상과 고체상의 경계면(지하수와 대수층의 경계면)과 가스상과 고체상의 경계면을 들 수 있다. 일반적으로 adsorption, absorption과 sorption은 동의어로 사용되기도 하나(Weber, 1991) 이를 엄격히 구분하면 다음과 같다.

- adsorption(표면흡착) : 경계면에서 발생하는 오염용질의 집적 및 축적현상
- absorption(내부흡착) : 2개상(phase) 사이에서 발생하는 분리현상(partitioning)으로서 대표적인 예로는 지하수 내에 용해되어 있던 농약이 유기탄소(f_{oc})에 축적되는 경우나 대수층이 다공성일 때, 오염물질이 대수층 구성입자 내부로 확산되어 입자 표면에 흡착되는 경우
- sorption : adsorption과 absorption을 모두 포함하는 경우

이 이외에 양이온교환(cation exchange)과 정전기적인 흡착(sorption attachment)이 있다. 양이온교환은 양이온이 음전하를 띠고 있는 점토광물 표면과 가까이 있을 때 정전기 작용에 의해 양이온이 점토광물에 부착되는 현상을 의미하고, 정전기적인 흡착은 오염물질이 화학적인 반응에 의해 퇴적물이나 토양 및 암석 표면에 부착되는 경우이다.

(1) 정전기적인 흡착(sorption attachment)

정전기적인 힘이나 이의 조합에 의해 일어나는 현상으로 Van der Waals/London force와 같은 토양과 화학물질 사이에 발생하는 정전기력도 이에 포함된다(Hamaker와 Thompson, 1972). 그 외 수소의 결합력(hydrogen bonding), 전하전이(charge transfer), 배위자 교환(ligand exchange), 이온교환, 쌍극자 사이에 작용, 화학적 흡착(chemisorption) 등도 이에 포함된다. 정전기적 흡착은 다음과 같이 세 가지로 구분한다(Weber, 1972).

① 이온교환과 같은 교환흡착(exchange sorption) : 토양의 전하지점(charged site)과 화학물질의 일부 극성부분이나 화학물질의 전하지점 사이에 작용하는 정전기적인 인력에 의해 흡착지점에서 오염물질이 축적되는 현상으로서 결합에너지가 50Kcal/mole 이하일 때 발생한다.
② 물리적인 흡착(physisorption) : Van der Waals/London attraction나 이와 유사한 힘에 의해 흡착되는 현상으로 결합에너지가 1~2Kcal/mole인 경우에 발생한다.
③ 화학적인 흡착(chemisorption) : 고상의 표면과 화학물질 사이에 작용하는 화학반응에 의해 흡착되는 현상으로서 결합에너지가 50Kcal/mole 이상일 때 발생한다.

일반적으로 정전기적 흡착현상은 이들 세 가지 흡착작용의 조합형으로 발생되며 대다수의 중성 유기오염물질의 흡착은 정전기적 흡착기작으로서 물리적 흡착과 소수성 흡착(용매축발흡착)이 주된 기작이다.

(2) 흡착기작

오염지하수 내에 함유된 오염물질(sorbate, 일명 solute)은 지하수(solvent) 내에 용해되어 있는 용질을 의미한다. 따라서 sorbate는 solute를 의미하고 solvent는 용질을 용해하고 있는 지하수를 의미하며 sorbent는 고체상태의 대수층을 뜻한다.
일반적으로 흡착작용은 다음과 같이 두 가지 기작에 의해 발생한다(Weber, 1972).

① 대수층이 동기를 부여한 흡착(sorbent motivated sorption) : 대수층(sorbent)과 오염물질(sorbate=solute) 사이에 작용하는 인력이나 오염물질과 대수층 표면의 친화성(affinity) 때문에 그 경계면에서 오염물질이 (표면)축적되는 경우로서 이온화될 수 있는 오염물질이 점토

물질의 양이온 교환지점과 반응하는 경우가 그 대표적인 예이다.

② 지하수가 동기를 부여한 흡착(solvent motivated sorption) : 오염물질이 소수성(hydrophobic)일 때 주로 발생하는 흡착작용으로서 그 대표적인 예는 다음과 같다. 비극성 유기물질은 일반적으로 소수성(water=disliking, 용해도가 낮은 물질)으로서 극성을 가진 물과 같은 相(phase)보다는 비극성 相을 선호한다. 즉 소수성 오염물질은 물과 같은 상으로 남아있기 보다는 비극성 상으로 분리되거나 그 경계면에 축적되려는 경향이 있다. 이를 likes disolve likes라 한다(좋아하는 것은 좋아하는 것들을 녹인다). 이 과정에 있어서 오염물질의 축적현상은 지하수가 소수성 오염물질을 선호하지 않기 때문에 dislike에 의해 그 동기가 부여된다.

2.4.3 흡착 등온모델

흡착 등온모델에는 선형 흡착 등온모델(평형흡착 등온모델, linear sorption isotherm), 프로인드리히 흡착 등온모델(Freundlich sorption isotherm)과 랑뮈어 흡착 등온모델(Langmuier sortion isotherm) 등이 있다.

(1) 선형 흡착 등온모델(평형 흡착등온모델, linear sorption isotherm)

지하수의 이동률에 비해서 오염용질의 흡착률이 매우 빠르게 일어나며 오염된 지하수의 대수층 내에서 체재시간이 평형을 이루는 데 충분한 시간이 있을 경우에는 평형흡착이 일어난다. 여기서 평형이란 동적상태(kinetic condition, 일명 비평형상태)를 단순화시킨 경우로서 대수층의 구성물질과 오염용질 사이의 반응이 충분히 빠르고 순간적으로 일어난다는 가정에 근거한다. 또한 흡착은 대수층 구성물질과 지하수 내에 용해되어 있던 오염용질(C)이 서로 반응하여 대수층의 구성물질 표면에 흡착된 물질(S)이 형성되는 작용을 의미하며 이를 다음과 같이 표현한다.

$$\text{대수층} + C \underset{\text{탈착}}{\overset{\text{흡착}}{\rightleftharpoons}} S \tag{2-44}$$

동적상태에서 흡착식(David와 Mc Dougal, 1973)은 (2-45)식과 같이 표현된다.

$$\frac{\partial S}{\partial t} = k_S \frac{nC}{r_d(1-n)} - k_C S \tag{2-45}$$

그런데 (2-44)식과 같이 평형상태에서는 가역 반응률이 동일하다. 이 경우에 오염물질 분자들은 해당 영역 내에서 계속 흡 - 탈착이 되지만 S와 C의 전체 질량변화는 없다.

따라서 (2-45)식의 동적 - 비평형 상태가 평형상태로 바뀌면 $\frac{\partial S}{\partial t}=0$이 된다. 또한 평형상태 하에서 $k_S=k_C$ 이므로

$$k_S\frac{nC}{r_d(1-n)}=k_C S$$

$$\therefore\ S=\frac{k_S}{k_C}\cdot\frac{nC}{r_d(1-n)}\fallingdotseq k_d\,C \tag{2-46}$$

여기서, S : 대수층의 건조단위중량당 흡착된 용질의 질량(mg/kg)
r_d : 대수층 구성물질의 건조단위중량(g/cm^3)
C : 지하수내 오염물질의 농도(mg/ℓ)
K_d : 분배계수(distribution coefficient)(mg/ℓ)

혹자는 K_d 를 선형 평형분리계수(partition coefficient)라고 부르기도 하나 통상 분배계수(distribution coefficient)라 한다. [그림 2-17]과 (2-46)식에서와 같이 분배계수 K_d 는 선형 흡착 등온선도에서 기울기이다.

지금 (2-46)식을 (2-43)식에 대입하면(단, 반응항이 없는 경우 $\left(\frac{\partial C}{\partial t}\right)_{rxn}=0$)

$$\frac{\partial C}{\partial t}=D_l\frac{\partial^2 C}{\partial x^2}-\overline{v_x}\frac{\partial C}{\partial x}-\frac{r_d}{n}\frac{\partial}{\partial t}(K_d C)$$

$$\left(1+\frac{r_d}{n}\frac{\partial}{\partial t}K_d\right)\frac{\partial C}{\partial t}=D_l\frac{\partial^2 C}{\partial x^2}-\overline{v_x}\frac{\partial C}{\partial x} \tag{2-47}$$

(2-47)식에서

$$R=1+\frac{r_d}{n}K_d \tag{2-48}$$

여기서, R은 지연계수(retardation factor)라 한다.

즉 $\frac{r_d}{n}K_d$ 는 대수층의 흡착능(sorption capacity)을 충족시키는 데 필요한 용질의 체적을 의미한다. 여기다 1을 더하면 바로 지연계수이다. 따라서 지연계수는 용질의 질량 중심점($0.5\,C_0$)이 하류구배구간의 특정 지점에서 돌출되는 데 소요되는 공극체적의 수를 의미한다.

지금 지하수의 평균선형유속을 $\overline{v_x}$ 라 하고 농도 이력곡선상에서 용질 초기농도(C_0)의 50%(0.5

C_0)가 돌출되는 용질의 이동 전면에서의 용질의 속도 $\overline{v_r}$이라 하면

$$R = \frac{\overline{v_x}}{\overline{v_r}} \qquad \therefore \quad \overline{v_r} = \frac{\overline{v_x}}{R} \tag{2-49}$$

(2-49)식의 의미는 대수층 내에서 거동하는 오염물질의 속도가 비반응 용질이나 지하수의 공극 유속보다 R만큼 지연되어 거동한다는 뜻이다.

선형흡착 등온모델(linear-sorption isotherm model)에는 다음과 같은 두 가지의 제약이 있다.

① 지하수 내에 용해되어 있는 오염용질은 대수층 구성물질 표면에 무한대로 흡착될 수 있다는 것인데 사실은 그렇지 않다. 즉 대수층이 오염물질을 흡착할 수 있는 최상한선이 있다. 이를 흡착능(sorption capacity)이라 한다. 즉 오염물질은 대수층의 흡착능 이상은 흡착되지 않는다.

② Batch 시험을 실시하여 취득한 C와 S의 자료가 소규모인 경우에 이들 시험자료를 작도하면 실제는 곡선형인데 자료가 미비하여 직선형으로 잘못 해석할 가능성이 크다.

(2) 프로인드리히 흡착 등온모델(Freundlich sorption isotherm)

C와 S의 관계가 선형이 아니고 다음과 같이 비선형적인 관계를 가지는 경우에 이를 Freundlich 흡착이라 한다.

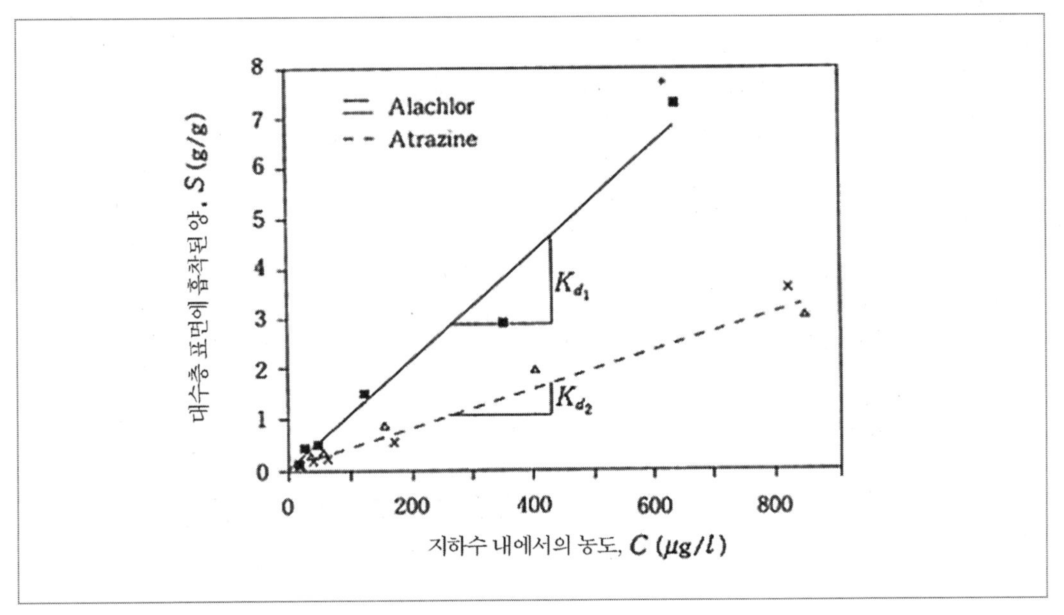

[그림 2-17] 선형흡착 등온선도

$$S = K_f C^N \tag{2-50}$$

만일 C와 S를 산술지(arithmatic paper)에 작도하였을 때, 선형 등고선처럼 직선형이 아니고 곡선형으로 나타나면 이는 프로인드리히나 다음에 설명한 랑미어 등온선이 된다. 지금 (2-50)식의 양변에 대수를 취하고 $\log S$와 $\log C$를 양대수 방안지에 작도하면,

$$\log S = \log K_f + \mathrm{N}\log C \tag{2-51}$$

(2-51)식은 양대수방안지 상에서는 직선으로 표기된다(그림 2-18).
즉 [그림 2-18]에서 곡선의 기울기는 N 이 되고, $C=1$ 일 때 $\log S = \log K$ 가 되므로 $C=1$ 인 축에서의 절편은 바로 $\log K_f$가 된다. (2-50)식을 (2-43)식에 대입하면 [$\left(\dfrac{\partial C}{\partial t}\right)_{rxn} = 0$인 경우] (2-52)식과 같이 된다.

$$\frac{\partial C}{\partial t} = D_l \frac{\partial^2 C}{\partial x^2} - \overline{v_x}\frac{\partial C}{\partial x} - \frac{\gamma_d}{n}\frac{\partial}{\partial t}(K_f C^N)$$

$$\frac{\partial C}{\partial t}\left(1 + \frac{\gamma_d N K_f}{n} C^{N-1}\right) = D_l \frac{\partial^2 C}{\partial X^2} - \overline{v_x}\frac{\partial C}{\partial x} \tag{2-52}$$

따라서 프로인드리히 흡착등온을 가지고 있는 조건에서 지연계수는 다음과 같다.

$$R_f = 1 + \frac{\gamma_d K_f N}{n} C^{N-1} \tag{2-53}$$

여기서 $N=1$ 이면 선형 흡착등온식인 (2-48)식과 동일해진다.

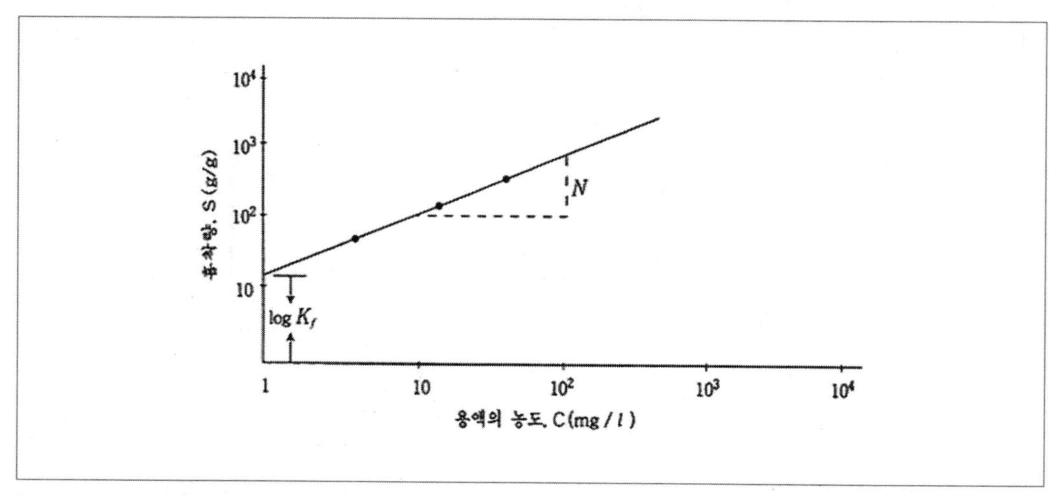

[그림 2-18] Freundlich 등온선도

Karickhoff(1979)와 Brown 및 Flagg(1981) 등은 용액의 농도, 용질의 종류 및 대수층의 특성에 따라서 일반적으로 선형 평형흡착이 주종을 이룬다고 했다. 특히 황화물, Cd, Cu와 Zn, 유기인계 농약, 파라치온과 같은 유기화합물질이나 각종의 중금속은 주로 프로인드리히 흡착등온관계를 가진다. 프로인드리히 표현은 선형표현보다는 합리적이고 지하수 환경 내에서 N은 통상 0.7~1.2이다(Rao, 1980).

프로인드리히 등온선의 문제점은 선형 등온선처럼 용질의 흡착상한선이 없다는 데 있다. 따라서 실험자료치 이내에서만 해석을 해야지 (2-52)식을 확대 해석하면 안 된다. 특히 C와 S를 이용하여 등온선 작성 시 외삽하지 않도록 해야 한다.

(3) 랑미어 흡착 등온모델(Langmuir sorption isotherm)

대수층 표면은 오염용질에 대해 무한대의 흡착지점 혹은 구간(sorption site)을 제공하는 것이 아니라 유한하다. 즉 흡착 가능지점이 모두 용질을 흡착하고 나면 그 다음부터 흡착을 하지 않는다는 개념이 랑미어의 흡착개념이다.

랑미어 모델의 가정은 다음과 같다.

① 유한 개수의 흡착 지점은 개개의 오염물질에 대해 동일한 친화력을 가진다(adsorption).
② 대다수의 흡착지점이 오염용질에 의해 흡착되고 나면 용액 내에 잔존해 있는 용질의 흡착가능성은 감소되므로 고농도에서는 등온선은 비선형이다.
③ 비선형 등온선이 형성되는 기타 이유로는, 흡착지점은 오염물질을 흡착하기 위한 친화적인 분포를 가지므로 흡착은 가장 양호한 흡착지점에서 제일 먼저 일어난다. 고농도에서는 비선형이다.
④ 분자들은 특정지점에서만 흡착하고
⑤ 각 흡착지점은 단 한 개의 분자만 수용하며
⑥ 주변흡착 지점들 사이에 상호작용이 일어나지 않는다.

랑미어 흡착모델의 식은 다음 식과 같다.

$$\frac{C}{S}=\frac{1}{\alpha\beta}+\frac{C}{\beta} \tag{2-54}$$

여기서, α: 결합에너지(bonding energy)와 관련된 흡착계수
β: 대수층의 최대흡착량 (mg/kg)

(2-54)식을 변형하면 (2-55)식과 같이 되고

$$S = \frac{\alpha \beta C}{1 + \alpha C} \tag{2-55}$$

(2-52)식을 (2-43)식에 대입하면 다음과 같이 된다.

$$\frac{\partial C}{\partial t} = D_l \frac{\partial^2 C}{\partial x^2} - \overline{v_x} \frac{\partial C}{\partial x} + \frac{\gamma_d}{n} \frac{\partial}{\partial t} \left(\frac{\alpha \beta C}{a + \alpha C} \right)$$

$$\frac{\partial C}{\partial t} \left[1 + \frac{\gamma_d}{n} \left(\frac{\alpha \beta}{(1 + \alpha C)^2} \right) \right] = D_l \frac{\partial^2 C}{\partial x^2} - \overline{v_x} \frac{\partial C}{\partial x} \tag{2-56}$$

따라서 랑미어 모델의 지연계수 R_L은 아래 식과 같다.

$$R_L = 1 + \frac{\gamma_d}{n} \left[\frac{\alpha \beta}{(1 + \alpha C)^2} \right] \tag{2-57}$$

랑미어 모델은 영양염류나 중금속류와 같은 전해질이 대수층 내에서 거동할 때나 넓은 범위의 농도를 가진 중성의 유기 화합물질인 경우에 널리 이용된다. 또한 랑미어 모델은 근본적으로 농약을 위시한 미생물 집단의 지하거동 문제를 다룰 경우에 주로 이용한다.

인산염들의 흡착연구 시 주로 나타나는 등온선은 [그림 2-19]와 같이 C와 C/S의 관계는 2조의 등온선으로 표현되는데, 이는 두 종류의 흡착지점(sorption site)이 있어 그 결합 에너지가 서로 다르기 때문이다. 이러한 등온선을 랑미어의 2면 흡착등온선(Langmuir two surface sorption isotherm)이라 하고 (2-58)식으로 표현한다.

$$\frac{S}{C} = \frac{\alpha_1 \beta_1}{1 + \alpha_1 C} + \frac{\alpha_2 \beta_2}{1 + \alpha_2 C} \tag{2-58}$$

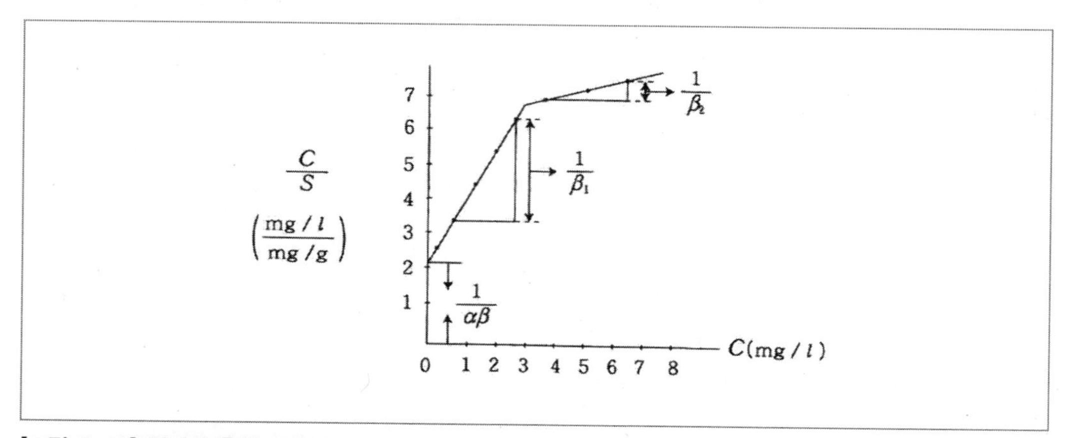

[그림 2-19] 랑미어 흡착 등온선

여기서, α_1 : 제1흡착지점에서 결합에너지
α_2 : 제2흡착지점에서 결합에너지
β_1 : 제1흡착지점에서 용질의 최대 흡착량
β_2 : 제2흡착지점에서 용질의 최대 흡착량

2.4.4 반응 오염물질의 1-D식

지하수 환경 내에서 오염물질의 거동을 예측할 수 있는 전산 코드는 현재 30여 종이 가용하며, 그중에서 3-D 코드만 해도 10여 종에 이른다.
지하수 환경 내에서 반응 오염물질의 거동지배식은 흡착항이나 반응항이 포함되어 있다. 환언하면 흡착항은 지연계수로 재표현 가능하므로 거동지배식은 지연계수로 표현할 수 있다. 즉 흡착 형태가 선형이건 프로인드리히 형태이건 또는 랑미어 형태이건 간에 지연되는 형태를 간단히 R로 표시하면 반응 오염물질의 일반적인 지배식은 다음과 같다.

$$\frac{1}{R}[\nabla \cdot (D \cdot \nabla C) - \nabla (\bar{v} \cdot C)] = \frac{\partial C}{\partial t} \quad (2\text{-}59)$$

이를 1-D로 표현하면 (2-60)식과 같다.

$$\frac{\partial C}{\partial t} = \frac{1}{R}\left[D_l \frac{\partial^2 C}{\partial x^2} - \overline{v_x}\frac{\partial C}{\partial x}\right] \quad (2\text{-}60)$$

여기서, R은 선형모델인 경우에는 R로 표기하고
프로인드리히 모델인 경우는 R_f
랑미어 모델인 경우는 R_L이다.

만일 반응 오염물질이 전절에서 설명한 바와 같이 1-D의 지하수계로 연속적으로 누출될 시 (2-60)식의 해인 Sauty해는 (2-34)식에서 D_l 대신 $\frac{D_l}{R}$, $\overline{v_x}$ 대신 $\frac{\overline{v_x}}{R}$을 대입하면 된다.

$$C_R = 0.5\left[erfc\frac{(l - \frac{\overline{v_x}}{R}t)}{2\sqrt{\frac{D_l}{R}t}} exp\left(\frac{\frac{\overline{v_x}}{R}l}{\frac{D_l}{R}}\right) erfc\frac{(l + \frac{\overline{v_x}}{R}t)}{2\sqrt{\frac{D_l}{R}t}}\right] \quad (2\text{-}61)$$

$$= 0.5\left[erfc\frac{(Rl - \overline{v_x}t)}{2\sqrt{D_l Rt}} exp\left(\frac{\overline{v_x}l}{D_l}\right) erfc\frac{(Rl + \overline{v_x}t)}{2\sqrt{D_l Rt}}\right]$$

2.4.5 지연계수의 결정[매개변수(parameter) 결정]

K_d, K_f, α 및 β (랑미어 인자)들은 실내에서 벳치(batch) 시험이나 주상시험을 실시해서 구한 후 각 형태에 따라 지연계수를 구한다. 벳치 시험은 노력을 크게 들이지 않고 오염농도, pH, 배경이온 등을 현장여건과 거의 유사하게 준비할 수 있으며, 주상시험은 현장처럼 시험관 내에서 연속적으로 흐름을 유지시킬 수 있을 뿐만 아니라 시험관 내의 대수층 시료와 추적자 혼합용액 등을 현장 여건과 매우 유사하게 조절할 수 있다.

일반적으로 벳치 시험은 선별도구(screening tool)로 이용하고 주상시험은 벳치 시험에서 관찰된 것을 재확인키 위해 실시한다. 지연계수 측정법으로는

① 선형흡착 시 실험실이나 현장시험자료를 이용하여 용질거동인자를 구하는 데 이용되는 전산프로그램으로는 CXTFIT(Parker와 Van Genuchten, 1984)을 위시하여 SOLUTE, WELL 등 다양하다. 이로부터 R을 구한다.

② 반응, 비반응 용질을 이용하여 실내주상시험을 실시하고 실험에서 취득한 자료를 사용해서 농도이력곡선을 작성한 후에 반응, 비반응 용질의 $0.5C_0$ 돌출시간을 구하여 반응 용질의 R을 구한다.

③ 뱃치시험을 실시하여 먼저 분배계수를 구하고 공극률(n), γ_d를 사용하여 R을 구한다.

④ 실험실에서 측정한 R값은 현장규모의 수리전도도, f_{oc}, 공극률 및 f_{oc}의 불균질성과 실 배경수질을 제대로 반영할 수 없기 때문에 부정확하다. 따라서 RI나 RA를 요구하는 경우에는 반드시 현장시험 자료를 사용해야 한다. 현장시험 방법과 분석법에 관한 연구논문은 그간 상당수 발간되었는데, 그 중 중요한 것 몇 가지만 나열하면,

- Canada의 Borden site에서 자연 동수구배를 이용하여 실시한 현장시험으로서 5,000개소의 시료 채취지점에서 3년 동안 19,900회의 시료분석을 하였다.
- 메사추세츠의 Cape Code에 소재해 있는 OTIS 공군기지는 640개소의 관측정에서 10,000개를 시료채취하여 분석을 하였다.

일반적으로 현장시험은 상당한 시일과 경비가 소요되는 단점이 있긴 하지만 실 지하세계에서 반응오염물질의 실제 운명과 거동특성을 제대로 파악하기 위해서는 특별한 경우를 제외하고 현장시험을 해야 한다.

2.4.6 비평형(동적) 흡착모델(kinetic sorption model)

모든 평형흡착 모델은 흡착에 의한 농도변화가 다른 어떤 원인에 의해 일어나는 농도변화보다

크며 평형상태에 도달할 수 있도록 흐름률이 충분히 느린 상태를 그 가정조건으로 하고 있다. 만일 이러한 조건이 성립되지 않는 상황 하에서는 동적인 평형 다시 말해서 비평형 흡착모델을 사용해야 한다.

비평형 모델에서 오염물질의 거동지배식은 오염물질이 고체표면으로 흡착되거나 고체표면에서 다시 탈착되는 율을 다룰 수 있는 적절한 지배식이 있다. 가장 단순한 비평형 상태는 흡착률이 용액 내에 잔존해 있는 용질농도의 함수이거나 일단 고체표면에 흡착된 오염물질은 다시 탈착이 되지 않은 경우이다. 이러한 현상은 비가역적인 반응으로서 용액 내에서 오염물질이 저감되는 주작용이다.

비가역적인 1급 동적흡착모델(irreversible first-order kinetic sortion model)은 다음 두 식으로 표현된다.

$$\frac{\partial S}{\partial t} = k_1 C \tag{2-62}$$

$$\frac{\partial C}{\partial t} = D_R \frac{\partial^2 C}{\partial x^2} - \overline{V_x} \frac{\partial C}{\partial x} - \frac{r_d}{n} \frac{\partial S}{\partial t} \tag{2-63}$$

여기서, k_1은 1급 붕괴상수

만일 흡착률이 이미 흡착된 양과 깊은 관계가 있고 반응이 가역적(reversible)일 때는 가역적인 선형-동적 흡착모델(reversible linear kinetic sorption-model)을 사용한다.

이 경우의 지배식은 (2-63)식과 같고 흡착률은 (2-64)식으로 표현한다.

$$\frac{\partial S}{\partial t} \rightleftharpoons k_2 C - k_3 S \tag{2-64}$$

여기서, k_2 : 진행방향(forward)으로 반응이 일어날 때의 흡착률 상수

k_3 : 반대방향으로 반응이 일어날 때의 흡착률 상수

만일 평형에 도달할 수 있을 정도로 충분한 시간이 있을 때에는 시간이 경과하더라도 흡착된 양(S)의 변화는 발생하지 않으므로 $\frac{\partial S}{\partial t} = 0$ 이다. 따라서 (2-64)식에서 $k_2 C = k_3 C$가 된다. $S = \frac{k_2}{k_3} C$가 되므로 이때는 선형평형흡착 등온선 관계로 바뀐다. (2-64)식을 다음과 같이 표현하기도 한다(Nielson, van Genuchten과 Biggar, 1986).

$$\frac{\partial S}{\partial t} = r\,(k_4 C - S) \tag{2-65}$$

여기서, r : 제1급 흡착률계수(a first order rate coefficient)
k_4 : 분배계수(K_d)에 대응되는 계수

(2-65)식은 가역 선형흡착이 1급 확산작용에 의해 제한을 받을 때이다. 이 모델은 농약이나 유기물질(Davidson과 Chang, 1972)의 흡착을 서술할 때 사용된 바 있다(Leistra, Dekkers 등, 1977).

세 번째의 동적모델로는 가역-비선형 동적흡착모델(reversible nonlinear kinetic sorption -model)로서 (2-66)식으로 표현한다.

$$\frac{\partial S}{\partial t} = k_5 C^N - k_6 S \tag{2-66}$$

여기서, k_5, k_6 및 N은 모두 상수이다.

이 모델의 가역반응에서 흡착이 진행되는 오른쪽 방향은 비선형인데 반해, 탈착이 일어나는 왼쪽 방향은 선형인 경우이다. 이 식은 $N < 1$의 조건 하에서 제초재(Enfield 등, 1975)나 인(Fiskell 등, 1979)의 흡착 연구에 사용된 식이다.

가역 비선형모델이 평형상태에 도달하면 $\frac{\partial S}{\partial t} = 0$ 가 되고 이때 $S = \frac{k_5}{k_6} C^N$ 가 되므로 이는 프로인드리히 흡착선형으로 바뀐다.

랑미어 흡착등온의 비평형식을 바이리니어 흡착모델(bilinear adsorption model)이라 하고 (2-67)식으로 표현한다.

$$\frac{\partial S}{\partial t} = k_7 C(\beta - S) - k_8 S \tag{2-67}$$

여기서, β : 흡착될 수 있는 용질의 최대량(sorption capacity)
k_7 : 오른쪽 방향의 흡착률 상수
k_8 : 왼쪽 방향의 흡착률 상수

경우에 따라서 이온이 흡착지점이나 교환지점에 도달한 후에는 흡착이 즉각적으로 일어나더라도 확산작용에 의해 이온교환 지점으로 이동되는 비율에 따라 이온흡착이 조절된다. 이 경우에는 확산 조절률 법칙(diffusion-controlled rate law)을 적용한다(Nkedi-Kizza 등, 1984).

2.4.7 공용해와 이온화(cosolvation and ionization)

2.4.2절에서 설명한 바와 같이 지하수가 동기를 부여하는 흡착작용은 용매(지하수)가 용질을 싫어하기(dislike) 때문에 일어난다. 즉 용매 내에서 용질의 양이 증가하면(오염물질이 물에 용해되는

양이 증가) 결국 흡착작용이 감소된다.

(1) 공용해

서로 혼합될 수 있는 여러 종류의 용매로 구성되어 있으면서 유동상태(mobile phase)에 있는 용매를 공용해(cosolvation)라 한다. 예를 들어 지하수 내에 용해되어 있는 유기용제(solvent)는 일종의 공용해이다. 즉 매립지로부터 누출된 침출수는 지하수에 용해될 수 있는 벤젠이나 TCE와 같은 유기용제를 함유하고 있으므로 이들 유기용제는 지하수와 공용해를 이룬다. 용액 내에 유기 공용매(cosolvent)가 존재하는 경우에 매립지로부터 누출된 소수성 유기 오염물질의 소수성(solvophobicity)은 감소되고 용해도는 촉진되기 때문에 흡착성은 감소된다(즉 likes dissolve likes의 경우이다).

대체적으로 유기물질은 비극성일수록 수용성은 양호하며 이와 반대로 극성 유기물질은 수용성이 낮다. 따라서 공용매의 경우에 공용매의 함량이 많을수록 수용성은 커지고 흡착성은 감소한다. Rao(1985) 등은 공용해작용(유기용제와 물)이 흡착작용과 소수성 유기오염물질에 미치는 영향을 알아보기 위해서 용해-소수성 모델(solvophobic model)을 개발한 바 있는데 본 모델의 가정은 다음과 같다.

① 흡착작용은 소수성에 의해 발생하고 이는 지하수가 동기를 부여하는 작용이다.
② 용질(solute)과 대수층(sorbent)의 사이에 일어나는 흡착작용은 다음과 같은 반응에 의해 일어난다. 즉,
- 용질과 용매(오염물질과 지하수)
- 용매와 용매(지하수와 지하수)
- 용매와 매체(지하수와 대수층)
- 매체와 매체(대수층과 대수층)

상기 가정 하에서

$$\ln\left(\frac{K_p^m}{K_p^w}\right) = -\alpha \cdot \sigma^c \cdot f^c \qquad (2\text{-}68)$$

여기서

$$\sigma^c = \Delta\gamma^c \cdot HSA/KT \qquad (2\text{-}69)$$

여기서, K_p^m : 혼합공용매의 분리계수

K_p^w : 물에서의 분리계수

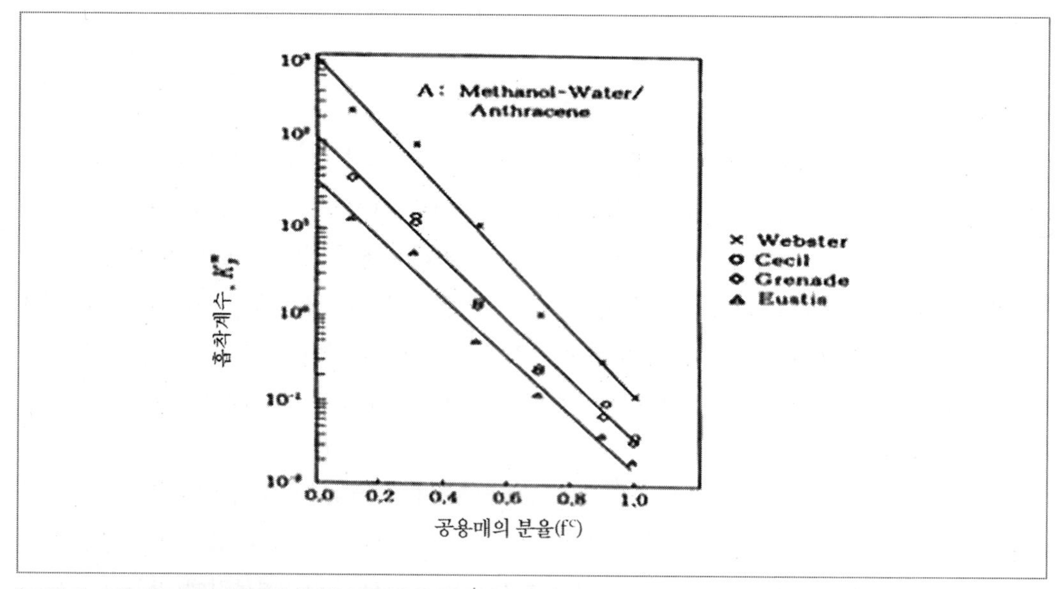

[그림 2-20] 유기탄소함량과 혼합 공용매의 분리계수와의 관계

f^c : 공용매의 함량
HSA : 탄화수소계열 물질의 표면적, Å2
K : Boltzman의 상수, ergs°/ K
T : 온도(℃)
$\Delta\gamma^c$: 액상경계면과 유기공용매의 경계면 사이에서 발생하는 경계면에너지의 차

상기 식에서 공용매의 함량이 증가할수록 흡착성은 감소한다. Rao의 용해-소수성 모델에 의하면 대수층이나 토양의 특성과는 무관하게 2~3가지 이상의 유기용질의 공용매 함량이 커질수록 용해도는 증가하고 흡착능은 감소한다.

(2) 이온화(ionization)

용액의 pH에 따라서 일부 성분은 양자를 잃거나 얻기도 하며 중성상태 하에서 이온형으로 바뀌기도 한다. 특히 유기물질이 이온화하면 극성인 지하수 내에서 이들 물질의 용해도는 급격히 증가한다. 이 경우에 지하수가 동기를 부여하는 흡착작용은 현저히 감소한다. 유기물질이 양자(H^+)를 잃게 되면 그 표면에 거의 흡착되지 않는다(이는 대수층 표면이 동기를 부여하는 흡착작용이다).

예를 들면 trichlorophenol은 중성이며 K_{oc}가 2330㎖/g인 소수성 유기화합물질인데 pH가 바뀌어서 H^+ 이온을 하나 잃게 되면 K_{oc}가 0이고 -1가인 trichlorophenolate로 바뀐다. 이와 반대로 H^+을 얻거나 OH^-을 잃는 경우에는 오염물질이 +이온으로 바뀌므로 주변에 있는 점토광물과 반응하여 흡착작용이 촉진된다. 이러한 현상은 주로 양이온 교환(CEC)현상에 의해 발생되므로 이를 이온교환 흡착(ion exchange absorption)이라 한다.

$$RH \rightleftharpoons R^- + H^+ \tag{2-70}$$

$$K = \frac{[R^-][H^+]}{[RH]} \tag{2-71}$$

(2-70)식에서 용액 내의 초기 수소이온(H^+) 농도가 낮으면 반응은 오른쪽으로 진행하고 평형상태에 도달하여 수소이온 농도가 증가하면 반응은 왼쪽으로 일어난다. 따라서 이온화작용은 pH에 따라 좌우된다.
즉 (2-71)식의 양변에 대수를 취하면

$$\log K = (\log[R^-] + \log[H^+]) - \log[RH]$$
$$\log K - \log[H^+] = \log[R^-] - \log[RH]$$

상기 식에서

$$-\log[H^+] = pH$$
$$-\log K = pK \quad \text{이므로}$$

$$pK - pH = \log[RH] - \log[R^-] \tag{2-72}$$

(2-72)식에서 $pH > pK$ 이면 $\log[R^-] > \log[RH]$ 이다.

2.4.8 이온교환(ion exchange)

이온교환은 일종의 흡착작용이다. 전술한 바와 같이 흡착작용은 대수층(매체)이 동기를 부여한 경우나 지하수(용매)가 동기를 부여한 경우(solvent motivated sorption)로 구분되는데, 용매가 동기를 부여하는 흡착(partitioning)은 지하수 내에 용해되어 있던 중성의 유기화학물질이 매체 내에 함유되어 있던 유기물질의 표면에 축적되므로 인해 발생한다. 이에 비해 매체가 동기를 부여하는 흡착현상에서 오염물질의 축적현상은 오염유기물질과 고상의 매체표면의 친화성 때문에 발생한다.
일반적으로 매체표면은 전하결함(charge deficiency)이 있기 때문에 표면의 전하를 중성화시키기 위해서 고체와 액체의 경계면에서 이온집적이 일어난다. 따라서 이온 교환은 매체 내에 함유되어 있는 점토의 함량에 따라 좌우된다. 점토나 기타광물의 표면에서의 표면전하는 pH에 따라 좌우된다.

산성용액에서는 H^+이온이 많기 때문에 표면은 +전하를 띠고 알카리성에서는 표면이 일반적으로 -전하를 띤다. 중간 정도의 pH에서 광물표면은 중성을 띠므로 이때의 pH를 PZC[무전하점(point of zero charge)]이라 한다. 광물에 따라 PZC는 [표 2-7]과 같이 서로 다르다.

[표 2-7] 일반광물의 표면전하

광물	PZC	비고
· $Al(OH)_3$	7.5~8.5	비정질
· Al_2O_3	9.1	
· 점토광물		
카오리나이트	3.3~4.6	
몬모리로나이트	2.5	
· $Fe(OH)_3$	8.5	비정질
· MgO	12.4	
MnO_2	2~4.5	
SiO_2	2~3.5	
$CaCO_3$	8~9	
$FePO_4$	3	
$AlPO_4$	4	

(source : Montgomery, 1985)

PZC 이상의 pH 상태 하에서 광물표면은 -전하를 띠고, PZC 이하의 pH 상태 하에서 광물표면은 +전하를 띤다.

일반적으로 이온교환은

① 큰 원자가 작은 원자를 치환한다. 즉 Ca^{2+}는 Na^+보다 원자가 크므로 Ca^{2+}는 Na^+를 치환하는데, 이것이 정수기의 원리이다.

② 원자가가 동일한 경우에는 작은 이온이 큰 이온을 다음과 같은 순서로 이온교환한다.

$Na^+ < Li^+ < K^+ < Rb < Cs < Mg^{2+} < Ba^{2+} < Cu^{2+} < Al^{2+} < Fe < Th$

CEC가 크다는 뜻은 전하결함이 크다는 뜻이다. CEC는 넓은 범위에서 양이온을 교환할 수 있기 때문에 양이온의 거동을 저감시킨다.

일반적으로 점토광물은 비표면적(specific surface area)이 클수록 CEC가 크다.

$$\text{모래의 비표면적}(SSA) = \frac{3}{\rho_s \cdot r} \tag{2-73}$$

여기서, ρ_s : 모래의 밀도

r : 모래입자의 평균반경

대표적인 점토광물의 CEC와 표면적은 [표 2-8]과 같다.

[표 2-8] 대표적인 점토광물의 CEC와 표면적

종류 \ 내용	size(㎛)	CEC(mey/100gm)	비중	specific surface area(m^2/gm)
Kaolinite	0.05~4	3~15	2.6~2.68	10~20
Illite	0.003~10	10~40	2.6~3.0	65~100
Montmorilonite	0.001~10	80~150	2.35~2.7	50~120(700~840)
Vermiculite	0.003~10	100~150		40~80(870)

2.4.9 산화와 환원(REDOX)

고체상태의 수산화철($Fe(OH)_3$)이 반응하여 액상의 Fe^{2+}(ferric)로 바뀌는 $\frac{1}{2}$ 반응을 표시하면 (2-74)식과 같다.

$$Fe^{3+}(OH)_3(s) + 3H^+(aq) + e^-(aq) \underset{\text{산화}}{\overset{\text{환원}}{\rightleftharpoons}} Fe^{2+}(aq) + 3H_2O(\ell) \tag{2-74}$$

여기서, s : 고상, aq : 액상

+3가 철이 지하환경 내에서 전자를 수용하여 환원(reduction)되면 액상의 +2가 철로 바뀌어 지하수에 용해된다. 따라서 환원은 전자를 수용(얻을 때)할 때의 반응이고 산화는 전자를 잃을 때의 반응이다. 전통적으로 산화·환원 반응은 $\frac{1}{2}$ 반응식(half reaction)으로 표현한다. 지하환경에서 산과 염기상태를 평가할 때 자유 수소이온(H^+)의 활동을 이용하여 평가하듯이 자유전자의 활동(activity)을 REDOX 포텐셜을 평가하는 데 이용한다.

$$pE = -\log(e^-) \tag{2-75}$$

여기서, pE : REDOX 포텐셜
e^- : 자유전자의 활동(free electron activity)

(2-75)식에서 pH가 크면 수소이온의 농도는 적으므로 양자가 적은 종이 우세하며 이와 반대로 pH가 적으면 수소이온의 활동이 크므로 양자가 풍부한 종류가 우세하여 산성이 된다. 또한 pE가 적으면 전자의 활동이 크므로 전자가 많은 종이 우세하여 환원상태가 된다.

일반적으로 pE가 13 이상이면 자유전자가 적은 산화상태이고 -6보다 적을 때는 자유전자가 많은 환원 상태이다. pH = 7을 기준으로 할 때 지하환경은 pE에 따라 REDOX를 다음과 같이 구분한다.

- $pE > 7$이면 산화환경(oxic)
- $2 < pE < 7$이면 준산화환경(sub-oxic)
- $pE > 2$이면 환원환경(anoxic)으로 구분한다.

지하환경에서 REDOX 반응에 의해 가장 심하게 영향을 받은 성분들은 C, N, O, S, Mn 및 Fe 등이며 지하환경 내에 존재하는 성분들 중에서 오염에 의해 REDOX의 영향을 가장 심하게 받는 성분은 As, Hg, Sc, Cr 및 Pb 등이다(Johnson, 1989).
1장에서 설명한 바와 같이 REDOX 포텐셜(pE)과 Eh(volts)와의 관계는 다음 식과 같다.

$$Eh(volt) = \left(2.3RT\frac{\log 10}{F}\right) \times pE = 0.0592pE \qquad (2\text{-}76)$$

2.4.10 가수분해(hydrolysis)

화학물질이 물과 반응할 때 이를 가수분해라 한다. 특히 유기물질이 가수분해되면 알코올이나 알킨(alkene)으로 바뀐다. 염소화된 유기물질의 가수분해는 다음 식으로 표현한다.

$RX + HOH \rightleftharpoons ROH + HX$

$CH_3 - CH_2X \rightleftharpoons CH_2 = CH_2 + HX$

주로 용존 유기물질, pH, 온도 및 용해된 금속이온 등에 의한 비생물학적인 가수분해는 1차 붕괴상수(first order decay constant)로 처리할 수 있다.

$$\frac{dC}{dt} = -\lambda C \qquad (2\text{-}77)$$

$$\ln\left(\frac{C}{C_0}\right) = -\lambda t$$

$$\frac{C}{C_0} = e^{-\lambda t} \qquad (2\text{-}78)$$

이 식은 방사능광물의 붕괴식과 동일하다. 즉 (2-78)식의 기본가정은 다음과 같다.

① 가수분해로 인해서 발생되는 성분의 손실률(붕괴율)은 해당성분의 액상농도에 비례하며 비례상수는 -λ이다.

$$\text{여기서 제1차 가수분해상수} = \frac{\ln^2}{t_{1/2}} \qquad (2\text{-}79)$$

가수분해에 필요한 반감기는 $t_{1/2}$ 이다.

1차 반응(the first order reaction)은 가수분해뿐만이 아니라 방사능광물의 붕괴, 생분해 작용에서도 동일하게 사용한다.

가수분해에 영향을 미치는 요인으로는 pH, 온도 등이 있으며 가수분해의 영향 요인을 열거하면 다음과 같다.

① 온도가 10℃ 상승하면 가수분해율은 2.5배 증가한다.

② pH가 감소하면 산성-촉매 가수분해 반응은 증가하고 반대로 염기성-촉매 가수분해 반응은 감소한다.

③ 고농도의 금속이온은 화학물질의 가수분해를 촉진시킨다(촉매작용).

④ 점토의 함량이 클수록 가수분해는 증가한다.

⑤ 비표면적(SSA)/CEC의 비율이 큰 점토(2:1 점토)는 비표면적(SSA)/CEC의 비율이 적은 점토(1:1 점토)에 비해 가수분해율이 크다.

⑥ 점토광물과 수반된 금속이온은 가수분해의 촉매작용을 하고, 이로 인해 가수분해율은 증가한다.

2.4.11 침전/용해(speciation)

무기물질은 자연환경의 조건(pH, pE, 유기 및 무기 Legand)에 따라 여러 가지의 형태로 존재할 수 있다. 즉 환경조건이 달라지면 화학물질의 종류로 달라진다.

지하수환경 내에서 원소나 기타 화학물질은 다음과 같은 여섯 가지 종류로 존재한다.

① 자유이온(물분자로 둘러싸여 있는 경우)

② 불용성 물질(Ag_2S나 $BaSO_4$)

③ 금속이나 리간드의 복합체($Al(OH)^{2+}$)

④ 흡착된 물질(수산화철 표면에 흡착된 납)

⑤ 이온교환으로 표면에 부착된 물질(점토광물 표면의 Ca^{2+})

⑥ 산화에 따라서 원자가가 다른 형태(Mn^{2+}, Mn^{4+}, Fe^{2+}, Fe^{3+})

따라서 원소나 화학물질의 종류와 위치를 제대로 파악하는 일은 매우 중요하다. 왜냐하면 화학물질의 종류와 위치는 이들의 거동, 반응 및 독성에 큰 영향을 미치기 때문이다. 지하환경 내에서 오염물질의 거동과 운명을 평가할 때 각 오염물질의 종류와 형태를 고려하지 않고 전체 농도만을 가지고서 다루는 것은 매우 위험하다.

암염은 지하수환경 내에서 완전히 Na^+와 Cl^-으로 용해되고, 석고($CaSO_4 . H_2O$)는 Ca^{2+}와 SO_4^{2-}

로 용해된다. 특히 장석과 같은 알미늄 규산염이 부분적으로 풍화되면 일차적으로 지하수환경 내에서 Ca^{2+}, Mg^{2+}, K^+, Na^+, SiO_2^{2+} 와 같은 양이온을 제공하고 2차적으로 고령토나 몬모리로나이트로 바뀐다.

이에 비해 pH, REDOX 포텐셜, 온도 및 화학물질의 질량 등의 조건이 바뀌면 화학물질의 포화도를 초과하여 이들 물질은 도리어 침전한다.

평형상태에서 금속물질의 speciation model은 MINTEQ4 code를 이용하여 해석할 수 있다(Brown과 Allison, 1980).

2.4.12 소수성 유기화합물질(HOC)의 흡착

지하수에 용해되어 있는 대다수의 유기화합물질은 매체표면에 흡착될 수 있다. 이를 소수성효과(hydrophobic effect, Roy와 Griffin, 1985)라 한다.

소수성 유기화합물질은 전기적으로는 중성이지만 극성을 약간씩 띠고 있는 것도 있다. 따라서 유기화합물질의 수용성은 극성인 물분자가 이들을 끌어당기는 정도에 따라 다르다. 이러한 인력은 유기화합물질 자체의 극성에 좌우된다.

소수성 유기물질은 비극성 유기 용매에 용해되지만 물에는 잘 용해되지 않는다. 이들이 물에 용해되어 있을 때 이들 분자들은 물보다 극성이 적은 표면으로 끌려가는 경향이 있다. 따라서 순수한 광물표면에는 유기물질이 잘 흡착되지 않는다. 유기탄소함량(f_{oc})이 큰 토양이나 대수층은 이들 유기탄소가 소수성 오염유기물질을 흡착한다.

(1) 대수층이 함유하고 있는 유기탄소와 토양의 흡착

오염물질의 평형흡착인자 측정은 지하환경의 여러 가지 불확실성 때문에 이를 규명하려면 상당한 시간과 시험비용이 소요된다. 따라서 많은 연구자들이 기존의 가용자료를 이용하여 선형흡착계수인 분배계수를 산출할 수 있는 방법을 연구하였다.

대수층 내에 함유되어 있는 유기탄소(f_{oc})의 함양이 1%(중량비) 이상일 때 대수층내로 유입된 유기독성 화합물질의 흡착은 전적으로 f_{oc}가 좌우 한다(Karickhoff, Brown과 Scott, 1979). f_{oc}가 0.1% 이상인 경우에 유기탄소의 분리계수(partition coefficient, K_{oc})는 (2-80)식과 같다.

$$K_{oc} = \frac{K_d}{f_{oc}} \tag{2-80}$$

일반 대수층의 f_{oc}는 대체적으로 0.4~10%(Brady, 1974) 정도이고 모래로 구성된 충적층의 f_{oc}는 0.02~8% 정도이다(Schwarzen bach와 Wesfall, 1981). 그러나 국내 제주도에 분포된 토양의 유기탄소함량은 0.58~19.58%이며 평균은 7.38%이다(Hahn, 1997).

이러한 환경 속에서 유기탄소의 분리계수(partition coefficient, K_{oc})는 (2-80)식과 같다. 그러나 f_{oc}가 0.002 이하이고 점토함량/f_{oc}의 비율이 60% 이상일 경우에는 토양 광물표면 사이에 작용하는 인력이 가장 크므로 이 식을 사용할 때 주의해야 한다(Banerjoe 등, 1985).
K_{oc} 대신 토양이나 대수층 유기물질을 기초로 산정한 분리계수인 K_{om}을 사용할 수도 있다. 유기물질(organic matter)의 중량은 유기탄소 자체의 무게보다는 항상 무겁기 때문에 K_{oc}는 K_{om} 보다 크다. K_{oc}와 K_{om}에 관한 실험실 연구결과들(Olsen과 Davis, 1990) 사이의 관계는 (2-81)식과 같다.

$$K_{oc} = 1,724\,K_{om} \tag{2-81}$$

유기화학물질이 어느 정도 소수성인가를 결정해주는 인자로 옥타놀-물분자계수인 K_{ow} (octanol-water partition coefficient)를 사용한다. K_{ow}는 n-octanol과 물의 혼합수에 측정하려는 유기화학물질을 투입한 후 진탕시킨 다음, 물과 n-octanol에 용해된 유기물질의 비율을 측정하여 다음 식으로 K_{ow}를 구한다.

$$K_{ow} = \frac{\text{옥타놀에 용해된 유기물질의 농도}}{\text{물에 용해된 유기물질의 농도}} \tag{2-82}$$

그런데 K_{ow}와 K_d의 관계는 연구결과 다음과 같다.

$$K_d = 0.63 \times f_{oc} \times K_{ow} \tag{2-83}$$

따라서 대수층 내에 함유된 유기물질의 함량을 제거하면 대수층 내로 유입된 유기독성물질의 흡착은 현저히 감소한다(Miller, Bailey와 White, 1970).
비이온성 유기오염물질의 흡착성에 중요한 역할을 하는 대수대 내에 포함된 f_{oc}와의 관계를 조사한 결과에 의하면 유기화합물질은 양이온 교환능력(CEC)이 매우 크고 표면적이 넓기 때문에 흡착에 큰 영향을 미친다.
그러나 f_{oc}가 1% 미만인 경우에는 f_{oc}가 대수층 내로 유입된 유기오염물질을 흡착하는 주기작이 아니다. 유기물(f_{om})의 표면에 흡착되는 양이 광물질표면의 흡착과 같아지는 임계수준이 있다. 이를 f_{oc}^*라 한다. 따라서 f_{oc}^* 이하에서는 유기분자들은 주로 광물표면에 흡착된다.
f_{oc}^*는 점토함량과 관련이 깊은 대수층이나 토양의 표면적 S_a와 K_{ow}에 따라 변한다. McCarty, Reinhard와 Rittman(1981)은 f_{oc}^*와 K_{ow}의 관계를 (2-84)식으로 표현하였다.

$$f_{oc}^{\ *} = \frac{S_a}{200 K_{ow}^{\ 0.84}} \qquad (2\text{-}84)$$

(2) K_{ow}를 이용하여 K_{oc}를 산정하는 방법

많은 유기화합물질의 K_{oc}와 K_{ow} 사이에는 밀접한 관계가 있음이 연구결과 알려져 왔다. 이러한 관계는 다음과 같다.

① 흡착은 주로 토양이나 대수층 내에 함유된 유기탄소 표면에서 초기에 일어난다.
② 흡착은 주로 화학적인 흡착이나 이온결합이나 극성을 띠는 집단의 상호작용에 비해 소수성이다.
③ 흡착과 오염물질의 농도 사이의 관계는 선형이다.

[표 2-9]는 K_{ow}를 이용해서 K_{oc}를 구하는 경험식이다.

[표 2-9] K_{ow}를 기준으로 하여 K_{oc}를 구하는 데 사용하는 경험식

번호	경험식	사용할 수 있는 화학물질
1	$\log K_{oc} = \log K_{ow} - 0.21$	: 대부분의 방향족, 다핵방향족, 2개의 chlorinated, Karichhoff Brown, Scott, 1979
2	$\log K_{oc} = 0.999 \log K_{ow} - 0.202$	: Hassett et al(1980)
3	$\log K_{oc} = 0.544 \log K_{ow} + 1.377$	: 넓은 범위, 대부분의 농약 Kenega와 Goring(1980)
4	$\log K_{oc} = 0.937 \log K_{ow} - 0.006$	: 방향족, 다핵방향족, triazine, dinitroaniline 제초제, Lyman, 1982
5	$\log K_{oc} = \log K_{ow} - 0.31$	: DDT, lindene, 24-D, dichloropropane, McCall, Swann, 1983
6	$\log K_{oc} = 0.72 \log K_{ow} + 0.49$	: methylated와 염화벤젠 Schwarzenbach와 Westall(1981)
7	$\log K_{oc} = 0.63 \log K_{ow}$	: 기타 유기물질, Karickhoff, Brown 등(1979)
8	$\log K_{oc} = 0.94 \log K_{ow} + 0.2$	: triazine과 dinitroaniline 제초제, Rao 및 Davidson, 1980
9	$\log K_{oc} = 0.989 \log K_{ow} - 0.346$	: 5종의 다핵종 탄화수소, Karickhoff(1981)
10	$\log K_{oc} = 1.029 \log K_{ow} - 0.18$	: 살충제, 제초제 및 살균제, Rao와 Davidson(1980)
11	$\log K_{oc} = 0.524 \log K_{ow} + 0.855$	: substituted phenylureas
12	$\log K_{oc} = 0.904 \log K_{ow} - 0.779$	: 벤젠, 염화벤젠, PCB 등, Chiou, Porter 등(1983)
13	$\log K_{oc} = 0.0067(P - 45N) + 0.237$	: 방향족 탄화수소, ureas, 1,3,5 triazine, carbamates

14	$\log K_{om} = 0.52 \log K_{ow} + 0.62$	: 72종의 벤젠류와 농약, Briggs(1981)
15	$\log K_{oc} = 0.681 \log BCF(t) + 1.963$	: 대부분의 농약
16	$\log K_{oc} = 0.681 \log BCF(t) + 1.886$	: 대부분의 농약
17	$\log K_{oc} = 0.52 \log K_{ow} - 0.317$	: 22다핵방향족, Hassett 등(1980)

BCF(t) : bioconcentration factor from flowing water test
Bcf(t) : bioconcentration factor from model ecosystems
P : parachor

[표 2-10]은 K_{ow}의 범위가 매우 넓은 각종 유기화합물질에 대해 [표 2-9]에서 제시한 경험식을 이용해서 구한 K_{oc}이다. 계산용 경험식은 여러 개가 있지만 [표 2-10]에서 제시한 7개 성분의 K_{ow}와 경험식을 이용해서 구한 K_{oc}는 기하평균의 표준편차 이내이거나 매우 근사한 값이다. [표 2-10]의 제일 하단의 실제 값은 실험실에서 구한 K_{oc}의 값이다. 즉 실제 값과 경험식으로 구한 평균치는 비슷함을 알 수 있다.

[표 2-10] 기발간된 K_{ow} 값을 이용해서 경험식으로 구한 K_{oc}

성분 / K_{ow} / 사용식 번호	DCE	Benzene	TCE	Ethyl Benzene	PCE	Napthalene	Pyrene
	1.79	2.13	2.29	3.14	3.4	3.37	3.62
14	1.79	1.96	2.05	2.49	2.62	2.61	3.62
1	1.58	1.92	2.10	2.93	3.19	3.16	5.11
7	1.13	1.34	1.44	1.98	2.14	2.16	3.35
3	2.35	2.54	2.62	3.09	3.23	3.21	4.27
10	1.66	2.01	2.18	3.05	3.32	3.29	5.29
6	1.90	2.22	2.37	3.17	3.42	3.39	5.22
9	1.42	1.76	1.92	2.76	3.02	2.99	4.92
4	1.67	1.99	2.14	2.94	3.18	3.15	4.98
5	1.06	1.40	1.56	2.41	2.67	2.64	4.59
10	1.08	1.39	1.53	2.06	2.30	2.51	4.27
11	1.78	2.02	2.14	2.75	2.94	2.92	4.32
97	1.47	1.51	1.97	2.82	3.08	3.05	5.0
범위	1.06~2.35	1.34~2.54	1.44~2.62	1.98~3.17	2.14~3.42	2.16~3.39	3.35~5.29
평균	1.57	1.86	2.0	2.7	2.93	2.92	4.58
표준편차	0.38	0.35	0.33	0.39	0.41	0.37	0.63
분산	0.24	0.19	0.17	0.14	0.15	0.13	0.14
실험실 K_{oc}		1.5~1.98		2.22	2.32	3.11	4.12~4.8
용해도를 이용해서 구한 K_{oc}	1.62	1.90	2.09	2.67	2.59	3.05	4.97

(3) 용해도를 이용한 K_{oc}를 산정

특수한 화학물질은 그 용해도를 이용해서 K_{oc}값을 경험식으로 산정할 수 있다. 그간에 발간된 경험식을 도표화하면 [표 2-11]과 같다.

[표 2-11] 용해도(S)를 이용하여 K_{oc}를 구하는 경험식

번호 \ 내용	경험식	비고
1	$\log K_{oc} = -0.55\log S + 3.64$	농약, S단위 : mg/ℓ, Kenaya와 Goring(1980)
2	$\log K_{oc} = -0.621\log S + 3.95$	S단위 : mg/ℓ, Hassett 등, 1983
3	$\log K_{om} = -0.729\log S + 0.001$	S단위 : mole/ℓ, Chiou, Porter 등, 1983
4	$\log K_{oc} = -0.54\log S + 0.44$	S단위 : mole fraction, 대부분의 방향족 탄화수소들 two chlorinated HC, Karickhoff(1979)
5	$\log K_{oc} = -0.557\log S + 4.277$	S단위 : umole/ℓ, 염화HC
6	$\log K_{oc} = -0.686\log S + 4.273$	S단위 : mg/ℓ, Means 등, 1980

온도와 이온강도는 용해도에 직접적인 영향을 미친다. 대부분 기 발간된 용해도는 측정 시 온도가 기록되어 있지 않다. 따라서 수용성을 이용해서 K_{oc}를 구하는 것보다는 K_{ow}를 이용해서 K_{oc}를 구하는 것이 합리적인 방법이다.

2.4.13 방사능 물질의 붕괴

만일 방사능 물질이 지하환경으로 유입되면 양이온인 방사능물질은 지하수환경이나 토양 표면에서 흡착-지연될 뿐만 아니라 방사능 붕괴작용을 거쳐 지하수 내에 용해된 상태나 대수층에 흡착된 상태에서 농도가 감소된다.

이 경우에 1-D 수리분산 지배식은 (2-43)식의 마지막 항인 $\left(\frac{\partial C}{\partial t}\right)_{xrn}$ 대신 $-\lambda_c$를 사용한다.

$$\frac{\partial C}{\partial t} = D_l \frac{\partial^2 C}{\partial x^2} - \overline{v}_x \frac{\partial C}{\partial x} - \frac{r_d}{n}\frac{\partial S}{\partial t} - \lambda_c \qquad (2\text{-}85)$$

여기서, $\lambda = -\frac{\ln 2}{t_{0.5}}$

$t_{0.5} =$ 핵종의 반감기

2.5 유기화학물질의 특성과 미생물에 의한 생물학적인 작용

지하환경에서 유기 및 무기독성물질의 운명과 거동에 영향을 미치는 요인은 전절에서 설명한 비생물학적인 요인 이외에 미생물의 작용에 의한 생물학적인 요인들이 있다. 예를 들면 지하에서 생존하는 토착미생물에 의해 유기독성물질이 생분해되어 최종적으로 탄산가스와 물로 변하게 되면 이러한 생물학적인 작용은 오염물질을 무독성화시켰다고 한다. 이때 유기독성물질은 제거되었지만 미생물 자체나 그 부산물이 환경문제를 일으킬 수도 있기 때문에 이들의 운명과 거동에 대해서도 이해할 필요가 있다.

Devinney(1990)는 대수층은 살균, 여과 작용만을 하기보다는 생명으로 가득찬 배양통(culture vat)이라고 하였다.

2.5.1 미생물의 대사(metabolism)

미생물은 신규세포(cell)나 기존 세포를 유지하기 위해서 에너지원, 탄소원, 질소(N), 인(P), 유황, K^+, Ca^{2+}, 및 Mg^{2+}와 같은 무기물이나 성장인자로서 유기질 영양염류(nutrient)를 필요로 한다.

바이러스나 박테리아와 같은 미생물이 동화하고 생존, 성장 및 번식을 위해 먹이를 이용하는 과정을 대사과정(metabolic process)이라 한다. 이중에서 새로운 세포를 합성하거나 다른 세포 기능을 유지하기 위해서 에너지를 공급하는 작용을 이화작용이라 하고 세포성장을 위해서 필요한 물질을 만드는 과정을 동화작용이라 한다. 특히 외부로부터 먹이원의 공급이 중단되었을 때 미생물은 저장된 먹이를 이용하여 에너지를 얻는 과정을 내생이화작용(endogeneous catabolism)이라 한다.

자신은 반응물이 되지 않으면서 반응을 촉진시키는 유기촉매를 효소(enzime)라 한다. 이중에서 효소가 특정한 미생물의 정상적인 일부분이 되었을 때 이를 구성효소(constitute enzime)라 하고 세포가 독성물질과 같은 이상체를 만났을 때 특수한 효소를 만드는 경우를 적응효소(adaptive enzime)라 한다.

영양염류는 주로 탄소(C), 질소(N), 및 인(P)이며 유기물질은 주로 이들 물질로 구성되어 있다. 유기물은 생분해성 유기물(biodegradable organic)과 난분해성 유기물질(nondegradable organic) 또는 내성 유기물질로 분류한다.

생분해성 유기물질은 전분, 지방, 프로테인, 알코올, 산, 알데하이드(aldehide), 에스트(ester) 등과 같은 물질로서 호기성 상태 하에서 미생물에 의해 분해되어 안정된 화합물로 바뀐다. 그러나 혐기성 상태 하에서는 일반적으로 매우 나쁜 물질로 바뀐다.

유기물질이 미생물에 의해 분해되는 데 필요한 산소 소모량을 생물학적인 산소 소모량(biological oxigen demand, BOD)이라 하고 (2-86)식으로 표현한다.

$$BOD = \frac{DO_1 - DO_5}{P} \quad (2\text{-}86)$$

여기서, DO_1 : 초기용존산소량(mg/ℓ)

DO_5 : 5일후의 산소량(mg/ℓ)

P : 300㎖ 병에 들어있는 유기물의 십분율

예를 들어 5㎖의 폐수를 유기물질이 전혀 없는 순수한 산소로 포화된 물에 희석하여 300㎖로 만든 경우의 P는, $P = \frac{5}{300} = 0.0167$이고,

초기의 용존 산소량이 9.2mg/ℓ이고 5일 이후의 용존산소량이 6.9mg/ℓ이었다면, BOD는,

$BOD = \frac{9.2 - 6.9}{0.0167} = 138\text{mg}/\ell$이다.

각종 농약, 할로겐화 탄화수소, PAH와 같이 강한 분자결합을 가진 유기물질은 각종 미생물에게 오히려 살균 및 독성을 가지고 있어 분해가 잘 되지 않는다. 이러한 유기물질들은 난분해성 유기물질이다.

2.5.2 자연수계 내에서 미생물

(1) 미생물의 분류

지표수와 지하수환경 내에서 생존하고 있는 미생물은 박테리아(bacteria), 병원균(pathogen), 바이러스(virus), 원생동물(protozoa), 기생충(helminth) 및 조류(algae) 등이 있다.

자연수계 내에서 생존하는 미생물은 그 먹이원에 따라 다음과 같이 분류한다.

① 종속영양생물(heterotroophs) : 에너지와 먹이원으로 유기물질을 사용하는 미생물로서 종속영양생물은 대사과정에 필요한 산소의 가용성에 따라 다시 다음과 같이 분류한다.

- 호기성 종속영양생물(aerobic heterotroophs) : 대사작용 시 산소가 필요한 미생물
- 혐기성 종속영양생물(anaerobic heterotroophs) : 산소가 없는 상태에서 유기물을 이용하는 미생물
- 통기성 종속영양생물(facultative heterotroophs) : 산소가 있으면 호기성, 산소가 없으면 혐기성으로 대사하는 미생물

② 독립영양생물(autotroophs) : 에너지와 먹이원을 무기물질(N, 황화물, CO_2)로부터 얻은 미생물

③ 광영양생물(phototroophs) : 에너지원은 햇빛, 물질원은 무기물질을 이용하는 미생물

④ 화학적 영양생물(chemotroophs) : 에너지원을 화학적인 산화작용으로 취하는 미생물로서 이들은 독립영양생물일 수도 있고 종속영양생물일 수 있다. 따라서 화학적인 영양생물은 먹이원인 탄소원(carbon source)에 따라 다음과 같이 화학적인 종속영양생물(chemoheterotroophs)과 화학적인 독립영양생물(chemoautotroophs)로 구분한다.

- 화학적인 종속영양생물 : 에너지원을 유기물질의 산화과정에서 취하는 미생물로서 원생동물, 세균(fungi), 질산화 박테리아와 같은 대부분의 박테리아가 여기에 속한다.
- 화학적인 독립영양생물 : 에너지원을 환원된 무기물질이 산화될 때 얻는 미생물로서 무기물질은 주로 NH_4, NO_2 및 SO_4 등이다.

(2) 박테리아(bacteria)

박테리아는 용해성 물질을 먹이로 이용하는 단세포 미생물로서 보통 무색이며 주위환경으로부터 원형질을 합성할 수 있는 가장 원초적인 생명체이다. 분자식은 $C_5H_7O_2N$으로 표현되고 비브리오 콤마(vibrio comma)와 살모넬라(salmonella) 등이 있다.

박테리아는 전술한 독립영양생물, 종속영양생물 및 광영양생물들로 이루어져 있다.

(3) 병원균

수인성 전염병의 주범인 미생물로서 막대 및 지팡이형 박테리아, 바이러스, 원생동물 및 기생충들이 이에 속한다.

① 바이러스(virus) : 가장 작은 생물구조를 가지고 있으며 항상 숙주를 필요로 한다. 바이러스는 실제 살균효과를 확인하기가 어렵기 때문에 바이러스를 이용하여 폐수나 오염지하수 및 토양처리 시 주의를 해야 한다.

② 원생동물(protozoa) : 단세포동물로서 2분열(binary fissure)에 의해 번식한다. 먹이원으로 고형물질은 콜로이드 상태의 유기물질과 박테리아 세포를 이용하고 호기성 상태에서 생존한다. Giardia lambia가 대표적인 원생동물이다.

③ 기생충(helminth) : 대체적으로 두 개 이상의 숙주를 필요로 한다.

(4) 조류(algae)

독립영양 광합성 생물로서 에너지원은 햇빛으로부터 얻고, 종속영양생물의 폐산물인 CO_2, NO_3, PO_3 등을 대사하며 부산물로 O_2를 발생한다. 햇빛이 유용치 않을 경우에는 에너지를 얻기 위해 저장된 에너지를 분해시키는 과정에서 생성된 산소를 이용한다.

대표적인 조류로는 지구의 현 대기를 조성한 녹조류의 stromatolite가 있다.
이상과 같은 미생물들은 그들이 생존하는 데 필요한 무기물질과 유기물질의 영양염류가 반드시 있어야 한다. 이러한 영양염류로는 C, H, O, N 및 P이 주종을 이루며 그 외 S, K, Mg, Ca, Fe, Na, Cl과 희소원소로 Zn, Mn, Mo, Se, Co, Cu, Ni, V 및 W 등이 있다.
또한 미생물은 대사과정에 따라 다음과 같이 구분하기도 한다. 즉 전자제공체(electron doner)로부터 외부의 전자수용체(electron acceptor)에게 전자를 전이(transfer)함으로 인해 에너지를 얻는 미생물을 호흡대사 미생물(microorganism undergoing respiratory metabolism)이라 한다. 이는 마치 인간이 호흡하는 데 있어 산소를 전자수용체로 이용하는 것과 같다. 이에 비해 외부의 전자수용체를 이용하지 않는 미생물을 발효성대사 미생물(microorganism undergoing fermentative metabolism)이라 한다.
여기서 호흡대사는 1개 성분이 산화되면(전자를 잃는 경우이므로 전자제공체) 다른 성분은 환원이 되는(전자를 얻기 때문에 전자수용체) 일종의 REDOX 반응이다.
미생물이 일종의 촉매가 되어 REDOX 반응을 일이키는 경우에 반응식은 다음과 같다.

$$O_2^0 + 2e^- \rightarrow H_2O^{2-}$$

(이 경우는 산소가 전자를 얻기 때문에 전자수용체가 되며 환원) : 0가에서 -2가로 감소.

$$H_2O^{2-} \rightarrow O_2^0 + 2e^-$$

(이 경우는 산소가 전자를 잃기 때문에 전자제공체가 되며 산화) : -2가에서 0가로 증가

산소가 풍부하게 있는 동안 미생물은 유기물질과 같은 기질을 모두 소모할 수 있으며 반대로 유기물질이 많이 남아 있으면 산소량은 감소된다.
즉 유기물질이 존재하지 않으면 산소는 풍부히 존재하며 이때 산소는 전자수용체(환원되기 때문)로 작용할 것이고 유기물질 이외의 성분은 전자제공체(산화되기 때문)로 작용한다. 이때 유기물질이 탄소원으로 가용치 않으므로 호기성의 화학적인 독립영향이 지배하게 된다.
[표 2-12]는 산소가 풍부할 때의 미생물에 의해 발생하는 REDOX 반응이다.
[표 2-12]에서 산소가 환원되면 다른 물질은 산화되어야 한다. 즉 [표 2-12]의 제일 하단부에서 에너지 방출이 가장 크고 상부로 갈수록 적다(종속영양생물).
유기물질이 없는 상태에서 CH_4가 CO_2로 산화되려면 지하환경에서 일반적으로 관찰되는 가장 역동적인 변화이다. 메탄은 주유소에서 누출된 석유나 자연가스 집유암 부근과 같은 지하에서 미생물에 의해 형성되는 최종 산물이다. 만일 지하환경 내에 메탄이나 유기물질이 가용치 않을 때 그 다음으로 일어날 수 있는 변화(transformation)는 황화물의 산화이며 여기서 전자수용체

[표 2-12] 산소가 풍부할 때 미생물에 의해 일어나는 REDOX 반응

환원(1)	산화(2)	호기성 호흡과 화학적 독립영양 생물의 REDOX 반응
산소가 물로	$N_2 \rightarrow NO_3^-$ (0 ~ +3)	9. 미발생
$O_2 \rightarrow H_2O$	$NO_2^- \rightarrow NO_3^-$(+2 ~ +3)	8. 질산화작용
	$NH_3 \rightarrow NO_2$(+3 ~ +4)	7. 질산화작용
	$Fe^{2+} \rightarrow Fe^{3+}$	6. 철의 산화
	$H_2S \rightarrow SO_4$(-2 ~ +8)	5. 황산염산화
	$CH_4 \rightarrow CO_2$	4. 메탄산화
	$NH_3 \rightarrow N_2$	3. 미발생
	$H_2 \rightarrow H^+$	2. 수소의 산화
	$CH_2O \rightarrow CO_2$	1. 혐기성 호흡

(1) : 산소의 환원이 여러 기질의 산소와 결부되어 있으며 대부분의 에너지 제공
(2) : 마지막 단계에서 시작하는 기질의 산화작용으로서 최소의 에너지 제공

가 유리산소인 경우에는 이를 호기성호흡(aerobic respiration)이라 하고 전자 수용체가 유리산소가 아닌 다른 성분일 때는 이를 혐기성호흡(anaerobic 또는 anoxic respiration)이라 한다. 고등생물은 호흡(대사)을 하는 동안 산소를 전자수용체로 이용하고 이때 생성된 에너지는 생명을 유지하기 위한 에너지로 이용한다. 따라서 고등생물의 생존에는 호기성이 필수조건이며 산소 분자가 없이는 생존할 수 없다.

예를 들어 호수가 고농도의 유기물질로 오염될 경우에, 유기물이 분해되면서 산소를 소모하기 때문에 이러한 수환경은 무산소 상태가 되어 어류들이 폐사하는 원인이 된다.

2.5.3 포화대 내에서 미생물 활동

포화대 내에서 오염물질의 생분해작용이 일어나기 위해서는 미생물이 생존하고 있어야 한다. 일반적으로 지표 가까이에 분포된 토양대 내에는 미생물군이 풍부하게 서식하고 있는데 비해 지하 깊은 곳에 분포된 대수층 내에서는 미생물체가 거의 없는 것으로 인식되어 왔다. 즉 지표 토양은 영양염류와 미생물의 먹이원이 계속 공급될 수 있기 때문에 미생물이 풍부하고 대수층은 반 혐기성상태이며 영양염류가 별로 없어 미생물활동을 유지시킬 수 없는 것으로 잘못 알려져 왔다. 이러한 사실은 일반적으로 지표면에 비해 지하로 내려감에 따라 미생물의 수가 감소하기 때문에 대수층 내에서는 미생물 활동이 거의 없는 것으로 생각하게 되었고 또한 잘못된 시료 채취방법도 한 가지 원인이었다.

그러나 지난 25년간 지표하 시료를 채취하는 방법이 크게 개선되어 대수층 내에도 상당한 미생물이 생존하고 있으며 활동하고 있다는 사실들이 확인되었다(Suflita, 1989).

따라서 토착 미생물을 확인하기 위해 지하시료를 채취할 때는 지하환경을 크게 변형시키지 않는

조건에서 시료를 채취해야만 한다. 특히 혐기성 포화대 내에서 시료를 채취할 때 혐기성 물질이 지표로부터 유입된 산소에 의해 파괴되지 않도록 정확한 시료 채취원칙에 따라 시료를 채취해야 한다. 그렇기 때문에 현재는 무균의 그로브 박스(grove box)를 이용해서 시료를 채취한다.

Ghiorse와 Wilson 등(1988)이 오염지역과 비오염지역에서 여러 가지의 지질조건(모래질 충적층과 점토질 퇴적층 및 고결암)과 천부와 심부의 심도별로 시료를 채취하여 미생물군을 연구한 결과에 의하면 미생물군은 비오염 지하수환경뿐만 아니라 오염된 지하수환경에서도 매우 다양하게 많은 수가 서식하고 있음을 확인하였다.

지하환경에서 미생물군은 주로 대수층의 입자표면에 부착되어 서식하기 때문에 미생물의 수가 비교적 적게 나타나지만 영양염류가 표면에서 제한적으로 공급될 경우에는 그 수가 증가한다(Sulita, 1989a). 또한 지하에서 채취한 시료 내에 미생물군이 발견되었다는 사실은 바로 채취지점에서 미생물활동이 있다는 증거이다.

이와 같이 비오염 대수층 내에서도 미생물이 존재하며, 특히 영양염류인 오염물질이 지하수환경으로 유입될 때에 미생물의 성장과 활동은 크게 촉진된다. 이러한 토착 미생물을 이용하여 오염된 지하환경을 정화하는 방법들이 현재 널리 개발 이용되고 있다. 유기독성 오염물질로 오염된 토양과 대수층 및 지하수를 미생물들을 이용해서 정화하는 방법들은 다음 장(자연저감과 공학적인 정화)에서 상세히 언급하였으므로 이를 참조하기 바라며 유기화학물질들의 물리 화학적인 특성을 살펴보기로 하자.

2.5.4 유기화학물질의 물리적 특성

유기화학물질이 지하환경에서 어떻게 거동하는지를 이해하기 위해서는 유기화학물질의 물리적인 성질을 알아야만 한다. 유기화학물질은 기상, 액상 및 증기상태로 존재한다. 특정 유기물질이 어떤 온도에서 가스, 액상 및 증기상으로 변하느냐를 평가하려면 그 물질의 용융점과 비등점을 알아야만 한다. 즉 온도가 용융점보다 낮으면 해당 물질은 고체상태로 있을 것이고 온도가 용융점과 비등점 사이일 때는 액체상태일 것이며 온도가 비등점 이상으로 상승하면 해당 오염물질은 가스상태로 변할 것이다. 통상 비등점은 1기압 하에서의 비등점을 의미한다. 동족체계열 화합물은 분자량이 큰 화합물일수록 비등점도 상승한다(기초구조는 동일하나 탄소원소의 수가 다른 화합물질을 동족체(homologous)라 한다).

유기화합물질의 물리적인 특성으로는 비중, 용해도, 옥타놀-물 분리계수(octanol-water partition coefficient), 증기압(vapor pressure), 증기밀도, 헨리상수(Henry constant) 및 부분압 등을 들 수 있다.

(1) 비중

액상이나 고상(固體相)물질의 비중은 동일한 체적을 가진 화합물질의 중량과 물의 중량과의 비이다. 일반적으로 물의 비중은 4℃를 기준으로 하나 액상유기물질의 비중은 통상 20℃를 기준으로 한다. 만일 액상유기물질의 비중이 1보다 적으면 지하수면 위에서 뜨게 되고(이를 floater라 한다) 비중이 1보다 크면 물 속에 가라앉는다(이를 sinker라 한다). 특히 BTEX와 같이 비중이 1보다 가벼운 비수용상 유기독성 탄화수소(non aqueous phase liquid)를 LNAPL(light non-aqueous phase liquid)이라 하고, TCE와 같이 비중이 1보다 무거운 비수용상 유기독성 탄화수소를 DNAPL(dense non-aqueous phase liquid)이라 한다.

(2) 수용성(water solubility)

유기물의 물리적 특성중에서 가장 주요한 인자이다. 가스상태에 있는 유기물질의 수용성은 주어진 증기압에서 측정되어야 하며, 액상으로 있는 유기물질의 수용성은 그 물질의 특성과 물의 온도에 따라 좌우된다. 유기물질의 수용성은 아세톤이나 알코올처럼 물과 완전히 혼합될 수 있는 것이 있는가 하면 PCB처럼 물에 거의 녹지 않은 물질도 있다. 따라서 수용성이 큰 물질은 지하환경 내에서 거동할 수 있는 잠재력이 커진다. 유기물질의 수용성은 실내에서 증류수를 이용해서 측정하므로 이 값은 자연수의 실 수용성과는 다르다. 대표적인 환경오염물질의 물리적 특성들은 부록-4에 상세히 수록되어 있으므로 이를 참조하기 바란다.

(3) 옥타놀-물 분리계수

전절에서 상세히 설명했기 때문에 여기서는 간단히 설명키로 한다. 8개의 탄소로 이루어진 알코올인 옥타놀은 물과 서로 혼합되지 않는 물질이다. 측정하려는 유기물질을 동일한 양의 옥타놀과 물의 혼합수에 투입한 후 진탕시킨 다음, 물과 옥타놀에 용해되어 있는 유기물질의 양을 측정하여 옥타놀-물의 분리계수(K_{ow})를 계산한다. K_{ow}는 전술한 바와 같이 다음 식과 같다.

$$K_{ow} = \frac{\text{옥타놀에 용해되어 있는 유기물의 농도}}{\text{물에 용해되어 있는 유기물의 농도}}$$

여기서 K_{ow}는 옥타놀에서 유기물질의 평형농도와 물에서 평형농도의 비이다.

유기화합물은 K_{ow}가 클수록 물보다는 유기액체(옥타놀)에 용해되려는 경향이 크다. 따라서 K_{ow}가 큰 유기물질일수록 지하수환경 내에서 거동특성이 감소된다.

(4) 증기압(vapor pressure)

유기물질이 고상이나 액상에서 증기상태로 변하려는 특성을 증기압이라 한다. 증기압은 주어진

온도에서 고상이나 액상과 평형상태를 이루고 있는 가스상태의 압력이다. 따라서 증기압이 클수록 휘발성은 커진다. 석유와 같은 휘발성이 큰 유기화합물질은 지하환경 내에서 매우 빨리 거동한다.

(5) 증기밀도(vapor density)

증기가 대기 속에서 지면으로 가라앉느냐, 상승하느냐를 결정할 수 있는 척도로서 만일 가스의 증기밀도가 공기보다 가벼우면 공기 내로 상승할 것이고 무거우면 지표면으로 가라앉을 것이다. 증기압(V_d)[평형증기압(equilibrium vapor pressure)]은 가스의 분자량과 온도의 함수로서 다음 식과 같다.

$$V_d = \frac{PM}{RT} \tag{2-87}$$

여기서, P : 평형증기압(atms)
M : 분자량(g)
R : 기체상수(0.082ℓ · atms/mol/K)
T : 켈빈온도(273 + t)

(6) 헨리상수(Henry constant)

액체상태로 용해되어 있는 가스의 mole fraction과 액체 위에 있는 가스의 부분압은 서로 선형적인 관계를 가진다. 이를 헨리법칙이라 하고 (2-88)식으로 표현한다. 즉 헨리상수는 액상으로 녹아있는 농도와 기체상태에서 부분압의 비이다(Mackay와 Shiu, 1981).

$$K_H = \frac{P}{C_w} = \frac{P/RT}{C_w/M_w} \tag{2-88}$$

여기서, P : 기체의 부분압(atms, Kpa)
C_w : 용액 내에서 가스의 평형농도(mole/m^{3}의 지하수 내에 용해된 유기물질)
R : Rault의 상수(8.31 Joule/mol · ℃)
T : 켈빈온도
M_w : 유기물질의 분자량(g/mol)

일반적으로 수용성이 적고 증기압이 큰 물질은 쉽게 증기로 변할 수 있다. 헨리법칙은 가스가 물에 녹을 수 있고 다른 용질과 반응을 하지 않는 이상(理想)기체일 경우에만 유효하다. 만일 휘발성 유기물질이 물에 용해되어 있을 때는 헨리법칙을 이용한다. 헨리상수가 큰 유기물질은 토양이나 물에서 휘발할 수 있는 율이 크다.

헨리상수의 단위는 Kpa · m^3/mol, 무차원 상수 및 atm-m^3/mol 등 다양하나 이중 무차원 상수가 가장 간편하고 널리 이용되는 단위이다.

[표 2-13] 대표적인 휘발성 유기물질의 물리, 화학적 특성

내용 성분	분자량 MW	용융점 mp,℃	비등점 bp,℃	부분압 (P)Kpa	수용성(s) g/m^3	헨리상수(Kpa m^3/mol)			무차원	비고
						계산치	예견치	추천치		
메탄	16.04	-182.5	-164	27,260	24.1	67.4		67.4±2		
프로판	44.11	-189.7	-42.1	941	62.4	71.6		71.6±2.4		
n-옥탄	114.23	-56.23	125.7	1.88	0.43~0.88	253~499		300±50		
벤젠	78.11	5.53	80.1	12.7	1,780 (1,740~1,869)	0.557 (0.533~0.57)	0.562	0.55±0.025	0.23	25℃
톨루엔	92.13	-95	110.6	3.8	515 (500~627)	0.68 (0.558~0.7)	0.673	0.67±0.035		
에틸벤젠	106.2	-95	136.2	1.27	152 (131~208)	0.887 (0.648~1.03)	0.854	0.8±0.07		
p-자일렌	106.2	13.2	138	1.17	185 (157~200)	0.671 (0.628~0.797)		0.71±0.08		
TCA	119.4	-63.5	61.7	25.6	7900	0.387	0.322	0.38±0.03		
PCE	165.83	-19	121	2.48	140	2.94	1.24	2.3±0.4		
브로모폼	252.75	-8.3	149.5	0.747	3033	0.0623		0.062±0.006		
DDT	354.5	109	185	1.3×10^{-8}	1.2×10^{-3}	3.9×10^{-3}		$(5.3+3.8)\times10^{-3}$		

[표 2-13]은 대표적인 휘발성 유기화합물질의 물리, 화학적인 특성과 헨리상수를 요약한 표이다. 헨리상수를 무차원 상수(unitless constant)로 표현할 때의 식은 다음 식과 동일하다.
지금 벤젠의 헨리상수는 [표 2-13]에 의하면 0.55±0.025 Kpa · m^3/mol이다. 이를 25℃ 일 때 무차원 상수로 환산하면 다음과 같다. 즉 (2-88)식에서

$$\frac{P}{RT}=\frac{12.7Kpa}{8.31(273+25)}=5.13\times10^{-3}mol/\ell=5.13mol/m^3$$

$$\frac{C_w}{M_w}=\frac{1.780\ g/m^3}{78.11\ g/mole}=22.78\ mol/m^3$$

$$\therefore K_H=\frac{\frac{P}{RT}}{\frac{C_w}{m_w}}=\frac{5.13}{22.78}=0.23$$

● 참고 : 단위환산

1 Pa = 1 Nm^{-2}=1 Kg m^{-1}s^{-2}, 1 bar = 100 Kpa =10^5 Pa =7 60 Torr
1 atm = 760 mmHg = 14.69 PSI = 101 Kpa

즉 Henry constant K_H는 $\left(\frac{P \cdot M_w}{C_w}\right) \cdot \frac{1}{RT}$로 바꿀 수 있고 $\left(\frac{P \cdot M_w}{C_w}\right)$는 [표 2-13]에서 $Kpa \cdot m^3/mol$로 표시된 값이다$\left[\frac{P \cdot M_w}{C_w} = \frac{Kpa \cdot g/mol}{g/m^3} = Kpa \cdot m^3/mol\right]$.

Rault법칙에서 R의 단위는 ℓ -$K_{pa}/mol \cdot$℃ 이므로 이를 m^{3}으로 환산하려면 1,000배를 곱한다. 따라서 [표 2-13]에서 $K_{pa} \cdot m^3/mol$로 표시된 헨리상수를 무차원 상수로 바꾸려면 다음 식을 사용한다.

$$K_H' = A \times 10^3 \times \frac{1}{RT} \tag{2-89}$$

여기서, K_H' : 무차원의 헨리상수

A : $K_{pa} - m^3/mol$ 로 표시된 헨리상수

R : 8.31

T : (273+t) = (273+25) = 298℃

위 식을 이용하여 벤젠의 무차원 헨리상수를 구해보면 다음과 같다.

$$K_H' = 0.55 \times \frac{10^3}{8.31 \times 298} = 0.222$$

2.5.5 지하수환경을 오염시키는 대표적인 유기오염물질들

지하수환경이 독성 유기화합물에 의해 오염될 시 농도는 ppb(parts per billion) 단위의 소량일지라도 이들은 수생계의 생물이나 포유동물에게 심각한 악영향을 미치게 된다.

산업발달과 더불어 휘발유를 위시한 유기독성 물질의 사용량이 증가함에 따라 지하수환경에서 흔히 발견되는 독성 및 발암성 유기물질들은 [표 2-14]와 같다.

[표 2-14]에서 TCE에서 메틸렌 크로라이드까지의 유기독성물질은 DNAPL이며 VC에서 에틸벤젠까지는 LNAPL이다. 이들 유독성 물질중 TCE와 PCE, 벤젠 등은 국내 지하수환경에서도 자주 나타나는 독성물질이다.

[표 2-14] 지하수계에서 흔히 발견되는 독성 및 발암성 유기물질(EPA survey)

독성 및 발암물질	용도	채취우물 / 발견우물 (%)(1)	일반농도 (ppb)	최대농도 (ppb)	MCL[2] / MCLG[3]	발암성 / 독성	수용성 (mg/ℓ)	비중
trichloroethylene (TCE)	dry cleaning, 향제 정화조청소제, 염소소독	2894 / 13	0.1~53	27,300	5 / 0	low /	1,100	1.46
carbontetrachloride (CTC)	염소소독, 세척제 소화제, 용제	1659 / 18	0.2~13	400	5 / 0	mod /	800~ 1,160	1.59
tetrachloroethylene (PCE)	dry cleaning, 용제 탈지제, paint remover	1586 / 13	0.2~3.1	1,500	245 (3)	low /	150~ 200	1.62
1.1.1 trichloroethane	산업용 cleaner, 농약 degreaser, 접착제	1585 / 19	1.3~3.0	5,440	200 / 200	low /	700~ 950	1.34
1.1dichloroethane (1.1 DCA)	용제, 세척제	787 / 18	0.2~0.5	250	5 / 0	/ low	5,500	
dichloroethylenes (DCE)	methyl chloroform 원료	781 / 23	0.2~37.0	280	7 / 7	mod /	5,000	
methylenechloride	paint, 살충제, 용제 spray product	1195 / 2	7.0	3,000	5 (3)	/	9,600	1.33
vinyl chloride(VC)	P.V.C 제조	/ 6	4.0	50	2 / 0	low /	1.1	0.91
benzene	휘발유, 염료(dye) medical ch. 농약	-	-	330	5 / 0	low /	1,780	0.83
toluene	콜탈, 휘발유, 염료 사칼린, 세제	-	-	6,400	/ 2000		535	0.87
xylene	"	-	-	300	/ 440	/ low	150~ 200	0.87
ethyle benzene	석유정제과정, 아스팔트 styrene 제조	-	-	2,000	/ 680	/ low	206	0.87

1) 지하수를 음용수원으로 이용하고 있는 지역의 우물 수와 합성유기화학물질이 발견된 우물 %
2) USEPA Drinking water standards and health goals(Nov. 13, 1985, MCL : Jul. 3, 1987)
3) Suggested no adverse response level(SNARl)/NRC 7-day SNARL

[표 2-15]는 독성할로겐 유기화학물질의 누출로 인해 그 주변 지하수환경 내에 형성된 오염운의 규모(체적) 및 누출량을 나타낸 표이다. 매사추세츠에 소재한 케이프코드(Cape Code) 지역은 200ℓ 드럼 속에 들어있는 7개 드럼(drum)으로부터 누출된 TCE와 PCE에 의해 오염된 오염운의 크기는 길이가 3km이고 체적이 41,670,000m^{3}에 이른다.

따라서 우리나라를 위시한 선진제국들은 이들 오염물질로부터 국민의 생명과 건강을 보호하기 위해 해당지역 특성에 부합되게끔 정부가 규정한 음용수 수질기준보다 더 엄격한 정화기준을 적용하고 있다.

이들 성분 이외에도 지하수환경에서 자주 발견되는 유기독성 오염물질은 [표 2-16]과 같다.

[표 2-15] 독성할로겐 유기화학물질로 오염된 포화대의 오염체적 및 오염물질의 누출량

위치 \ 내용	오염된 체적(m^3)	오염물질의 양과 종류	
		누출량(200 l 드럼)	누출물질
Mountain View, CA	6,600,000	47개	TCE, TCA
Cape Cod, MA	41,670,000	7개	TCE, PCE
San Jose, CA	4,924,000	0.6개	TCA, Freon113
Denver, CO	4,545,000	0.4개	TCE, TCA, DBCP

[표 2-16] 급수용 우물이나 관개용 우물에서 자주 발견되는 유기독성 오염물질

대규모 공공급수용 우물	소규모 급수용 우물	관개용수를 포함한 우물
PCE TCE DBCP* Chloroform 1,1 DCE 1,1,1 TCA Carbon tet. Atrazine 1,2 DCA Simazine	DBCP* PCE Chloroform 1,2 D** TCE 1,1,1 TCA 1,1 DCA EDB 1,1 DCE DBCM	DBCP* 1,2 D** Atrazine Simazine Bentazon EDB** Aldicarb Diruon Prometon Bromacil Xylene

위 표에서 공공급수용 우물에서 발견되는 유기독성 오염물질은 비교적 분석이 용이하여 발견하기가 쉽다. 특히 *표로 표시된 DBCP는 1979년도에 사용을 금지시킨 성분이고 **표로 표시된 EDB나 1,2 D는 1984년도부터 사용금지시킨 성분인데도 불구하고 켈리포니아의 기존 우물에서 자주 검출되는 유독성 유기물질이다.

1984년~1990년까지 미국 EPA가 미국 전지역의 우물에 대해 주로 할로겐 유기화학물질로 만든 농약에 의한 오염조사를 실시하였는데 그 결과는 [표 2-17]과 같다.

[표 2-17] 전국 농약조사 결과(GW monitoring 1986 winter)

우물 \ 내용		조사개수(개)	농약이 검출된 우물(개)	농약과 질산염이 검출된 우물	비고
급수용우물	검출 MCL, HAS 이상	94,600	9,850 (10.4%) 0 (0.6%)	49,300 (52.1%) 1,130 (1.2%)	EDB, lindane,alachlor atrazine, simazin, aldicarb
농촌우물	검출 MCL 이상 HAS 이상	10,500,000	446,000 (4.2%) 19,400 (0.2%) 68,700 (0.6%)	5,490,000 (57%) 254,000	"

주로 지하수환경을 오염시킨 농약류는 수용성이 비교적 큰 EDB, lindane, alachlor, atrazine, simazine, aldicarb 및 diazinone 같은 제초제와 살균제이다.

2.6 유기오염물질의 종류

2.6.1 탄화수소계열의 유기화학물질

가장 단순한 유기화학물질은 탄소와 수소만으로 이루어진 탄화수소(hydrocarbon)이다. 탄소는 4개의 결합지점(bonding location)을 가지고 있으며 이들 지점에서 수소, 산소, 질소, 유황, 인, 염소, 브롬, 불소 및 기타 원소와 결합한다.

탄화수소는 일반적으로 벤젠고리를 가지고 있는 방향족(aromatic)과 지방질(aliphatic) 탄화수소로 크게 구분할 수 있다.

유기물의 특징은 가연성이 있으며 수용성이 낮고(hydrophobic) 비등 및 융해점이 낮으며 유기물질의 근원은 석유처럼 자연적으로 생성된 것이 있는가 하면 합성 및 발효에 의해 만들어진다.

유기오염물질의 지하환경 내에서 거동을 지배하는 인자는 전술한 바 있는 흡착, 가수분해, REDOX, 생분해, CEC 등 다양하다.

탄화수소계열의 유기오염물질은 탄소의 결합구조에 따라 다음 [표 2-18]과 같이 연속결합, 분기결합, 환형결합 및 방향족 결합 등 4종으로 분류한다(Lippencott 등, 1978).

[표 2-18] 탄화수소의 결합구조

구 조	결 합 방 식
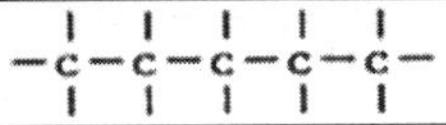 —C—C—C—C—C—	연속결합(continuous, straight chain)
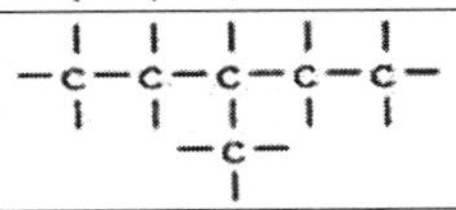 —C—C—C—C—C— —C—	분기결합(branched chain)
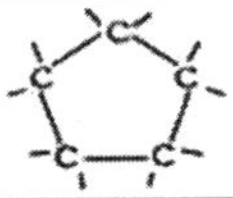 C C C C C (5원 고리)	환형결합(ring chain)
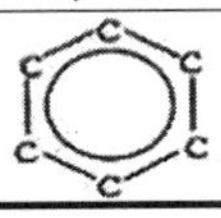 C C C C C C (벤젠 고리)	방향족 체인(aromatic chain)

2.6.2 지방질 탄화수소(aliphatic hydrocarbons)

1개 이상의 탄소원소로 구성된 지방질 탄화수소가 탄소원소끼리 단일결합(single bonds)을 이루고 있으면 이를 알칸(alkane), 이중결합(double bond)을 이루고 있으면 알켄스(alkenes), 3중결합을 이루고 있으면 알킨스(alkynes)이라 한다. 3중결합 이상으로 결합되어 있으면 다중결합(multiple bonds)이라 한다.

(1) 포화 탄화수소(saturated hydrocarbons)

포화 탄화수소를 일명 alkanes 또는 파라핀(paraffins) 및 메탄계열 탄화수소라 하며 기본 분자식은 C_nH_{2n+2}이다. 대체적으로 불활성이며 원천은 휘발유, 경유를 위시한 원유들로서 [표 2-19]와 같이 메탄(methane), 에탄(ethane), 프로판(propane), 부탄(butane), 펜탄(pentane) 및 헥산(hexane)이 대표적인 물질이다.

분자식은 동일하나 구조가 다른 경우가 있을 수 있다. 즉, alkane은 연속결합으로 되어 있으나 분기결합을 할 수도 있어 이들 성분을 구조적인 동질 이성체(isomers)라 한다. 이 경우 분자식은 같으나 성질은 전혀 다르다.

예를 들면 펜탄은 C_5H_{12}로서, 2-메틸부탄(2-methylbutane)과 2,2-디메틸프로판(2,2-dimethy-

[표 2-19] 포화 탄화수소의 종류, 구조 및 분자식

<table>
<tr><th></th><th>구 조</th><th>결 합 방 식</th></tr>
<tr><td>메탄(methane)</td><td>H
|
H—C—H
|
H</td><td>CH_4</td></tr>
<tr><td>에탄(ethane)</td><td>H H
| |
H—C—C—H
| |
H H</td><td>C_2H_6 혹은 CH_3CH_3</td></tr>
<tr><td>프로판(propane)</td><td>H H H
| | |
H—C—C—C—H
| | |
H H H</td><td>C_3H_8 혹은 $CH_3CH_2CH_3$</td></tr>
<tr><td>부탄(butane)</td><td>H H H H
| | | |
H—C—C—C—C—H
| | | |
H H H H</td><td>C_4H_{10} 혹은 $CH_3CH_2CH_2CH_3$</td></tr>
<tr><td>펜탄(pentane)</td><td>H H H H H
| | | | |
H—C—C—C—C—C—H
| | | | |
H H H H H</td><td>C_5H_{12} 혹은 $CH_3CH_2CH_2CH_2CH_3$</td></tr>
<tr><td>헥산(hexane)</td><td>H H H H H H
| | | | | |
H—C—C—C—C—C—C—H
| | | | | |
H H H H H H</td><td>C_6H_{14} 혹은 $CH_3CH_2CH_2CH_2CH_2CH_3$</td></tr>
</table>

leprpane)과 같은 3종의 동질 이성체가 있다.
펜탄을 제외한 2종의 동질이성체의 구조는 다음과 같다.

2-Methyl butane

```
        H
        |
     H—C—H                      CH3
        |                        |
     H  |  H  H           CH3—C—CH2CH3    (C5H12)
     |  |  |  |                  |
  H—C—C—C—C—H                  H
     |  |  |  |
     H  H  H  H
```

2, 2-Dimethyl propane

```
        H
        |
  H——— C ———H
     H  |  H                    CH3
     |  |  |                     |
  H—C—C—C—H              CH3—C—CH3
     |  |  |                     |
     H  |  H                    CH3
  H——— C ———H
        |
        H
```

만일 탄소와 결합하고 있는 수소이온이 할로겐물질로 치환되면 이를 할로겐화한 알칸(halogenated alkanes)이라 한다. 그 대표적인 예는 다음 [표 2-20]과 같다.

(2) 불포화 탄화수소(unsaturated hydrocarbons)

일명 alkenes, ethylene 계열 및 olefins라고도 하며 기본 분자식은 C_nH_{2n}이다. 탄소와 탄소는 2중결합을 하고 있으며 alkane의 후미 -ane 대신에 -ylene이나 -ene를 붙인다. Alkenes는 주로 석유생성 공정에서 제조되며 적은 분자가 폴리머(polymer)라 불리는 거대한 분자를 이루는 중합반응(polymerization)을 통해 폴리에틸렌(polyethyene)이 만들어진다. 대표적인 성분으로는 ethylene(ethene), propene 및 buthene 등이 있다.
에틸렌 혹은 에텐의 수소가 할로겐 원소인 Cl^-로 치환되면 염소화한 alkenes(chlorinated alkenes)로 바뀌는데, 이들은 내성이 강하고 독성이 매우 큰 물질로서 생분해에 의해 분해되는 경우에 독성이 증폭되는 물질이다.
PCE의 분자식은 C_2Cl_4인데 PCE가 미생물에 의해 생분해가 되면 TCE에서 DCE를 거쳐 최종산물인 비닐클로라이드(vinylchloride(C_2H_3Cl), VC)로 바뀌면서 염소이온이 유리되어 나온다.

[표 2-20] 할로겐화한 포화탄화수소의 구조와 결합방식

구 조		결 합 방 식	
Methane CH_4	$H-CH_2-H$	Tetrachloromethane "Carbon tetrachloride"	$Cl-CCl_2-Cl$
Ethane C_6H_6	$H-CH_2-CH_2-H$	1.1.1 Trichloroethane "TCA"	$Cl-CCl_2-CH_2-H$
Propane C_3H_8	$H-CH_2-CH_2-CH_2-H$	1.2 dichloroethane "1.2 DCA"	$H-CHCl-CHCl-H$
		1.2 drichloroethane "1.2 D"	$H-CHCl-CHCl-CH_2-H$
		Dibromochloropropane "DBCP"	$H-CHBr-CHBr-CHCl-H$
		Total trihalomethane(THM)	
		"Bromo-dichloromethane" ($Br-CClH-Cl$)	Tribromomethane(Bromoform) ($Br-CBr_2-H$)
		"Dibromo-chloromethane" ($Br-CBrH-Cl$)	Trichloromethane(chloroform) ($Cl-CCl_2-H$)

[표 2-21] 불포화 탄화수소의 구조와 분자식

성 분	구 조	결 합 방 식
에틸렌(ethylene)	$H_2C=CH_2$	C_2H_4
propene	$H_2C=CH-CH_2-H$	C_3H_6
butene	$H_2C=CH-CH_2-CH_2-H$	C_4H_8

비닐클로라이드(VC)는 PCE보다 독성이 훨씬 크다. 이를 도표화하면 [표 2-22]와 같다.

[표 2-22] 에틸렌계 불포화 탄화수소의 생분해 산물과 독성

대표적인 불포화탄화수소		할로겐화한 불포화탄화수소		생분해	
Ethylene (ethene)	$H_2C{=}CH_2$	Tetrachloroethylene "PCE"	$Cl_2C{=}CCl_2$		독성
		Trichloroethylene "TCE"	$Cl_2C{=}CHCl$		
		1.1 dichloroethane "1.1 DCE"	$Cl_2C{=}CH_2$		
		1.2 dichloroethane "1.2 DCE"	$ClHC{=}CHCl$ "cis"		
			$ClHC{=}CHCl$ "trans"		
		chloroethane "vinyl chloride"	$ClHC{=}CH_2$		

석유 내에 함유되어 있는 BTEX의 백분율은 원유의 종류에 따라 차이가 있으나 대체적으로 [표 2-23]과 같다. 즉 석유 내에 발암성 물질인 벤젠은 2% 정도, 독성물질인 톨루엔(toluene)과 자일렌(xylene) 등은 15%와 2% 정도씩 함유되어 있기 때문에 우리나라의 토양환경보전법이나 지하수법과 미국의 CERCLA는 유류의 지하수 누출을 강력히 규제하고 있다.
두 개 이상의 벤젠고리가 서로 연결된 화합물질을 다핵 방향족 탄화수소(PAH, polynuclear aromatic hydrocarbons)라 하며 그 대표적인 물질은 나프탈렌(naptalene), 안트라센(anthracene), 피렌(pyrene)과 3,4 벤조피렌(3.4 benzopyrene) 등이 있으며 그 구조는 [그림 2-21]과 같다.

[표 2-23] 석유 내에 함유되어 있는 BTEX의 함량(%)

성분 \ 내용	순수휘발유	GWMR(1990, 4)	비고
벤젠	2	1.7 ~ 1.96	
톨루엔	15	5.5 ~ 20.25	
에틸벤젠	2	1.10 ~ 0.94	
자일렌	10	4 ~ 7	

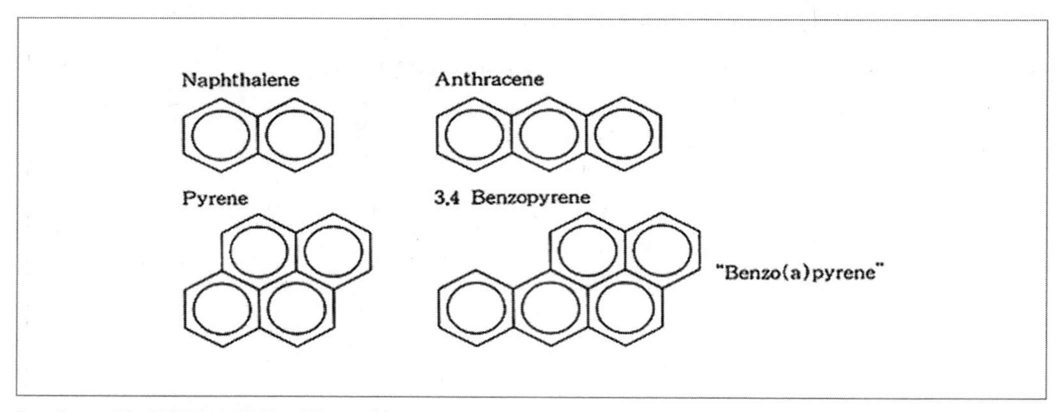

[그림 2-21] 대표적인 다핵 방향족 탄화수소의 구조

PAHs는 아스팔트, 콜탈 및 크레오소트(creosote)와 같은 물질의 정제시 생산되며 주로 염색가공, 몰핀(morphine)이나 알카로이드 제조공정에서 사용한다. 이들 물질은 소수성이 크기 때문에 지하수 내에서 거동은 활발하지 않으나 지속성이 있고 독성물질이다.
특히 벤젠고리가 다른 그룹과 결합하는 경우에 phenyl이라는 술어를 사용한다. [그림 2-23]과 같이 두 개의 벤젠고리가 결합하고 Cl이온에 의해 치환된 물질을 polychlorinated biphenyls (PCBs)이라 한다. PCBs는 10개의 동질 이성체가 있으며 각 이성체는 물리, 화학적인 성질과 운명이 모두 다르다. 따라서 지하환경을 오염시킨 PCBs는 어떤 종류의 이성체인가를 먼저 정확히 규명해야만 정화대책을 올바르게 세울 수 있다.

2.6.3 방향족 탄화수소(aromatic hydrocarbons)

방향족 탄화수소는 단일 혹은 이중결합의 혼합형으로 이루어져 있으며 매우 안정된 링구조(ring structure)와 싸이클릭(cyclic) 그룹으로 구성된 탄화수소이다. 대표적인 물질은 벤젠이다. 방향족 탄화수소계열의 화학물질은 수소원자를 대체하여 타원소나 화합물과 결합한다(그림 2-22). 석유에서 주로 산출되는 벤젠(benzene), 톨루엔(toluene), 에틸벤젠(ethylbenzene) 및 자일렌(xylene)을 통틀어 BTEX라 한다. 이들과 주요 벤젠계열의 독성 화합물의 구조와 분자식은 그림 2-22와 같다.
벤젠은 주로 콜탈이나 원유에 함유되어 있으며 석유정제, 유기화합물의 합성플랜트, 고무산업과 관련된 폐수에 포함되어 있다. 대부분의 방향족 탄화수소는 독성, 발암성이며 지속성이 크다. 분해속도는 구성물질에 따라 다르지만 대체적으로 수용성이 좋고 단순한 구조일수록 생분해가 잘된다.

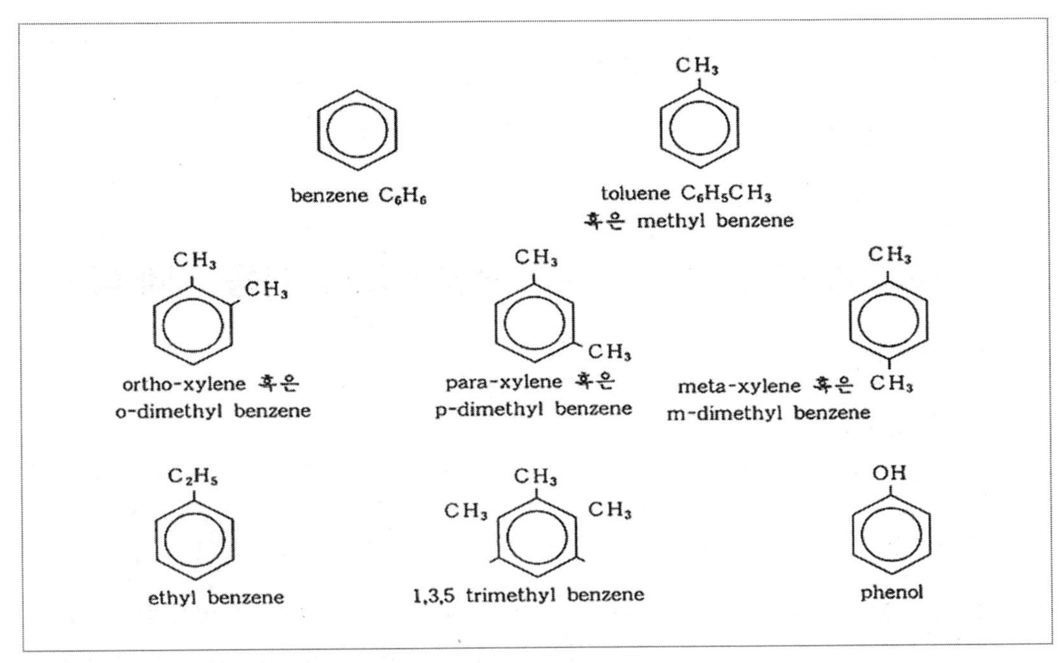

[그림 2-22] 대표적인 방향족 탄화수소

벤젠을 장기적으로 다량 복용하면 백혈병의 원인이 된다. 페놀은 벤젠에 수산기(OH)가 결합된 물질로서 석탄이나 석유공정의 산업폐수에서 생산되며 살균제로 이용된다. 저농도의 페놀은 미생물에 의해 생분해가 되나 고농도에서는 오히려 독성을 띠므로 살균제로 이용한다.

PCBs는 열교환기나 전기 트란스포머(transformer)의 절연체 물질과 잉크, 왁스, 폴리스틸렌, 목재의 방부제로 널리 이용된 물질이다. PCBs는 지속성이 크고, 동물세포에 축적성이 있는 독성이 강한 물질이다.

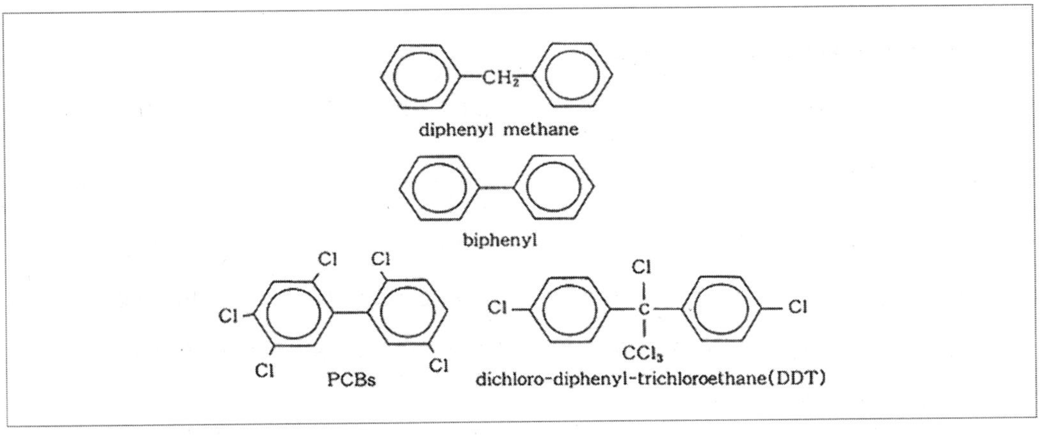

[그림 2-23] 유PCBs와 DDT의 구조

일반적으로 염소화된 탄화수소계열의 화학물질은 지속성이 크고 독성이 강하기 때문에 농약의 주성분으로 이용되고 있다. 그 대표적인 것이 DDT, aldrine, di-eldrin, endrin, lindane, chlorodane, toxaphane, 2-4 D 및 2,4,5 TP silvex 같은 물질이다.

2.7 비포화대(토양대)에서 유기오염물질의 거동 지배식

2.7.1 연속방정식

(1) 토양수의 질량보존 법칙

비포화대의 REV내에서 수직방향으로 흐르는 토양수의 질량평형식은 (2-90)식과 같다.

REV(유입－유출)=REV내에 저유된 토양수의 시간당 변화율＋식물섭취량 (2-90)

지금 체적유출량(volumetric water flux)을 F_w(cm^3/cm^2/d)라 하고, REV 내에서 함수비(θ)를 단위체적당 토양수의 체적이라고 할 것 같으면, 질량보존 법칙에 의해 (2-90)식은 (2-91)식과 같이 된다.

$$F_w dxdy - (F_w + \frac{\partial F_w}{\partial z})dxdy = \frac{\partial \theta}{\partial t}dxdydz + S_w dxdydz \tag{2-91}$$

S_w : 식물의 수분섭취량(T^{-1})

(2-91)식을 대표요소체적 $dx \cdot dy \cdot dz$로 나누면,

$$\frac{\partial F_w}{\partial z} + \frac{\partial \theta}{\partial t} + S_w = 0 \tag{2-92}$$

(2) 오염물질의 화학적인 질량보존 법칙

오염물질의 개념식(conceptual equation)을 (2-90)식과 동일한 방법으로 서술하면 다음과 같다.

REV(유입－유출량)=REV내에서 변화율＋반응률 (2-93)

지금 REV 내로 유입된 오염물질의 유입량(chemical transport flux)을 F_s라 하고, 토양대의 해당 REV 내에 저유된 오염물질의 농도(질량)를 C_t라고 하면 d_t시간 동안 REV 내로 유입된 양과 유출된 양의 차이는 원래 REV 내에 들어있던 오염물질의 질량변화와 기타 반응으로 소멸된 오염물질의 질량과 같다.

$$F_s dxdy - (F_s + \frac{\partial F_s}{\partial z})dxdy = \frac{\partial C_t}{\partial t} dxdydz + S_s dxdydz \quad (2\text{-}94)$$

S_s : 생분해 및 흡착에 의해서 단위 토양체적당 오염물질의 저감률(g/cm³/d)

$$\frac{\partial F_s}{\partial z} + \frac{\partial C_t}{\partial t} + S_s = 0 \quad (2\text{-}95)$$

2.7.2 유출식(flux equation)

(1) 토양수의 유출량(water flux, specific discharge)

비포화대 내에서 토양수의 1D 흐름식을 Buckingam-Darcy의 flux law로 표시하면,

$$F_w = -K(h)[\frac{\partial h}{\partial z} + 1] \quad (2\text{-}96)$$

h : 비포화대 내에서 음의 압력수두(negative pressure head(metric potential))
$K(h)$: 비포화대의 수리전도도(matric potential head와 비선형관계를 가진 수리전도도)

$K(h)$는 음의 압력수두(matric potential head)와 비선형관계를 가지고 있어 $h \to 0$인, 즉 매우 습윤한 경우와 $h \to \infty$인 매우 건조한 경우에, $K(h)$는 7승(order) 정도로 감소한다. 따라서 포화대에서 $h = 0$이므로 $K_w = K_0(h)$가 되고, 비포화대에서 $h \to -\infty$이므로 $K_w \neq K_0(h)$이다.

(2) 유기오염물질의 유출량(chemical flux)

1) 확산에 의한 유출(diffusion flux)

가) 기체상 확산(vapor flux) : 유기오염물질 중 일부가 기화하여 토양 내에서 확산될 때의 유출량을 F_g라 하면

$$F_g = -n_g(a) D_g^a \frac{\partial C_g}{\partial z} = D_g^{soil} \frac{\partial C_g}{\partial z} \quad (2\text{-}97)$$

D_g^a : 대기(free air)에서 유기화학물질의 가스 확산계수
C_g : 토양공극 내에 있는 공기(soil air)의 단위체적당 기화(휘발)된 유기화학물질의 농도 (g/cm³)
$n_g(a)$: 왜곡도(tortuosity)로서 free air에 비해 다공질토양 내에서는 유동단면적의 감소와 길어진 이동경로에 따라 좌우된다.

즉 $n_g(a)$는 휘발물질이 거동할 수 있는 공기가 차지하고 있는 체적의 함수이다. (2-97)식에서 $n_g(a)D_g^a = D_g^{soil}(D_a = wD_w,\ w = \frac{\theta dD}{\tau}$와 동일한 표시)이다. Millington 및 Quick formulation에 의하면 토양공극 내에 들어 있는 공기의 체적에 따라서 $n_g(a)$는 다음식으로 표현된다.

$$n_g(a) = \frac{a^{10/3}}{\partial^2} \tag{2-98}$$

a : 공극내 공기의 체적(cm^3/cm^3)

θ^2 : 공극률

July 등(1983)에 의하면

$$D_v = \frac{a^{10/3}}{\theta^2} D_v^a = \frac{a^{10/3}}{\theta^2} 4,300$$

이므로 (2-98)식은 함수비가 포화상태에 가까운 경우에도 토양 내에서 tortuosity가 농약의 확산계수에 미치는 영향을 매우 잘 표현할 수 있는 식이다.

나) 액체상태에서 확산(liquid diffusion)

토양대 내에서 액체상태로 확산되는 유출량을 F_l($g/cm^2/d$)라 하면,

$$F_l = -n_l(\theta)D_l^{water}\frac{\partial C_l}{\partial z} = -D_l^{soil}\frac{\partial C_l}{\partial z} \tag{2-99}$$

C_l : 토양수(soil solution)의 단위체적당 토양수의 질량(g/cm^3)

D_l^w : 자유수(free water)에서 유기화학물질의 분자확산계수

$n_l(\theta)$: tortuosity(토양수 내에서 분자가 확산할 때 다공질매체의 불규칙한 공극 때문에 이동경로가 길어짐과 동시에 단면적이 감소되므로 이를 tortuosity로 표현한다.)

Millington & Quick에 의하면

$$n_l(\theta) = \frac{\theta^{10/3}}{\theta^2} \tag{2-100}$$

여기서 $n_l(\theta)D_l^{water} = D_l^{soil}$

2) 분산에 의한 유출량(dispersion flux)

유기화학물질의 거동식은 공극규모의 질량유출(mass flux)을 체적을 평균시킨 질량유출

(volume averaged mass flux)로 대체해서 표현해야 하므로 반드시 수동역학적 분산항을 포함시켜야 한다.

1D 흐름에서 분산에 의한 오염물질의 유출량은

$$F_d = - D_d \frac{\partial C_l}{\partial z} \tag{2-101}$$

D_d : 수리분산계수

연구 결과에 의하면 토양수의 유출량(water flux)인 $F_w(\bar{v})$가 증가하면 F_d도 증가한다.

$$(D = \alpha \cdot \bar{v} + D^*,\ F_x = D \frac{\partial C_l}{\partial x_i})$$

$$\therefore\ D_d = \alpha \cdot F_w \tag{2-102}$$

α : 분산지수(3D에서는 $\alpha_L, \alpha_T, \alpha_V$)

그런데 매체 내에서 액상확산과 분산은 동시에 발생되며, 표현식도 유사하다. 따라서 (2-99)식과 (2-101)식을 서로 합하면(기체확산 제외) 다음 식과 같이 된다.

$$F_{l\cdot d} = F_l + F_d = - [D_l^{soil} + D_d] \frac{\partial C_l}{\partial z} = - D_E^{soil} \frac{\partial C_l}{\partial z} \tag{2-103}$$

D_E^{soil} : 효율분산-확산계수(effective dispersion-diffusion coefficient)

$D_E^{soil} = D_l^{soil} + D_d$

3) 용해된 오염물질이 토양수와 함께 이류할 때 용해된 오염물질의 질량유출량

토양수가 일단 유동하기 시작하면, 토양수 내에 용해되어 있는 상당량의 오염물질은 유동하는 토양수와 함께 이동한다. 이때 용해된 오염물질의 유출량을 F_m(cm^2/d)이라 하면,

$$F_m = C_l F_w \tag{2-104}$$

4) 오염물질의 총유출량(total flux of solute)

액상·기상 및 분산·확산과 용해된 오염물질의 질량을 합한 총용질의 유동률을 F_s라 하면,

$$\begin{aligned} F_s &= F_g + F_l + F_d + F_m \\ &= F_g + F_{l\cdot d} + F_m \\ &= - [D_g^{soil} \frac{\partial C_g}{\partial z} + D_E^{soil} \frac{\partial C_l}{\partial z}] + C_l F_w \end{aligned} \tag{2-105}$$

2.7.3 저유식(storage equation)

농약이나 유기독성물질은 비포화대 내에서 상당량이 3상(phase)으로 토양 내에 잔존한다(즉 기체, 액체 및 고체상태로 존재한다). 토양의 단위체적당 존재하는 화학물질의 총농도를 C_t라 하면,

$$C_t = \rho_b C_s + \theta C_l + a C_g \tag{2-106}$$

C_s : 토양의 단위질량당 흡착되어 있는 화학물질의 농도(질량)

토양이 완전히 건조될 때까지, 토양입자 표면에 흡수되어 있는 수분량은 일정하며 저유되어 있는 증기량은 무시할 수 있으므로 토양의 단위체적당 함수량은 단위체적당 액체의 함량으로 적절히 표현가능(liquid water content)하다.

2.7.4 토양수와 용질거동식(transport equation)

(1) 토양수의 거동식(water transport)

토양수의 flux인 (2-96)식은 토양수의 질량보존식인 (2-92)식과 같으므로

$$-\frac{\partial F_w}{\partial z} = \frac{\partial \theta}{\partial t} + S_w = \frac{\partial}{\partial z}\left[K(h)\frac{\partial h}{\partial z} + 1\right] \tag{2-107}$$

θ와 $\theta(h)$는 토양수의 특성함수(soil water characteristic function)로써 이력현상(hysteresis)을 나타낸다. S_w(plant uptake)는 현장실험으로 구하며 잘 특성화된 토양수 영역에서 식물뿌리가 잘 발달된 시스템(fully developed crop root system) 상태하에서 구할 수 있다. (2-107)식은 2개의 종속변수인 h(음의 압력수두 = matric potential head)와 체적함수비(θ)의 함수이므로 직접적인 방법으로는 그 해를 구할 수가 없다. 따라서 이러한 2가지 변수와 관련해서 사용되는 평형관계의 $h(\theta)$를 이용할 수밖에 없다. 이를 토양수의 특성함수(또는 matrix potential water content relation)라 한다. 이에 관련된 함수관계는 통상 실험식으로 구한다.

$h(\theta)$의 건조(drying)와 습윤(wetting)곡선 사이에는 상당한 이력현상(hysteresis)이 존재하므로 아직까지도 실내실험실 연구에서는 $h(\theta)$의 관계는 미제로 남아 있다. 이런 이유로 (2-107)식을 사용하는 실험과 모의는 단순한 습윤·건조 연구에만 국한되어 있다. 그러나 식물뿌리가 존재하지 않는 경우에 (2-107)식은 다음과 같이 표현이 가능하다. 즉,

$$\frac{\partial \theta}{\partial t} = \frac{\partial \theta}{\partial h}\frac{\partial h}{\partial t} \tag{2-108}$$

(2-108)식은 일종의 operator 변형이다.

상기식에서 $\frac{\partial \theta}{\partial h} = C(h)$이므로 (2-107)식에서 $S_w = 0$이면,

$$\frac{\partial \theta}{\partial t} = \frac{\partial \theta}{\partial h}\frac{\partial h}{\partial t} = C(h)\frac{\partial h}{\partial t} = \frac{\partial}{\partial z}[K(\theta)\frac{\partial \theta}{\partial z} + 1] \quad (2\text{-}109)$$

(2-108)식의 $C(h)$는 함수비(water capacity)의 함수이며 단순한 과정(단순한 건조 및 습윤시키는 과정)에서 함수비/음의 수두압력(water content/matric potential head)함수의 기울기가 된다.

(2) 오염용질의 거동(solute transport)

오염물질인 용질의 총유출량 (2-105)식과 저유식인 (2-106)식을 오염물질의 화학적인 질량보존 법칙인 (2-95)식에 대입하되 $S_s = 0$인 경우에, 즉 아래 식들을 서로 조합하면 (2-110)식과 같이 변형시킬 수 있다.

$$\frac{\partial C_l}{\partial t} + \frac{\partial F_s}{\partial z} + S_s = 0 \quad \text{([2-95]식 참조)}$$

$$C_t = \rho_b C_s + \theta C_l + a C_g \quad \text{([2-106]식 참조)}$$

$$F_s = F_g + F_{l\cdot d} + F_m = -[D_g^{soil}\frac{\partial C_g}{\partial z} + D_E^{soil}\frac{\partial C_l}{\partial z} - C_l F_w] \quad \text{([2-105]식 참조)}$$

$$\therefore \frac{\partial}{\partial t}[\rho_b C_s + \theta C_l + a C_g] - \frac{\partial}{\partial z}[D_g^{soil}\frac{\partial C_g}{\partial z} + D_E^{soil}\frac{\partial C_l}{\partial z} - C_l F_w] + S_s = 0$$

$S_s = 0$인 경우

$$\frac{\partial}{\partial t}[\rho_b C_s + \theta C_l + a C_g] = \frac{\partial}{\partial z}[D_g^{soil}\frac{\partial C_g}{\partial z} + D_E^{soil}\frac{\partial C_l}{\partial z} - C_l F_w] \quad (2\text{-}110)$$

$$\frac{\partial}{\partial t}[\rho_b C_s + \theta C_l + a C_g] = \frac{\partial}{\partial z}[D_E\frac{\partial C_l}{\partial z} - C_l F_w]$$

(2-110)식은 C_s, C_l, C_g 의 3개 변수가 존재하므로 해를 구하기 위해서 단순화작업을 실시해야 한다. C_l과 C_g 사이에 일반적으로 사용하는 관계식은 다음과 같은 헨리법칙(Henry's law)이다. 헨리상수는 2.5.4절에서 언급한 바와 같이 다음과 같은 여러 가지 단위를 사용한다.

$$H = \frac{P(i)}{C_w(i)} = \frac{\text{atm}\cdot\text{m}^3}{\text{mole}} = \frac{10^2\text{kpa}\cdot\text{m}^3}{\text{mole}}$$

$$H = \frac{P_i}{X_i} = \frac{\text{atm}}{\text{mole fraction}}$$

$$H_{cc} = \frac{C_a(i)}{C_w(i)} = \frac{\text{mole/m}^3}{\text{mole/m}^3}(\text{unitless})\left[\frac{C_{av}}{C_w} = \frac{\frac{P}{0.082(t+273)}}{C_w}\right]$$

$$H_{yx} = \frac{y_i}{x_i} = \frac{\text{mole fraction in air}}{\text{mole fraction in water}}(\text{unitless})$$

$$H_{cc} = \frac{C_a(i)}{C_w(i)} = \frac{\text{atm}}{0.082(\text{t}+273)}/(\text{g/m}^3)/(\text{g/mole}) = \frac{\text{mole/m}^3}{\text{mole/m}^3}(\text{unitless})$$

1) C_g와 C_l 사이의 관계(휘발성 유기물질)

$$C_g = K_H C_l \tag{2-111}$$

K_H : 헨리상수

Spencer와 Cliath에 의하면 (2-111)식의 관계는 극미량의 농도 레벨에서 실제 유기화합물질의 포화 레벨까지 사용 가능함이 증명된 바 있다.

$$K_H = \frac{\text{포화증기압}}{\text{휘발성오염물질의 용해도}} = \frac{\text{포화증기밀도}}{\text{용해도}}$$

2) C_s와 C_l 사이는 함수관계이다.

$$C_s = f(C_l) \tag{2-112}$$

은 성형등온관계일 때이며,

$$C_s = K_F(C_l)^N \tag{2-113}$$

는 프로인드리히 등온관계일 때이다.

Karichoff에 의하면 저농도에서 선형등온관계(특히 비극성과 약간의 극성을 띠는 휘발성 유기물질의 경우)는 (2-114)식과 같다.

$$C_s = K_d C_l \tag{2-114}$$

K_d : 분배계수

자연상태하에서 상(phase) 사이에 완전한 평형이 이루어지지는 않는다. 따라서 동적평형(비평형상태) 상태하에서 C_s와 C_l 사이에(Van Genuchten) 다음 관계가 성립한다.

$$\frac{\partial C_s}{\partial t} = \gamma(f(C_l) - C_s) \tag{2-115}$$

γ : rate 상수로써 BT curve에서 실험으로 구한다.

2.7.5 분리계수(partition coefficient)

(2-110)식에서 (2-115)식까지의 모든 식에는 많은 인자들이 포함되어 있다. 이러한 인자들을 단순화시키기 위해서 다음과 같은 가정들이 필요하다.

[가정]

① Jury 등은 3상으로 거동하는 오염물질과 제반 인자들 사이에 선형등온관계와 헨리법칙을 적용할 수 있고,

② 평형이 단시간 내에 도달하며,

③ 흡착에 대한 동적 영향을 무시하는 경우에 분리계수를 사용할 수 있다.

이러한 가정하에 저유식인 (2-106)식은 다음과 같은 분리계수를 이용해서 표현할 수 있다. 즉,

$$\begin{aligned} C_t &= R_s C_s \\ &= R_l C_l \\ &= R_g C_g \end{aligned} \tag{2-116}$$

여기서 R_s : 흡착분리계수

R_l : 액상분리계수

R_g : 기체상 분리계수이다.

지금 저유식인 (2-106)식인, $C_t = \rho_b C_s + \theta C_l + a C_g$에서 R_s, R_l 및 R_g는 다음과 같이 표현할 수 있다.

$$\begin{aligned} R_s = C_t / C_s &= \rho_b + \theta \frac{C_l}{C_s} + a \frac{C_g}{C_s} \\ &= \rho_b + \theta / C_s / C_l + \frac{a C_g / C_l}{C_s / C_l} \end{aligned} \tag{2-117}$$

$$= \rho_b + \theta / K_d + a \frac{K_H}{K_d}$$

$$R_l = C_t / C_l = \rho_b \frac{C_s}{C_l} + \theta + a C_g / C_l = \rho_b K_d + \theta + a K_H \tag{2-118}$$

$$R_g = C_t / C_g = \rho_b \frac{C_s}{C_g} + \theta \frac{C_l}{C_g} + a = \rho_b \frac{K_d}{K_H} + \frac{\theta}{K_H} + a \tag{2-119}$$

따라서 분리계수의 역수(R^{-1})는 각 상(phase)에서 전체농도에 대한 각 상의 농도비이다.

$$\left(\frac{1}{R_s} = \frac{C_s}{C_t},\ \frac{1}{R_l} = \frac{C_l}{C_t},\ \frac{1}{R_g} = \frac{C_g}{C_t} \right)$$

상기 분리계수를 이용하여 각 상의 유출량(flux)을 전체농도형태로 표현할 수 있다. 즉 오염물질의 거동식인 (2-105)식에서 기체상과 액상을 전농도 C_t로 표시하면,

$$F_s = - D_g^{soil} \frac{\partial C_g}{\partial z} - D_E^{soil} \frac{\partial C_l}{\partial z} + C_l F_w \tag{2-105}$$

상기식에서 C_g, C_l을 분리계수와 수반된 C_t로 표시하면 (2-105)식은 (2-120)식으로 표현할 수 있다.

$$F_s = - \frac{D_g^{soil}}{R_g} \frac{\partial C_t}{\partial z} - \frac{D_E^{soil}}{R_l} \frac{\partial C_t}{\partial z} + \frac{C_t}{R_l} F_w \tag{2-120}$$

$$= - \left[\frac{D_g^{soil}}{R_g} + \frac{D_E^{soil}}{R_l} \right] \frac{\partial C_t}{\partial z} + \frac{F_w}{R_l} C_t$$

여기서,

$$\frac{D_g^{soil}}{R_g} + \frac{D_E^{soil}}{R_l} = D_E, \quad \frac{F_w}{R_l} = V_E \text{ 라고 하면}$$

위 식은 다음 식과 같이 된다.

$$F_s = - D_E \frac{\partial C_t}{\partial z} + V_E C_t \tag{2-121}$$

참조 $\left[\frac{F_w}{R_l} = \frac{F_w}{\rho_b K_d + \theta} = \frac{F_w / \theta}{(\rho_b / \theta) \cdot K_d + 1} = \frac{\bar{v}}{R} \right]$

여기서

$$D_E = D_g^{soil}/R_s + D_E^{soil}/R_l = \frac{1}{R_l}\left[D_g^{soil}/\frac{R_l}{R_g} + D_E^{soil}\right] = \frac{1}{R_l}[D_g^{soil}K_H + D_E^{soil}]$$

$$\frac{R_l}{R_g} = \frac{C_t/C_l}{C_t/C_g} = \frac{C_g}{C_t} = K_H$$

D_E : 액상과 기체상의 확산에 따른 효율확산-분산계수

V_E : F_w/R_L 효율속도(용질)로서 대상오염물질의 비포화대 내에서 체제시간 계산에 이용 가능

(2-121)식을 오염물질의 질량보존식인 (2-95)식에 대입하면, 즉

$$\frac{\partial F_s}{\partial z} + \frac{\partial C_t}{\partial t} + S_s = 0$$

S_s : 오염저감률(biodegradation)

$\frac{\partial C_t}{\partial t} = -\left(\frac{\partial F_s}{\partial z} + S_s\right) = \frac{\partial}{\partial z}\left[D_E\frac{\partial C_t}{\partial z}\right] + V_E\frac{\partial C_t}{\partial z} - S_s$ 로 표현이 가능하다.

$$\frac{\partial C_t}{\partial t} = \frac{\partial}{\partial z}\left(D_E\frac{\partial C_t}{\partial z}\right) + V_E\frac{\partial C_t}{\partial z} - S_s \tag{2-122}$$

(2-122)식은 비포화대 내의 휘발성 유기오염물질의 이류-분산식이다. 이 식은 포화대의 해당 식과 유사하게 표현된다.

2.7.6 반응항과 반응률

(2-95)식과 (2-122)식에서 반응항 S_s는 상징적인 항이다. 따라서 반응항은 다음과 같은 여러 요인에 따라 결정되어져야 한다.

① 복잡한 전해질용액 내에서 S_s는 화학적인 작용에 따라 변하며 용액 내에 함유된 전 용질을 포함해야 하고

② 침전하거나 재용해와 같은 간단한 반응모델은 용질거동모델에다 화학적인 평형모델을 조합하여 수행 가능하며

③ 농약과 기타 소량의 유기물질은 가수분해, 광합성작용, 생분해작용과 같은 반응항으로 모형화할 수 있다.

④ 그러나 토양 내에서 모든 반응은 일반적인 효율반응률인 λ로 표현(붕괴 혹은 분해상수로 표

현)한다.

λ는 함수비, 유기물의 함량, 온도 등과 같은 인자에 따라 변화하지만 일반적으로 1급 (first-order)의 constant rate로 표현한다.

이와 같은 단순화 작업을 하는 이유는 다음과 같다.
토양 내에서 일어나는 분해상태는 모두 일정시간 경과 후에 잔류농도를 측정해서 알아낼 수 있다. 이때 오염물질의 농도는 비선형으로 감소한다는 가정하에 잔류농도를 모델과 일치시켜야만 그 측정이 가능하다. 즉 반응항(S_s)의 제1급 저감률은 (2-123)식과 같다.

$$S_s = -\lambda C_t = (\text{In } 2/t_{0.5})C_t \tag{2-123}$$

$-\lambda$: 모든 상을 조합한 붕괴상수

이러한 단순화 작업과정을 이용하면 오염물질의 거동지배식인 (2-122)식을 보다 단순한 아래와 같은 식으로 표현할 수 있다.

$$\frac{\partial C_t}{\partial t} = \frac{\partial}{\partial t}[\rho_b C_s + \theta C_l + a C_g] - \lambda C_t = \frac{\partial}{\partial z}\left[D_E \frac{\partial C_t}{\partial z} - V_E C_l\right] - \lambda C_t$$

$$\therefore \ \frac{\partial C_t}{\partial t} = \frac{\partial}{\partial z}\left(D_E \frac{\partial C_t}{\partial z}\right) - \frac{\partial}{\partial z}[V_E C_t] - \lambda C_t \tag{2-124}$$

$$C_t = \rho_b C_s + \theta C_l + a C_g$$

$$D_E = \frac{D_g^{soil}}{R_l} + \frac{D_E^{soil}}{R_l} = \frac{D_g^{soil}}{R_l} + \frac{1}{R_l}[D_l^{soil} + D_d]$$

$$V_E = \frac{F_w}{R_l}$$

포화대 내에서 오염물질의 수리분산 지배식(아래 식)과 (2-124)식은 매우 유사함을 알 수 있다.

$$\left(\frac{\partial C}{\partial t} = D\frac{\partial^2 C}{\partial z^2} - \bar{v}\frac{\partial C}{\partial z} - \lambda C\right)$$

따라서 (2-124)식을 Van Genuchten의 비포화대 내에서 수리분산 지배식이라 한다.

Chapter

03

지하수환경의 오염특성과 오염가능성평가

3.1 지하수환경에 악영향을 주는 잠재오염원
3.2 지하수환경의 오염가능성 평가법
3.3 Belgium-Flemish지역의 지하수 오염가능성도 작성과 활용

일반적으로 지하수자원을 오염시키는 오염물질(contaminant)이란 인간활동에 의해서 지하수환경 내로 유입된 유해한 물질(hazadous material)을 의미하며, 지하수환경 내로 유입된 오염물질의 농도가 인간의 생활에 지장을 줄 정도로 위험한 상태에 이른 경우를 오염(pollution)되었다고 한다.

3.1 지하수환경에 악영향을 주는 잠재오염원

지하수환경에 악영향을 주는 잠재오염원과 그 종류는 수 없이 많고 이와 관련된 많은 변수들로 인해서 이를 간단히 분류할 수는 없다. 이러한 오염물질들은 인간의 의도적인 행위(by design)나 예기치 않은 사고(by accident) 또는 무관심(by deglect)에 의해 지하수환경으로 침투 유입된다. 1987년 미의회 기술평가국(OTA)이 분류한 지하수환경의 잠재오염원을 근간으로 하여 현재까지 확인된 국내 지하수자원의 잠재오염원을 분류하면 [표 3-1]과 같이 6군 35종으로 분류할 수 있다.

앞에서 분류된 오염원은 점오염원(point sources)과 비점오염원(non-point 또는 diffuse sources)으로 나눌 수 있으며, 대표적인 점오염원은 정화조(septic tank system), 지하저장탱크(underground storage tanks, UST), 유해 폐기물 처분장(hazardous waste sites), 매립지(landfills), 지표저류시설(surface impoundments) 및 폐정(abandoned wells) 등을 들 수 있으며, 비점오염원으로는 넓은 농경지에 비료와 농약 살포와 같은 농업오염원과 산성비(acid precipitation) 등이 있다. 점오염원이 1개 지점에서 한정되어 유출되는 반면 비점오염원은 넓은 지역에 걸쳐 광범위하게 지하수자원을 오염시킨다. 이들 중 대표적인 오염원을 잠오염원과 비점오염원으로 분류하면 다음과 같다.

3.1.1 점오염원(point source)

(1) 지하저장탱크(underground storage tank, UST)

지하저장탱크는 여러 가지 액상 유독성 화학물질을 저장하고 있으나 대부분은 석유류제품의 저장에 이용되고 있다. 이 탱크들은 주로 금속으로 만들어진 제품들이므로 시간이 경과함에 따라 용접부위가 쉽게 부식되어 저장된 물질들이 지하로 누출된다. 만약 휘발유가 지하로 누출되면 지하수면 위에 뜨게 되어 초기에는 하나의 상(phase)으로 존재하나, 시간이 경과할수록 가스성분과 benzene, ethylbenzen, toluene, xylene(BTEX) 등의 화합물로 분리되며, 후자들은 토양에 부착되어 마침내 지하수에 녹는다.

[표 3-1] 지하수환경에 악영향을 미치는 각종 잠재 오염원(6군 35종)

종류	개개시설물/활동에 따른			시설물질/활동종합		중요 오염원
	목적	공간적 형태	시간적 형태	알려진 오염물질의 변화성	개수와 양	
1군. 배출, 방유목적으로 설계된 오염물질						
1) 지하침투(정화조, 오수조 : 지하침투식 침하조 : 분뇨처리수의 침하조)	W	P^h	Y	대	다	×
2) 주입정(유해폐기물, 고농도염수의 처분, 축산폐수, 하수, 인공함양)	W/NW	P	Y.	중	다	×
3) 지상살포(관개용수의 재살포, 슬러지와 축산폐수의 농업용 지상살포, 유해 및 비유해폐기물)	W	D.P	S	중	중	×
2군. 저장, 처리, 처분시설로부터 누출된 오염물질						
4) 폐기물 매립지(산업유해 및 비유해폐기물, 도시쓰레기 매립지)의 침출수	W	P^h	S	대	다	×
5) 폐기물의 불법투기(open dump)	W	P^h	S	대	중	×
6) 주거지에서 쓰레기 무단 폐기	W	P^h	S	대	?	×
7) 지표저류시설(유해 및 비유해폐기물)	W	P^h	S	대	다	×
8) 광산폐석(Waste tailing)과 광미	W	P^h	S	중	?	
9) 폐기물 야적장(waste pile) 및 하치장	W	P^h	S	중	?	×
10) 비폐기물의 비축지(non-waste stock piles)	NW	P^h	S	소	?	
11) 공동묘지	W	P^h	S	중	?	
12) 죽은가축의 매장지	W	P^h	S	소	?	
13) 지상저장탱크(유류, 독성화학물질)	W/NW	P^h	R	소	다	×
14) 지하저장탱크(유류, 독성화학물질)	W/NW	P^h	R	중	중(?)	×
15) 컨테이너(유류, 독성화학물질)	W/NW	P^h	R	소	소(?)	×
16) 소각장과 발파지	W	P	S	소	소	
17) 방사능 폐기물 처분장	W	P	Y.S.R	소		
3군. 운송 배관시설로부터 누출된 오염물질						
18) 배관(유해폐기물, 비유해폐기물, 송유관, 하수관)에서 누출, 재래식 하수관	W/NW	P^h	R	소	중	×
19) 운송과정에서 누출 및 유출(tank rolly)	W/NW	P^h	R	중	중	×
4군. 기타 활동으로 배출 및 살포된 오염물질						
20) 관개용수의 재순환	NW	D	S	소	중	
21) 농약살포	NW	D	S	소	다	×
22) 비료살포(농경지에 사용한 유기 및 화학비료)	NW	D	S	중	다	
23) 가축사육장(animal feeding operating)의 가축분뇨 및 폐수	W	Ph	Y	소	중	
24) 제설, 제빙제 살포	NW	F	S	소	?	
25) 도시지역의 강수 유출	W	P.D.F	S	중	중	
26) 광산개발에 따른 광산폐수	W	P.D.F	S	소	다	
27) 대기오염물질의 지하침투	W	D	S	중	?	
28) 폐수 및 오수에 의해 오염된 지표수						
5군. 지하수 흐름 경로 변경에 따른 오염물질						
29) 채수정(유정, 가스정, 온천, 열교환용 우물, 부적절하게 설치된 우물)	NW	P	Y	중	다	
30) 기타 우물(관측정, 탐사시추공 및 공사용 대구경 착정공)	NW	P	Y	소	?	
31) 공사용 지하굴착	W	P.D.F	S	소	?	
6군. 인간활동에 의해 자연적으로 발생된 오염물질						
32) 지표수와 지하수의 연관관계	W	F	S	소	NA	
33) 자연적인 침출	NW	D.F	Y.S	중	NA	
34) 대수층내로 염수침입과 염수의 역상승 현상(upconing)	NW	D.F	S	중	NA	
35) 재래식 화장실						

W : 폐기물의 형태　NW : 비폐기물
P : 점오염원　D : 비점오염원　F : 전면오염원 h
Y : 연간　S : 계절　R : 불규칙

특히 benzene은 1급 독성물질로서 6.6ppm의 농도를 가진 지하수일 경우 암발생률은 십만 분의 일로 보고되고 있다. 우리나라에서도 자동차의 증가와 더불어 전국 곳곳의 한적한 도로변까지도 주유소들이 늘어나고 있는 실정인 만큼, 지하저장탱크의 부식에 의한 오염원의 누출로 지하수가 오염되는 경우가 매우 많을 것으로 예상된다.

지하저장탱크의 누출로 인한 지하수 오염문제는 미국 EPA가 1985년에 OUST(office of UST)를 설립한 것만 보아도 그 심각성을 미루어 알 수 있다.

지하저장탱크 가운데 가장 문제가 심각한 종류는 역시 석유류의 지하저장탱크이다. 미국의 경우 석유저장탱크의 수는 1.5~2백만 개에 이르며 이중 1.2백만 개가 steel tank로 제조되었는데 그중 부식방지용 탱크는 16,000개 정도뿐이라고 한다(Tejada).

Predpall, Roger의 조사에 의하면 전체 지하저장탱크중 약 23%에 해당하는 UST가 누출된다고 보고한 바 있다. 우리나라의 경우에도 대다수 미8군기지에 설치된 UST에서 유류가 누출되어 주변의 토양과 지하수를 오염시켜 사회적인 문제가 되고 있다. [그림 3-1]과 같이 지하로 누출된 탄화수소(hydrocarbon, H.C)는 지하로 스며들어 일부는 최상위 대수층 위에 떠있게 되고, 휘발성이 큰 성분은 휘발하여 가스상태로 비포화대와 대기로 확산되며 그 일부는 비포화대 내에서 흡착된 가스상태로 잔존하기도 하며, 비중이 1보다 큰 탄화수소(DNAPL)는 [그림 3-2]처럼 대수층 바닥으로 가라앉는다. 특히 모관대와 지하수면 상에 떠있는 floater나 sinker중 수용성이 큰 탄화수소는 지하수에 용해되어 분산메커니즘에 의해 지하수계 내에서 하류구배 방향으로 이동하여 주변 인간과

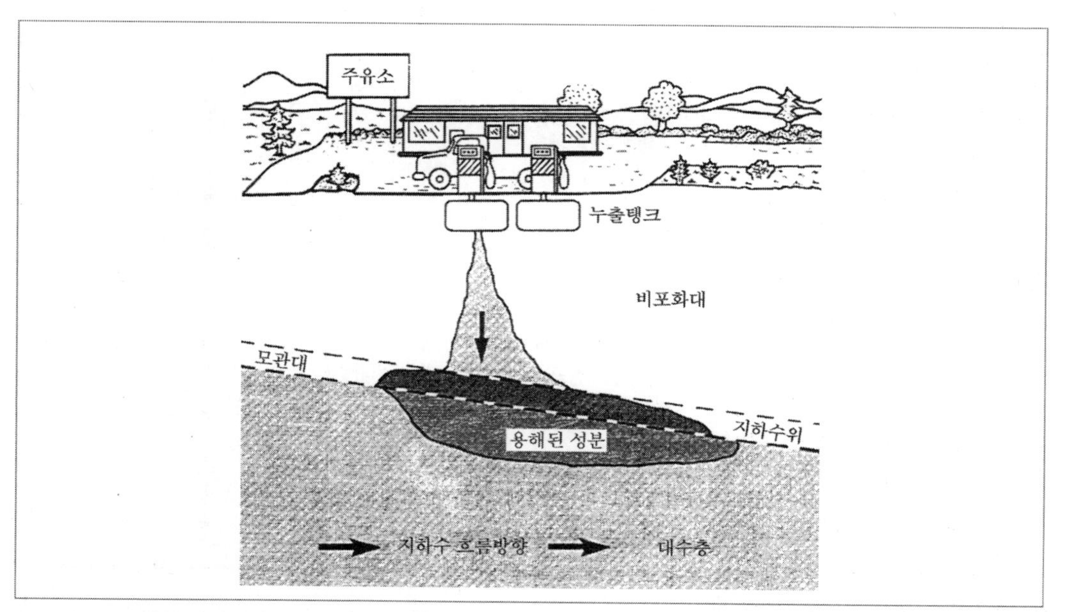

[그림 3-1] 휘발유과 같은 액상 탄화수소계열의 유기화합물이 지하로 누출되거나 유출되면 지하수보다 비중이 낮아 지하수면 위에 떠서 모관대 내에서 확산되고 일부는 지하수에 용해되어 거동하는 모식도(floater)

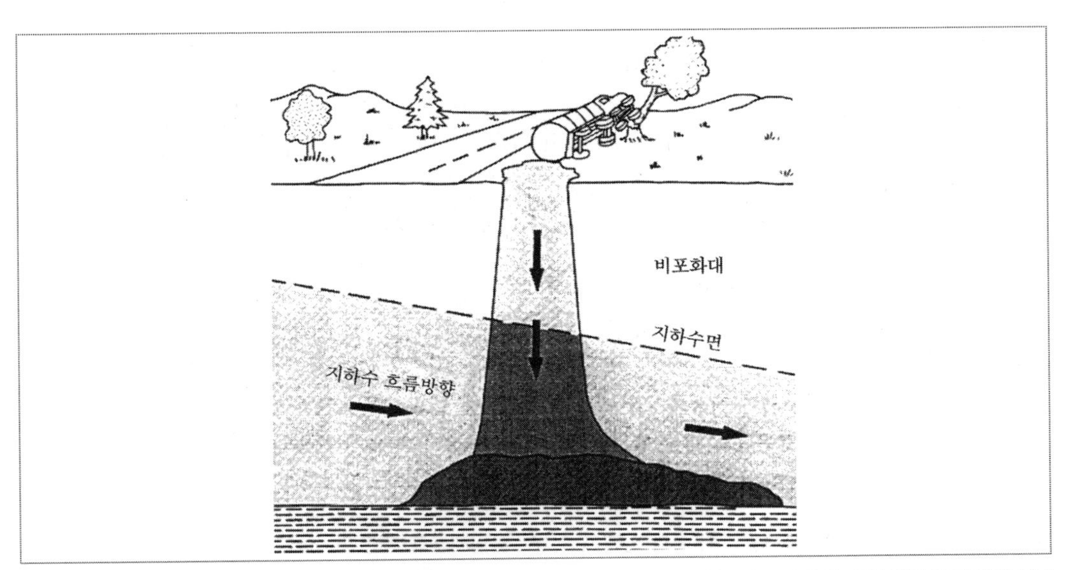

[그림 3-2] TCE와 PCE처럼 지하수보다 비중이 큰 탄화수소계열의 독성물질은 비포화대와 포화대를 통과하여 대수층 밑바닥에 가라앉아 거동하는 모식도(sinker)

[표 3-2] 지하수환경에서 자주 검출되는 석유류 구성성분

가솔린과 일반 자동차 유류	중유와 폐유	기타
* benzene(0.88)	benzo(a)pyrene	* ethylene dibromide(EDB)
* toluene(14.3 ppm)	* napthalene	
* (o) xylene(60 ppm)	phenanthrene	* ethylene dichloride(1.24)
* ethylbenzene	benz(a)anthracene	
phenol(1.07)		
pentane		
(n) heptane		
(n) hexane		
1-pentene		
		Fleischer, 1986

( )는 비중

생태계에 심각한 악영향을 미친다.

석유류는 100~150가지 이상의 성분으로 구성된 복잡한 탄화수소의 복합물질로 구성되어 있고 각 성분은 지하 수리지질계 내에서 물리화학적으로 서로 다른 운명(fate)과 이동특성을 가지고 있다. 이들 가운데서 지하수계에서 자주 발견되는 성분은 [표 3-2]와 같이 BTEX, naphthalene, ethylene, - dibromide(EDB), ethylene dichloride 등이며 이중 benzene은 발암물질(백혈병)이며 TEX는 중추신경계통, 피부에 독성물질로 알려진 인체에 지극히 유해한 탄화수소들이다. 따라서 유럽과 미국은 주유소 시설에 대해서 [그림 3-3]과 같이 강력한 조기누출 탐지장치와 UST

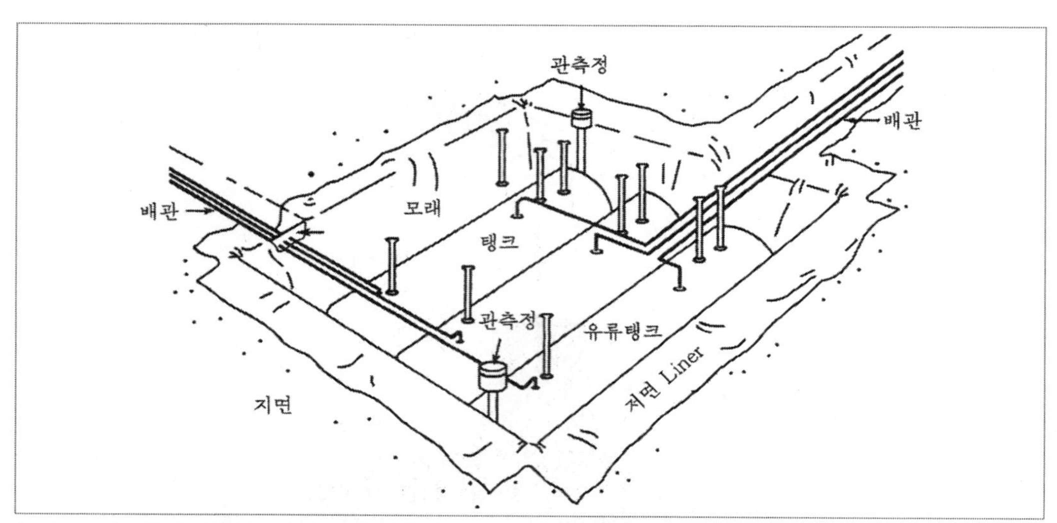

[그림 3-3] 주유소 시설에 설치를 의무화시킨 조기 유류누출탐지공과 저면 라이너

하부에 라이너(liner) 설치를 의무화하고 있다.

(2) 유해폐기물 처분장(hazardous waste sites)

폐기물 처분장은 일반 폐기물에서부터 특정 유해폐기물 처분장에 이르기까지 그 형태가 다양하다. 상기 유해폐기물 처분장중 비조절(uncontrolled) 유해폐기물 처분장으로부터 지하수계로 누출된 독성 및 유해물질과 폐기물의 부적절한 처분방식과 취급으로 그 하부 지하수 환경과 지표수 환경을 오염시켜 사회적인 문제가 되고 있다. 그 대표적인 예로 미국의 546개의 NPL site에서 지하로 누출, 보고된 독성 및 발암성 유기화학 및 중금속류는 [표 3-3]과 같다.

특히 유해폐기물 처분장 중에서 독성 유기화학물질을 취급하는 처분장으로부터 누출된 오염물질은 인근 지하수환경과 생태계에 치명적인 악영향을 미치는데, 그 이유는 [표 3-4]처럼 탄화수소계열의 유기독성물질은 휘발성이 크고 지하수에 용해되는 물질들이기 때문이다.

대표 오염물질의 수용성과 Henry 상수, 비중 및 흡착능을 도표화 하면 [표 3-4]와 같다.

[표 3-3] 미국 546개 NPL site에서 검출되는 발암성 및 독성물질

순위	발암물질 코드	독성물질	NPL site에서 검출되는 백분율	SDWA
1	79-01-6	Trichloroethylene(TCE)	33	*
2		Lead	30	-
3		Toluene	28	-
4	71-43-2	Benzene	26	*
5	1336-36-3	Poluychloroethylene biphenyls(PCBS)	22	-
6	07-66-3	Chloroform	20	*
7	127-18-24	Tetrachloroethylene(TCE)	16	

8	108-95-2	Phenol	15	-
9	7440-38-2	Arsenic	15	-
10	7440-43-9	Cadmium	15	-
11	7440-47-3	Chromium	15	-
12	71-55-6	1.1.1-Trichloroethane(TCA)	14	*
13		Zinc and compounds	14	-
14		Ethylbenzene	13	
15	1330-20-7	Xylene	13	*
16		Methylene chloride	12	
17		Trands-1,2-Dichloroethylene	11	*
18		Mercury	10	-
19		Cooper and compounds	9	
20		Cyanides(spluble salls)	8	*
21	75-01-4	Vinyl chloride	8	*
22	107-26-2	1,2-Dichloroethylene	8	*
23	108-90-7	Chlorobenzene	8	*
24	75-43-3	1.1-dichloroetnane	8	
25	56-23-5	Carbon tetrachloride	7	*

(Hazadous waste consultant, 1965)

[표 3-4] 지하수환경에 자주 발견되는 독성 유기화합물질의 물리, 화학적 성질

성분	용해도 (mg/l)	Henry 상수	비중	흡착능
1. acetone	infinite	1,300	0.79	43
2. benzene	1780	240	0.88	80
3. carbon tetrachloride	800-1160	1,300	1.59	6.2
4. chloroform	8000-9300	200	1.48	1.6
5. methylene chloride	20000-16700	140	1.33	0.8
6. chloro benzene	500-488	230	1.11	45
7. ethyl benzene	140-152	350	0.87	18
8. hexachloro benzene	0.11	33	1.60	42
9. ethylene chloride	9200-8690	60	1.24	2
10. 1,1,1-trichloroethane	4400	220	1.34	2
11. 1,1,2-trichloroethane	4500	48	1.44	
12. trichloroethylene(TCE)	1100	450	1.46	18.2
13. tetrachloroethylene(PCE)	150	1,100	1.62	34.5
14. penol	82000	0.016	1.07	161
15. 2-chlorophenol	28500	1.740	1.26	38
16. pentachlorophenol	5-14	0.130	1.98	100
17. toluene	470-515	330	0.87	50
18. methyl ethyl ketone	353	0.990	0.81	94
19. naphthalene	32	22	1.03	5.6
20. vinyl chloride	1.1	390,000	0.91	trace
remarks	mg/l	ATM. m^3 water/m^3 air		mg/g carbon

(Weast, Robert, 1979, 1980)

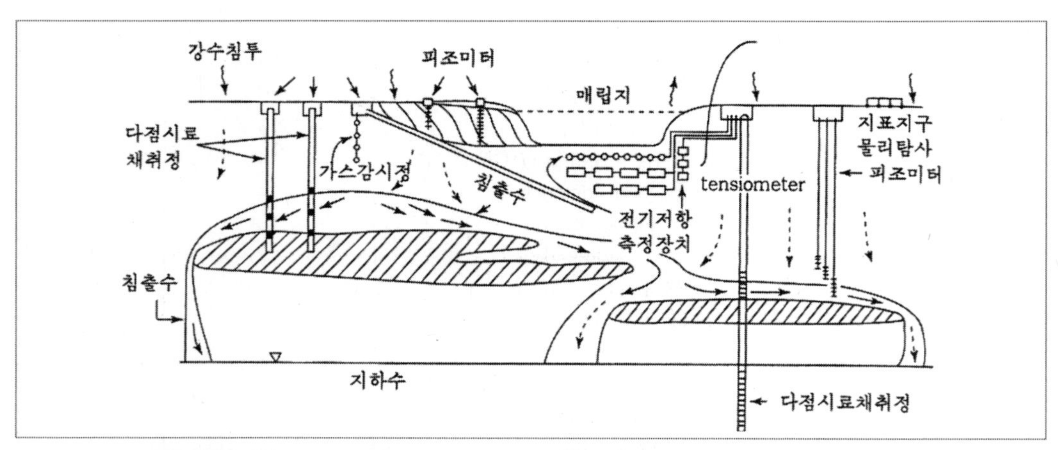

[그림 3-4] 기존 유해폐기물 처분장에서 일반적으로 설치하는 감시정과 감시기구

따라서 기존 유해폐기물 처분장에서 일반적으로 설치하는 감시정과 감시기구는 [그림 3-4]와 같다.

(3) 일반 폐기물 매립장(landfills)

일반적으로 쓰레기매립장(일반 폐기물 매립장)에서는 강우의 지하침투에 의해 침출수가 생성되고 이들이 하부 지하수계로 이동하여 그 인근 지하수환경을 오염시킨다. 폐기물 매립장에서 생성된 침출수의 성질은 폐기물의 성상, 강수의 침투량, 매립장의 연령에 따라 다르며 특히 미국 매립지에서 발생되는 침출수의 일반적인 특성은 [표 3-5]와 같다.

[표 3-5] 폐기물 매립지 침출수의 화학성분과 농도(단위 : mg/L)

성분	범위	상한수치
Calcium	240 - 2,330	4,080
Magnesium	64 - 410	15,600
Sodium	85 - 3,800	7,700
Potassium	28 - 1,700	3,770
Iron	0.1 - 1,700	5,500
Mansaness	-	1,400
Zinc	0.03 - 135	1,000
Nickel	0.01 - 0.8	-
Copper	0.1 - 9	9.9
Lead	-	5.0
Chloride	47 - 2,400	2,800
Sulfate	20 - 730	1,826
Orthophosphate Total	0.3 - 130	472

Nitrogen	2.6 - 945	1,416
BOD	21,700 - 30,300	54,610
COD	100 - 51,000	89,520
pH	3.7 - 8.5	8.5
Hardness($CaCO_3$)	200 - 7,600	22,800
Alkalinity($CaCO_3$)	730 - 9,500	20,850
Total residue	1,000 - 4,500	-

미국 EPA가 선정한 546개의 NPL site(일명 특별기금법 적용부지)의 침출수 내에 함유되어 있는 유독성 유기화학물질과 중금속류는 [표 3-3]과 같다. 이에 따르면 발암코드가 79-01-6으로 규정된 TCE는 전체 546개소의 NPL site중 33%에 해당하는 지역에서 발견되며, 발암코드가 56-23-5로 규정된 사염화탄소(CTC)는 7%에 해당하는 지역에서 발견된다.

1984년에 제정된 유해 및 고형 폐기물 수정법(미국)에 의하면 신설 폐기물 매립장은 반드시 [그림 3-5]와 같이 2개 이상의 liner를 설치토록 규정되어 있고 liner와 liner 사이에는 침출수 차집시설과 [그림 3-4]처럼 지하수의 감시 시스템을 설치토록 요구하고 있다.

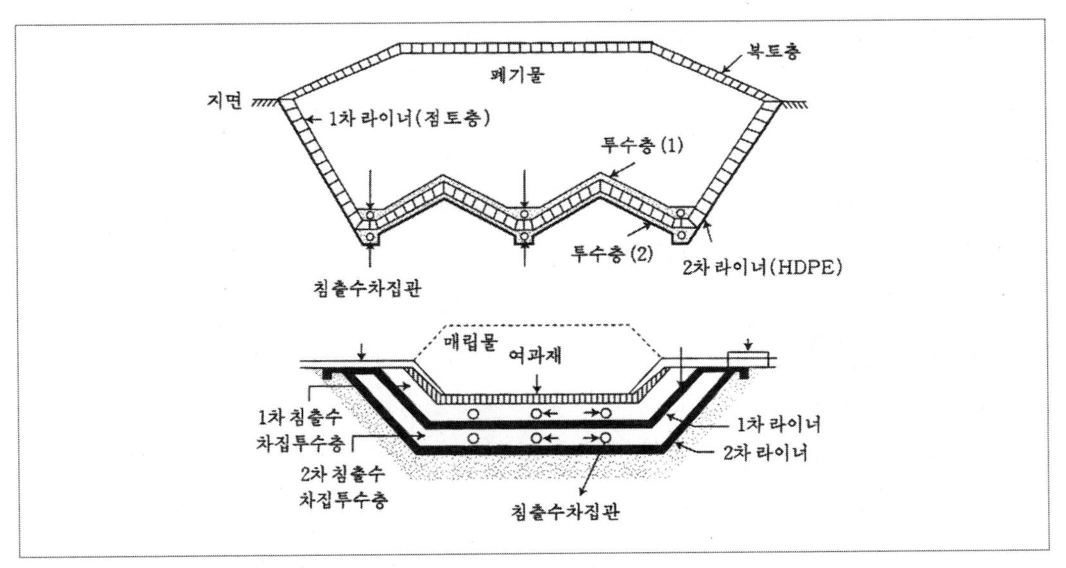

[그림 3-5] 일반 폐기물 매립지의 이중 liner, 침출수 차집시설

(4) 지표저류시설(surface impoundment, SI)

지표저류시설은 일반적으로 pond, pit, lagoon 또는 basin이라 한다. 지표저류시설은 유류 및 가스생산공장, 광산, 석유화학 및 화학제품공장, 정유공장, 닭공장 및 식료품공장 등 여러 종류의 산업체에서 생산된 폐수를 저장, 처분, 처리키 위해 사용하고 있어 차수막을 설치하지 않은 SI는 그 하부 지하수계에 가장 큰 오염원이다.

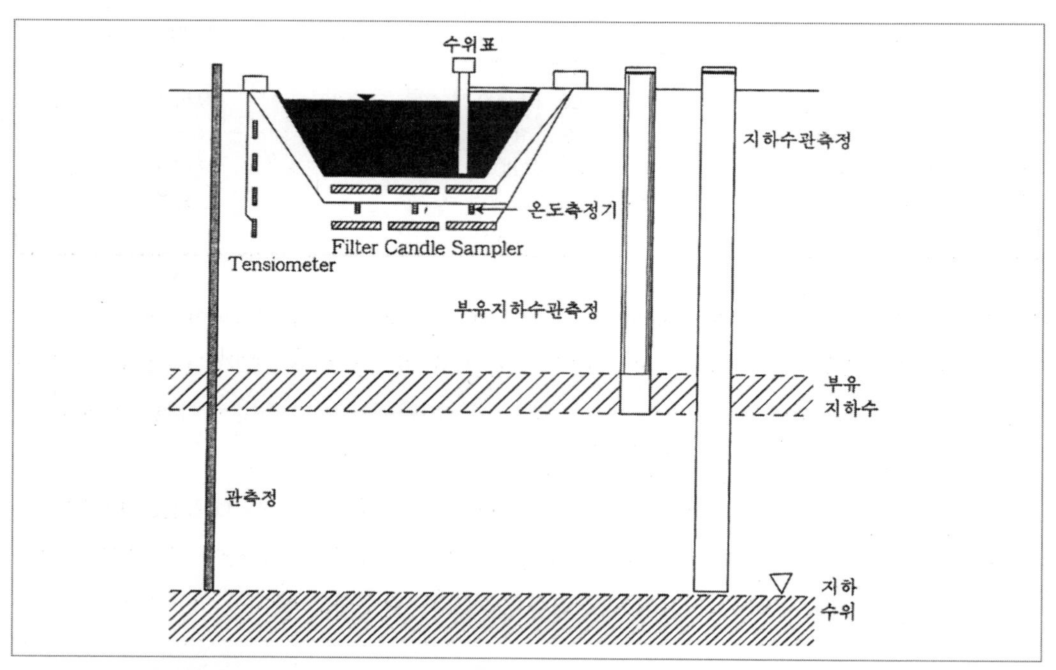

[그림 3-6] SI 주위에 설치해야 할 조기누출탐지기구와 관측정

미국의 경우 전체 SI 중에서 70%가 차수막을 설치하지 않은 형태이고 30%는 최상위대수층 직상방에 설치되어 있다고 한다. SI를 통해 지하수 환경에 미치는 주 가능오염원은 암모니아, NO_3, NO_2, 인, 박테리아 및 바이러스 등이며 그 외 중금속, 산, 석유부산물, phenol 등으로 오염물질의 종류와 형태는 매우 다양하다.

[그림 3-6]은 지표저류시설을 설치한 후에 이로부터 오염물질의 누출여부를 조기에 탐지할 수 있는 관측정의 설치방법과 조기누출 탐지기구의 종류와 설치형태를 도시한 것이다.

[표 3-6]은 미국 동북부지역에 소재한 대표적인 57개소의 지표저류시설로부터 각종 산업, 액상 폐수가 지하로 누출되어 그 하부 지하수환경을 오염시키고 있는 대표적인 오염물질과 그 근원을 표기한 것이다.

[표 3-6] 지표저류시설로부터 누출된 산업액상폐수의 대표적인 오염물질과 오염원(총 57가지 경우)

오염원	오염발생건수	주 오염물질
화학공정	13	ammonia barium chloride iron manganese mercury organic chemicals

		phenols solvents sulfate zinc
금속처리 및 도금공정	9	cadmuim chromium copper fluoride nitrate phenols
전자회사	4	allumium chloride fluoride iron solvent
실험실(manufacturing and processing)	4	arsenic phenols radiactive materials sulfate
제지공장	3	sulfate
프라스틱공장	3	ammonia detergent fluoride
하수처리	3	detergent nitrate
비행기 제조공정	2	chromium sulfate
식품가공	2	chloride nitrate
사력채취	2	chloride
유정시추	2	chloride oil
석유정재	2	oil
전지와 전선	1	acid lead
전기제품시설	1	iron manganese
고속도로공사	1	turbidity
광물제련	1	lithium
페인트	1	chromium
recycling	1	copper
철재	1	acid amminia
섬유공적	1	chloride

(5) 정화조(septic tank)

정화조에서 일부 정화된 방유수는 지하로 침투토록 설계되어 있다. 1985년 Canter 및 Knox의 조사에 의하면 정화조에서 지하로 방유되는 대표적인 수질특성과 그 하부 지하수계로 유입되는

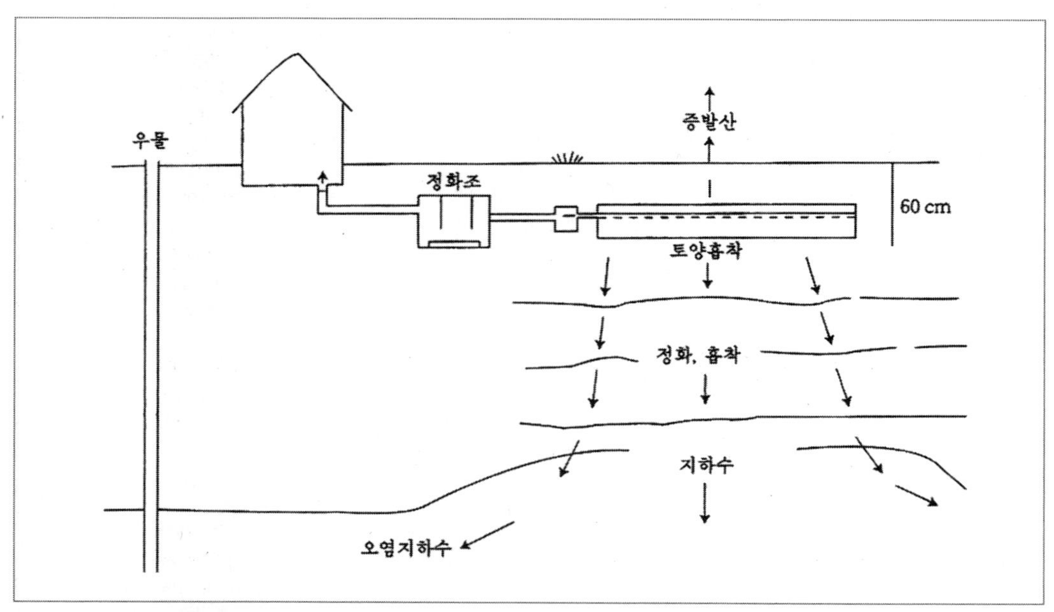

[그림 3-7] 미국식 가정용 정화조의 단면도

수질특성은 [표 3-6]과 같이 음용수의 수질기준을 초과하는 악성 수질을 보이고 있다. [그림 3-7]은 전형적인 가정용 정화조의 단면도이다.

정화조는 지하저류조와 지하의 토양흡착과정으로 나누어지는데, 저류조 내의 고형성분이 침전되고 남은 액체성분은 토양 속으로 침투하여 잠재적인 지하수의 오염원이 된다. 이 액상폐기물의 성분은 주로 부유물질(suspended solid)이 18~53mg/ℓ, BOD는 28~84mg/ℓ, COD는 57~142mg/ℓ, 암모니아성 질소는 10~78mg/ℓ, 총 인산염은 6~9mg/ℓ으로 알려져 있다(Canter & Nox, 1987). 또한 여기에는 박테리아, 바이러스, 질산염, 인공유기물, 금속류(Pb, An, Sn, Cu, Fe, Cd, As)와 무기물(Na, Chlorides, K, Ca, Mg, suifates) 등이 함유되어 있다. 대부분의 경우 정화조는 설계, 건설 및 관리의 부실로 인하여 지하수를 오염시키는 원인이 되고 있다. 즉 토양의 투수성, 흡착성 등 자연적인 조건과 부합되지 않을 경우, 무기 및 유기화합물과 미생물들은 빠른 속도로 지하로 침투한다. 특히 질산염(NO_3)은 이동성이 매우 크기 때문에 지하수를 따라 잘 움직인다.

[표 3-7]은 정화조에서 방류되는 방류수의 수질과 이들을 처리한 후 지하로 침투시킬 때 지하수의 수질 특성을 나타낸 표이다.

[표 3-7] 정화조에서 방류되는 방류수의 수질과 그 하부 지하수계에서 농도

성분 \ 내용	방유수(mg/L)	지하수환경으로 유입 시(mg/L)
부유물질	75	8 - 53
BOD	140	28 - 84
COD	300	57 - 142
total nitrogen	40	70 - 78(NH_4)
total 인	15	6 - 9
total bacteria	3.4×10^8/100㎖	
toral coliform	3.4×10^6/100㎖	

(6) 부적절하게 시공된 우물과 공사용 착정 시추공 및 폐공

[그림 3-8]과 같이 산출량이 불량한 취수정(우물)과 광산지질조사, 온천조사나 지반지질조사 시 굴착한 시험공을 조사완료 후 완벽하게 공매작업을 시키지 않은 경우나, 특히 공사용 H-빔 설치용 대구경 굴착공 등을 통해 오염물질이 지하로 급속히 유입되어 대수층을 단숨에 오염시킨다. 따라서 이러한 행위나 시설은 하부 지하수환경의 인공 오염경로를 제공하며 지하수오염의 고속도로라 칭한다. 또한 부적절하게 설계 시공된 지하수 취수정도 일종의 하부 대수층에 대한 인공 오염경로 역할을 한다.

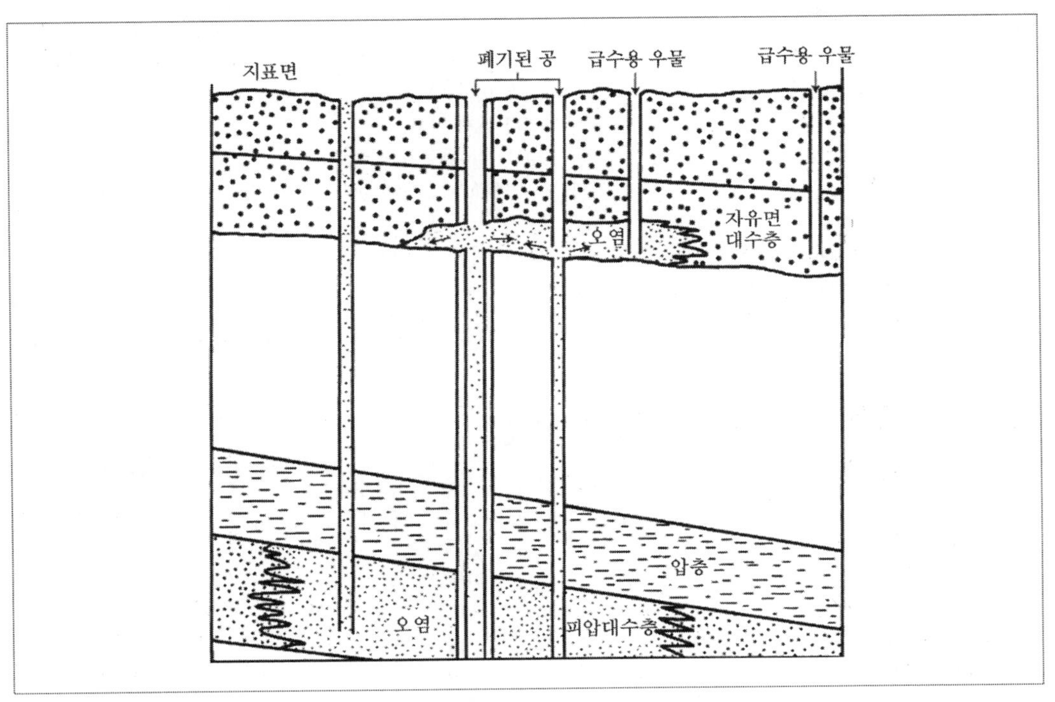

[그림 3-8] 부적절하게 설치된 우물이나 폐공을 통한 지하수의 오염

3.1.2 비점오염원(non-point or diffused source)

지하수오염에 직접적인 영향을 주는 비점오염원은 크게 대별하여 농업용으로 살포하는 농약과 비료와 산성비 및 dioxine이나 방사능 오염물질의 낙진 등을 들 수 있다.

(1) 농약과 비료

비료중 질산염은 유아들이 장기복용 시 청색증(methemoglobinemia)의 원인임이 잘 알려져 있고(Comley), Ginocchio 등에 의하면 고농도의 질산염을 섭취한 유아는 산소결핍으로 피가 푸르게 변하는 청색증의 원인이 된다고 보고한 바 있다.
일반적으로 농약은 인체에 악영향을 주는 매우 복잡한 할로겐 유기화학물질로 구성되어 있어 최근 미국 EPA에서도 OPP(Office of Pesticide Program)에 의거 미국 전 지역의 지하수 환경 내에서 잔류농약 성분조사가 활발히 진행 중이다. 지하수환경에 오염을 미칠 가능성이 가장 큰 농약은 수용성이 30mg/l 이상이고 흡착성이 적으며(K_d가 1 이하, K_{oc}가 300 이하) 반감기가 큰 농약인 것으로 알려져 왔으나(표 3-8 참조) 실제로는 지속성이 매우 큰 농약들이 지하수환경 내에서 자주 발견되고 있어 사회적인 문제가 되고 있다(표 3-9 참조).

[표 3-8] 지하수환경을 오염시킬 수 있는 농약의 특성

종류	특성
용해도	30 ppm 이상
K_d	1~5 이하
K_{oc}	300~500 이하
Henry 상수	10^{-2} atm-m^{-3} mol 이하
speciation	- 전하(fully or partially at ambient pH
가수분해에 의한 반감기	25주 이상
광합성에 의한 반감기	1주 이상
field dissipation half-life	3주 이상

[표 3-9] 지하수환경에서 자주 검출되는 농약과 특성

농약종류	침투가능성	반감기(일)	K_{oc}	수용성(mg/L)	health adv. level(ppb)
Atrazinc(Aatrex)	L	60	160	32	3
Alachlor(Lasso)	M	14	190	242	0.4
Metolachlolor(Dual)	M	20	200	530	100
Cyanazine(Bladex)	M	20	168	171	14
Terbufos(Counter)	S	5	3000	12	0.9
Butylate(Sutan)	S	12	540	45	700

Chlorpyrifos(Lorsban)	S	30	6070	2	NA
EPTC(Eradicane)	M	30	280	375	2
Trifluralin(Treflan)	S	60	1400	0.3	
Propachlor(Ramrod)	S	7	420	580	90
Carbofuran(Furadan)	L	30	29	350	40
2,4-D	S	10	1000	50	70
Fonofos(Dyfonate)	M	45	680	12	10
Pendimethalin(Prowl)	S	60	24300	0.5	
Permethrin(Ambush)	S	30	10600	0.2	
Phorate(Thimet)	M	90	1000	50	
Diazinon	L	30	85	40	0.6
Dicamba(Banvel)	L	14	2	800,000	200
Bentazon(Basagran)	M	10	35	2,300,000	17.5
Chloramben(Amiben)	L	14	15	300,000	105
	other pesticides detected				
Simazine(Princep)	L	75	138	3.5	35
Propazine(Milogard)	L	90	154	8.6	10
Tribufos(Def)	S	10	5000	1	NA
Prometone(Primato 125E)	L	120	300	750	100
Ametryne(Ametrex)	M	30	388	185	60
Dieldrin	NA	723	NA	0.25	0.002
Wauchope, R.D. 1988 NA-nor available L-large M-medium S-small	* health goal level = ADI × 70 kg÷2 ℓ /d(성인) = ADT × 10 kg/1 ℓ /d(유아) $AADI = \frac{NOAEL \times 70kg}{2\ell/d \times UF}$ No abser. adv. eff. level ∴uF				

특히 1984년에 미국 EPA/OTA는 지하수 환경 내에서 자주 나타나는 오염물질 201개 성분 중에서 발암성, 독성 유기화합물로 분류된 성분을 조사 발표한 바 있다. 그 대표적인 성분을 예로 들면 benzene과 같은 방향족 H.C와 PCE, TCE, PCB와 할로겐 H.C, alkane과 alkene류의 지방질 H.C 등이다.

지하수 환경은 일반적으로 혐기성상태이므로 이들 발암성 및 독성 유기화합물은 자연적인 생분해작용에 의해 잘 분해되지 않고 장기간 지하수계 내에 잔존해 있어 지하수 이용자에게 심각한 악영향을 미친다. 실제 1984년에서 1990년 2월까지 미국 EPA는 전국 지하수에 대해 농약오염조사(national pesticide survey, NPS)를 실시하였는데, 그 결과 조사대상공 94,600개소의 공공급수용 우물 중에서 농약성분이 일부라도 검출된 우물은 10.4%에 해당하는 9,850개소였고, 농촌지역 우물 10,500,000개소 중에서 농약성분이 검출된 우물은 4.2%에 해당하는 446,000개소였다. 특히 공공급수용 우물 중 농약성분이 음용수 기준 이상으로 검출된 우물은 조사대상 우물의 0.6%에 이르렀으며 검출된 농약성분은 [표 3-9]와 같은 농약특성을 가지고 있는 EDB, lindane, alchlor, atrazine, simajin, aldicarb 및 diazinone 등이 있다.

소량일지라도 질산성질소에 의해 오염된 공공급수용 우물은 조사대상 우물의 52.1%에 해당하는 49,300개소였고 농촌지역에서는 57%에 해당하는 5,490,000개소에 이른다고 한다. 이중에서 질산성질소의 음용수기준인 10mg/ℓ을 상회하는 우물은 공공급수용 우물이 조사대상개소의 1.2%, 농촌지역의 우물은 2.4%였다.

(2) 산성비와 기타 낙진

산성비는 산업화가 진행되면서 대기질이 악화되어 이로 인해 잠재적으로 지하수오염을 일으키게 된다. 대기 중에 포함된 물질들은 강우에 녹아 지표면에 도달하면 일차적으로 토양의 화학성분에 영향을 미치고, 이로 인하여 지하수는 2차적으로 영향을 받게 된다.
산성비는 토양 중에서 알루미나의 이동성을 증가시켜 지하수중의 알루미나 농도를 증가시킨다. 일반적으로 산성비로 인한 영향은 토양중의 침출형태(soil leaching pattern)를 변화시키며, 지하수의 pH를 산성화하여 수용성 무기물의 농도를 증가시킨다. 또한 산성비는 산성지하수중의 sulfate와 Al의 농도를 증가시키고 토양 내의 중금속의 이동을 촉진시킨다.

3.2 지하수환경의 오염가능성 평가법

3.2.1 경험적 평가법 혹은 간접평가법(empirical assessment methodologies)의 기본개념

전술한 바와 같이 지하수환경에 영향을 미치는 오염원은 그 종류와 범위가 매우 방대하여 이들 오염원으로부터 지하수자원을 보호하기 위한 노력의 일환으로 인공오염원을 평가하고 이미 문제가 된 각종 TSDF(Treatment, Storage, Disposal facility : 처리, 저장, 처분시설)의 정화를 위한 정화조사(remedial investigation, RI), 정화평가(remedial assessment, RA) 및 정화작업(remedial measure 혹은 clean-up)의 우선순위를 결정하기 위한 조직적인 필요성이 증대되어 왔다.
지하수자원의 오염가능성은 제반 허가과정에서 중요한 고려사항이 되고 있을 뿐만 아니라 오염원이나 오염가능성이 농후한 오염원에 대해 계획된 조사평가를 철저히 요구하고 있다. 그러나 광범위한 감시체계를 설정, 운영하는 데는 막대한 비용과 시간이 소요되므로 지하수자원 오염에 대한 수리지질학적인 취약성 조사, 평가방법에 대해 관심을 두게 되었다. 그래서 지하수자원 오염 평가와 그 우선순위를 결정하고 각종 산업 및 위해물질 취급시설의 입지선정을 하거나 감시계획 및 허가서 발부에 널리 이용되고 있는 기법중의 하나가 바로 경험적 평가방법 또는 간접

평가법(empirical assessment methodologies)이다.

지하수 수질관리 측면에서 볼 때 경험적 평가법은 인간활동에 의해 발생되는 지하수오염 가능성을 분류하거나 수치적인 지표를 개발할 수 있는 접근법이다. 지하수오염 가능성은 오염물질의 특성과 지하수계의 오염취약성 또는 상기 두 인자의 상호관계에 따라 달라진다. 이러한 경험적인 평가방법은 전통적으로 위생 및 유해폐기물 매립장의 입지선정과 오염가능성 평가뿐만 아니라 액상 폐기물, 지표저류시설(SI)의 평가 시 이용되어 왔다. 일부 오염원의 우선순위 결정법은 1970년대와 1980년 사이에 개발되어 이용되어 왔으며, [표 3-10]은 현재 우리나라와 미국을 위시하여 여러 나라에서 널리 이용되고 있는 경험적인 평가방법을 도표화한 것이다.

본 평가법을 이용하여 지하수오염도에 대한 분석을 수행할 때는 상당한 전문적인 지식과 판단이 필요하다. 그러나 경험적인 평가방법들은 어디까지나 지하수계 오염의 상대적인 평가방법이지 최종적인 평가법은 아니다. 그러나 최소한도의 가용자료를 이용하여 경제적으로 오염도를 사전에 평가하고 각종 위해 시설의 입지선정과 지하수 감시 계획에 널리 이용되고 있는 접근법임에는 틀림없다.

경험적 평가법의 적용분야는 다음과 같다.

① 기 설치운영중인 각종 폐기물 처분장에서 발생한 침출수에 의해 처분장 하부와 그 인근지역의 토양 및 지하수환경의 오염가능성을 평가하고, 오염운(plume)처리의 우선순위 결정에 이용(NPL site)

② 각종 신설 폐기물 처분장의 입지선정, 승인과정과 감시계획에 이용

③ 수리지질환경의 오염취약성을 사전에 평가하여 오염원의 특성에 따른 인근 토양과 지하수환경의 오염을 방지(golf장, 산업단지)

④ 인간활동에 의해 발생되는 지하수, 지표수의 오염가능성에 대한 상대적인 평가분류법으로 이용

⑤ 본 방법들은 전통적으로 각종 폐기물 처분장의 입지선정에 이용되어온 방법으로서 주요 가중치 적용기법, 주요 가중치에 대한 등위기법, 주요 가중치에 대한 점수기법 및 주요 가중치 델파이기법을 사용하여 개발되었다.

지하수계의 환경 변화예측은 사업실시로 인하여 발생된 오염물질에 의해 사업지구를 포함한 인근지역의 지하수환경에 대해 그 오염가능성을 1차로 경험적인 평가방법을 이용하여 그 가능성 여부를 판단한다. 경험적 평가방법에 의한 평가결과 지하수환경의 오염가능성이 매우 농후하다고 판단될 시에는 해당지역에 대해 세부적인 수리지질과 부지 특성조사를 실시한 후 제반 대수성 수리인자를 구하고 이들 매개변수들을 이용하여 특정오염원에 의한 대상 지하수환경의 오염현상을 정량적인 모델링에 의거 그 오염도를 평가 예측한다.

실제 지하수계 내에서 일어나고 있는 흐름현상이 왜 관측된 특이한 형태로만 발생되고 있는가를 이해하고 추후 지하수 흐름계가 어떻게 변할 것인가를 예측키 위해서는 수리지질학적인 모델에 의존해서 그 해를 구한다. 실제 지하수계 내에서 지하수의 흐름식이나 오염물질의 분산식은 대상매체가 이방, 불균질이고 이들 두 식이 모두 매우 복잡한 편미분 방정식으로 표현되므로 그 해를 얻기 위해서는 특히 전산해에 의존하는 경우가 많다.

이와 같이 실제 지하수계는 매우 복잡한 메커니즘으로 구성되어 있어 세부적인 서술은 불가능하므로 상기 지하수계를 단순화시켜 개념적인 모델링을 수행할 수밖에 없다. 개념 모델링 시 지하수계의 현상태는 정역학적인 모델을 이용하여 서술하고 미래에 발생될 흐름변화를 예측하기 위해서는 처리 가능한 동력학적인 모델을 이용한다.

[표 3-10] 각종 유해물질 TSDF의 정화, 우선순위와 입지선정 결정에 이용되는 경험적 평가방법

평가법	이용분야	평가인자	비고
1. S.I.A	pit, pond, lagoon과 같은 액상폐기물의 처리처분장, 입지선정 평가	비포화대(k, d), 포화대(k, d) 지하수 수질(TDS) 오염원	US/EPA에서 이용 Legrand법
2. Landfill site rating	신설 육상폐기물처분장 및 규모가 큰 폐기물매립지 입지선정 평가	지질, 지하수위, I, K, 저감인자	폐기물처분평가 기본 SYSTEM
3. Site rating system	특정 산업폐기물처분장의 입지선정 및 오염도 평가	토양군, 지하수군, 대기군	US/EPA, NPL site 선정시 이용
4. Harzard ranking system	오염지역의 정화사업 우선순위 결정을 위한 유해폐기물 처분장 평가	유해 오염물질의 유형, 제반인자, 지하수, 지표수, 대기질의 각종 인자	상동
5. Site rating methodology	상동	이동경로, 폐기물 특성, 폐기물관리방법, receptor, 부지 특성	상동
6. Waste soil-site interaction matrix	신설 산업(고형, 액상)폐기물 처분장 평가	토양군(K, 흡착), 수문군(지하수위, I) 부지군(삼투율, 대수층, 비포화대) 폐기물특성 : human toxity, 지하수 toxity desease transmission, potential chemical persistence, biological pers, sorption, 점성, 수용성 산도 및 알카리도, 폐기물 살포방법 (45-4830) 등	Oklahoma-정화조에 의한 지하수계 오염
7. DRASTIC (pesticide)	지하수 수문환경의 오염가능성 평가(400,000m^2 기준) (각종 산업, 유해폐기물처분장, 석유화학단지, 공업, 관광단지 입지선정 및 토지이용계획에 사용)	지하수수문계와 비포화대의 특성, 토양특성, 지하수위, 강우함량, 대수층의 지질특성, 지형구배, 비포화대의 구성물질,	US EPA/AGWSE 지하수 오염가능성도 작성에 이용

8. PESTICIDE Index	농약에 의한 지하수환경 오염가능성 우선순위 결정	R_d, K(n), Q, t_{05}, K_d, f_{oc}, K_{oc} 등 이용	
9. 기타 농약 및 비료살포	현재 등록된 농약, 농약사용 신규등록을 하고자 할 때는 농약사용으로 인한 지하수환경의 오염가능성을 평가하기 위한 초기 선별과정단계에서 EPA/OPP (OAC of Pest. program)에서 널리 사용하고 있음.	PESTAN, SESOIL, PRZM, MOUSE, CREAMS, CHEAMS, PESTRUN 등	Aldicarb, 2-4-D (Banvel)Enfield

동력학적인 지하수계의 흐름모델은 여러 가지로 구분할 수 있으나 일반적인 분류는 [표 3-11]과 같다.

[표 3-11] 지하수계의 모델 종류

1) Physical model Scale model Soil column, Hele-Shaw, sand-tank Analog model Electric, thermal, mechanic model
2) Numerical model Analytical model Stochastic model Computer model(FEM, FDM, MOC)

지하수모델은 지하수의 흐름, 오염물질거동(용질이동), 열유동 및 수리지질계의 변형과 같은 4가지의 일반적인 형태의 문제를 처리하는 데 이용되고 있다. 모델은 항상 지하수흐름 지배식에 기초를 하고 있으며 모델을 이용하여 수리지질계 내에서 수두분포 해를 구한다.
오염물질 거동모델은 수리지질계 내에서 오염물질의 농도변화에 따른 용질 변화식을 지하수흐름 지배식에 첨가하여 그 해를 구한다. 또한 열유동 모델은 수리지질계 내에서 열이동식에 기초를 하고 있으며 수리지질계의 변형모델은 지하수 흐름식에다 대수층의 물리적 구조변화를 표현하는 식을 첨가하여 그 해를 구한다. 일반적으로 지하수모델을 크게 2가지로 구분하면 다음과 같다.

① 다공질 매체 내에서 지하수흐름 모델
② 파쇄단열매체 내에서 지하수흐름 모델

즉, 다공질 매체의 모델 중 전형적인 예는 충적층과 공극률이 비교적 일정한 사암 대수층 내에서 지하수의 흐름모델이 있고 파쇄단열매체 모델의 전형적인 예는 파쇄 · 단열구조가 넓게 분포된 결정질암의 fracture-rock model을 들 수 있다. 이들 모델은 공극 내의 포화정도에 따라 포화대와 비포화대(vadose)에서 흐름 모델로 세분하기도 하며 1개 수리지질계 내에서 2종 이상의 볼혼합 유체흐름 문제도 다룰 수 있다. 지하수의 흐름, 용질이동, 열유동 및 대수층 변형 모델은 다음과 같은 조사연구에 이용되고 있다.

(1) 지하수흐름 모델

① 수리지질계 내에서 광역적인 정류흐름
② 지하수함량 및 배출에 따른 지하수위의 광역적인 변화 예측
③ 우물장(well field) 인근지, 지하수위 강하용 우물계, 주입정, 침윤조 주위에서 지하수 주입 및 채수에 따른 지하수위 변화
④ 지하수와 지표수의 상호연관성

(2) 오염용질 이동 모델

① 대수층 내로 염수침입
② 폐기물 처분장에서 누출된 침출수의 수리분산 거동
③ 누출되고 있는 SI로부터 오염구간(plume) 규명
④ 방폐물 처분장(중 · 저준위)에서 핵종의 지하거동
⑤ 농경지에 살포한 농약 및 비료의 거동
⑥ 기타 지하수계의 오염문제

(3) 열유동 모델

① 고준위 방폐물 저장소에서 열적인 영향(thermal impact) 분석
② 수리지질계 내에서 열에너지 축열 및 열저장 문제
③ 수문지열계(hydro-geothermal system)에서 지하수와 지열의 거동과 지중열교환기(geothermal exchanger, loop system) 설계

(4) 대수층의 변형 모델

① 지하수채수에 따른 지반침하
② 기타

포화 및 비포화대 내에서 오염물질의 거동과 포화대 내에서 지하수의 흐름 모델의 세부적인 내용에 관심이 있는 독자는 〈1편 "수리지질과 지하수모델링"의 10장〉이나 〈3차원 지하수 모델과

응용(한정상 · 한찬, 박영사, 1999)〉을 참조하기 바란다.
현재 미국과 유럽 및 국내에서 널리 쓰고 있는 [표 3-10]에서 언급한 간접평가기법을 각 방법별로 세론하면 다음과 같다.

3.2.2 지표 저류시설 평가(surface impoundment assessment, SIA)

이 방법은 Legrand(1964)가 개발한 방법으로서 적용가능 분야는 폐수저류시설(waste water pond), 정화조와 액상저류시설인 pit, pond 및 lagoon 등이다.
실제 이 방법은 액상 폐수 저류시설로부터 누출된 액상오염물질이 주변 지하수환경을 오염시킬 수 있는 가능성을 비포화의 수리특성, 포화대 내에 저유되어 있는 지하수의 수리지질특성, 저류지 부근에 분포된 지하수의 수질특성과 액상 폐기물의 특성과 같은 4종의 인자를 이용하여 최소 1점에서 최대 29점까지 평가한다.
비포화대의 평가점수는 최소 0에서 최대 9점, 포화대의 평가점수는 최소 0에서 최대 6점, 지하수수질은 0~5점 및 폐기물의 오염물질 특성은 1~9점까지 구성되어 있다.
SIA는 평가점수가 높을수록 주변 지하수환경에 미치는 악영향이 크며 그 내용은 [표 3-12]와 같다.
미국 EPA(1983)는 Oklahoma의 Arcadia와 Seward지역의 각 가정에서 사용하고 있는 정화조에 의한 지하수오염 가능성을 상기 SIA법을 이용하여 총점을 구하고 오염원의 연간 부하량을 고려하여 지하수오염의 잠재성을 평가한 바 있다.

[표 3-12] SIA 평가기법에서 사용되는 각 인자와 평가점수

1) 비포화대(최소 0점~최대 9점)

토양구분 / 내용		I	II	III	IV	V	VI
미고결암		자갈~조립질 모래	미사~세립질 모래	점토, 실트 : 15% 이하인 모래	점토 50% 이하 모래 15% 이상	모래 50% 이하인 점토질	점토
고결암		용식 및 파쇄석회암, 용암, 증발암, 단층대	파쇄된 화성 및 변성암(용암제외), 고결상태가 불량한 사암	보통정도 고결된 사암, 파쇄된 shale	완전히 고결된 사암	이암	괴상의 세일, 괴상의 화성암과 변성암
상대투수성 (cm/s)		10^{-2} 이상	10^{-4}~10^{-2}	10^{-5}~10^{-4}	10^{-5} 이하	10^{-6} 이하	10^{-7} 이하
점수(rating matrix)							
비포화대 두께 (m)	30 이상	9A	6B	4C	2D	0E	0F
	10~30	9B	7B	5C	3D	1E	0G
	3~10	9C	8B	6C	4D	2E	0H
	1~3	9D	9F	7C	5D	3E	1F
	1 이하	9E	9G	9H	9I	9J	9K

2) 포화대와 지하수의 가용성(최소 0점 ~ 최대 6점)

내용 \ 토양구분		I	II	III
미고결암		사력층	점토질모래 50%를 함유한 모래층	모래를 50% 함유한 점토층
고결암		용식 및 파쇄암, 고결상태가 불량한 사암, 단층대	고결상태가 보통 및 매우 양호한 사암, 파쇄된 shale	이암, 괴상의 shale 기타 저투수성암
상대투수성 (cm/s)		10^{-4} 이상	10^{-6}~10^{-4}	10^{-6} 이하
점수(rating matrix)				
포화대 두께 (m)	30 이상	6A	4C	2E
	3~30	5A	3C	1E
	3 이하	3A	1C	0E

본 표에서 첨자 A, B, C ……E는 사용자료의 신빙도에 따라 신빙성이 가장 큰 경우는 A, 그렇지 않을 경우는 B, C ……E를 사용한다.

예) A : 현지조사를 실시하여 구한 자료이용 시 신빙성이 높을 때
B : 신빙성이 중급 정도 C : 신빙성이 조금 낮을 때 등

3) 인근 지하수의 수질특성

점수	수질
5	TDS가 500mg/L이거나 현재 음용수원으로 이용되는 지하수
4	TDS가 500~1000mg/L
3	TDS가 1000~3000mg/L
2	TDS가 3000~10000mg/L
1	TDS가 10000mg/L 이상
0	지하수가 부존되어 있지 않을 시

[설정근거] underground injection control program/EPA에 기초

SIC	Number	오염원	위해가능성 초기점수(점)
02		• 농산품과 가축	가축사육장은 5점
	021	- 낙농장, 양계장과 특정 가축을 제외한 가축	3
	024	- 낙농장(dairy farm)	4
	025	- 양계장	4
13		• 유류와 가스추출용	
	131	- 원유와 천연가스	7
	132	- 천연 액상가스	7
	1381	- 유정과 가스정	6

SIC	Number	오염원	위해가능성 초기점수(점)
20	 201 202 203 204	• 식품 및 유사제품 - 육유품 - 우유생산품(butter 등) - 통조림화한 과일과 채소 - grain mill product	 3 2 4 2
28	 2812 2816 2819	• 화학제춤 및 관련 제품 - 알카리와 염소(기체, 액체) - 무기물의 원료 - 산업용 무기화학물질 (어느 곳에서도 분류되지 않는 물질)	 7-9 3-8 3-9
29	 291 295	• 석유정제와 관련 산업 - 석유정제 - 포장 및 루핑제품 - 석유 및 석탄을 원료로 만든 기타 제품	 8 7 7

[설정근거]
1) 인간의 건강에 해를 미칠 수 있는 가능성
2) 독성, 이동성, 지속성, 농도를 고려하여 점수 산정
3) 전처리를 철저히 시행한 경우 : 점수를 가장 적게 책정
4) 정화조에 대한 점수는 설정되어 있지 않으나 US/EPA(1978)는 통상 5점을 부가

3.2.3 지하수 오염 가능성도(DRASTIC)와 DRASTIC 평가

DRASTIC 평가는 특정 지역의 지하수 오염 가능성(groundwater pollution potential)을 이와 관련되는 요인들의 영향을 수치적으로 평가한 후, 전체 인자들의 영향을 종합하여 평가하는 방법이다. 이 방법은 1987년 미국 환경보호청(EPA)과 미국 지하수협회(NGWA)가 개발한 방법으로서 개발 초기에는 지하수오염에 영향을 미칠 가능성이 있는 다음과 같은 요소들이 고려되었다. 즉 대수층의 화학성분, 온도, 투수량계수(transmissivity) 및 기체상태의 이동 등이 포함되어 있었다. 그러나 이들 요소 중에서 지하수의 이동에 영향을 미치며 지도상에서 추적이 가능한 다음과 같은 7가지의 수리지질학적인 인자(hydrogeologic factors)들을 선택하여 평가요인으로 사용한다.

① 지하수의 심도(depth of water)
② 지하수 함양량(net recharge)
③ 대수층의 구성성분(aquifer media)
④ 토양의 구성성분(soil media)
⑤ 지형(topography)
⑥ 비포화대 구성물질의 영향(impact of the vadose zone)
⑦ 대수층의 수리전도도(hydraulic conductivity of the aquifer)

이들 각 인자들의 지하수오염에 대한 상대적인 영향을 평가하기 위하여 수치적인 방법이 개발되었다. 여기서 각 인자에 대한 가중치(weigth), 범위(range) 그리고 점수(ratings)로 수치를 부여하여 일정한 지역에서의 DRASTIC 지수를 산출하고, 산출된 지수를 타 지역의 지수와 비교하여 타 지역에 대한 상대적인 지하수오염의 가능성을 평가한다. 이때 부과하는 수치는 미국 내에서 수집된 많은 수리지질 자료들을 통계 처리하여 이 방법의 사용 설명서에 일반적인 경우와 미국의 수리지질학적 특성 지역(groundwater regions)별로 구별하여 제시하였다. DRASTIC 평가는 DRASTIC 지수로 표시된 수리지질학적인 요인들을 도면에 표시하여 해당 지역과 상대적인 지하수의 오염가능성을 표현한다.

이 방법은 일정한 지역에서 다양한 오염원에 기인하는 지하수오염에 대한 상대적인 취약성을 평가하는 지역개발 관련 행정가나 개발업자들을 위하여 고안되었다. 따라서 이 방법은 최소 다음의 내용을 충족해야 한다.

① 관리용 도구로 사용될 수 있고
② 간단하고 사용이 용이해야 하며
③ 기존의 자료를 최대한 활용할 수 있으며
④ 다양한 분야/등급의 사용자를 고려해야 한다.

결과적으로 이 방법의 이용자는 기본적인 수리지질학과 지하수오염에 관한 지식을 가진 것으로 가정하였으며 수리지질학에 대한 이해도가 높을수록 이 방법에 의한 평가를 이용하는 정도는 더욱 효율적이며 높아질 수 있다.

이 방법은 현재까지 여러 방법에 의하여 수집된 수리지질학적 자료들을 오염가능성에 대하여 최대한 활용할 수 있을 뿐만 아니라, 지하수자원의 개발, 이용에 앞서 우선적으로 보전해야 할 지역, 지하수 수질감시 체계의 설치 및 이미 오염된 지하수의 정화방법과 자원 및 토지이용 계획수립에 중요한 기초자료를 제공한다.

DRASTIC의 기본 가정은 다음과 같다.

① 오염원은 지표에 소재하며
② 오염물질의 지하유입은 강수의 함양에 의하여 발생하고
③ 오염물질은 물과 같이 유동성이며
④ DRASTIC으로 평가하는 지역의 면적은 최소 400,000m^2(100 acre) 이상이다.

위의 가정을 벗어난 경우, 즉 오염물질이 지하수계로 잘 이동하지 않는 물리화학적인 성질이 있을 때, DNAPL처럼 비중이 물보다 커서 지하수의 이동과는 다른 유동양상을 보일 때, 오염물

질이 주입정 같은 경로를 통하여 지하수계로 직접 유입될 때 등의 예외적인 경우에는 DRASTIC은 지하수오염 가능성을 정확히 표현할 수 없다. 또한 평가지역을 400,000m^2 이상으로 함은 국지적인 지하수의 흐름보다는 광역적인 유동방향을 고려한 것이다. 그러나 일정한 지역에서의 지하수의 유동은 파쇄대의 배열 방향(fracture orientation)에 의해 직접적으로 영향을 받을 것이며, 결과적으로 오염물질의 이동방향 역시 지역적인 조건에 의하여 조절된다. 이러한 가정을 만족시키는 지역에서는 DRASTIC이 훌륭한 지하수오염 가능성에 대한 평가방법이 될 수 있다. 그러나 상기 가정을 벗어나는 특별한 상황에서 이 기법을 이용할 때는 주의를 해야 한다.

[표 3-13]에 제시된 가중치(A)는 일반지역에서 DRASTIC법을 이용하여 지하수의 오염가능성을 예측하는 데 사용하는 기준으로 7개 수리지질인자의 가중치로 구성되어 있다. [표 3-13]의 가중치(A)를 사용할 때 DRASTIC의 최대 점수는 226점이며 최소 점수는 23점이다.

이에 비해 [표 3-13]의 가중치(B)는 농경지 및 골프장에서 농약살포에 따른 지하수오염 가능성 평가 시 이용할 수 있는 7개 수리지질인자의 가중치로서 지하수위, 함양량, 대수층 구성물질의 가중치는 [표 3-13]의 (A)와 동일하나 기타 토양, 지형, 비포화대의 특성, 대수층의 수리특성에 대한 가중치는 [표 3-13]의 (A)와 상이하다.

[표 3-13]의 가중치(B)를 이용하여 평가할 때는 이를 농약에 의한 지하수오염 가능성 또는 농업목적의 지하수오염 가능성 평가라고 한다. 이 경우 최대 DRASTIC 점수는 256점이고 최소 26점이다.

[표 3-13] 각 인자의 가중치(일반 DRASTIC 평가시)

인자	가중치(A)	가중치(B)
	일반평가	농약
지하수 심도	5	5
함양량	4	4
대수층 매체	3	3
토양매체(1.8m 이내)	2	5
지형구배	1	3
비포화대	5	4
대수층의 수리전도도	3	2
최대치	226	256
최소치	23	23

[표 3-14] 지표면하 지하수위의 심도

지하수위의 심도(m)	
범위	점수
0 ~ 1.5 (0 ~ 5)	10
1.5 ~ 4.6 (5 ~ 15)	9
4.6 ~ 9.1 (15 ~ 30)	7
9.1 ~ 15.2 (30 ~ 50)	5
15.2 ~ 22.9 (50 ~ 75)	3
22.9 ~ 30.5 (75 ~ 100)	2.1
30.5m 이상 (100+)	
가중치 : 5	농약 가중치 : 5

※ 지하수위 심도는 지표하 지하수위까지의 심도임. ( )내는 feet임

[표 3-15] 강수의 지하함양률

연간 지하수 함양량(m/m/년)	
범위	점수
0 ~ 50.8 (0 ~ 2)	1
50.8 ~ 101.6 (2 ~ 4)	3
101.6 ~ 177.8 (4 ~ 7)	6
177.8 ~ 254.0 (7 ~ 10)	8
254 이상 (10+)	9
가중치 : 4	농약 가중치 : 4

※ ( )는 inch/년임

[표 3-16] 대수층의 범위와 점수

대수층		
범위	점수	대표점수
괴상의 shale(massive shale)	1 ~ 3	2
변성 및 화성암(metamorphic/Igneous)	2 ~ 5	3
풍화된 변성 및 화성암(weathered metamorphic/Igneous)	3 ~ 5	4
빙하퇴적층(glacial till)	4 ~ 6	5
층서가 잘 발달된 사암, 석회암, shale [bedded sandstone, limestone and shale sequences(1st, 2nd)]	5 ~ 9	6
괴상의 사암[massive sandstone(2nd))	4 ~ 9	6
괴상의 석회암(massive limestone)	4 ~ 9	6
사력(sand and gravel)	4 ~ 9	8
현무암[basalt]	2 ~ 10	9
용식 석회암[karst limestone]	2 ~ 10	10
가중치 : 3	농약 가중치 : 3	

[표 3-17] 표토의 범위와 점수(지표하 1.8m 이내 토양)

표층	
범위	점수
두께가 0 ~ 0.25m(thin or absent)	10
자갈(gravel)	10
모래(sand)	9
갈탄(peat)	8
수축성점토(shrinking &/or aggregated clay)(montmorillonitic, smectite)	7
모래질 롬(sandy loam)	6
롬(loam)	5
실트질 롬(silty loam)	4
점토질 롬(clayey loam)	3
진흙(muck)	2
비수축성 점토(nonshrinking & nonaggregated caly)(tilltic, kaolinitic clay)	1
가중치 : 2	농약 가중치 : 5

[표 3-18] 지형구배에 따른 점수와 범위

지형구배(백분율, %)	
범위	점수
0 ~ 2	10
2 ~ 6	9
6 ~ 12	5
12 ~ 18	3
18+	1
가중치 : 1	농약 가중치 : 3

오염가능성의 총점수는 다음 식으로 구한다.

$$D_R D_W + R_R R_W + A_R A_W + S_R S_W + T_R T_W + I_R I_W + C_R C_W = DRASTIC \text{ 총 점수}$$

여기서, R = 점수
W = 가중치

[표 3-14]~[표 3-20]까지는 7개의 수리특성인자의 범위에 따른 점수와 가중치를 표시한 내용이다. 이 표들을 이용하여 각 수리특성인자별 점수와 가중치를 서로 곱하고 7개의 수리인자의 총점을 합산하여 DRASTIC지수를 계산한다. [표 3-2]는 DRASTIC 지수를 계산한 후, 평가 대상 지역의 DRASTIC map을 작성할 때, DRASTIC의 지수 범위별로 색칠을 할 색도를 나타낸 표이다. 예를 들어 계산한 총 DRASTIC 지수가 160~179인 구간은 황색으로 표시한다.

[표 3-19] 비포화대 구성암종별 점수와 범위(지표하 1.8m 이하)

비포화대 구성암		
암종별 범위	점수	대표점수
압층(confining layer)	1	1
실트/점토(silt/clay)	2 ~ 6	3
shale	2 ~ 5	3
석회암(limestone)	2 ~ 7	6
사암(sandstone)	4 ~ 8	6
층서석회암, 사암, 세일(bedded limestone, sandstone, shale)	4 ~ 8	6
상당량의 silt와 점토가 함유된 모래, 자갈 (sand and gravel with significant silt and clay)	4 ~ 8	6
변성 및 화성암(metamorphic/Igneous)	2 ~ 8	4
모래와 자갈(sand and gravel)	6 ~ 9	8
현무암(basalt)	2 ~ 10	9
용식석회암(karst limestone)	8 ~ 10	10
가중치 :	농약 가중치 :	

[표 3-20] 대수층의 수리전도도에 따른 점수와 범위

수리전도도(cm/s)	
범위	점수
4.7×10^{-7} ~ 4.7×10^{-5} (1~100)	1
4.7×10^{-5} ~ 1.4×10^{-4} (100~300)	2
1.4×10^{-4} ~ 3.3×10^{-4} (300~700)	4
3.3×10^{-4} ~ 4.7×10^{-4} (700~1000)	6
4.7×10^{-4} ~ 9.4×10^{-4} (1000~2000)	8
9.4×10^{-4} (2000+)	10
가중치 : 3	농약 가중치 : 2

※ ( )는 gpd/ft^2

[표 3-21] DRASTIC 지수 범위(index range)의 색도 코드

DRASTIC index 범위	색도	printing specification color
< 79	violet	pantone purple C
80 ~ 99	indigo	pantone reflex blue
100 ~ 119	blue	pantone process blue C
120 ~ 139	dark green	pantone 247 C
140 ~ 159	light green	pantone 375 C
160 ~ 179	yellow	pantone yellow C
180 ~ 199	orange	pantone 151 C
> 200	red	pantone 485 C

[표 3-22]는 난지도 지역에서 매립지를 조성하기 이전에 파악된 수리지질 특성인자이다. 즉 매립지 조성이전의 지하수위는 지표하 5.2m이므로 [표 3-14]에서 점수는 7점이고 가중치가 5점이므로 35점이 된다.

국내 하상퇴적물에서 지하수 함양률은 최소 강수량의 18% 이상이므로 200m/m/년을 적용하면 [표 3-15]에서 점수는 8점이고 가중치가 4이므로 32점이 된다. 대수층 구성물질은 모래질 자갈층으로 구성되어 있으므로 [표 3-16]에서 대표점수 8점이고, 가중치 3이므로 24점이다. 또한 지표하 1.8m 이내에 분포된 표토는 사질토이므로 8×2 = 16점이고 지형 구배는 2% 이내이므로 10×1 = 10점이다. 비포화대는 모래로 구성되어 있어 8×5 = 40점, 대수층의 수리전도도가 평균 7.6×10^{4}m/s이므로, 8×3 = 20점으로서 총 DRASTIC 점수는 [표 3-22]와 같이 184점이다.

[표 3-22] 난지도 지하수환경의 오염가능성 평가(DRASTIC)

평가인자 \ 평점	주요인자	점수	가중치	rating point	비고
지하수위	5.2m	7	5	35	기존매립지(0.4m)
함양률	200m/m/년	8	4	32	18%
대수층 구성물질	sand, sand gravel	8	3	24	
토양대	sand	8	2	16	18m
topography	0 ~ 2%	10	1	10	
vadose zone	sand	8	5	40	16149pd/ft^2: 한강
수리전도도	7.6×10^{-4}m/s	8	3	20	
총점				184	max. 226, min. 23

대체적으로 DRASTIC 지수(index)가 140점 이상이면 오염취약성이 크다. 따라서 난지도 매립지는 위치선정이 매우 잘못된 매립지이다.

이와 같은 DRASTIC map을 일명 지하수 오염가능성도(groundwater pollution potential map)라 하며 각종 토지이용 계획에 이용할 수 있다. 현재 국토해양부 주관으로 각 지자체별로 시행되고 있는 지하수 기초조사 보고서 작성 시 지하수 오염취약성 분야는 이 DRASTIC방법을 이용하고 있다. 뿐만 아니라 추후 이 방법은 지방지차단체 규모의 광역적인 지하수 보호계획과 각종 개발계획 및 토지이용 계획에 널리 이용될 수 있을 것이다. 필자의 경험에 의하면 국내의 경우 지하수 함양지역 중 지하수위가 매우 깊은 지역을 제외하고는 DRASTIC 평가법을 수정하지 않고 이용해도 별 무리는 없을 것으로 판단된다.

3.2.4 매립지의 오염가능성 평가(landfill site rating)

본 방법은 Legrand-Brown 평가법 또는 폐기물 처분장 평가 표준 시스템(a standardized

system for evaluating waste-disposal site)이라고 불리는 지하수 오염가능성 평가기법이다. 특히 폐기물 매립지의 입지선정 시 여러 개 후보부지 중에서 가장 그 주변 지하수환경에 악영향을 적게 미칠 수 있는 부지를 선정할 때 이용되는 방법으로서 폐기물 처분장 입지선정 평가의 기본 시스템이다.

본 평가기법에는 4개의 주요 수리지질인자와 변수가 이용되며 그 내용은,

① 오염원과 주변 용수 취수지점 사이의 거리
② 지하수면 분포심도
③ 지하수의 동수구배와 오염원과의 방향
④ 오염물질이 거동하는 지표하 대수층의 수리성과 저감능(attenuation capacity) 등 4가지 인자를 이용한다.

본 방법은 매립지의 입지선정뿐만 아니라 여러 개의 기존매립지 중에서 정화의 우선순위를 결정할 때도 널리 이용되고 있다.

평가는 전체 4 stage~10단계(step)로 구성되어 있다. 이를 세론하면 다음과 같이 점수가 높을수록 하부 지하수환경에 대한 오염가능성은 크다.

(1) stage 1.

1) step 1

매립지로 사용할 오염원과 주변 취수정이나 용수 취수지점과의 거리(m)를 이용한다.

점수	0	1	2	3	4	5	6	7	8	9	비고
	—●—	—●—	—●—	—●—	—●—	—●—	—●—	—●—	—●—	—●—	
거리(m)	2000 이상	1000 ~ 2000	300 ~ 999	150 ~ 299	75 ~ 149	50 ~ 74	35 ~ 49	20 ~ 34	10 ~ 19	0 ~ 9	

주 : 만일 지하수위가 투수성 고결암 위에 있을 경우(step 4의 Ⅱ)는 6점을 사용하고 지하수위가 저투수성 암석 위에 있을 경우(step 4의 Ⅰ)는 4점을 사용한다.

2) step 2

연간 5% 이상(18일 이상), 매립예정지 혹은 기존 매립지 저면에서 지하수면까지의 심도(m)

점수	0	1	2	3	4	5	6	7	8	9	비고
	—●—	—●—	—●—	—●—	—●—	—●—	—●—	—●—	—●—	—●—	
수위심도 (m)	60m 이상	30 ~ 60	20 ~ 29	12 ~ 19	8 ~ 11	5 ~ 7	3 ~ 4	1.5 ~ 2.5	0.5 ~ 1	0 ~ 0	

주 : 지하수위가 투수성이 매우 양호하거나 중간 정도 되는 고결암상에 분포되어 있을 때는(step 4의 Ⅱ) 6점, 지하수위가 저투수성 암석 위에 있을 때는(step 4의 Ⅰ) 4점을 이용

3) step 3

매립예정지 혹은 기존 매립지와 지하수의 흐르는 방향과 동수구배

점수	0	1	2	3	4	5	비고
	—●—	—●—	—●—	—●—	—●—	—●—	
동수구배	동수구배 반대방향	0%	2% 이하	2% 이하	2% 이상	2% 이상	
지하수의 흐름방향	오염원과 취수지점과의 거리 : 1000m 이내	정체	취수지역과 사각방향으로 흐름 ◉ ⊗ ↙	취수지역으로 흐름방향 ◉ ←⊗	취수지역과 경사방향으로 흐름 ◉ ⊗ ↙	취수지역으로 흐름 ◉ ←⊗	⊗ : 오염원 ◉ : 취수정

4) step 4

매립부지의 투수성과 흡착성

지층		점토(1)		점토(2) 모래 (함량50%이하)		모래층 15-30% 점토함유		모래층 15% 이하 점토함유		깨끗한 세립모래층		깨끗한 자갈 혹은 조립모래	
두께 \ 구분		Ⅰ(3)	Ⅱ(4)	Ⅰ(3)	Ⅱ(4)	Ⅰ(3)	Ⅱ(4)	Ⅰ(3)	Ⅱ(4)	Ⅰ(3)	Ⅱ(4)	Ⅰ(3)	Ⅱ(4)
기반암위에 분포된 미고결암의 두께(m)	30 이상	0A	0A	2A	2A	4A	4A	6A	6A	8A	8A	9A	9A
	25-29	0B	1C	1D	2F	3E	4G	5F	6E	7F	8E	9G	9M
	20-24	0C	2C	1E	3D	4D	5E	5G	6F	7G	8F	9H	9N
	15-19	0D	3B	1F	4C	4E	6C	5H	7D	7H	8G	9I	9O
	10-14	0E	4B	2D	5B	4F	6D	5I	7E	7I	9D	9J	9P
	3-9	1B	6B	2E	7B	5C	7C	5J	8D	7J	9E	9K	9Q
	3 이하	2B	8B	3C	8C	5D	9B	5K	9C	7K	9F	9L	9R
	지표면이 기반암인 경우 Ⅰ×5Z, Ⅱ×9Z												

● 설명
① 미국 농림청, 입경분석 분류에 기초
② 지표면하 30m 이내에 고결암이 분포되어 있지 않은 지역인 경우는 A문자
③ I 구분 : 미고결암이 shale이나 저투수성 고결암상에 분포되어 있을 때
II구분 : 미고결암이 파쇄대나 절리가 많이 발달되어 있는 화성암, 변성암이나 단층이나 용석석회암처럼 투수성 고결암 상에 분포되어 있을 때
행열표 내에 있는 숫자는 점수이고, 알파벳으로 표기된 문자는 행열표 내에서 위치지점을 확인할 수 있는 참고문자이다.

5) step 5

자료의 신뢰성과 정확도

A	B	C
사용한 자료의 신뢰성과 정확도가 양호할 경우	사용한 자료의 신뢰성과 정확도가 보통 정도일 경우	사용한 자료의 신뢰성과 정확도가 조금 떨어질 경우

6) step 6

식별문자 : step 4까지 계산한 점수 후미에 최소 4개의 식별 문자가 다음과 같이 배열된다.

- 첫 번째 식별문자 : step 4의 투수성과 흡착성 평가 시 각 점수 후미에 붙어 있는 식별문자
- 두 번째 식별문자 : step 5에서 평가한 A, B, C와 같은 신뢰성 식별문자
- 세 번째 식별문자 : 오염원으로부터 측정한 거리의 기준이 우물인 경우에는 Ⓦ, 하천과 지속 용천이면 Ⓢ, 부지경계선이면 Ⓑ 등의 식별문자
- 네 번째 식별문자 : step 6에 명시된 식별문자 중에서 부지특성에 가장 대표적인 첨자를 선택하되 1개 이상 첨자를 부가해도 무방하다.

C : 평가점수에 대한 추가설명이 요하는 경우

D : 오염원 부근에 형성된 수위강하구간으로 인해 지하수가 채수정으로 유입될 때

E : 기록한 거리가 원오염원으로부터 거리가 아니고 기존 오염구간의 가장 가까운 경계지점과 취수정까지의 거리인 경우

F : 오염원이 범람원과 같은 지하수 배출지역에 위치해 있음을 나타낼 때

K : 매립예정지나 기존 매립지가 용식석 회암지대에 위치해 있거나 매립지 하부에 용식석회암이 분포할 때

M : 오염부지 하부에 자유면 지하수위가 누적 시

P : 투수성과 흡착성의 점수가 3점 이하일 때 지하침투 시 문제성이 있을 때이다. 따라서 침투율이 부정확한 경우

R : 수두가 높은 지역으로부터 지하수흐름이 방사상일 때(2개 이상의 부지점수가 필요한 경우)

T : 자유면 지하수가 파쇄 및 용식 석회암에 있을 경우

Y : 자유면 대수층 하부에 1개 이상의 피압대수층이 분포하는 경우

7) step 7

부지의 수치 서술 - step 1에서 4단계에서 결정된 값을 모두 합한 점수를 기록하고 그 다음에 각 단계별로 확정된 값을 기록한다.

다음에 step 5 및 step 6의 식별문자를 다음과 같이 표기한다.

		step 2의 지하수위		step 4의 투수성-흡착성점수와 첨자			step 6 기타 식별문자	
		↑		↙	↘		↙	↘
17 –	2	8	3	4	F	B	S	M
	↓		↓			↓		
	step 1의 거리점수		step 3의 동수구배			step 5의 신뢰도		

[표 3-23]은 오염물질의 형태나 위험성(severity)은 고려하지 않고 순수한 해당부지의 수리지질 특성만을 이용하여 각 step별로 구한 총점을 이용하여 해당부지가 매립지로 적정한지 여부를 판단하는 데 사용하는 등급표이다.

[표 3-23]은 지하수위와 동수구배는 사용하지 않았다.

예를 들어 [표 3-23]에서 총 점수가 17로서 C등급인 경우에 평가부지는 매립지로 이용해도 주변 지하수환경에 악영향이 별로 없는 것으로 판단되나 거리 점수가 2 이상이거나 투수성과 흡착성이 4 이상이면 안 된다.

[표 3-23] 수리지질인자만을 이용하여 평가한 일반적인 부지의 적정성 평가

등급		총 점수	거리(최대)	지하수위	동수구배	투수성과 흡착성(최대)
A	최적	10 이하	0			2
B	매우양호	11 ~ 14	1			3
C	양호	15 ~ 17	2			4
D	보통	18 ~ 20	3			5
E~F	부적합	20 이상	-			-

3.2.5 폐기물, 비포화대(토양) 및 매립부지와 상호 연관 행렬식 평가법 (waste-soil-site interation matrix)

본 기법은 육상 산업폐기물 처분장과 액상폐기물 처분장을 평가하기 위해 개발된 것으로 폐기물과 관련해서 10개 인자, 부지와 관련해서 7개 인자를 행렬표로 작성하여 평가부지가 각종 폐

기물 처분장으로의 적합성 여부를 판단하는데 널리 이용된 바 있다.

본 방법은 미국의 Super fund site의 정화 우선순위(NPL) 결정 시 사용된 기법이다. 특히 폐기물은 그 특성에 따라 인간에게 미치는 독성(0~10점), 지하수에 미치는 악영향(0~10점), 발병형태(0~10점), 화학적인 지속성(1~5점), 생물학적인 지속성(1~4점), 흡착성(1~10점), 점성(1~5점), 수용성(1~5점), 산도/알카리도(0~5점) 및 폐기물의 부하율(1~10점)로 구분하여 그 위해정도에 따라 등위점을 부여토록 되어 있다.

또한 부지 내에 분포된 토양군은 토양의 투수성(2.5~10점)과 토양의 흡착성(1~10점)에 따라, 수리지질군은 지하수위(1~10점), 동수구배(1~10점) 및 침투율(1~10점)에 따라, 부지군은 거리(1~10점), 다공질 지층의 두께(1~10점)에 따라 등위점을 부여한 후 폐기물군의 각 항목에서 결정된 점수와 부지군의 각 항목에서 결정된 점수를 서로 곱하여 행렬식으로 작성한다(표 3-25).

본 기법의 최소 점수는 45점이고 최대점수는 4830점이며 평가점수가 500 이상 되면 문제부지로 구분한다.

[표 3-25]는 1개 폐기물 매립지 예정지에서 처분 예정인 폐기물의 특성과 매립예정지의 토양, 수리지질 및 부지특성 자료를 [표 3-24]에서 제시한 기준에 의거하여 폐기물과 비포화대(토양) 및 매립부지의 상호 연관 행렬표를 작성한 내용이다. 이에 의하면 상기 예정매립지의 총 점수는 990점이다.

[표 3-24] 폐기물 – 토양 – 매립부지의 상호 연관 행렬식 평가기준(Phillips 등)

군	인자
1. 영양군 (effect)	1. 인간에 미치는 독성(H_t) 점수 : 0~10점 오염물질이 인체의 민감한 부위에 접촉되었을 때 해를 줄 수 있는 가능성에 기초. 오염물질의 악성에 따라 H_t는 다음 식으로 구한다. $H_t = \frac{10}{3} S_r$ S_r 3 : 매우 독성일 때($H_t = 10$) 섭취, 호흡, 피부접촉에 의해 생명에 위험을 줄 정도의 해를 주거나 영구적으로 물리적인 인체손상을 주는 독성물질(발암성 물질이나 농약) $S_r = 2$: 보통정도의독성일 때($H_t = 7$) 인체에 악영향을 미치기는 하나 생명에 위험을 주거나 영구적인 인체손상을 일으키지 않는 물질 $S_r = 1$: 약간 독성일 때($H_t = 3$) 인체에 영향을 주나 치료를 하지 않아도 쉽게 다른 물질로 바뀔 수 있는 물질 $S_r = 0$: 독성이 전혀없을 때($H_t = 0$) 전혀 위해를 주지 않거나 과다섭취 시에만 인체에 독성을 미치는 물질 2. 지하수에 미치는 독성(G_t) 점수 : 0~10점 지하수의 독성은 폐기물의 구성성분과 농도에 기준을 두고 있으며 여기서 농도란 생태계에 해로운 영향을 주는 결정적인 농도를 뜻한다. 따라서 결정적인 농도란 인간, 수생식물계에 악영향을 주는 독성을 뜻하거나 인간이나 동식물에게 손상을 일으킬 수 있는 최소 농도를 의미한다. 즉 인간에게 미치는 독성기준은 음용수의 수질기준을, 수생어류는 L_{C50}을, 식생들에 대해서는 해당

	지역에서 가장 민감한 식물에게 악영향을 주는 치사농도를 결정적인 농도로 정의한다. $G_t = \frac{10}{7}(4 - \log C_c)$ 여기서 G_t는 지하수에 미치는 독성 점수이다. C_c : 인간 - 음용수의 수질기준(mg/l) 수생식물 - L_{c50} 식생 : 가장 민감식물의 치사농도 적용 만일 $C_c > 10^4$mg/l이면 G_t = 0 $C_c > 10^{-3}$mg/l이면 G_t = 10 지하수 내에 No_3가 10mg/l 함유되어 있으면 G_t = 4.3이 된다.
2-1. 습성균 (반응작용)	3. 질병전파능(D_p), 점수 : 0~10점 이 항목은 폐기물 내에 들어 있는 다음과 같은 3종의 질병 전파특성에 따라 평가한다. 즉 발병형태, 병원균의 생존상태 및 병원균의 생존능력에 따라 평가하여 총점을 합산한다. • subgroup A : 발병형태 직접접촉으로 즉각적인 위해 : 4 상처부위를 통한 감염 : 3 매개물(곤충)에 의한 감염 : 1.5 • subgroup B : 병원균의 생존형태 바이러스나 곰팡이처럼 생존상태가 다양한 병원성 미생물 : 3 채소병균처럼 1회 생존하는 병원성 미생물 : 2 숙주 밖에서는 생존불능인 병원성 미생물 : 0 • subgroup C : 다양한 환경에서 병원균이 생존할 수 있는 능력 대기에서 생존가능 : 1.5 수계에서 생존가능 : 1.0 토양 내에서 생존가능 : 0.5 상기 3개 subgroup의 합을 D_p로 취한다. 4. 화학적 지속성(chemical persistance)(C_p), 점수 : 1~5점 폐기물 내에서 화학물질의 시간경과에 따른 지속성에 기초를 둔 폐기물 내에 함유된 독성성분의 붕괴는 선형으로 감소하는 것으로 가정한다. 즉 독성성분의 농도는 1급 붕괴율(first-order decay constant rate)로 표현한다. $C_p = 5\exp(-kt)$ 여기서 $C_p < 1$이면 $C_p = 1$ 으로 취급한다. 상기 식에서 k는 다음 식으로 구한다. $\frac{C_6}{C_1} = \exp(-kt) \quad \therefore C_p = f\frac{C_6}{C_1}$ 여기서 C_1은 1일 이후에 독성성분의 농도 C_6은 6일 이후에 독성성분의 농도이다. C_1, C_6을 결정할 때 토양과 폐기물의 중량비는 1:1이다. 이를 혼합할 때 부지의 평균 최저온도 하에서 노출된 상태여야 한다. 화학적인 지속성(C_p)은 1(매우 불안정한 독성물질)에서 최대 5(매우 안정된 독성물질) 5. 생물학적인 지속성(B_p) 점수 : 1~4점 B_p는 시간경과별 폐기물 구성성분의 생분해에 근거를 두고 있다. 생물학적인 분해는 5일 동안 측정한 BOD를 이용한다. 생분해가 매우 잘 되는 폐기물의 BOD는 이론적인 전 산소요구량(TOD)과 대체적으로 비슷하다(화학적인 산화작용으로 측정한 TOD). 따라서 BOD/TOD를 생분해의 척도로 이용한다. 생물학적인 지속성인자 B_p B_p = 4(1-BOD/TOD)

2-1. 습성군 (반응작용)	6. 흡착성(S_o), 점수 : 1~10점 이 인자는 토양과 폐기물의 흡착성에 기초를 두고 있다. 측정 시 토양과 폐기물의 무게비는 1:10이고 So는 $S_o = 11 - \frac{C_o}{C_1}$ 여기서 C_o는 폐기물 내에 들어 있던 독성성분의 초기농도 C_1는 1일 이후의 농도 $\frac{C_0}{C_1} > 10$ 이면 S_o = 1(흡착능이 매우 큰 성분) S_o = 10(전혀 흡착이 되지 않는 H^{3+} 같은 비반응성 성분) 7. 점성(V_i), 점수 : 1~5점 V_i는 폐기물이 토양을 통해 지하수면까지 거동하는 능력의 척도이다. 즉 폐기물이 지하수면까지 거동하는 현상은 폐기물의 점성에 따라 좌우된다. 점성이 적은 폐기물은 점성이 큰 폐기물보다 빠르게 거동한다. 따라서 $V_i = 5 - \log\mu$ μ: 폐기물의 점성(centipoise),부지의 최대평균온도에서 측정 $\mu > 10$이면 $V_i = 1$(매우 점성) $\mu < 1$이면 $V_i = 5$(물의점성) 8. 용해도(S_y) 점수 : 1~5점 S_y는 물 속에서 폐기물의 용해도를 반영하기 때문에 지하에서 수용성상태로 폐기물이 거동할 수 있는 척도이다. $S_y = 3 + 0.5\log 5$ 여기서 S는 pH가 7이고 25℃의 순수수에서 폐기물의 용해도이다. $S < 10^{-4}$이면 $S_y = 1$(소수성) $S > 10^{-4}$이면 $S_y = 5$(친수성) 폐기물이 물에 혼합될 수 있을 때는 S_y = 5를 사용한다. 9. 산도/알카리도(A_b) 점수 : 0~5점 산도와 알카리도가 높은 폐기물은 환경에 불필요한 물질이다. 고산성폐기물은 침전된 중금속을 용해하여 지하환경에서 이들이 거동토록 하여 결국 지하수를 오염시킨다. 이에 반해 고염기성인 폐기물은 중금속을 침전시켜 지하환경 내에서 거동치 못하도록 한다. 따라서 A_b는 pH에 따라 다음 그림에서 구한다. 폐기물의 pH ≤ 0 1 2 3 4 5 6 7 8 9 10 11 12 13 ≥ 14 ――――――――――――――――――――――――――― A_b 값 5 5 5 4 3 2 1 0 0 1 1 2 2 3 3 폐기물이 고체상태일 때는 물과 폐기물의 무게비가 1:1일 때 폐기물의 pH를 측정하여 A_b에서 제한다.
3. 부하율 (capacity rate group)	10. 폐기물 부하율(waste application rate)(A_r), 점수 1~10점 처분하는 폐기물의 부하율에 따른 비포화대의 저감능력을 기초로 하여 Ar을 결정한다. 폐기물 처분량이 많으면 비포화대의 저감능력(attenuation capacity)을 초과하여 침출량이 증대되어 결국 지하수계를 오염시킨다. 단위체적의 폐기물 내에 함유된 오염물질의 양 × 단위면적당 폐기물의 살포체적률 = 단위시간 동안 단위 면적당 오염물질의 살포량 ㉮ $A_r = 4.5\log\left[\sqrt{(R_f \cdot C_o)}\, N_s\right] + 1$ A_r : 폐기물 살포(부하)율

3. 부하율 (capacity rate group)

㉯ N_s : 부지의 흡착인자

$$N_s = \frac{10}{S_{\max}+1}[(S_{\max}+1)-S] = \frac{10}{7}(7-S)$$

S : Legrand의 흡착계수

㉰ R_f : 체적살포율로 다음 표에서 구한다.

R_f	1	2	3	4	5	6	7	8	9	10
살포율 (gal/ft^2. day)	〈0.1	0.1-0.5	0.5-1.0	1-2	2-3	3-4	4-5	5-6	6-7	〉7

㉱ $C_o = 5 + 1.25\log C$ C: 폐기물의 농도(mg/ℓ)

$C < 10^{-4}\ mg/\ell$ $C_o = 1$

$C > 10^{-4}\ mg/\ell$ $C_o = 10$

혼합폐기물 내에서 1개 성분이 문제성분일 때는 폐기물의 거동은 문제성분을 이용하여 평가하고 그렇지 않은 경우에는 각 성분에 대해 평가한다.

4. 토양 및 비포화대 (soil group)

1. 투수성(N_p) 점수 : 2.5~10점

투수성평가는 매립부지를 2종의 카테고리로 분류해서 실시한다.

㉮ 느슨한 입상의 매질로 구성된 토양으로서 단일층이며 두께가 30m 이상일 때

㉯ 부지표면이 미고결암으로 구성된 2개 지층으로 구성되어 있고 그 하부에 선형공극을 가진 조밀한 암석으로 구성되어 있을 때 평균 투수성(Np)은 다음 식으로 구한다.

$$N_p = \frac{10}{P_{\max}+1}[(P_{\max}+1)-P] = \frac{10}{4}(4-P)$$

여기서 N_p는 투수성인자이고 P는 다음 표에서 매질구성물질에 따른 점수이다. 즉 Legrand 법의 최대 P값과 동일하다.

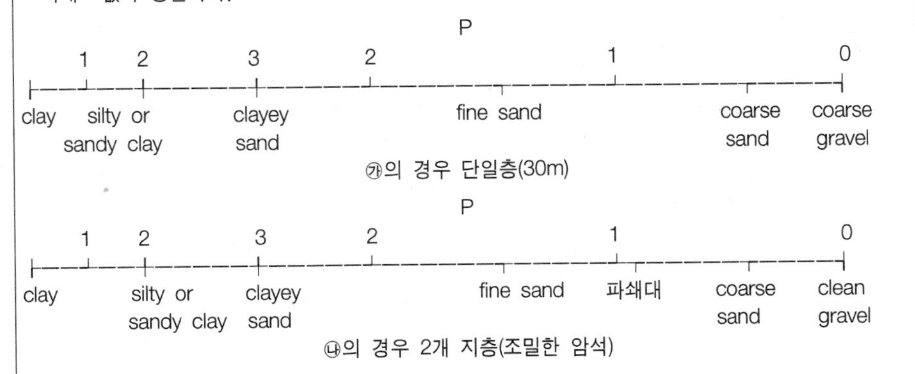

㉮의 경우 단일층(30m)

㉯의 경우 2개 지층(조밀한 암석)

2. 흡착성(sorption N_s) 점수 : 1~10점

$$N_s = \frac{10}{S_{\max}+1}[(S_{\max}+1)-S] = \frac{10}{4}(7-S)$$

S :밑 표에서 Legrand의 흡착점수

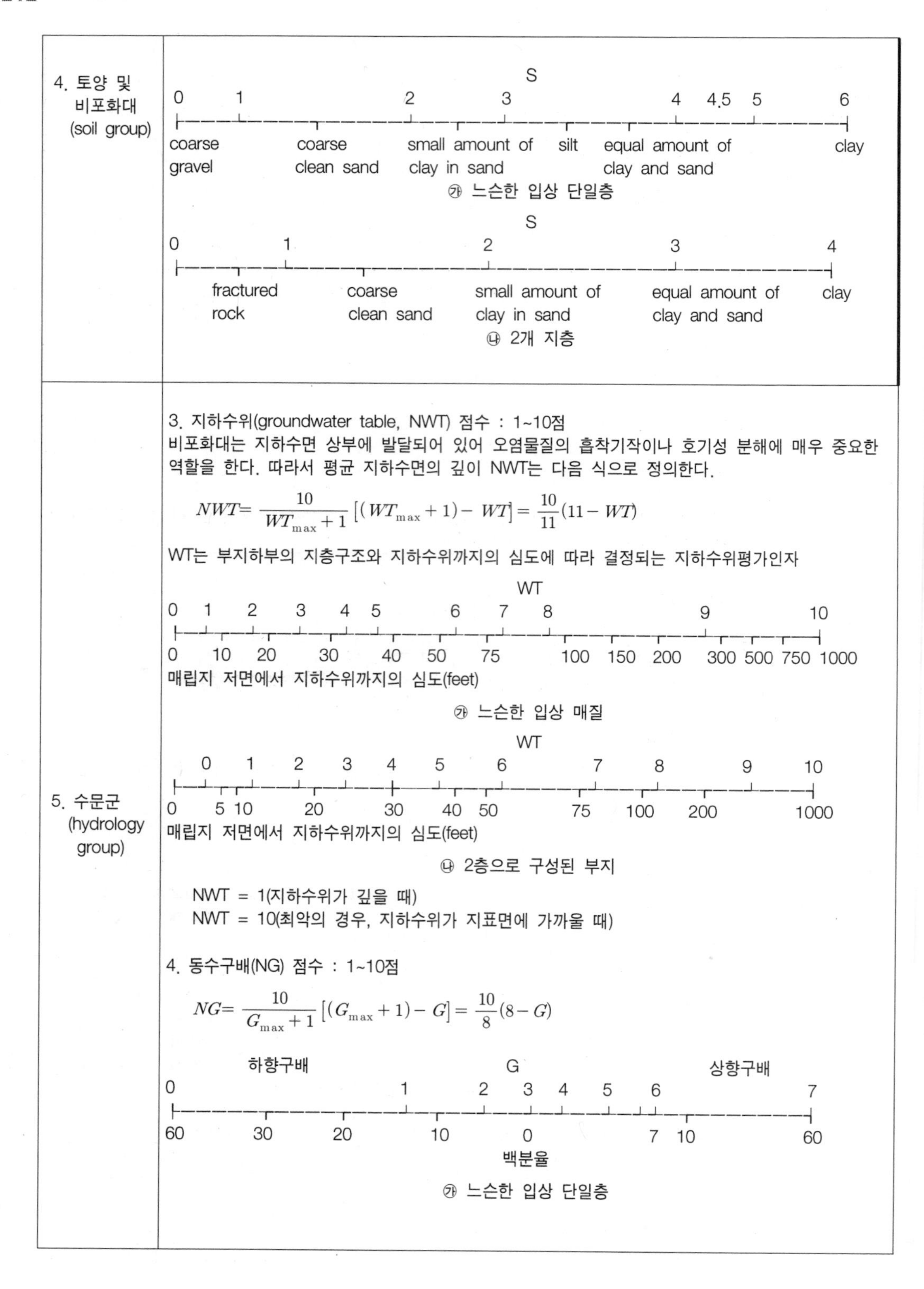

4. 토양 및 비포화대 (soil group)

S

0 1 2 3 4 4.5 5 6

coarse gravel — coarse clean sand — small amount of clay in sand — silt — equal amount of clay and sand — clay

㉮ 느슨한 입상 단일층

S

0 1 2 3 4

fractured rock — coarse clean sand — small amount of clay in sand — equal amount of clay and sand — clay

㉯ 2개 지층

5. 수문군 (hydrology group)

3. 지하수위(groundwater table, NWT) 점수 : 1~10점

비포화대는 지하수면 상부에 발달되어 있어 오염물질의 흡착기작이나 호기성 분해에 매우 중요한 역할을 한다. 따라서 평균 지하수면의 깊이 NWT는 다음 식으로 정의한다.

$$NWT = \frac{10}{WT_{\max}+1}\left[(WT_{\max}+1) - WT\right] = \frac{10}{11}(11 - WT)$$

WT는 부지하부의 지층구조와 지하수위까지의 심도에 따라 결정되는 지하수위평가인자

WT

0 1 2 3 4 5 6 7 8 9 10

0 10 20 30 40 50 75 100 150 200 300 500 750 1000

매립지 저면에서 지하수위까지의 심도(feet)

㉮ 느슨한 입상 매질

WT

0 1 2 3 4 5 6 7 8 9 10

0 5 10 20 30 40 50 75 100 200 1000

매립지 저면에서 지하수위까지의 심도(feet)

㉯ 2층으로 구성된 부지

NWT = 1(지하수위가 깊을 때)
NWT = 10(최악의 경우, 지하수위가 지표면에 가까울 때)

4. 동수구배(NG) 점수 : 1~10점

$$NG = \frac{10}{G_{\max}+1}\left[(G_{\max}+1) - G\right] = \frac{10}{8}(8 - G)$$

하향구배 G 상향구배

0 1 2 3 4 5 6 7

60 30 20 10 0 7 10 60

백분율

㉮ 느슨한 입상 단일층

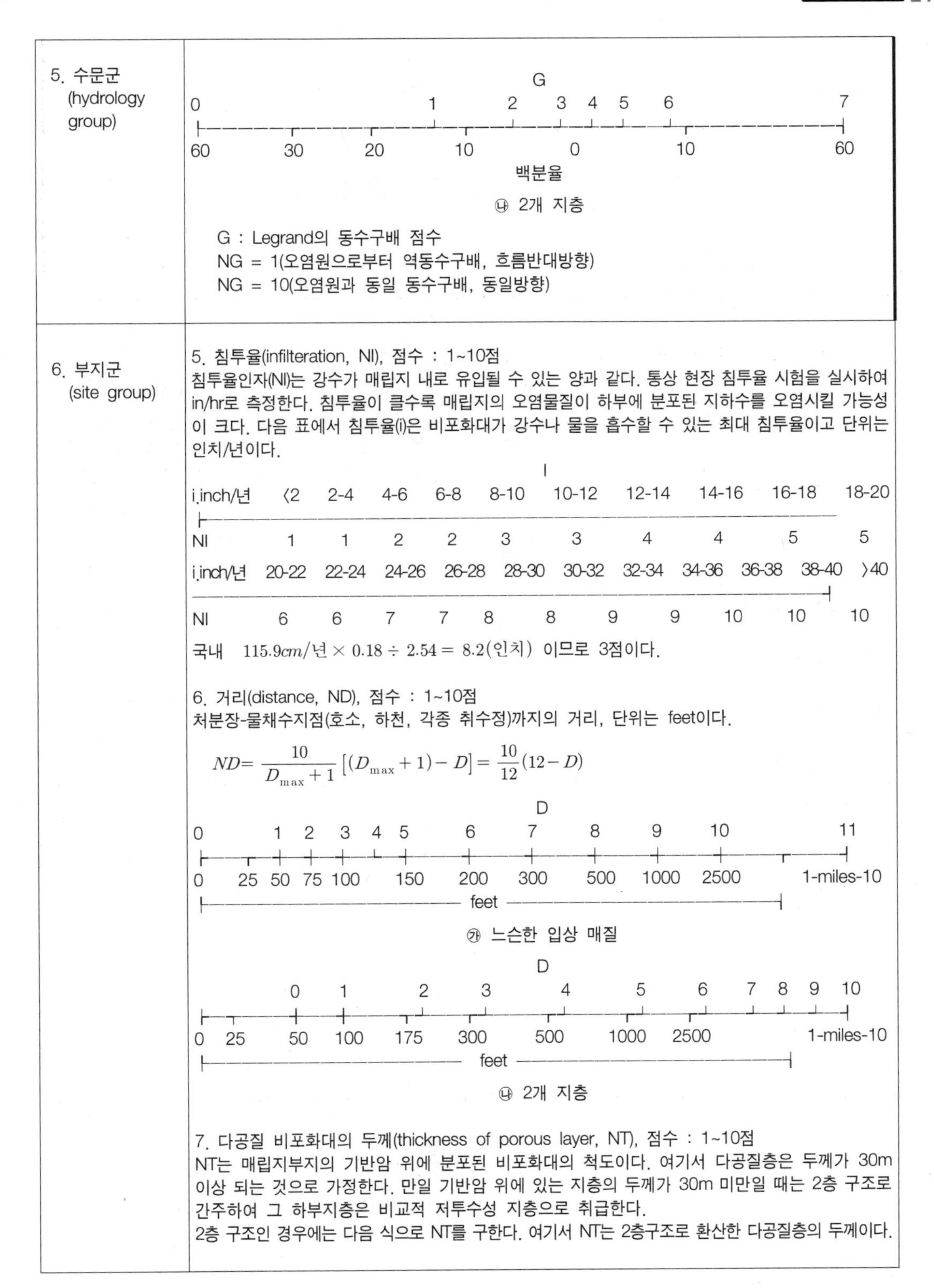

5. 수문군 (hydrology group)

G

G	0	1	2	3	4	5	6	7

백분율	60	30	20	10	0	10	60

㉯ 2개 지층

G : Legrand의 동수구배 점수
NG = 1(오염원으로부터 역동수구배, 흐름반대방향)
NG = 10(오염원과 동일 동수구배, 동일방향)

6. 부지군 (site group)

5. 침투율(infilteration, NI), 점수 : 1~10점
침투율인자(NI)는 강수가 매립지 내로 유입될 수 있는 양과 같다. 통상 현장 침투율 시험을 실시하여 in/hr로 측정한다. 침투율이 클수록 매립지의 오염물질이 하부에 분포된 지하수를 오염시킬 가능성이 크다. 다음 표에서 침투율(i)은 비포화대가 강수나 물을 흡수할 수 있는 최대 침투율이고 단위는 인치/년이다.

I

i.inch/년	〈2	2-4	4-6	6-8	8-10	10-12	12-14	14-16	16-18	18-20
NI	1	1	2	2	3	3	4	4	5	5

i.inch/년	20-22	22-24	24-26	26-28	28-30	30-32	32-34	34-36	36-38	38-40	〉40
NI	6	6	7	7	8	8	9	9	10	10	10

국내 $115.9cm/년 \times 0.18 \div 2.54 = 8.2(인치)$ 이므로 3점이다.

6. 거리(distance, ND), 점수 : 1~10점
처분장-물채수지점(호소, 하천, 각종 취수정)까지의 거리, 단위는 feet이다.

$$ND = \frac{10}{D_{max}+1}[(D_{max}+1) - D] = \frac{10}{12}(12 - D)$$

D

D	0	1	2	3	4	5	6	7	8	9	10	11

0, 25, 50, 75, 100, 150, 200, 300, 500, 1000, 2500 (feet), 1-miles-10

㉮ 느슨한 입상 매질

D

D	0	1	2	3	4	5	6	7	8	9	10

0, 25, 50, 100, 175, 300, 500, 1000, 2500 (feet), 1-miles-10

㉯ 2개 지층

7. 다공질 비포화대의 두께(thickness of porous layer, NT), 점수 : 1~10점
NT는 매립지부지의 기반암 위에 분포된 비포화대의 척도이다. 여기서 다공질층은 두께가 30m 이상 되는 것으로 가정한다. 만일 기반암 위에 있는 지층의 두께가 30m 미만일 때는 2층 구조로 간주하여 그 하부지층은 비교적 저투수성 지층으로 취급한다.
2층 구조인 경우에는 다음 식으로 NT를 구한다. 여기서 NT는 2층구조로 환산한 다공질층의 두께이다.

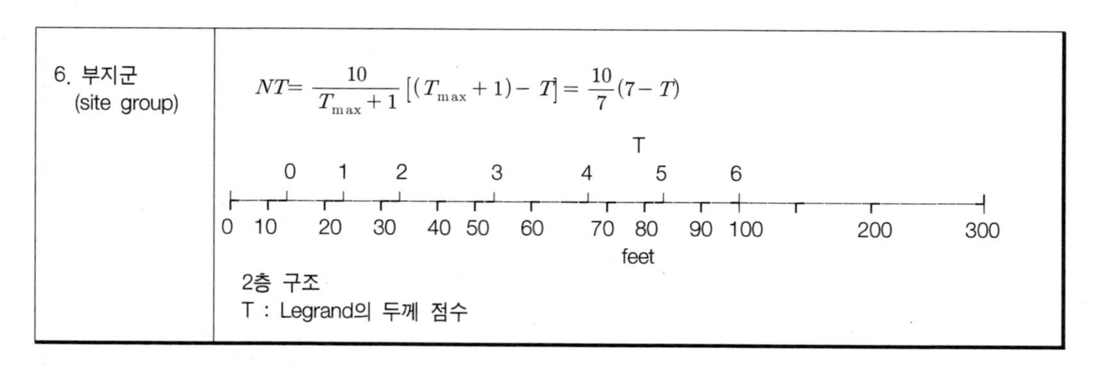

[표 3-25] 폐기물-토양-매립부지의 상호연관행렬표 (Phillips, 1977)

폐기물군 \ 부지군			토양군		수리지질군			부지군		계
			수리전도도 (NP) (2.5-10)	흡착성 (NS) (1-10)	지하수위 (NWT) (1-10)	동수구배 (NG) (1-10)	침투율 (NI) (1-10)	거리 (ND) (1-10)	다공질지층의 두께(NT) (1-10)	
폐기물		점수 \ 점수	5	4	5	2	6	7	1	30
	영향군	인간에 미치는 독성 (H_t) (0-10)	8	40	32	40	16	48	56	8	240
	영향군	지하수에 미치는 독성 (G_t) (0-10)	5	25	20	25	10	30	35	5	150
	영향군	질병전파가능성(D_p) (0-10)	0	-	-	-	-	-	-	-	-
거동	반응성	화학적 지속성(C_p) (1-5)	3	15	12	15	6	18	21	3	90
거동	반응성	생물학적 지속성(B_p) (1-4)	4	20	16	20	8	24	28	4	120
거동	반응성	흡착성(S_o) (1-10)	5	25	20	25	10	30	35	5	150
거동	이동특성	점성(V_i) (1-5)	2	10	8	10	4	12	14	2	60
거동	이동특성	용해도(S_y) (1-5)	1	5	4	5	2	6	7	1	30
거동	이동특성	산도/알카리도(A_b) (0-5)	1	5	4	5	2	6	7	1	30
	폐기물부하율(A_r) (1-10)		4	20	16	20	8	24	28	4	124
	총점		33	165	132	165	66	198	231	33	990

상기 점수를 이용하여 해당지역이 매립지로서 적정한가 적정치 않은가 판단하는 기준은 [표 3-26]에 나타난 바와 같다. 따라서 본 지역은 총 점수가 500점을 상회하므로 폐기물 매립지로 부적합하다.

본 방법은 예정 매립지의 적합성 판단기준뿐만 아니라 전술한 바와 같이 기존 매립지의 정화 우선순위나 침출수 누출가능성을 평가하는 데 이용되고 있다. 미국의 중부 Oklahoma지역에서 정화조에 의한 지하수오염 연구에 널리 이용된 바 있다.

[표 3-26] 최종 평가

등급	총점	폐기물처분장의 적합성 평가 기존폐기물처분장의 지하수오염우선수위 결정
class 1	45 ~100	수용 가능(acceptable)
class 2	100 ~ 200	
class 3	200 ~ 300	
class 4	300 ~ 400	
class 5	400 ~ 500	
class 6	500 ~ 750	부적합(unacceptable)
class 7	750 ~ 1000	
class 8	1000 ~ 1500	
class 9	1500 ~ 2500	
class 10	2500 이상	

3.2.6 부지 점수화 평가법(site rating methodology. SRM)

SRM은 super fund site의 정화 우선순위를 결정하기 위해 사용된 평가법으로서 다음과 같은 3종의 시스템으로 구성되어 있다.

① 1개 매립지의 위해가능성을 점수화하여 평가하는 시스템(rating factor system)과
② 부지가 가지고 있는 특수한 문제에 근거하여 점수화한 것을 추가 보정하는 시스템 (additional point system)과
③ 점수화한 것을 합리적으로 해석하는 시스템(scoring system)으로 구성되어 있다.

이중에서 첫 번째 단계를 점수요인 시스템(rating factor system)이라 하고, 두 번째 단계를 추가적인 점수 시스템(additional points systme)이라 하며, 세 번째 단계를 점수조정 시스템 (scoring system)단계라 한다.
점수 요인 시스템은 일반적으로 적용 가능한 31개의 점수요인을 이용해서 폐기물 처분장의 초기평가에 사용한다.
[표 3-27]에서 볼 수 있는 것처럼 31개 점수요인을 목적하는 바에 따라 다음과 같이 크게 4개의

부류로 구분하였다. 즉 ① 수용체 ② 피복(노출)경로 ③ 폐기물의 특성, ④ 폐기물 관리방식 등이다.

각 점수요인은 다시 위해가능성 정도에 따라 0에서 3까지 4단계로 점수규모를 구분한다. 0단계 규모는 전혀 잠재위험이 없는 경우이고, 3단계 규모는 잠재위험 가능성이 매우 높은 것으로 구분하였다. 점수요인은 기 발간된 보고서나 공공 및 개인소유의 자료나 관련기관과 협의 및 현장답사를 통해서 가용자료를 쉽게 취득 평가가능토록 점수규모(rating scale)를 정의했다.

그러나 점수요인은 추후 발생가능한 동일한 규모의 환경영향을 모두 평가할 수 없기 때문에 평가할 환경영향의 상대적인 규모에 따라 각 요인에다 승수(multiplier)를 곱하도록 되어 있다. 이러한 승수는 원칙적으로 여러 가지 기술적인 원리로부터 전문가의 판단에 따라 결정하도록 되어 있으나 현장조사 결과에 따라 수정할 수 있도록 하였다.

이 값을 각 점수요인에 대한 조정점수로부터 도출된 적절한 점수요인과 곱해서 사용한다.

추가정보 시스템은 일단계의 점수요인 시스템에서 적절하게 다루지 못했던 평가 대상시설물의 위치, 설계 및 운영에 관한 세부적인 형태를 다룰 수 있다.

예를 들면 일개 평가대상 매립지 인근에 매우 조밀한 인구밀도를 가진 지역은 부지로부터 반경 300m 이내에 거주하는 사람들의 점수요인이 나타내고 있는 것보다 더 위해한 것으로 되어 있다. 따라서 세부적인 형태는 매립지에서 일반적인 심각성, 특징성이나 점수규모로 평가할 수 없는 위해를 다룰 수도 있다. 폭발성이나 인화성 폐기물이 혼합되어 있는 매립지에 동력선이 지나갈 때는 잠재적인 위험성이 있다.

매립지와 가장 가까이 소재하는 부지외곽에 있는 건물의 기능은 인간노출의 심각한 위협이 존재함을 의미한다. 이러한 형태의 기능은 거리의 개념만으로 점수규모로는 정량화 할 수 없다. 이 경우 평가자는 추가점수 시스템을 사용해서 점수를 보정하는 것보다는 그 부지에 대해서 보다 큰 위해가능점수를 매길 수 있다.

[표 3-27] SRM에서 점수요인(rating factor)과 규모

점수규모의 정도(rating scale levels)				
내용 / 점수요인(rating)	0 (위해가능성 없음)	1	2	3 (위해가능성이 매우 큼)
가. 수용체(receptors)				
1. 30m 이내에 거주하는 사람의 수	0	1~25인	26~100인	100인 이상
2. 식수용 취수정까지 거리(m)	4,800 이상	1,600~4,800	915~1,600	0~915
3. 토지이용/구획	토지이용과는 먼 지역	농경지	상공업용	주거용
4. 주변의 결정적인 환경	결정적인 환경이 아님	오염되지 않은 자연지역	습지, 범람원, 보호지역	멸종, 희귀종의 서식지

나. 노출(피폭)경로(pathway)				
5. 오염징후	없음	간접적인 징후	직접관찰을 통한 오염징후 있음	실험실분석을 통해 직접적인 오염징후 있음
6. 오염정도	없음	알려지지 않았거나 미세한 정도	현지 답사 시 감지키 어려운 정도의 중정도 오염. 그러나 실내시험을 통해 오염 확인 가능	현지 답사 시 쉽게 감지할 수 있을 정도로 심하게 오염된 정도
7. 오염형태	없음	단지 토양의 오염	생물원의 오염	공기, 물 및 곡물 등 오염
8. 인근지표수체의 거리(m)	8,000 이상	1,600~8,000	305~1,800	0~305
9. 지하수면의 깊이(m)	30.5 이상	15.5~30.5	6.3~15.4	0~6.2
10. 강수량(mm/년)	254 미만	254~127	127~508	508 이상
11. 토양의 투수성	점토함량 50% 이상	점토함량 30~50%	점토함량 15~30%	점토함량 0~15%
12. 기반암의 투수성	불투수성	비교적 불투수성	비교적 양호	매우 양호
13. 기반암 심도(m)	18.3 이상	9.5~18.2	3.2~9.4	0~3.1
다. 폐기물 특성(waste characteristics)				
14. 독성(Sax와 NFPA level)	0, 0	1, 1	2, 2	3, 3 혹은 4
15. 방사능(배경강도)	이하이거나 동일	1~3배	3~5배	5배 이상
16. 지속성	쉽게 생분해 가능	straight chain의 탄화수소계열	환형의 탄화수소계열과 그 대체물질	중금속, 다핵 및 할로겐화된 탄화수소
17. 발화성(인화점과 NFPA)	93℃ 이상이거나 0	60~93℃이거나 1	27~60℃이거나 2	27℃이거나 3~4
18. 반응성(NFPA)	0	1	2	3~4
19. 부식성(PH)	6~9	5~6이거나 9~10	3~5이거나 10~12	1~3이거나 12~14
20. 수용성	불용성	약간 수용성	수용성	매우 잘 녹음
21. 휘발성(증기압 mmHg)	0.1 이하	1~25	25~78	78 이상
22. 물리적 상태	고체	스럿지	액상	가스상
라. 폐기물 관리방식				
23. 부지의 관리상태	울타리가 있고 열쇠로 잠겨 있음	경비원은 있으나 울타리 없음	파손된 울타리, 원거리위치	아무것도 없음
24. 유해 폐기물량(ton)	0~250	251~1,000	1,001~2,000	2,000 이상
25. 전체 폐기물량(㎥)	0~12.955	12.956~123.995	123.996~308.445	308.448 이상
26. 폐기물의 양면성	양면성이 있는 폐기물 존재치 않음	위해를 주진 않으나 존재함	추후 위해를 줄 수 있고 존재함	현재 위해를 주고 있으며 존재함
27. 라이너의 사용여부	유기화합물질에 강한 라이너나 점토 라이너 있음	합섬 및 콘크리트라이너	저면 아스팔트 라이너	라이너 사용치 않았음
28. 침출수차집시설의 사용여부	적절한 차집시설과 처리시설 있음	부적절한 차집시설과 처리시설	부적절한 차집시설과 처리시설임	차집 및 처리시설 없음
29. 가스포집시설의 사용여부	상동	차집시설 있으며 화염제어	가스추출장비 있으나 처리가 부적절함	상동
30. 컨테이너 상태와 사용여부	컨테이너 사용하고 있으며 상태가 매우 양호	컨테이너 사용하고 있으나 몇 개가 누수상태	컨테이너 사용하고 있으나 대부분 누수상태	컨테이너 사용치 않았음

[표 3-28]은 제1단계 점수요인 시스템에서 다루지 못했던 추가점수 시스템의 기준을 제시한 것이다. 추가점수를 부여할 때 부지점수화 평가기법의 목적을 원활하게 달성하기 위해서는 각 점수요인 부류에 추가적으로 부여할 수 있는 점수는 수용체인 경우 최대 50점, 피복경로에 최대 25점, 폐기물 특성에 최대 20 및 폐기물 관리형식에 최대 30점까지 제한하였다.

3단계수의 최종 점수조정 시스템은 부지를 평가하기 위해 점수화한 1 및 2단계의 총 점수를 이용한다. 총 점수는 최소 0점에서 최대 100점이 되도록 평준화 하였다. 개개의 위해가능성과 관련해서 총 점수는 누락되었거나 가정한 자료의 백분율이다. 일반적으로 누락자료의 양이 많은 것을 기초로 해서 평가된 백분율 점수는 점수의 신뢰도의 척도이다. 점수가 가지고 있는 뜻은 상대적이거나 절대적인 해석방법으로 접근해서 평가한다. 이때 상대적인 해석은 순위(ranking)를 매기는 수단이 된다.

여러 개의 문제 매립지를 동시에 취급할 때는 반드시 위해도와 정화의 시급성에 따라 순서를 정하는 순위법을 사용한다. 예를 들어 가용자료를 이용해서 평가해야 할 문제매립지가 여러 개 있을 경우에는 순위를 결정한 후에 추가적인 배경자료를 수집하거나 부지답사, 부지조사 및 정화작업의 수행여부는 첫 순위로 매겨진 매립지부터 수행한다.

[표 3-28] SRM에서 추가점수 시스템의 규칙

예	가산점(suggested point allotment)
수용체(최대 50점)	
1) 인근 주민중 특히 어린이들이 부지를 사용하고 있는 경우 (예를 들어 부지주변에 울타리가 쳐져 있고, 원거리에 위치하나 어린이들이 놀이터로 가끔 사용하거나 성인들이 기분전환용 자동차를 가끔 이용 시)	1) 성인들이 가끔 이용하는 경우 : 1~4점 2) 성인들이 규칙적으로 이용하는 경우 : 4~10점 3) 어린이들이 규칙적으로 이용하는 경우 : 10~20점
2) 주변의 건물 형태(예를 들어 학교나 창고)	1) 쇼핑 센터와 같은 공공건물인 경우 : 0~6점 2) 학교나 병원이 있을 경우 : 5~15점
3) 부지주변에 주 대수층, 주 지하수 함양지역 및 주 지표수 취수지점이 있을 때	1) 음용수 공급원과의 근접성(거리)과 공급원의 규모에 따라 0~30점
4) 주변토지의 이용형태(예를 들어 낙농장, 통조림공장, 과수원, 상수도정수처리장들은 문제가 발생될 수 있다)	1) 휴양지로 이용될 시 : 0~10점 2) 식품이나 음료수와 관련된 이용 : 10~30점
5) 경제적으로 중요한 자연자원이 있을 때(농경지나 조개양식장)	1) 영향을 받은 사람 수에 따라 : 0~20점
6) 주요 교통로가 있을 때	1) 철도인 경우 : 0~2점 2) 도로인 경우 : 2~6점 3) 인도나 자전거도로 : 4~10점
7) 305m 반경 이내에 100명 이상의 거주자가 있을 때	1) 25인당 : 1~10점
8) 침식과 유출, 홍수 때 씻겨 내려갈 위험성, 사면안정성	1) 가능성이 있을 때 : 1~4점 2) 보통정도의 가능성이 있을 때 : 4~8점 3) 심각한 문제일 때 : 8~12점
9) 지진활동	1) 일어날 역효과에 따라 : 0~10점

폐기물 특성(최대 20점)	
10) 폐기물 내에 함유된 물질이 발암성, 기형성 및 돌연변이성이 포함되어 있을 때	1) 해당 성분당 : 4점(예 benzene : 4점)
11) 고준위 방사능 폐기물	1) 소량인 경우 : 5점 2) 상당히 많은 양인 경우 : 15점
12) 생명체에게 축적성이 큰 물질	1) 성분마다 : 2점
13) 전염성이 있는 물질	1) 기 알려진 전염성 병원균을 함유하고 있는 폐기물인 경우 : 0~5점
폐기물 관리방식(최대 30점)	
14) 운영 중인 부지에서 종사하는 인원들에게 안전장치와 교육을 시키지 않았을 때(active site)	1) 종사하는 인원수와 그들의 책임에 따라 : 0~4점
15) 운영 중인 부지에서 폐기물의 인화성(active site)	1) 인화된 폐기물의 형태와 방식의 규제에 따라 : 0~10점
16) 부지의 방치 및 폐기	1) 부지 방치 및 폐기시킨 이유에 따라 : 0~5점
17) 폐기물의 기록상태와 도면화(mapping)	1) 유해 및 양면성이 있는 폐기물의 존재에 따라 : 0~8점
18) 폭발 및 인화성 폐기물이 있는 지역 주변에 동력선이나 열원(heat source)이 있을 경우	1) 인화가능성과 근접성에 따라 : 0~8점
19) 비운영폐기물 매립지의 최종 복토두께가 46cm 미만인 경우(18인치 미만)	1) 뚜렷한 문제가 없을 때 : 0~4점 2) 쓰레기가 날릴 때 : 4~8점 3) 유해증기가 발생할 때 : 6~12점
20) 운영 중인 매립지(부지)의 1일 복토가 5cm 미만인 경우	1) 뚜렷한 문제가 없을 때 : 0~4점 2) 쓰레기가 날릴 때 : 2~4점 3) 유해증기가 발생할 때 : 3~6점
21) 폐기물의 총량이 308,445m^3(250 acre-feet) 이상	1) 매 12,340m^3마다 : 15점
22) 폐기물중 유해폐기물의 양이 2,000ton 이상	1) 매 4,000ton마다 : 25점

문제 매립부지의 우선순위 결정은 총 점수나 각 단계별로 도출된 점수나 단계별 점수를 조합하거나 누락된 자료의 백분율 등을 가미한 여러 가지 방법을 사용할 수 있다.

그러나 우선순위를 결정할 때는 총 점수를 이용하는 것이 가장 합리적이다. 왜냐하면 총 점수는 모든 점수요인과 보정자료가 다함께 포괄적으로 함축되어 있기 때문이다. 물론 단계별로 도출해낸 점수도 매우 중요한 우선순위를 제공해 준다.

우선 순위가 결정되면 다음단계로 절대적인 해석(absolute interpretation)을 위해 개발된 스케일을 이용하여 부지에서 나쁜 것이 얼마나 나쁜지(how bad is bad)를 결정할 수 있는 간단한 참조사항과 부지의 문제점을 해결하기 위한 시급성을 결정하는 도구로 사용한다. 이를 위해 작성된 것이 [표 3-29]이다. [표 3-29]의 총 위해가능점수로 표시된 신축성이 있는 스케일을 이용하여 위해의 절대수준을 규정짓는 지침기준으로 활용할 수 있다.

[표 3-29]를 이용하여 평가 대상매립지를 분류하고 그 다음 평가자는 위해성이 없거나 아주 적은 것으로 분류된 매립부지(40점 이하)에 대해 초기조사하기 이전에 위해성이 크거나 매우 큰 것으로 분류된 매립부지(70점 이상)에 대한 세부조사 수행여부를 먼저 결정한다.

[표 3-29] SRM을 이용하여 위해가능 정도를 결정하는 기준

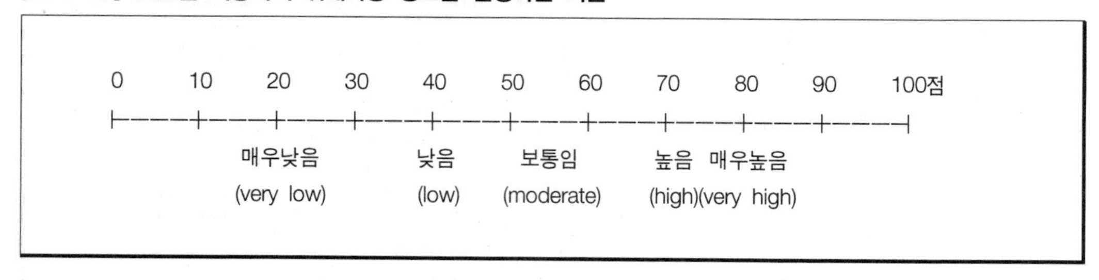

3.2.7 부지 점수화 - 등위 시스템(site rating system, SRS)

본 법은 Hargerty, Pavoni 및 Heer Jr.가 1973년에 개발한 평가기법으로서 이는 산업폐기물 매립지의 입지선정과 산업폐기물 매립지의 주변 환경 오염가능성 평가에 널리 이용되고 있다. 이 기법은 3.2.5절에서 설명한 폐기물 - 비포화대 - 매립부지의 상호 연관행열 평가법과 유사하게 토양군, 지하수군 및 대기군으로 구성되어 있고 각 군마다 순위등급 요인 및 점수가 할당되어 있다. 이를 요약하면 [표 3-30]과 같다.

[표 3-30] SRS의 평가요인

군	순위	요인	비고
1. 토양	1	침투성(I_p) : 폐기물 매립물을 통해 침투될 수 있는 침투수의 침투 능력은 최종 복토층의 침투율과 두께 및 비보유율에 좌우된다. 점수(I_p) : 최소 0.02점(가장 적합) / 최대 20점(최악)	
	1	매립지 저면의 누수가능성(L_p) : 매립지 저면의 비포화대를 통과해서 그 하부 지하수환경까지 물이나 침출수가 통과될 수 있는 능력. 이는 매립지 저면에 분포된 비포화대의 수리성과 그 두께에 좌우된다. 점수(L_p) : 최소 0.02점(가장 적합) / 최대 20점(최악)	
	2	여과능(F_c) : F_c는 매립지 저면의 토양이 침출수 내에 함유된 부유물질을 제거할 수 있는 능력에 근거하여 산출되는 것으로서 토양의 입경사이에 발달된 공극과 입경에 따라 좌우된다. 점수(F_c) : 최소 0점(최대의 여과기능) / 최대 16점(여과기능 불량)	
	2	흡착능(A_c) : 하부로 침투하는 침출수 내에 함유된 무기질 중금속과 유기용매가 저면토양 내에 흡착, 제거되는 기작을 이용. 저면토양의 CEC나 f_{oc}에 따라 좌우. 점수(A_c) : 최소 0점(흡착능 양호) / 최대 16점(흡착능 불량)	
2. 지하수	3	유기물 함량(O_c) : 지하수 내에 함유된 유기물이 병원성 미생물의 재생기질로 이용되는 기능을 활용. O_c는 지하수의 생물학적인 산소요구량(BOD)에 따라 좌우된다. 점수(O_c) : 최소 0점(병원성 미생물 재생이 최소) 최대 10점(병원성 미생물 재생이 최대)	

	3	완충능(B_c) : 대수층 내로 유입된 산성 및 염기성 침출수의 중화반응에 근거. B_c는 지하수의 pH, 산도 및 alkalinity에 따라 좌우 점수(B_c) : 최소 0점(strong buffer) / 최대 10점(week buffer)	
	4	잠재이동거리(T_d) 지하수환경 내에서 오염물질의 분산능에 기초. T_d는 누출된 오염물질이 폐기물 처분장 저면을 따라 인근 지하수와 지표수체로 거동하는 거리에 따라 좌우된다. 거리가 멀수록 물이용 가능 점수는 커진다. 점수(T_d) : 최소 0점(152m 이내) / 최대 5점(8,000m 이상)	
	1	지하수의 유속(G_v) : 지하수환경 내로 누출된 오염물질의 이동시간에 기초. G_v는 대수층의 수리전도도와 공극률 및 동수구배의 함수이다. 점수(G_v) : 최소 0점(지하수의 유속이 느리고 오염물질의 이동속도가 느릴 때) 최대 20점(지하수와 오염물질의 이동속도가 빠를 때)	
3. 대기	4	풍향(W_p) : 부지주변의 인구 분포상태와 관련해서 매립지로부터 발생한 기체상태의 독성 및 병원성 병균의 이동에 근거. 영향반경은 부지로부터 42km 이내이며 주풍향에 가장 민감한 영향을 준다. 점수(W_p) : 최소 0점(매립지에서 인구밀집지 사이의 풍향이 서로 반대방향) 최대 5점(풍향이 매립지에서 인구밀집지 방향일 때)	
	4	인구요인(P_f) : 매립지에서 발생한 유해물질로 인해 악영향을 받을 수 있는 매립지 주변 거주자 수에 근거. 영향권은 부지로부터 42km 반경을 기준으로 한다. 점수(P_f) : 최소 0점(노출되는 거주자가 없을 때) 최대 7점(노출인원이 10,000,000명 이상일 때)	

※ 순위 1 : 폐기물의 유독성분의 거동으로 인해 즉각적인 영향을 미치는 요인일 때
순위 2 : 일단 유독물질이 수권과 접한 후에 영향을 미치는 요인이 될 때
순위 3 : 현재 지하수를 이용하고 있는 요인일 때
순위 4 : 부지외곽 요인

[표 3-30]에 나타난 바와 같이 SRS는 모두 10가지의 요인으로 구성되어 있다. 이중 침투성, 매립지저면의 누수가능성, 지하수의 유속 등은 오염물질의 거동요인으로서 점수는 0~20점까지이다. 여과능과 흡착능은 매립지 하부 지하수환경으로 유입된 후의 오염물질의 거동요인으로서 점수는 0~16점까지이다.

지하수의 유기물 함량과 완충능은 현재 지하수상태와 관련된 요인으로서 점수는 최대 10점까지 부여되어 있고, 잠재이동거리, 풍향과 주변의 주거인구는 부지 외 요인과 노출에 관련된 요인으로서 점수는 0~7점까지 부여되어 있다. 각 군의 구성요인을 이용해서 평가한 최대 점수는 129점이다.

본 법은 산업폐기물의 입지선정과 기존 매립지가 주변 환경에 미치는 영향을 평가하는 데 이용가능하다.

3.2.8 농약사용에 따른 평가(leach methodology 또는 PESTICIDE index)

농약사용에 따른 지하수오염은 현재 국내외를 물론하고 가장 사회적인 문제(hot issue)가 되고 있다. 농경지는 물론 특히 국내의 골프장에서 살포하고 있는 농약에 의한 지하수와 지표수, 토양오염은 추후 매우 심각한 문제를 야기할 수 있기 때문이다.

지하환경 내에서 농약의 거동과 운명에 영향을 주는 물리, 화학 및 생물학적인 작용에 대한 연구는 현재 지속적으로 시행되고 있다. 전절에서 언급한 것처럼 지하환경에 가장 크게 영향을 주는 농약의 특성은 농약의 수용성, 용융점, 증기압, 헨리상수, K_{ow}, 흡착계수, 반감기, 분자량 등이다.

농약사용이 그 인근 지하수환경에 미치는 영향을 세부적으로 평가하려면 다음과 같은 조사대상 지역의 지역특성 자료가 정량화되어야 한다.

즉 1일 강수량, 증발산량, 온도, 일조량, 풍속과 풍향이 포함된 기상자료와 관개용수, 식생 및 농약의 관리상태, 지하수위, 대상지질의 건조단위중량, f_{oc}, 지하수의 지하침투량, 공극률, 토양의 비보유율과 고엽심도 등이 포함된 토양특성과 식물뿌리의 서식 심도와 밀도 등이 포함된 식생 정보들이 있어야 한다.

1985년 Rao, Hornby와 Jessup은 복잡한 조사지역 특성인자를 사용하지 않고서도 간단히 지하수환경으로 각종 농약이 유입될 수 있는 상대적인 가능성의 순위를 결정하는 방법을 제시하였는데, 이를 침출기법(leaching methdology) 혹은 단순히 농약지수법(pesticide index)이라 한다.

이 순위결정 방법은 고려대상환경이 농약에 의해 오염될 시 일반적으로 수치모델에서 요구하는 복잡한 정보와 농약의 특성 자료를 사용하지 않고서도 평가가 가능하다.

이 기법은 단지 농약이 식생의 뿌리대에서 그 주변 비포화대로 거동하는 경우를 평가하는데, 다음 식을 이용하여 순위를 매긴다.

$$A_f = \frac{m_g}{m_s} = \exp^{-\lambda t} \tag{3-1}$$

여기서, A_f : 저감인자로서 최소 0 ~ 최대 1

m_s : 토양 내에 들어 있는 농약의 양

m_g : 지하수 내로 유입되는 농약의 양

t : 농약이 뿌리대에서 주변 비포화대까지 거동하는 데 소요되는 시간

λ : $0.6932/t_{0.5}$

$t_{0.5}$: 농약의 반감기

지금 비포화대 내로 함양률을 q라 하고 지표면에서 지하수면까지의 거리를 ℓ, 이때 비포화대의 함수비를 θ(비보유율)라 하면

$$t = \frac{\ell \cdot R \cdot \theta}{q} \tag{3-2}$$

여기서, R은 지연계수

$$\therefore R = 1 + \frac{\gamma_d}{\theta} K_d + \frac{1-\theta}{\theta} H \tag{3-3}$$

여기서, γ_d : 비포화 토양의 건조단위중량
$K_d = f_{oc} \cdot K_{oc}$ (분배계수)
H : Henry constant 이다.

Rao와 Hornby 및 Jessup은 농약사용으로 인해 지하수환경이 오염받을 가능성이 큰 지역에서는 규제기관이 (3-1)식의 저감인자(A_f)를 이용하여 농약에 의한 지하수환경 오염의 예비평가 기준으로 이용할 수 있음을 제시하였다. 단 농약지수법을 사용할 때의 가정은 다음과 같다.

① 비포화대는 균질, 등방이다.
② 지하수의 평균 함량은 국지적인 강수량, 증발산량, 관개용수 사용량으로 계산한다.
③ 각 농약의 K_{oc}는 농약이 주로 소수성이라는 가정 하에 계산하고
④ 각 농약의 $t_{0.5}$ 를 예측 가능한 경우

상술한 농약지수법은 계략적인 평가 시에만 이용 가능한 것이지 모든 경우에 적용할 수는 없다. 농약에 의한 주변 토양과 지하수환경의 정량적인 오염현상 평가는 반드시 농약의 제반 특성과 조사 대상지역의 수리지질특성 자료를 정량적으로 규명하고 취득한 후에 PRZM, SESOIL, PESTAN, PESTRAN과 같은 비포화대 내에서 농약의 거동에 관한 모델과 AT-123과 같은 흐름 모델을 서로 연계시켜 오염가능성을 예측해야만 한다.
1997년에 SESOIL과 AT123 프로그램을 서로 연계시켜 농약의 포화, 비포화 거동에 관한 종합 프로그램인 RISKPRO 전산프로그램이 개발되어 널리 이용되고 있다.

3.3 Belgium-Flemish 지역의 지하수 오염가능성도 작성과 활용

Belgium의 Flemish지역의 지하수 오염취약성도는 1985년 Flemish 지역에 소재하는 3개 종합

대학의 수리지질전문가들이 작성한 것이다. 이 지도는 광역적인 지하수보호계획을 수립하고, 환경관련 업무에 종사하는 근무자들에게 배포되어 지하수보전에 필요한 규제조항과 각종 토지이용행위에 대한 제한을 결정하는 데 중요한 지침서가 되고 있다.
특히 모래층이 분포되어 있는 지역에서는 지하수 오염취약성조사를 더욱 세밀히 조사하여 각종 사업개발계획을 재검토하도록 요구하고 있다.

(1) 지하수 오염취약성도 작성원리

이 지도 작성의 기본 목표는 수리지질학적인 지식이 풍부하지 못한 지방환경부서의 근무자들도 쉽게 이용할 수 있도록 지표면하로 침투하는 오염원들로부터 경제적인 활용가치가 있는 최상위 대수층(최소 공급량 : 96 CMD)에 부존되어 있는 지하수의 오염위해를 등급화 하는 데 있다. 지하수 오염취약성도는 3가지 변수를 조합하여 작성하는데, 그 내용은 [표 3-31]과 같이 대수층의 구성암석, 토양의 성상 및 지하수의 분포심도이다.

[표 3-31] Flemish지역의 오염취약성도 작성 시 사용한 변수들

<table>
<tr><th colspan="2">대수층 구성 암석</th><th colspan="2">토양의 성상</th><th colspan="2">지하수의 심도</th></tr>
<tr><td>A</td><td>석회암, chalk, shale
사암(단열대와 단층대포함)</td><td rowspan="2">a</td><td rowspan="2">토양이 거의 발달되어
있지 않거나
두께가 5m 미만</td><td rowspan="2">1</td><td rowspan="2">지표면하 10m 이내</td></tr>
<tr><td>B</td><td>자갈층</td></tr>
<tr><td>C</td><td>모래층</td><td>b</td><td>Loamy or silty</td><td rowspan="2">2</td><td rowspan="2">지표면하 10m 이상</td></tr>
<tr><td>D</td><td>점토질 모래층</td><td>c</td><td>clay</td></tr>
</table>

[표 3-31]의 첫 번째 열의 영문 대문자는 대수층을 구성하고 있는 암석의 투수성을 나타내는 암체로서 수리전도도가 높을수록 오염취약성도 높아 석회암과 단열대와 같은 고투수성 암체는 code A, 자갈층은 code B, 점토질 모래층은 code C로 표기한다. 두 번째 영문 소문자는 토양층이 발달되어 있지 않거나 그 두께가 5m 미만인 경우는 code a, Loamy sand의 토양인 경우는 code b, 점토질인 경우는 code c로 표기한다. 또한 지하수위가 지표면하 10m 이내이면 code 1, 지하수위가 지표면하 10m 이상이면 code 2로 표기한다. 이들 16개 변수를 조합한 결과는 [표 3-32]와 같다.

[표 3-32] 지하수 오염취약성과 16개code

Aa_1	Aa_2	A_b	A_c
Ba_1	Ba_2	B_b	B_c
Ca_1	Ca_2	C_b	C_c
Da_1	Da_2	D_b	D_c

[표 3-32]에 의하면 Flemish지역에 분포된 적색토는 Aa_1, Aa_2로 분류되고 오염취약성이 매우 크다(expremely vulnerable). 이 부류에 속하는 암석은 수리전도도가 매우 양호하고 토양층이 분포되어 있지 않거나 두께가 5m 미만(a에 속함)이며, 지하수위가 지표면하 10m 이내에 발달되어 있는 경우이다. Ba_1은 주대수층이 자갈층이며 기타는 Aa_1과 같은 조건이다.

[표 3-33]은 지하수오염 취약성도를 작성할 때 [표 4-8]의 지하수오염취약성 code별로 지하수 오염취약성의 정도(degree)를 색도로 나타낸 표이다.

[표 3-33] 지하수 오염취약성도에서 code별 오염취약성

Code	개소	색도	오염취약성
Aa_1, Ba_1	2	적색	extremely vulnerable
Aa_2, Ba_2, Ca_1	3	오랜지색	high vulnerable
Ab, Bb, Ca_2	3	황색	vulnerable
Ac, Bc, Cb, Da_1, Da_2	5	황록색	moderately vulnerable
Cc, D_b, Dc	3	암록색	little vulnerable
계	16		

(2) 활용

지하수 오염취약성도는 광역적인 지역 개발사업의 지표로 활용한다. 오염취약성이 큰 지역에서 건축물을 신축하거나 소규모 주거단지 등을 건설할 경우에는 생활용수는 공업용수로 공급하고

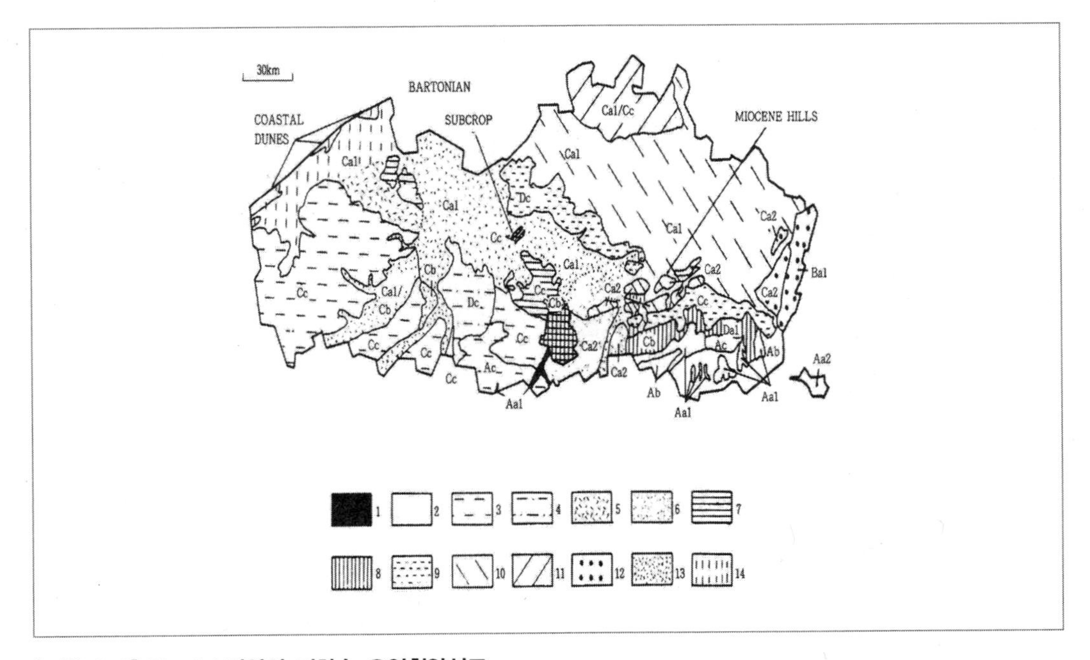

[그림 3-9] Flemish지역의 지하수 오염취약성도

이 지역에서 지하수개발은 억제하고 있다. 특히 폐기물매립장이나 건설사업 예정부지는 특별 보전대책을 수립하도록 규정하고 있으며, 생활하수는 반드시 처리시설을 설치하도록 유도하고, 제반 이용시설은 가능한 한 지하수의 오염가능성이 낮은 지역에 건설토록 유도하고 있다. 지하수오염취약성도는 지하수오염 위협에 관심이 있는 주민들에게 저렴한 가격으로 제공하며, 이 자료를 이용하여 제반 개발계획을 수립하는 사람들에게는 지하수오염 위협을 포함한 보다 세밀한 조사를 실시하도록 강력하게 규제하는 기본 지침서 역할을 하고 있다.

[그림 3-9]는 Flemish 지역의 지하수오염 취약성도이다.

Chapter 04

지하수자원의 최적관리와 보호대책

4.1 국지적인 보호계획으로서 취수정 보호계획(WHPA)
4.2 광역적인 보호계획(regional protection strategy)
4.3 국내지하수 자원의 보호전략 수립시 고려해야할 사항

지하수자원의 관리측면에서 볼 때 가장 중요한 사항은 지하수자원을 잠재오염원으로부터 사전에 오염되지 않도록 보호하면서 이를 최적상태로 개발 이용하는 데 있다. 이를 지하수자원의 최적 관리기법(best management practice, BMP)이라 한다. 즉 개발 이용하는 지하수자원은 영구히 그 질과 양이 변하지 않는 고도의 정교한 관리기법을 적용해야 한다. 그런데 일반적으로 우리 사회가 어떻게 처리해야 할지 잘 모르고 있는 모든 독성, 유해물질은 무조건 우리의 눈에 보이지 않는 땅 속에 이를 매몰 처분하려는, 즉 지하 지질매체를 가장 간편한 처분장으로 생각하는 것이 보편적이다.

일반적으로 지하수자원의 관리에 관한 역사적인 배경은 다음과 같다. 대다수의 지하수법은 기존의 지표수 관련법을 재편집하여 제정된 것들이기 때문에 지하수 관리 및 보호에 대한 책임이 역사적으로 볼 때 명확하게 정의되지 않는 경우가 많다. 그나마도 이러한 짜깁기식 지하수법이 제정될 수 있었던 것은 지하수 이용량의 증가 때문이다. 우리나라의 지하수법도 이 범주를 벗어나지 못하고 있다.

19세기 말만 해도 그 당시의 기술로는 지하수계의 물리적인 경계선을 구분 확인하기 쉽지 않았기 때문에 지표수 이용자에게 주어진 법적 보호를 지하수 이용자에게는 적용하지 않으려는 경향이 많았으며 이 당시 관계기관(법정 소송을 다루는 사법기관)은 지하수를 단지 삼투수나 지하천(underground stream)으로만 구분하였고, 특히 지하수는 삼투수로 구성된다고 해석했으며 지하천은 지표에서 관찰되는 경우에 한해서만 적용하려 했다.

지하천이 발견된 경우에는 하천수에 적용하던 Riparian법에 의거, 사용을 규제하였다. 초기 상식법(common law)에 따르면, 삼투수는 전적으로 해당 토지소유주에게만 그 사용권이 있는 것으로 규정되어 있어 그 주변 지하수환경에 미치는 영향을 전혀 고려하지 않았다. 미국의 경우도 지하수 이용량이 시간이 지남에 따라 증가되고 지하수자원의 오염문제가 심각한 사회문제로 대두되자 각 주정부는 지하수의 수질과 양에 대한 주정부차원의 규제지침서를 제정하고 있을 뿐만 아니라 지하수오염이 국가적으로 심각한 문제임이 드러나므로 지난 수십 년 동안에 연방정부도 지하수자원 보호관리에 큰 관심을 가지게 되었다.

미국의 경우에는 강력한 지하수자원 보호 관련 규제조항이 RCRA, SDWA, CERCLA, SMACRA와 CWA와 같은 법에 명시되어 있긴 하나 종합적인 하나의 지하수자원 관리 및 보호법은 제정되어 있지 않은 상태이다. 그러나 지하수 이용 규제와 지하수 수질관리의 중요성을 미국정부는 인지하고 이에 대한 제반 활동을 현재 제도적 차원에서 강력히 실시하고 있다. 이에 비해 한국은 강력한 지하수보호와 지하수 수질관리에 관한 규제조항들이 기존의 지하수법에 명시되어 있음에도 불구하고 지표수 위주의 물관리 정책과 정책당국자들의 지하수기작에 대한 무지로 인해 지하수자원의 합리적이고 체계적인 관리는 요원한 상태이다.

지하수자원의 최적관리기법은 지하수자원을 각종 잠재 오염원으로부터 오염되지 않도록 사전에 철저히 보호(protection)하면서 해당지역에서 연간 지하로 함양되는 수량만큼만 최적상태로 개발 이용하는 것이다. 지하수자원의 보호계획은 국지적인 보호계획과 광역적인 보호계획으로 대별할 수 있다.

4.1 국지적인 보호계획으로서 취수정 보호계획(WHPA)

산업이 고도화됨에 따라 인간활동에 의해 생성된 각종 오염물질을 부적절하게 취급함으로 인해서 음용수로 이용하고 있고 공공취수정이 오염되어 사회적인 문제를 일으킨 예가 수없이 발생하였다. 따라서 공공취수정의 오염문제를 해결하기 위해서 공공취수정 주변에 보호구역을 설정하여 오염물질이 공공취수정이나 음용수의 원수용 용천을 오염시키지 않도록 법적 조치를 취하고 있다.

1986년 개정된 미국의 안정음용수(SDWA)법은 유일 대수층 보호계획(sole source aquifer program)과 취수정 보호계획(well head protection program)을 명시하고 있는데, 여기서 취수정 보호계획 중 취수정 보호지역(well head protection area)이란 공공급수용으로 공급하는 1개 양수정이나 우물장을 둘러싸고 있는 지표와 그 하부의 면적으로서 이를 통해 오염물질이 취수지점으로 이동하거나 도달되는 지표면 및 지하면적으로 규정되어 있다.

각 지방자치 단체마다 대수층의 특성이 모두 다르기 때문에 각 주정부는 자체적으로 지역특성에 부합되는 취수정 보호계획을 수립해야 하고 기술적인 지원은 중앙정부가 한다. 따라서 주정부는 반드시 다음과 같은 5가지 사항을 고려해서 자체의 취수정 보호계획을 수립하고 있다. 즉 보호목적, 취수정의 잠재오염 위협, 취수정 보호지역의 설정기준, 기준의 한계 및 보호지역의 도형작업이다. 이를 세론하면 다음과 같다.

4.1.1 지하수자원 보호의 목적

취수정 보호지역 설정 목적은

① 예기치 못한 오염물질의 누출로부터 취수정을 보호할 수 있는 처방구역을 제공하고,
② 특정 오염물질이 취수정에 도달하기 전에 오염물질의 농도가 허용기준 이하로 내려갈 수 있도록 오염저감 지역을 제공하고,
③ 취수정의 함양지역 중 일부분이나 전 구간에서 우물장의 관리구역을 제시하는 데 있다.

4.1.2 취수정의 잠재오염 위협

우물장 보호지역을 설정하는 이유는 예기치 않는 사고, 독성물질의 누출 및 유출이나 부적절한 우물자재를 통해 취수정 인근지역으로 오염물질이 직접 유입되거나, 병원성 박테리아나 바이러스와 같은 미생물에 의해 취수정이 오염되거나, 광범위한 독성 유·무기화학 오염물질이 취수정 인근지역으로 유입되는 현상에 주안점을 두고 있다.
수십 년 전부터 병원성 미생물로부터 지하 음용수원을 보호하고 미생물의 위협으로부터 우물을 보호키 위해서 일반적으로 취수정을 중심으로 하여 100m 이상의 완충지역을 설정 사용해 왔으나 대부분의 독성 유기화학물질을 지속성이 장시간이고 지하에서 매우 먼 곳까지 이동할 수 있어 취수정 보호계획에서 이러한 현상들이 주 사안이 되어 왔다.

4.1.3 취수정 보호구역(WHPA)의 설정기준(delineation criteria)

WHPA의 설정기준으로는 거리, 수위강하, 오염물질의 이동시간(TOT), 흐름장의 경계조건, 오염물질에 대한 대수층의 동화능력(assimilative capacity, 일명 저감능) 등 5종이 있다.
SDWA에서 WHPA의 보호에 대해서는 "국민건강에 악영향을 미치는 오염물질로부터 취수정을 보호하기 위하여"로 시작한다. WHPA설정을 위해 각 주마다 사용하는 기준은 기술적인 관점과 행정적인 관점에 따라 약간씩 차이가 있다.
다음 [표 4-1]은 5종의 설정기준 선정 시 오염물질의 거동특성중 주로 고려하는 이류, 분산 및 반응현상을 도표화 한 것이다.

[표 4-1] 5종 설정기준별 각종 작용

작용 \ 기준	거리	수위강하	TOT	흐름경계	동화능	비고
이 류		×	×	×		
수리분산			×		×	
반 응			×		×	

기술적인 측면에서 [표 4-1]의 수위강하기준을 선정할 때는 이류에 의한 오염물질의 거동특성을 고려해도 되나, TOT(travel of time) 기준을 설정할 때는 오염물질의 이류현상, 수리분산 및 반응현상을 모두 고려한다.
그러나 행정적인 차원에서 기준을 설정하는 경우 수위강하나 오염물질의 이동시간과 같은 정교한 기술을 요하는 기준보다는 편의상 취수정으로부터 거리기준을 선호하게 된다.
이들 5가지 기준을 좀더 구체적으로 설명하면 다음과 같다.

(1) 거리(distance) 기준

취수정에서 고려대상 지점까지의 단순한 거리와 반경을 이용하여 WHPA를 설정하는 경우이다. 거리-기준은 WHPA를 설정하는 방법 중 가장 직관적이고 간단한 방법이다. 이 기준의 장점은 WHPA가 설정되어 있지 않은 지역의 초기단계에 많은 취수정에 대해 WHPA를 설정할 수 있으며 행정적으로 규제가 가능하다. 이 기준은 자료가 많이 수집되고 취합되는 대로 보다 정교하고 정확한 WHPA를 다시 작성하는 데 응용 가능하다.

단점은 지하수의 이류나 오염물질의 거동작용을 고려할 수 없기 때문에 설정한 WHPA는 불충분하거나 비효율적인 보호대책이 될 수 있다.

이 방법은 지하수 오염방지에 있어 과거의 경험에 의존한 경우로써 지극히 비기술적인 선정방법이며 애매모호한 정책결정에 속한다.

(2) 수위강하량(drawdown) 기준

수위강하량은 자유면 대수층인 경우에는 수리수두의 강하량이고 피압대수층인 경우에는 압력수두의 강하량이다. 이 기준은 순수 수위강하 모델의 기초가 되는 방법으로서 일반적으로 수위강하 구역(cone of detression)이나 영향권을 정의할 때에 사용하는 기준과 동일하다.

지하수를 채수하면 취수정에서 수위강하량이 가장 크게 발생한다. 취수정 방향으로 동수구배가 증대되어 유속이 빨라져 취수정으로 지하수가 유동하여 동시에 오염물질의 거동을 가속화시킨다. 수위강하량 기준은 취수정에서 지하수를 채수하면 주변 지역의 수위도 강하하는데, 이때 수위가 특정치까지 강하한 구간까지를 WHPA로 선정하는 경우도 있다(예, 지하수위가 1m까지 하강하는 구간을 WHPA로 설정하는 경우). WHPA를 보호하기 위한 한 방법으로 영향권(zone of influence, ZOI) 경계를 설정해서 사용할 수도 있다.

[그림 4-1]처럼 강수량이 많은 지역에서 지하수의 흐름이 수평일 때는(즉 동수구배가 극미) ZOI나 ZOC(zone of contribution)는 일치한다. 그러나 지하수의 동수구배가 잘 발달된 곳에서 ZOI와 ZOC는 완전히 다르다.

(3) 오염물질의 이동시간(travel of time, TOT)에 따른 기준

오염물질이 대수층을 따라 취수정까지 이동하는 데 소요되는 시간을 기준으로 하여 WHPA의 경계선을 설정하는 경우에 TOT를 사용한다. 즉 공극유속이 상당히 큰 대수층에서는 이류현상이 오염물질거동에 주된 역할을 하기 때문에 TOT 기준의 한계치는 비교적 큰 값을 사용한다. 지하수유속이 느린 대수층에서 오염물질의 주 거동기작은 수리분산이다. 즉 dioxion이나 중금속들은 대체적으로 이동속도가 매우 느린 오염물질이지만 이들이 유기용제와 공존할 때, 즉 공용매상태에 있을 때는 거동이 촉진되어 비교적 예측했던 시간보다 빠르게 이동한다(facilitated transport라 함). TOT는 지하수의 유속에 따라 좌우되므로 바로 대수층인 수리지질단위에 좌우된다(그림 4-1).

TOT는 전반적인 지하수 흐름속도를 기능적으로 측정하는 하나의 수단이다. 이러한 속도는 [그림 4-2]처럼 수리지질환경에 따라 매우 다양하다.

첫째, 다공성 조립질 모래로 이루어진 대수층들의 수리전도도는 서로 유사하다.

둘째, 파쇄대나 용식대, 역암, 파쇄화산암, 용암 튜브 같은 유속이 빠른 지하수계에서 오염물질의 이동속도는 대단히 빠르다.

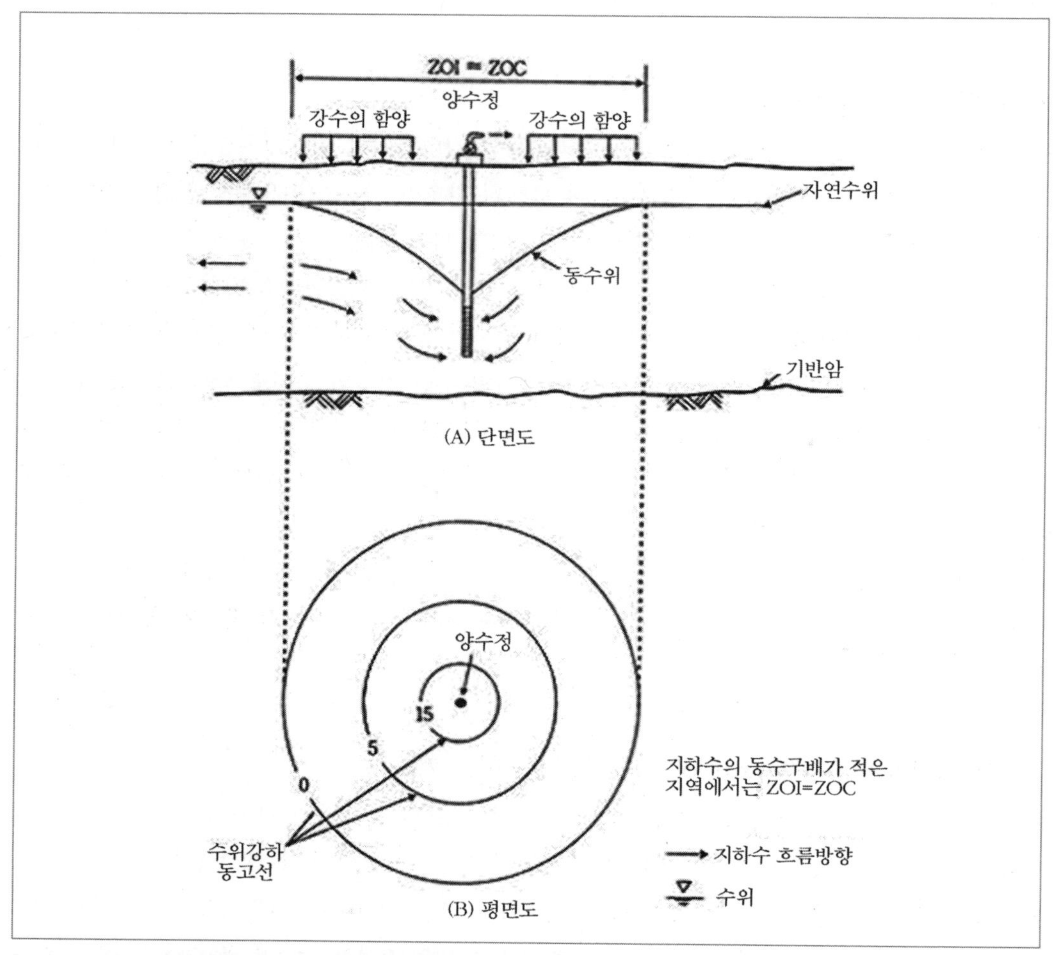

[그림 4-1] 강수량이 풍부한 지역에서 수평 지하수면을 갖는 대수층의 ZOI와 ZOC(ZOI와 ZOC의 경계가 대략 일치하는 경우)

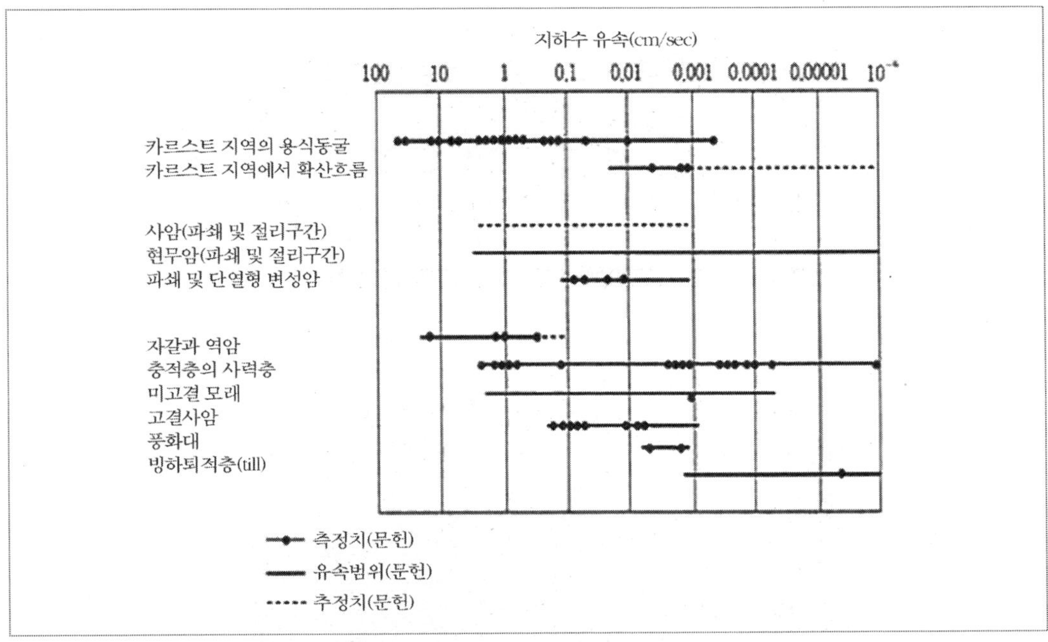

[그림 4-2] 수리지질 단위별 지하수유속

다공성 조립질모래로 이루어진 대수층에서 지하수의 흐름은 층류이므로 오염물질의 이동시간은 수년씩 걸리지만 2차공극에 의해 이루어진 후자의 대수층 내에서 오염물질의 이동시간은 수일 내에 일어날 수 있다. 대수층 내에서 일어나는 분산작용이나 희석작용은 오염물질의 농도를 감소시키는 역할을 한다. 따라서 오염물질의 농도보다는 오염물질의 이동시간이 더 중요하므로 TOT개념을 이용한다.

(4) 흐름경계에 따른 기준

흐름경계에 따른 WHPA의 기준은 지하수의 흐름을 지배하는 지하수 분수령이나 물리적 내지 수문학적 및 수리지질학적인 형태의 이미 결정된 위치를 사용하는 개념이다.

ZOC로 유입된 오염물질은 해당지역의 동수구배를 따라 최종적으로 취수정으로 이동되기 때문에 이때 흐름경계의 기준은 취수정의 ZOC를 보호하는 데 있다.

수리지질학적인 환경에서 흐름경계로 작용하는 지표면의 특징으로는 산맥, 강, 운하와 호수들이 있고 그 외 [그림 4-3]과 같이 대수층과 지하에서 고정된 광역 지하수계를 들 수 있다. 이 방법은 카르스트 대수층이나 파쇄매체에서 초기에 WHPA를 설정하는 기준으로 이용된다. 또한 흐름경계 기준은 소규모 대수층의 경우에 유용하게 사용할 수 있다. 그러나 경계면까지 거리가 수십~수백 km 이상 되는 중 및 대규모 대수층에서 이 기준을 적용할시 상당히 광점위한 지역을 보호해야 하기 때문에 약간의 문제가 발생할 수 있다. 그러나 경계면이 취수정에 인접해 있

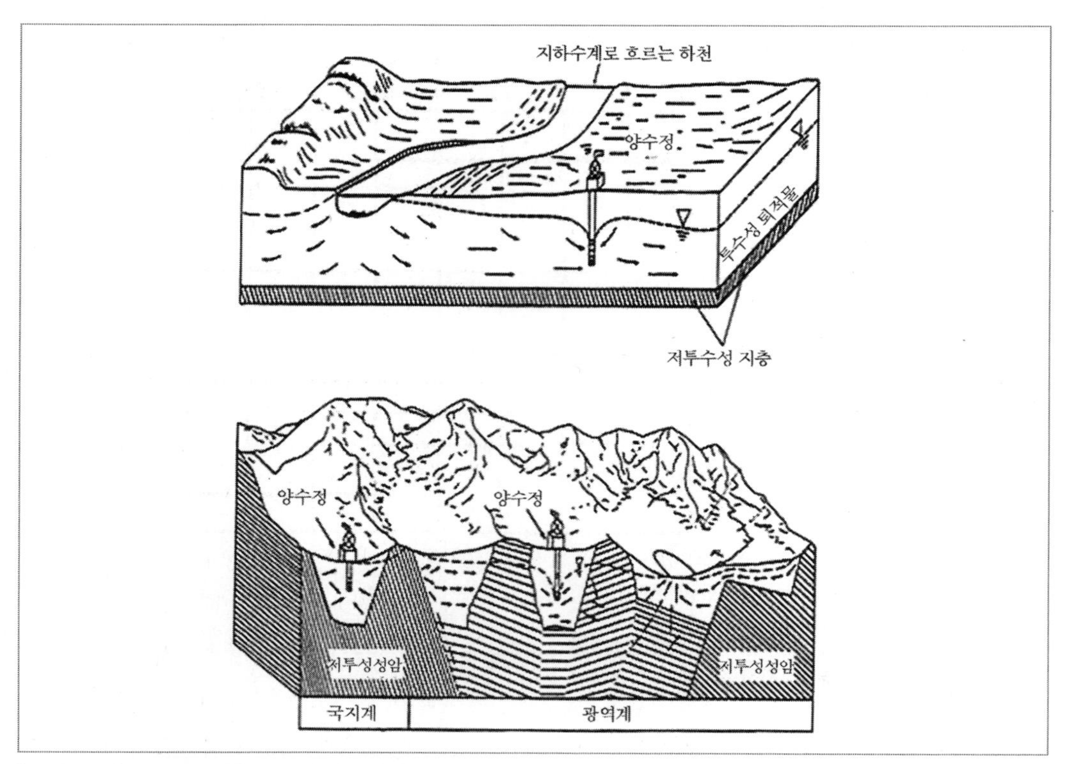

[그림 4-3] 지하수 흐름경계 기준(개념상)

을 때는 이 기준을 사용해도 무방하다.

(5) 저감능(동화능)에 따른 기준

저감능기준은 오염물질이 취수정에 도달하기 이전, 오염물질의 이동경로 상에 위치한 포화 및 비포화대 자체의 자연저감능에 따라 그 농도가 허용기준 이하로 저감되는 능력을 이용한 개념이다(자연 저감능에 대한 상세한 내용은 다음 장에 언급되어 있다).

[그림 4-4]는 ①과 ②지점에서 연속적으로 누출되는 점오염원이 존재하는 경우에, 이들이 ZOI 내의 대수층을 통과해서 취수정까지 도달할 때 그 농도가 대수층의 동화능력 때문에 수질기준(Ca) 이하로 내려가는 것을 나타낸 그림이다.

그러나 대부분의 오염물질의 경우, 대수층이나 토양과의 반응에 의해 발생되는 정확한 저감능에 관한 정보가 아직까지 확실히 알려져 있지 않다. 따라서 저감능(휘석 포함)을 이용하여 WHPA의 기준으로 이용하기에는 너무 복잡하고 시기적으로 보아 다소 이르다.

오염위협이 1~2개로 한정되어 있을 경우, 즉 정화조에서 누출된 질산염의 평가나 Aldicarb 오염으로부터 대수층을 보호하기 위해 Florida주는 이를 완충지역(buffer zone)의 개념으로 사용

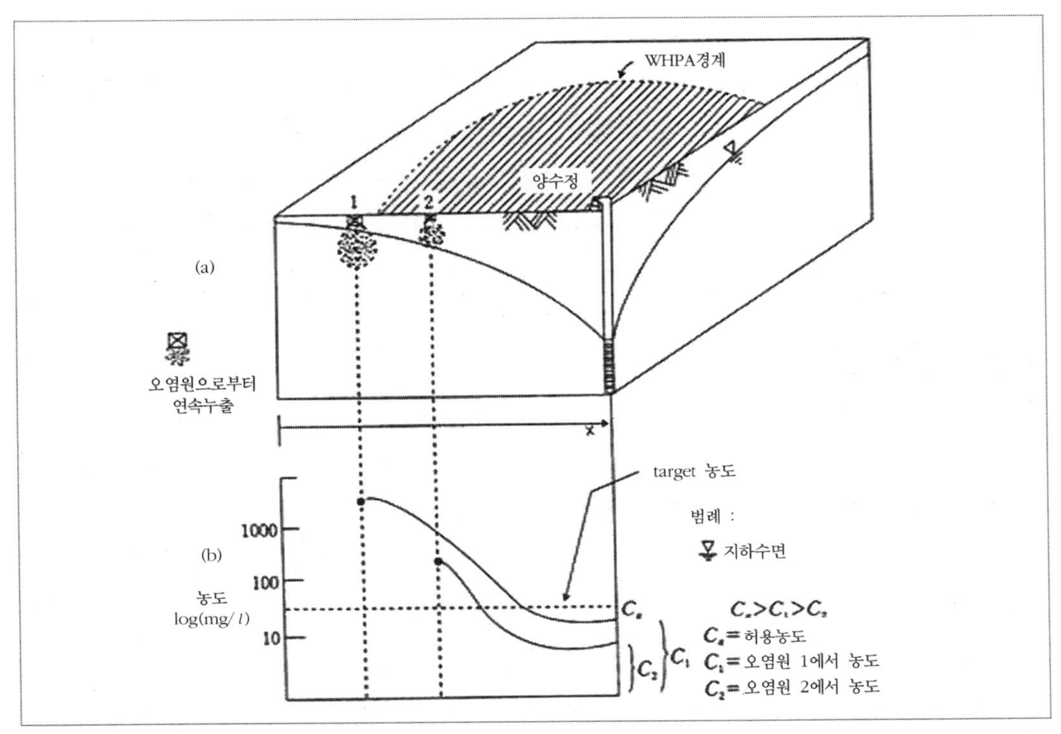

[그림 4-4] 저감능(동화능력)에 따른 기준

한 바 있다(간혹 setback zone이라고도 한다).

4.1.4 기준의 한계

WHPA 프로그램을 개발하려면 전술한 WHPA 설정기준 가운데 1개 이상을 선택해서 사용해야 한다. 특히 실제적인 보호지역을 설정하기 위해서는 1개 또는 1조의 한계값을 선택한다. 연방정부, 주정부나 국지적이거나 광역적인 규모에서 사용하고 있는 한계값으로는 거리, 수위강하, TOT 및 물리적인 경계 등을 다양하게 이용한다.

일반적으로 가장 문제가 되고 있는 독성화학물질로부터 취수정을 보호하기 위해 사용하는 한계치들은 다음과 같다

① TOT는 대수층 내에서는 평균 5~50년으로 설정하나 유속이 빠른 경우는 5년.

② 거리는 330m에서 3.3km 이상.

③ 수위강하량은 3~33cm 정도.

④ 흐름경계로는 지역적인 조건과 물리적인 조건.

⑤ 동화능으로는 음용수 수질기준을 목표로 하되 단일 성분으로 한다.

4.1.5 WHPA의 설정방법(도형작업)

현재 미국, 유럽 및 우리나라에서 시행하고 있는 WHPA 설정방법에 대해 설명하면 다음과 같다. 각 방법들은 그들 나름대로의 수리지질조건이나 WHPA 프로그램의 목적과 전반적인 목표에 따라 장단점이 있기 때문에 앞으로 점진적으로 보다 완벽하게 보완 수정될 것이다.

WHPA 설정방법에는 다음과 같은 6가지 방법이 있다. 대상 취수정에 대한 WHPA 설정 시에는 이 가운데 최소 1개 방법 이상을 사용할 수 있다.

(1) 임의의 고정반경(arbiterary fixed radius)

임의의 고정반경법은 초기 지하수위가 수평이고 대수층이 등방 균질일 경우에 취수정을 중심으로 일정거리 내에 있는 구역을 원으로 그려 WHPA를 설정하는 방법으로서 종래의 Theis식을 이용해서 산정한 영향구역(ZOI)과 동일하다(그림 4-5).

이 방법으로 도형화된 WHPA는 비록 과학적인 이론에 근거해서 작성된 것은 아니지만 일반화된 수리지질학적인 고려와 전문적인 판단에 근거하여 Thiem식이나 Theis식을 이용하여 작성한다. 이방법의 장단점은 다음과 같다.

1) 장점 : 임의의 고정반경법은 취수정으로부터 일정거리를 적용하기 때문에 설정이 매우 용이하고 비용이 별로 들지 않으며 초기에 상대적으로 많은 수의 취수정을 단시일 내에 도형화할 수 있다.
2) 단점 : 불균질, 이방 매체의 수리지질학적 특성이나 중요한 수리지질경계 등과 같은 불확실성이 고려되지 않아 이 방법을 적용할 때는 상당한 문제가 야기될 수도 있다. 즉 이 방법을 적용할 때는 지하수 함양지역을 과다하게 또는 과소로 보호할 수 있다. 즉 반드시 보호되어야할 함양지역이 WHPA에 포함되지 않을 수도 있다. 이 방법은 현재 미국의 Nebraska, Florida의 일부지역, Massachusetts의 Cape Code에서 이용하고 있다.

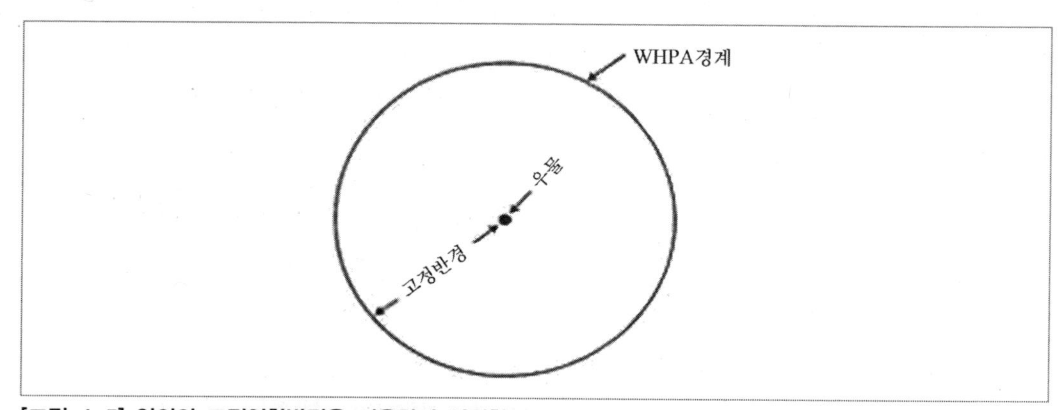

[그림 4-5] 임의의 고정영향반경을 이용하여 설정한 WHPA

(2) 계산된 고정반경(calculated fixed radius, CFR)

이 방법을 이용하여 WHPA를 설정할 때는 특정 TOT 기준한계치에 의거하여 취수정을 중심으로 원을 그려 WHPA의 반경을 설정한다.

[그림 4-6]과 같이 일정기간 동안 취수정에서 지하수를 채수할 때 배수된 지하수의 전체 양을 해석학적인 수식으로 계산하여 반경을 구한다. 이때 사용하는 입력인자로는 채수율(Q), 공극률(n)과 수리전도도 등이며 소요시간은 오염물질이 취수정에 도달하기 전에 오염지하수를 정화시킬 수 있는 적당한 시간과 오염물질이 분산되거나 희석되는 데 소요되는 시간을 사용한다. 이 방법의 장단점과 경비관계 및 사례는 다음과 같다

1) 장점 : 비교적 경제적으로 쉽게 적용가능하며 제한된 기술만 있으면 되고, 또한 단기간 내에 많은 취수정에 대해 WHPA를 설정 가능하다. 임의의 고정반경법에 비해 시간과 경비가 보다 많이 소요되고 해석학적인 지배식에 이용할 입력인자와 기준한계치를 규정하기 위한 자료개발이 필요하다.
2) 단점 : 오염물질 거동에 영향을 미치는 여러 가지 인자를 고려치 않았기 때문에 불확실성이 크다. 특히 불균질, 이방성이 큰 수리지질과 특이한 수리경계조건이 존재하는 지역에서는 정밀도가 더욱 떨어질 수 있다.
3) 경비 : 작성경비는 비교적 저렴하며 초기경비는 주로 수리지질자료 수집이나 한계기준치를 선정하는 데 주로 소요된다.

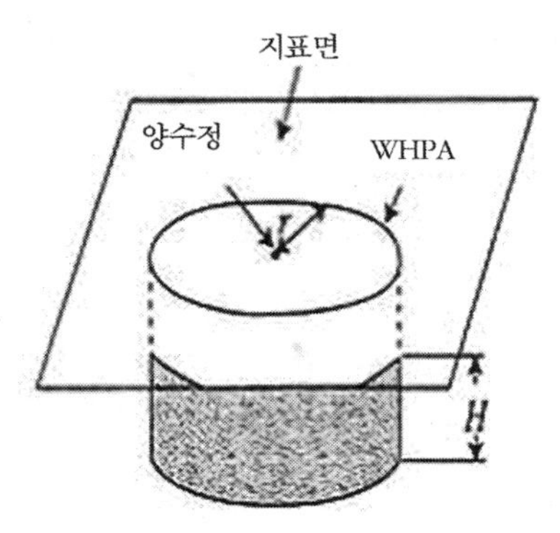

· 기초적인 수리특성인자나 채수량으로 표현되는 단순 수리식을 이용해서 반경(r)을 계산한다.

· 특정시간 동안 우물에서 최소한 지하수량으로 반경을 결정한다.

H=나공 및 스크린 길이

[그림 4-6] 계산된 고정영향반경을 이용하여 설정한 WHPA

예 4-1

Florida주에서 사용하는 계산된 고정반경은 다음 식으로 산정한다.
대수층의 두께가 평균 91.5m이고, 공극률이 0.2인 자유면 대수층에서 3,819m^3/d의 채수율로 5년간 장기적으로 지하수를 채수할 때 다음 식을 이용해서 산정한 영향반경을 WHPA의 계산된 영향반경으로 이용한다. 계산식과 이로부터 계산한 고정영향반경(r)은 다음과 같다.

$$Qt = \pi r^2 n H$$

$n: 0.2$

H: $screen$ 길이 $= 91.5m$

t: TOT(5년)

$$r = \left(\frac{3{,}819 \times 365d \times 5}{\pi \cdot 0.2 \cdot 91.5} \right)^{\frac{1}{2}} = 348m$$

여기서 r는 계산된 고정반경은 약 348m이다.

예 4-2

Vermont주는 실수위강하의 기준한계치(drawdown criterion threshold)를 1.5cm로 설정하고 있다(Vermont Dept. of Water Resurces., 1985).
즉 대수층의 T = 18.6m^2/d, t = 1일, S = 0.02, Q = 138m^3/d인 경우에 최대 영향반경을 실제 수위강하율의 기준한계치인 1.5cm(0.015m)를 적용하여 고정영향반경을 Theis식을 이용하여 구하면 다음과 같이 96m정도이다. 즉 Theis식에서

$$W_{(u)} = \frac{4\pi TS}{Q} = \frac{4\pi \times 18.6 \times 0.015}{138 \times 1440} \doteq 0.026$$

이때 $\mu = 2.48$ 이므로

$$\mu = \frac{r^2 S}{4Tt} \text{ 에서}$$

$$r = \left(\frac{4Tt \cdot \mu}{S} \right)^{\frac{1}{2}} = \left(\frac{4 \times 18.6 \times 1 \times 2.48}{0.02} \right)^{\frac{1}{2}} = 96m$$

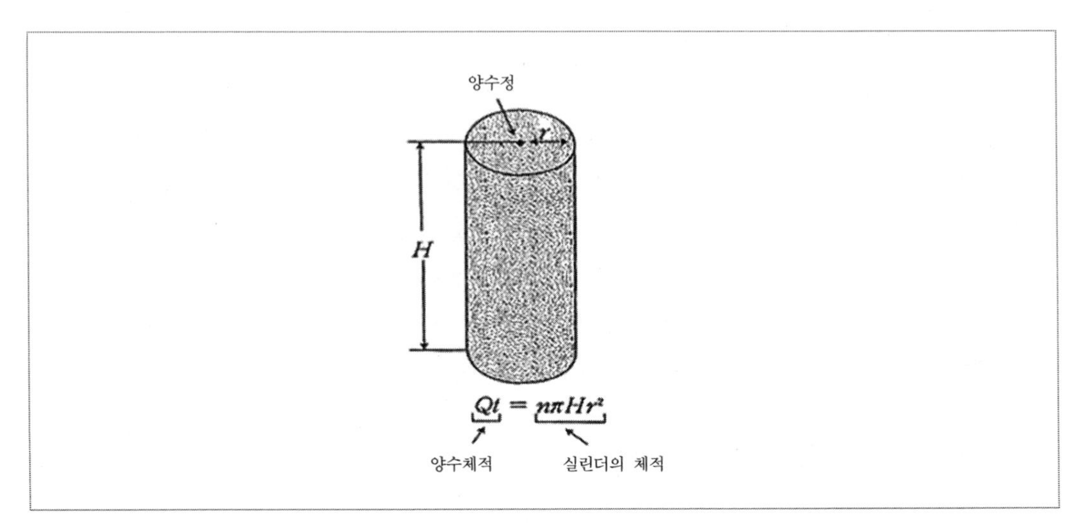

[그림 4-7] Florida의 환경규제국이 지하수의 흐름식을 이용하여 설정한 WHPA

(3) 단순화시킨 여러 가지의 표준모형(simplified variable shape)

이 방법은 해석학적인 model을 이용하여 해당 취수정과 우물장의 수리지질과 양수조건에 따라 적절한 표준모형(standardized form)을 작도한 후, 각 취수원에 대해 대표적인 여러 개의 표준모형을 중첩시켜 WHPA를 설정하는 방법이다([그림 4-8]과 [그림 4-9]).

즉 표준모형을 지하수흐름 양태에 따라 취수정에 배열시킨 다음,

- 취수정 주위에서 지하수의 흐름경계에 따른 수평범위와 하류구배구간에서 거리를 계산하고 (ZOC),
- TOT 기준을 이용하여 상류구배구간에서 거리를 계산하여 여러 종류의 표준모형을 설정한다.

여러 기준에 따른 표준모형을 수리지질조건에 따라 계산하며 이때 표준모형 계산에 사용하는 인자는 기초적인 대수성 수리특성 인자와 채수량 등이다. 이 방법의 장단점과 경비관계 및 사례는 다음과 같다.

1) 장점 : 표준모형이 일단 계산되면 쉽게 실행가능하고 비교적 소규모의 현장자료만 있으면 된다. 이 방법을 이용하여 WHPA를 설정하는 데는 고도의 기술을 요하지 않는다. 특정 취수정이나 우물장에 표준모형을 적용하는 데 필요한 인자(단 표준형이 설정된 후)는 채수량, 대수층의 한계 및 지하수의 흐름방향 등이다.
2) 단점 : 수리지질학적인 불균질성이나 수문경계가 많은 지역에서는 정확도를 기할 수 없다. 특히 취수정 주위의 흐름방향이 광역 및 준광역적인 흐름방향과 다를 때는 개념적인 문제가 발생할 수 있다.

3) 경비 : 표준모형을 계산키 위해 대표적인 수리지질인자에 관한 자료를 수집하거나, 해당 취수정 주위에서 전반적인 지하수흐름방향을 파악하기 위해서는 상당한 자료수집비가 소요된다.

4) 예) 남부 England : 지하수의 균질흐름식과 TOT 지배식을 사용하여 단순다종(單純多種)모형에 사용할 수 있는 표준모형을 개발하였다. 남부 영국에서는 지하수의 산출능이 양호하고 유속이 빠른 Chalk aquifer를 보호하려는 데 목적을 두고 있다.

취수정의 ZOC를 계산하기 위해서 지하수의 평형흐름식을 사용하였다. 이 방법은 상류구배구간에서 ZOC의 상한선을 결정할 수가 없으므로 영국의 Southern Water Authority는 TOT식을 다음 (4-1)식 및 (4-2)식과 같이 유도하여 사용하였다.

$$t_x = \frac{S}{\overline{V}}\left[\pm(r_x - r_w) + z \cdot \ln(1 + \frac{r_w}{z}\right] \tag{4-1}$$

$$z = \frac{Q}{2\pi Kbi} \tag{4-2}$$

여기서, $\overline{V}$: 지하수유속

t_x : x 지점에서 취수정까지 오염물질의 이동시간

S : S_y 또는 저유계수

K : 수리전도도

b : 포화두께

i : 동수구배

r_w : 취수정의 반경

r_x :x 지점에서 취수정까지의 거리

$\pm$: 상류구배구간에 x가 위치하면 +
하류구배구간에 x가 위치하면 -

[그림 4-8]과 [그림 4-9]는 여러 가지의 Q, $\frac{dh}{d\ell}$, S, b와 75가지의 가능한 수리지질특성 인자를 사용해서 작성한 표준모형이다. 각 취수정에 대해 1개의 WHPA를 설정할 때는 해당취수정에서 채수량과 수리지질특성 인자에 가장 유사한 값으로 작도된 표준형을 선택한 후 지하수흐름방향에 따라 표준형을 중첩시켜 상하류 구배구간의 ZOC와 정체지점(stagnant point)을 구한다.

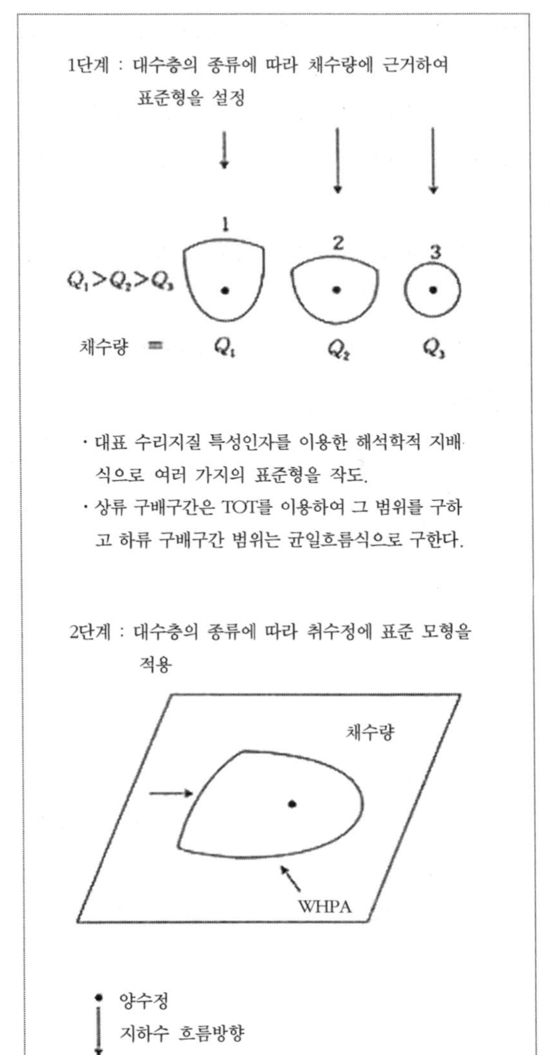

[그림 4-8] 단순화시킨 여러 종류의 표준 모형을 이용하여 설정한 WHPA

자연용천

양수율 : $< 5 \times 10^3$/일

양수율 : $5 \sim 15 \times 10^3$ m^3/일

지하수 흐름방향

양수율 : $> 15 \times 10^3$ m^3/일

· 양수정

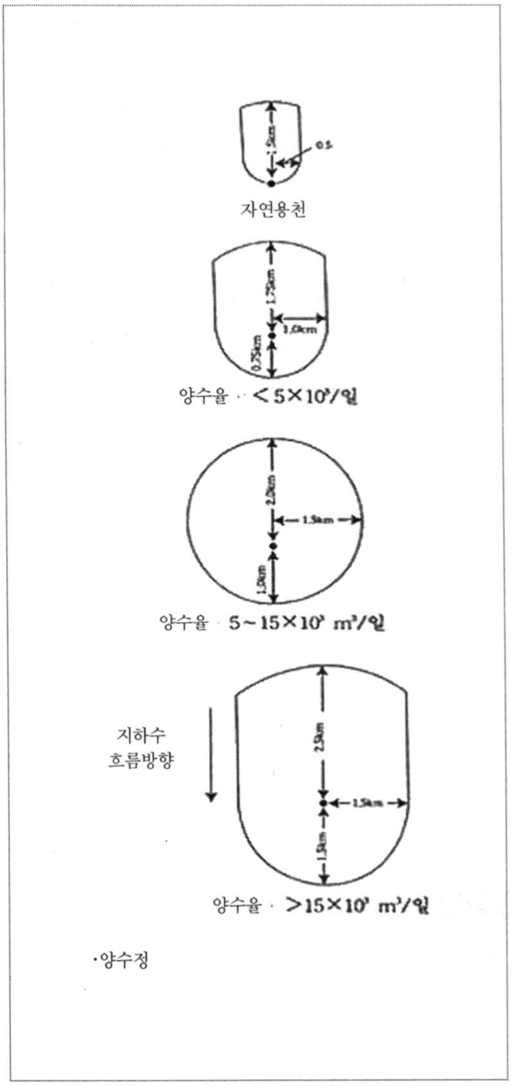

[그림 4-9] 단순 표준모형을 이용하여 설정한 WHPA (남부 England의 Chalk 대수층)

(4) 해석학적 방법

초기 지하수흐름이 경사흐름인 경우에 WHPA를 설정하는 방법은 균일 흐름장(Todd)에서 지하수흐름과 오염물질 거동식을 이용하여 공헌구역(ZOC)과 ZOI를 결정한 다음, 이를 설정한다. 상류구배 구간에서 WHPA 경계선은 TOT나 흐름경계를 기준으로 하여 구할 수 있으며 이때 수리지질학적인 경계지점은 지하수의 분수령이나 지질경계선을 이용한다. WHPA 설정에 주로 사용하는 전산코드는 Van-der Heijde와 Beljin(1987)이 개발한 WHPA 프로그램으로서 주 입력

자료는 $T, n, \frac{dh}{d\ell}, K, b$ 및 흐름방향 등이다. 이 방법의 장단점 및 사례는 다음과 같다.

1) 장점 : 가장 널리 이용되고 있는 지하수흐름 지배식을 사용할 뿐만 아니라 해당 지역의 수리지질인자를 사용할 수 있으므로 다른 WHPA 프로그램에 비해 널리 이용되고 있는 방법이다.
2) 단점 : 하천, 운하 및 호소와 같은 정(正)경계나 대수층의 이방성, 불균일한 강수량이나 증발산량을 모델에서 고려할 수 없는 단점이 있다.
3) 예) WHPA 프로그램에서 하류구배구간의 정체지점까지의 거리 X_L은 (4-3)식으로 구하고, ZOC구간에서 흐름장의 폭 Y_L은 (4-4)식으로 구한다.

$$X_L = -\frac{Q}{2\pi Kbi} \tag{4-3}$$

boundary limit

$$Y_L = \pm\frac{Q}{2Kbi} \tag{4-4}$$

이때 균일흐름장에서 $-\frac{Y}{X}$는 (4-5)식으로 구한다.

$$-\frac{Y}{X} = \tan\left(\frac{2\pi Kbi}{Q}Y\right) \tag{4-5}$$

예 4-3

Massachusetts의 경우(그림 4-10)

Q : 3,819 m^3/일 일 때
$\frac{dh}{d\ell}$: 0.00125
T : 1,366 m^2/일

하류구배구간에서 정체지점까지의 거리 X_L

$$X_L = \frac{Q}{2\pi Kbi} = \frac{Q}{2\pi Ti} = \frac{3{,}819}{2\pi \times 1{,}366 \times 0.00125} \doteqdot 356m \text{ 이며}$$

상류구배구간에서 공헌구간의 최대 폭

$$Y_{LMax} = \frac{Q}{2Kbi} \times 2\text{면} = \frac{Q}{Ti} = \frac{3{,}819}{1{,}366 \times 0.00125} = 2{,}287m \text{ 이다.}$$

예 4-4

Cape Cod의 경우

이 지역은 단계별로 WHPA를 설정하였는데, 이를 상세히 설명하면 다음과 같다.

가) 1단계 : distance - 수위강하곡선

1단계는 양수개시 전의 자연수위(경사수위)와 지하수 채수 이후에 각 관측정에서 측정한 실수위강하량(순수 수위강하 모델치)을 이용하여 [그림 4-11]과 같은 거리수위곡선도를 작성하였다. [그림 4-11]에서 A, B 및 C는 다음과 같다.

A 곡선 : 양수개시 이전의 실경사수위

B 곡선 : 대수성시험 시 형성된 거리-수위강하곡선

C 곡선 : A, B 곡선을 중첩시켜 작성한 최종수위로서 하류구배구간의 정체지점은 양수정에서 약 850ft(259m)지점에 위치한다.

나) 2단계 : 취수정의 설치심도는 포화두께 225ft 중 75ft 정도이다. 따라서 취수정의 부분관통은 ⅓ 정도이다. 따라서 상류구배구간에서 형성되는 정체지점까지의 거리를 광역지하수분수령까지 거리의 ⅓로 취하면 그 거리는 약 10,500ft 정도이다(그림 4-12).

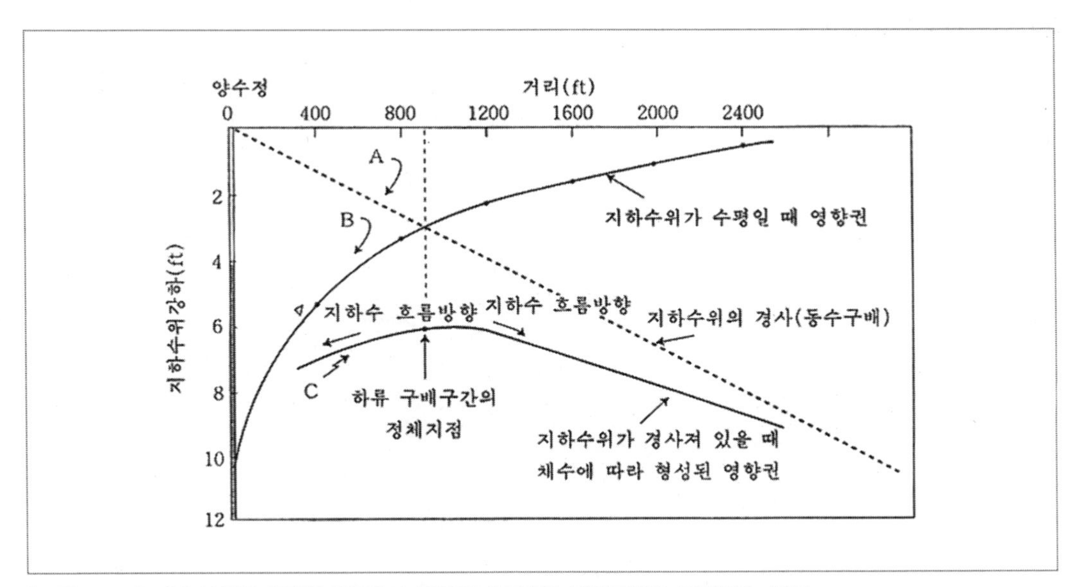

[그림 4-11] 대수성시험자료를 이용하여 하류구배구간의 정체지점을 결정하는 방법

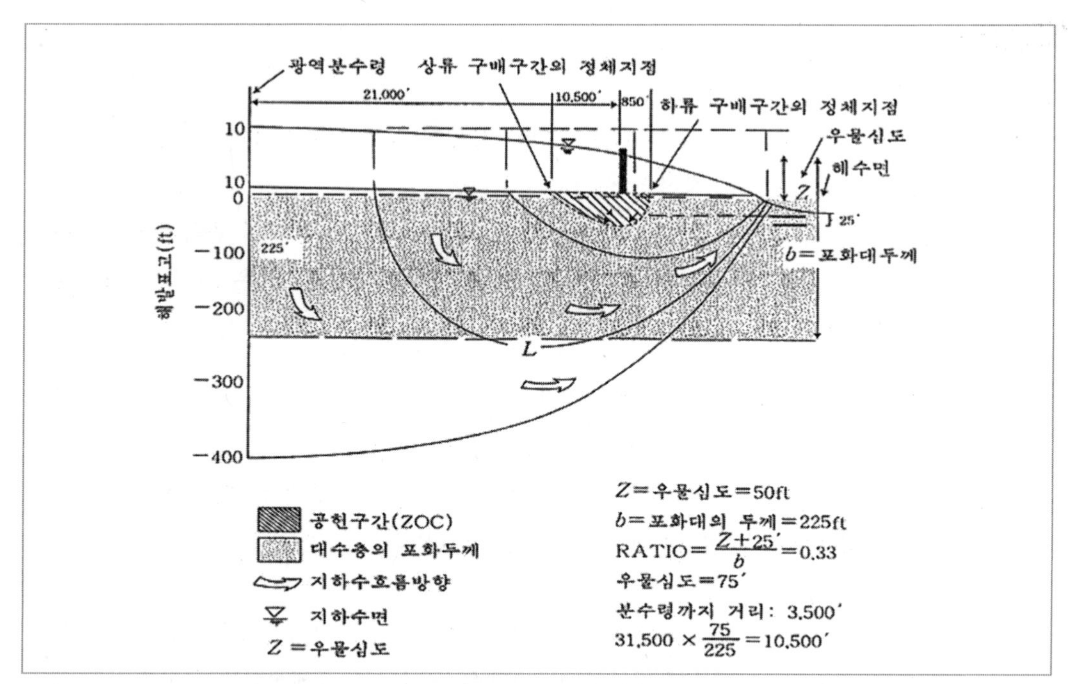

[그림 4-12] 2단계 Strahler Prism Model을 이용하여 상류구배구간의 정체지점을 설정하는 방법(Cape Code)

(5) 수리지질도와 병행한 모형화

흐름경계와 TOT는 수리지질조사와 지구물리탐사 및 추적자 조사를 실시하여 작도할 수도 있으며 수리지질도 작성 시 등수위선도를 작성하여 지하수 분수령을 확인할 수도 있다([그림 4-13]과 [그림 4-14]). 이 방법의 장단점, 경비 및 사례는 다음과 같다.

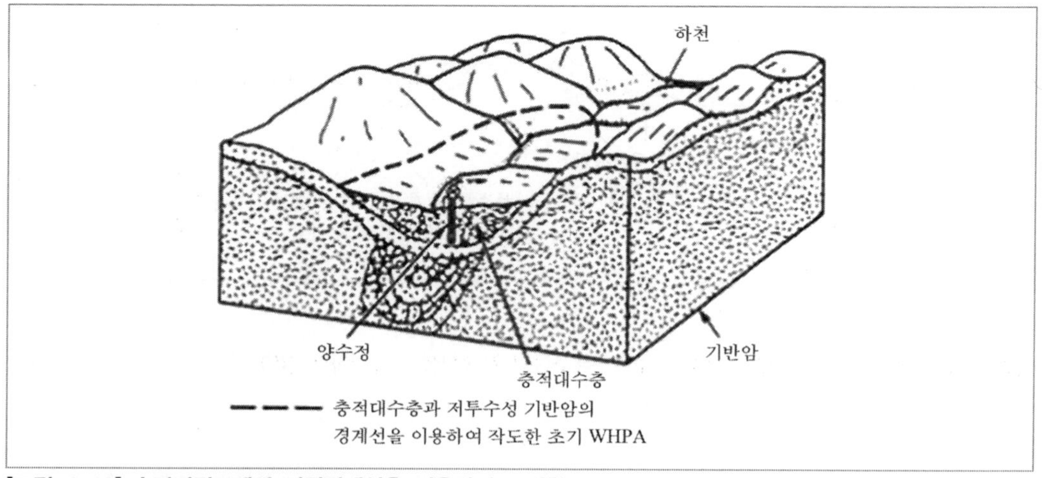

[그림 4-13] 수리지질도에서 지질경계선을 이용하여 규명한 WHPA

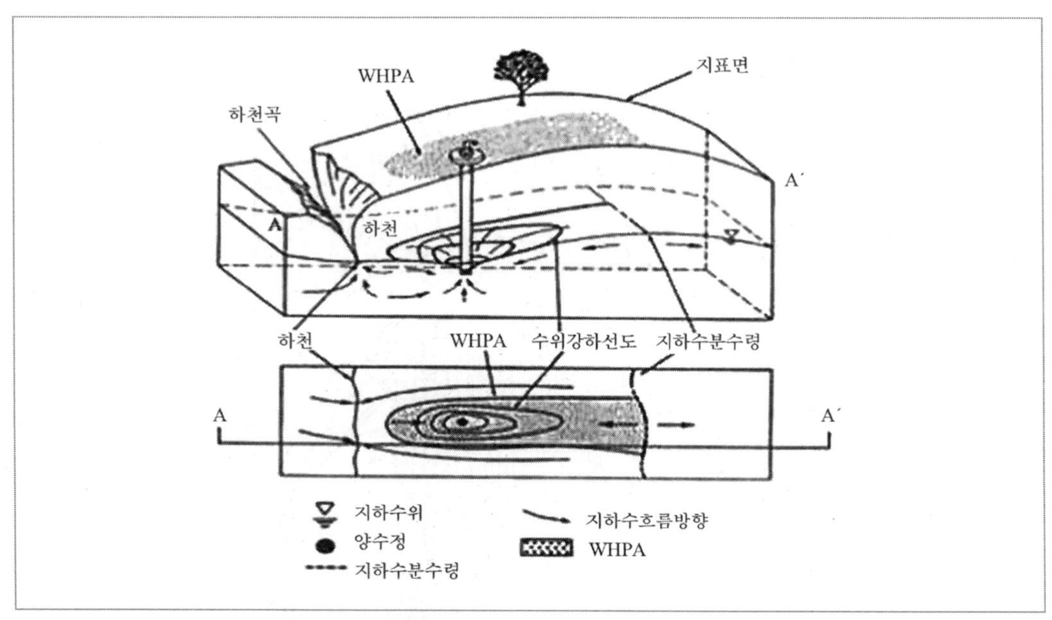

[그림 4-14] 수리지질도에서 지하수의 분수령을 이용하여 규명한 WHPA

1) 장점 : 파쇄암이나 수로형 흐름지역과 같이 이방성이 매우 큰 대수층이나 지하수유속이 비교적 빠른 빙하 및 충적대수층 중에서 지표면 가까운 곳에 소재하는 지표수 흐름경계에 의해 지배되는 수리지질환경에 적합한 방법이다.
2) 단점 : 상당한 전문지식을 요하며 대규모의 WHPA나 심부대수층에서 WHPA를 설정하는 데는 적합하지 않다.
3) 경비 : 기존의 수리지질자료가 가용한 전문수리지질 기술자 경우에는 경비가 별로 들지 않으나 수리지질자료가 별로 없어 지질조사, 지구물리탐사, 광역적인 지하수위 측정이나 대수성 시험을 실시하고 관측정을 굴착하는 경우에는 막대한 경비가 소요된다.
   따라서 Netherland는 우물장 인근구간(near-field)에서는 해석학적인 모델을 주로 사용하고 지하수 보호지역의 전 구간(far-field)에서는 수치모델을 사용하여 이들 모델들을 서로 합성해서 사용한다.
4) 예) Vermont주
   가) 초기 보호지역은 수리지질학적인 계산을 근거로 하여 설정하였고,
   나) 후기 보호지역은 취수정 함양지역의 수리지질도를 이용하여 설정하였다. 여기서 수리지질도란 천부 지하수의 흐름양상은 전적으로 지형조건과 같다는 가정 하에서 우세한 지형조건과 물리적인 경계선에 기초하여 작도하였다(그림 4-15).

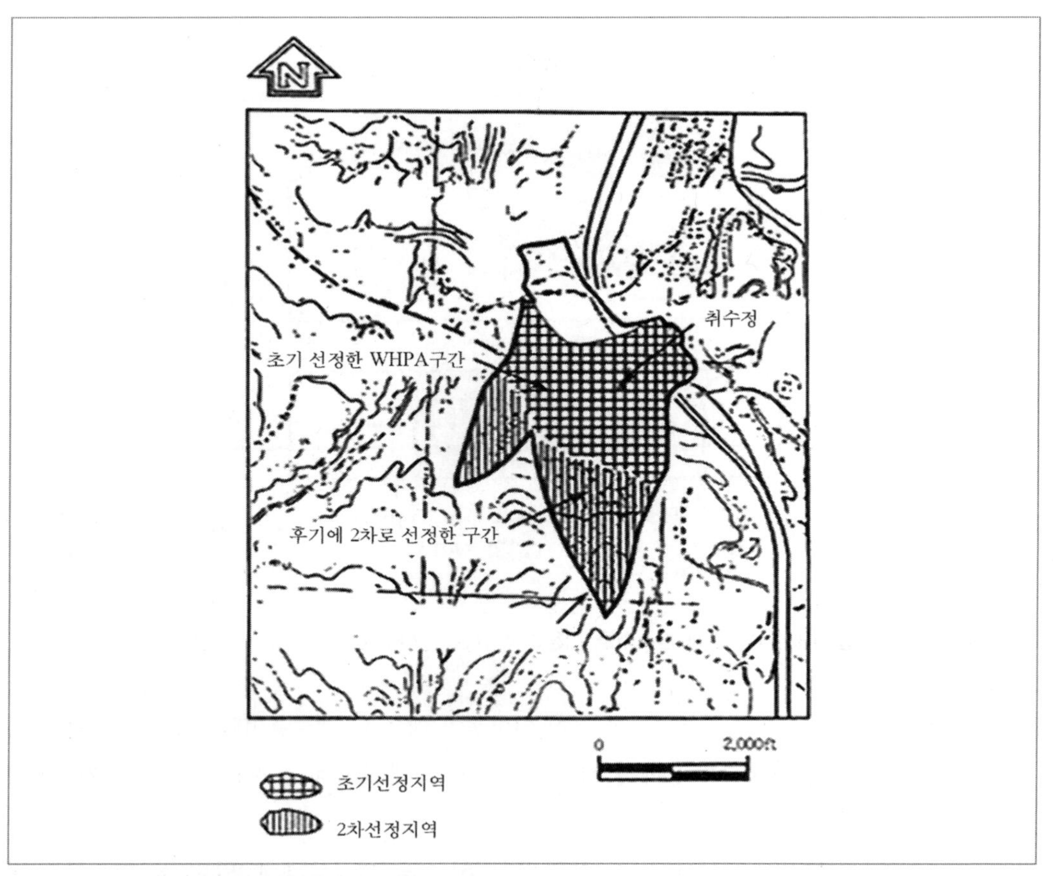

[그림 4-15] 수리지질도와 병행해서 설정한 WHPA

(6) 수치흐름 및 거동 model

WHPA는 지하수흐름이나 오염물질거동을 수치적으로 계략화시킨 전산모델을 사용하여 설정할 수도 있다. 특히 경계조건과 수리지질학적인 조건이 매우 복잡한 경우에 효율적으로 이용할 수 있다. 입력자료로는 K, n, S_y, b, 함양량, 대수층의 기하학적인 모양, 수문학적인 경계조간의 위치, 분산지수, 분배계수 등이다.

일반적인 수치분석은 2단계(two-step precedure)에 따라 시행하며 장단점과 사례는 다음과 같다.

- 수두분포장을 모의한 후 보정을 하고,
- 그 다음 용질거동모델을 사용하여 WHPA를 설정한다.

1) 장점 : 이 방법은 고도의 정확성을 요하며 거의 모든 대수층 계에 이용할 수 있을 뿐만 아니라 자연적이거나 인위적인 영향으로 인해 WHPA의 크기가 변할 때 WHPA의 동적인 양태를 예견하는 데도 이용가능하다.

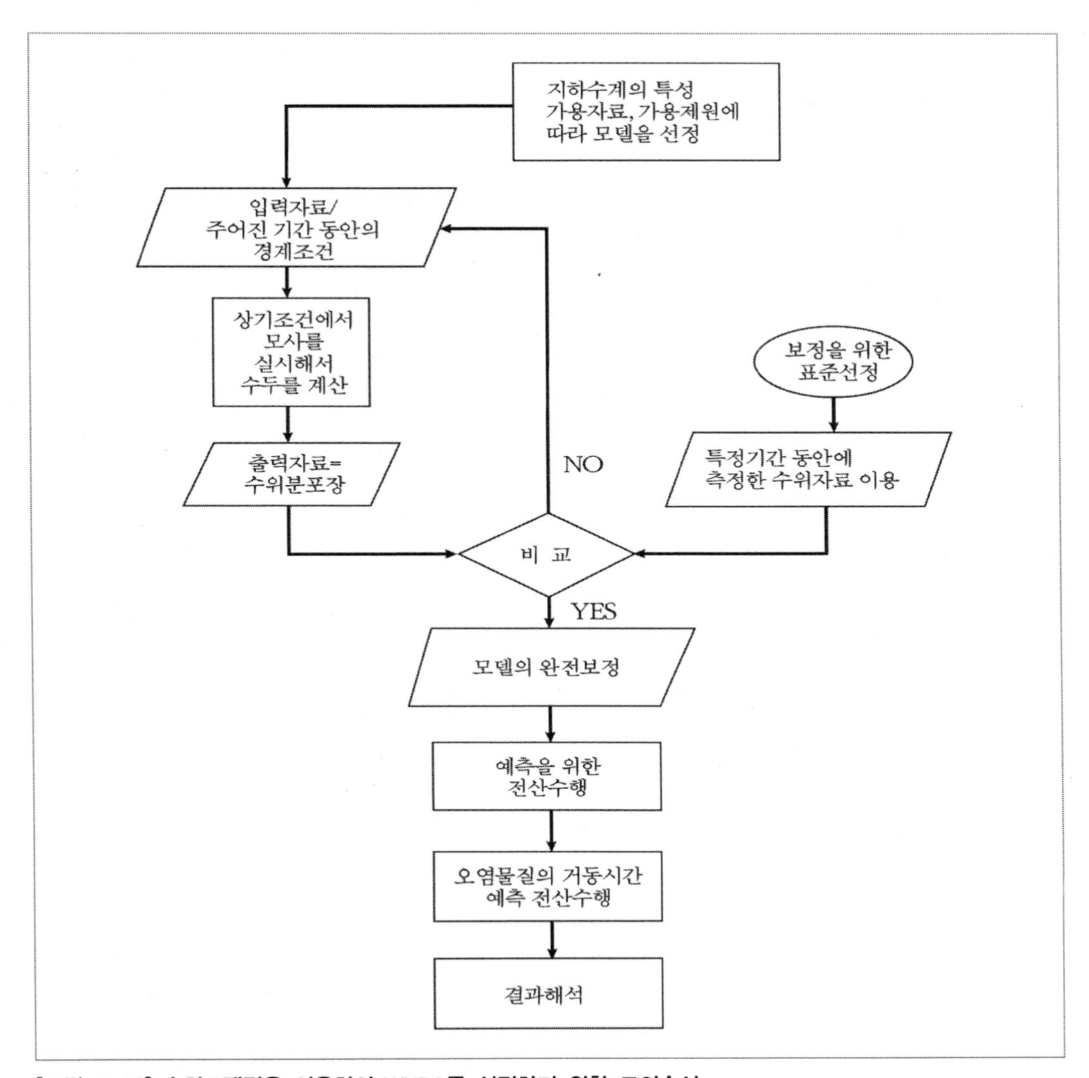

[그림 4-16] 수치모델링을 이용하여 WHPA를 설정하기 위한 모의순서

2) 단점 : 다른 설정법에 비해 고도의 수리지질학과 모델링의 전문지식이 필요할 뿐만 아니라 경비가 과다하게 소요된다.
따라서 모델의 격자간격과 조밀도의 제한성 때문에 취수정 주위에서 수위강하를 예측하는 데는 해석학적인 모델이 보다 적합하다. 현재 국내의 경우 먹는샘물의 3년간 WHPA를 설정할 때 이 방법을 사용한다.

4.1.6 WHPA 설정의 운영사례

(1) 미국 사례

1) Florida주/미국

취약대수층에 대한 주 단위 WHPA 프로그램은 Florida Admisistrate code chapter 17-3에 명시되어 있다. 이 규정에 따르면 취수정 보호구역 내에서 지하수를 오염시킬 가능성 있는 모든 행위는 규제토록 되어 있다. WHPA를 적용하는 취수정은 음용수원으로 이용되는 공공급수정으로서 채수량이 380m^3/일 규모 이상이거나 모든 우물장에 이를 적용한다.

이 지역은 음용수 취수정으로부터 2개의 보호선을 설정하여 운영하고 있으며 내부 보호선은 취수정으로부터 60m 반경, 외부 보호선은 TOT 5년을 기준으로 하여 운영하고 있다. 구체적인 내용은 다음과 같다(그림 4-17).

① 60m 이내에서는 신규오염물질의 방류나 신규 오염유발 시설의 설치를 금지하고
② 5년 TOT 이내 구역에서는 여러 종류의 시설물로부터 신규배출은 억제하나 반드시 모니터링을 실시해야 한다.
③ 유해성분을 포함한 신규 산업폐수의 방류를 금지하고,
④ 처리된 생활하수의 신규방류는 여러 가지의 요구조건에 부합되는 경우에만 허용한다.

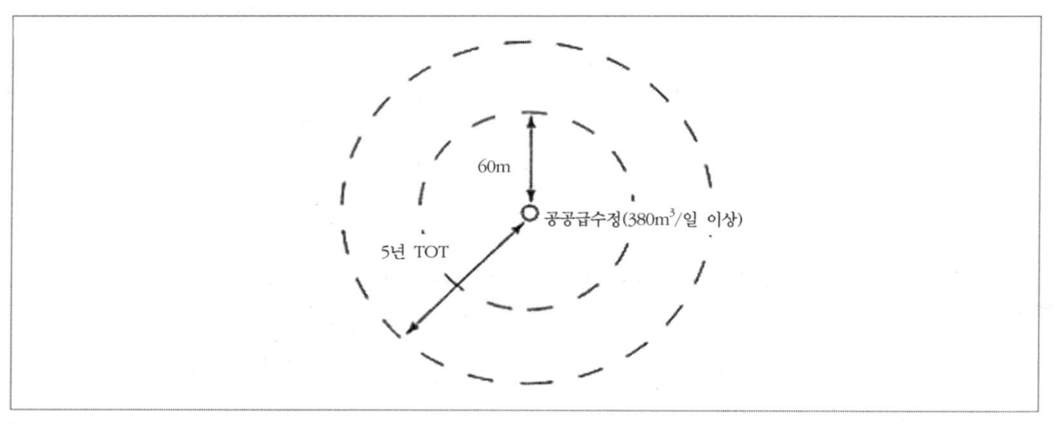

[그림 4-17] Florid주의 WHPA 설정방법

2) Dade county/Florida/미국

Dade county는 물관리, 물 및 폐수처리, 토지이용정책, 환경규제 및 주민의식과 참여 등 5가지의 요소가 가미된 종합 취수정 보호계획을 개발하여 실시중이다.

County가 확인한 약 900여 개의 오염물질로부터 공공취수정이 오염되지 않도록, 즉 취수정을 오염원으로부터 보호하기 위하여 금지, 제한, 허가조건, 토지이용 및 관리제도에 이 프로그램을

적용하고 있다.
이곳에서는 취수정을 중심으로 [그림 4-18]과 같이 3개 구역을 설정하여 운영 중이다. 그중 이를 위해

① 수치전산모델을 이용해서 우물장 주위에 함양지역을 설정했으며 이를 위해 수두분포를 관측감시하여 우물장 내에서 검층을 실시하였고,
② 지정한 우물장 보호구역과 함양지역 내에서 토지이용을 제한하며,
③ 주민 교육 프로그램을 개발함과 아울러,
④ 수자원 처리 프로그램을 수립하였으며,
⑤ 수자원 관리 및 오염원 조절 규제지침을 개발하였다.

Florida주는 2개의 원형 보호구역을 설정했으나 Dade county는 3개의 보호구역을 설정하였다. 즉 내부구역은 30일 TOT와 210일 TOT로 구분되어 있고, 외부구역은 500일 TOT나 0.3m의 수위강하지점을 기준으로 하였다. 우물장중 폭이 가장 긴 북서쪽의 WHPA는 11.2km 정도이다.

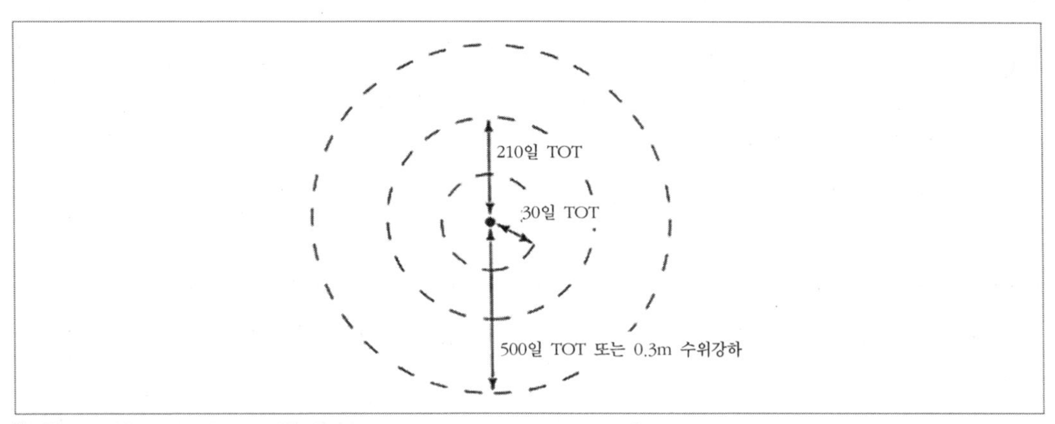

[그림 4-18] Dade County의 WHPA

3) Massachesetts 주의 Acton 지역/미국

가) WHPA 설정방법

Massachusetts주는 미생물에 의한 위협 외에는 광범위한 WHP를 요구하진 않으나 1개 대안으로 WHP를 구체화 하였으며, 소위 대수층 분포 토지의 취득계획(aquifer land aquisition program, ALA)에 의거하여 WHP를 촉진 권장하고 있다.
이 프로그램의 목적은 지방공무원이 공공 급수용 취수정 주위의 초기 지하수 함양지역을 규명할 수 있도록 기술적 지원을 하고 함양지역 내에서 토지이용을 적절히 제시할 수 있도록 했으며, 급수원 보호목적을 위해 함양지역 가운데 중요한 구역에서 취득한 토지에 대해서는 법적인

배상을 하기 위함에 있다. 운영하고 있는 3개 구역(zone)의 내용은 다음과 같다.

① Zone Ⅰ: 취수정 주위 122m 이내 지역이나 취수정 주위에 지정한 구역은 항상 DEQE (Dept. of Envirn. Quality Engineering)의 음용수 규제조건을 만족해야 한다.
② Zone Ⅱ: 실제적으로 예견가능한 채수조건과 가장 심각한 함양조건 하에서도 취수정에 지하수를 공급할 수 있는 대수층 분포구간으로 지정했으며, 이 구역은 지하수 분수령과 기반암이나 빙하퇴적층과 같은 저투수성 대수층의 경계로 구역화 되는 구간이다. 특히 하천이나 호수는 함양경계를 이루기도 한다.
③ Zone Ⅲ: zone Ⅱ의 외곽지역으로서 이 지역에서 zone Ⅱ로 지표수나 지하수가 배출되는 구간이다. 지형상 지표 배수지역은 지하수 배수지역과 일반적으로 일치하므로 지표 배수지역(유역)은 zone Ⅲ으로 설정하였다. 지표수와 지하수유역이 일치하지 않는 곳에서 zone Ⅲ은 지표수유역과 지하수유역을 분리하여 운영한다.

3개 구역 설정과 관리는 ALA grant program에 의거하여 수행되며 이 프로그램을 이용하여 취수정 보호목적으로 토지를 구매할 경우, 주정부로부터 필요한 자금을 취득할 수 있다.
3개 구역 중에서 zone Ⅱ는 투수성이 비교적 양호한 지표 퇴적물로 구성되어 있으며, 이 구역 내에서 토지를 이용할 때는 주변에 소재한 기존 우물에 악영향을 미칠 가능성이 매우 농후한 지역이기 때문에 zone Ⅱ에서 토지를 구매하는 경우에는 주정부가 배상을 하지 않는다.
또한 취수정 주위 122m 반경 내에서는 물공급자에게 이미 토지이용을 조절하도록 Massachusetts의 법이 규정하고 있기 때문에 배상계획에 해당되지 않는다.
이 프로그램은 신청인들에게 다음과 같은 4가지 정보를 제공하도록 요구하고 있다(major 4 category of intormation). 즉 ① 대수층과 용수공급 자료, ② 토지이용자료, ③ 자원의 보호계획 및 ④ 토지취득 정보 등이다.
zone Ⅰ,Ⅱ 및 Ⅲ을 설정한 다음, 이를 도면화해야 하며 zone 설정을 위해 사용한 대수성시험이나 모델링결과는 반드시 문서화해 두어야 한다. 3개 zone 모두 정도의 차이는 있긴 하나 토지이용정보 자료를 제공해야 한다.
특히 zone Ⅱ에서 상업, 주거, 농업 및 공업용으로 이용하는 토지이용 행위는 반드시 도면화(mapping)해야 하고, 도로와 같은 공공운송로는 반드시 확인 제시해야 한다. zone Ⅲ 구역 가운데 유해 폐기물 처분장, 지표저류시설, 매립지, 자동고물집적소, UST, 제설제빙재 저장소, 자갈채취 작업과 같은 지하수에 심각한 위해를 줄 수 있는 토지이용행위는 반드시 문서화해 놓아야 한다.
토지구매를 위한 제출서류에는 반드시 용수공급 보호를 위해 설계된 기존 및 계획된 토지이용 조절이 명시된 수자원 보호전략 정보가 포함되어야 한다.

나) 국지적인 지하수 보호계획/Acton지역

Boston의 북서부 48km지점에 위치한 Massachusetts주 Acton지역은 1970년부터 급격한 경제성장에 따라 1980년대에 인구가 17,544명으로 급증하여 90년대에 약 3,800m^3/일의 용수부족이 예상되었다. 이 지역은 주 급수원을 인근에 분포된 빙하퇴적층 내에 부존된 지하수에 의존하고 있어 지하수자원의 관리 보전대책이 필수적인 지역인데, 76년도에 인근 화학공장에서 취급한 합성 유기화학물질의 누출로 취수정이 오염된 바 있다. 이에 따라 다음과 같이 세부 수리지질을 3단계로 실시하고 그 결과에 따라 지하수 보호계획을 수립하여 시행하고 있다.

(가) 제1단계

제1단계 조치로 3가지 유형의 민감지역을 설정하였다. ① 최우선 보호구역으로 기존 취수정이나 잠재우물장 예정지역을 대상으로 7일간의 영향권과 1년간 이동거리(TOT)중 큰 거리를 채택하여 우물장 완충구역(Area-1)을 설정하였다. ② 제2우선 보호구역은 기존 및 잠재 우물장으로 직접 함양되는 투수량계수가 620m^2/일 이상 되는 구간으로서, 오염물질이 우물장으로 유입 도달될 수 있는 구역을 우물장 함양 보호구역(Area-2)으로 설정하여 잠정적으로 소규모의 개발은 허용하되 토지 이용 시 강력한 지하수 오염원 규제법을 적용토록 하였으며, ③ 광역적으로 보호해야 할 필요성이 있을 경우에는 제3민감 지역을 설정하는 데 투수성이 양호한 대수층의 전체 분포지역(기 개발된 지역 포함)을 우물장 주위 대수층 보호구역(Area-3)으로 설정하여 보호하도록 하였다.

(나) 제2단계

제2단계는 NO_3-N에 대하여 SDWA(안전음료수법)의 음용수기준(10mg/ℓ 이하)을 적용하여 지하수의 시료채취 및 modeling을 실시하였다. NO_3-N을 modeling item으로 사용한 이유는, NO_3-N는 주변 지질에 거의 흡착되지 않으며, TDS, Cl, 인 등에 비해 지하수오염의 중요한 지시인자(특히 정화조에 의한 지하수 오염 예측 시)로서 국민건강에 매우 중요한 수질성분인자이며 수처리가 용이하지 않다는 점 때문이다. Modeling 분석 시 하천 기저유출량은 전적으로 지하수배출에 기인하며, 기저유출에서 NO_3-N 농도는 집수유역 내의 가옥 수에 비례하는 것으로 가정하였다.

(다) 제3단계

제3단계는 지하수 관리계획과 규제법을 제정하여 보호구역을 설정하고, 각 민감지역 내에서의 관리기법을 설정하였는데, 그 규제지침의 주요 골격은

① 음용수 수질기준에 의거하여 유해물질 취급과 유류저장소(주유소 포함) 설치를 규제하고,
② 대수층을 그 수리성에 따라 보다 세분화하였으며,
③ NO_3-N의 modeling 결과에 따라 주거수와 정화조의 수를 제한하거나 토지이용 개발계획을 조정하였으며
④ 기타 오염원에 의한 대수층 오염방지 등이다.

(라) 민감지역별 규제 내용

민감지역별로 실시하고 있는 규제내용을 살펴보면,

① 우물장 완충구역(Area 1)에서는 소규모 저강도의 토지이용(기존 시설물 포함)은 허용하되 난방용으로 기존 건물에서 사용하고 있는 것 이외에는 유류나 기타 화학물질의 저장탱크와 같은 보조시설 사용을 전면 금지하였다. 본 역내에서 제설, 제빙재 저장소, 농약 및 비료 살포를 금지하고 유독성 화학물질의 야적을 금지토록 하였으며, 토지이용 개발이 주변 지하수환경에 미치는 영향이 미미하다고 판단되는 경우에만 토지이용을 허용토록 하였다(표 4-2).

[표 4-2] 취수정 민감지역 내에서 보호구역 설정 후 행위제한(Acton)

주 이용	Area 1	Area 2	Area 3
주거 이용	NP	1가구/2,500평	1가구/1,250평
산 업 용	NP	NP	방류 시 경계선에서 수질이 반드시 음용수 수질기준에 적합한 경우만 특별 허가, PS 적합
상업 및 service용	NP	정화조를 제외한 폐수 방류 금지, 이때도(정화조) 음용수기준 이내	방류 시 경계선에서 수질이 음용수 수질기준에 적합한 경우 허가, PS 적합
토지의 채굴, 석재 채석	NP	NP	연간 3m 이상 굴착 불허, PS 적합
1,250평당 25마리 이상 가축 사육장(animal feed lot)	NP	NP	수질기준에 적합한 경우 허용, PS 적합
독성 및 유해폐기물 처분, 저장, 운송, 사용, 제조	NP	NP	수질기준에 적합한 경우 허용, PS 적합
잡목림(brush)	NP	NP	NP

PS : 수행기준
NP : Not Permitted

② 우물장 함양 보호구역(Area 2)에서는 완충지역보다는 덜 엄격하지만 주거 밀도가 낮은 주택 개발 정책과 같은 선별적인 토지이용만 허용하고, 오염물질의 방류(각종 산업 및 축산 폐수 등)는 철저히 금지하며 산업용, 도로 제설 및 제빙재, 가축 사육장, 고형 폐기물 처분, 유해물질 이용, 자동차 정비소와 같은 소규모 오염물질 배출 유발시설(SQG) 사용을 전면 금지하도록 하였다. 또한 본 역내에서 개발을 시행코져 하는 자는 개발이 주변의 기존 및 잠재 취수정에 미치는 영향에 대해 수리지질 영향평가서(hydrogeologic impact assessment)를 제출

하도록 의무화 하고, 그 외 농약이나 비료살포시 반드시 허가를 받도록 규정하였다.

③ 대수층 보호구역(Area 3)에서는 보다 완화된 규제를 적용하나 유해물질의 사용이나 고형폐기물 처분을 전면 금지하고 기타 개발은 특별허가(permit)를 받도록 규제하여 산업 및 상업폐수와 비위생폐수를 방류(nonsanitory wastewater discharge)시 방류지역 내에 지하수의 수질이 SDWA 기준을 유지할 수 있고 관련기준에 부합되는 경우에는 인가하도록 하였다. 부지정리, 일정규모의 토지굴착 허가나 토지복토시 유해폐기물이 발생할 때는 수리지질 영향평가서에 의거하여 인가 여부를 결정하도록 하였다.

4) Vermont/미국

Vermont주는 주단위의 광역적인 취수정 보호 프로그램을 개발하였으며 이의 일환으로 환경보호국(AEC)은 취수정들의 수위강하 구역과 일차 함양지역(primiry), 2차 함양지역(secondary)을 작도하는 데 사용할 수 있는 지침서를 작성하였다.

이러한 도면은 AEC나 기타 규제기관에서 어떤 류의 활동을 허가할 것인가를 결정하는 기준으로 이용된다. 지하수관리를 수행 결정하는 주정부의 규제기관에서 현재 사용할 수 있는 도구로써는 1970년에 Vermont주가 aquifer protection area project(APA)에서 설정한 APA(대수층 보호지역)나 함양지역에 관련된 기존도면 등이 있다.

이 조사결과에 의거하여 Vermont에 소재하는 104개소의 인구밀집지에서 209개의 APA를 설정했는데 여기서 APA는 해당지역 취수정이나 용천에 대한 지하수의 저수지역, 이동지역, 채수지역 및 함양지역을 포괄하는 지표면적으로 정의하고 있다.

APA 설정 시 이용한 기본적인 수리지질인자는 다음과 같다.

- 대수성시험 자료가 가용한 자유면 및 누수 미고결 대수층 내에 설치된 우물
- 대수성시험 자료가 가용치 않는 자유면 및 누수 미고결 대수층 내에 설치된 우물
- 피압 미고결 대수층 내에 설치된 우물
- Infilteration model을 사용한 기반암에 설치한 암반우물
- 누수모델을 이용한 암반 관정
- 지형기복이 심한 상류구배구간에서 미고결암과 기반암 사이의 경계면이나 미고결암 내에 발달된 용천
- 지형기복이 완만한 상류구배구간에서 미고결암과 기반암 사이의 경계면과 미고결암 내에 발달된 용천
- 기반암에서 유출되는 용천

현재까지는 작도된 APA와 관련된 특별한 규제조항은 없다.

(2) 유럽지역의 WHPA 설정 운영 사례

현재 유럽의 11개국은 미국의 WHPA개념과 유사한 보호 프로그램을 개발하여 이용하고 있다. 1979년 12월에 유해물질로부터 지하수자원이 오염되는 것을 보호하기 위한 규제가 제정된 바 있다. EC 디렉토리는 회원국들에게 목록화 된 유해물질의 직·간접적 방류로부터 모든 사용가능한 지하수(all usable)를 보호하도록 규정하고 있다.

유럽의 지하수보호 프로그램은 상술한 디렉터리보다 상당히 오래된 것이다. 대부분의 중요한 법과 규제지침서는 1950년도에 제정되었지만 지하환경으로 오염물질의 거동을 방지하기 위한 정책개발은 19세기부터 시작되었다. 특히 서독과 네덜란드는 대표적인 국가이다.

유럽의 프로그램은 주로 거리와 TOT로 규정된 최소 3개의 보호구역을 설정하여 운영하고 있으며 이들 구역은 대체적으로 원형의 고리형태이며 최외곽구역은 함양지역의 경계선까지 연장되어 있다. 이들 보호구역 내에서는 폐기물 처분장, 유독성 화학물질의 운송 및 저장이나 폐수방류 및 농약(leachable pesticide) 사용을 철저히 제한하고 있다.

유럽국가 가운데 WHPA를 적용하고 있는 대표적인 국가들이 이 방법을 적용하고 있는 내용을 간략히 소개하면 다음과 같다.

1) 네덜란드

일반적으로 전문가가 해석학적인 모델을 사용하여 대수층의 종류에 따라 3개 이상의 보호지역을 설정한다(Van Waegeningh, 1985과 1987). 초기에는 간단한 고정 반경법을 사용하였으나 현재는 해석학적인 모델을 널리 이용하고 있다.

특히, 중요한 취수정의 WHPA는 수치모델을 사용하여 설정한다. 네덜란드는 43종의 보호구역을 설정하여 운영하고 있는데, 이를 설명하면 다음과 같다(그림 4-19).

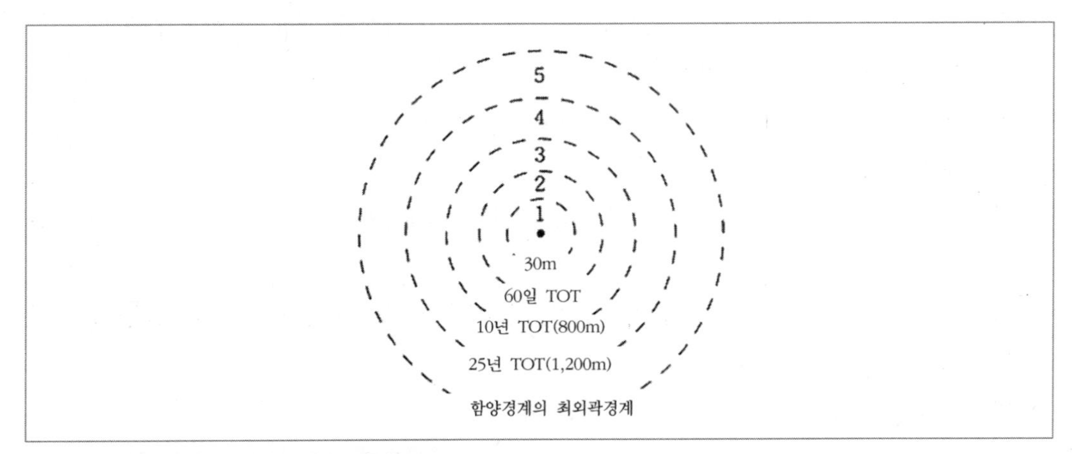

[그림 4-19] 네덜란드에서 적용하고 있는 WHPA

① 제1보호구역은 취수정 주위의 반경 30m 이상 지역으로서 이 구역은 물관리기관이 직접 구매하여 체계적으로 보호하며,

② 제2보호구역은 60일 TOT로 정의되는 구역으로서 미생물에 의한 오염으로부터 취수정을 보호하기 위해 설정한 구역이다.

③ 그 다음에 WHPA의 경계선과 비교될 수 있는 지하수 보호구역(water protection area)을 설정하는데, 지하수 보호구역은 10년 TOT(약 800m)와 25년 TOT(약 1,200m)으로 구분 설정한다.

④ 최외곽 함양지역(far recharge area)으로 취수정의 함양지역의 외곽경계선까지 설정한다.

2) 독일

서독의 취수정 보호전략은 유럽에서 가장 먼저 개발된 취수정 보호전략으로서 네덜란드의 접근법과 유사하다. 서독의 취수정 보호계획은 해석학적인 접근법에 주로 의존하는데

① zone Ⅰ은 취수정 주변 10~100m 반경내 구역이며,

② zone Ⅱ는 TOT가 50일 되는 구역이고,

③ 지하수 보호구역(water protection zone)은 zone Ⅲ로 분류하고 이를 다시 A, B지역으로 세분한다. 이중 zone Ⅲ-A(inner area)는 대수층의 경계면이 아주 원거리에 소재하는 경우에는 취수정으로부터 2km까지의 구역으로 정의되어 있으며, zone Ⅲ-B(outer area)는 함양지역의 외곽경계선까지 확장시킨 구역이다.

대부분의 대수층이 퇴적분지 내에 분포되어 있어 수리지질도 작성 기법과 수치분석 과정을 유역대 유역의 접근법으로 처리한다.

유럽에서 현재 시행하고 있는 취수정 보호구역 설정내용을 요약하면 [표 4-3]과 같다.

[표 4-3] 유럽 각국에서 적용하고 있는 취수정 보호구역

서독	오스트리아	벨기에	필란드	네덜란드	프랑스	체코	스위스	헝가리	스웨덴	구동독
zone Ⅰ well field로부터10~100m	보호구역	근접보호 지역(100m) 24시간 TOT	Intake area	Cutchment area	근접보호 지역 10~20m	일차 위생보호지역 10~50m	zone Ⅰ 10~20m	보호구역	취수정 지역	zone Ⅰ 5~100m
zone Ⅱ 50일 TOT	50일 TOT	내부부호 지역 100~300m 50일 TOT	내부보호 지역 60일 TOT	30m 이상 50~60일 TOT	내부보호 지역	내부이차 위생보호지역 (internal secondary sanitary protection zone)	zone Ⅱ 100m 이상 10일 TOT	50일 TOT	내부보호 지역 100m 이상 60일 TOT 이상	보호구역 -II 60일 TOT

zone Ⅲ-A 2km	부분 보호 지역	원거리 보호지역	외부보호 지역	보호지역 10년 지연 보호지역 25년 지연	원거리 보호지역	외부 이차 위생보호지역	zone Ⅲ-A 200m	수리지질 학적인 보호구역	외부보호 지역	zone Ⅲ-A 10년 TOT
zone Ⅲ-B RCH area의 최외곽경계		(remote protection area)		Far recharge area			zone Ⅲ-B	25-100 년 지연 광역보호 지역		zone Ⅲ-B 25년 TOT

4.1.7 취수정 1개소당 WHPA 설정비용

1985년도 미국NGWA(지하수협회)가 취수정 1개소당 WHPA를 설정하는 데 소요되는 경비를 산정한 결과는 [표 4-4]와 같다.

[표 4-4] 취수정 1개소당 WHPA 설정 비용(US$)

방법	Man hours/well	기술능력	overhead 경비	
임의의 고정반경	1~5	1	L	40~200
계산된 고정반경	1~10	2	L	80~800
단순 다종 모형	1~10	2	L-M	80~800
해석학적 방법	2~20	3	M	200~2,000
수리지질학적 방법	4~40	3	M-H	400~4,000
수치 modeling	10~200	4	H	1,300~26,000

[근거]	
1 : Non-technical	산기 금액은 1985년 기준 금액 40 $/hr
2 : Junior- hydrologist / Geologist	80 $/hr
3 : Mid-level hydrologist / Modeler	100 $/hr
4 : Senior hydrologist / hydrogeologist / Modeler	130 $/hr

4.2 광역적인 보호계획(regional protection strategy)

미국 연방정부는 가용한 물적 및 인적자원으로 지하수환경과 국민건강을 보호하고 추후 발생가능한 지하수환경의 오염을 방지하며 수리지질학적으로 주변 생태계와 연관이 있거나 현재 음용수로 이용하고 있는 모든 대수층을 오염으로부터 사전에 보호하기 위한 우선순위 결정 전략의 일환으로 다음과 같은 일을 수행하고 있다.

- 주정부 차원의 지하수 보호계획과 관련된 규제지침 개발과 조직적인 평가법 설정 및 지하수의 정보화 시스템 개발에 필요한 기술적 지원과 재원을 조달하며,
- 현재까지 법적으로 규제되고 있지 않은 각종 지하수 잠재오염원의 규제법 제정(UST/TSCA, 유

해폐기물의 지하저장/RCRA, 가축분뇨, 폐수/SDWA 등)과,
• 지하수 보호 규제 지침서와 대수층 보호계획 설정 등이다.

이러한 지하수의 광역적인 보호계획을 약술하면 다음과 같다.

4.2.1 함양지역(area of recharge) 보호

분포암석의 투수성(수리지질), 토지이용상태, 개발정도, 식생, 유선망분석 등에 따라 하향흐름이 우세하며 투수성이 크고 지하수 공급지 역할을 하는 투수성 지층 분포지역을 함양지역으로 지정 보호한다.
일반적으로 미개발 지역은 특수한 경우를 제외하고는 이에 포함시켜 신규 토지이용과 개발행위를 금지하고 규제를 실시하여 이 지역을 오염원으로부터 사전에 철저히 보호 관리한다.

4.2.2 중앙정부 차원의 대수층 분류

현재 미국 EPA는 지하수보호의 주전략으로 지하수의 현 이용량과 수질상태, 용수공급원으로서 잠재성과 토지이용 계획과 대수층의 수리특성, 종류와 수, 경제적인 개발 가능량(optimal yield), 잠재오염물질의 동화저감능 등 수리지질학적인 특성을 기준으로 대수층을 분류하여 대수층 분포지역 상에서 수행되는 제반 사회, 경제활동의 조정, 규제를 위한 기준으로 이용하고 있다.
현재 미연방정부는 대수층을 다음과 같이 광역적으로 분류하고 있으며, 이용하고 있는 모든 대수층의 수질이 최고 양질의 수질기준을 유지토록 규정하고 있다. 즉,

• 1급 대수층(class Ⅰ) : 오염취약성이 매우 크고 급수원으로 대체할 수 없는 특별 유일대수층(SSA),
• 2급 대수층(class Ⅱ) : 현재 및 잠재 급수용 수원으로 사용가능한 모든 대수층(TDS 10,000 ppm 이하)
• 3급 대수층(class Ⅲ) : 상당히 오염되어 추후 식수원으로 사용이 불가능한 대수층(염수화 포함)이다.

4.2.3 유일 대수층 보호계획(SSAP)과 대수층 보호지역(APA)

Texas/Austin지역은 파쇄가 심한 용식석회암으로 구성된 Edward 대수층이 분포되어 있으며 지표수계와 지하수계가 수리적으로 서로 연결되어 있다. 이에 따라 Edward 대수층 분포지역은

모두 지하수 함양지역에 해당하므로 유일대수층으로 분류하여 폐기물 처분장과 폐기물 매립장 입지로의 사용을 금지하고 축사 sludge와 폐수의 방류를 금지할 뿐만 아니라 토지이용과 제반 개발계획을 규제하고 개발수행 시에는 정부의 재정지원을 유보하는 등의 유일대수층 보호계획(sole source aquifer program)을 철저히 시행하고 있다.

이외에도 현재 미국 전역에서 유일대수층으로 지정(1982. 6. EPA) 보호되고 있는 대수층은 다음과 같다. 즉 남부 Florida의 Biscayne 대수층, Guam의 전 지하수계, New york의 Long island 대수층, Montana의 Hellena valley 대수층, Washington-Idaho의 Spokane valley 대수층, Malyland의 Piedmont 대수층, Texas와 New-Mexico의 Delaware 대수층, Oklahoma의 Verdegris valley 대수층, New jersey의 The Rockaway 상류 대수층과 Buried valley 대수층계, Califonia/Fresno의 하부대수층 등이다.

4.2.4 광역적인 지하수 보호계획의 사례

(1) Connecticutt과 Southington의 지하수계 분류

Connecticutt과 Southington에서 실시하고 있는 지하수계의 분류방법과 그 규제내용을 도표화하면 [표 4-5]와 같다. 이 표와 같이 전체 지하수계를 현 수질의 상태에 의거하여 4종으로 구분하고 분류된 지하수수역에 따라 그 용도와 규제내용을 명시하고 있다.

(2) Long island의 지하수역 분류

미국 Long island 지역은 지하수역을 [그림 4-20]과 같이 3가지로 분류하여 각각의 보호전략을 수립, 시행하고 있다.

1) Ⅰ 수역(최상급 지하수 수역)

공공급수용으로 영구적으로 지하수원 확보가 가능한 지역을 "최상급 지하수 수역(Ⅰ 수역)"으로 지정하고 주 보호전략으로는 지방자치단체에서 광범위한 토지구매와 취득, 정부시설(위해 및 잠재오염원)의 이전, 모든 피복수림의 엄격한 보호, 세금 납부 불이행, 토지의 압류와 주민교육 등을 시행하고 있다.

2) Ⅱ 수역(양호한 지하수 수역)

수역 내에서 토지의 혼용으로 인하여 장래 양호한 수질의 확보가 불투명한 급수원을 "양호한 지하수수역(Ⅱ 수역)"으로 지정하여 선별적인 토지구매, 상향분류나 본역에서 기 승인된 각종 개발사업의 재검토와 대규모 공공토지의 유보나 타 규제나 승인과정 등을 이용하여 본 수역 내에

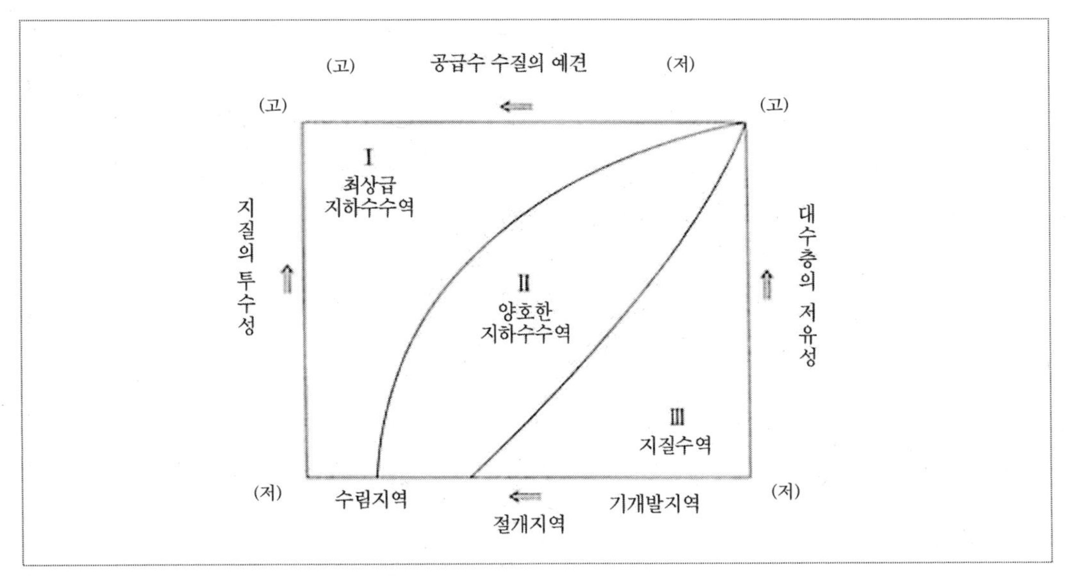

[그림 4-20] 미국 Long island 지역의 지하수수역 분류

서 지하수 수질의 저질화 방지와 주민교육 등을 주 보호전략으로 채택 시행하고 있다.

3) Ⅲ수역(저질의 지하수 수역)

자연적인 수역특성을 상실하여 장기적인 수질의 저질화를 초래한 급수원을 "저질의 지하수 수역(Ⅲ 수역)"으로 구분하여 오염된 지하수를 음용수용이 아닌 타용도(농업, 잡용수)로 전용하되 그 주변에 잠재오염원이 없는 경우에만 허용하며 주민교육과 병행하여 타 규제지침이나 인허가 과정을 통하여 수역의 수명을 보전하도록 하고 있다.

[표 4-5] Connecticutt과 Southington의 지하수계 분류

분류	Connecticut		Southington	
	용도	규제내용	분류	규제내용
GAA	공공, 개인급수용으로 처리하지 않고 음용 가능한 수역	가축 및 인분폐수의 방류와 소규모 냉난방 및 각종 사용수의 방류제한	GAA	현재 음용수원으로 이용하고 있는 수원
GA	별도처리 없이 음용 가능한 (개인용인 경우) 수역	가축 및 인분폐수나 처리하지 않고 이용할 수 있는 음용수수원에 각종 사용수의 방류제한	GAAS	음용수원으로 이용하고 있는 지표수체로 함양되는 대수층
			GA1	잠재음용수원
			GA2	GAA와 GA1 구역 주의의 제2 함양지역
			GB/GAA	오염되었으나 음용수로 사용가능한 지역
			GA GA3	GAA, GA 및 GA2 구역 주위의 제한된 함양지역

GB	처리하지 않고서는 음용수로 사용하기 어려운 수역 (주로 기존 및 과거의 토지이용)	GAA, GA는 본 분류에 포함되고 이에 부가해서 주변지질을 처리 system의 일부분으로 이용할 수 있을시 처리된 산업폐수를 방류하기에 적절한 경우. 허락하는 의도는 토양 내에서 오염물질이 쉽게 생분해 되고 여과되는 경우에는 오염물질을 방류하더라도 추후 처리하지 않고 지하수를 음용수로 이용하는 데 지장을 주지 않는 경우, 수질저하 초래가 없는 경우	GB GB/GA3	오염되었으나 처리 후 음용수로 가능한 경우 오염된 제2함양지역
GC	심히 오염되어 특정 오염물질의 처분지로 이용하는 것이 보다 적합한 수역 (주로 과거의 토지이용이나 공공, 개인용 급수원으로 개발하기보다는 저유된 지하수가 허가된 오염처분장으로 이용하기에 적합한 수리지질여건을 가진 곳)	주변 지표수계의 수질저하를 초래하지 않는 경우로써 역시 주변 토양과 지질이 지하 처리 system으로 작용할 수 있기 때문		

(3) 미국의 각 주별 지하수환경의 분류기준

미국의 각 주에서 지하수자원을 분류하고 있는 기준을 요약하면 [표 4-6]과 같다. 특이한 사실은 TDS가 10,000mg/ℓ인 중염도 지하수인 흑수(brackish water)도 보호대상으로 하고 있는 점이다. 이러한 사실은 현 세대의 기술로는 TDS가 10,000mg/ℓ인 흑수를 음용수로 처리하려면 상당한 경비가 소요되지만 후세대의 기술로는 보다 경제적으로 이를 처리 이용할 수 있을 것으로 믿기 때문에 이를 보호하고 있다.

[표 4-6] 미국 각 주의 지하수자원 분류방법

주	분류수	분류기준
Connecticut	4	수질, 토지이용, 지하수흐름계(GAA, GA, GB, GC)
Florida	4	유일대수층과 음용수원 대수층 최우선 보호
Hawaii	2	담수와 염수
Idaho	2	특별수원 : 사회, 경제적인 인자가 중복되지 않을 시 저질화에 따른 보호 식 수 원 : 무처리로 음용 가능하도록 보호
Illinois	4	용도별로 분류 : 생활용수와 기타 용수
Iowa	5	수리지질학적 특성을 고려하여 오염에 대한 취약성에 기초
Kansas	3	담수, 이용가능한 수자원 및 고염도 지하수
Maine	2	식수원으로 적합 식수원으로 부적합(brine water)

Massachu-setts	3	음용수 수질, Saline, 음용수 수질로 부적합
New Jersey	4	TDS에 의거 분류
New Mexico	2	TDS가 10,000mg/ l 이하인 지하수는 보호하고, TDS가 10,000mg/ l 이상인 지하수는 기준에서 제외
New York	3	담수형 지하수, 고염도 지하수 (Cl-이 1,000mg/ l 이상, TDS가 2,000mg/ l 이상)
North Carolina	5	주 음용수원인 담수형 지하수(GA) 지하수나 지표수를 함양시키는 지표면하 6.1m 이내의 심도에 부존된 중염도 지하수인 흑수(brackish water) 지하수나 지표수를 함양시키는 지표면하 6.1m 이하에 부존된 중염도 지하수 기술적으로 경제적으로 고수질의 물로 처리 불가능한 오염된 지하수(GC)
Vermont	2	지방자치단체의 공공급수원으로 이용가능한 지하수와 그렇지 못한 지하수
Wyoming	7	가정용, 농업용, 가축용, 어업용, 산업용, 탄화수소계열 및 광산용 기타 용도에 부적합한 지하수

4.3 국내 지하수자원의 보호관리 전략 수립 시 고려해야 할 사항

각종 점오염원과 비점오염원으로부터 발생되는 오염물질에 의해 그 주변 지하수환경에 미치는 악영향을 평가하기 위한 지하수환경의 오염가능성(일명 지하수환경영향) 조사는 지하수자원의 최적관리기법(BMP) 중 반드시 수행되어야 할 사항이다. 한국수자원공사는 국내에서 처음으로 1993년도에 제주도 지하수자원에 대한 광역 및 국지적인 보호계획을 수립한 바 있다. 고려대상 지역의 지하수 보호계획을 정량적으로 수립키 위해서는 일단 해당지역 지하수의 산출특성과 수리 및 분산특성이 규명되고 데이터베이스(data base)화가 이루어져야 한다.
그런 다음 지하수 이용지역의 대수층에 관련된 민감지역을 설정하고 해당지역 수리지질특성에 가장 알맞은 지하수 유동과 오염물질 거동 모델을 개발하여 해당지역 지하수자원의 최적개발과 관리방안에 따른 제반 영향을 평가하여 지하수자원을 저질화시킬 수 있는 기존 및 잠재위협에 대한 우선순위를 결정한다. 이를 이용하여 지역이 당면하고 있는 지하수문제의 심각성의 정도를 파악하고 그 관리 프로그램의 구성요소와 목적을 설정한다. 이를 위해서는 다음과 같은 정량적인 조사연구가 지속적으로 수행되어야 한다.

4.3.1 민감지역 확인

민감지역(sensitive area)이란 해당지역에 부존된 지하수자원 중 외부오염원에 의해 쉽게 저질화되어 오염될 수 있는 지역을 의미한다. 해당지역 지하수환경 중 민감지역을 규정하는 데 사용할 수 있는 일반적인 접근법으로는 대수층 함양지역을 확인하고 대수층을 그 수리특성에 따라 재분류하는 방법이다.

(1) 대수층 함양지역

함양지역은 강수에 의해 대수층 내로 오염물질을 이동 운반시킬 수 있는 지역으로서 지하수의 하향흐름이 지배적이고, 지표에 분포된 각종 미고결 및 고결암 대수층의 투수성이 크고 강우량이 많은 지역을 들 수 있다. 또한 취수정에서 지하수를 장기적으로 채수 이용하면 주변 대수층에 소위 영향권이 형성된다. 이러한 영향권 내 지역은 국지적인 면에서 일종의 함양지역이면서 민감지역이다. 따라서 영향권 내에 소재하는 각종 오염물질은 강우에 의해 지하로 침투하여 결국은 취수정까지 이동하여 취수정을 오염시킨다.

함양지역은 수문지질 순환계 내에서 물의 흐름을 규정지을 수 있는 구역이다. 대수층계 내에서 지하수흐름계는 지표수계의 배수망과 유사하다. 따라서 지하수계는 지표수계와 마찬가지로 대수층의 광역흐름계 내에 국지적인 흐름계가 존재하는 바, 광역적인 흐름계는 범위가 매우 넓어 여러 지방자치단체 내지 여러 개의 읍, 면이 이에 포함될 수 있다. 이에 반해 국지적인 흐름계는 대수층 내에서 지하수 배출지역의 위치나 규모로 규정할 수 있다.

또한 광역흐름과 국지흐름영역은 각각 서로 다른 자체의 함양지역을 가지고 있다. 일반적으로 광역적인 함양지역은 국지적인 함양지역에 비해 지하수가 대수층 내에서 깊은 심도까지 유동할 수 있어 본 지역을 통해 유입된 오염물질은 보다 멀리 이동되고 대수층 내에서 장기간 잔존하여 보다 많은 양의 지하수를 오염시킨다. 이러한 지하수유역을 규정하는 데 가장 중요한 인자는 강수량, 지표지질과 지표토양의 투수성, 식생, 기존 토지의 이용상태 및 대수층의 오염취약성 등이다. 미개발지역에서 함양되는 지하수는 일반적으로 거의 오염되지 않는 상태이므로 함양수의 수질을 보호하기 위해서는 이곳에서 신규개발이나 토지이용은 반드시 규제해야 한다.

(2) 대수층의 재분류

대수층 분류는 일반적으로 2가지 기법을 사용한다.

첫째는 음용수공급(공공급수용)이나, 공업용과 농업용 등과 같이 용수 이용목적과 각종 오염물질의 대수층 내에서 동화능력과 같은 기존 및 계획된 지하수 이용상태에 따라 대수층을 재분류하거나 또는 특정지역에서 토지를 이용할 경우, 그 주변 대수층에 악영향을 미칠 수 있는 잠재위협 가능성을 사전에 철저히 규명하여 이에 따라 대수층을 재분류하는 방법이다. 이 기법은 미국 환경보호청이나 여러 주정부가 현재 널리 이용하고 있는 기법이긴 하나 약간의 문제성이 있다. 예를 들어 이미 오염되었거나 저투수성 지층은 저수질 대수층으로 분류하여 각종 오염물질의 저감능을 고려하여 폐기물을 처분토록 허용한 바 있다. 그러나 지하지질은 서로 수리적으로 연결되어 있기 때문에 시간이 경과하면 상당량의 오염물질이 저수질 대수층으로부터 고수질 대수층으로 자연적으로 이동되어 이를 오염시킬 수 있기 때문이다.
둘째로는 대상지역의 수리지질, 지표지질, 토양, 지하수위, 식생, 토지이용, 강우특성 등 오염에 따른 대수층의 분류법이 있다. 그러나 이 접근법은 현재 지하수이용이나 수질상태와는 관계없이 오염에 대한 대수층의 민감성에만 기초하여 작성한 대수층 보호기준에 따라 제반 토지이용행위와 부지의 적합성 여부를 평가하는 데 중점을 두고 있다.
그러나 수리지질이 복잡한 지역에서 민감지역을 세부적으로 구분하려면 매우 어렵고 또한 많은 비용과 시간이 소요된다.

4.3.2 민감지역 보호에 따른 국지적인 지침

일단 계획조사가 완료되면 국지적인 지하수 보호 프로그램을 개발한다. 국지적 지하수관리기법이나 특별한 규제기법은 이미 지역사회가 확인한 지하수 보호 목표에 따라 결정해야 한다. 이때 국지적인 오염원 조절계획(local source control program)을 지역사회의 규모에 적용시킨다. 우물장이나 대수층 함양지역이나 고수질 대수층과 같은 민감지역을 규제하는 데 이용되고 있는 지하수 관리기법 중에서 미국의 각 지방자치단체에서 현재 시행하고 있는 기법을 토대로 기술하면 다음과 같다.
실제적으로 대다수의 민감지역 보호 프로그램은 지역사회 규모보다는 1개 우물장이나 함양지역과 같은 특정지역을 보호하기 위해 오염원을 조절하기 위한 오염원의 형태와 규모에 관한 조사 확인에 있다. 결과적으로 오염원 조절에 관한 대다수의 정보는 국지적인 민감지역 보호 프로그램의 개발에 직접 응용이 가능하며 취수정 주위의 공헌지역(ZOC)이나 영향지역은 민감지역으로 정의할 수 있다.
따라서 국지적인 민감지역 보호계획의 승패는 대규모 공공급수정 주위에 형성되는 포획구간(capture zone) 내에서 어떻게 토지이용을 규제하고 잠재오염원을 합리적으로 조절 관리하느냐에 달려 있다.
즉 민감지역이 대규모적으로 미개발상태일 경우에는 민감지역 보호계획을 효율적으로 수행할 수 있다. 민감지역 보호계획은 조례나 구역구분(zoning) 기법 및 토지이용 규제 등에 크게 좌우된다. 특히 이 프로그램은 필요한 민감지역의 토지취득, 자금 투자계획, 인센티브 프로그램(개발권 이양 등) 및 주민교육 등을 통해 지원될 수도 있다. 확인된 민감지역을 보호하기 위해서 채택된 여러 가지 국지적인 지하수 보호 프로그램을 기술하면 다음과 같다.
민감지역 보호계획을 평가 비교하기 위해서는 전술한 3종류의 프로그램, 즉 우물장 보호계획, 대수층 함양지역 보호계획과 국지적인 대수층 보호계획을 과학적이고 정량적으로 수행한다.

지하수자원을 보호 규제하기 위해서는 일반적으로 널리 이용하는 수단이 지하수자원과 오염취약성 조사와 그 결과를 이용하여 작도한 대수층 오염취약성도(groundwater pollution potential map)이다.

지하수 보호 관리방법에는 규제법, 비규제법 및 혼용법 등이 있다. 이중에서 규제법은 지하수자원의 잠재오염원이 될 수 있는 어떤 행위나 토지이용을 법적으로 제재하는 접근법이다. 비규제법이란 지하수자원의 중요성을 주민에게 교육시키거나 주민이 직접 참여하는 최적관리기법(BMP)의 응용과 정부차원의 보조, 점검, 교육 프로그램 등을 들 수 있다. 혼용법은 상기 두 가지 방법을 혼용해서 사용하는 법이다.

(1) 오염취약성이 큰 대수층의 규제법

지하수오염은 지표인근과 지표면에 존재하는 독성물질이나 기타 잠재오염원에 의해 발생한다. 따라서 이러한 지역에서 지하수오염을 저감시킬 수 있는 가장 효율적인 조절방법은 바로 토지이용을 조절 규제하는 방법이다. 특히 오염취약성이 크거나 지하수 함양지역 내에서는 토지이용을 억제하므로 지하수자원을 보호할 수 있다. 지하수자원을 보호하기 위해 지하수 오염취약지역에서 일반적으로 사용하고 있는 토지이용 조절방법으로는 구역을 설정(zoning법)하여 제반 행위를 규제 조절하거나, 적절한 입지선정 방법에 의해 잠재오염원 취급시설의 입지를 선정하고 개발과 건설활동을 규제하며, 공공의 토지취득 프로그램을 수행하거나 개발권의 이양 등이 있다.

구역설정이란 지하수자원을 보호해야 할 필요가 있다고 판단되는 지역에 대해서 이미 토지이용이 허가된 경우라도 개발의 형태나 규모, 토지이용 등을 제한할 수 있는 구역을 설정할 수 있는 법을 적용하여 지하수를 보호한다. 이러한 지하수 보호구역 내에서 제한해야 할 행위나 토지이용은 다음과 같다.

① 독성 폐기물 처분, 처리, 취급시설의 입지
② 석유 및 화학물질의 저장탱크 부지
③ 고농도의 규제지침으로서 취약지역 내에서 일어나고 있는 행위에 의해 야기되는 악영향을 극소화시키기 위해 오염원의 밀도(즉 가옥 수, 가축의 수 등)를 제한하여 허가할 수도 있다.

개발 및 건설활동의 규제란 이미 허가나 인가된 각종 개발 - 건설사업이라 할지라도 주변 및 그 하류구배구간의 지하수를 저질화시키지 않는 방식으로 개발이나 건설을 수행하도록 기존 설계나 공법을 수정해야 하며 특히 배수계획에 관심을 두어야 한다. 지방자치단체는 특별한 법적 하자가 없는 한 민감지역에 속하는 모든 토지이용을 제한해야 한다.

그렇지 않는 경우에는 취약지역이나 함양지역을 정부가 이를 직접 구매, 취득하여 상기지역을 엄격히 보호하는 수단이 가장 최적의 지하수 관리 보호기법이다. 여기서 토지취득이란 각종 폐기물의 처분장, 산업단지, 고밀도 주거지, 특정 영농단지, 축산단지 및 앞에서 설명한 입지 등을 포함한 잠재오염원을 취급하는 각종 단지 및 시설의 이용을 제한하는 것도 일종의 취득개념에 속한다.

또한 일종의 보상프로그램으로서 규제지역 내에 토지를 소유한 자에게 타지역의 개발권을 허락해주고 이들이 비규제지역에서 그 개발권을 타인에게 양도할 수 있는 권리를 부여하는 방법도 있다.

(2) 취약대수층 보호를 위한 최적 관리기법

취약대수층을 보호하기 위한 최적관리기법(BMP)으로 지하수오염을 방지하기 위해서는 오염취약성이 낮은 지역에 혐오시설 부지를 선정이용토록 하거나 특히 폐수처리시설(분뇨, 축산, 산업폐수 포함)의 설계 건설 방식을 수정하는 방법이 있다. 예를 들어 1960~1970년대만 해도 제주도는 수질이 극히 불량한 봉천수나 용천수를 음용수원수로 이용하였기 때문에 제주도에 들렸던 내지인들과 여행객들은 이들 음용수를 복용한 후, 설사나 각종 수인성 질병에 걸려 다시는 제주도를 찾지 않으려 하였다.

제주도가 청정관광지역으로 각광을 받게 된 가장 큰 요인 중의 하나는 바로 제주도의 해발 200~600m 구간에 소재한 중산간지역 하부에 널리 분포되어 있는 현무암대수층에 저유된 청정지하수를 개발하여 도민과 관광객들에게 상수도로 공급할 수 있었기 때문일 것이다.

제주도의 현 광역상수도와 삼다수(먹는샘물, 일명 생수)의 원수는 중산간지역의 하부 지하에 부존되어 있는 암반지하수로서 그 기원과 수질특성이 동일한 현무암 지하수이다.

특히 제주도의 해발 200~600m 구간의 중산간 지역은 제주도 청정지하수의 주 함양지역으로서 중산간 지역에 내리는 연간 강수량 가운데 약 46% 이상이 지하로 직접 스며들어 현무암 대수층에 저유되어 청정 지하수가 된다. 그런데 중산간 지역은 표토의 두께가 매우 얇아 지표부근에 소재한 지하수 잠재오염원에 의해 그 하부에 부존된 지하수가 쉽게 오염될 수 있는 즉 지하수 오염가능성이 매우 취약한 지역이다.

그런데 최근에 이들 중산간 지역에 지하수의 잠재 오염원(표 3-1 참조)으로 분류되는 오염물질들을 대량으로 발생시키는 리조트, 분양형 콘도 등 대규모 숙박시설과 골프장, 유원지 등 대규모 관광단지를 조성하기 위해 이미 개발되었거나 개발예정 면적이 중산간 지역 전체면적의 16%에 해당하는 약95 Km^2에 이른다고 한다.

만일 중산간지역의 일부 지하수가 이들 잠재오염물질로 오염되는 경우, 제주도의 지하수는 단시간내에 저질화되어 제주도의 청정성에 치명적인 악영향을 줄 것이다. 이러한 함양지역은 우리세대는 물론이고 우리의 후세대를 위해 개발대상이 아니라 보호대상이 되어야 하는 지역이다. 그러나 부득히 제주도의 토지이용 계획상 중산간 지역 개발이 불가피한 경우에는 이 지역에 조성되는 각종 시설에서 발생하는 [표 3-1]의 "1군에 속하는 배출, 방류 목적으로 설계된 오염물질(정화조, 오수조, 하수, 축산폐수)"과 2군에 속하는 저장, 처리 및 처분시설로부터 누출되는 오염물질(냉난방 유류의 지하 및 지상 저장탱크, 쓰레기 매립지, 공동묘지 등)과 "3군의 운송 배관시설로부터 누출될 가능성이 있는 오염물질(하수관 등)" 및 "4군에 해당하는 기타 활동으로 배출 및 살포되는 오염물질(과다한 농약 및 화학비료 살포 등)"에 대해서는 완벽한 누수방지(leak proof)시설과 누수탐지시설의 설치를 의무화하고 중산간 지역 일대에 주유소 허가와 겨울철에 도로제설재 사용은 전면 금지해야 한다.

대부분의 공업 및 농공단지는 유해물질을 취급한다. 이들 유해물질이 제품 생산구역이나 저장시설에서 강수의 유출이나 누출된 유해물질의 지하침투로 인해 인근지하수를 오염시키는 경우에는 심각한 부작용을 야기할 수 있다. 따라서 유해물질 취급업체는 반드시 전술한 지하수오염도 평가를 반드시 수행하도록 의무화 해야 한다. 그 결과에 의거하여 주변지질이 타지역에 비해 오염물질의 지하저감능력이 가장 큰 지역으로 입지를 선정토록 하여 오염가능성을 사전에 배제할 수 있도록 해야 하고, 최적관리기법을 이용하여 오염위해를 극소화시켜야 한다. 이외에도 제주도의 경우에 지하수의 유일성과 중요성을 도민에게 홍보교육하여 도민 스스로 지하수를 절약하고 보호할 수 있는 프로그램을 개발 보급해야 한다.

Chapter

05

한반도의 지하수자원

5.1 남한의 수자원과 지하수자원
5.2 북한의 지하수
5.3 남북한에 분포된 지하수자원과 대수층의 비교

5.1 남한의 수자원과 지하수자원

5.1.1 남한의 물수지

지하수는 지각을 구성하고 있는 지표면 하부의 포화대 내에 부존되어 있는 천연의 수자원으로서 지하에 부존된 자연자원 중에서 유일하게 매년 재충진될 수 있는 천연자원이기 때문에 이를 잘 관리만 하면 우리세대는 물론 우리 후세들이 이 땅에 생존하는 동안 영원히 재생 및 이용 가능한 천연자원이다.

이에 비해 지표수는 지표면의 상부에 존재하는 물로서 복잡한 수문순환계의 일부를 구성하고 있어 정확한 부존량을 계산하기는 쉬운 일이 아니다. 강수가 지표에 내리면 일부는 지표면에서 하천을 따라 직접유출하거나, 증발산에 의해 대기권으로 손실되고, 나머지는 지하로 침투하여 지하수가 된다. 풍수기에 하천을 통해 직접 유출되는 양은 인공댐이나 저수지 및 자연적인 함몰지에 일부 저수되고 나머지의 물은 하천수를 이루면서 바다로 흘러 들어간다. 그러나 건기의 하천수는 풍수기에 지하로 함양되었던 지하수중 일부가 다시 지표면으로 배출되어 나와 이루어진 일종의 지하수의 자연유출(natural groundwater runoff)로서 이를 기저유출이라 한다. 현재 공식적으로 편람된 우리나라의 연간 수자원 장기 종합계획(2011~2020년)에 의하면 우리나라의 수자원총량은 연평균 강수량과 남한의 국토면적을 곱한 값에, 북한지역에서 남한지역으로 유입되는 양(약 23억 m^3/년)을 포함한 약 1,297억 m^3/년이다(그림 5-1).

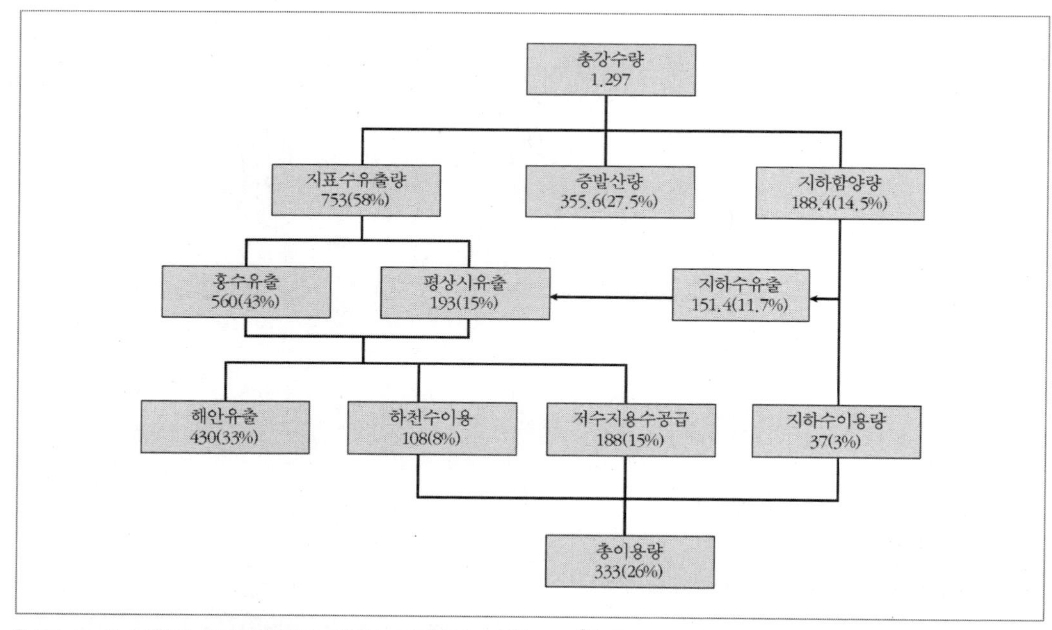

[그림 5-1] 남한의 물수지(2013 지하수조사연보, 단위 억 m^3/년)

전세계 연평균 강수량이 730mm인 것에 비하면, 우리나라는 비교적 풍부한 강수량을 가지고 있다. 이와 같이 추정된 연간 총 강수량 중 대기로 증발산하거나 지하로 침투되는 양(유감스럽게도 손실량으로 표기되어 있음)은 약 544억 m^3[(355.6+188.4, 42%)]이고, 순수하게 지표면을 따라 유출되는 지표수유출량은 약 753억 m^3(58%) 정도이다. 지표수유출량은 총 강수량 중에서 증발산량과 지하함양량을 제한 하천유출량을 뜻하며 증발산량은 손실량 가운데 지하함양량을 제외한 값이다. 이 수량은 연간 이용 가능한 최대 가용 지표수량이지만 이중에서 여름철의 다우기에 홍수 유출양이 약 560억 m^3(43%)이고 하도 내에서 평상시 유출되는 평상시 유출량은 약 193억 m^3(15%)이다. 여기서 홍수 시 유출량은 6~9월의 지표수유출이고, 평상시 유출량은 홍수기가 아닌 나머지 기간에 지하로 함양된 지하수 가운데 지하수유출을 통해 인근 하천으로 배출되는 양을 합한 평상시 지표수유출량을 뜻한다. 댐용수는 댐의 계획공급량, 지하수는 연간 지하수이용량(지하수조사연보기준), 하천수는 농업용수, 생활용수의 재이용량 등이 포함되어 정량적 산정이 어려우므로 생활용수, 공업용수, 농업용수, 유지용수 이용량의 합에서 댐용수와 지하수 이용량의 차로 산정한 값이다. 남한의 수자원 이용량은 저수지 용수공급량 188억 m^3(15%)과 하천수 이용량 108억 m^3(8%) 및 지하수 이용량 37억 m^3을 합한 약 333억 m^3(약 26%) 규모이다.

그러나 지표수자원은 우리나라가 처한 자연적 및 인문 · 사회적 환경조건으로 인하여 지표수자원을 계속적으로 개발 · 이용하는 데 몇 가지 문제점이 있다. 강과 하천은 그 인근지에서 필요로 하는 물수요량을 충분히 공급할 수 있는 조절기능이 있어야 한다. 즉 무강수일이 장기간 계속되더라도 강물은 지속적으로 흘러야 하며, 반대로 장마철의 집중호우기에도 넘쳐흐르는 유수를 하도 내에 체류시켰다가 하도를 따라 서서히 흐르게 하여 인간이 이를 이용할 수 있는 기회를 오랫동안 가질 수 있도록 해야 한다. 그러나 국내의 5대강(한강, 낙동강, 금강, 영산강, 섬진강)을 위시하여 대다수의 중 · 소규모 하천들은 이와 같은 조절기능이 매우 미약하여 무강수일이 2~3주만 계속되더라도 만성적인 갈수현상이 발생하고, 반대로 시간당 강수량이 10~20mm 이상만 되어도 홍수가 발생하는 취약성을 지니고 있다. 이러한 원인들은 다음과 같은 것에 기인한다.

① 국내의 하천은 대륙의 하천들에 비하여 하천 폭이 좁고, 하천 유로연장이 매우 짧으며, 유역면적이 협소할 뿐만 아니라 하천 상류가 산악지대에 위치하고 있어 하상구배가 매우 급하여 유수가 급류를 이루는 지형적인 특성을 가지고 있다.

② 우리나라는 하절기의 3~4개월 동안(6, 7, 8, 9월)에 연강수량의 67%가 집중적으로 발생한다. 이 기간 동안 태평양기단과 대륙기단의 접촉에 의한 저기압대가 동서방향으로 형성되어 우리나라의 남북방향으로 오르락 내리락 하여 장마철을 이루며, 8월과 9월에는 태평양에서 발달한 태풍의 내습으로 집중호우가 내리기도 한다. 따라서 이 시기에는 하천유출이 급증하여

홍수유출로 직접 바다로 무위 유출되고 있다. 반면에 갈수기에는 강수량이 매우 적어 계절별 강수량의 변동이 심하다. 따라서 계절별 하천유량의 변화가 심하여 수자원의 관리에 큰 장애 요인이 되고 있다.

③ 국토의 지형적인 특성, 하상구배, 강수량의 계절적 편재, 지표면의 토양형성 및 식생상태의 원인으로 인하여 우리나라의 하천들은 최대유량에 대한 최소유량의 비율인 하상계수가 외국의 하천에 비하여 매우 크다. 이는 곧 안정적인 수자원의 확보가 어려움을 나타내는 것이다.

④ 우리나라는 인구밀도가 매우 높아 홍수유출량을 저류시켜 이용하기 위한 댐건설이 요구되지만 댐 축조로 인한 수몰지역의 발생, 지가 상승에 따른 막대한 용지보상비, 국민들의 토지선호성과 아울러 근래에 제기되고 있는 환경문제와 님비현상 등 제반 여건들이 수자원의 확보 측면에서 어려움을 더하고 있다.

⑤ 급속한 산업화 때문에 오염원이 증가되고 있어 양질의 수질을 가진 수자원의 개발이 점차 어려워지고 있다. 막대한 자금을 들여 개발된 수자원이라 하더라도 오염된 물은 무용지물이 되기 때문에 장기적 안목에서 수질보호를 위한 조치들이 시행되어야 한다. 이와 같이 우리나라는 지표수자원의 확보 측면에서 자연적 환경조건과 인문, 사회적 환경조건이 다른 나라에 비하여 매우 불리한 조건이다.

[그림 5-1]에서 기술한 바와 같이 2013년도 국내 총 용수이용량 333억 m^3 중에서 지표수공급량은 296억 m^3(88.4%)이고, 지하수공급량은 37억 m^3(11.1%)이다. 현재 사용하고 있는 지하수이용량 37억 m^3은 국내에서 매년 지하로 함양되는 188.4억 m^3의 19.5% 정도이며, 지하수 개발 가능량(129억 m^3)의 28.4% 정도에 지나지 않으므로 추후 지하수 공급량은 최소 국내 지하수 개발 가능량의 70%선인 90억 m^3/년까지 증가시킬 필요가 있다 이렇게 하더라도 90억 m^3은 지속적인 지하수이용에 전혀 지장을 주지 않는 안전채수량이다.

5.1.2 남한의 수문지질단위와 암종별 지하수 산출특성

2012년에 중국지질조사소(CGS)와 수문지질환경연구소(IHEG)는 IHA와 UNESCO의 후원 하에 러시아, 일본, 한국, 이란, 인도, 월남 및 몽고 등 관련국의 지하수전문가의 협력을 받아 아시아 전역의 지하수관련 지도(Groundwater Serial Map in Asia, 수문지질도, 지하수자원도 및 지열도, 1:8,000,000)와 보고서를 작성 발간하였는데, 이때 사용한 수문지질단위와 지하수는 현재 국제분류기준으로 적용되고 있는 다음과 같은 4종으로 분류하여 작성하였다(그림 5-2).
우리나라에 분포된 암종과 지하수를 상기 분류기준에 의거하여 분류하면 아래와 같다.

① 미고결암-공극수(uconsolidated rock-pore water) : 제4기의 다공질 퇴적층인 충적층과 붕

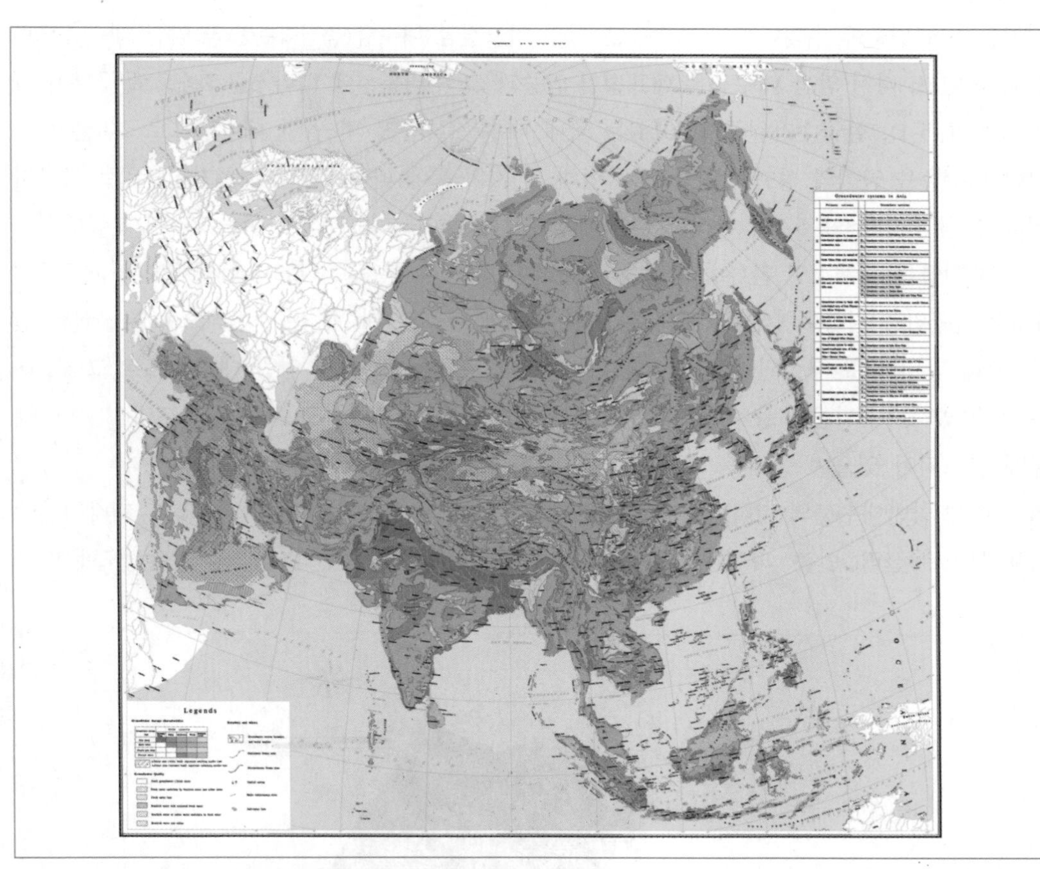

[그림 5-2] 아시아 전역의 수문지질도(Groundwater serial map of Asia, Sinomap press, IHEG/CGS/IAH/UNESCO,1:8,000,000, 2012)

적층과 결정질 관입화성암 및 변성암의 다공질 잔류 풍화대(saprolite) 내에 저유되어 있는 공극형 지하수

② 탄산염암의 카르스트 공동단열수(carbonate rock-karst & fissure water) : 고생대 조선계 대석회암누층군의 탄산염암의 용식공동과 침식 단열대(corroded fissure) 내에 저유된 공동 및 단열형 지하수

③ 쇄설성 퇴적암과 화산분출암류의 공극단열수(clastic sedimentary & volcanic rock - fissure pore water) : 중생대와 고생대의 쇄설성 퇴적암의 공극과 단열 및 제4기 화산분출암의 스코리아층이나 lava층 사이에 발달된 공극과 단열에 저유되어 있는 공극 및 단열형 지하수

④ 괴상의 관입화성암 및 변성암의 단열수(massive igneous and metarmorphic rock - fissure water) : 괴상의 결정질 관입화성암과 편마암 및 비다공질 화산암류의 단열에 저유된 단열형 지하수

저자는 1985년도에 우리나라의 대수층을 천부 미고결암 대수층(충적대수층)과 암반 대수층으로 2대분하였고, 다시 암반 대수층은 대표적인 암종과 그 수리특성에 따라 3군 7종으로 구분한 바 있으며(표 5-1), 한국수자원공사(2014)는 국내 대수층을 충적 및 암반 대수층으로 2대분한 후 암반 대수층을 암석의 성인과 암상, 공극형태 및 지형 등에 따라 8종의 수문지질단위로 분류하였다([그림 5-3]과 [표 5-1]). 이러한 분류 내용은 대동소이하다. 그래서 이들 2가지 분류방식과 위에서 언급한 국제적인 분류방식 등을 고려하여 남한의 대수층을 [표 5-1]과 같이 6군 8종의 수문지질단위와 지하수형태로 재분류하였다. 남한에 분포된 대수층은 일반적으로 다공질의 실트, 모래 및 자갈로 구성된 제4기의 미고결 충적대수층과 고결암인 암반 대수층으로 크게 2대분할 수 있다. 이 가운데 충적대수층은 주로 한강을 비롯한 대소규모 하천의 하도와 그 연안에 넓게 분포되어 있으며 충적층 지하수는 공극수(pore water) 형태로 부존되어 있다.
이에 비해 암반대수층의 지하수산출성은 암석형성 당시에 생성된 1차공극과 그 후 지각변동에 의해 형성된 절리, 단층, 파쇄대 및 용해공동 등과 같은 2차공극인 단열대의 발달정도에 따라

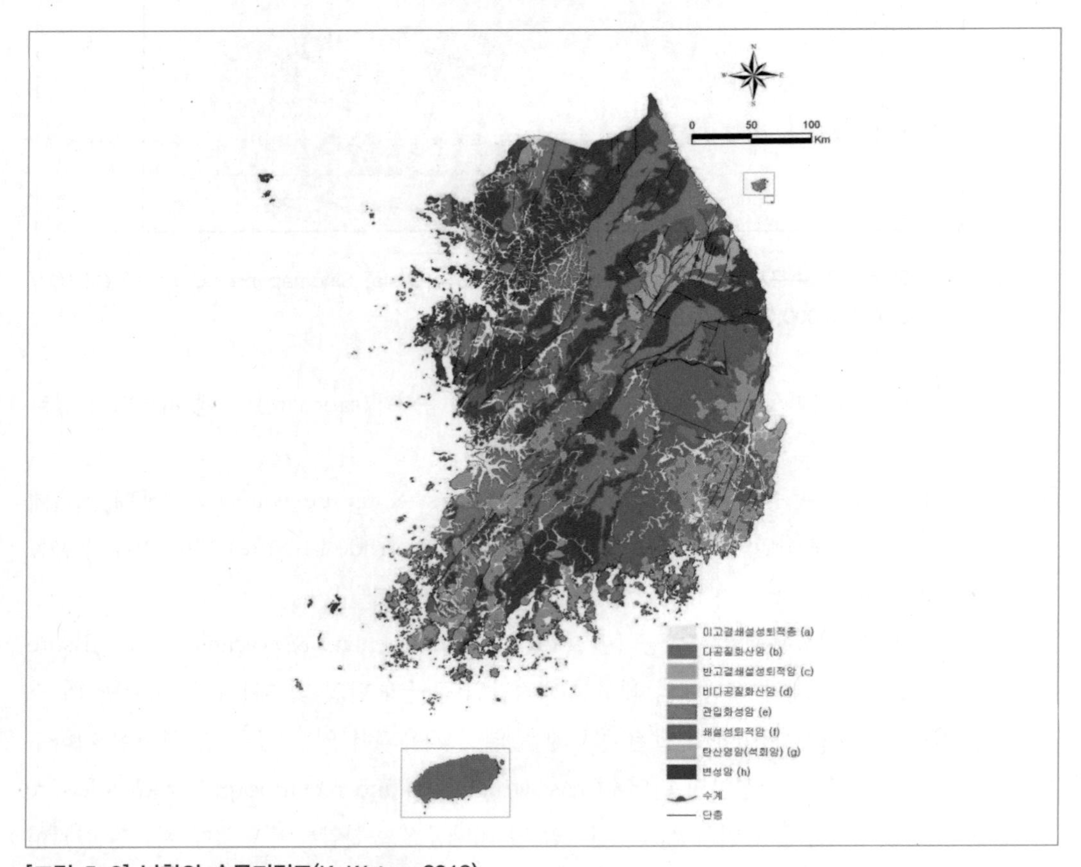

[그림 5-3] 남한의 수문지질도(K-Water, 2013)

결정된다. 남한의 암반대수층과 지하수는 [표 5-1]과 같이 퇴적암류는 쇄설성 퇴적암류-공극단열수와 탄산염암-카르스트 공동단열수 등 2종으로 세분하고, 화성암은 화산분출암류-공극단열수, 비다공질 화산암류-단열수와 관입화성암류-단열수 등 3종으로 세분했으며, 변성암류는 박층의 규암과 탄산염암을 협재하고 있는 변성퇴적암-공극단열수와 비탄산염암인 변성암-공극수 등 2종으로 세분하여 총 7가지로 재분류하였다.

[표 5-1] 남한의 수문지질단위와 지하수의 분류(2014, K-Water & JS Hahn)

수문 지질 단위와 지하수의 분류			지질시대 및 주요 암종	암상
분류	Hahn (1985)	Kwater (2013)		
1) 제4기 미고결암 - 공극수	제4기 충적층	미고결 퇴적층(A)	제4기의충적층 및 붕적층과 결정질암의 잔류풍화토	점토, 실트, 모래, 사력, 광의의 결정질암 풍화대
2) 쇄설성퇴적암류 - 공극단열수	쇄설성 퇴적암	반고결쇄설성 퇴적암(C) 쇄설성퇴적암(F)	제3기/북평, 연일, 장기, 어일층 백악기-경상누층군, 트라이아스-쥬라기/대동층군(남포, 반송, 단산층군), 석탄-트라이아스기의 평안누층군(철암, 황지층군), 고생대-조선누층군/양덕층군	반고결육성/해성퇴적암(화상암협재), 육성쇄설퇴적층, 천해성/육성 쇄설성 퇴적암(Ls협재) 세일, 이암, 사암, 규암, 역암, marl
3) 탄산염암과 Karst - 공동단열수	석회암류	탄산염암 (석회암, G)	평안누층군중 석회암을 협재한 홍점통과 사동통 일부 켐브리아-오도비스기의 조선 누층군 대석회암층군, 시생대/원남층군의 장군석회암	해성탄산염암(쇄설성퇴적암협재) 석회암, 고회암, 대리석 등
4) 화산암류- 공극단열수/ - 단열수	화산 분출암류	다공질 화산암(B)	제3~4기 화산분출암 (제주도, 울릉도, 추가령지구대)	현무암, 조면암질현무암, 응회암, 조면안산암 스코리아, 조면암 등
	비다공질 화산암류	비다공질 화산암(D)	제3기 화산암류, 백악기-유천층군, 능주층군	유문암, 안산암, 응결응회암, 염기성화산암 응회암, 각력암
5) 관입화성암류 - 단열수	화강암류	관입 화성암(E)	백악기~제3기의 불국사 화강암류와 암맥류, 쥬라기~대보화강암류, 트라이아스기-관입화성암류, 중생대의 중성-염기성심성암, 선켐브리아기의 회장암 시대미상의 각섬암	흑운모화강암, 섬장암, 반암, 암맥류, 괴상의 화강암류, 변성반암, 섬록암, 반려암, 각섬암, 회장암
6) 변성암류와 공극단열수/ - 단열수	얇은규암/ 석회암 협재변성 퇴적암류	변성암(H)	시대미상/옥천층군, 변성퇴적누층군, 시생대/경기변성암복합체(부천층군, 시흥층군), 영남누층군(평해층군, 원남층군의 장군석회암), 원생대/춘천누층군(장락층군), 율리층군일부	점판암, 천매암, 규암, 세립질편암류(저변성퇴적암, 박층의 규암과 Ls협재한 변성퇴적암)
	비탄산 변성암류		시생대/경기변성암복합체(서산층군, 시흥층군), 영남누층군(기성층군), 원생대/지리산편마암복합체(전체), 원생대/춘천누층군(춘성층군), 연천층군, 율리층군, 원남층군일부, 선켐브리아기/편암, 편마암류 및 화강편마암	1) 편암류(Ls협재) 2) 흑운모편마암, 호상편마암, 안구상편마암, 화강암질편마암, 믹마타이트질 편마암-준편마암류 3) 화강편마암, 우백질편마암, 반상변정질편마암

남한의 지하수는 동고서저의 지형 특성을 잘 반영하고 있으며, 대다수 하천들이 동서향하는 관계로 동부의 고지대는 지하수의 함양이 우세한 지역이고, 서부의 저지대는 지하수의 배출이 우세한 지역이다. 영남지방에 분포된 중생대 경상누층군에 속하는 쇄설성퇴적암 분포지역은 전반적으로 타 지역에 비하여 지하수의 산출성이 양호한 공극 단열수를 저유하고 있으며, 경기도와 충청남북도 및 호남지역은 주로 변성암과 화강암으로 구성된 결정질암들이 분포하며 결정질 화강암과 편마암의 풍화대는 물리화학적으로 분해된 silty sand로 다공질화하여 지하수 산출성이 충적대수층과 유사하다. 남한강 상류지역과 동해, 삼척 등 동해안 일부 지역에 분포된 탄산염암류는 카르스트형 공동단열수를 포장하고 있어 지하수 산출상태는 상당히 양호하며 곳곳에 용천이 발달되어 있다 제주도는 전 지역이 다공질 현무암과 스코리아층이 잘 발달되어 지하수의 부존과 산출성이 국내에서 가장 양호하며 전체 용수를 지하수에 의존하고 있다. 남한에 분포된 수리지질단위 별로 지하수 산출특성은 다음과 같다.

(1) 제4기 미고결암 – 공극수

1) 제4기 충적대수층 – 공극수

남한에서 퇴적층으로 명명되어 있는 제4계는 제주도의 신양리층과 성산층, 한탄강 유역의 백의리층과 전곡층, 동해안 북평지역의 해안단구 등이다. 동해안은 곳곳에 미고화된 사력과 점토로 구성된 해안단구가 해발 20~ 90m 높이에 발달 분포되어 있다.

강원도 묵호와 정동진 사이에 분포된 해안단구의 두께는 10m에 달한다. 이들 외에 명명은 되어 있진 않지만 대표적인 제4계는 남한의 4대강의 하구를 비롯하여 대소규모의 하도와 그 연안에 널리 분포된 미고결상태의 실트, 모래 및 자갈로 구성된 충적층으로, 분포면적은 전 국토 면적의 약 27%인 27,390km^2 정도이다. 충적층 지하수는 공극수(pore water) 형태로 부존되어 있고 포화두께는 2~30m이고 충적층의 평균 두께는 약 7m 정도이며 지하수산출량은 우물 1개소당 30~800m^3/일 규모이다. 농업진흥공사와 미국의 USGS가 실시한 조사 자료에 의하면 충적층의 공극률과 비산출률은 [표 5-2]와 같다.

대체적으로 국내 충적대수층 가운데 다공질 모래, 자갈 및 전석층의 평균심도는 4.9m 정도이고 공극률은 35~ 38% 범위이며, 평균 비산출률은 14.2%이다. 한강유역의 충적층 내에 설치된 총 2,786개의 우물에 대해 대수성시험을 실시한 바, 충적층에 설치한 천정 1개공당 1일 평균 채수율은 629m^3 정도이다(한강유역조사보고서, 1971).

[표 5-2] 남한의 충적퇴적층의 평균심도, 공극률 및 비산출률

내용	농어촌진흥공사(%)			USGS/WSP(%)	
	평균두께(m)	공극률	비산출률	공극률	비산출률
점토	1.88	0.56	0.02	0.42	0.06
실트	0.22	0.45	0.05	0.46	0.20
모래	1.35	0.35	0.22	0.39	0.30
자갈	1.75	0.32	0.22	0.32	0.24
혼전석	1.79	0.30	0.15	0.18	0.21
계	7.00	0.387	0.142	0.355	0.187

※ WSP : water supply paper/미국 지질조사소

2) 풍화 잔류토(saprolite) – 공극수

풍화 잔류토(saprolite)의 수리성에 관한 구체적인 내용은 (5)항의 관입화성암류의 풍화잔류토를 참고하기 바란다.

(2) 쇄설성 퇴적암류 – 공극단열수

남한에 분포된 대표적인 쇄설성 퇴적암류는 ① 고생대 캠브리아기의 조선누층군의 양덕층군 ② 고생대 석탄기~ 트라이아스기의 평안누층군, ③ 중생대 쥬라기의 대동층군과 백악기의 경상누층군, ④ 신생대 제3기의 포항분지일대에 분포된 장기층군, 범곡리층군, 연일층군 및 북평의 어일층군 등으로서 이들 암종은 1차 유효공극과 단열 내에 공극 및 단열형 지하수(공극단열수)를 저유하고 있으며 다음과 같다.

1) 고생대 조선누층군의 하위층군인 양덕층군 :

본 층군은 하부에 유백색 또는 담홍색의 두께가 50~ 200m 정도 되는 규암으로 구성된 장산층과 상부에는 암회색-암녹색의 두께가 80~ 150m 정도 되는 셰일, 스레이트, 천매암 및 석회암으로 구성된 묘봉층으로 이루어져 있다. 강원도에 분포된 장산규암 최하위에는 두께가 2~ 4m 되는 기저역암이 발달되어 있고 묘봉층 상위에는 박층의 석회암이 분포한다. 장산층은 층서와 수직절리가 잘 발달되어 있어 정선군 남면일대에는 철성분을 다량 함유한 탄산천이 이들 절리를 따라 용출된다.

2) 고생대 석탄기~트라이아스기의 평안누층군 :

이 층군은 강릉, 삼척, 영월, 단양, 문경 및 화순 탄전일대에 분포하며 무연탄과 다량의 화석을 함유하고 있기 때문에 남한의 지질계통 가운데 조사연구가 가장 활발히 수행된 암종이다. 평안

누층군은 과거에 북한의 평양탄전에서 명명되었던 홍점통, 사동통, 녹암통 및 고방산통을 남한에서도 사용해 왔으나 현재는 남한의 산출특성에 맞게 홍점통은 고목층군으로, 사동통과 고방산통은 월암층군으로, 녹암통은 황지층군으로 분류하여 사용되고 있다(정창희, 1969). 특히 평안누층군 가운데 고목층군(홍점통)과 월암층군의 일부(사동통)는 탄산연암인 석회암을 협재하고 있어 수문지질단위는 탄산연암으로 분류하였다.

철암층군은 하위로부터 장성층, 함백산층, 도곡층 및 고한층으로 구분하며 장성층은 본층의 중부 및 상부에 분포하고 주로 흑색 사암과 셰일의 호층으로 이루어져 있다. 고방산층군은 주로 담색의 조립질 사암과 흑색, 갈색 및 회색의 셰일과 드물게 연속성이 불량한 무연탄층을 협재하고 있으며 하부의 장성층에 비해 침식에 대한 저항력이 강하여 주향방향으로 험준한 산릉을 이룬다. 고한층은 최하위층으로 회색의 중립 사암과 암회색의 세립 사암과 두터운 탄질셰일로 이루어져 있다.

황지층군은 녹색의 장석질사암, 사질셰일 및 역암과 박층의 셰일로 구성되며 하부는 주로 사암, 중부는 사암과 역암의 호층, 상부는 사질셰일과 사암의 호층으로 구성되어 있다. 곳에 따라 두께가 수 m 정도 되는 자색셰일과 사질셰일이 협재되어 있고, 정선과 평창사이에 분포된 박쥐산향사에서 본층의 두께는 3,000여 m에 이른다.

3) 중생대 쥬라기의 대동층군과 경상누층군 :

남한에서는 쥬라기 말에 일어난 대보조산운동을 기준으로 상부 대동계를 경상누층군이라 명명하고 하부 대동계만을 대동층군이라 한다.

가) 대동층군 :

대동층군은 영월, 단양 및 문경 일대에서 조선누층군과 평안누층군과 함께 분포하며 충청남도의 충남탄전과 경기도 김포 및 파주부근에서 국지적으로 분포한다. 이 층군은 쥬라기 말의 대보조산운동의 영향으로 심한 습곡과 단층작용을 받아 암체 내에 단열이 잘 발달되어 있다.

대동층군의 표식지는 북한의 평양부근의 대동강변으로서 이 층군은 선연층과 유경층으로 구성되어 있다. 남한에서 선연층에 대비되는 지층은 경상북도 문경의 단산층과 강원도 영월부근의 반송층군과 충청남도 남포부근의 남포층군 등이다. 남포층군은 충청남도 대천부근의 충남탄전 일대에 널리 분포되어 있으며 암상에 따라 하부로부터 월명산층, 아미산층, 조계리층, 백운사층 및 성주리층으로 세분된다. 월명산층과 조계리층은 유백색 또는 담회색의 역암과 사암으로서 측방변화가 심하며 아미산층과 백운사층은 흑색의 사암과 셰일의 호층으로 이루어져 있고 두께는 2,200여 m에 이른다. 반송층군은 정선과 영월 및 단양지역에서 조선누층군과 평안누층군의 주향과 나란하게 부정합 또는 역단층으로 접하고 있으며 자색의 역암으로 된 사평리 역암과 암회색의 사암과 셰일로 구성된 현천리층 및 장석질 사암과 흑색셰일로 이루어진 덕천리층으로 구분되고 총 두께는 700m 정도이다.

나) 경상누층군 :

대보조산운동 후, 백악기에는 한반도에 경상분지를 비롯하여 여러 지역에 퇴적분지와 함몰지가 형성되어 이곳에 화산활동을 수반한 두터운 육성퇴적층인 경상누층군이 퇴적되었다. 경상누층군은 암상에 따라 [표 5-3]과 같이 낙동층군, 신라층군과 유천층군으로 3대분 한다.

[표 5-3] 경상누층군의 층서와 암상

<table>
<tr><th colspan="3">지질시대</th><th colspan="2">원종관(1986)</th><th>암상</th></tr>
<tr><td rowspan="10">백악기</td><td rowspan="3">상부</td><td></td><td colspan="2" rowspan="2">유천층군</td><td rowspan="2">안산암, 유문암질 Dacite, 유문암, 응회암, 응결응회암, 이들 사이에 협재된 퇴적암</td></tr>
<tr><td>Turonian</td></tr>
<tr><td>Cenomanian</td><td rowspan="4">신라층군</td><td>건천리층</td><td>암회색, 흑색 점토질 셰일, 하부에 현무암, 안산암질 현무암 협재</td></tr>
<tr><td rowspan="7">하부</td><td rowspan="2">Albian</td><td>반야월층</td><td>균질의 적색이암, 셰일, 담수성 석회질암 협재</td></tr>
<tr><td>함안층</td><td>녹회색 이암, 셰일, 혐무암/집괴암협재</td></tr>
<tr><td>Aptian</td><td>신라역암</td><td>자색-적색의 역질 사암과 사암(건흔)
원마도 양호한 현무암력을 함유한 역암</td></tr>
<tr><td>Barremian</td><td rowspan="4">낙동층군</td><td>칠곡층</td><td>적색의 장석질 사암, 역암, 셰일</td></tr>
<tr><td>Hauterivian</td><td>진주층</td><td>흑색 셰일, 이암</td></tr>
<tr><td>Valanginian</td><td>화산동층</td><td>적색의 장석질 사암, 역암, 셰일</td></tr>
<tr><td>Berriasian</td><td>낙동층</td><td>흑색 셰일, 이암</td></tr>
</table>

낙동층군은 암색에 따라 하부로부터 낙동층, 하산동층, 진주층 및 칠곡층으로 구분하며 하산동층과 칠곡층은 간혹 적색층이 협재된 장석질 사암, 역암과 셰일의 호층으로 이루어져 있으며, 낙동층과 진주층은 흑색 내지 암회색의 셰일이 협재되어 있다. 낙동층군의 총 두께는 2,050~3,200m이다.

신라층군은 암상에 따라 하부로부터 신라역암, 함안층, 반야월층 및 건천리층으로 구분된다. 경상분지는 신라역암의 퇴적시기부터 활발한 화산활동이 있었기 때문에 신라역암의 역중에는 원마도가 높은 현무암력이 함유되어 있다. 특히 신라역암과 함안층 사이와 건층리층 하부에 4~5매의 현무암, 안산암질현무암 및 이들의 집괴암이 개재되어 있고, 반야월층은 담수성 석회질암이 협재되어 있으며 신라층군의 두께는 1,000~5,000m로 알려져 있다. 신라층군 가운데 건천리층의 퇴적시기는 백악기의 Cenomanian에, 반야월층과 함암층은 하부 백악기 상부의 Albian과 Aptian에 속할 가능성이 제기된 바 있다(양승영, 1979). 북아프리카의 알제리, 나이지리아 및 말리에 분포되어 있는 북사하라사막에는 주로 사암, 이암 및 dolostone으로 이루어진 백악기의 Albian에 속하는 CI(Continental Intercalaire)층이 널리 분포되어 있다. CI층은 투수성과 저유성이 매우 양호한 피압대수층으로서 국제 공유대수층이며, 북 사하라 대수층계(SSAS, Septentrional Sahara Aquifer System)라 명명하여 현재 UN을 위시한 관련국들이 대대적으로 지하수자원을 개발 이용하려고 계획하고 있다. 경상누층군에 설치한 심정자료에 따르면 석회질암이 협재된 반야월층과 현무암/집괴암이 협재된 함안층 등은 지하수산출성이 매우 양호한 쇄설성 퇴적암으로 확인되었다. 따라서 신라층군은 암상이나 수리지질학적인 특성이 유사하여 하부 백악기의 상위에 속하는 북 사하라 대수층계와 대비된다. 경상누층군에 설치된 총 147개공의 심정자료를 분석한 바, 평균 심도 약 143m의 심정 1개공당 지하수 산출량은 평균 584 m^3/d이며 비양수량은 1.6~250m^2/d 규모이다(표 5-4).

[표 5-4] 남한의 쇄설성퇴적암에 설치된 우물의 지하수산출상태

암종	우물수	심도(m)		산출량(m^3/d)		비양수량 (m^2/d)	비고
		범위	평균	범위	평균		
사암	93	30~210	126.5	10~2,000	924.4	0.1~250	
세일	186	20~224	139.3	15~3,500	548.4	1.6~126.5	
경상누층군	147	65~110	142.6	20~2,000	584	1.6~250	
대동/조선 누층군	10	70~224	132.4	10~500	182.3	0.1~1.87	
제3계	19	35~150	89.7	60~1,779	694	1.0~21.8	
평균	294		134.8		683	0.1~250	

(JS Hahn, 1985)

4) 신생대 제3계 :

남한의 제3계는 동해안에 10여 개소, 서해안에 2개소 및 제주도 서귀포시 등지에 소규모로 분포하며 포항분지에 가장 넓게 분포한다. 형성 시기는 신생대 올리고세~ 마이오세이며 암상은 고화되지 않은 역암, 사암, 세일, 응회암 등이 호층을 이루며 수평 및 수직적인 분포의 변화가 심하다. 포항분지의 제3계는 하부로부터 장기층군, 범곡리층군, 영일층군으로 구분되며 이들 사이의 관계는 부정합적이다. 장기층군은 역암, 사암, 세일, 조면암질과 안산암질 응회암의 호층과, 갈탄층이 협재되어 있으며 범곡리층군은 안산암질 및 현무암질 응회암에 사암, 세일, 역암 및 갈탄층이 협재되어 있고 총 두께는 400여 미터이다.

지표에서 노두의 형태로 제주도에 분포된 플라이오세의 서귀포층은 서귀포일원에 국한되어 있으나 그 동안 제주도에 설치된 지하수 관정자료에 의하면 제주도 전역에 서귀포층이 현무암 하부에 널리 분포되어 있으며 제주도 지하수산출에 큰 영향을 미치는 주요한 저투수성 지층으로 확인되었다.

쇄설성 퇴적암류에 설치된 총 294개공의 관정자료를 분석한 결과, 관정의 평균심도는 135m이며 지하수 산출량은 1개공당 평균 683m^3/d(범위는 10~3,000m^3/d)이고 비양수량은 0.1~250m^2/d 규모이다([표 5-4], [표 5-5]). 쇄설성 퇴적암 가운데 지하수의 산출성이 가장 양호한 암류는 사암으로서 평균 126m 심도의 우물 1개공당 평균 산출량은 924m^3/d였고, 제3계는 평균 90여 미터 심도의 우물 1개공당 지하수 산출량은 694m^3/d 정도이다.

(3) 탄산염암과 카르스트-공동단열수

고생대의 Cabro-Ordovician의 조선계 대석회암층군과 선켐브리아기의 변성석회암 등은 탄산염 암종으로서 이들 탄산염암으로 이루어진 대수층 내에 발달된 용식공동이나 단열 내에서 산출되는 지하수는 카르스트-공동단열수이다. 남한에 분포된 탄산염암의 총 분포면적은 약 4,220㎢ 이다.

탄산염암은 강원도의 정선, 영월, 평창에 발달된 고지향사대(paleo geosyncline zone)와 옥천지향사 내에 널리 분포되어 있으며 이 부류에 속하는 대표적인 탄산염 관련암들은 다음과 같다.

1) 조선누층군의 대석회암층군 :

가) 두위봉형

조선누층군의 대석회암누층군 가운데 남한에 주로 분포된 두위봉형은 하부로부터 상동층군과 삼척층군으로 구분되며, 삼척층군은 대기층, 세송셰일 및 화절층으로, 상동층군은 두무골셰일, 막골석회암, 직운산셰일 및 두위봉석회암으로 구성되어 있다. 대석회암층군은 대부분이 탄산연암이나 석회암 사이사이에 셰일, 이암, 사암 및 규암들이 협재되어 있으며, 이들 비 탄산염암들은 대석회암층군을 세분하는 기준층들이다.

나) 영월형과 충주층군

마차리층, 흥월리층, 삼태산층 및 영흥층으로 구성된 영월형과 옥천고지향사에 분포된 충주층군은 탄산염암으로 구성되어 있다. 두위봉형 및 영월형 탄산염암은 심한 습곡작용과 단층작용을 받아 2차 공극형의 단열이 잘 발달되어 있고 두께는 1,230~1,900m에 이른다.

2) 평안누층군 :

전술한 바와 같이 특히 중생대 석탄기와 페름기에 속하는 평안누층군 가운데 고목층군(홍점통)과 철암층군하부의 일부(사동통)는 탄산연암인 석회암을 협재하고 있어 수문지질단위는 탄산연암으로 분류하였다.

고목층군은 장성탄전부근에서 원마도가 양호한 규암과 석회암력을 함유한 기저역암(두께는 15~20m)의 형태로 대석회암누층군을 부정합으로 피복하고 있으며 만항층과 금천층으로 이루어져 있다. 만항층은 주로 녹색 및 저색의 셰일과 담녹색 및 잡색의 사암으로 구성되어 있고 1~4매의 석회암이 협재되어 있다. 석탄기의 Moscovian에 속하는 금천층은 세립질의 암회색 사암과 3~4매의 암회색 석회암으로 구성되어 있으며 두께는 70m 정도이다.

태백산일대의 탄산염암 분포지역에는 많은 수의 doline, ponors, sinkhole과 karrens 등이 발달되어 있어 최근에도 침식 및 용식작용이 활발히 진행되고 있는 전형적인 Karst지형이다. 이들 탄산염암의 수리지질학적인 특성은 층리, 절리, 단층 및 습곡축을 따라 발달된 용식면과 용식공동들은 매우 투수성이 양호한 지하수의 저장소나 통로 역할을 하지만 그 외의 괴상의 암체부분은 관입화성암처럼 난대수층을 이루는 특징을 보이고 있다.

탄산염암의 암색은 주로 백색 내지 암회색을 띠고 대체로 괴상의 결정질이지만 전술한 용식면과 용해공동, ponor, sinkhole과 판상 내지 불규칙한 형태의 용식 공동들이 절리나 층리 및 지질구조대를 따라 발달되어 있으며 특히 sinkhole은 북-북서향의 지질구조대를 따라 분포한다. 단양에서 북 내지 북서방향으로 약 10Km 상거한 EL 100~150m 지역에 분포된 흥월리층과 삼태산층에는 폭이 50~300m 정도이며, 심도가 10~20m 정도 되는 sinkhole이 집중적으로 발달되어 있다.

하천바닥이 석회암으로 이루어진 대다수 계곡하천들은 상류에서 흐르던 하천이 중류에서는 하천바닥에 발달된 대소규모 용식면이나 용식공동을 통해 지하로 잠류하여 건천으로 바뀌고, 그 지점에서 수 Km 하류에서 다시 용천의 형태로 용출되어 하천수를 이루고 있다.

신 및 고기지향사대의 탄산염암 분포지역에는 많은 수의 용천들이 발달되어 있는데, 자연용출량이 10,000m^3/d 이상인 용천이 19개소, 50,000m^3/d 이상인 것이 6개소, 1개소는 260,000m^3/d이다. 정선지역은 풍촌석회암과 막골석회암 분포지역에 용천들이 주로 분포하며 용출량은 11,000~ 80,000m^3/d 규모이다. 평창의 삼태산층으로부터 용출되는 카르스트공동단열수는 1966년대부터 송어양식장의 양식용수로 이용되고 있는데, 이 용천은 계곡과 평행하게 발달된 단층대의 단열과 용식공동을 따라 용출되며 1966년도에 측정한 자연 용출량은 90,000m^3/d이고 수온은 10~ 14℃ 였다. 탄산염암에 설치된 33개공의 심정자료를 분석한 결과에 의하면 [표 5-5]와 같다. 즉 심정의 평균 비양수량(SPC)은 142m^2/d이며, 굴착심도는 20~150m이고 심정 1개공당 지하수의 산출량은 10~ 2,000m^3/d로서 산출범위가 상당히 넓은데, 이는 전술한 바와 같이 탄산염암의 수리적인 불균질성 때문이다.

[표 5-5] 남한의 수문지질단위별로 설치한 우물심도와 우물1공당 채수량과 비양수량

수문지질단위		우물수	우물심도(m)		1공당 산출률(m^3/d)		비양수량 (m^2/d)
			범위	평균	범위	평균	
제4기 미고결암 - 공극수		2,786	-	-	30~800	629	-
쇄설성퇴적암류 - 공극단열수		294	20~224	135	10~3,500	683	0.1-250
탄산염암 - 카르스트공동단열수		33	22~150	82	10~2,000	490	142
화산암류	화산분출암류 - 공극단열수	178	26~300	98	300~4,121	1,621	1,333
	비다공질화산암류 - 단열수	132	21~231	95	50~2,000	417	14.9
관입화성암류 - 단열수		458	35~300	101	1~1,300	277	
변성암류	변성퇴적암류 - 공극단열수	87	21~250	91	10~1,930	460	15.6
	변성암 - 단열수	448	21.5~200	98	2~1,200	192	8.6

(JS Hahn, 1985)

강원도 동해시의 전천유역에 설치한 3개공의 자분정에 관한 논문에 의하면 지표하 5m 구간은 사력으로 구성된 충적층과 지표하 5~22m까지는 제4기의 해성점토 그리고 지표하 22~42m 구간은 제3기의 저투수성 이암이 분포하며 그 하부는 풍촌석회암이 분포하고 있다. 이들 3개지층 사이의 관계는 부정합적이다. 제4기의 점토질 해성층과 제3기의 이암층은 이 지역에서 압층의 역할을 하기 때문에 풍촌석회암은 피압대수층이다. 당초에 풍촌 석회암을 약 80여 m 이상 굴착하려고 계획했으나 굴진시 풍촌석회암에 발달된 소규모 용식공동들과 단열대에서 심한 붕괴현상과 피압지하수의 영향으로 인해 석회암구간을 단지 7~9m 밖에 굴진할 수밖에 없었다. 풍촌석회암 대수층에서 실시한 장기 대수성시험 결과는 [표 5-6]과 같다.

[표 5-6] 풍촌석회암 대수층의 수리상수

공번	구경(mm)	심도(m)	swl bgl-m	자분량 (m^3/d)	양수량 (m^3/d)	투수량계수 (m^2/d)	저유계수	비양수량 (m^2/d)
W-1	250	51	+0.15	980	2,000	2,001	3.04×10^{-4}	789
W-2	250	54.5	+0.09	1,000	1,500	1,423	2.46×10^{-4}	890

(한국수문학회지.16(3), 1983, JS Hahn)

전천유역일대에 분포된 풍촌석회암에 설치한 자분정(flowing well)에서 용출되는 자분량은 1개공당 평균 1,000m^3/d 정도이며 자분고는 9~15cm이다. 2개공에서 장기대수성시험을 실시하여 산정한 풍촌석회암의 투수량계수는 1,423~2001m^2/d이며 저유계수는 2.46×10^{-4}~3.04×10^{-4}이고, 우물의 평균 비양수량은 840m^2/d이다. 상기 우물은 부분 관통정이므로 부분관통에 대한 보정을 실시하면 채수가능량과 비양수량은 3배 이상 증가할 것이다.

(4) 화산암류-공극단열수와 단열수

1) 화산분출암류-공극단열수

대표적인 암종은 제주도와 추가령 지구대에 분포되어 있는 화산 분출암들이다. 이들을 세론하면 다음과 같다.

가) 제주도 화산분출암 - 공극단열수

제주도는 한반도 남단에 위치한 화산섬으로 약 200만 년 전부터 현세에 이르기까지 화산활동을 통해 두께가 약 2,100m에 이르는 순상화산체이다. 화산암류는 주로 알카리현무암, 현무암, 조면질현무암 및 조면암으로 다양하며 분포면적은 제주전역의 98%에 이른다. 화산암은 물리적 특성에 따라 pahoehoe용암과 Aa용암으로 이루어졌다. pahoehoe 용암류는 주로 동부와 서부의 해안저지대에 분포하며 단위 두께가 0.5~5m로 얇고 절리와 단열이 잘 발달된 다공질이다. Aa용암은 남부와 북부 및 한라산 고지대에 분포하며 단위 두께는 5~15m 정도이고 수직절리와 단열이 발달되어 있으며, 중간부분은 비교적 치밀하나 상하부에는 투수성이 양호한 clinker층이 발달되어 있다(그림 5-4).

제주도는 두께가 얇은 최소 5매에서 최대 60매의 용암류의 누층으로 이루어져 있다(고기원, 1997). 또한 분출시기가 서로 다른 360여 개의 오름이라 불리는 소화산이 분포되어 있는데 이들 소화산은 분석구(cinder cone) 또는 scoria cone과 일부는 응회구(tuff cone)와 응회환(tuff ring)이다. 분석구(cinder cone) 또는 scoria cone는 미고결 분석(스코리아)으로 이루어져 있어 투수성 양호하나 응회구(tuff cone)와 응회환(tuff ring)은 고결내지 준고결 응회퇴적층으로 구성되어 있어 투수성이 비교적 불량하다.

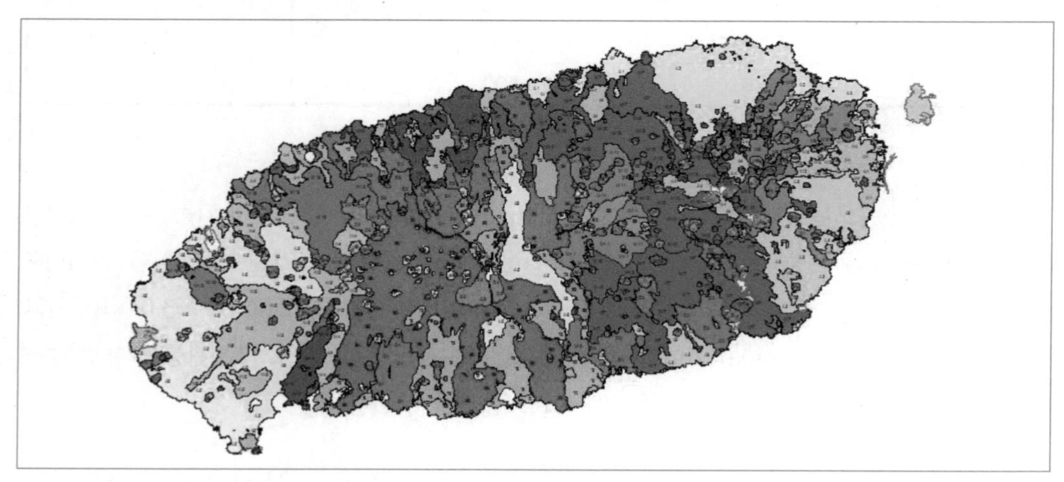

[그림 5-4] 제주도의 지질

제주도의 기반암은 중생대 쥬라기~ 백악기의 화강암과 화산암류(일부는 신생대 초기인 약 5,800만 년 전)으로 구성되어 있으며 이들 기반암위에는 미고화 내지 반고화상태의 분급이 양호한 세립질의 석영질 모래와 진흙으로 이루어져 있으며 두께가 70~120m에 이르는 시대 미상의 U층(미고결이라는 unconsolidated의 u자에서 유래)이 분포한다. U층상위에는 수성화산활동의 직간접적인 결과에 의해 형성된 현무암질 화산쇄설물과 해양화석을 함유하고 있는 두께 약 100여 미터 되는 서귀포층이 제주도의 전역에 넓게 분포한다. 서귀포층은 전반적으로 연장성이 양호하고 단단하게 고화되어 있으며 투수성이 불량하기 때문에 제주도 지하수의 부존과 산출특성을 지배하는 주요한 지층이다. 제주도 내에 부존된 지하수는 GH 원리에 의해 지배되는 자유면상태의 공극 단열수이다. 제주도는 과거에 용천을 따라 마을이 형성되고 용천을 중심으로 제주의 독특한 생활문화가 형성되었기 때문에 용천은 제주의 물 이용역사를 상징한다. 제주도에는 총 911개의 용천이 발달되어 있는데, 이중 현재 13개소의 용천수가 상수도 수원으로 이용되고 있으며 중산간에 분포하는 용천수는 주로 지질경계 부분에서 산출되고 높은 표고에 위치하는 용천수는 용존이온의 함량이 낮고 대수층내 체류시간이 짧다. 총 911개 용천 중 대표적인 122개 용천에서 유출되는 유량은 약 60만 m^3/일 규모이다.

제주도의 지하수는 [그림 5-5]와 같이 기저지하수(basal groundwater), 준기저지하수(parabasal groundwater), 상위지하수(high level groundwater) 및 기반암지하수(bedrock groundwater)의 4가지 형태로 부존되어 있다.

상위지하수는 일종의 부유지하수(perched groundwater)로서 제주도 남부와 중앙부의 비교적 고지대에 주로 분포하며, 준기저지하수는 지하수가 서귀포층과 같은 저투수성층 위에 분포되어

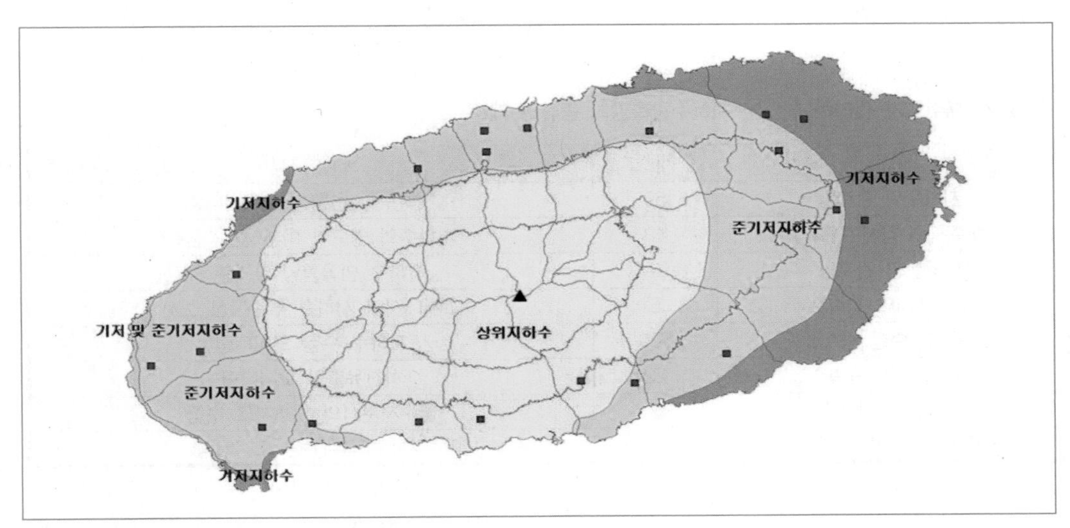

[그림 5-5] 제주도의 4가지 지하수의 부존형태

있어 해수로부터 격리된 지하수를 의미하며 제주도의 서부 및 북부와동부의 중산간 지역에 분포되어 있다.

기저지하수는 해수 위에 지하수 담수체가 렌즈상으로 떠있어, G-H 원리에 지배를 받는 지하수체로서 제주도 동부와 서부일원에 분포한다. 기반암 지하수는 U층이나 서귀포층과 같은 저투수성 퇴적층 하부에 위치하는 화강암이나 용결 응회암 등의 기반암내 저유되어 있는 단열형 심부 지하수이다.

제주도의 광역수원지를 구성하고 있는 우물과 해수침투 관측정을 포함하여 총 88개 관정을 대상으로 대수성시험을 실시하여 산정한 제주 화산암의 대수성 수리상수는 다음과 같다.

1개 공당 채수량 : 900~ 3,325m^3/d
투수량계수 : 434~ 72,940m^2/d (평균 17,570m^2/d)
수리전도도 : 8.7~ 2,400m/d (평균 550m/d)
우물의 비양수량 : 151~ 55,900m^2/d

따라서 제주도의 화산암류는 투수성과 저유성이 매우 양호한 자유면대수층이다. 제주도 지하수의 pH는 5.9~9.0으로 평균 7.3이며, EC는 61~2,930 μS/cm으로 평균 284 μS/cm, 염소이온의 평균 농도는 25mg/L 정도이고 질산성 질소의 농도는 5mg/L 정도이며 지하수의 수질 유형은 주로 Ca-HCO_3가 대다수이고, 그 외 Ca-Cl alc Na-Cl형이 있다.

제주도 전역의 지하수위와 수질변동 상태를 24시간 감시하기 위해서 지하수 관측망 50개소와 해수침투 감시 관측망 41개소를 설치하여 매 1시간 단위로 지하수위, 수온 및 EC를 자동으로 측정한 후, CDMA 무선통신망을 통해 실시간으로 측정자료를 전송관리하고 있다. [표 5-7]은 제주도가 관리하고 있는 지하수관측망의 종류와 개수 및 설치목적을 나타낸 표이다.

[표 5-7] 제주도가 관리하고 있는 지하수관측망의 종류와 개수

구분	개소	설치목적
지하수위 관측망	50	지하수위 변동상황 모니터링
해수침투 감시 관측망	48	지하수의 염수화 여부 감시 관측
인공함양 관측망	6	지하수 인공함양 효과분석
고지대지역 관측소	5	고지대지역 지하수 부존특성 조사
지하수 수질 관측소	100	지하수 수질 모니터링
하천유출량 관측소	22	하천유출량 모니터링
증발산량 관측소	5	물수지분석의 기초자료 수집
지하수 이용량 관측소	150	지하수의 취수량 모니터링

제주도의 연간 물수지는 다음과 같다. 제주도의 연 평균 강우량이 1,975mm이므로 총강우량은 $3,427\times10^6m^3$/년이고 직접유출량은 $708\times10^6m^3$/년(총강우량의 20.7%)이며 증발산량은 $1,138\times10^6m^3$/년(총강우량의 33.2%)이고 지하수함양량은 총강우량의 46.1%에 해당하는 $1,581\times10^6m^3$/년으로서 국내에서 최대이다. 또한 적정 지하수개발 가능량은 $645\times10^6m^3$/년으로서 하루에 약 $1,768,000m^3$의 지하수 개발을 지속적으로 개발하고 이용할 수 있다.

제주도는 현재 지하수 관리수위를 설정하여 운영하고 있는데, 그 설정기준과 기준수위 하강에 따른 조치내용을 요약하면 다음 표들과 같다.

[표 5-8(a)] 제주도 지하수의 관리수위 설정 기준

강우분석	30년 기상자료 분석하여 99% 신뢰구간 설정 설정된 신뢰구간의 하한 강수량 추출 추출된 강수량이 3개월 이상 지속된 기간 추출
지하수위 자료 분석	3개월 이상 지속된 기간의 지하수위 자료 추출 수위자료 99% 또는 95% 신뢰구간 설정 설정된 신뢰구간의 하한 지하수위 추출 추출된 지하수위를 기준수위로 지정
관리수위설정	설정된 기준수위의 일정 비율(75%, 50%, 25%)을 각 단계별 관리수위로 설정

[표 5-8(b)] 제주도 지하수의 기준수위 하강에 따른 조치

1단계(하강주의보)	1단계 조치사항 고지 및 물 절약 권장 물 다량 사용자에게 절수 권장 서한물 발송 상수도 및 공공농업용수 비상급수 대책 수립
2단계(하강경보)	물 다량 사용자에게 일평균 이용량의 10% 감량 명령 상수도 및 공공농업용수 비상급수체계로 전환
3단계(비상상황)	물 다량 사용자에게 일평균 이용량의 30% 감량 명령 생활용 및 공업용 지하수 이용자에게 주 1일 관정가동 중지 명령을 내린다.

[그림 5-6]은 제주도 동부지역 중 한동 3관측정 지역에서 단계별로 적용하는 기준수위하강에 따른 각종 조치사항을 예시한 그림이다. 예를 들어

① 이 지역에서 실제 지하수위가 EL 약 1.8m 지점까지 하강하면 1단계의 하강주의보를 내려 [표 5-8(b)]에 제시된 바와 같이 1단계 조치사항을 고지하고 물 절약을 권장하며 물을 다량 사용하는 자에게 절수하도록 서한을 발송하고 상수도 및 공공농업용수는 비상급수 대책을 세운다.

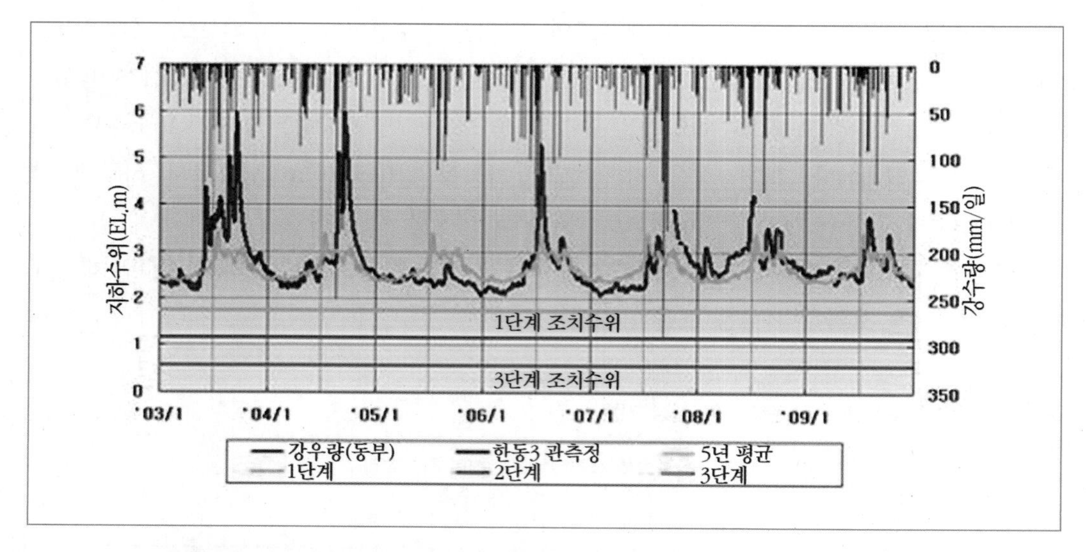

[그림 5-6] 제주도 동부지역(한동 3관측정)에서 단계별로 적용하는 기준수위

② 만일 실 지하수위가 EL 1.2m까지 하강하면 2단계 하강경보를 내려 물을 다량 사용하는 사용자에게 일평균 이용량의 10%를 감량토록 명령하고 상수도 및 공공농업용수는 비상급수체계로 전환한다.

③ 만일 실 지하수위가 EL 0.6m 지점까지 하강하면 3단계 비상상황을 내리고 다음과 같은 조치를 내린다. 즉 물을 다량 사용하는 자에게 일평균 이용량의 30%를 감량하도록 명령하고 생활용 및 공업용 지하수 이용자에게 주 1일 관정가동을 중지하도록 명령을 내린다.

나) 추가령 현무암 - 공극단열수

추가령 현무암은 추가령 열곡상의 오리산과 추가령 부근의 680m 고지(첨불랑역 부근)로부터 6번 이상의 용암분출이 있었음을 동성일대의 한탄강에서 확인할 수 있다. 680m 고지에서 분출한 현무암은 남쪽으로 구한탄강유로를 따라 임진강하구의 95Km 지점까지 흘렀으며, 일부는 북쪽으로 분류(噴流)하여 남대천을 따라 유동하여 안변일대의 현무암 평원을 이루었을 것으로 사료된다. 이 현무암은 27만 년 전(K-Ar법)에 형성되었으며 현무암층 하부에는 주로 사력으로 이루어진 백의리층이 분포한다. 현무암 상부는 현 한탄강유로가 깊게 절개되기 이전의 현무암 대지 위에 형성된 범람원 퇴적층인 전곡층이 분포되어 있다(이층에서 10만 년 전의 구석기시대 유물 발견). 이 현무암은 암회색을 띠고 다공질인 것과 치밀하고 괴상이며 전곡일대에서는 새끼구조도 관찰된다(이대성 외, 1983, 원종관, 1983).

동성과 철원일대의 한탄강 부근에 암반관정 굴착시 확인한 바에 의하면 암반 지하수는 본 지역의 현무암이 분출될 당시의 지표면과의 접촉면에서 주로 자유면상태로 산출되며 현무암 분출시 고온의 열로 인해 지면의 식생이 연소되어 접촉면의 토양은 흑색의 점토화 되어 있다. 따라서 우물 굴착 후, 상당 기간 동안 채수되는 지하수는 흑색을 띠다가 점차 안정되어 청수로 변한다. 추가령지구대에 설치된 암반관정의 평균심도는 71m이며, 1개 심정당 평균 산출량은 364m^3/일 규모이고 비양수량(specific capacity)은 12~22.5m^2/일 정도이다.

2) 비다공질 화산암류 – 단열수

이 부류에 속하는 암류는 제3기의 화산암류와 백악기의 유천층군 및 능주층군에 해당하는 유문암, 안산암, 염기성 화산암, 응회암 및 각력암 등이다. 본 암류는 비교적 절리와 층리와 같은 단열대가 관입화성암이나 괴상의 변성암보다 잘 발달되어 있어 본 암내에 저유된 지하수는 이들 단열 내에 저유되어 있는 단열수(fissure water)이다. 그러나 이들 암류들은 세립질~ 유리질 광물로 구성되어 있어 일단 풍화를 받으면 저투수성 세립질 물질로 변하기 때문에 본 암류의 풍화대에서 지하수 산출성은 매우 저조하다.

전국적으로 본 암류에 설치된 총 132개소의 우물자료를 분석한 바, 지형이 중 및 저지대이면서 비교적 규모가 큰 지질구조대가 발달된 지역에 설치된 우물들은 평균심도가 75m이고 1개 관정에서 지하수산출률은 평균 495m^3/d인데 반해 고지대의 소규모 지질구조대에 설치된 우물들은 평균심도 92m에서 우물 1개소당 지하수 산출률은 평균 151m^3/d였다. 본 암류에 굴착한 총 132개 관정의 평균심도는 95m이며 평균 지하수 산출률은 417m^3/d이고 평균 비양수량은 14.9m^2/d이다[표 5-9].

[표 5-9] 비다공성 화산암류의 암종별 지하수산출성

암종	우물수	우물심도(m)		산출량(m^3/d)		비양수량(m^2/d)
		범위	평균	범위	평균	
안산암	73	30~200	95.6	15~2,000	414.5	0.63~106.4
응회암	45	21~231	93.3	50~1,000	366.2	3.06~117.6
유문암	5	100~200	108	120~833	380.6	6
기타	9	117~118	119.4	50~1,000	550	
평균	132		95		416.7	14.9

(JS Hahn, 1985)

[표 5-9]는 비다공성화산암류의 대표적인 암상별로 설치한 총 132개공의 심정자료를 분석하여 지하수의 산출성을 요약한 표이다. 안산암과 응회암에 설치한 평균심도 94m인 심정 1개공에서 평균 지하수산출량은 각각 414m^3/d와 366m^3/d 규모이고 유문암에 설치한 평균심도 108m되는

심정에서 평균 지하수산출률은 380m^3/d에 이른다. 그러나 단열이 잘 발달되지 않은 경우에 지하수산출량은 15~50m^3/d 규모이다.

(5) 관입화성암류–단열수

남한에 분포되어 있는 대표적인 관입화성암류들은 다음과 같다.

① 조립 및 중립질 괴상의 화강섬록암, 흑운모화강암, 각섬석화강암, 반상화강섬록암과 반려암으로 이루어진 중생대 쥬라기의 대보화강암류
② 흑운모화강암, 각섬석화강암, 석영몬조나이트, 화강섬록암, 섬록암 및 반려암에 이르기까지 심성암의 형태로 한반도 남단에 주로 분포되어 있는 백악기말~ 고제3기의 불국사 화강암류
③ 조립 및 중립질 화강암, 섬록암질 반려암, 화강암, 석영반암 및 대소 규모로 노출되어 있는 거정질의 심성내지 반심성암들이다([그림 5-3] 참조).

대보화강암은 암주와 저반의 형태로 지나방향(북북동향)으로 남한의 1/3면적에 분포되어 있으며 그 형성 시기는 K-Ar연대 측정결과 132~ 183Ma이다. 옥천대 내에는 편상화강암(schistose granite)이 대상으로 분포하기도 한다.
불국사화강암은 주로 경상분지와 옥천대 내의 월악산, 속리산, 월출산 및 설악산 북부에 분포하며 화산활동이 수반된 관입암체이다. 경상분지에서는 화산활동에서부터 심성암과 반심성암의 관입에 이르기까지 일종의 화성윤회를 잘 나타내고 있으며 형성 시기는 89~58Ma이다.
관입화성암에서 산출되는 지하수는 2가지의 서로 다른 형태로 산출된다. 즉 지표부근에서 풍화작용을 받아 조암광물 사이의 결합력이 완전히 분해 또는 와해된 후, 형성된 잔류풍화토(saprolite)의 소규모 공극에서 산출되는 공극형 지하수(일명 공극수)와 비교적 심부 심도까지 연결되어 있는 절리나 지질구조대와 같은 단열(fissure)을 따라 산출되는 단열형 암반지하수(일명 단열수)의 2가지로 분류할 수 있다.
대다수 관입화성암류는 지표부근에서 풍화작용과 같은 물리화학적인 분해 및 부식작용에 비교적 불안정한 광물들로 구성되어 있기 때문에 직접적인 침식작용을 받지 않은 저지대에 분포된 암석들은 상당히 깊은 심도까지 풍화를 받아 잔류풍화토로 바뀐다. 국내의 경우에 화강암과 비탄산성 변성암분포지의 저지대에서 풍화잔류토의 두께가 30~ 40m에 달하는 곳이 허다하다. 일반적으로 결정질 관입화성암류가 일단 풍화작용을 받으면 원래 조직은 다소 보유하고 있으나 구성 조암광물의 결합력은 완전히 와해되어 다소 느슨하게 분리된 다공질 실트질 모래(silty sand)로 변한다.
조립질 화강암이나 화강편마암의 잔류풍화토를 마사토(麻砂土)라 하며, 현재도 토목분야에서 이 술어를 사용하고 있는데, 이는 일본어(日語)이다. 1960대 이전 시기에 우리나라의 농어촌지

역에서는 부락단위 또는 가정마다 소규모 수굴정을 풍화대에 설치하여 필요한 생활용수를 해결하였다.

일반적으로 조립질 관입화성암의 풍화잔류토의 공극률은 30~40%에 이르며 다공성 공극수를 저유하고 있으므로 그 하부에 분포되어 있는 관입화성암에 발달되어 있는 각종 단열들과 상위의 공극수는 수리적으로 서로 연결되어 있는 상태이다. 따라서 두터운 풍화잔류토에 저유되어 있는 천부 공극수는 하부 기반암의 단열대에 대해 공급원(source bed)의 역할을 한다. 관입화성암류에 발달되어 있는 불규칙한 수직절리군들은 수평절리군에 의해 교차되어 연결공극률이 증대됨은 물론 이로 인해 지하수산출률이 증가하기도 한다. 통상 심도가 깊어짐에 따라 절리와 같은 단열의 수와 크기는 감소한다.

관입화성암류에서 지하수산출성은 주로 leptoclases형(소규모형 절리)의 절리와 같은 단열의 발달 여부, 즉 단열의 수, 단열의 규모, 단열의 연속성 및 단열의 투수성에 따라 좌우된다.

[표 5-5]에 나타난 바와 같이 관입화성암류에 굴착한 총 458개공의 관정자료를 분석한 결과에 의하면 관정의 착정심도는 최소 35m에서 최대 300m이며 관정 1개공당 지하수 산출량은 최소 $1m^3/d$에서 최대 $1,300m^3/d$이며 평균 98m 심도에서 평균 지하수산출률은 $277m^3/d$이다. 이와 같이 지하수 산출량이 현저히 차이가 나는 이유는 본 암류의 지하수산출성은 완전히 단열의 연결성과 연속성 및 단열의 발달 정도에 따라 좌우되기 때문에 단열이 잘 발달되지 않은 경우에 지하수산출률은 전무한 경우도 있다.

[표 5-10]은 관입화성암류와 비탄산성 변성암분포지역에서 저지대와 고지대에 설치된 관정들의 평균 착정심도와 평균 지하수산출량을 도표화 한 내용으로서 저지대에 설치된 관정에서 산출량이 고지대의 것보다 약 3.7배 산출성이 양호하다.

[표 5-10] 국내 관입화성암류와 비탄산성 변성암의 지형고도에 따른 암반지하수의 산출상태

수문지질단위	지형	우물수	평균심도(m)	평균채수량(m^3/d)	비고
관입화강암류-단열수	저지대	-	104	372	3.9배
	고지대	-	98	95	
변성암-단열수	저지대	288	97	323	3.5배
	고지대	222	99	94	

(JS Hahn, 1985)

관입화성암류와 같은 암반지하수 개발을 위해 최적의 착정지점을 선정할 경우에는 반드시 인공위성사진 분석, 지표지질조사와 지구물리탐사를 필수적으로 실시한 연후에 최적 착정지점을 선정하는 것(pin point)이 원칙이나, 이러한 조사 수행이 불가능한 경우에 최적 착정지점을 선정(pin poin)해야 할 경우에 적용하는 3대 일반적인 법칙(rule of thumb)은 다음과 같다. ① 가능하면 저지대 ② 가능한 한 골짜기의 중심지 ③ 풍화대의 두께가 두터운 지점이다. 이를 수리지질학적으로 설명하면 ①의 경우는 지하수가 모이는 즉 지하수 배출지역을 의미하고 ②의 경우는 지하수부존 및 유동통로인 연약대가 발달되어 있을 가능성이 가장 농후한 단열대임을 암시하며 ③의 경우는 전술한 공급지층(source bed)이 있음을 뜻한다.

(6) 변성암–공극단열수와 단열수

남한에 분포된 변성암류는 ① 시생대의 경기변성암복합체와 영남누층군 ② 원생대의 지리산편마암복합체, 춘천누층군, 연천층군 및 율리층군 ③ 선캠브리아기의 화강편마암류로 분리되며 다음과 같다.

1) 시생대의 경기변성암 복합체와 영남 누층군 :

가) 경기변성암 복합체

이 암체는 경기도일원에 널리 분포되어 있으며 암상의 변화가 심하고 강력한 화강암화 작용과 여러 번의 변성작용을 받아 편마암화한 암종으로서 대부분 준-편마암류인 화강편마암, 호상 편마암, 반상변정질 편마암, 미그마타이트질 편마암으로 이루어져 있으나 퇴적기원의 변성암인 관계로 결정질 석회암과 규암 등이 개재해 있다. 경기 변성암 복합체는 하부로부터 부천층군, 서산층군, 시흥층군 및 양평층군으로 구분한다.

① **부천층군**은 편암, 편마암, 결정질 석회암과 석회규산염암으로 구성되어 있으며 ② 서산층군은 함철 규암, 석영편암 및 사질의 퇴적기원암으로, ③ **시흥층군**은 편암과 결정질 석회암으로, ④ 양평층군은 화강암화 작용을 심하게 받은 호상반상편마암으로 이루어져 있다.

나) 영남누층군 :

영암육괴 내에 분포하는 시생대 변성암류로서 평해층군, 기성층군 및 원남층군으로 3분한다. **평해층군**은 주로 이질 및 사질기원암의 변성암으로서 호상편마암, 안구상 편마암, 장석 편마암과 편암 및 규암과 결정질 석회암이 협재되어 있다. 기성층군은 주로 변성분출암, 변성응회암, 변성집괴암과 같은 변성화산암류와 변성 안산암과 유문암들로 구성되어 있다. 원남층군은 4개의 지층으로 구성되어 있는데 ① 원남층은 변성 이질암과 변성사질암의 호층으로 이루어져 있고, ② 동수곡층은 천매암과 견운모 편암의 호층으로 구성되어 있으며, ③ 장군석회암은 암상이 대석회암누층군의 석회암과 유사한 괴상의 석회암으로 되어 있고 ④ 두음리층은 운모편암, 천매암, 및 점판암으로 구성된다. 원남층군은 평해층군과 암상이 유사하나 석회암이 많은 흑운모편암으로 이루어져 있다.

2) 원생대의 지리산편마암 복합체 :
남한에 분포된 원생대층은 지리산편마암복합체, 춘천누층군(태산층과 태안층), 연천층군과 율리층군으로 구분된다.

가) 지리산 편마암 복합체
선캠브리아기의 변성암을 총괄하여 지리산 편마암복합체라 호칭하며 ① 주로 편마암으로 구성된 소백산편마암 - 편암복합체와 ② 변성 우백질반려암과 변성Anorthosite로 이루어진 하동-산청 변성염기성복합체와 ③ 미그마타이트질 우백화강암과 혼성편마암으로 구성된 호남변성암복합체로 구분한다.

나) 춘천누층군
춘천을 위시하여 한반도 중부에 널리 분포하며 장락층군과 춘성층군(의암층군)으로 양분한다. 장락층군은 하부로부터 규암층, 흑운모편마암과 규암의 호층, 석회암, 변질역암, 저변성편암으로 구성되어 있고, 춘성층군은 하부로부터 의암규암, 강촌층, 구곡리층, 방곡리층, 창촌리층, 추곡리층 및 세곡리층으로 세분하며 의암층군과 장락층군의 하부에 분포된 규암은 경기변성암복합체를 부정합으로 덮고 있다.

다) 연천층군
주로 준편마암으로 이루어져 있고, 포식지는 연천지역이나 서산지역까지 넓게 분포한다. 이 층군은 경기육괴의 서부구간에서 경기변성암복합체와 춘천누층군을 부정합으로 피복한다.

라) 율리층군
영남육괴와 태백산지역에 주로 분포하며 율리층군과 태백산층군으로 구분한다. 유리층군은 녹니석편암과 규암으로 이루어져 있고, 태백산층군은 운모편암, 규암 및 변성퇴적암으로 구성되어 있으며 태백산층군은 율리층군을 부정합으로 덮고 있다.

3) 선캠브리아기의 화강편마암류
과거에 고구려화강암 또는 회색 화강편마암으로 알려진 암가운데 상당부분이 준편마암이거나 화강암화 및 편마암화한 퇴적기원의 변성암으로 밝혀졌다. 영남육괴의 동북부에서는 이 암류는 분천화강편마암과 홍제사 화강편마암으로 구분한다. 분천화강편마암은 원남층군과 율리층군을 관입하고 있으며 홍제사 화강암에 의해 관입당하고 있다. 또한 태백산층군에 의해 부정합으로 피복되어 있다. 본 암류의 절대 연령시기는 시생대후기-원생대중기-원생대후기이다.

이와 같이 남한에 분포된 변성암체는 ① 지하수산출특성과 ② 석회암이나 박층의 규암의 협재 여부에 따라 수리지질학적으로 다음과 같이 **박층의 규암 또는 석회암이 협재된 변성퇴적암과 비탄산성 변성암**으로 크게 2가지로 분류할 수 있다.

6-1) 박층의 규암 또는 석회암 협재 변성퇴적암류(meta-sediments intercalated or interbedded with thin quarzite and carbonate bed) - 공극단열수

이 부류에 속하는 대표적인 암종은 시대미상의 옥천층군중 석회규산염암, 고회석, 각력 석회질 이암과 석회암을 이루어진 일부 지층과 시생대의 경기 변성암 복합체 가운데 부천층군과 시흥층군, 영남누층군의 평해층군과 원남층군의 장군석회암 및 춘천누층군의 장낙층군과 율리층군의 율리층과 같이 석회암과 얇은 두께의 규암을 협재하고 있는 지층들이다.

가) 옥천층군 :

이 층군은 제천-문경을 경계로 하여 동북부의 옥천 신지향사대와 남서부의 옥천 고지향사대에 분포되어 있으며 제천-문경선에서 남서쪽으로 갈수록 변성도가 높아진다. 주로 점판암, 천매암, 녹니석편암, 운모편암, 각섬석과 석회규산염암, 고회석, 각력 석회질 이암과 석회암으로 구성되어 있고, 변성상은 녹색편암에서 각섬암상에 이르는 저온-중압상이다. 이 층군은 결정편암계의 일원으로서 지질시대에 관해서는 학자에 따라 의견을 달리하고 있다.

나) 박층의 규암 또는 석회암을 협재한 선케브리아기의 변성퇴적암 :

석회규산염암, 석회암 및 대리암들과 같은 탄산염암이나 박층의 규암들이 편암이나 편마암 내에 협재되어 있는 암종들은 ① 경기 변성암 복합체 가운데 부천층군과 시흥층군, ② 영남누층군의 평해층군과 원남층군의 장군석회암 및 ③ 춘천누층군의 장낙층군과 율리층군의 율리층 등이다. 일반적으로 이러한 선캠브리아기의 편암과 편마암에 협재되어 있는 석회질암은 옥천지향사 내에 분포되어 있는 변성을 받지 않은 석회암과 규암에 비해 그 두께가 얇은 것이 특징이다. 이들 암종은 대체적으로 지층의 경사가 급하고 폭이 좁은 노두로 분포하며 심한 변성작용을 받아 재결정화해 있다. 특히 재결정작용을 받아 형성된 대리암들은 지하수를 산출하는 특성이 일반 석회암과 대동소이하다. 경기 변성암 복합체 내에 협재된 고회암과 마그네슘질 석회암은 일반 석회암에 비해 용해성이 다소 떨어지긴 하나 용식작용을 받아 풍화 침식되면 곳곳에 용식공동들이 형성된다. 따라서 이들 협재된 석회질암은 쉽게 용식되기 때문에 산정상부와 같은 고지대보다는 계곡저부나 산록에 주로 분포하며 풍화를 받으면 적색토(terra rossa)로 변하므로 쉽게 확인할 수 있다. 통상 대규모 용식석회암이 분포되어 있는 구간에서는 다량의 지하수가 유동

순환하기 때문에 대규모적으로 용천이나 sinkhole들이 발달되어 이러한 지역은 지하수의 산출성이 타 지역에 비해 월등히 양호하다. 이러한 현상은 석회질암이 협재되어 있는 변성퇴적암 지역에서도 다를 바 없다. 두께가 두터운 규암(예, 의암규암)에 비해 얇은 두께로 변성퇴적암 내에 협재되어 있는 규암들은 지각변동과 같은 외적요인에 의해 쉽게 파쇄 단절되어 2차 유효공극과 같은 단열이 잘 형성된다.

[표 5-11]은 박층의 규암과 석회질암을 협재하거나 포함하고 있는 변성퇴적암류와 비탄산성 변성암에 설치한 심정에서 지하수 산출상태를 나타낸 표이다. 박층의 규암을 협재한 변성퇴적암에 설치한 평균심도 93.2m의 심정에서 1개 심정당 지하수산출량은 10~ 1,000m^3/d 규모인데 비해 석회암이 협재된 변성퇴적암에 설치한 평균심도 80.6m의 심정에서 1개 심정당 지하수산출량은 200~ 1,900m^3/d이며 또한 평균 지하수 산출량도 박층의 전자의 경우는 378m^3/d인데 반해 후자의 경우는 672m^3/d로서 지하수산출성이 훨씬 우수하다. 환언하면 박층의 규암과 석회암을 포함하고 있는 변성퇴적암류에 설치한 평균심도 91m의 심정 1개공에서 채수되는 지하수의 평균 산출량은 460m^3/d이며 비양수량은 15.6m^2/d이다. 동일한 변성암일 지라도 박층의 규암과 석회암을 협재하고 있는 변성퇴적암은 그렇지 않은 비탄산성 변성암에 비해 지하수산출성이 약 2.4배 양호하다([표 5-11] 참조).

[표 5-11] 박층의 규암과 탄산염암 협재 변성퇴적암류와 비탄산성 변성암의 지하수산출특성

암종	우물수	우물심도(m)		지하수산출량(m^3/d)		비양수량 (m^2/d)
		범위	평균	범위	평균	
변성퇴적암	87	21~250	91	10~1,930	460	15.6
규암협재	63	21~150	93.2	10~1,000	379	1.6~32
석회암협재	24	29~150	80.6	200~1,900	672	2.5~70.6
비탄산성변암	448	21.5~200	98	2~1,200	192	8.6

(JS Hahn, 1985)

6-2) 비탄산성 변성암류(Non carbonate metamorphic rock) - 단열수

이 부류에 속하는 암종은 전술한 박층의 규암이나 석회질암을 협재하지 않은 비탄산성 변성암으로 대표적인 암종은 다음과 같다.

① 시생대의 경기변성암복합체의 서산층군 일부와 양평층군

② 시생대의 영남층군의 기성층군과 원남층군의 동수곡층과 두유리층

③ 원생대의 지리산 편마암복합체의 편마암과 편암류(소백산편마암-편암복합체, 하동-산청 변성 염기성복합체, 호남편마암-편암복합체)

④ 춘천층군의 춘성층군

⑤ 연천층군의 준편마암

⑥ 율리층군의 태백산층의 운모편암

⑦ 선캠브리아기의 화강편마암류

이 부류에 속하는 암종은 남한의 지리산, 영남 및 경기변성암복합체에 속하는 비탄산염의 변성암과 한반도전역의 기저를 이루고 있는 시생대와 원생대에 속하는 편마암과 편암류이다. 일반적으로 이들 암종은 migmatization과 potasic metasomatism이 수반된 변성작용을 심하게 받아 암석들이 migmatite화 했거나 미사장석이 풍부한 안구상편마암으로 바뀌었다. 대체로 편암은 편마암에 비해 지하수의 산출성이 다소 양호하다. 이 암종의 풍화심도는 조암광물의 종류, 지층의 경사, 절리의 간격과 연속성 및 편리와 기타 단열면에 따라 좌우되나 석영을 다량 포함한 편마암에 비해 조립질 흑운모 편마암과 편암은 풍화심도가 깊다. 암반 단열형 심부지하수의 산출성과 풍화대의 공극형 천부지하수의 산출성은 관입화성암인 화강암과 유사하다.

편암류는 편리와 평행하게 발달된 소규모 단열을 통해 지하수가 주로 유동하는데, 화강암질 암종에 비해 그 강도가 약해서 지하수를 저유한 절리와 같은 단열들이 얕은 심도에서 공매되는 경우가 흔하다. 이 암류는 국내에서 암반 지하수의 산출성이 가장 저조한 암체이다. [표 5-11]에 나타난 바와 같이 이 암류에 설치된 총 448개공의 심정 자료를 분석한 바, 평균심도 98m의 심정 1개공에서 지하수 산출량은 최소 $2m^3$/d에서 최대 $1,200m^3$/d이고 평균 산출량은 $192m^3$/d이며 비양수량은 $8.6m^2$/d이다.

[그림 5-7]들은 국내의 관입화성암류와 비탄산성 변성암에 심도 100~150m에 이르는 50개소의 심정을 air hammer drilling 공법으로 굴착하면서 심도별로 토출되는 지하수산출량을 측정하여 굴진심도(X축)별로 (지하수토출량/최대토출량)의 비(Y축)를 암종별로 도시한 그림이다. 여기서 최대 토출량이란 시험대상 심정을 완전히 굴착했을 경우에 토출되는 지하수량이다. [그림 5-7(b)]는 비탄산성 변성암인 편마암에 설치한 14개공의 심정에서 측정한 심도별 지하수산출량의 비로서 심도가 증가함에 따라 지하수 산출률은 현저히 감소한다. 즉 지하수산출량은 우물심도 72m 지점에서는 최대토출량의 80%, 80m 지점에서는 최대토출량의 85%, 88m 지점에서는 90% 이상이 산출된다. [그림 5-7(a)]는 현무암이 편마암류를 얇게 피복하고 있는 지역에서 측정한 심도별 지하수산출량을 도시한 그림으로 최종굴착심도는 130m였다. 우물심도 75m 지점에서는 최대토출량의 80%, 78m 지점에서는 최대토출량의 85%, 82m 지점에서는 90% 이상이 산출된다. [그림 5-7(d)]는 관입화성암류의 대표적인 암종인 화강암지역에서 5개공의 심정을 굴착하면서 심도별로 측정한 (지하수토출량/최대토출량)과의 비를 도시한 그림으로서 전자의 (a) 및 (b)에 비해 감소형태가 다소 다르긴 하나 심도가 증가함에 따라 지하수산출률이 감소하는 현상

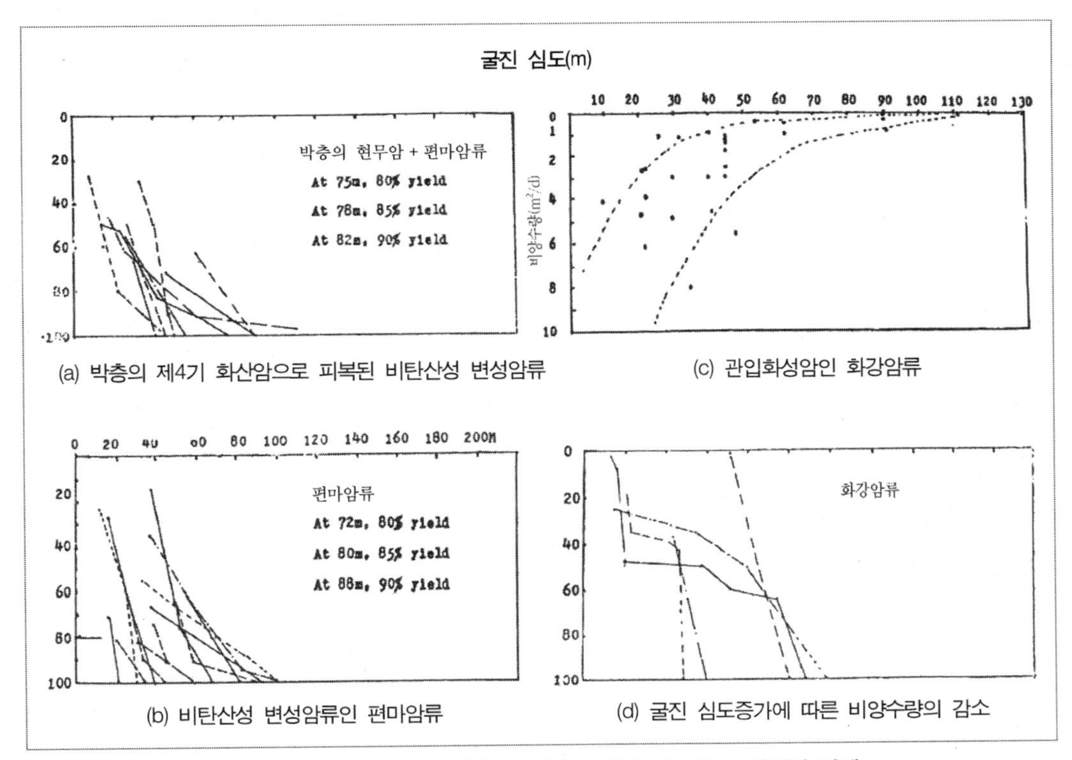

[그림 5-7] 굴진 심도별 지하수산출량/최대산출량의 비와 굴진심도별 비양수량과의 관계

은 동일하다.

[그림 5-7(c)]는 굴진심도에 따른 비양수량(specific capacity)의 변화를 측정하여 굴진심도 대 비양수량과의 관계를 도시한 그림이다. 이에 의하면 우물심도가 증가함에 따라 비양수량은 빠르게 감소하는데, 특히 감소율이 가장 급격하게 발생되는 지점은 지표하 70m 이하이다. 이는 지표하 70m 이하 심도에서는 2차 유효공극이 거의 발달되어 있지 않음을 암시한다. 대체적으로 지표하 30m 지점에서 매 1m 굴진당 비양수량은 0.16~0.76m^2/d이며, 40m 지점에서는 0.1~0.5m^2/d로, 60m 지점에서는 0.04~0.21m^2/d로 현저히 감소한다.

5.1.3 남한의 지하수 부존량과 개발 가능량

(1) 남한의 지하수자원 부존량

정부는 지표수자원의 만성적인 부족현상과 심각한 오염현상 등을 인지하고 지하수자원을 공수의 개념으로 다루기 위해 지하수개발, 이용에 관한 지하수법을 1993년 12월 10일 제정하여 현재 시행 중에 있다.

국내의 지하수부존량은 암반인 경우에는 1차 및 2차 유효공극의 분포심도와 공극률에 좌우되고 미고결암인 경우에는 충적층과 풍화대의 분포심도와 그 공극률에 좌우된다. 국내에 분포된 각 암종별 공극률에 대한 체계적인 조사연구가 수행된 바는 없으나 각 기관별로 특정 암종에 대한 공극률을 측정한 자료들이 가용하다. 즉 1966~71년 사이에 한강유역 합동조사단이 한강유역 내에 분포된 풍화토의 공극률을 측정한 결과 그 평균치는 34.3%였으며, 1985년에 한국전력(주)이 국내에 분포된 일부 조밀한 안산암과 응회암의 평균 공극률을 측정하였는데, 그 평균값은 5.8%였다. 또한 농어촌진흥공사(1973)가 국내 충적층의 평균 공극률을 측정한 결과 그 값은 35%였다. [표 5-12]는 미국 지질조사소(USGS)와 Morris(1967)가 미국 내에 분포된 각종 암석별로 공극률을 측정하여 발표한 자료이다.

[표 5-12] 각종 암종별 공극률 (단위: %)

공극률 / 암석명	USGS(67)		Morris(67)	국내분석자료		비고
	범위	평균	범위	범위	평균	
1. 결정질 화강암류		3	1 - 5			
2. 화산암류	7.2 - 54.7			0.97 - 10.8	5.8	한국전력(주) (50개)
응회암류	3 - 35	41	10 - 40			
현무암류		17	5 - 35			
조밀한 화산암		5.5	1 - 10			
3. 퇴적암류						
석회암류	6.6 - 55.7	30	5 - 55			
Dolomite	19.1 - 32.7	26				
Clay stone	41.2 - 45.2	43				
Silt stone	21.2 - 41.0	35	20 - 40			
사암(세립)	13.7 - 49.3	33				
사암(중립)	29.7 - 43.6	37				
셰일	1.4 - 9.7	6.0	1 - 10			
4. 변성암류						
편암	4.4 - 49.3	35.5	5 - 50			
편마암		45	1 - 5			
5. 비고결암류						
충적층		35.5			35	RDC(35%)
풍화대	34.3 - 56.6	45	40 - 50		34	한강유역

국내에서 실시한 3가지 암종에 대한 대표적인 공극률과 [표 5-12]에서 제시된 값은 거의 일치하기 때문에 각 암종별 평균 공극률은 미국 USGS에서 측정한 값을 적용하더라도 큰 무리는 없을 것이다. 따라서 국내에 분포된 각종 암석을 그 수문지질특성에 따라 구분하고 각 암종별 지하수의 부존심도는 현재 국내에서 개발하고 있는 암반 관정의 심도와 미국 USGS에서 제시한 각종 암석의 공극률 중 최소치를 이용하여 국내 지하수 부존량을 계산하면 [표 5-13]과 같다.

[표 5-13] 암석별 국내 지하수 부존량(최소치)

암종 \ 내역	면적(km³)	공극률(%)			포화두께 (m)	부존량 (억㎥)
		최소	평균	범위		
가. 암반지하수						12,856
1. 화상암류	31,820					
화상암류	20,372	1.0	3.0	1 - 5	150	306
기타	11,448	3.0	15.2	3 - 54.7	200	687
2. 변성암류	36,070					
변성퇴적암	26,170	4.4	27.5	4.4 - 59.3	200	2,303
편마암류(정)	9,900	1.0	3.0	1 - 5	150	149
3. 퇴적암류	28,780					
석회질암	4,220	6.6	30	6.6 - 55.7	500	1,393
쇄설성 퇴적암	24,560	6.0	24.3	6 - 45.2	500	7,368
4. 현무암류	1,825		18	35		650
나. 천층지하수						2,592
1. 충적층	27,380		35		(7-1)	575
2. 풍화대	58,790	34.3	45	34.3 - 56	10	2,017
계						15,448

[표 5-13]에서 제시된 국내 지하수 부존량은 안전율을 감안한 최소 지하수 부존량임을 부언해 둔다. 남한에 내리는 연간 강수량은 전술한 바와 같이 1,297억 m³인데 반해 국내에 부존된 최소 지하수 부존량은 연간 강우량의 12배에 해당하는 15,450억 m³로 막대한 규모이다. 뿐만 아니라 매년 지하로 침투하여 지하저수지로 함양되는 양은 약 188,4억 m³으로서 이 양은 현재 부존되어 있는 지하수 부존량에 전혀 영향을 주지 않고 연간 안전하게 개발, 이용할 수 있는 가용 물자원으로 현재 국내에서 사용하고 있는 총 지표수 이용량과 거의 비슷한 수량이다. 즉 현재 사용하고 있는 지표수 이용량만한 양이 매년 지하저수지인 대수층으로 함양되고 있다.

(2) 지하수의 지역별 최적 개발 가능량

전술한 바와 같이 한반도 남단의 각종 암종 내에 저유된 지하수의 부존량은 약 15,450억 m³으로 추산되며 이중 83%에 해당하는 12,860억 m³은 암반 지하수의 형태로 암석 내에 부존되어 있다. 그러나 암반을 구성하고 있는 암석 자체는 일반적으로 괴상의 불투수성이거나 저투수성 매체이기 때문에 암반지하수의 부존 및 산출특성을 지배하는 가장 결정적인 요소는 2차 유효공극을 형성하고 있는 단열(fissure) 구조이다.

대수층을 지하저수지의 개념으로 이용할 시에는 지표저수지와 마찬가지로 강수와의 연계관리(conjugate water use) 기법을 적용할 수 있다. 즉 갈수기에 지하대수층 내에 저유된 지하수자원을 최대한 개발 이용하여 부족한 지표수자원을 충당해 주고 지하대수층인 지하저수지를 비워 두므로 그 다음 풍수기에 다량의 강수가 지하대수층으로 저유될 수 있도록 하는 지하수와 강수와의 연계관리법을 최대한 활용할 수 있다.

그러나 그 개발상한선은 특정 지하대수층(하천과 연계된 충적대수층)을 제외하고는 한반도에 내리는 연간 강수량 중에서 지하로 충진되는 188,4억 m^3/년의 지하수 함양량 이상을 초과해서 이용하는 경우에는 국지적으로 물수지상의 문제가 발생할 수도 있다.

따라서 1개 지역에서의 최적 지하수개발 가능량은 그 지역에 이미 부존되어 있는 지하수자원을 원상태로 깨끗하게 보전하면서 연간 그 지역에 충진, 함양되는 함양량 이내에서 개발 이용하는 것이 국지적인 지하수자원에 전혀 악영향을 미치지 않고 지속적으로 깨끗한 용수로 이용할 수 있는 최적관리기법(best management practice)이다. 즉 암반지하수의 최적개발 이용 가능량은 연간 지하로 함양되는 양을 초과하지 않는 것이 가장 합리적인 방법이다.

남한의 총 가용 수자원인 1,297억 m^3 가운데 그 14.5%에 해당하는 188,4억 m^3이 연간 지하로 함양되어 지하수로 변한다. 이와 같이 지하로 매년 자연적으로 충진 함양되는 지하수 함양량을 개발하지 않을 때에는 지하수는 함양에 의해 상승된 동수구배를 따라 서서히 지표로 배출되어 인근 하천수의 일부가 되어 바다로 유출되거나 광역 지하수 흐름계를 따라 직접 바다로 유출된다. 즉 한반도에 내린 강수는 전절에서 설명한 바와 같이 총 강수량 중 58%가 하천으로 유출되고 27.5%는 증발산 되어 대기로 소실되며 잔여 14.5%에 해당하는 188,4억 m^3이 매년 전 국토의 미고결암이나 직접 암반의 유효공극을 통해 지하로 스며들어 암반대수층을 충진시킨다. 그런데 우리나라의 지하수는 그 대부분이 자유면 지하수로서 암반대수층과 그 상위의 미고결 지층과는 수리적으로 서로 연결된 대수층이다.

지하수 개발 가능량은 지하수의 함양과 유출이 평형을 이루는 상태에서 지속적으로 개발/이용 가능한 지하수 함양량의 의미한다. K-Water가 2011년을 기준으로 전국의 국가 지하수관측망 348개소 가운데 321개소 관측소에서 측정한 경시별 지하수위자료를 지하수위 강하곡선 분석법 이용하여 우리나라의 행정구역별 지하수의 함양량과 지하수 개발 가능량을 산정한 결과는 [표 5-14]와 같이 188.4억 m^3/년이고 지하수 개발 가능량은 함양량의 약 68.4%인 약 129억 m^3/년이다. 실제로 각 지역별로 연간 함양되는 전체 지하수 양을 개발 이용하기란 기술적으로 불가능하다. 따라서 최적지하수개발 이용량은 안전율을 감안하여 통상 함양량의 65~75% 정도로 산정하는 것이 가장 안전하고 합리적인 개발방법이다. 즉 암반지하수의 최적 개발 가능량은 1일 1km^2당 약 318m^3(176,000×0.68/365일) 정도이며 연간 약 119,000m^3/년/km^2이다.

5.1.4 남한의 지하수 관리체계와 국가 지하수 정보관리

(1) 지하수의 관리체계

국내 지하수는 국토교통부, 환경부, 농림축산식품부, 행정 안전부, 국방부 등 5개 중앙부처 및

[표 5-14] 남한의 행정구역별 지하수함양량, 개발 가능량 및 함양량/개발 가능량 비(%)

행정구역	지하수 함양량 (10^6m^3/년)	지하수 개발 가능량 (10^6m^3/년)	함양량/개발 가능량(%)
서울특별시	81.2	59.7	73.6
부산광역시	144.2	110.6	76.7
대구광역시	97.5	78.2	80.2
인천광역시	126.3	95.8	75.9
광주광역시	88.7	67.8	76.5
대전광역시	104.5	72.9	69.7
울산광역시	193.9	138.0	71.2
경기도	1,803.8	1,282.6	71.1
강원도	3,076.2	2,227.5	72.4
충청북도	1,229.3	871.8	70.9
충청남도	1,439.1	1,035.3	71.9
전라북도	1,490.7	1,066.2	71.5
전라남도	2,405.9	1,663.3	69.1
경상북도	2,991.6	2,085.3	69.7
경상남도	1,893.4	1,306.0	69.0
제주도	1,676.0	730.4	43.6
계	18,842.3	12,891.4	68.4

간이 방법 : 현재 우리나라의 총 면적은 약 99,273.69km^2이며, 제주도를 제외한 내륙 본토의 면적은 97,448.08km^2이다. 따라서 제주도를 제외한 국내 1개 특별시와 6개 직할시 및 8개도의 단위면적당 지하수 함양량인 비함양률은 약 176,000m^3/년/km^2이다(171.66×108m^3/년/97,448.08km^2≈176,155m^3/년/km^2, 제주도를 제외한 함양량 : 188.42-16.76=171.66억m^3).

지자체에서 소관업무별로 관리하고 있다. 국토교통부는 지하수의 수량관리를 총괄하며 지하수 관리 기본계획의 수립, 지하수 기초조사와 지하수의 전반적인 개발 및 이용관리를 전담하는 주무기관으로서 국가 지하수정보 센터를 운영하고 있다. 환경부는 지하수의 수질을 관리하는 기관으로서 지하수의 수질기준 제정, 지하수의 오염방지와 오염지하수의 정화업무 및 먹는샘물(bottled water)과 농어촌 지역의 상수원용 지하수관리를 전담하고 있다.

농업수산식품부는 농업용 지하수의 개발과 관리를 전담하며 이외에 소규모적이긴 하지만 행정안전부는 온천의 개발 이용관리와 민방위계획에 따른 지하수양수시설의 관리와 정비를, 국방부는 군사목적의 지하수시설을 관리한다. 시 · 도는 지하수관련 업체의 관리를 포함한 광역적인 지하수관리를 실시하고 시군구는 지하수개발의 인허가를 위시한 실무적인 지하수관리업무를 전담한다.

(2) K-Water의 국가지하수정보센터

국가 지하수 정보센터는 지하수법 제5조-2의 지하수관리 기본계획에 근거하여 ① 전국의 지하수수량, 수질, 이용실태 등 모든 지하수정보를 수집, 관리하고 ② 시 · 군 단위로 지질조사, 지하수 수위 및 수질조사, 대수층 수리특성조사 등을 시행하여 지하수 부존특성 및 개발 가능량을 규명하고 지하수지도(1:50,000)를 작성하여 지하수 개발이용 및 보전 · 관리에 기초자료로 활용토록 함은 물론 ③ 국민에게 지하수정보를 제공하기 위해 K-Water 내에 설립된 지하수 전문기구로서 국토교통부의 지하수 관리업무를 대행하는 기관이다. K-Water의 국가지하수정보센터의 주요기능과 지하수정보의 보유현황 및 지하수정보센터가 직접 운영관리하고 있는 국가지하수관리망의 주요내용은 요약 설명하면 다음과 같다.

1) 국가지하수정보센터 주요기능

국가지하수정보센터는 남한의 지하수 이용, 조사, 관측 자료와 국내외 신기술 및 연구자료 등의 효율적 활용을 위해 다음과 같은 통합 지하수정보체계를 구축, 운영하고 있다.

가) 지하수 정책수립 기초자료제공 및 대국민 정보제공

지하수 수위, 수량 및 수질 등의 정보를 수집하여 중앙부처 및 지방자치단체 등의 지하수 정책수립에 필요한 정보를 제공하여 지하수법령 개정 및 지하수관리 기본계획 수립을 위한 기초자료를 제공하고 홈페이지 등을 이용하여 지방자치단체 및 일반인들에 대한 지하수관련 의견을 수렴하고 결과를 제공한다. 국가지하수정보센터에서 제공하는 지하수정보에 관심이 있는 독자들은 www.gims.go.kr을 참조하기 바란다.

나) 지하수 정보의 수집, 관리 및 분석

관계기관의 실무자로 구성된 정보화협의체를 운영하고, IP(information provider) 제도를 도입하여 효율적인 정보를 수집하며, data group, DB 구조 등 지하수정보의 분류 및 관리기준을 정립하고, 축적된 자료를 활용하여 분석 및 모델링 수행하며 국가 지하수정보지도 등 지하수정보시스템 개발 및 유지 관리한다.

다) 기술 연구개발, 교육 및 지방자치단체 기술지원

지하수 분석모델링을 개발하여 지하수 자료 활용을 극대화하고, 원시 데이터의 신뢰도를 제고, 평가하기 위한 연구를 수행하고 지하수 시공업체 및 영향조사기관의 지하수 관련 업무를 선도한다.

2) 국가지하수정보센터가 보유하고 있는 지하수 정보현황은 다음 [표 5-15]와 같다.

3) 지하수지도(1:50,000)는 2016년까지 전국 167개 지역의 수문지질도를 위시하여 지하수유동체계도, 지하수심도분포도, 등수위선도, 지하수수질도, 선형구조분포도 및 오염취약성도

와 보고서를 작성 완료할 예정이며 2014년 현재 86개 지역에 대한 조사를 완료하였다.

[그림 5-8]은 서울시 일대에 소재한 기존우물, 국가지하수 관측정 및 서울시가 관리하는 보조관측정과 지하지질조사용 시추공의 위치도이며 [그림 5-9]는 경상북도 구미시의 1:50,000축적의 수문지질도, 지하수유동체계도, 등수위선도, 지하수심도 분포도, 선형구조분포도 및 오염취약성도 등으로 이루어진 지하수지도이다.

[표 5-15] K-Water의 국가지하수정보센터가 보유하고 있는 국내 지하수 정보내용

구분	수량	세부내용	비고
지하수개발이용시설	145만 공	관정 위치, 시설제원, 양수능력 등	시 · 군 · 구
국가지하수관측망	361개소	매시간 지하수위, 수온, EC 관측자료 연 2회 지하수 수질분석 자료 주요 이화학 분석 자료	국토교통부
지하수기초조사	95개 지역	수문지질도/주제도 자료 지하수위/수질 관측 자료 대수성시험 등 수리특성 자료 시추/착정 및 지구물리탐사 자료	국토교통부
지하수수질자료	정기수질 검사자료	지하수법 제17조에 의한 정기 수질검사 자료	시 · 군 · 구
지하수수질측정망	2,457개소	연 2회 지하수 수질분석 자료	환경부
지하수관련보고서	1식	지하수기초조사 보고서, 지하수관리기본계획 보고서 등 지하수관련 보고서 다운로드	국토교통부
해수침투조사관측망	127개소	지하수 수위, 수온, EC 자료	농림축산식품부
보조지하수관측망	1,472개소	지하수 수위, 수온, EC 자료	시 · 군 · 구

[그림 5-8] 서울시 일원에 설치된 각종 관측정과 시험시추공의 위치도(지하수 및 지하 지질분포상태 정보용)

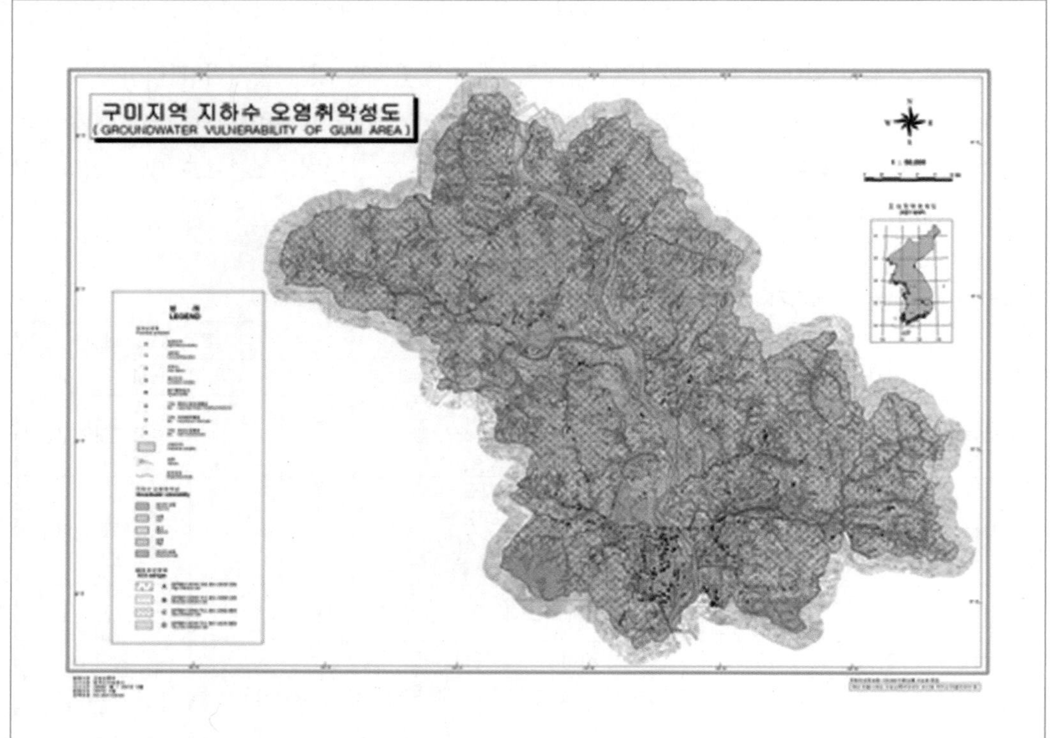
구미지역 지하수 오염취약성도
(GROUNDWATER VULNERABILITY OF GUMI AREA)
LEGEND

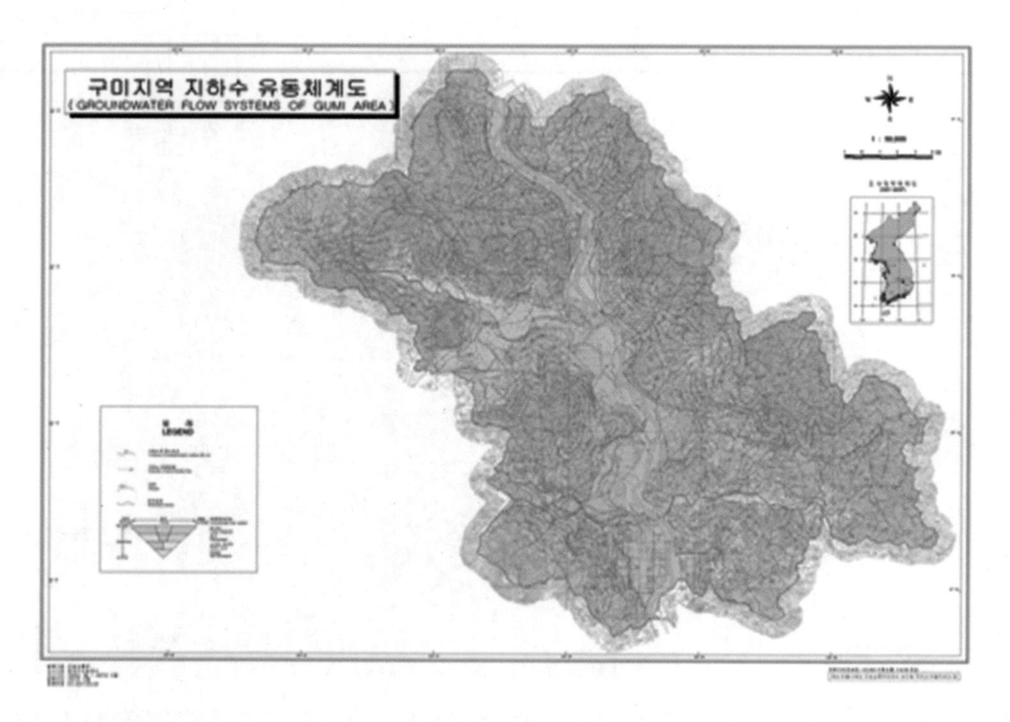
구미지역 지하수 유동체계도
(GROUNDWATER FLOW SYSTEMS OF GUMI AREA)
LEGEND

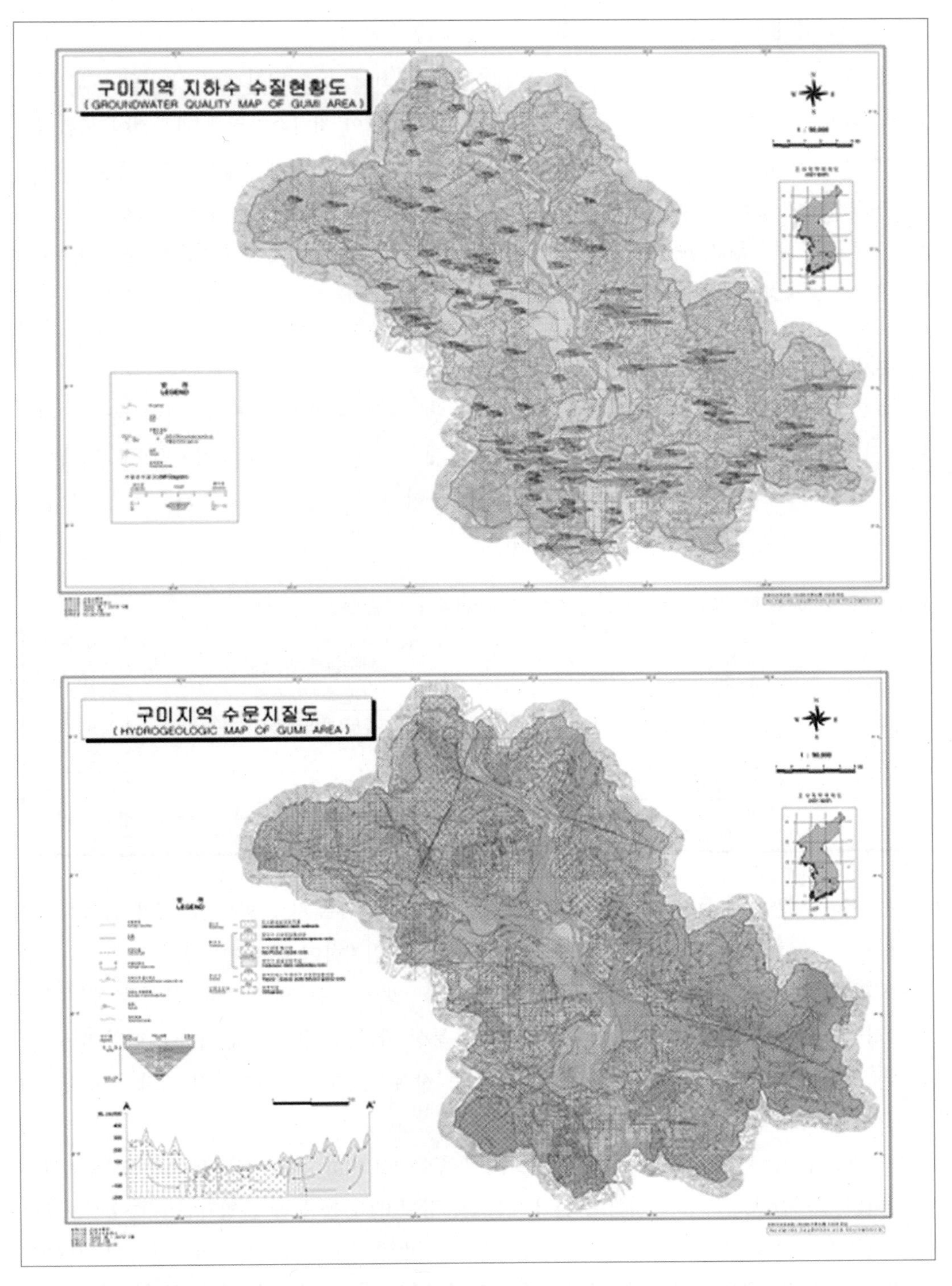

[그림 5-9] 1:50,000 축적의 구미시의 지하수지도(수문지질도, 지하수유동체계도, 등수위선도, 지하수심도 분포도, 선형구조분포도 및 오염취약성도)

5.1.5 국내에서 운영 중인 지하수 관측망

2014현재 전국에 분포된 각종 암종과 충적대수층을 위시한 각종 지하수의 경시별 수위, 수온 및 수질변동(EC, PH 등)특성 등을 파악 규명하여 해당지역의 지하수자원을 과학적이고 합리적으로 이용 보전하기 위한 기초자료로 활용하기 위해 1995년부터 현재까지 전국적으로 국가지하수 관측망(361개소)을 위시하여 보조 지하수 관측망(1,472개소), 지하수 수질측정망(2,407개소) 및 농촌 지하수관 측정망과 해수 침투측정망(283개소) 등 4,420여 개소의 관측정으로 구성된 4종류의 지하수 관측망을 운영하고 있는데(표 5-16) 다음과 같다.

(1) 국가 지하수 관측망(361개소)

국토교통부(한국수자원공사)는 지하수법 제17조 및 동법시행령 제27조에 의거하여 전국을 대상으로 지역 또는 유역별 대표지점에 지하수의 수위 및 수질의 변동 상황을 지속적으로 관측하기 위해 총 361개소의 국가지하수관측소를 설치 운영하여 다음과 같은 국내 지하수자원의 보전관리를 위한 기반을 구축하는 데 활용하고 있다.

[표 5-16] 남한에서 운영중인 각종 지하수 관측망의 관리주체 및 관측항목과 목적

구분	국가지하수 관측망	수질측정망	농촌 지하수 관리 측정망과 해수침투 관측망	보조지하수 관측망
관리주체	국토교통부	환경부	농림축산식품부	지자체
운영기관	한국수자원공사	지방환경청과 지자체	한국농어촌공사	지자체
설치운영개소	361	2,407	147+136=283	1,472
관측항목	수온, 수위, EC	지하수 수질기준	수온, 수위, EC	수온, 수위, 수질
목적	전국적인 지하수위, 수온 및 수질의 변동상태	전국적인 지하수수질 현황과 변화추세	지하수이용으로 인한 해수침투의 사전조사	국가지하수관측망의 보조용

① 국가지하수 관측망 설치 목적은 지하수 관리를 위한 기초수문자료 획득 및 국가 정책자료를 제공하고 지하수 고갈 및 오염 등 장해발생을 사전에 인지하여 대처하며 전국의 지하수상황을 파악하는 key station 역할을 하려는 데 있다. 앞으로 총 530개소를 설치할 예정이다.

② 국가지하수 관측망의 설치 지점은 광역적 수문특성 파악을 위한 주요 지하수 함양/배출 지역과 지역별 및 수문지질단위별 대표성이 있는 지역 및 지하수 이용량이 과다하여 지하수 고갈이 우려되는 지역을 대상으로 한다.

③ 운영관리체계는 [그림 5-10]과 같이 각 지하수관측소에서 지하수위, 수온 및 전기전도도를 1시간마다 실시간으로 자동 측정하여 원격 자료전송장치(RTU)를 통해 운영자인 지하수정보센터로 전송하여 관측 자료를 분석하는 등, 실시간으로 전송된 자료를 관리한다[그림 5-11]. 이외에 연 2회씩 지하수의 생활용수 수질기준으로 수질검사를 실시하여 일반 국민들이 언제나 internet을 통해 지하수관리 시스템의 지하수정보를 취득할 수 있도록 하고 있다.

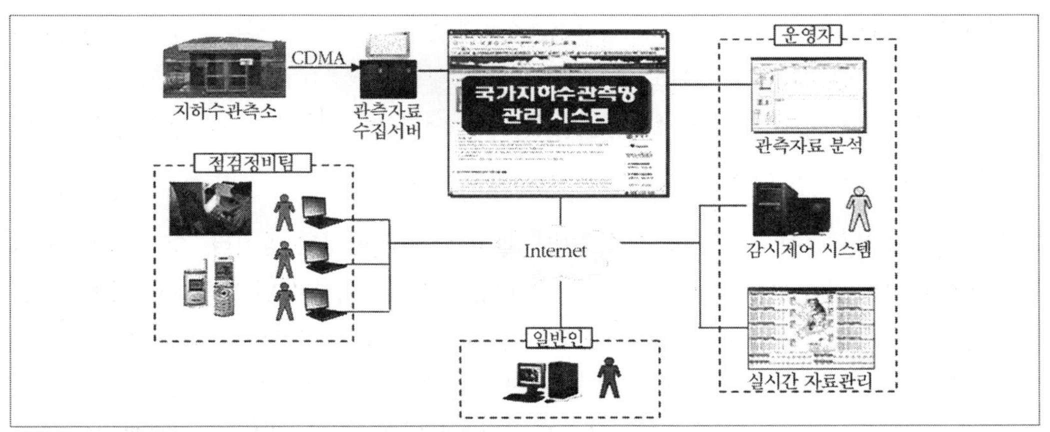

[그림 5-10] 국가 지하수 관측망 관리 시스템의 운영체계

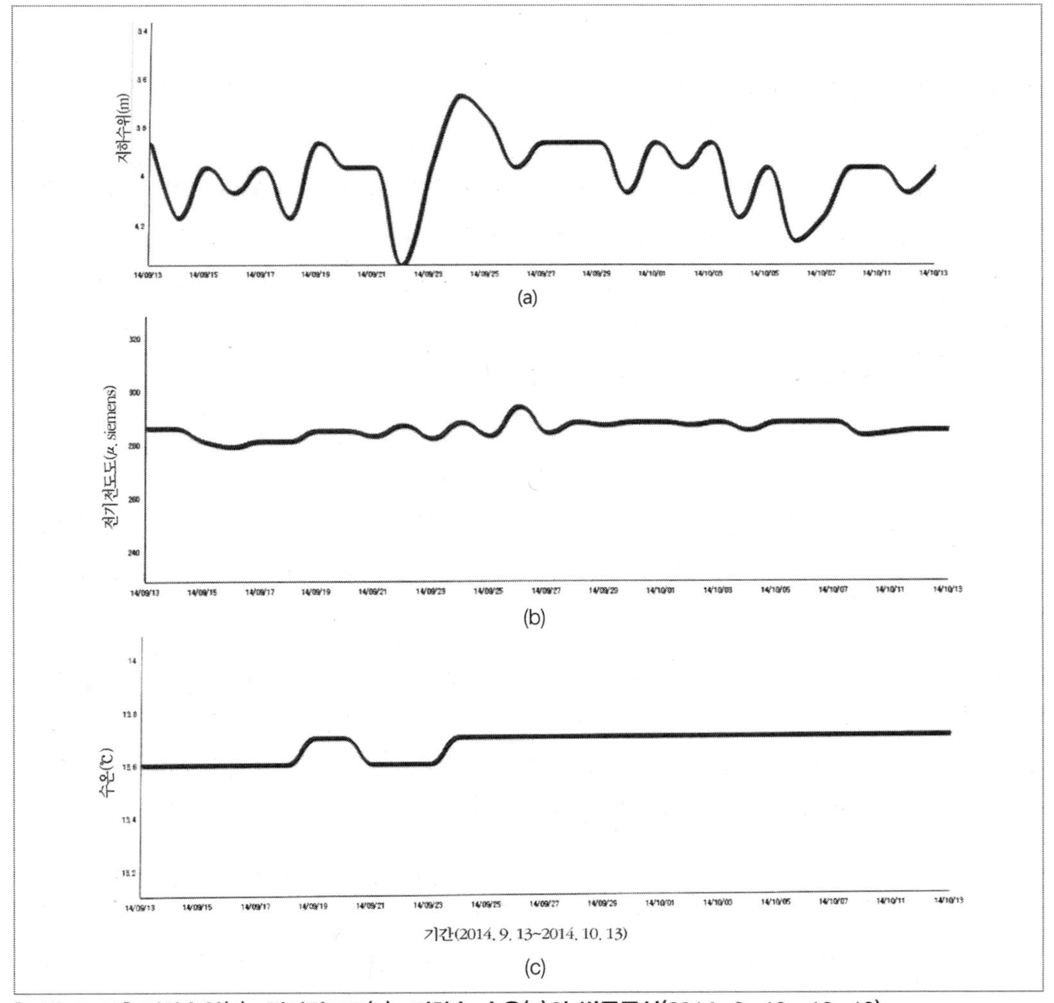

[그림 5-11] 지하수위(a), 전기전도도(b), 지하수 수온(c)의 변동곡선(2014. 9. 13~10. 13)

④ 국가지하수 관측망 시설제원은 1개 지하수관측소에 암반 지하수관측정과 천부 충적층지하수 관측정 2개를 설치하여 운영하고 있다.

⑤ 관측장비 : 센서/본체부, 원격 자료전송장치(RTU), 전원장치(태양전지) 등으로 구성되어 있으며 측정항목은 수위, 수온 및 EC등이다(그림 5-11).

[그림 5-11]은 국가 지하수 관측망 가운데 경상남도 합천군 삼가면 양전리 719-33에 설치된 심도 70m의 암반 관측정[합천삼가, (암반)]에서 2014년 9월 13일에서 동년 10월 13일까지 1개월 동안 실시간으로 측정된 경시별 지하수위, EC 및 지하수의 온도 변화를 K-Water의 국가지하수정보센터가 분석 정리하여 국민에게 지하수정보를 제공하고 있는 내용이다. 이 그림에서 (a)는 지하수위의 변동곡선이고, (b)는 전기전도도의 변동곡선이며, (c)는 지하수의 수온변동 곡선이다.

(2) 보조 지하수 관측망(1,472개소)

1) 목적과 내용

지하수법 제 17조 및 동법시행령 제27조에 의거하여 시장 · 군수는 관할구역안의 지하수수위 등의 변동실태를 파악 · 분석하기 위하여 국가관측망을 보완하는 지역지하수관측시설(이하 "보조관측망"이라 한다)을 설치운영하도록 규정하고 있다. 따라서 보조 지하수 관측망은 국가지하수 관측망과 연계하여 이를 보완하기 위한 기능으로서, 지역별로 주요 관측 대상지점에 관측정을 설치하여 다음과 같은 지하수위와 수질특성 자료를 획득하는 데 있다.

2) 보조 지하수 관측망의 세부내용 및 목적은 다음과 같다.

지하수의 자원고갈 방지를 위한 수위관측(지하수자원의 최적개발)과 system내 수문 요소에 따른 지하수 수지균형을 산출하고 지하수 생성요인 및 순환과정을 규명하려는 데 1차적인 목적이 있다.

아울러 오염 개연성이 있는 지역에 분포된 지층내 수문지질학적 특성 파악하고 지하수자원의 항구적인 관리와 보존(수위 강하 또는 오염된 지하수 등이 주변 생태계에 미치는 피해와 같은 환경에 대한 보호)과 지하수의 수질 및 특성의 변화를 예측하기 위한 수질관측(지하수 과다 채수, 지하수 오염, 염수침입 등과 같은 지하수 피해의 통제)에 그 목적이 있다.

3) 관리 주체는 지방자치단체(시 · 군 · 구)이며 설치지역은 지하수의 개발, 이용이 많은 지역(지하수 장해 발생지역, 타 법률에 의한 지하수시설, 지하수보전구역 등)을 대상으로 한다.

4) 관측 항목 및 방법

수위, 수온, 전기전도도(수동/자동)를 1시간마다 측정하며 연 1~ 2회 지하수 수질검사와 먹는물 수질검사를 실시한다.

(3) 국가 지하수수질 측정망(2,500개소)

1) 목적 및 운영근거

지하수법 제18조 제2항(수질오염의 측정)과 지하수의 수질보전 등에 관한 규칙 제9조(수질측정망 설치 및 수질오염실태 측정 계획의 수립 · 고시)에 의거하여 전국적인 지하수수질 현황과 수질변화 추세를 정기적으로 파악하여 지하수 수질보전정책 수립을 위한 기초 자료로 활용하는 데 있다.

2) 운영개요

- 측정항목 : 총 20개 항목
- 측정시기 : 상반기 4~5월, 하반기 9~10월에 연 2회씩 측정한다.
- 측정기관 : 오염우려지역은 환경부가, 일반 지역은 시 · 도의 지자체가, 국가 지하수관측망은 국토교통부가 실시한다.

3) 측정망의 종류 :

2011년 현재 배경수질 전용측정망 58개소와 오염감시 전용측정망 33개소로 구성된 국가 지하수 수질전용 측정망과 일반 지하수 수질측정망 1,241개소와 오염우려지역 지하수수질 측정망 781개소로 구성된 지역지하수 수질측정망을 운영하고 있다.

4) 측정항목

특정오염물질 15항목과 일반오염물질 5항목

5) 운영결과 및 분석

2009년에 측정한 지하수수질측정망 전체 운영결과를 요약하면 다음과 같다. 전체 측정망의 수질기준 초과율은 6.1%이고, 상 · 하반기 중복 초과 지점은 15~30% 정도이며, 음용 및 농 · 어업용수의 수질관리는 이에 비해 상대적으로 양호하다. 지하수 오염은 일반 오염물질(77%)이 대다수를 차지하며 일반세균과 질산성질소 등 일반 오염물질에 의한 오염은 전국적으로 나타난다. TCE와 PCE와 같은 유기 독성 화합물질에 의한 오염은 공단지역을 중심으로 나타나며 특히 미군부대시설 인근지역의 지하수는 LNAPL에 의해 오염되어 있다.

(4) 농촌 지하수관리 관측망과 해수 침투조사 관측망(283개소)

농림수산식품부(한국농어촌공사)는 전국을 대상으로 농어촌 지하수의 합리적인 개발 이용 및 보전 관리를 위해 농어촌정비법 제15조 및 동법시행령 제27조와 지하수법 시행령 제27조에 의거하여 농어촌 지하수의 수위, 수온 및 수질의 변동 상황을 지속적으로 관측하기 위해 2013년 현재 총 147개소의 농촌 지하수관리 관측망과 136개소의 해수침투 관측망을 설치하여 운영하고 있다.

1) 농촌 지하수관리 관측망

가) 이 관측망은 전국 465개 용수구역중 농어촌지역인 352개 용수구역에서 농어촌 지하수의 고갈과 오염 및 기후변화와 관련된 가뭄 발생 등 각종 농어업재해를 사전에 대비하기 위해 설치 운영하는 관측망이다.

나) 앞으로 총 1,056개소를 전국적으로 설치할 예정이며 2013년 현재 147개소가 설치 운영 중이다.

다) 각 관측소마다 농어촌 암반 지하수의 수온, 수위 및 전기전도도를 1시간마다 자동으로 측정하여 원격 감시시스템을 통해 관측 자료를 분석하는 등, 실시간으로 전송 자료를 관리한다. 각 지구의 관측시설에서 서버로 전송된 전술한 항목의 지하수자료는 일 평균값으로 환산하여 "농어촌지하수넷"인 www.groundwater.or.kr을 통해 국민에게 제공하고 있다.

라) 이외에 연 1회씩 지하수의 배경수질 측정과 물리검층을 실시하고 있다.

2) 해수침투 관측망

가) 해수 침투조사 관측망은 해안 및 도서지방에 분산되어 있는 관측정의 수위 및 수질변화를 자동관측장치와 해수침투 원격감시 시스템을 이용하여 주기적으로 자료를 점검하는 등, 장기 관측을 실시하여 해당지역의 수리지질학적 특성 및 지속적인 지하수채수에 의한 해수침투의 영향을 관측하고 이에 대한 대책수립의 기초자료를 제공하는 데 있다.

나) 농림수산식품부가 해안 및 도서지방에서 염수침입 관측을 위해 2013년 현재 136개소를 운영하고 있으며 총 388개소를 설치할 계획이다.

다) 해안 및 도서에 관련된 지방자치단체의 의견과 정보를 취득한 후, 관측소 위치를 선정하는 데 활용하며, 용수공급률, 이용량, 현장에서 측정한 수질을 분석하여 우선 순위를 결정한다.

라) 운영개요 : 관측항목은 지하수위, 수온 및 전기전도도를 매 1시간 간격으로 측정하여 유무선을 통해 관리시스템으로 전송하며 분기별로 지하수 검층과 연 1회 이온분석을 실시하고 있다. 관측결과 염해가 발생한 것으로 판단되면 해당 지방자치단체에 통보하고 기 설치된 관측소보다 내륙 쪽에 관측소를 추가 설치하도록 하고 있다.

마) 해수 침투조사 관측망 설치 과정 : 해수 침투 관측망은 관측정, 보호시설, 관측센서, 중앙제어장치, 태양전지판, 전송모뎀, 유·무선 통신기기 및 피뢰침으로 구성된다. 해당지역의 대수층 구조를 대표할 수 있는 지역을 선정하여 관측정을 설치하고 관측정에 설치된 센서 및 대수층을 외부의 오염물질로부터 보호하기 위한 보호시설 설치한다. 관측정 주변 대수층에 대한 수리지질학적 조사의 일환으로 공내 검층과 전기비항 토모그래피 실시는 물론 간이양수시험, 이온분석 및 GPS 측량을 실시한다.

바) 자료전송을 안정적으로 하기 위한 전원공급장치와 CDMA 전용단말기(기존에는 전화선 또는 휴대폰)를 이용한 전송시스템이 설치되어 있다.

5.1.6 지하수의 분포 및 변동 특성

(1) 지하수의 분포심도

한강, 낙동강, 금강, 섬진강 및 영산강유역별 지하수의 분포심도는 [표 5-16]과 같다. 국가지하수관측망의 연평균 지하수심도는 암반지하수 관측정은 지표로부터 0.88~46.73m, 충적층지하수 관측정은 1.48~13.51m에 분포한다. 즉 암반지하수 관측정의 지하수위는 El. -8.92 ~ 970.6m이며, 충적층지하수 관측정에서 지하수위는 El. -1.56 ~ 561.2m에 분포한다.

[표 5-16] 유역별 지하수 심도

구 분		한강	낙동강	금강	섬진강	영산강
암반 지하수 관측정	평균	1.34 ~ 44.76	1.43 ~ 46.73	0.88 ~ 14.60	1.96 ~ 16.20	2.36 ~ 27.48
	최소값	0.00 ~ 33.38	0.41 ~ 34.03	0.33 ~ 11.69	1.19 ~ 12.91	1.07 ~ 12.72
	최대값	1.77 ~ 52.04	2.53 ~ 75.16	1.86 ~ 17.07	2.24 ~ 68.32	2.88 ~ 56.66
	변동폭	0.68 ~ 19.20	1.27 ~ 65.90	0.70 ~ 9.34	0.89 ~ 62.77	0.94 ~ 45.32
충적층 지하수 관측정	평균	1.66 ~ 10.86	1.48 ~ 13.30	1.61 ~ 13.51	1.94 ~ 13.31	2.34 ~ 7.46
	최소값	0.64 ~ 8.86	0.20 ~ 9.98	0.99 ~ 11.75	0.31 ~ 6.15	0.49 ~ 5.99
	최대값	2.28 ~ 12.58	2.36 ~ 18.21	1.97 ~ 14.93	2.20 ~ 19.85	2.87 ~ 9.31
	변동폭	0.68 ~ 10.44	1.27 ~ 12.23	0.72 ~ 6.74	0.86 ~ 14.32	1.18 ~ 6.40

(K-Water 2012)

(2) 지하수위와 수온변동

[그림 5-11]은 국가 지하수관측망 가운데 전라남도 나주의 관입화산암류인 마산화강암에 설치한 심도 67m의 암반 관측정(나주 삼도)에서 1997년~ 2002년 사이의 7년간 측정한 대기온, 지하수위 및 지하수온의 경시별 변동곡선이다. [그림 5-11]에 의하면 연간 지하수위 변동은 강수발생시기에 따라 좌우되며 연간 최대 지하수위 변동폭은 약 3m에 이르고, 연간 지하수온의 변화폭은 1.1℃ 정도로 거의 일정하다.

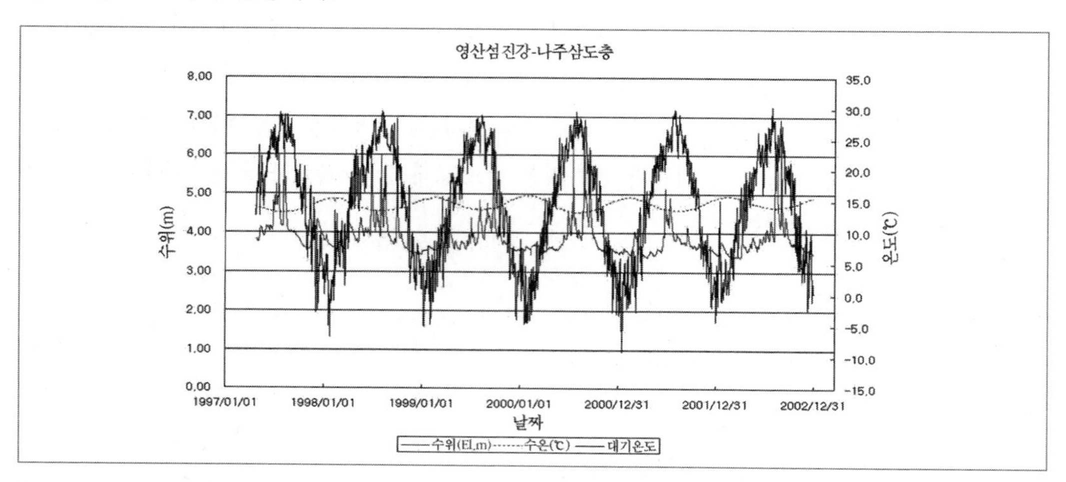

[그림 5-11] 전라남도 나주시의 삼도지역에 설치한 심도 67m의 암반관측정(나주 삼도)에서 1997~2002년 사이의 7년간 측정한 대기온, 지하수위 및 지하수 수온의 경시별 변동곡선

[그림 5-12]는 동일시기에 경상남도 진해시의 충적층지역에 설치한 심도 6.5m의 충적층관정(진해 자은)에서 측정한 대기온, 지하수위 및 지하수온의 경시별 변동곡선이다.

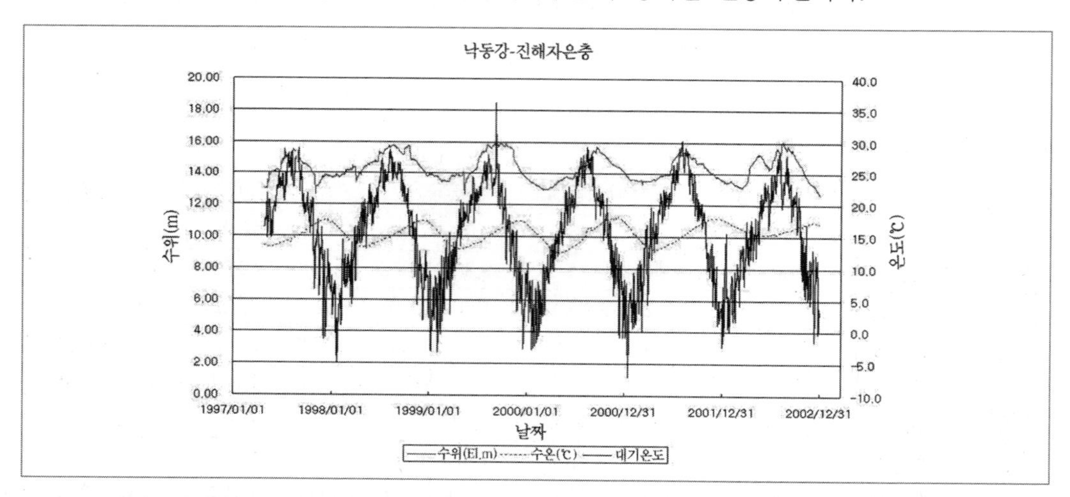

[그림 5-12] 경상남도 진해의 자은지역에 설치한 심도 6.5m의 충적층관정(진해 자은)에서 1997~2002년 사이의 7년간 측정한 대기온, 지하수위 및 지하수 수온의 경시별 변동곡선

[그림 5-12]에 나타난 바와 같이 이 지역의 충적층지하수의 연간 최대 변동폭은 1.5m 정도이고, 연간 지하수온의 변동폭은 4.4℃로서 암반 지하수의 수온에 비해 훨씬 크다.

이에 비해 장기간동안의 지하수의 수위변화 양태를 파악하기 위해 2001~2010년 사이의 10년간 전국적인 지하수 관측자료 264개소를 이용하여 선형추세 분석을 실시하였다. 이에 의하면 지역적으로 다소 편차가 있긴 하나, 2001~2010년 사이의 10년 동안 충적층지하수와 암반지하수의 장기적인 지하수위 변동은 -0.1~ 0.1m인 경우가 84% 이상으로서 대종을 이루고 있어 장기적인 지하수위의 변동은 상당히 미미한 무변동 추세가 가장 우세한 것으로 나타났다. 즉 암반 지하수 중 83%(140개소)는 장기 수위변동이 미미한 무변동추세이고, 9%(15개소)는 상승추세이며 8%(14개소)는 하강추세이다. 또한 충적층 지하수 중 88%(84개소)는 역시 장기 수위변동이 미미한 무변동 추세이고 11.6%(11개소)는 하강추세이며, 상승 추세를 확인되지 않았다(표 5-17).

[표 5-17] 전국 암반 지하수와 충적층지하수의 장기적인 변동 추세(2001~2010년)

장기 지하수위 변동양태와 변동폭(m)		암반지하수(개소)	충적층지하수(개소)	계(개소)
상승추세	0.3 이상	8	-	15
	0.2 ~ 0.3	1	-	
	0.1 ~ 0.2	6	-	
무변동추세	-0.1 ~ 0.1	140	84	224
하강추세	-0.2 ~ -0.1	8	3	25
	-0.3 ~ -0.2	2	7	
	-0.3 미만	4	1	

자료출처 : KWATER

5.2 북한의 지하수

5.2.1 북한의 기상 수문 및 수계

(1) 지형, 기상

북한의 총면적은 122,370km^2(CIA 자료 120,504km^2, 통일원 자료 122,762km^2)로서 한반도 전체 면적(220,848km^2)의 55%에 이르며, 남한면적의 1.23배이다. 일반적으로 북한은 80%가 산지와 구릉성 지형으로 이루어져 있고, 잔여 20%는 평지이다. 따라서 계곡은 깊고 좁게 널리 퍼져 있으며, 서해안 지역에 평지가 분포한다.

북한은 낭림산맥과 태백산맥을 중심으로 동서로 구분할 수 있다. 낭림산맥은 중강진 부근의 우수덕에서 시작하여 추가령에서 태백산맥과 접하는 해발 1,500m, 길이가 약 400km에 달하는 긴 산맥으로서 서쪽은 큰 하천이 많이 발달되어 있어, 압록강 하류의 용천(신의주)평야, 청천강

유역의 안주·박천평야, 대동강 하류의 평양평야, 재령강 유역의 재령평야, 예성강 유역의 연백평야가 발달되어 있다. 이들 평야는 북한 면적의 대부분을 차지한다. 낭림산맥의 동쪽과 마천령산맥 서쪽은 해발표고가 700~2,000m에 이르는 약 10,000km^2 넓이의 개마고원이 분포하고 있다. 이 고원은 융기운동이 반복되어 생성된 고대의 침식평탄지로서 주로 현무암으로 덮여있다. 현재 북한지역의 기상자료가 매우 제한적이기 때문에 주로 가용한 기온, 강수량 및 바람에 대해서만 언급하고자 한다. 북한은 대륙의 영향을 심하게 받아 북쪽으로 갈수록 겨울은 춥고, 여름은 더워서 한서의 차가 심한 대륙성 기후를 나타낸다. 연평균 기온은 3~11℃이고, 풍속은 1~3m/s로서 여름과 겨울에는 풍향에 따라 풍속의 차가 심하다. 여름에는 습기가 많은 동남풍의 영향을 받아 고온 다습한데 반해 겨울은 몽고지방에서 발달한 고기압의 영향으로 북서풍이 지배적이며, 춥고 건조한 기후특성을 지니고 있다.

북한의 해안지역의 평균기온은 내륙지역보다 높다. 서해안 지역에 소재하는 해주지방과 내륙에 있는 혜산지방과의 연평균기온 차는 7℃ 이상이다. 이는 내륙지역이 비교적 높은 산악지대에 위치하고 있는데 반해 해안지역은 위치가 낮고 해류의 영향을 받기 때문이다. 1965년~1990년 기간 동안의 평양의 연평균기온은 10±1℃이고, 원산은 10.75±0.85℃인데 반해 혜산지역은 3.65±1.05℃이다.

북한지역의 연평균 강수량은 1,000mm 내외이며, 북쪽으로 갈수록 감소하는 경향이 있다. 또한 강수량의 50% 이상이 장마철인 6~8월 사이에 발생한다. 지역별 강수량은 지형, 풍향, 해안과의 거리 및 높은 산맥의 영향을 받아 지역적인 차이가 매우 심하여 지역에 따라 연간 600~1,300mm 정도이다. 몽고에서 발달한 저기압과 함께 이동한 비구름이 낭림산맥과 묘향산맥에 때문에 찬기류를 만나 강우로 변하는 청천강의 중하류 지역은 강수량이 비교적 많다. 또한 원산만 일대는 습한 해풍이 낭림산맥과 함경산맥의 영향을 받기 때문에 연평균 강수량이 1,200~1,300mm 정도이다. 이에 비해 북쪽의 개마고원 지대는 고지대로서 습한 바람의 영향을 받지 못하므로 연평균 강수량이 500~600mm 내외로 매우 적은데 반해 대동강 하류와 황해남도의 서해안 일대는 800mm/년 정도이며 두만강 유역의 연평균 강수량(중국쪽 포함)은 615mm/년이다. 북한도 남한과 마찬가지로 계절풍대에 속한다. 북한 주요 지점의 1973~1986년 사이의 월평균 풍속은 위치에 따라 차이가 심하다. 남포 및 용현지역의 연평균 풍속은 1.5m/s 이상인데 반해 강계 및 중강진은 0.3m/s 정도이다.

---

* 본 교재에서 사용한 북한의 수문과 수리지질 자료는 1998년도 이전의 북한 학자들이 저술한 논문과 보고서 내용을 인용하였기 때문에 자료의 가용성이 매우 제한적이다. 따라서 추후 추가 자료가 수집되는 대로 이 내용은 수정·보완되어야 할 것이다.

(2) 수계, 유역현황 및 하천특성

북한의 하천들은 지류가 잘 발달되어 하천망이 고르게 분포하며 하천밀도가 0.4~0.5km/km^{2}로 조밀하다. 그러나 대다수의 하천은 좁은 골짜기를 따라 유하하며, 발원지의 고도가 높아 하상구배가 비교적 급하다. 겨울철에는 대다수의 하천들이 동결되며, 특히 두만강의 동결기간은 약 4개월, 압록강과 대동강의 동결기간은 약 3개월 정도이다. 북한의 하천들은 대체로 분수령이 동쪽에 치우쳐 있으며, 유로 연장이 100km 이상 되는 주요 하천(두만강 제외)들은 서쪽에 소재한다. 북한 내 주요 하천의 유로연장과 유역면적은 [표 5-18]과 같고, 주요 하천 수계는 [그림 5-13]과 같다. 압록강의 총 길이는 790.4km이며, 압록강 남쪽의 북한지역에 소재하는 유역의 면적은 62,638.7km^{2}이다. 이에 비해 두만강의 총 길이는 520.5km이며, 총 유역면적은 약 33,000km^{2}이지만 이중 69%에 해당하는 22,900km^{2}는 중국에 속해있고, 북한에 속한 유역면적은 약 12%에 해당하는 4,122.9km^{2}이며, 잔여 유역은 러시아에 소재한다.

특히 남한의 경우 동해안을 따라 태백산맥 동측에 소재하는 하천들은 유로와 유역면적이 협소하고, 소규모인데 반해 북한의 하천 중 동해에 연하여 발달된 하천들은 남한의 그것에 비해 규모가 비교적 크다.

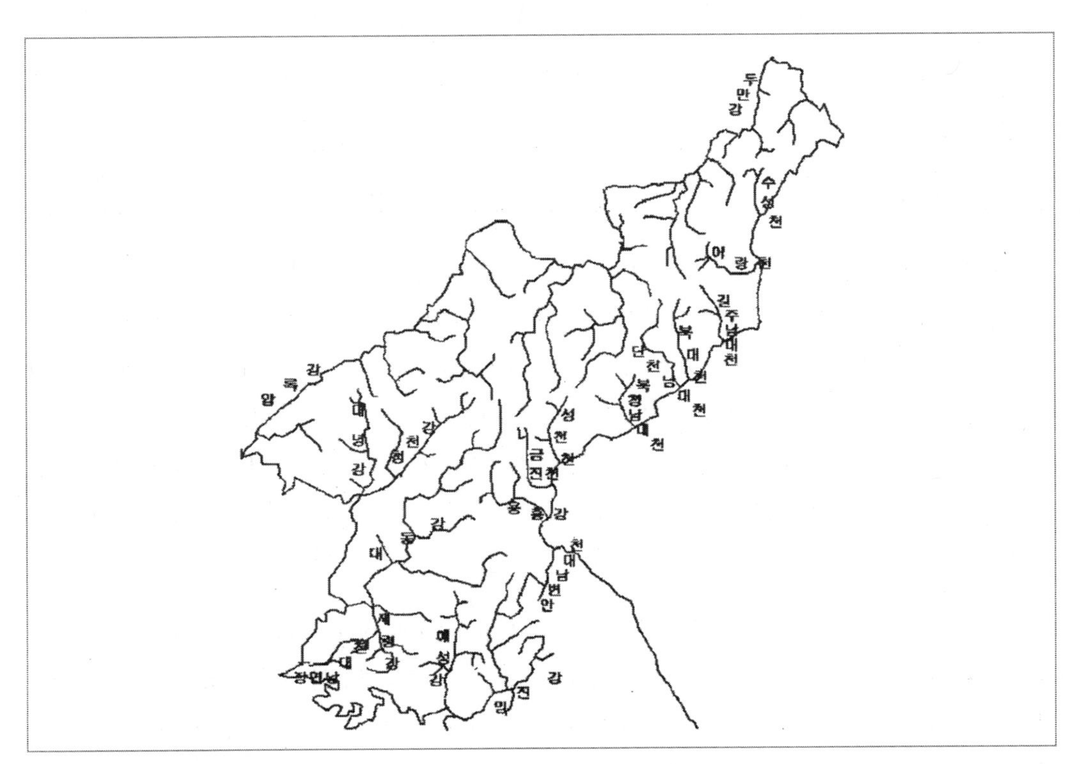

[그림 5-13] 북한의 주요 수계

[그림 5-13]과 같이 북한에 발달된 하천은 유로방향에 따라 다음과 같이 동, 서 및 북의 3개 경사유역으로 구분한다.

① 북사면 유역 : 북사면 유역은 북동향으로 발달된 적유령 산맥과 함경산맥을 분수령으로 하여 압록강과 두만강 수계를 이루고 있다. 이 유역 내에 소재하는 지류들은 모두 북향으로 발달되어 있으며, 마천령 산맥을 중심으로 서쪽은 압록강으로 동쪽은 두만강으로 유입된다. 이 강들은 지형이 험한 산악지대를 흐르므로 수력발전에 이용되고 있다.

[표 5-18] 북한의 주요 하천의 유로 연장과 유역면적(98Km 이상)

주요 하천명	유로길이(km)	유역면적(km^2)	발원지	비고
압록강	790.4	62,638.7	양강, 삼지연, 백두산	
두만강	520.5	4,122.9	양강, 삼지연, 백두산	중국측 : 3만km^2
대동강	397.1	15,714.6	함흥, 대흥, 낭림산	
청천강	198.8	5,831.3	자강, 동신, 서립산	
임진강	254.6	8,117.5	함남, 덕원, 마식령	
예성강	174.3	4,048.9	황북, 곡산, 대각산	
재령강	129.2	3,670.9	황남, 해주, 지남산	
대령강	150.1	3,634.6	평북, 삭주, 평마산	
단천 남대천	161.4	2,474.8	양강, 감산, 화동령	
영흥강	134.8	3,386.7	함남, 고원, 기린령	
북대천	117.6	1,898.7	함남, 광천,두류산	
성천강	98.6	3,338.4	함남, 신흥, 금비령	
길주 남대천	98.5	1,370.5	양강, 백암, 설령봉	

② 동사면 유역 : 동사면 유역은 함경산맥의 남부와 동해안 사이에 발달된 수계로서 수계내 하천들은 지형적 영향으로 인해 서해경사 유역에 비해 대부분 경사가 급하고 길이가 짧은 하천들이며, 하구에 충적지를 형성한 후 동해로 유입된다. 이들 하천은 모두 함경북도와 강원도에 소재하며, 북으로부터 어랑천, 북대천, 남대천, 성천강 및 용흥강 등이 있다.

③ 서해경사 유역 : 서해경사유역을 이루고 있는 주요 하천들은 청천, 대동, 재령 및 예성강 등이다. 이들은 평탄한 서해사면을 따라 흐르면서 하도 부근에 비교적 넓은 충적층을 퇴적시켰으며, 하천유로나 유역면적은 북사면이나 동사면 유역에 비해 크다.

북한의 하천은 하천구배가 급하기 때문에 하상계수가 남한에 비해 크다. 해방 이전 시기에 각 하천의 관측지점별로 측정한 최소, 최대 유량과 그 비인 하상계수의 범위는 [표 5-19]와 같다. 예를 들면 [표 5-19]에서 대령강의 용탄지점에서 1917~1927년 기간 동안 측정한 최저유량과 최대유량은 각각 0.75CMS와 12,000CMS이며 하상계수는 786~7,066이다. 따라서 북한 하천의 특성은 계절별, 지역별로 유출량의 차이가 매우 심하여 풍수기인 6월과 9월 사이에는 56~75%의 유출률을 보이는데 반해 갈수기인 12월~2월 사이의 유출률은 10% 정도로 격감된다. 이는 동절기 동안에 상당수의 하천이 결빙되기 때문이다.

[표 5-19] 북한 하천의 관측지점별 최소, 최대 유량과 하상계수의 범위(m^3/s)

하천명	측정지점	측정년도	최소유량 (m^3/s)	최대유량 (m^3/s)	하상계수
대령강	용탄	1917~1927	0.75~7.6	1,100~12,000	786~7,066
청천강	북원	1924~1927	7.9~82.0	1,120~6,300	118~475
	북손리	1924~1927	9.5~24.4	2,850~8,200	174~840
대동강	무진대	1916~1927	7.6~19.4	700~12,000	51~657
	성천	1923~1927	1.1~2.8	500~1,880	227~1,044
	삼둥	1917~1937	1.1~10.9	1,060~3,300	106~1,500
대령강	나래동	1924~1927	1.3~51.4	407~1,100	644~786
예성강	금천	1919~1927	1.1~6.7	951~5,700	187~5,182
임진강	연천	1919~1927	8.05~22.1	1,600~11,600	119~737
	전곡	1923~1927	2.9~7.58	2,400~9,800	512~3,063

북한의 주요하천별 하천유량의 구성비를 강우, 융설수 및 지하수로 구분하면 [표 5-20]과 같다.

[표 5-20] 주요 하천유량 중 강우, 융설수 및 지하수의 구성비

유 역	하천명	유출량 구성비			비 고
		강 수	융설수	지하수	
북사면	압록강(만포)	77.9	13.9	8.8	
	서두수(원봉)	73.2	14.5	12.4	
서해정사면	대동강	96.1	0.6	3.2	
동사면	북청남대천	79.2	15.2	5.6	

5.2.2 북한의 수문지질 단위와 지하수 산출상태

북한에 분포된 암종은 남한에 분포되어 있는 암종과 대동소이하나, 남한에는 분포되어 있지 않은 신생대 중기, 고생대의 사일루리아기 후기와 데본기의 암석이 분포되어 있다. 북한에 분포되어 있는 지질계통과 대표암종의 주 구성암, 두께 및 수문지질 단위를 도표화하면 [표 5-21]과 같다. 그간 북한 수리지질학자들이 분류한 북한에 분포된 각종 암석의 수문지질 단위를 기초로 하여 북한지역에 분포된 암종을 다음과 같이 7가지의 수문지질 단위로 분류하였다.

① 제4기 미고결 퇴적암, ② 제4기 분출 균열암, ③ Karst 탄산염암, ④ 쇄설암류, ⑤ 변성암류, ⑥ 관입암류 및 ⑦ 풍화대로 7대분할 수 있으며, 수문지질 분포상태는 [그림 5-14]와 같다.

[표 5-21] 북한의 수문지질 단위

수문지질단위	주구성 암류	암 상	두께 및 산출량
1. 제4기 미고결퇴적암과 제4계 공극수	하성기원의 충적층, 호소최적층, 단구층	주로 모래, 자갈층의 1차공극	동해안지역 : 14.6~45m 서해안지역 : 5~14m
2. 제4기 분출균열암과 분출암 층간균열수	한반도의 제4기 화성활동과 관련이 있는 백두산 개마고원의 화산암제, 회령-알카리암, 복합테, 칠보 산층군, 안강, 추가령 현무암	분출형 현무암	두께 10~400m
3. Karst탄산염암과 Karst공동균열수	상부원생대의 상원계, 사당우통, 황주계(조선누층군 해당, 66%)	주로 석회암, 백운암의 용해공동과 균열	동부지역 : 35~40m 평상시 : 30~60m 49,000~129,600CMD
4. 쇄설암류와 층간 균열수	상부고생대의 평안계, 대동계(송림산통), 대보계, 제3기의 함경계	역암,사암, 쇄설퇴적암, 분출퇴적암 1~2차공극	분출량 : 100~640CMD 최대자분량 : 6,910CMD
5. 변성암류와 변성암균열수	시생대 무산층군, 원생대의 마천령계	편암, 편마암류, 천매암, 규암의 2차 공극(단열대, 단층)	실 두께 : 5~25m
6. 관입암류와 관입암 균열수	원생대/연화산화강암체, 산주복합체, 연산복합체 염기성암, 두만강화강암류	심성암인 화강암류염기성암의 2차 공극(단열대, 단층)	실 두께 : 3~46m
7. 풍화대와 공극수	관입암류와 변성압류의 물리 · 화학적인 풍화대	주로 siltysand로 구성된 1~2차 공극내	실 두께 : 3~20m

이들 수문지질단위별 대수성 수리특성은 다음과 같다.

(1) 제4기 미고결 퇴적층과 제4계 -공극수

제4기 미고결 퇴적층들은 주로 투수성과 저유성이 양호한 모래와 자갈로 구성되어 있으며, 동해와 서해 해안지역 및 하천의 하도를 따라 발달되어 있다. 이들 퇴적층은 주로 하성기원의 충적층, 호소퇴적층 및 단구퇴적층 등으로 구성되어 있다. 이들에 대한 시대구분은 고생물학적 및 지형학적 자료를 근거하여 풀라이스토세 지층을 하세층, 중세층 및 상세층으로 구분하고, 홀로세 지층을 현세층으로 구분하였다(림경화, 리혜원, 1987). 이들 미고결암의 1차 공극 내에 저유된 지하수를 제4계 공극수로 명명하고 있다. 이들 층은 전술한 바와 같이 주로 미고결 모래, 자갈 등으로 이루어져 있으며, 그 두께와 수리전도도는 지역별로 다르다. 동해안 지역에 분포된 제4계 충적층의 두께는 14.6~45m에 이르며, 서해안 지역은 5~14.6m이다. 동해안에 분포된 제4계 공극대수층의 두께는 서해안에 비해 약3~4배 두텁다.
일반적으로 서해안에 분포된 제4계 공극수는 자유면상태이거나 피압상태이고, 동해안 지역은 일부지역을 제외하고는 모두 자유면 상태이다(박영길, 리경해, 김영화). 제4계 미고결 퇴적층은 그 지질시대에 따라 다음과 같이 4종으로 분류할 수 있다.

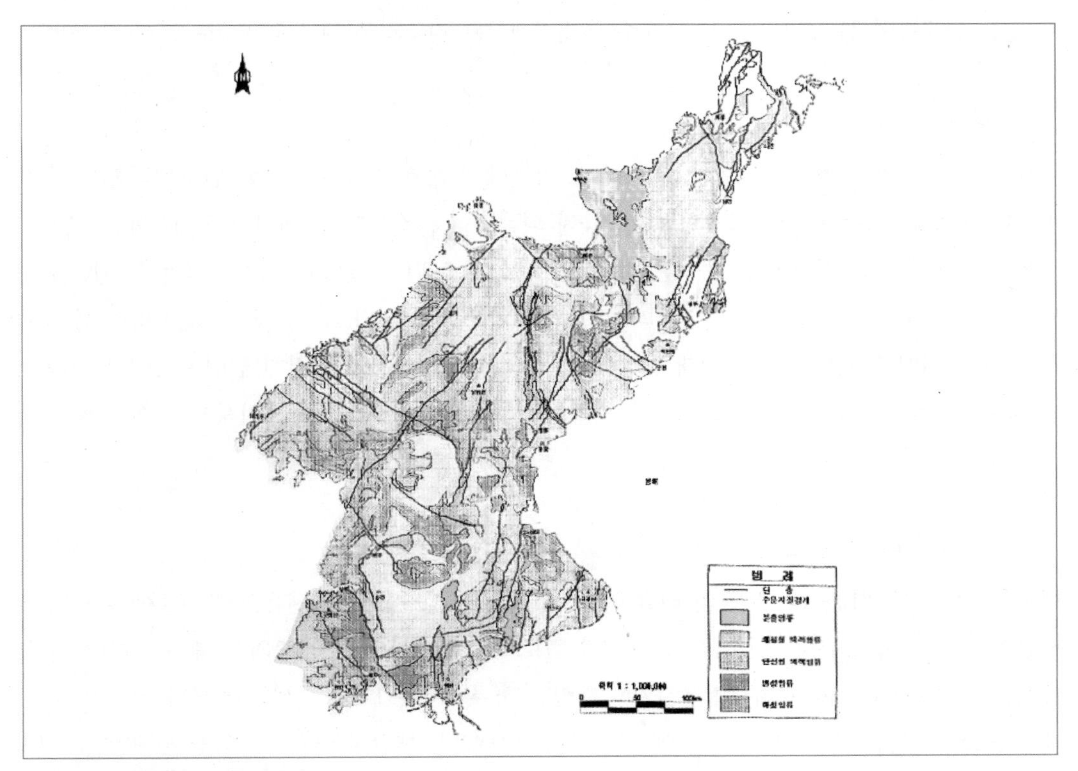

[그림 5-14] 북한의 수문지질도

1) 하세층

이 층은 제4기 미고결 퇴적층 중에서 최고기에 해당하는 층으로서 길주-명천지역의 제3기 층을 부정합으로 피복한다. 본 층의 하위 퇴적층은 어랑천층, 상부층은 산북리층으로 구분되고, 어랑천층은 대부분 자갈과 모래층으로 구성되어 있으며, 어랑천을 따라 절대고도 40~120m 사이에 분포한다. 이 층은 지역에 따라 서삼동층, 만호동층, 혹은 장연층이라고도 하며, 덕천, 북창, 회천 등지의 대동강의 중류지역에서는 운평리층이라고도 한다. 이 층은 약 30m 두께의 사력층으로 구성되어 있다. 산북리층은 현무암으로 구성되어 있는 약 1,000m 고도 이상 고산지대에 분포된 호수 퇴적층으로서 약 44m의 두께의 사력층과 규조토층으로 구성되어 있다. 규조토층에서는 여러 종류의 화분화석들이 검출되었으며, 이를 기준으로 후기 하세층(전기 플라이스토세)으로 해석하였다(대한지질학회, 1998).

2) 중세층

압록강과 같은 큰 하천을 따라 고도 20~90m 사이에 중기 플라이스토세에 해당하는 하안 단구층이 발달되어 있다. 회령의 팡원리에서는 최대 약 30m 두께의 자갈과 모래 및 진흙층으로 구성되어 있는 단구층이 분포되어 있으나, 길주 남대천에서는 지층의 두께가 약 9m로 크게 감소한다.

3) 상세층

주요 하천이나 해안지역에서는 해발 10~40m 사이에 모래와 자갈로 구성된 단구퇴적층이 분포하거나 점토층과 토탄층이 발달한 호수나 늪지 퇴적층이 분포한다. 화대천의 장덕리에는 약 5m 두께의 모래와 토탄 및 자갈로 구성된 하성 단구층이 분포되어 있으며, 김책시 송탄리 해안에는 원형 자갈과 모래로 구성된 해성 기원의 퇴적층이 분포되어 있다. 금야, 함주, 신상평원 등지에서는 호수 퇴적층이 분포하며, 최대 약 18m 두께의 호수퇴적층이 발달한 금야지역에서는 하성 기원의 자갈층과 해성기원의 모래층 및 진흙층들이 분포한다. 이층의 퇴적시기는 후기 플라이스토세이다.

4) 홀로세의 현세충적층

현세층들은 주요 하천이나 해안의 해발 약 10m 이내에 분포하며, 하천유역의 상류에는 모래나 자갈이 우세하고, 중류나 하류에는 모래층과 점토층이 우세하다. 충적층의 두께는 압록강 하류에서는 약 20m, 대동강 하류에서는 17m, 재령강 하류에서는 12m, 수성천 하류나 성천강 하류에서는 18m, 단천이나 남대천 하류에서는 21m 정도이다. 해안지역에는 간석지나 해안사주 등이 발달해 있으며, 서해는 진흙과 사질 점토 등으로 구성되어 있고, 동해연안에서는 모래와 자갈로 이루어져 있다. 두만강 하류와 몽금포 일대에는 바람에 의해 날아온 사구가 발달해 있다. 두만강 하류에는 풍성층이 약 20km^{2}의 면적에 발달되어 있다. 모래언덕의 길이는 1.5km, 0.5km 및 1.2km이다. 모래언덕의 높이는 머리 부분에서 4~5m이고, 꼬리 부분에서는 1~2m이다. 제4계 공극수를 함유하고 있는 미고결 퇴적층의 분포면적은 약 15,590km^{2}이며, 이중 해성 퇴적층의 분포면적은 270.6km^{2}에 이른다.

(2) 탄산염암과 카르스트 –공동균열수

북한의 상부 원생대의 상원계 직현통 일부, 사당우통, 구현계의 피랑동통과 능리통, 하부고생대의 양덕통의 중화동층 일부와 황주계 초산통, 만달통 그 밖에 마천령계의 북대천통 등은 탄산염암으로 이루어진 대수층 내에 발달된 용해 공동이나 열극 내에 존재하는 지하수를 카르스트 공동균열수라 한다. 북한지역에 분포된 탄산염암의 총 분포면적은 약 12,770km^{2}이다.

서부지역에 분포된 카르스트 대수층군은 상원계의 사당우통, 황주계의 탄산염암이 대표적인 암종이며, 지질구조적으로 향사구조를 이루고 있으며 지형학적으로 구릉성 지형을 이루고 있다. 카르스트의 발달심도는 재령강 상류에서 하류부구간, 서흥지구, 사리원시, 황해북도 은파군 묘송리 및 평성시 일대에서는 평균 30~60m이고, 곡산, 신평, 연산 및 수안일대는 비교적 얕다.

서부지역의 카르스트 대수층 내에는 많은 양의 지하수가 부존되어 있는데 서흥지구 범안리에 분포된 탄산염암으로부터 용출되는 카르스트 공동수의 자연용출량은 일평균 49,000~67,000m^3 정도이며, 순천시 부근에 소재한 신창리 양어장에서 용출되는 자연용출량은 63,072~129,600m^3/일 정도이다. 서부지역에 발달 분포된 카르스트 대수층은 북한전체에 분포된 동종 암석분포면적의 약 66%를 차지한다. 동부지구의 카르스트 대수층은 주로 황주계(남한의 조선누층군에 대비되는 암석)의 탄산염암류이며, 그 외에 하부 원생대 마천령계의 북대천통, 상부원생대-상원계의 사당우통의 탄산염암으로 구성되어 있다.

황주계 탄산염암은 금야강과 덕지강의 중하류부 일대, 정평-옥평 동부지역과 강원도 법등-두류산일대, 문천, 안변군 모풍리 및 회양군-도납리 일대에 분포한다. 사당우통의 탄산염암은 주로 강원도 회양군-진곡리, 세포군 오봉리, 상술리, 김화군 통현리, 법수리 및 당현리 일대에 분포되어 있다. 마천령계의 북대천통 탄산염대수층은 함경남도 단천시의 북대천과 남대천 중상류 유역과 이들 두 강 사이에 널리 분포한다.

동부지역에 분포된 카르스트 탄산염암의 분포심도는 35~40m 정도이고, 순수 대수층의 두께는 8~20m이다. 이 지역에 분포된 카르스트 대수층의 분포면적은 약 2,180km^{2}이다. 북부내륙지역에 분포된 카르스트 대수층은 주로 황주계의 탄산염암이며, 이외에 북대천통 및 사당우통의 탄산염암이 곳곳에 소규모로 분포한다. 황주계의 탄산염 대수층은 장간군 종포-황천리, 고풍군 월명리, 삼평리, 초산군의 구평리, 화건리, 화신리, 양강도의 혜산시의 허천강과 압록강 기슭을 따라 소규모로 분포한다. 사당우통 대수층은 중간군의 덕상리 일대, 혜산시의 신상리 남쪽, 김형직군의 투지리-금창리 일대에 역시 소규모 분포한다. 북부내륙지대에 분포된 카르스트 대수층의 분포면적은 636km^2 정도로서 전체 카르스트 대수층 면적의 7.7% 정도이다.

(3) 쇄설암류와 쇄설암-층간 균열수

쇄설암은 북한의 상부고생대의 평안계, 중생대의 대동계, 대보계지층, 신생대 제3기의 함경계 지층들과 같이 주로 역암, 사암, 분사암, 응회암, 점판암, 쇄설퇴적암 및 분출퇴적암이 이 부류에 속하며, 이들 쇄설암의 층간 균열과 구조균열 내에 부존된 지하수를 쇄설암 균열수로 통칭한다. 남한에 분포된 중생대 대동누층군(북한의 송림산통에 대비되는 지층)과 경상누층군(북한의 대보계와 일부 자성계에 대비되는 지층)들은 심부지하수의 산출특성이 매우 양호하다. 따라서 동종암으로 대비되는 대동계의 송림산통, 자성계의 침전통과 대보산통 및 대보계의 산성리통과 봉화산통의 심부(지하 100m 이상)구간에는 상당량의 지하수가 부존되어 있을 것으로 판단된다.

특히 북한의 중생대 지층들은 대규모 단층이나 심부구조대를 따라서 분포되어 있는 지역이 많으며, 대체적으로 산간분지 또는 구조 요함지를 이루고 있기 때문에 심부구조대 내에 부존된 균열피압지하수 개발 가능성이 클 것으로 사료된다.

함경계의 제3기 쇄설퇴적암 내에 부존된 지하수는 주로 층간구조 균열피압지하수로서 이들의 분포심도는 19~1,400m 정도이다. 실제로 명천지역에서 층간피압수가 분포되어 있는 심도는 지표하 300~1,400m인데 반해 경성-하남과 청천지구에서의 분포심도는 5~10m로 매우 낮다. 이들 지층에서 지하수의 평균 자분량은 100~640m^3/일이며, 최대 자분량은 6,910m^3/일로 기록되어 있다. 북한지역에 분포된 쇄설성 암류의 총 분포면적은 약 18,800km^2 정도이며, 이중에서 순수 대수층의 역할을 하는 균열이 잘 발달된 쇄설암 균열대수층의 실제 분포면적(전체 분포면적 중 균열이 잘 발달된 구간)은 약 4,562km^2이다. 특히 동부지역의 길주-명천지구와 두만강 유역에는 제3기 피압대수층이 발달되어 있는데, 이들 대수층으로부터 다량의 지하수 개발가능성이 기대된다.

(4) 변성암류와 변성암-균열수

변성암의 균열 내에 부존된 지하수를 변성암 균열수로 명명하였다. 변성암 균열수는 북한에서 대체적으로 최고기의 암류에 해당하는 시생대의 두산층군과 낭림계의 송현층 및 회천층군, 원생대의 마천령계의 남대천통과 성진통, 원생대의 상원계 목천통과 멸악산통, 하부고생대 황주계의 편암류나 편마암류와 같은 결정질암과 천매암, 규암, 석회규산염을 협재한 편암과 셰일, 역질사암, 역암 및 백림암 내의 2차 공극인 균열 내에 부존된 지하수이다. 변성암 균열수를 함유하고 있는 대수대는 해주 침강대의 요곡지와 임진강 습곡대에 널리 분포되어 있으며, 일부가 단열지괴에 발달되어 있다. 변성암 균열 대수대의 실제 두께는 동부지역이 5~10m, 서부지역이 8~25m이다.

상당량의 탄산염암들이 협재된 상원계 지층과 마천령계 지층에서 지하수 산출량은 순수한 편암, 편마암류 및 규암으로 이루어진 낭림계와 무산층군에 비해 그 산출률이 훨씬 양호하다. 남한에 분포된 암종 중에서 북한의 상원계에 대비되는 춘성층군, 태안층군 및 연천층군 하부층과 마천령계에 대비되는 석회규산염암을 협재하고 있는 부천층군과 시흥층군은 상당량의 지하수를 저유하며 산출시키고 있다. 변성암류의 분포면적은 약 26,500km^2에 이르며, 이중 변성암 균열수가 분포되어 있는 순수균열 변성암의 면적은 약 17,200km^2이다. 북한 내에 분포하는 대부분의 약수는 변성암 균열 지하수이다.

(5) 관입암류와 관입암-균열수

이 부류에 속하는 암종은 안돌 초염기성암, 원생대의 연화산 화강암류, 삭주복합체, 벽성 염기성복합체, 삼해복합체, 이원웅진 화강암류, 연산복합체, 남강반려암, 청진호 염기성암, 평강 알카리복합체, 두만강 화강암류, 혜산 화강암류, 삼엽기와 쥬라기의 단천 화강암류, 학문산 관입암류, 백악기의 압록강 화강암류 및 회령 알카리복합체들이다. 관입암류의 총 분포면적은 약

58,000km^{2}이다.

이들 관입암류의 균열대와 같은 2차 공극 내에 부존된 지하수는 관입암 균열수로 분류하였으며, 지하수를 저유하고 있는 순수 균열대의 평균 두께는 10~15m이고, 범위는 3~46m 정도이다. 관입암류중에서 분포면적이 가장 큰 암류는 연화산 화강암류이다. 대체적으로 관입암 균열수는 남한과 동일하게 대규모 단열대와 단층파쇄대 및 절리빈도가 높은 곳에 주로 부존되어 있으며, 고지대보다는 저평지에서의 부존량과 산출능력이 크다. 관입암 균열수를 다량 저유한 대수대는 일반적으로 대규모 구조선들이며, 이러한 지역에는 온천이 많이 분포되어 있다.

(6) 분출암류와 분출암-층간 균열수

이 부류에 속하는 암류는 주로 현무암으로서 분출암 균열수를 부존하고 있는 현무암의 분포면적은 약 6,300km^{2}이며, 이중 81%가 양강도에 분포되어 있다. 한반도의 제4기 화성활동은 신생대 제3기의 화산활동과 시공간적으로 매우 밀접한 관련이 있다. 북한지역의 제4기 화산암들은 백두산일대의 개마고원, 압록강분지, 함경북도 어랑-길주, 문수리-진수봉, 황해도의 신계-곡산, 장연-용연, 강원도의 안변-평강, 통천, 회양-창도, 그리고 원산-회양-평강-철원-경기도 전곡(추가령지구대)등지에 분포해 있다(Kim, H.S. and Pak, I.S., 1996). 이들 화산암의 분출형식은 대개 중심분출형(central eruption type)이다. 그러나 길주-명천 지구대와 추가령 지구대에 분출한 화산암은 열하분출형(fissure eruption type)이며(원종관, 이문원, 1988), 백두산은 여러 개의 중심분출이 단층선을 따라 일어난 열하분출로 해석되고 있다. 북한에 분포된 화산암류의 수리특성과 분포면적 및 평균두께를 세론하면 다음과 같다.

1) 백두산 화산암체

백두산 화산체는 광의의 현무암 용암대지와 순상 화산체, 그리고 협의의 백두산 화산체(조면암과 화산쇄설물로 구성된)로 대분할 수 있다. 대지상 또는 순상 화산체는 북동-남서 방향의 여러 개의 단층을 따라서 신생대 후기 올리고세(약 29Ma)부터 초기 플아이스토세(약 1.6Ma)까지의 5~6단계의 화산활동기에 형성된 개마고원을 이루고 있다(분포면적은 중국쪽 : 13,000km^2, 북한쪽 : 5,350km^2, 두께 : 1,300m).

제4기 초부터 있었던 화산활동은 단계적으로 7단계로 세분된다. 그중 제일 마지막 단계인 7번째 분출시기(약 1500BP)는 최근의 부석이 폭발적적으로 분출한 시기이다. 즉 지금부터 약 1,200년 전에 플리니안 분출양식으로 현 백두산 화구주위에 직경 약 40km에 이르기까지 많은 양의 부석과 화산회를 퇴적시켰다. 이 분출에 수반하여 산정부의 화구 부근이 함몰하여 직경 약 5km의 칼데라가 형성되었으며, 그 후 1413년, 1597년, 1668년, 1720년에 화산회와 가스를 분출한 기록이 있다(홍영국, 1990 ; 윤성호 외, 1993 ; Kim, H.S. and Pak, I.S., 1996). 백두산을 정점으로 하여 분포되어 있는 분출암 지하수는 주로 분출시기가 다른 현무암의 접촉면 사이에 발달된 크린커층이나 화산쇄설층, 부석 및 균열구조 내에 부존된 구조균열 층간수이다. 현재까지 알려진 대수대의 순수 두께는 0.2~25m 정도이다.

2) 회령-알카리암복합체

회령 알카리암복합체는 제3기 말의 관입암체로서, 한반도의 동북지방인 두만강 습곡대의 회령과 온성, 황해도의 수안과 봉산 일대, 그리고 평안북도의 안주-박천지역에도 분포한다. 이들은 제3기층과 두만누층군의 온성층군(마이오세-플리오세)을 관입하였고, 그 외 여러 곳에서 두만강 복합체인 화강암질암을 관입하였다. 따라서 회령복합체의 관입시기는 플리오세-하부 제4기라고 할 수 있다(Kim, H.S. and Pak, I.S., 1996).

회령 알카리암복합체의 관입암체는 층상(layer), 분상(lopolith), 맥상 등의 산출상태를 보여주며, 연변부로부터 현무암질암, 돌레라이트(dolerite)와 크리내나이트(crinanite)를 거쳐서 중앙부에서는 알칼리 반려암으로 점이한다. 회령지역의 염기성암체는 두께가 10~200m 정도이며, 연장은 4~5km 정도이다.

3) 길주-명천지구대(칠보산층군)

길주-명천지구대는 신제3기 화산활동후의 지구조 봉합대로 사료되며, 한반도의 동북쪽에 발달되어 있는 북북동-남남서방향의 구조대이다. 이 지구대에는 신생대 화산활동이 신제3기와 제4기에 두 번 있었던 것으로 알려져 있다. Tateiwa(1924)는 제4기 화산활동을 어랑천 현무암과 극동 현무암으로 구분하였으며, 이들의 총 두께는 70m부터 400m에 달하는 곳도 있다.

이들은 추가령지구대의 열곡 현무암과 동일한 암석으로 구성되어 있다. 즉 어랑천 현무암은 상부에, 극동 현무암은 하부에 분포하여 추가령지구대와 같이 현무암 대지를 이루고 있다. 극동 현무암은 하이퍼스딘 현무암과 감람석 현무암으로 구성되어 있는 반면에 어랑천 현무암은 오직 감람석 현무암으로 구성되어 있다는 것이 특징이다(원종관, 이문원, 1988).

최근에 발표된 북한의 자료에 따르면, 마이오세 것으로 알려져 왔던 칠보산층군 화산암의 지질시대가 플리오세에서 제4기초의 것으로 동정되었으며 분포면적은 약 400km^{2}에 이른다. 칠보산층군의 구성 암석은 현무암, 조면암, 조면암질 석영안산암, 조면암질 유문-석영안산암, 유문암, 알칼리 유문암 그리고 응회암 등이다. 길주-명천분지의 플아이오세-제4기초의 화산활동은 염기성-산성 마그마의 분출로 특정되는 복봉모드이다.

4) 안변-평강 현무암

안변-평강을 잇는 열곡은 북한의 원산-평강-철원-전곡까지 북북동-남남서(N10°E)방향의 거의 직선상으로 약 150km 연장선상에 발달되어 있다. 그중 안변-평강 일대의 현무암은 북한쪽의 일부이다. 안변-고산, 세포-평강 등 지역에는 감람석 현무암 또는 감람석-휘석 현무암이 분포한다. 20~140m의 두께로서, 4~10번의 분출이 있었던 것으로 확인된다. 현무암의 단위는 5~7m의 두께이다(Kim, H.S. and Pak, I.S., 1996).

5) 추가령 현무암

추가령 현무암은 추가령 열곡상의 오리산과 추가령 부근의 680m 고지(첨불랑역 부근)로부터 6번 이상의 용암분출이 있었음을 동성일대의 한탄강에서 확인할 수 있다. 680m 고지에서 분출한 현무암의 일부는 남쪽으로 흘렀으며, 일부는 북쪽으로 분류(噴流)하여 남대천을 따라서 흘러서 안변일대의 현무암 평원을 이루었을 것으로 생각된다. 이 현무암은 암회색을 띠며 다공질인 것과 치밀하고 괴상이고, 전곡일대에서는 새끼구조도 관찰된다(이대성 외, 1983, 원종관, 1983).

6) 기타 통천, 회양-창도 및 신계-곡산 현무암

강원도 통천, 해금강 총석정 부근에 분포하는 현무암은 주로 감람석 현무암이고, 두께는 약 20~50m이다. 주상절리가 잘 발달되어 있으며, 반정은 감람석과 사장석이다. 통천지역의 화산암은 알칼리 계열에 속하며, 지판 내에 맨틀에서 유래한 화산암류의 특징을 나타낸다(Kim, H.S. and Pak, I.S., 1996).

강원도의 회양-창도 일대에 분포되어 있는 현무암은 주로 감람석 현무암으로 구성되어 있고, 총 두께는 102~200m에 달하며, 각각의 현무암 두께는 10~12m이다. 분포면적은 약 70여 km^2에 달한다. 황해도 신계-곡산 지역에 분포되어 있는 현무암은 열곡 현무암으로서, 감람석 현무암과 조면암으로 되어 있다. 분포면적은 300km^2에 달하고, 두께는 6~40m이며, 4~8회의 분출이 있었던 것으로 생각된다. 반정은 사장석, 감람석, 휘석(augite) 등이다.

5.2.3 북한의 지하수 부존량과 적정 개발 가능량

북한은 한발을 극복할 수 있는 유일한 수단으로 지하수 자원을 개발 이용하고 있는 것 같다. 왜냐하면 지하수는 대단위 농업용수 개발사업에 비하여 공사비(자재비 포함)가 10% 정도밖에 되지 않고, 용수로 설치공사비가 저렴할 뿐만 아니라 수로에서 물의 손실을 줄일 수 있기 때문에 가장 경제적이고 효과적인 용수개발 방법으로 여기고 있다.

1977년 북한의 일반 우물, 굴포 및 쫄장(소규모 관정) 등을 위시한 총 우물시설수는 91,100여 개였으나, 1987년에는 126,000여 개로 증가하였고, 특히 3차 7개년 계획기간인 1987년에서 1993년도 사이에 16,000여 개를 추가로 굴착하여 1993년말 현재 북한의 우물시설수는 약 142,000여 개소로 알려져 있다. 일반적으로 북한은 산지형 하천이 많이 발달되어 있고 하상구배가 급하여 대수층은 대체로 지표면에서 5~20m 사이에 집중되어 30m만 굴착하면 어디서나 지하수가 산출된다고 한다. 일부 북한 수리지질학자들은 북한의 지하수자원 부존량을 약 54.1억m^3으로 추정한바 있는데(1km^2당 44,000m^3), 일부 지방에서는 5~8m만 굴착해도 지하수를 개발할 수 있다고 한 것으로 보아 54.1억m^3는 천부 미고결 충적층 공극수중 개발 가능량으로 판단된다. 북한에서 지하수가 가장 많이 분포되어 있는 지역은 선캠브리아기의 조립질 화강암이나 대보화강암류가 분포되어 있어 그 풍화대의 두께가 두텁고, 투수성과 저유성이 양호한 충적대수층이 널리 분포된 함경남도와 자강도, 그리고 탄산염암이 널리 분포된 평안남도와 황해북도 및 제4기 분출암과 제3기 퇴적층이 널리 분포한 함경북도 등이다. 특히 평안남도의 덕천-북창지구와 회창-양덕지구, 황해북도의 연산-수안지구, 함경남도의 장진, 부전 및 신흥지구는 지하수 산출·부존성이 가장 양호하다.

최근 자료에 의하면 함경남도의 덕석읍, 북천읍, 신북청구, 신창구 및 신포시 등은 6개 지하수 수원지에서 하루 평균 14,600㎥의 지하수를 개발하여 122,000여 명의 주민음용수와 식료공업용으로 이용하고 있다. 북한 지역의 지하수 부존량과 개발 가능량에 관한(현재까지 남한에서 가용한) 논문과 보고서는 현재까지 매우 제한적이고, 이들 논문이나 보고서에서 제시된 양이 [표 5-22]처럼 서로 상당한 차이를 보이고 있다.

[표 5-22] 기존 보고서 및 논문에 제시된 북한의 지하수 부존량과 개발 가능량

발표자	부존량(억m^3)	개발 가능량(억m^3)	출처
북한기상수문연구소 (박영길 외)	-	360	박영길, 이경해, 길영화(98)
북한농업 및 수자원 (1998)	1,300	610	1998, RDC

그러나 북한기상수문연구소가 북한지역의 지하수 개발 가능량(취수 가능한 매장량)을 구체적으로 제시한 바 있어 북한학자들이 사용하고 있는 지하수 부존량과 개발 가능량의 산정방법과 내용을 간략히 소개하고 위 표에서 제시된 값들의 적용성을 검토해 보았다.

(1) 북한학자들이 산정한 북한의 지하수 부존량, 지하함양량과 개발 가능량

북한 수리지질전문가들이 지하수 개발 가능량 산정 시 사용한 방법을 간단히 소개하면 다음과 같다.

1) 지하수의 부존량 산정(정수 매장량으로 표기되어 있음)

지하수의 부존량(Q_s)은 최대 갈수기 때 지하수위 아래에 있는 함수층 내에 저유되어 있는 물로서 다음 식으로 계산한다.

$$Q_s = S \cdot b \cdot A \quad (5\text{-}1)$$

여기서 S : 함수층의 비산출률 혹은 저유계수(북한에서는 출수율이라 한다.)
b : 함수층의 포화두께
A : 함수층의 지표노출면적

특히 공동이 발달된 karst 함수층의 두께는 karst의 발달 하부경계 깊이를 이용하여 결정하며, 균열함수층의 포화두께는 최저 지하수위 높이로부터 풍화대 깊이를 기준으로 계산하였다. 함수층의 저유계수(출수율, S)는 함수층의 수리전도도(려과결수라 함, K)에 따른 계산법과 수리전도도의 도표적 방법으로 결정하였다.

$$S = 0.117\sqrt{K} \tag{5-2}$$

여기서 K : 수리전도도, 균열함수층의 S : $10^{-4} \sim 10^{-2}$

2) 강수의 지하함양량(동수매장량으로 표기되어 있음, Q_R) :

강수의 지하함양량은 강수의 지하침투율(삼투결수, α)을 이용하여 다음 식을 이용하여 계산하였다.

$$Q_R = 2.74 \cdot P \cdot A \cdot \alpha \tag{5-3}$$

여기서 P : 연간강수량(북한에서는 연 비내림 량이라 한다)
A : 지표노출 함수층의 공급구역 면적
α : 지하침투율(북한에서는 삼투결수라 한다)로서
제4기 공극함수층 : 0.01~0.3,
균열함수층 : 0.01~0.15
Karst 함수층 : 0.15~0.4로 제시하고 있다.

3) 연간 개발 가능량(취수 가능한 매장량으로 표기되어 있음, Q_P) :

$$Q_P = Q_R + \frac{Q_S}{2T} \tag{5-4}$$

여기서 Q_P : 연간 개발 가능량(m^3/년)
Q_R : 연간 강수의 지하 침투량(m^3/년)
Q_S : 지하수 부존량(m^3)
T : 지하수 부존량 중에서 지하수 채수이용 기간 = 150일

상기 조건을 이용하여 박영길 등이 계산한 취수가능한 지하수자원 매장량(개발 가능량)은 약 360억m^3/년으로 제시하고 있다.

4) 실제 지표에 노출된 각종 투수성 2차 유효공극으로 구성된 지표 노출면적을 기준으로 하여 재산정한 연간지하수 함양량과 산출가능 지하수 매장량 :

가) 2차 유효공극만으로 이루어진 지표노출 암에서 산정한 강수의 지하함양량

북한지역에 발달된 주대수층들이 1 및 2차 공극 발달구간으로 순수하게 지표에 노출된 면적을 바탕으로 하여 연간 강수의 지하함양량을 산정하면 한 결과는 [표 5-23]과 같다. 지하수 부존량 계산 시 충적층 분포면적은 그 하부에 각종 대수층이 중복으로 분포되어 있기 때문에 별도로 계산하는 것이 일반적인 방법이다. 그러나 [표 5-23]에 나타난 바와 같이 충적층 분포면적은 별도로 계산하지 않더라도 충적층을 포함한 각종 대수층의 총 분포면적은 북한 전체 면적의 42.7% 밖에 되지 않으며, 충적층 분포면적을 제외하면 각종 균열 및 공동균열 대수층의 지표 분포면적은 북한 전체 면적의 30%(36,667km^2) 미만이다. 따라서 [표 5-23]에 제시된 암반지하수를 포장하고 있는 각종 암석의 분포면적은 전체 암석의 분포면적이 아니라 2차 유효공극이 발달된 실제 대수대의 분포면적으로 사료된다. 따라서 (5-2)식을 이용하여 산정한 연간 최대 지하수 함양량은 [표 5-23]과 같이 약 330억 m^{3}이므로 [표 5-22]의 북한 기상수문연구소가 산정한 연간 개발 가능량 360억 m^3/년(지하 함양량+부존량/300일)은 상당히 타당성이 있는 값으로 사료된다.

[표 5-23] 주 대수층중에서 지표에 1~2차 공극(공극 및 균열대)이 발달된 순수 노출면적을 이용하여 산정한 연간 지하함양량

수문지질과 지하수	노출면적(Km^2)	침투율(m/년)	함양량(억m^3/년)	주 대수층
1. 암반 지하수				
Karst 공동균열수	8,260	0.40	33.04	상원계 직현통, 사당우통, 초산통, 만달통(탄산염암), 평안계, 대동계, 제3기 퇴적암(사암, 셰일, 역암), 시생대 낭림층, 마천령계 황주계(편암과 편마암), 시생대 화성암군, 중생대 화강암, 현무암류
쇄설암 층간균열수	4,562	0.15	6.84	
변성암 균열수	17,200	0.15	25.8	
관입암 균열수	2,669	0.15	4.0	
분출암 층간균열수	3,976	0.15	6.0	
소계(1)	36,667		75.7	36,667/122,370=0.3
2. 천부 지하수				
충적층 공극수	15,590	0.3	46.8	제4기 충적층
풍화대 공극수	-	-	-	이질 모래
소계(2)	15,590		46.8	
계	52,257		122.5	52,257/122,370=0.427
함양량(억 m^3/년)		2.74	≈330	북한 농업 및 수자원(1998) : 610억 m^3/년

남한의 경우에 연간 적정지하수 개발 가능량은 연평균 지하함양량(188.4억 m^3)의 68.4%인 129억 m^3/년으로 추산하기 때문에 북한지역의 연간 적정 지하수 개발 가능량도 남한의 경우를 적용하면 연간 최소 225억 m^3(330억 m^3 × 0.684)을 상회할 것으로 추산된다.

나) 2차 유효공극만으로 구성된 지표노출 대수층에서 산출 가능한 지하수 포장량

지표에 노출된 암종 중에서 2차 유효공극만으로 구성된 순수 지표노출 대수층 분포면적과 저유

계수 및 2차 유효공극이 발달된 각종 암석의 평균 투수성 대수대의 두께를 이용하여 북한지역에 분포된 순수 대수대의 역할을 하는 대수층으로부터 개발 가능한 최대매장량을 산정한 결과는 [표 5-24]와 같이 약 1,300억 m^3이다. [표 5-24]에서 북한이 제시한 1,300억 m^3은 전체 암석 내에서 저유되어 있는 지하수부존량이 아니라 1 및 2차 유효공극으로 이루어진 실포화 두께 내에 포장되어 있는 지하수 저유량인 것으로 판단된다.

[표 5-24] 북한의 1 및 2차 유효공극으로 구성된 실 포화두께 내에 저유된 지하수 저유량

수문지질과 지하수	순수하게 지표에 노출된 투수성 구간				비고
	노출면적(Km^2)	공극률	실두께(m)	지하수 저유량(억m^3)	
1. 암반 지하수					
Karst 공동균열수	8,260	0.14	13	150.3	
쇄설암 층간균열수	4,562	0.24	10	109.5	
변성암 균열수	17,200	0.044	15	113.5	
관입암 균열수	2,669	0.044	25	29.4	
분출암 층간균열수	3,976	0.18	13	93.03	
소계(1)	36,667			495.7	
2. 천부 지하수					
충적층 공극수	15,590	0.35	14.6	796.6	
풍화대 공극수	-				
소계(2)				796.6	
계	52,257			1,292.3≈1,300	

5.3 남북한에 분포된 지하수자원과 대수층의 비교

남한의 수문지질 단위는 ① 제4기 미고결퇴적암의 공극수(결정질암의 풍화대 공극수포함), 퇴적암류는 ② 쇄설성 퇴적암류-공극단열수와 ③ 탄산염암-카르스트 공동단열수로, 화성암은 ④ 화산분출암류-공극단열수, ⑤ 비다공질 화산암류-단열수와 ⑥ 관입화성암류-단열수로, 변성암류는 ⑦ 박층의 규암과 탄산염암을 협재하고 있는 변성퇴적암-공극단열수와 ⑧ 비탄산염암인 변성암-공극수로 세분하여 총 8가지로 분류된다.

북한에 발달된 각종 대수층과 이들 내에 저유된 지하수는 ① 제4기 미고결퇴적암 공극수(풍화대 공극수포함), ② 탄산염암의 카르스트 공동균열수, ③ 쇄설암 층간균열수, ④ 변성암류의 변성암 균열수, ⑤ 관입암류의 관입암 균열수 및 ⑥ 현무암 층간균열수로 총 6가지로 하여 남북한지역에 분포된 대수층과 지하수의 산출상태는 매우 유사하다.

남 · 북한에 부존되어 있는 지하수를 [표 5-25]와 같이 분류하여 남 · 북한에 부존되어 있는 지하수의 부존량을 서로 비교 평가해 보았다. 남한에 부존되어 있는 총 지하수 부존량은 최소 15,448억 m^3이며 이중 암반 지하수는 12,856억 m^3으로 총 지하수 부존 량의 83.2%에 해당하고, 충적층과 같은 미고결암 내에 부존된 지하수는 총 지하수 부존량의 16.8%에 해당하는 2,592억 m^3이다. 동일한 방법으로 북한지역의 각 암종별로 최소 지하수 부존량을 계산한 결과는 [표 5-25]와 같이 암반 대수층 내에 부존된 암반지하수는 14,800억 m^3 규모이며, 미고결 충적층과 풍화대 내에 부존되어 있는 천부 지하수는 3,711억 m^3로서 총 지하수 부존량은 남한보다 약 20%가 많은 약 18,500억 m^3 규모일 것으로 추정된다. 상기 부존량을 계산할 때 충적층과 풍화대는 그 하부에 분포된 기반암과 서로 중복되어 있기 때문에 별도로 면적을 구하였으며, 대표 공극률은 그간 남한에서 조사된 자료와 미국 USGS가 조사 연구한 값 중에서 최소치를 이용하였기 때문에 [표 5-25]에 제시한 남 · 북한의 지하수 부존량은 최소치로 간주해도 될 것이다.

[표 5-25] 남북한의 지하수 부존량 (억 m^3)

내용		면적 (Km^2)	공극률(%)			평균포화 두께(m)	부존량 (억 m^3)
			범위	최소	평균		
남한	• 암반지하수						12,856
	1. 화성암류	31,820					
	화강암류	20,372	1.0~5.0	1.0	3.0	150	306
	기타	11,448	7~35.4	3.0	15.2	200	687
	2. 퇴적암류	28,780					
	탄산염암류	4,220	6.6~55.7	6.6	30.0	500	1,393
	쇄설성퇴적암류	24,560	6.0~45.2	6.0	24.3	500	7,368
	3. 현무암류	1,825	35.0		18		650
	4. 변성암류	36,070					
	변성퇴적암류	26,170	4.4~59.3	4.4	27.5	200	2,303
	비탄산성변성암	9,900	1.0~5.0	1.0	3.0	150	149
	• 천부지하수						2,592
	1. 충적층	23,380	-	-	35	(7-1)	575
	2. 풍화대	58,793	34.356	34.3	45	10	2,017
	계(1)						**15,448**
북한	• 암반지하수						14,867.1
	1. 화성암류(관입암류)	58,000	-	-	1.0	200	1,160
	2. 퇴적기원암류		-	-			
	탄산염암류	12,770	-	-	6.6	500	4,214.1
	쇄설성퇴적암류	18,800	-	-	6.0	500	5,460
	3. 현무암류(분출암류)	6,300	-	-	18.0	150	1,701
	4. 변성암류	26,500	-	-	4.4	200	2,332
	• 천부지하수						3,711.8
	1. 충적층	15,590	-	-	35.0	14.6	796.6
	2. 풍화대	84,500	-	-	34.5	10	2,915.2
	계(2)						**18,578**

북한지역의 지하수 부존량이 남한지역보다 많은 이유는 투수성과 저유성이 양호한 카르스트 탄산염암류와 화산 분출암류들이 남한보다 훨씬 넓게 분포되어 있기 때문이다. 또한 북한지역에서 발생하는 강수의 지하 함양량은 남한보다 약 75%(142억 m^3/년)가 많은 330억 m^3/년이고, 연간 개발 가능한 적정지하수개발 가능량(sustainable yield)도 남한보다 약 48%(91억 m^3/년)가 많은 225억 m^3/년 정도이다.

현재 북한지역에서 사용하고 있는 총 지하수이용량은 알려져 있지 않으나 남한의 지하수 이용량은 총 용수(생 · 공 · 농 · 먹는물 및 하천유지 용수 포함) 이용량의 11%를 상회하는 연간 37억 m^3 규모이다. 1993년도 현재 북한의 우물시설수는 142,000개소로 알려져 있으며 남한의 우물시설수(2112년)는 1,400,000개를 상회한다.

북한지역은 80%가 산지로 이루어져 있어 고지대의 경사지 밭이 많고, 특히 중산간지대의 밭면적은 400km^2 이상이다. 따라서 이와 같은 중산간지대나 고지대의 경작지는 가뭄 시 상습적으로 한해를 받는 농업취약지이다. 특히 1990년대부터 발생한 유래 없는 게릴라식 폭우, 저온 및 가뭄과 같은 기상이변과 무리한 대자연 개조사업 등은 각종 농경지의 토양을 유실시켜 곡물 생산량을 격감시키는 원인이 되었다고 한다. 이에 부가하여 농업생산성 재고에 필수조건인 화학비료나 농약의 생산은 물론, 전력, 석유 등의 에너지가 부족하여 농업기계, 시설의 가동률과 생산물의 수송을 위시한 경제 활동률이 격감하게 되었다.

남한은 1970년대의 초기 경제개발시기에 각산업체가 필요로 하는 산업용수를 해당산업체가 소유한 공장부지나 그 인근지에 분포되어 있는 암반지하수를 최단시일 내에(100m 심도의 암반관정을 굴착하고 부대시설을 설치하는 데 소요된 기간은 약 1주일 이내)개발 확보하여 적기에 필요한 용수를 공급하므로 한국의 경제발전에 크게 기여한 바 있다. 또한 1960년대에 매년 상습적으로 겪었던 농업용수 부족에 의한 보릿고개와 한해를 1970년대부터 범정부적 차원으로 실시한 농업용 지하수 개발사업으로 인해 현재 이러한 어려움은 거의 극복한 상태이며 현재는 천수답에서도 논농사를 지을 수 있게 되었다. 뿐만 아니라 90년대부터 국민들의 생활수준이 향상됨에 따라 안전하고 맛있고 건강한 음용수의 필요성이 제기되면서, 95년 1월에 먹는물 관리법이 제정되었고 동법에 의거, 샘물이란 암반대수층의 지하수 또는 용천수로서 수질의 안전성을 계속 유지할 수 있는 자연상태의 깨끗한 물을 먹는 물(음용수를 의미함)로 사용할 수 있는 원수(源水)로 정의하였으며, 샘물을 먹기에 적합하도록 물리적으로 처리하는 등의 방법을 이용하여 제조한 물을 먹는샘물(bottled water, 일명 생수)로 규정하였다. 따라서 먹는샘물의 원수는 암반지하수를 이용하여 생산토록 규정하고 있어 이제는 암반지하수가 휘발유보다 비싼 일종의 상업용수로 국민 모두에게 널리 애용되는 주요한 수자원이 되었다.

남한의 지하수개발 능력은 동남아에서 최상위급에 속하는 기술능력과 장비를 구비하고 있으며, 현재 정부에 공식적으로 등록된 지하수조사·개발업체는 한국농어촌공사와 한국수자원공사를 위시하여 1,000여 개 업체에 이른다. 이들 기업 중 일부는 이미 1970년대부터 동남아를 위시한 중동지역에 진출하여 해외 지하수 조사·개발사업을 성공적으로 수행한 바 있고, 현재 국내에서 활용 가능한 최신형 지하수 굴착장비(top head형 hammer drilling 장비)는 1,000여 대 이상이다.

현재 남한의 지하수이용량은 전체 용수 수요량의 11%에 해당하는 연간 약 37억 m^3이며 이중 95%가 생활용수와 농업용수로 이용되고 있다. 따라서 현재와 같은 북한의 취약한 농업생산 기반을 조기에 개선하고, 한해 발생 시 즉시 농업용수를 안정적으로 확보하여 사업효과를 단시일 내에 성취할 수 있는 방법은 최신의 지하수 굴착장비와 탐사기술을 보유하고 있는 국내 지하수 분야 전문인력과 장비 및 북한의 지하수기술자들이 공동으로 참여하여 북한의 풍부한 지하수 자원을 개발하는 것이 가장 현실적으로 합리적인 방안일 것이다. 북한의 지하수 개발사업은 앞으로 남북한이 통일되는 경우 언젠가는 필연적으로 수행되어야 할 사업이기 때문에 선투자의 개념으로 지금부터라도 최신의 농작물 재배기술과 더불어 어디서나 개발가능하며 남한보다 풍부하게 부존되어 있는 북한의 지하수자원을 개발하여 북한 주민도 깨끗하고 건강한 음용수와 풍요로운 생활을 영위할 수 있도록 농업생산기반을 조성해 줄 필요가 있다.

이러한 사실로 미루어 볼 때 북한은 남한보다 지하수의 산출성이 훨씬 양호한 수리지질학적인 조건을 구비하고 있기 때문에 추후 북한의 경제발전과 북한 주민의 안전한 생활용수 공급에 북한 지하수자원이 기여할 몫은 지대할 것으로 사료된다.

[표 5-26]은 남북한의 지하수 자원의 비교표이며 [표 5-27]은 남북한에 분포된 지층대비표이다.

[표 5-26] 남북한의 지하수 자원의 비교(단위 억 m^3)

내용	구분	남한	북한	%	비고
지하수부존량(억 m^3)	암반지하수	12,856	14,867		
	천부지하수	2,592	3,711		
	계	15,448	18,578	120	
지하수함양량(억 m^3/년)		188.4	330	175	
개발 가능량(억 m^3/년)		129	225	175	지하수함양량 68.4%
연간지하수이용량(억 m^3/년)		37	-		
우물수		1,474,577	142,000		남한 : 2012년 자료 북한 : 1993년 자료

[표 5-27] 남북한에 분포된 대수층 대비

지질시대			연대 Ma	남한지역	화성활동, 변성작용, 조구운동	북한지역		주구성암	두께 (m)	수문지질단위	비고
신생대	제4기	홀로세	0.01	충적층	화산활동 알칼리암염 / 회령암군	백두산통 현세	충적층	모래, 자갈	압록강 20m, 대동강 17m	①	백두산통 ② 길주명천지구대 등
		프라이스토세 후세		전곡층	칠보산 지변	백두산통 상세	단구	호수나 늪지 퇴적층	5~18	①	
		프라이스토세 중세		백이리층	화산활동, 알칼리암염	백두산통 중세	하안단구	모래, 자갈, 진흙	9~30	①	
		프라이스토세 전세	1.7	서귀포층		하세	신북리층	현무암의 호수퇴적층, 규조토	44	②	
			5		화산활동	하세	어링천층	사력층	30	①	운평리층, 서삼동층
	제3기	플라이오세	24		연일해침 / 어일현무암 화산활동	칠보산층군	알카리화산암, 응회암, 화산성쇄설암		1000~2000	②	회양층, 분천통 / 백암통
		마이오세	26	연일층군 / 장기층군 / 범곡리층군	동해형성 시작 / 호암 화강암	명천통 (안주계)	5개층으로 구성, 역암, 칼탄층, 실트암, 응회질실트암, 사암, 이암		800m 이상	④	동천통, 신흥통, 함흥통
			65		압록강 복합체 (화강암류)	창동통 (안주계)	siltstone,사암, 사질역암, 탄층협재		1000	④	봉산층, 상당통
		올리고세	146		산성 화산성 활동	용림통 (안주계)	역암, S.S, siltstone, 이암, 탄층협재		800~2000	④	
		에오세	210	왕산층	〈증기〉 ↑ 심성 및 화산활동	신리층 (안주계)	현무암, 응회암, 탄층, 이암, 역질사암, 실트암		80~350	④	
		팔레오세	245								
중생대	백악기			경상누층군 유천층군	단천혜산 복합체	봉화산통	대보계	S.S, 이암, 역질사암	420	④	
				경상누층군 하양층군	대보조산운동 (묘곡지변) 대보 화강암류 / 두만강 복합체	산성리통	대보계	역암, 사암, siltstone, 응회질 물질포함	90~1000	④	
			290	경상누층군 신동층군	송림지변	대보산통	자성계	안산암, 석영반암, 응회암, 응회질 S.S	1288~1400	④	
	쥬라기		360	묘곡층		침천통	자성계	응회질 S.S, 응회암 협재	200	④	
				대동누층군	청진암군 (염기성암)	송림산통	대동계	역암, 사암, sh, siltstone, 탄층	1000	④	장파리통
	트라이아스기				해퇴 / 해성층 / 해침						
고생대	페름기			평안누층군 동고층	해퇴	태자원통	평안계	역질사암, 석영 S.S, sh	700~770	④	송상통 두만계 계룡산통 암기통
				?							
				고한층 / 도사곡층	해침	고방산통	평안계	역질사암, siltstone, 불연속 무연탄	300~500	④	
				함백산층 / 장성층 / 밤치층		사당통	평안계	석영사암, siltstone, sh	120~170	④	
	석탄기					입석통	평안계	S.S, sh, 무연탄, siltstone	80~140	④	
				금천층 / 만항층		홍점통	평안계	siltstone, sh, L.S, S.S	150~560	④	

지질시대		연대 Ma	남한지역	화성활동, 변성작용, 조구운동	북한지역		주구성암	두께 (m)	수문지질 단위	비고
고생대	데본기	410			산녕통	임진계	규암, siltstone, sh, 편암	860~1630	④	
고생대	데본기	440			부압통	임진계	역암, S.S, Ls, sh, siltstone	940~1190	④	
고생대	데본기				안협통	임진계	역암, S.S, Ls, slate, 편암	200~850	④	
고생대	사일루리아기			-해퇴	월량리통	황주계	이암과 이질석회암의 교호층, dolomite, Ls	26~140	③	
고생대	사일루리아기		회동리층		곡산통	황주계	흑색셰일과 이질 Ls의 교호층, Ls	9~55	③	
고생대	오르도비스기	500	〈두위봉형〉 / 〈영월형〉		상서리통	황주계	Ls, 이질석회암, 흑색셰일	330~470	③	
고생대	오르도비스기	540	조선누층군: 두위봉석회암, 적운산셰일, 막골석회암 / 영흥층	-해성층	만달통 (초산통)	황주계	dolomite, Ls	140~500	③	
고생대	오르도비스기		조선누층군: 두무골셰일, 동점규암 / 문곡층		신곡통 (초산통)	황주계	dolomite, Ls	15~200	③	
고생대	캠브리아기	1000	조선누층군: 화절층 / 와곡층	해침지변, 화성활동(홍제사화강암) / 삼해암군 해침 기성) 명악산 운동	고풍통	황주계	Ls, dolostone, sh	415	③	
고생대	캠브리아기		조선누층군: 세송층, 대기층 / 미차리층		무진통	황주계	암회색 Ls, dolostone, sh	93~470	③	
고생대	캠브리아기		조선누층군: 묘봉층 / 삼방산층		흑교층 (양덕통)	황주계	세립사암, sh, silt암	72~340	④	
고생대	캠브리아기	1700	조선누층군: 장산규암	광역변성작용 태백산운동	중화층 (양덕통)	황주계	규암, S.S, sh, siltstone dolomite	460~590	④	
원생대	상		연천계 상부 / 태백산편암복합체 / 태백산층군		능리통	구현계	석회질역암, Ls, dolomite, 천매암	190~2200	③	
원생대	상		연천계 상부 / 태백산편암복합체 / 태백산층군		피랑동통	구현계	Ls, dolomite, 석회질 역암, 편암 slate	160~1970	③	
원생대	상	2500	연천계 상부 / 태백산편암복합체 / 태백산층군		멸악산통	상원계				
원생대	상		연천계 하부 / 태백산편암복합체 / 율리층군	화성활동(홍제사화강암) 광역변성작용 경기변화	목천통	상원계	점토질암, 탄산염암(Ls)	1300	⑤	
원생대	상		연천계 하부 / 태백산편암복합체 / 율리층군		목천통	상원계	천매암, 석회질 sh, 규암, slate	60~600	⑤	
원생대	중		태안층 / 영남계 / 원남통		사당우통	상원계	결정질 Ls, dolomite	550~1700	③	
원생대	중		춘천계 춘성층군 / 영남계 / 기성통		직현통	상원계	역암, 역질규암 규암, 편암, 천매암, Ls	350~1900	③	
원생대	중		춘천계 장락층군 / 영남계 / 평해통	이원암-마천령변혁						
원생대	하		경기편마암복합체: 양평층군 / 지리산편마암복합체	상리변혁	황해층군		산성화산암, 편암, 규장암, 규암	2200	⑤	
원생대	하		경기편마암복합체: 시흥층군 / 소백산편마암복합체	지변, 화성	의주층군 남대천통	마천령계	편암+Ls, 편암, 변성도가 낮은 편암	2000	⑤	
원생대	하		경기편마암복합체: 시흥층군 / 소백산편마암복합체		북대천통	마천령계	4~5층의 dolomite	3000	③	
원생대	하		경기편마암복합체: 부천층군 / 소백산편마암복합체	활동, 분천화강암 서산변혁 광역변성작용 / 연화산복합체 —화강암화 안돌암군, 염기성	중산층군 성진통	마천령계	각섬암, 편암, 편마암, 중산층군 : 결정질편암, 화강편마암	1500~2000 (1800~2300)	⑤	
시생대			서산층군		무산층군: 회천층군, 송현층군	낭림계	변성도가 큰 편마암류 백림암, 규암	500~2000	⑤	
시생대			서산층군		무산층군		무산층군, 편마암류, 편암류, 함철규암	1500	⑤	

Chapter

06

재생에너지원으로서 지하수와 천부지열에너지

6.1 대열층과 수문지열계
6.2 열펌프의 종류와 지열펌프
6.3 열펌프의 냉난방주기와 작동원리 및 성적계수
6.4 지중 온도와 지하수 온도
6.5 남한의 천부 지중 온도와 지하수 온도의 경시별 변동특성
6.6 천부 지하수열과 천부 지열을 열원으로 이용하는 지열펌프 시스템
6.7 지중열 교환기의 종류와 사용재료의 사양
6.8 건물의 냉난방 부하 계산법
6.9 최적 지열펌프의 선정과 지중열교환기 규격 결정
6.10 최적 순환펌프 선정과 배관설계 및 최적 GHEX 설계 전산예
6.11 지하수류와 열에너지부하가 다중천공열교환기(BHE) 성능에 미치는 영향

6.1 대열층(aestifer)과 수문지열계(hydrogeothermal system)

지열에너지라 하면 많은 사람들은 화산, 고온 증기, 심부지열정, 터빈발전기와 고온의 고농도 지열수를 생각한다. 이에 비해 일반적인 온도범위(저온성 지중열)에 속하면서 지중에 저장된 지원열, 일명 지중열(ground source heat)을 연구하는 새로운 분야의 학문을 열지질학(thermogeology, 熱地質學)이라 한다.

저온성 지중열은 극지방을 제외한 지구 어느 곳에나 존재하고, 그래서 어디서나 개발할 수 있으며 이산화 탄소가스를 전혀 배출하지 않으면서 무한대로 열에너지를 공급할 수 있는 재생에너지원으로서 공간 냉난방에너지를 경제적으로 공급할 수 있는 매력적인 열에너지원이다. 환언하면 열지질학이란 비교적 심도가 얕은 천부 지각에 부존된 지하수를 위시한 저 엔탈피(low enthalphy)열자원의 산출성과 운동기작을 연구하고 개발하는 새로운 학문분야로서 여기서 천부의 지각이란 대체적으로 지표면하 500m 내외의 심도 내에 분포된 암권을 뜻하며, 저 엔탈피란 대체적으로 30℃ 이하의 저온도를 의미한다.

열지질학에서는 주로 2개의 변수, 즉 암체의 열저류성인 체적열용량(volumetric heat capacity, ρC 혹은 S_v)과 열전도도를 사용한다. 열지질학을 통해 우리는 지온이 1℃ 강하할 때 단위체적의 지열체로부터 어느 정도의 열에너지를 개발 추출할 수 있는지를 파악할 수 있다. 지하수를 경제적으로 개발 이용할 수 있는 적절한 저유성과 투수성을 가진 암체를 수리지질학에서는 대수층(aquifer)라 하듯이 열지질학에서는 지열을 경제적으로 개발 이용할 수 있는 적절한 체적열용량과 열전도도를 구비한 암체를 대열층(aestifer, 여기서 aestif 란 단어는 라틴어의 여름 또는 열이란 뜻인 aestus에서 유래 되었으며, fer는 transfer에서 유래)이라 한다.

수문지열계(hydrogeothermal system, 水文地熱系)라 함은 광의의 대열층(帶熱層)을 뜻한다. 대열층은 대수층일 수도 있고 그렇지 않을 경우도 있다. 대열층이 포함된 지하환경을 수문지열환경이라고도 한다. 수문지열계는 지열에너지의 체적열용량과 열전도도의 특성에 따라 다음과 같이 분류할 수 있다.

- 대열층(aestifer) : 적절한 체적열용량과 동시에 충분한 열전도도를 구비한 암체로서 이로부터 상당량의 지열에너지를 경제적으로 개발가능한 암체
- 준열층(aestitard): 적절한 체적열용량은 구비하고 있으나 충분한 열전도도를 구비하지 못하여 이로부터 상당량의 지열에너지 개발이 어려운 암체 일명 비열층(aesticlude)이라고도 한다.
- 난열층(aestifuge) : 적절한 체적열용량과 충분한 열전도도를 구비하지 못하여 이로부터 지열에너지 개발이 불가능한 암체

6.2 열펌프의 종류와 지열펌프(geothermal heat pump)

지열펌프는 겨울철에는 지중의 열을 추출하여 난방용으로, 여름철에는 실내 열을 추출하여 지중으로 방열하여 냉방용으로 이용하는 열펌프시스템이다.

이와 같이 지열펌프의 열 이송시설은 겨울철에는 지중열을 추출하여 난방용으로 이용하고, 여름철에는 실내온도를 추출하여 실내 냉방을 시키고 난 후, 추출한 폐열은 지중에 비축하였다가 겨울철의 난방열 에너지로 다시 이용한다. 따라서 지열펌프는 냉난방용으로 동시에 이용할 뿐만 아니라 폐열을 이용하여 가정용 온수를 저렴하게 공급할 수 있는 장치이다.

6.2.1 열펌프(heat pump)와 열펌프의 종류

열펌프는 우리들이 늘 사용하고 있는 냉장고나 에어컨처럼 일종의 열교환기(heat exchanger)이다. 환언하면 냉장고나 에어컨은 공기를 열원으로 이용하는 일종의 공기를 열원으로 이용하는 공기원(air source)열펌프이다. 열펌프는 온도가 높은 곳에서 열을 추출하여 온도가 낮은 곳으로 이동시켜 필요한 곳에서 해당 열에너지를 사용하는 시스템이다. 열펌프는 냉장고나 에어컨에 비해 난방과 냉방을 동시에 수행할 수 있는 기능을 가지고 있다.

- **지열에너지에 사용하는 술어와 단위 :**
  1 Btu(British thermal unit) : 1파운드(Lb)의 물을 1°F 올리는 데 필요한 열량
  1 Kcal : 1 *l* 의 물을 1℃ 올리는 데 필요한 열량
  1 Kcal ≒ 2.2Lb/Kg × 9/5C/F =3.968Btu ≒ 4Btu
  1 KW = 860Kcal/h = 3,412Btu/h, 1W = 860cal/h = 3.412Btu/h
  1 냉동톤(RT) : 표준 대기압 하에서 0℃의 물 1ton을 24시간 동안에 0℃의 얼음으로 相 변화시키는 데 필요한 열에너지 (물의 잠열=79.68Kcal/kg)
  1RT = 1,000kg × 79.68Kcal/kg ÷ 24h = 3,320Kcal/h
  = 2,000Lb × 144Btu/Lb ÷ 24h = 12,000Btu/h
  = 3,024Kcal/h = 3.516KW
- **감열 또는 현열(sensible heat) :**
  일정한 압력을 받고 있는 물 1Kg이 相은 변하지 않고 온도만 변화하는 데 필요한 열
- **잠열(latent heat) :**
  일정한 압력을 받고 있는 물 1Kg이 온도는 변하지 않고 相만 변화하는 데 필요한 열.
  예) 0℃의 얼음이 0℃의 물로 상변화 하는 데 필요한 열량,
  물 : 79.68Kcal/kg

따라서 열펌프는 열에너지를 새로이 만드는 게 아니라 기존의 열에너지를 단순히 한 곳에서 다른 곳으로 이동시키는 장치이다. 즉 열펌프는 여름철에 주택이나 사무실의 실내 열을 추출한 다음 응축기를 통과시킨 후 실외로 이동시켜 실내 온도를 낮추는 일을 하고, 반대로 겨울철에는 그 과정이 하절기의 반대 방향으로 작동하여 실외 공기로부터 열을 추출하여 이를 압축시켜 가

열한 후, 실내로 따뜻한 공기를 이송하는 장치이다. 열에너지를 새로이 만들 때 보다는 열에너지를 이동시킬 때 동력은 적게 소모된다. 따라서 열펌프는 동일한 열에너지를 생산하는 데 있어 전기 난방용 전열기에 비해 훨씬 동력을 적게 소모하기 때문에 경제적인 난방시설이다. 일반적으로 열펌프는 열을 이송시키는 매체에 따라 [표 6-1]과 같이 4종으로 분류한다.

[표 6-1] 열펌프의 종류

분류	열원
1) 공기 대 공기 열펌프(air to air heat pump) 또는 공기원 열펌프	공기
2) 물 대 물 열펌프(water to water heat pump) 또는 물원 열펌프	물
3) 공기 대 물 열펌프(air to water heat pump)	공기 및 물(지하수포함)
4) 지열펌프(geothermal heat pump), 지하수 및 지표수열펌프(GWHP)	지열, 지하수 또는 지표수열

(1) 공기원 열펌프(공기 대 공기 열펌프, air to air heat pump)

실외 공기를 열펌프로 흡입하여 공기 속의 열을 추출한 후 냉방과 난방용으로 이용하는 시스템을 공기원 열펌프라 하고, 이때의 열원은 실외의 공기온도이다. 대표적인 공기원 열펌프는 여름철에 사용하는 에어컨이다. 특히 건물 내의 실내설계온도와 실외 공기온도와의 차이가 큰 경우에는 열효율이 떨어져 난방역할을 제대로 수행하지 못한다.

예를 들어 실외공기 온도가 -17℃ 일 경우에는 실외공기 온도가 너무 낮기 때문에 이로부터 열펌프가 충분한 열에너지를 추출할 수 없어 실제로 난방용으로는 사용할 수 없다. 일반적으로 실외공기 온도가 7℃ 이상인 경우에만 열펌프를 통해 충분한 열을 흡수·추출할 수 있기 때문에 건물의 실내온도를 상승시킬 수 있다.

따라서 공기원 열펌프의 경우에 겨울철에 실외온도와 실내설계온도와의 차이가 너무 크면 작동이 원활히 되지 않으므로 이때는 전열기나 전기난방기와 같은 보조난방시스템을 사용한다.

(2) 물원 열펌프(물 대 물 열펌프, water to water heat pump, WWHP)

물이 저장하고 있는 열에너지를 추출하여 냉·난방용 열에너지로 이용하는 시설을 물 대 물 열펌프(물원 열펌프)라 한다. 물은 그 부존상태에 따라 호소, 하천, 해수, 연못, 저수지 및 탱크에 저장된 물로 구분할 수 있고, 물이 보유한 열에너지를 추출대상으로 하는 열펌프시스템이 바로 물원 열펌프이다.

지하에 부존된 지하수는 다른 물에 비해 온도가 연중 거의 일정하다. 이와 같은 지하수의 수온(일종의 열원임)을 이용하는 열펌프를 지하수열펌프라 하여 물원 열펌프와 구분한다.

물에서 열을 추출할 수 있다면, 수돗물을 사용할 수도 있다. 즉 수돗물을 이용해서 열펌프를 가동하여 난방과 냉방을 할 수도 있다.
예를 들면, 물탱크 속에 22℃의 물이 들어 있을 경우에 이를 이용하여 열펌프를 가동시키면 열펌프에 공급된 물은 열펌프에 의해 열이 추출되어 빼앗기므로 물탱크 속의 물의 온도는 내려간다. 온도가 낮아진 물이 다시 물탱크에 돌아오면 물탱크 속의 수온은 더욱 낮아져서 결국에는 그 물을 열펌프의 열원으로 사용할 수 없게 된다.
이 경우에는 탱크 속의 물의 온도가 일정한 온도를 유지할 수 있도록 빼앗긴 온도만큼 물을 데워야 하는데, 이때 물의 온도를 상승시키는 데 소요되는 비용은 보일러에서 높은 온도로 물을 데워주는 경우보다 훨씬 저렴하다. 이와 같이 물에서 추출해낸 열에너지를 이용하여 온수를 만들거나 냉수를 만드는 열펌프들도 일종의 물 대 물 열펌프(water to water heat pump) 또는 물원 열펌프(water source heat pump)이다.

(3) 물 대 공기열펌프(water to air heat pump, WAHP))

이 펌프의 기작은 물 대 물 열펌프와 대동소이 하나 그 차이점은 물 대 물 열펌프가 물에서 추출한 열에너지를 이용하여 냉·온수를 제조·공급하는데 반해 물대공기 열펌프는 냉·온수 대신에 차거나 더운 공기를 만들어 냉난방용으로 이용하는 열펌프이다. 대다수의 건물들은 열펌프에 의해 만들어진 가열 및 냉각된 공기를 송풍기와 덕트(duct)를 통해 필요한 곳으로 보낸다.
실제로 물을 열에너지원으로 하는 열펌프는 냉난방 형식이 송풍 방식이거나 배관 형식이거나를 불문하고 모두 동일한 열펌프이다.
물 대 공기 열펌프에다 온수를 만들 수 있는 물탱크를 부착하면 이는 바로 물 대 물 열펌프와 동일한 시스템이 된다. 물 대 공기 열펌프에 사용할 수 있는 물의 종류(상수도, 지표수, 해수)와 역할 등은 전절에서 언급한 경우와 같다. 대표적인 물 대 공기 열펌프는 지열펌프이다.

6.2.2 지열펌프(geothermal heat pump, GHP)란

최근에 공기원 열펌프보다는 훨씬 효율적이고 개선된 냉난방 시설로서 채열원을 지중열(지하수열 포함)로 이용하는 열펌프가 우리나라에서도 널리 개발이용되고 있는데, 이를 지열펌프라 한다. 최근 미국의 지열펌프컨소시엄(GHPC)은 지중열(地中熱)을 이용하는 모든 시설을 일괄적으로 지열교환장치(geoexchange^{SM})라고 명명했으며, 국제지열펌프협회(IGSHPA)는 지열펌프(geothermal heat pump, GHP) 혹은 지원열펌프(ground source heat pump, GSHP)로 명명하고 있다.
엄격한 의미에서 지열펌프시스템을 세분하면 다음과 같다. 지중, 지하수 및 지표수를 열원으로 이용하는 모든 열펌프시스템을 지원열펌프(ground source heat pump, GSHP) 시스템이라 하고, 지표수(저수지, 하천 및 호소)나 지중에 부설한 열 전달매체인 순환수 회로관망(tubing network)과 연결시킨 물 대 공기 열펌프시스템을 지중연결 지열펌프(ground coupled heat pump, GCHP) 시스템이라 하며, 이는 지원열펌프의 일종이다. 지중연결 지열펌프(GCHP)는 전통적인 공기 분배시스템과 지중에 매설한 지중코일(일명 지중열 교환기 또는 지중 순환회로)로 구성되어 있으며 지열펌프는 통상 실내에 설치한다. 이중에서 지중코일은 물 또는 부동액 혼합 순환수를 순환시킬 수 있는 열융접 PE 루프(loop)로 구성되어 있으며, 물 대 물 열펌프에 사용하기도 한다. 북 유럽지역에서는 냉매순환회로를 지중에 직접 매설하여 지열을 추출, 방열하므로 그 효율을 증대시키고 있다. 지원열펌프의 일종으로서 지하수를 대수층으로부터 채수하여 열원으로 이용하는 지열펌프시스템을 지하수 열펌프(groundwater heat pump, GWHP) 시스템이라 하고 지표수나 해수를 열원으로 이용하는 지열펌프시스템을 지표수 열펌프(surface water heat pump, SWHP) 시스템이라 한다. 수직 U-bend가 부착된 지중순환회로(loop)나 여러 개의 수평지중 순환회로 및 지중코일을 사용하는 물대공기 열펌프시스템은 근본적으로 물순환 열펌프(water loop heat pump, WLHP)의 원리를 이용하는 시스템이다.

일반적으로 열원이 지하수이든 땅 속에 부존되어 있는 천부지열이든 지하의 일정 심도 내에 분포된 암석의 지중온도(earth temperature)는 연중 비교적 일정하다. 따라서 지열을 이용하는 지열펌프는 공기원 열펌프에 비해 열공급원의 온도가 연중 일정하여 그 효율성이 비교적 크기 때문에 일부 한랭한 지역을 제외하고는 보조 전기난방용 전열기를 사용하지 않아도 된다.

지열펌프시스템은 전기난방장치나 온수기에 비해 그 효율이 3~4배 이상 향상되었으며, 실내공기 오염이 전혀 없다. 또한 연소형 시설과 함께 사용하는 중앙식 냉방장치나 공기원 열펌프처럼 지열펌프는 실외가 아닌 실내에 설치한 후 가동되기 때문에 실외의 기상변화에 따른 장치를 별로도 설치하지 않아도 된다.

문제는 연소형 시설에 비해 초기 설치비(투자비)가 다소 높다고들 하지만(그 이유는 지중에서 열을 추출하고 방열할 수 있는 지중 열교환기를 추가로 설치해야 하기 때문임) 이 시설은 난방과 냉방을 동시에 실시할 수 있는 시스템이므로 지열펌프를 운영·정비하는 데 소요되는 비용이 기존의 연소형 시설에 비해 매우 저렴하다. 따라서 설치 후 3~4년 정도면 초기투자비를 완전히 회수할 수 있으며 소음이 없고 쾌적한 매우 안전한 장치로서, 여름철에는 에어컨으로 겨울철에는 난방용으로 동시에 사용할 수 있는 전천후 냉난방시설이다.

지열펌프의 열원은 지구내부의 온도와 태양 복사열이다. 지중온도는 해당지점의 지리적인 위치(위도와 고도), 심도 및 수리지질조건에 따라 차이가 있긴 하나 비록 극지방이라 해도 지하 깊은 곳의 온도는 0℃ 이상이다.

지열은 수리지질학적인 조건에 따라서 수℃에서 수100℃의 열에너지를 보유하고 있다. 그러나 냉난방과 관련된 천부지열은 우리들이 늘 사용하는 지하수의 온도 규모이다. 일반적으로 국내의 경우 지하수면하 1m 하부에 부존된 지하수와 그곳의 지온은 연중 (14.2±α)℃로서 비교적 일정하다. 이와 같은 지하수나 지열은 우리에게 풍부한 열에너지를 공급해주는 열에너지원이다.
이와 같이 바로 우리 발밑에 저장되어 있는 지열에너지를 이용하는 지열펌프는 지열을 추출 또는 방열하는 방식과 규모에 따라 다음과 같이 3종류로 구분한다.

① 개방형 지열펌프(open loop heat pump)시스템 : 지하수를 위시한 지중열을 이용하는 시스템
② 밀폐형 지열펌프(closed loop heat pump)시스템 : 지중 폐순환회로 내에서 일종의 작동유체인 순환수를 순환시켜 열에너지를 추출하거나 방열하는 시스템
③ 복합형(hybrid system)시스템 : 기존의 냉난방 시설(기존의 냉각탑 또는 보일러와 연계해서 부족한 열에너지를 지열펌프 시스템으로 공급)과 지열펌프 시스템을 혼합해서 이용하는 시스템으로, 주로 대규모 빌딩의 증축 및 개보수 시에 적용

우리나라의 경우 지하수면하 1m(평균 지표면하 8m 정도) 하부에 부존된 지하수의 평균온도는 국내 연평균온도와 유사한 14.3℃ 정도이며, 지열구배는 100m당 평균 (2±α)℃이다. 따라서 지하수의 온도는 지열펌프의 가장 중요한 요소이다. 우리나라보다 위도의 범위가 넓은 미국은 지표면하 15~50m 지점에 부존된 지하수의 평균온도는 11℃ 정도이며, 이중에서 수온이 7℃ 이상인 지하수는 전체 지하수의 74%나 된다고 한다.
지열펌프의 열원으로 지하수를 사용하는 경우에 1 냉동톤(RT, 또는 간단히 ton이라 한다)당 필요한 유량은 약 3.8~11 *ℓpm*(1~3*gpm*) 정도이다. 따라서 가정용 지열펌프에 필요한 지하수량은 최대로 약 34 *ℓpm*(9*gpm*)규모이면 충분하다(*ℓpm* : liter/분).
우리나라의 경우 강원도일대에 분포된 일부 대석회암층군에 발달된 용천의 온도가 9℃ 정도로 조사된 예가 있긴 하나, 그 이외의 지역에서 일반적인 지하수의 온도는 계절별로 약간의 차이가 있기는 하지만 겨울철에도 13℃ ~ 18℃ 이상이다. 따라서 우리나라는 지열펌프를 적용할 수 있는 최적조건을 구비하고 있다고 할 수 있다. 그러나 지하수가 전혀 산출되지 않는 곳에서도 지중열인 지열을 추출해서 냉난방으로 이용할 수 있다. 지하수의 수온은 10~20℃일 때가 지열펌프의 열원으로 가장 최적조건이다.

6.3 지열펌프의 냉난방주기와 작동원리 및 성적계수(COP)

일반적인 열펌프는 다음과 같은 원리에 따라 작동한다. 즉 공기는 상당한 열에너지를 보유하고 있다. 공기는 온도가 절대온도인 -273℃까지 내려가야만 열에너지가 0이 된다. 따라서 겨울철 실외온도가 -7℃인 경우에 이는 절대온도보다 266℃ 높은 열에너지를 가지고 있다. 또한 여름철의 실외온도가 21℃일 때의 실외공기는 절대온도보다 284℃ 높은 열에너지를 가지고 있다. 열펌프는 짧은 거리에서 열에너지가 높은 곳에서 낮은 곳으로 이송시키는 역할을 하는 장치이다.

6.3.1 지열펌프의 난방주기와 냉방주기

(1) 난방주기(heating mode)

냉매(refrigerant)는 저온에서도 증기화(비등)할 수 있는 액체로서 열펌프의 냉매회로(refrigerant circuit)를 따라 순환한다. [그림 6-1]은 전형적인 난방주기의 모식도이다. 이 그림에서 A지점을 시발점으로 하여 생각해 보자.

① A 지점 : 팽창 밸브를 통과한 A지점에 소재한 냉매는 온도가 매우 낮은 차가운 액상냉매이다. 찬 액상냉매는 지중열 교환기가 설치되어 있는 B지점으로 이동한다.

② B 지점(지중 순환회로와 연결된 증발코일) : 찬 액냉매가 지중 열교환기로 내에서 흐르는 지중 순환수로부터 열을 흡수 추출할 수 있도록 B지점에 소재한 열교환기는 표면적이 매우 넓은

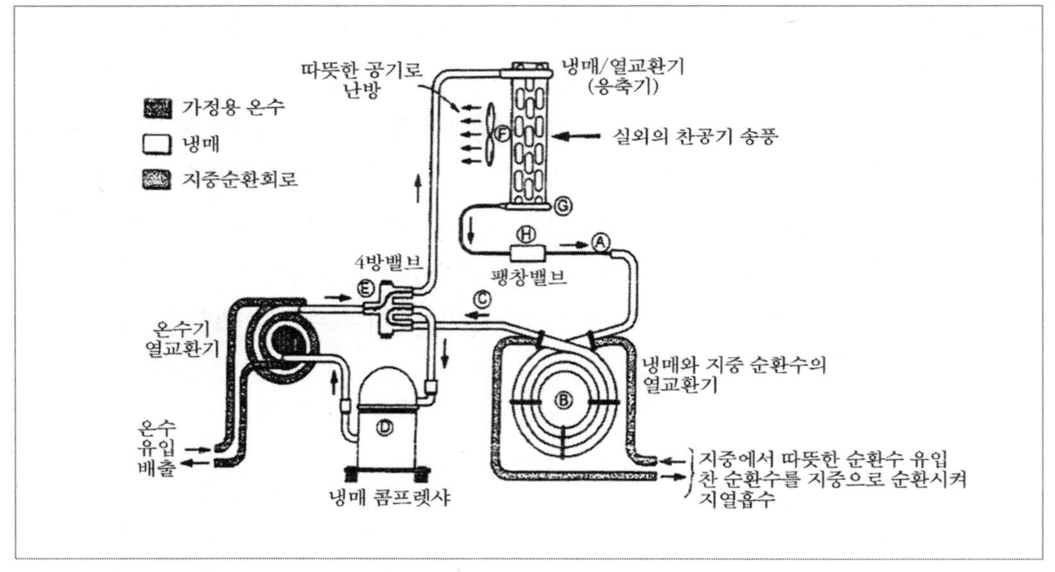

[그림 6-1] 지열펌프 시스템의 전형적인 난방주기 모식도(IGSHPA, 2000)

일종의 열교환 코일(heat exchange)로 이루어져 있다. 이때 액냉매는 지중순환수부터 열을 흡수하여 증기화 한다. 따라서 난방 주기에서 열교환 코일은 일종의 증발코일(evaporator coil)의 역할을 한다. 일반적으로 매체의 相이 변할 때(이 경우 액체에서 증기로 변한다)에는 잠열에 해당하는 많은 열에너지가 방열 또는 흡수된다.

③ C 지점 : 증발코일인 열교환기에서 액냉매가 증기로 바뀌면 온도는 약간 상승하지만 여전히 실내온도를 덥힐 수 있을 정도의 고온의 증기는 아니다.

④ D 지점(콤프레셔) : 이들 증기가 D지점에 도착하면 D지점에 소재한 컴프레서에 의해 압축을 받아 압력이 상승하여 증기냉매의 온도는 90℃~100℃로 상승한다. 즉 컴프레서는 열에너지를 축적시키는 역할을 한다.

⑤ E지점(4-방 밸브) : 컴프레서에 의해 압력과 온도가 상승한 증기냉매는 냉매주기 중에서 4-방 밸브가 소재한 E지점을 통과한다.

⑥ F지점(실내) : F지점은 실내에 소재한 지점이다. 고온・고압의 증기로 바뀐 증기냉매는 F지점에서(실내) 가지고 있던 열을 방열한다. 즉 고온의 증기냉매는 찬 실내 온도 때문에 가지고 있던 열을 추출당하고 실내를 난방시킨다. 이때 송풍기를 이용해서 고온의 증기냉매의 온도가 실내로 이동되도록 한다. 열을 잃은 증기냉매는 온도가 하강함과 동시에 대다수는 응축되어 액상으로 변한다. 이때의 실내코일은 응축코일(condenser coil)의 역할을 한다. 이 경우에 대다수의 증기냉매는 액상으로 바뀌므로 많은 양의 열에너지가 실내로 이송되어 액상냉매의 온도는 하강한다.

⑦ G지점(응축코일) : 상당량의 증기냉매가 액상으로 바뀐 G지점에서는 증기냉매와 액냉매가 공존한다. 이때 냉매는 어느 정도 따뜻한 온도를 유지하면서 난방주기 중 실내코일의 마지막 단계인 H지점으로 이동한다. G지점에서 냉매는 가지고 있던 모든 열을 송풍기에 의해 실내로 추출당한다. 이와 같은 송풍기에 의해 냉매가 응축될 정도로 온도가 급강하하면 결국 증기냉매는 액화한다. 따라서 F나 G지점의 실내코일은 증기냉매를 액화시키는 역할을 하므로 응축코일이라고도 한다. 이때 많은 열이 실내로 빼앗기므로 실내온도는 상승한다(실내난방이 이루어진다).

⑧ H지점(확장 또는 팽창밸브) : 비교적 따뜻한 온도를 유지하고 있는 액상 및 증기냉매(G지점)는 계속 순환하여 확장밸브(metering device 또는 expansion valve)에 도달한다. 확장밸브는 압력을 감소시키는 역할을 하기 때문에 비교적 고온의 액상 및 증기냉매는 차가운 액체로 다시 변하게 된다. 즉 온도가 급강하한 액상냉매는 찬 실외공기로부터 다시 열을 추출할 수 있을 정도로 냉각되어 난방주기를 반복한다(A지점으로 다시 되돌아간다).

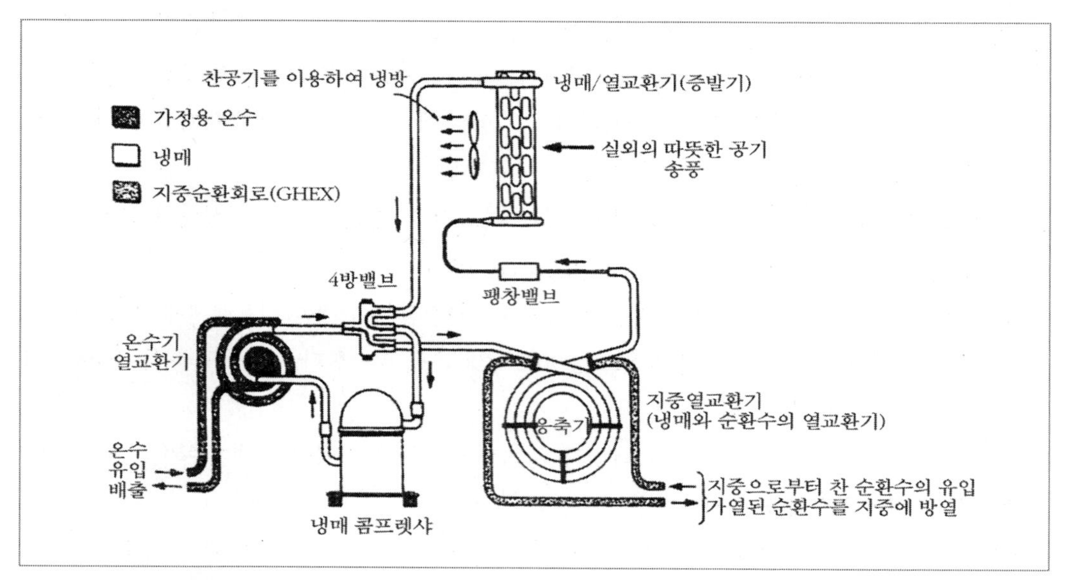

[그림 6-2] 지열펌프 시스템의 전형적인 냉방주기 모식도(IGSHPA, 2000)

(2) 냉방주기(cooling mode)

열펌프의 기타 장점은 여름철에는 이 장치를 냉방용으로 이용한다는 점이다. 대다수의 열펌프는 냉매가 반대방향으로 흐를 수 있도록 하는 4-방밸브 장치가 부착되어 있다. 냉방주기에서는 냉매가 겨울철의 난방방식에 비해 반대방향으로 흐르며, 이로 인해 냉매는 고온의 실내온도를 추출하여 실외로 방열한 후 실내를 냉방시킨다([그림 6-2] 참조).

6.3.2 지열펌프의 작동원리와 기작

지열펌프용 냉매로 사용하는 Monochlorodifluoromethane($CHClF_2$) 또는 R-22와 같은 냉매는 비교적 낮은 온도(-43℃)와 압력 하에서도 쉽게 가열되어 증기화 하는 물질이다. R-22는 일종의 프레온가스류에 속하는 물질이긴 하나 CFC-12와 같은 프레온가스처럼 오존 파괴계수(ozon depletion potential, ODP)가 그리 높지 않은 냉매로서 CFC-12에 비해 ODP는 5%정도밖에 되지 않으며, R-22는 액체로서 그 온도가 매우 낮다. 그리고 열을 받으면 낮은 온도에서 바로 기화하는 물질이다. 지열펌프는 이러한 R-22와 같은 냉매가 지중 순환회로 내에서 유동하고 있는 지중 순환수나 지하수와 간접적으로 접촉 순환할 때 이들로부터 지열을 흡수하거나 방열하면서 필요한 냉난방에너지를 공급하는 장치이다. 지열펌프를 이용한 난방 및 냉방형식을 도시하면 [그림 6-3]과 [그림 6-4]와 같으며 이들 그림에서 진한 색의 ②번 회로는 냉매회로이고 ③번 회로는 지중순환수회로인 지중루프회로이며 ④번 회로는 가정용 온수공급회로이다.

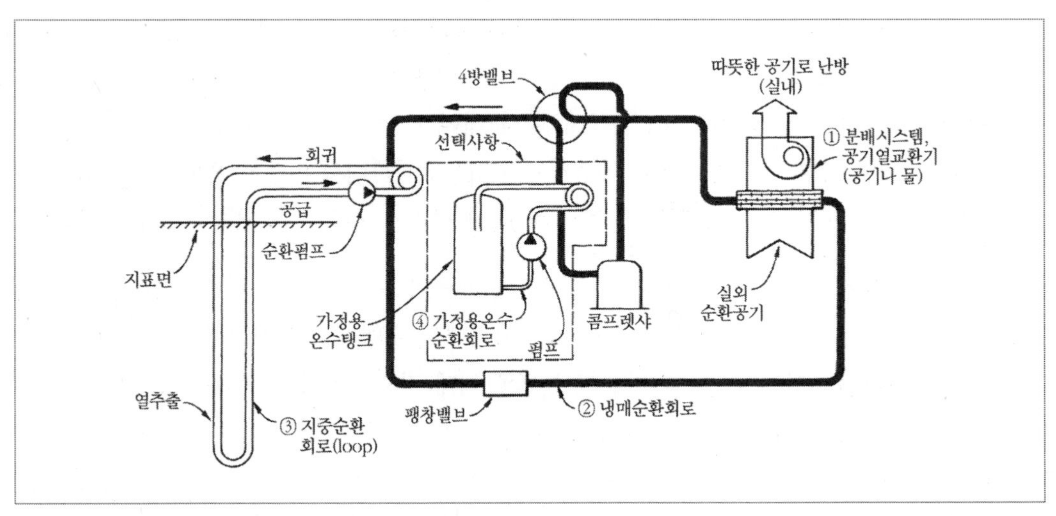

[그림 6-3] 난방-주기시 냉매(R-22)와 지중순환수의 흐름도

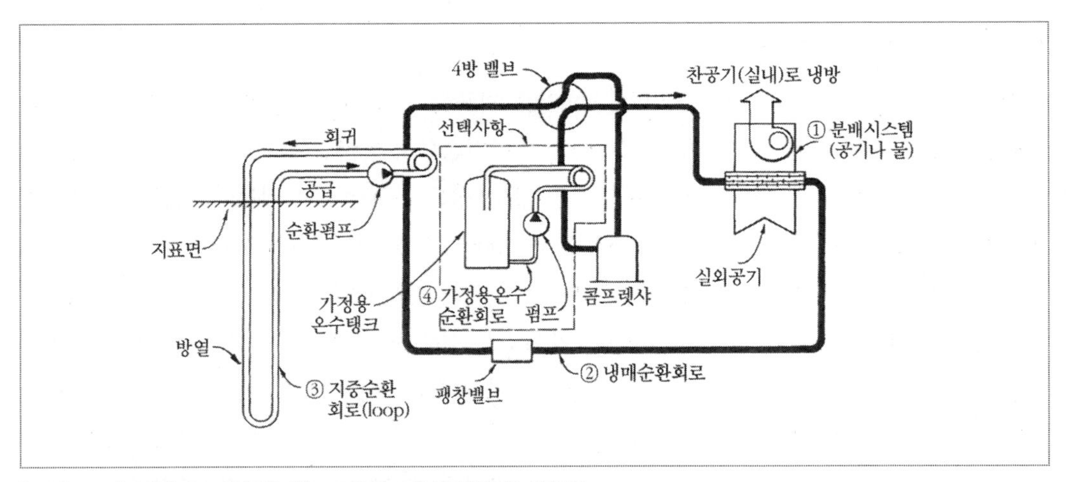

[그림 6-4] 냉방-주기시 냉매(R-22)와 지중순환수의 흐름도

[그림 6-3]의 난방주기를 간략히 설명하면 다음과 같다.

① 순환펌프(circulator)를 이용하여 일정한 온도(13~16℃)를 유지하고 있는 지중순환수를 지열펌프의 열교환기(R-22 heat exchanger)에 통과시키면

② 진열펌프의 열교환기 안에서 화살표 방향으로 흐르는 온도가 낮은 냉매(R-22)는 지중순환수로부터 열을 흡수하여 즉시 증기화 한다.

③ 증기화된 냉매가스는 콤프레셔 안으로 들어가 압력을 받으면 온도가 93~100℃까지 상승한다.

④ 이 뜨거운 냉매가스는 공기분배 시스템인 실내 열교환기(heat exchanger, 그림에서 ①번)를 통과

하면서 실내로 열을 방열하며 방열된 열은 실내온도를 30℃~43℃ 조절하여 난방을 한다.

⑤ 공기기분배 시스템인 실내 열교환기와 송풍기에 의해 열을 빼앗긴 냉매가스는 팽창벨브 (expansion valve)를 통과하면서 온도가 다시 내려가 액체 상태로 변한다.

⑥ 이 냉매는 지열펌프의 열교환기에서 지중열교환기를 통과하면서 일정한 온도를 유지하는 지중순환수(13℃~16℃)로부터 열을 흡수한 후 다시 증기로 바뀌면서 난방주기를 반복한다.

위의 ④에서 방열된 열을 덕트시스템을 통하여 필요한 곳으로 송풍된 후 난방을 한다. 만일 온수를 사용코자 하는 경우에는 컴프레서와 덕트 사이에 온수탱크를 부착한다(그림 6-3).
[그림 6-4]는 여름철의 냉방형식을 나타낸 그림으로 이때 지중 순환수의 흐름경로는 난방과 동일하나 지열펌프 내에서 R-22의 흐름은 [그림 6-3]과는 반대방향으로 흐른다. 즉 하절기에는 실내열을 추출하여 실내를 냉방시키고 실내에서 추출한 열은 지하수나 지중순환회로의 순환수를 통해 지중으로 방열시킨다.

6.3.3 열펌프의 효율

지열펌프의 효율에 가장 큰 영향을 미치는 요인은 지표하 2m 이하(또는 지하수면하 1m 이하) 심도에 분포된 지하수의 연중 온도가 일정하다는 수리지질학적인 사실이다. 미국의 경우 연중 지하수의 온도는 10~15℃ (지역에 따라 약간 차이가 있음) 정도로 일정하기 때문에 이러한 지하수를 열에너지원으로 사용할 때 지열펌프의 운영효율은 300~400% 이상 된다. 우리나라의 경우도 지하수의 연평균 온도가 미국보다 약간 높은 (14+α)℃ 이기 때문에 지열펌프의 효율은 300~400% 이상 될 것이다(대체적으로 천부지하수의 심도별 수온은 천부지중열의 심도별 지중온도와 동일하다).
지열펌프의 효율이 400%이라 함은 전열기를 사용할 때보다 지열펌프를 이용하면 약 1/4 정도의 에너지로도 동일한 양의 열에너지를 얻을 수 있다는 뜻이다. 즉 1KW의 전기에너지를 지열펌프에 적용하면 3~4KW의 열에너지를 지하에서 추가로 추출하여 4~5KW의 열에너지를 사용할 수 있다는 뜻이다.
여름철의 냉방형식의 경우에도 동일한 원리를 적용할 수 있다. 이 경우 일반 에어컨은 여름철에 실내에서 추출한 높은 온도의 열을 대기로 방열시켜 도시의 열섬화를 가속시키나 지열펌프의 경우에는 건물내부에서 추출한 열을 지하수나 땅 속으로 방열하여 저장하기 때문에 도시의 열섬화를 방지함은 물론 겨울철에 이 열에너지를 다시 추출하여 사용할 수 있는 추가 열원이 된다.
전 세계적으로 지하수의 온도는 그 지역의 연평균 대기온도와 거의 비슷하다. 열에너지는 분명히 태양에너지와 지구 내부의 지열 에너지로부터 유래된다. 위도가 낮은 지역일수록 평균기온과 지하수의 평균 온도는 상승한다. 지열은 이러한 태양열 에너지와 지구내부의 지열 에너지로부터 유래된다. 지열펌프의 효율은 난방효율인 성적계수(COP)와 냉방효율인 에너지 소비효율(EER) 등 2가지로 표현할 수 있다. 이러한 2가지 효율은 지열펌프로부터 필요한 열량을 얻기 위해 지열펌프의 컴프레서, 공기송풍용 fan, 및 순환펌프를 작동하는 데 어느 정도의 전력이 소비되었는지를 평가하는 데 사용하는 일종의 에너지 절약지표이다.

(1) 성적계수(coefficient of performance, COP)

열펌프의 성적계수(COP)는 일종의 난방효율로서 필요한 난방용 열에너지를 얻기 위해 지열펌프의 컴프레서, 송풍기(fan), 및 순환펌프(circulator) 등을 가동시키기 위해 사용한 전력에너지로부터 생성된 난방용 열에너지와의 비를 뜻한다. 즉 1KW에 해당하는 전력의 열량(Btu/h 또는 Kcal/h)을 사용하여 어느 정도의 필요한 열에너지(Btu/h 또는 Kcal/h)를 얻거나 제공할 수 있는지를 표현하는 일종의 에너지 절약 지표로서 단위는 일반적으로 무차원이다. COP를 각 단위별로 표현하면 다음과 같다.

$$COP = \frac{\text{생산한 총 열에너지[난방부하열량(Kcal/h)]}}{\text{열에너지를 생산키 위해 투입한전력(KW)}}$$
$$= \frac{\text{생산한 총 열에너지[난방부하열량}(Btu/h)]}{\text{열에너지를 생산키 위해 투입한 총 전력}[KW]}$$

난방시 사용하는 COP를 COP_h로 표기하기도 하며 SI Unit로 COP를 표현하면 다음과 같다.

COP_h = 신규로 생성 또는 제공된 난방부하 열량(KW) ÷ 소비전력(KW)
= 신규로 생성 제공된 난방부하열량(Kcal/h) ÷ [소비전력(KW)× 860Kcal/h/KW]

1KW의 전력을 전열기에 흐르게 하면 전열기에서 저항에 의한 손실이 없다고 가정할 경우에 생성되는 열에너지는 거의 100%에 가까운 1KW(860Kcal/h)가 된다. 이 경우 COP는 1이다. 일반적으로 에너지원으로 여러 종류의 화석연료를 사용하는 데 전력과 화석연료의 난방효율을 비교 해보면 다음 표와 같다.

[표 6-2] 전기와 화석연료의 COP

열원	COP
전 기	1
천연가스	0.8
석 유	0.7
석 탄	0.6

따라서 화석연료를 위시하여 모든 물질은 COP가 1 이상 되는 물질은 없다. 그러나 지열펌프에 10KW의 전력을 투입하면 이로부터 생성되는 열에너지는 사용하는 지열펌프의 종류에 따라 약간의 차이가 있긴 하나 대체적으로 30~40KW 이상이다. 즉 성적계수는 3~4이상 된다는 뜻이다. 따라서 이 세상에서 개발된 열장치 중에서 투입된 에너지원보다 많은 양의 열에너지를 생산하는 시스템은 지하수열펌프를 포함하여 지열펌프시스템밖에 없다. 그 이유는 지열펌프는 땅 속에 저장되어 있는 천부지열을 추출하여 추가로 이용하기 때문이다.

지열펌프는 지중 열교환기인 지중 순환회로(loop) 내에서 물을 순환시키기 위한 소규모 순환펌프 동력과 컴프레서와 송풍기(fan)를 가동하기 위해서 사용하는 소규모의 동력 이외에는 직접 열에너지를 생성시키기 위해서 전력을 사용하지는 않는다.

지열펌프는 최소의 기계작동에 필요한 동력을 이용하여 지하에 부존된 열에너지를 추출한 후 이를 지열펌프를 통해 온도를 상승시킨 다음, 각종 냉난방 및 산업용 열에너지를 만드는 장치이다. 환언하면 지열펌프를 매개체로 하여 지열을 냉난방용으로 변환시키는 장치이다.

따라서 지열펌프는 공해유발 물질인 화석연료를 전혀 사용하지 않으며 단지 열펌프를 작동시키기 위해 소규모 전기적인 동력만 사용하면 된다. 그렇기 때문에 지열펌프는 친환경적인 열에너지 생성장치이다.

(2) 냉방효율 또는 에너지 소비효율(engergy efficiency ratio, EER 또는 COPc)

지열펌프는 추운 겨울철에는 난방용으로, 무더운 여름철에는 에어컨처럼 냉방용으로 사용할 수 있다. 에너지 소비효율 또는 냉방효율이란 필요한 냉방열 에너지를 얻기 위해 지열펌프의 컴프레서, fan 및 순환 펌프를 가동시켰을 때 소비된 전력 에너지와 이로 인해 생성된 열에너지와의 비를 의미한다. 즉 EER은 1KW의 전력을 사용했을 때 얼마만한 열량을 얻을 수 있는지를 나타내는 지표이다. 냉방효율인 에너지 소비효율을 Btu/h.W, Kcal/h.W 및 Watt/Watt 등 사용하는 부하열량의 단위에 따라 다음과 같이 여러 가지 단위로 표현할 수 있다.

$$EER = \frac{\text{냉방부하열량}(Btu/h)}{\text{소비전력}(Watt)} = \frac{\text{냉방부하열량}(Kcal/h)}{(KW) \times 1000W/KW}$$

냉방효율인 에너지 소비효율은 Btu/h/W/Watt 대신 다음과 같이 Watt/Watt와 같은 무차원으로 표현하기도 한다.

예 6-1

Florida Heat Pump 사의 EM-360 열펌프는 입구온도(EWT)=10℃ 일 때 해당 지열펌프의 냉방부하는 123,670Kcal/h(490,836Btu/h 또는 143,855Watt)이고, compressor와 송풍기 가동에 필요한 전력은 24,328Watt이다. 이를 각 단위별 EER로 환산하면 다음과 같다.

① British Unit : 490,863/24,328= 20.2 Btu/h · w SI unit와의 비 : (3.968)
② SI Unit : 123,670/24,328=5.08 Kcal/h · w 비 : (1.0)
③ 무차원 : 143,855Watt/24,328Watt=5.91 SI unit와 : (1/0.86=1.163)

이상과 같이 EER의 단위는 Btu/(h · W), Kcal/(h · W) 또는 무차원으로 표현할 수 있고, Kcal/h · w로 표현한 EER을 1이라 할 때 Btu/h · w표현한 EER은 3.968배, 무차원으로 표현한 EER은 1/0.86=1.163이 된다. 또한 COP와 EER의 관계는 다음과 같다.

① British Thermal Unit를 사용하는 경우

$$1{,}000 \times EER = 3{,}412 \times COP$$

$$\therefore\ EER = 3.412 \times COP \qquad \text{단위 : Btu/(h · w)}$$

② SI Unit를 사용하는 경우

$$1{,}000 \times EER = 860 \times COP$$

$$\therefore\ EER = 0.86 \times COP \qquad \text{단위 : Kcal/(h · w)}$$

British Thermal Unit로 표현한 지열펌프의 $(EER)_{Btu/h}$은 일반적으로 10~25이다.

6.3.4 지열펌프의 열원으로서 지하수

물은 지구상에 존재하는 물질 중에서 열을 가장 많이 저장 · 운반하는 물질이다. 단위질량당 온도를 1℃ 상승시키는 데 필요한 열에너지를 비열(specific heat)이라 하며, 물은 비열이 가장 높다.

땅 속에 부존되어 있는 지하수는 해당지역의 지중에 존재하는 지열 때문에 그 온도는 해당 지역의 지열온도와 동일하게 되면서 열에너지(지열)를 저장하게 된다. 그러므로 지하수 이용은 바로 지열 에너지를 이용하는 것과 동일하다. 즉 땅 속의 지열을 지하수라는 매체를 통하여 간접적으로 사용할 수 있다는 뜻이다. 과학자들은 지하수 내에 저장된 열에너지를 지열교환기(GHEX)를 통해서 간단히 추출할 수 있는 기술을 개발하였다. 그러면 지하수가 지니고 있는 지열로부터 추출할 수 있는 열에너지를 간단히 계산해 보자.

예 6-2

37.8ℓ/분(10 gpm)의 지하수를 채수하여 수온을 5℃(9°F) 낮출 때 시간당 추출 가능한 열에너지?

CGS 단위로 표현 : 37.8ℓ/분× 5℃ × 60분/h× 1Kcal/h/ℓ =11,340Kcal/h).
British 단위로 표현 : 10 *gpm* × 9°F × 60분/h × 8.34 *Btu/h/gal* =45,036 *Btu/h*

이와 같은 관계를 이용하여 지하수로부터 추출해 낼 수 있는 열량을 쉽게 계산할 수 있다.

지하수를 지열펌프의 열원으로 이용하는 가장 큰 이유 중의 하나는 지하수는 계절에 무관하게 연중 수온이 일정하기 때문이다. 즉 열원이 다른 지중열에 비해 연중 안정적으로 일정하기 때문이다.
건물의 냉난방용으로 사용하는 실내온도를 실내 설계온도(design temperature)라 하며, 일반적인 실내 냉난방설계온도는 [표 6-25]와 같이 평균 20~26℃ 규모이다.
실내 설계온도를 지속적으로 유지할 수 있도록 하기 위해서는 열에너지의 공급원인 지하수나 해당지역의 천부지열이 연중 일정한 온도를 유지하고 있는 경우가 가장 좋은 조건이다. 따라서 연중 온도가 일정한 지하수가 이 조건을 가장 양호하게 충족시켜주는 열원이다.
주택의 실내 온도기준은 실내 권장값으로 평가한다. 일본의 경우 실내설계온도 기준으로 사용하는 실내온도 권장값은 [표 6-25]와 같다.

6.3.5 지열펌프의 장단점

위에서 설명한 지열펌프의 장점을 열거하면 다음과 같다.

① 여러 종류의 연료(화석연료, 전기 등)와 기기가격 및 유지관리비 등을 비교해 본 바 지열펌프는 기존의 냉난방법에 비해 운영비를 최소 50~70% 절감시킬 수 있는 가장 경제적인 냉난장치이다.
② 화석연료를 사용치 않으므로 친환경적인 청정에너지이며, 위생적인 에너지이다.
③ 1개 장치로서 냉난방을 동시에 실시할 수 있으며 장치가 단순하다.
④ 실내 습도를 조절가능하며, 소음이 적고 쾌적성이 뛰어난 장치이다.
⑤ 내구 연수가 약 25년(미국 냉난방협회(AHSRAE))으로 길다.
⑥ 지열을 이용하기 때문에 에너지원(source)이 무한대이다.
⑦ peak 전력을 감소시킬 수 있다.

- 지열 펌프는 전력의 피크시간을 완화시킬 뿐만 아니라 전기소비량을 감소시킬 수 있기 때문에 우리나라를 위시한 선진국들은 지열펌프를 사용하는 기업 또는 개인에게 정부의 에너지정책 일환으로 제정적인 보조를 하고 있다.

⑧ 지열펌프의 적용가능 분야는 다음과 같이 다목적이다.
- 개인주택, 학교, 교회, 아파트단지, 사무실용 B/D의 냉난방용, 군부대 막사
- 수영장의 온수 및 목욕탕의 온수공급, 3C-store(combination gas station, convinience store, car wash)
- 개인주택 및 아파트의 바닥난방
- 창고의 냉난방
- 온실, 양어장의 수온조절
- 야외주차장, 도로 밑에 설치하여 도로의 동결방지, 골프장의 그린과 클럽하우스

⑨ 지열펌프 이용 시 유지비 절감효과는 다음과 같다
- 지열펌프를 이용하면 유지비 절감효과가 크며, 각종 난방비에 비해 매우 저렴하다.
- 지열펌프는 석유난방비의 28% 정도이고
- 전기난방비의 35%
- 천연가스 난방비의 41%
- 공기 대 공기 열펌프 이용 시 소비되는 난방비의 48% 정도이다.

이에 비해 단점은 다음과 같다.

① 초기투자비가 공기원열펌프에 비해 다소 높으나 냉난방 겸용으로 이용할 수 있다.
② 그러나 지열펌프는 정부의 지원만 있으며 3~4년 이내에 초기투자비를 회수할 수 있는 경제적인 설비이다.

6.4 지중 온도와 지하수 온도

6.4.1 지표면의 열수지

일반적으로 지구시스템 내에서 열에너지는 다음과 같은 3가지 방법으로 전달된다.

① 전도(conduction) : 열이 고체인 암석이나 다른 고체 내에서 상(相)은 변하지 않고 이동 전달되는 현상. 예, 뜨거운 냄비는 금속 손잡이를 따라 열이 전달되는 데, 이때 뜨거운 '물질'은 이동하지 않는다.

② 대류(convection) : 뜨겁고 밀도가 낮은 물질이 위로 상승하여 냉각되면서, 차가워진 물질이 측방이나 하향으로 유동하는 열흐름(convection current)에 의해 열이 전달되는 현상
③ 복사(radiation) : 열이 기체나 액체 혹은 진공을 통해 전달되는 현상. 열에너지는 항상 그 근원이 되는 열원이 소제해야 한다.

지구는 태양, 지구내부의 열과 조수와 같은 3가지의 에너지원이 있다. 매년 5.5×10^{24} joule의 태양열 에너지가 지구표면에 복사되며, 이 가운데 34%는 먼지나 지표면에서 직접 반사되어 단파장의 형태로 우주공간으로 되돌아가고, 19%는 대기에 흡수되며, 잔여 47%는 해면이나 육지 표면에 흡수 저장된다(그림 6-5).
지중에 흡수 저장되는 태양복사열 가운데 23%는 수증기의 잠열로, 잔여 24%는 전도, 대류 및 복사되어 대기로 이동한다. 따라서 지구표면은 태양으로부터 흡수되는 열과 방사되는 량이 균형을 이루어 일정한 온도를 유지한다. 특히 대기가 직접 흡수한 19%의 태양복사열과 지중에서 전달된 47%의 합인 태양복사열 중 66%는 장파장의 형태로 우주공간으로 되돌아간다.
뿐만 아니라 대기공간에서도 흡수된 열과 방사된 열량이 서로 균형을 이루어 대기권도 일정한 온도를 유지한다. 이러한 내용은 1년간 평균치로서 태양복사열은 하루사이에도 밤과 낮, 계절별로는 여름과 겨울에 따라 달라진다. 복사열이 강한 시기에는 지표면에 흡수되는 태양복사열이 크고 온도는 높아진다.

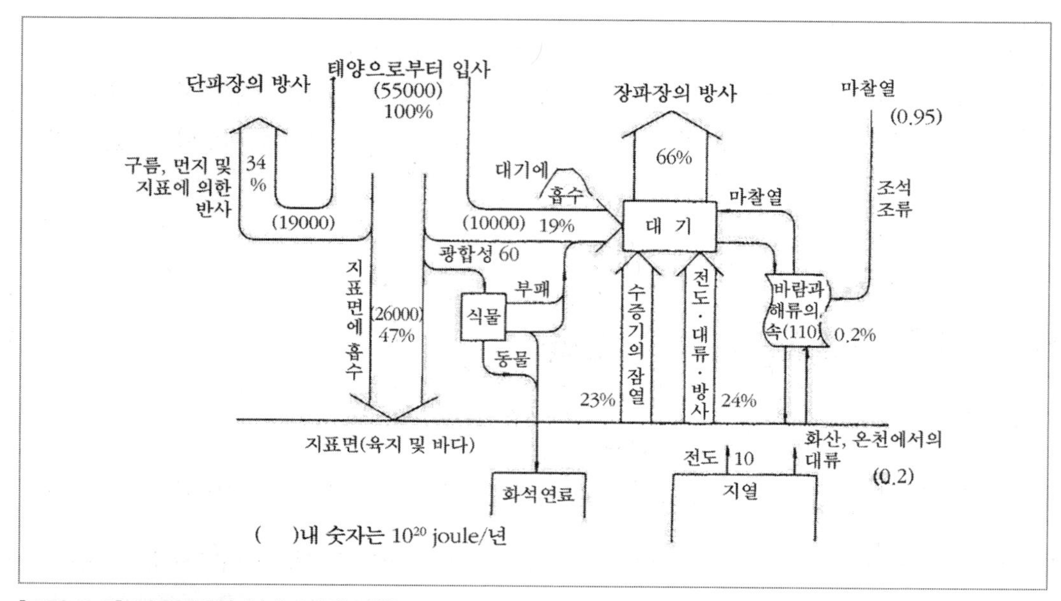

[그림 6-5] 지표면에서 열에너지의 평형

즉 열에너지는 지표면에서 지중으로 흐르게 된다. 반대로 지표면에서 우주공간이나 대기로 되돌아가는 열에너지가 태양복사열 에너지보다 클 때에는 지표면온도가 내려가고, 이로 인해 열은 지중에서 지표면으로 흐르게 된다. 그러나 지중으로 유입, 유출되는 열을 하루 또는 1년 주기로 평균해보면 보통의 일반 지역에서는 열의 유출입이 비슷해진다. 따라서 지표면에서 흡수되는 열과 지중에서 지표면으로 유출되는 열의 비율은 변하지 않고 일정하다고 할 수 있다. 그러나 1년간을 평균해보면 약간이기는 하지만 지중에서 지표로 유출되는 열량이 조금 크다. 이 양은 일반지역에서 40~50cal/h.m 정도이며 이를 지열유량이라 한다. 국내에 분포된 각종 암석의 지열유량과 열전도도는 [표 6-3]과 같다.

[표 6-3] 국내 분포 암종의 지열유량과 열전도도

암종	지열유량(cal/h/m^2)	열전도도(kcal/h·m·℃)
화강암	52 - 80	1.7 - 3.1
화강섬록암	34 - 60	1.9 - 2.6
반려암	40 - 50	1.4 - 2.0
편마암	43 - 59	2.3 - 3.8
흑운모편암	31	1.5
석회암류	48 - 108	2.1 - 4.5
흑색사암	34 - 44	1.7 - 1.9
규장암	118	4.8
점판암	44	1.9

지열 이상대의 지열유량은 일반지역에 비해 큰데, 그 대표적인 예가 온천이나 증기가 분출되는 지역이다. 이 경우에 지표면의 온도는 상승하고 이에 따라 전도, 대류, 복사에 의하여 대기 속으로 이동하는 열도 증가한다. 그러나 지열 이상대 지역에서도 지표면에서 열유출은 평형을 이루고 있다.

6.4.2 지중 온도의 일(日) 및 연(年)간 변화

낮 동안에 지표면은 태양복사열을 받아 가열되고 야간에는 냉각된다. 즉 지표면 온도는 하루를 주기로 하여 변동할 뿐만 아니라 1년을 통해 보더라도 여름철에는 상승하고 겨울철에는 하강한다. 이와 같이 지표면온도가 주기적으로 변하며 이에 따라 지중온도도 주기적으로 변하게 된다. 일반적으로 단순화시킨 1차원 열전도 모델의 지배식은 (6-1)식으로 표현할 수 있다.

$$\varphi \cdot C\frac{\partial T}{\partial t} = \frac{\partial}{\partial z}\left(K\frac{\partial T}{\partial z}\right) \tag{6-1}$$

윗식의 해를 구하기 위하여 지표면온도 변화를 Fourier 급수해로 표현해 보자. 즉 지표면을 범위가 무한대인 평면으로 가정하고 지표면 온도($T_{z=0}$), 지중온도 진폭(A_S), 년 주기(365일), 위상 및 평균온도(T_M) 사이의 관계는 다음 식과 같다.

$$T_{(z=0,t)} = T_M + \sum A_s \cdot \sin(n\omega t + \varepsilon_0) \qquad (6\text{-}2)$$

여기서 ω=2π/T=2π/365일로서 각주기, A_s는 온도진폭, ε_o는 위상이다.

지금 지중온도가 오래전부터 주기적으로 변동되고 있다고 가정하면, 지표면에서 심도 z가 되는 지점의 지중온도 T는 다음 식으로 표현할 수 있다.

$$T(z,t) = T_M + \sum_{n=1} A_s \cdot \exp\left\{-z\sqrt{\frac{\pi\omega}{2\alpha}}\right\} \cdot \sin\left\{n\omega t - \varepsilon_n - z\sqrt{\frac{n\omega}{2\alpha}}\right\} \qquad (6\text{-}3)$$

$$\left\{\ T(z,t) = T_M + \sum_{n=1} A_s \cdot \exp\left\{-z\sqrt{\frac{\pi}{365\alpha}}\right\} \cdot \cos\left\{\frac{2\pi}{365}\left(t - \varepsilon_n - \frac{z}{2}\sqrt{\frac{365\alpha}{\pi}}\right)\right\}\ \right\}$$

여기서 α : 지중열확산계수 = k/(C · φ)

φ : 지중매체의 밀도

ε_n : 위상

K : 열전도도, T=365일

C : 비열이다.

(6-2)식의 물리적인 의미는 다음과 같다.

① 지중온도의 변동주기는 지표면 온도의 변동주기와 같다.

② 심도가 깊을수록 지중온도의 변화폭은 감소한다.

③ 온도변화주기가 클수록 진폭감소율은 적어지고, 온도변화는 깊은 곳까지 영향을 미친다.

④ 심도 z지점에서 지표면의 위상(位相)이 지연되는 시간은 $\left\{\frac{z}{2}\sqrt{\frac{365}{\pi\alpha}}\right\}$이며 z에 비례한다.

이상에 언급한 내용은 지표면의 온도변화가 하나의 정현함수로 표현 가능할 경우의 결과이지만 실제로는 Fourier 급수로 나타난다. 이 경우에도 ①~④의 조건은 변하지 않는다.

②에서 언급한 바와 같이 지표면 온도 변화는 z가 증가할수록 감소하고, 지표하 0.5m 이하 지점에서는 일(日)간 온도변화가 거의 사라진다. 한편 연간변화는 어떤 특정심도에 도달하면 지중온도는 거의 일정하게 된다([그림 6-6] 및 [그림 6-7] 참조).

(6-3)식으로부터 유추할 수 있는 바와 같이 1주간 동안의 평균 지중온도는 T =T_M이 되지만 지중온도를 1년간 동안 평균해보면 심도에 관계없이 변하지 않아(일정하여) 지표면온도의 연평균치는 같아진다.

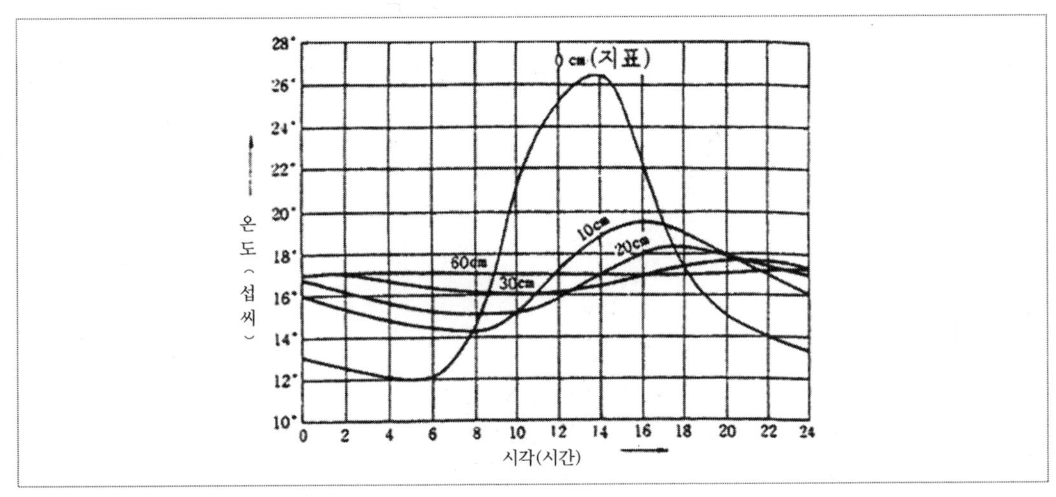

[그림 6-6] 일별 지중온도의 변동

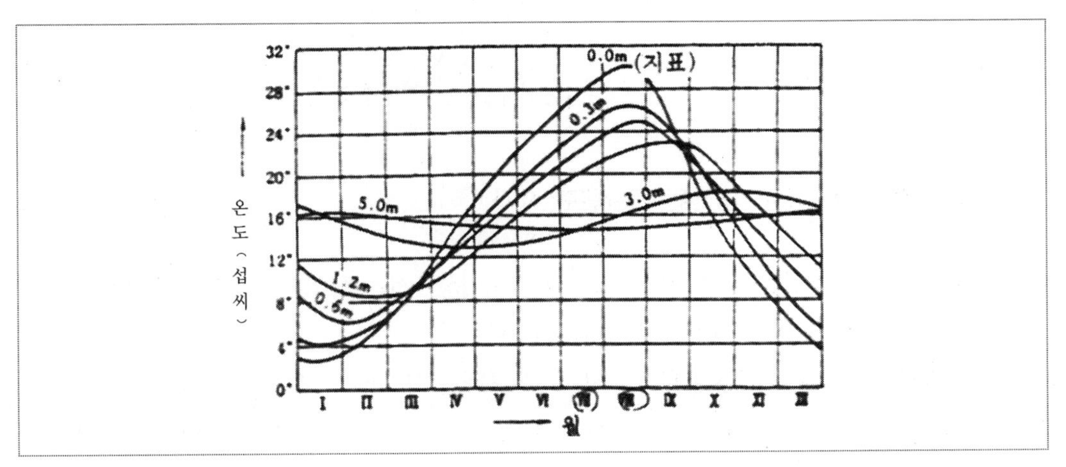

[그림 6-7] 월별 지중온도의 변동

6.4.3 항온대(항온층)

지표면하 특정심도 이하에서는 지중온도가 연중 거의 변하지 않는 일정한 온도를 유지하는데, 이 심도 또는 지층을 항온대 혹은 항온층이라 한다. 항온층의 심도(깊이)는 지표면온도의 변화폭(진폭)이 적을수록 얕아진다. 일반적으로 함수비가 큰 토양/암석은 항온층이 얕고, 반대로 함수비가 낮고 건조한 토양/암석에서는 항온층이 깊다. 강수량이 많은 적도 부근에서는 항온대가 지표하 1m 심도에 발달되어 있다고 보고된 바 있으나 건조한 열대지방의 항온대는 지표하 6m 이상이며 온대지방의 항온층은 지표하 수10m 심도에 발달되어 있다. 따라서 항온층이하 심도

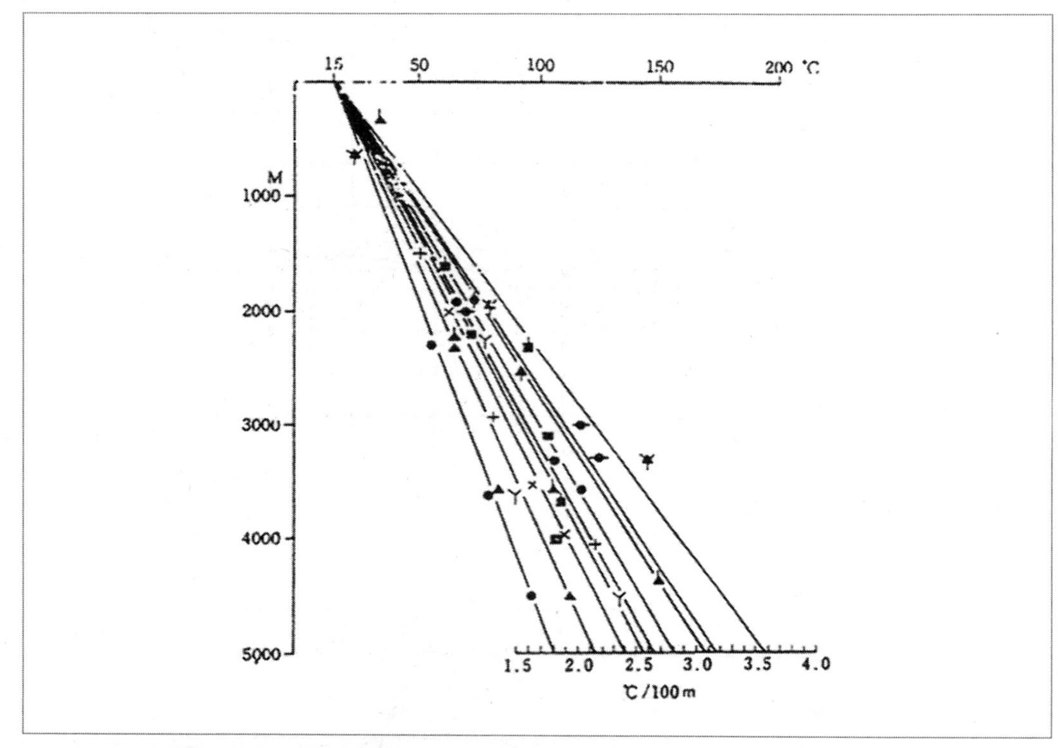

[그림 6-8] 일본의 石水平野의 지온구배(석유자원(주) 자료)

에서 지중온도는 연간 일정하지만 어느 정도의 심도이상에서는 심도가 깊어질수록 지중온도는 점차 증가하는데, 이를 지온구배(지온증가율)라 한다.

[그림 6-8]과 같이 일본의 石水平野 지역의 지온구배는 100m당 약 1.8~3.6℃ 이다.

일반적으로 국내에서 지열이상대가 아닌 일반지역에서 지온구배는 100m당 약 1.6~3℃ 이며 지열이상대에 속하는 강원도 속초시 장사와 충남 예산 덕산에서는 각각 7.61~8.35℃/100m에 이르며, 지열이상대가 아닌 경북 금릉 부하와 전북완주 운주지역에서는 각각 1.6~1.61℃/100m 정도이다. 국내의 평균 지온구배는 약 2.5℃/100m이다. 이와 같이 지온구배가 지역마다 다른 이유는

① 지중에서 지표로 흐르는 지열유량이 서로 다르고

② 토양/암석의 열전도율이 서로 다르기 때문이다.

6.4.4 지중 온도와 지하수 온도와의 관계

대수층과 대수층 내에 포장되어 있는 지하수 사이에는 열적평형을 이루고 있다. 따라서 지하수

의 수온과 지하수가 포장되어 있는 지역의 지중온도는 서로 같다. 다음 절에서 언급한 바와 같이 지중온도가 변하는 구간에 포장된 지하수는 지중온도와 함께 일간 및 연간으로 변화한다. 다만 지하수를 포장하고 있는 포화 다공질층은 건조한 비포화 다공질층에 비해 열전도도(K)가 크고, 역확산율(α)이 적어 온도변화폭인 진폭(ΔT)은 적어지며 온도변화에 미치는 깊이도 얕아진다. 지중온도와 지하수의 수온은 위도와 고도에 따라 달라진다.

천부 지하수의 수온을 측정할 때 얕은 우물의 지하수면 부근에서 측정한 지하수의 온도는 대기와 접해있는 지하수의 온도이므로 실제 지하수의 온도와는 다르다. 따라서 실제 지하수의 수온은 자분하거나 지하수를 채수하면서 측정한 온도이거나 지하수면하 충분한 깊이에서 측정한 온도여야 한다. 즉 우물 내에서 측정한 지하수의 평균온도는 실 평균지하수온보다 다소 낮다. 특히 유동하는 천층 지하수는 지중온도가 지하수의 온도에 영향을 미치기 때문에 유동형태에 따라 복잡한 지중온도 분포를 나타내기도 한다.

6.4.5 대기 온도와 지하수 온도와의 관계

지중온도와 지하수의 온도는 일간 또는 연간변화를 하고 특정심도에 분포되어 있는 지하수의 온도는 지표면온도나 지하수와 접하고 있는 대기의 온도와는 현저히 다른 온도분포를 보인다. [그림 6-10(a), (b), (c)]는 우리나라의 1개 기상관측소에서 지표하 5m 심도에서 측정한 지중온도로서 일반적으로 11~12월경에 최고치에 달하고 4~6월경에 최저치에 도달한다. 또한 이 시기의 지중온도와 지표면 온도와의 차이는 최대가 된다. 이와 같은 현상은 국내에 기 설치된 관측정에서 시기별로 측정한 지하수온의 경시별 변화에서도 잘 나타난다. 국내 지하수는 강수발생 후, 서서히 수위가 상승하여 풍수기말에 최고치에 도달한 후, 다시 서서히 하강하기 시작하나 지하수의 수온은 그 반응시간이 지하수위 변동과는 달리 상당히 지연되어 나타난다. 즉 지하수온의 시계열별 변화는 대수층의 종류, 암종, 고도 및 위도에 따라 현격한 차이가 있다. [그림 6-9(a)]는 국가지하수관측망 가운데 전라남도 나주시 도송관측정에서 1997년 1월부터 2002년 12월말까지 7년동안 K-Water의 지하수정보센터가 측정한 경시별 지하수위와 지하수온도 변동 및 나주시의 대기온도 변화를 도시한 그림으로서 대표적인 암반지하수의 경시별 지하수위와 지하수온도의 변동곡선이다. 이 그림에 의하면 나주시 도송지역에 분포된 암반지하수의 연중 변화폭은 1℃ 이내이며 7년간 암반지하수의 온도변동은 연주기변동 외에는 거의 일정하다. [그림 6-9(b)]는 경상남도 진해시 자은에 설치된 충적층 국가지하수관측망에서 측정한 경시별 지하수위, 지하수의 온도 및 대기온의 변동곡선으로서 연간 지하수온도의 변호폭은 약 2℃ 규모이다.

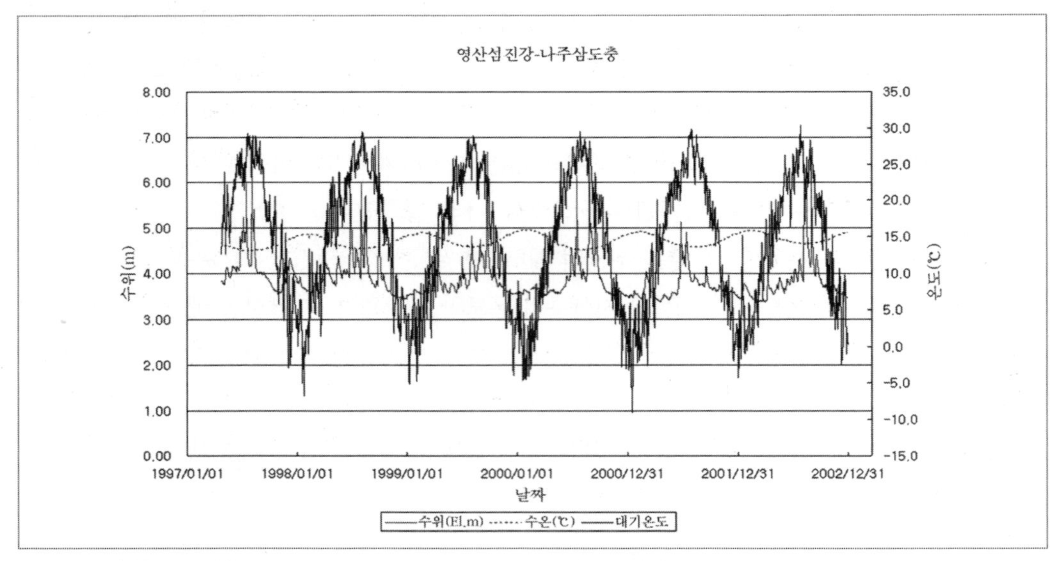

[그림 6-9(a)] 국내 대표적인 암반지하수의 경시별 지하수온의 변동(나주, 도송)

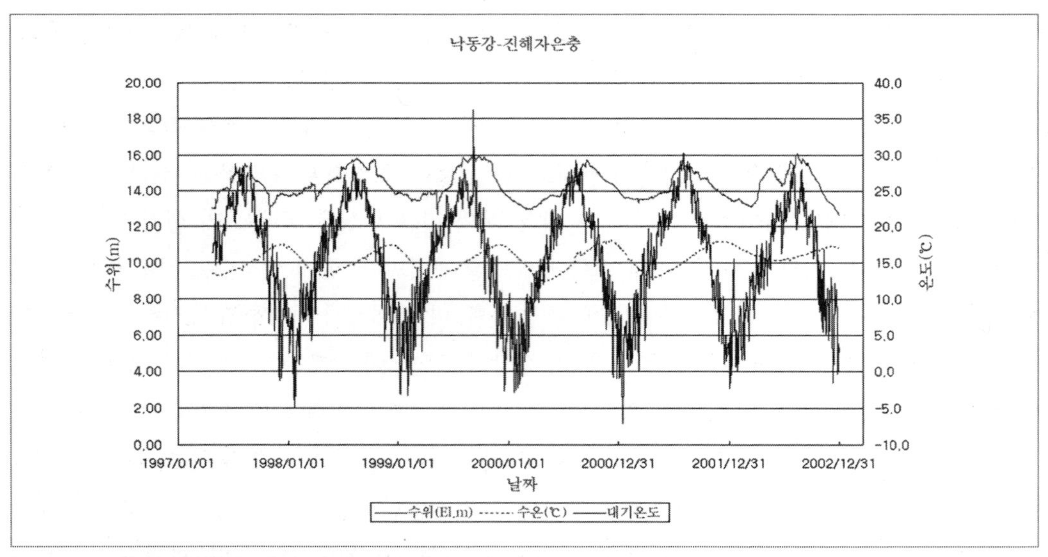

[그림 6-9(b)] 국내 대표적인 충적층 지하수의 경시별 지하수온의 변동(진해, 자은)

지중온도와 지하수온도의 연 평균값은 보통의 토양/암석에서는 심도에 따라 거의 변하지 않고 일정한 값을 보인다.

한국의 연평균 지표면온도는 연평균 대기온보다 1~4℃ 정도 높다. 예를 들면 2월달의 지표면하 5m 심도에 부존되어 있는 지하수의 온도는 대기온에 비해 지표면 온도와의 차이에다 1~4℃를 더한 만큼 높다.

6.5 남한의 천부 지중 온도와 지하수 온도의 경시별 변동특성

전국적으로 소재한 56개 기상관측소에서는 1981년부터 일별로 대기온과 지표면온도 및 지표하 0.05, 0.1, 0.2, 0.3, 0.5 및 1m 하부지점의 지중온도를 주기적으로 측정하고 있으며 이중 17개소는 지표하 1.5, 3 및 5m 하부 지점의 지중온도를 주기적으로 측정했거나 현재까지 측정하고 있다. 국내 천부 지중온도는 일 및 년 주기 단위로 정현함수의 형태로 변동한다. 이는 하절기에 지하로 침투하는 다소 높은 온도를 가진 강수가 지중으로 침투할 때 비포화대 내에서 침투수의 흐름양태와 지중토양의 열전달 특성, 기타 위도, 지질과 고도에 따라 지중온도의 연주기 변화진폭과 위상지연시간이 서로 다르기 때문이다.

즉 경시별 국내 천부 지중온도 변화특성은 비포화대 내에서 침투수의 이류와 확산현상 및 비포화와 포화대 구성물질의 열적특성에 따라 좌우된다. 특히 토양의 함수비와 지중온도의 변화는 지중토착 미생물의 활동과 식생 및 토양생성기작에 중요한 요인으로 작용하기 때문에 1960년대부터 농업기상분야에서 천부토양의 열적특성 연구가 활발히 진행되고 있다.

건설교통부는 1995년~현재까지 전국을 대상으로 총 348개소에 국가 지하수관측소를 등분포 형태로 설치하여 전국에 부존된 충적층과 암반지하수의 일별, 계절별 지하수의 수위, 수온 및 전기전도도의 변동상태를 자동측정하고 있으며, 추후 이를 530개소로 확장할 예정이다. 현재 운영하고 있는 국가 지하수관측소는 1개 관측소별로 암반지하수 관측정과 충적층-관측정을 동시에 운영하고 있다.

최근에는 연중 비교적 일정한 온도를 유지하고 있는 국내 천부지온과 천부지하수의 열에너지(수온)를 지열펌프 시스템의 청정재생에너지(renewal energy) 열원으로 이용하려는 기업체들이 늘어나고 있는 추세이다. 이 절에서는 국내 천부지열의 대표적인 형태인 천부지중열과 천부지하수온의 경시별 변동유형, 지역별, 고도별, 위도별 및 지질별특성, 연평균온도의 분포상태, 연주기 변동특성 등을 규명하여 지중열교환기 설계시 기초자료로 활용할 수 있도록 하였다. 국가지하수관측소 가운데 암반-지하수관측정과 충적층-지하수관측정의 평균심도(중앙값)는 각각 10m와 70m이다. 암반지하수의 온도는 지표하 20~50m 구간에 설치한 자동온도 검층기를 이용하여 4회/일의 빈도로 측정한 공내온도로서 이 심도는 해당지역의 지하수면하 약 15.5m 지점이다. 이에 비해 충적층 지하수의 온도는 지표하 5~15m 하부지점에 설치한 동일한 온도검층기를 이용하여 4회/일의 빈도로 측정한 공내온도로서 이 심도는 해당지역의 지하수면하 평균 5.14m 하부지점이다. 따라서 충적층지하수의 온도는 현제 기상관측소에서 측정하고 있는 지표하 5m 지점의 지중온도와 유사하며 암반지하수의 온도는 엄격한 의미에서 관측정 내에서 지하수의 수직온도구배에 의한 수직순환의 영향을 받은 지표하 15.5m 지점에서의 포화대의 평균화된 천부온도이다.

6.5.1 천부 지중온도의 변동특성

국내 기상관측소 가운데 지표하 5m지점에서 일별로 측정한 지중온도 자료가 가용한 관측소는 [표 6-4]와 같이 17개소이다. [표 6-4]에서 제시된 바와 같이 지표하 5m 심도의 월평균 최고온도 출현시기(월)는 대기온이나 지표면 온도가 가장 높은 8월이 아니라, 3~4개월 이후인 10~11월이며, 월평균 최저온도 출현달은 4~5월이 대종을 이루고 있다.

[표 6-4] 국내 기상관측소 가운데 지표하 5m 심도에서 측정한 월평균 최저, 최고 지중온도와 그 출현월 및 월평균 지중온도

지역	암종	월평균 지중온도와 최저, 최고 온도 및 출현월				연평균 지중온도(℃)	위상지연 기간(개월)	연평균 지하수온도(℃)
		최저온 출현월	평균최저 온도(℃)	최고온 출현월	평균최고 온도(℃)			
춘천	화강암	5	14.03	11	17.79	15.8	4	16.2~16.4
강릉	〃	5	11.74	11	16.73	14.2	4	12.5~12.7
서울	〃	5	12.01	10	17.46	14.8	3	14.1
인천	〃	5	12.53	11	16.84	14.7	4	13.1
울릉도	화산암	6	11.98	12	14.45	13.2	5	
수원	화강암	5	12.15	11	16.12	13.9	4	13.3
울진	〃	5	11.82	11	16.3	14.0	4	12.8
청주	〃	5	12.74	11	16.98	14.8	4	
대전	〃	5	12.66	11	17.24	14.9	4	15.6~16.5
포항	제3계	5	14.59	11	18.28	16.4	4	14.5~14.8
대구	퇴적암	4	12.92	10	17.64	15.3	3	15.0~16.1
전주	안산암	5	12.66	11	17.08	14.9	4	13.9
부산	〃	5	14.37	11	18.28	16.4	4	14.5
목포	〃	4	13.41	10	19.22	16.2	3	15.6
여수	〃	4	12.43	10	20.22	16.3	3	
제주	화산암	5	15.08	10	19.73	17.5	3	
진주	화강암	6	13.8	12	16.97	15.4	5	15.2~16.6

그러나 울릉도와 진주 지역의 지표하 5m 지점에서 월평균 최저 및 최고 지중온도 출현 시기(월)는 타 지역에 비해 약 1개월 늦은 6월과 12월이었고 대구, 목포 및 여수 지역의 지표하 5m 지점에서의 최저 및 최고 지중온도 출현 시기는 약 1개월이 빠른 4월과 10월이다.

국내에서 월평균 최고대기온과 최고지표면 온도출현시기가 8월인데 비해 지중 5m지점의 최고 지중온도 출현시기와의 차이에 해당하는 위상지연기간은 약 4개월 정도이다.

[그림 6-10(a)]~[그림 6-10(c)]는 국내 주요도시(서울, 대구 및 여수)에 소재한 기상관측소의 대기온도, 지표면온도, 지표하 각심도(0.5m, 1.0m, 1.5m, 3.0m 및 5m)별로 측정한 월별 평균지중온도의 변동곡선이다.

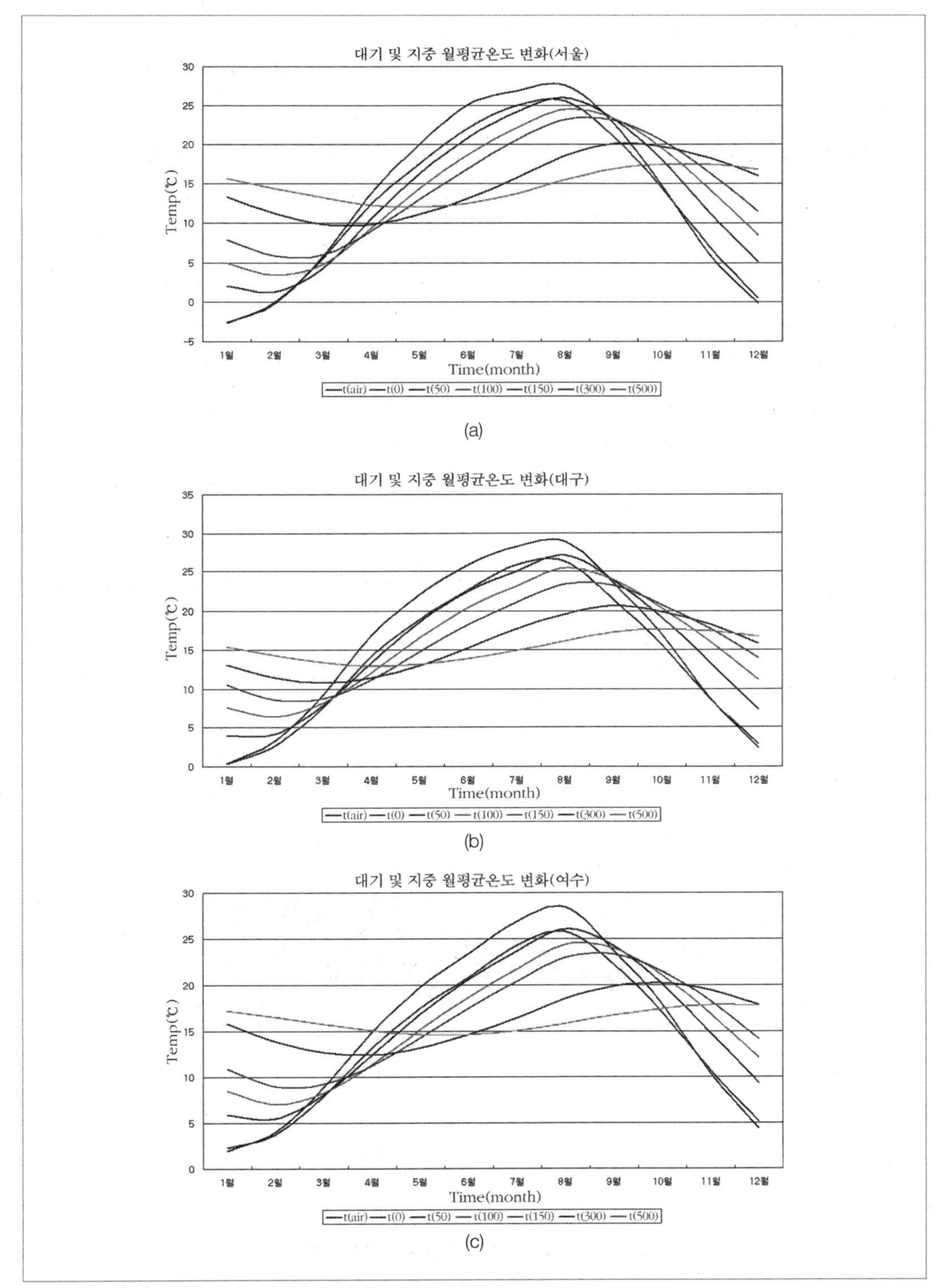

[그림 6-10] 국내 주요 도시의 심도별로 측정한 월별 평균 지중온도 변동

지중온도는 지하수면의 분포심도에 따라 약간 차이가 있긴 하나 심도가 깊어질수록 증가한다. 일반적으로 국내 토양 및 천부 비고결암의 연평균 지중온도는 해당지역의 연평균 대기온도보다 2.0±0.5℃ 정도 높다.

[그림 6-11(a)]와 [그림 6-11(b)]는 1981년도부터 2002년 말까지 도시지역에 소재한 서울 관측소와 강릉관측소의 지표하 5m지점에서 측정한 월평균 지중온도의 경시별 변동곡선이다. 상기 두 지역의 연평균 지중온도 증가율은 0.11℃/년~0.075℃/년으로서 이는 지난 100년간의 지구대기온도의 연평균 증가율인 0.006℃/년보다 훨씬 높다. 금번 연구결과에 의하면 국내 암반과 충적층지하수의 장기적인 경시별 수온변화 가운데 수온이 장기적으로 상승하거나 하강하는 현상이 뚜렷이 나타나는 곳은 다음 표와 같이 전국적으로 약 60여 개소이며 대체적으로 충적층지하수이다. 이들 가운데 지하수온이 장기적으로 상승하는 지하수는 33개소였고(대표적인 지점은 용인, 정읍용동, 가평가평, 장수, 춘천우두, 제천고암 등) 반대로 지하수온이 하강하는 경향을 보이는 지하수는 27개소(강능홍제, 한강단양, 괴산증평, 금산복수, 금강옥천, 평창대화, 고령고령 등)였다.

내용	암반지하수온(개소)	충적층지하수온(개소)
지하수수온이 장기적으로 증가하는 추세	14	19
지하수수온이 장기적으로 감소하는 추세	16	11

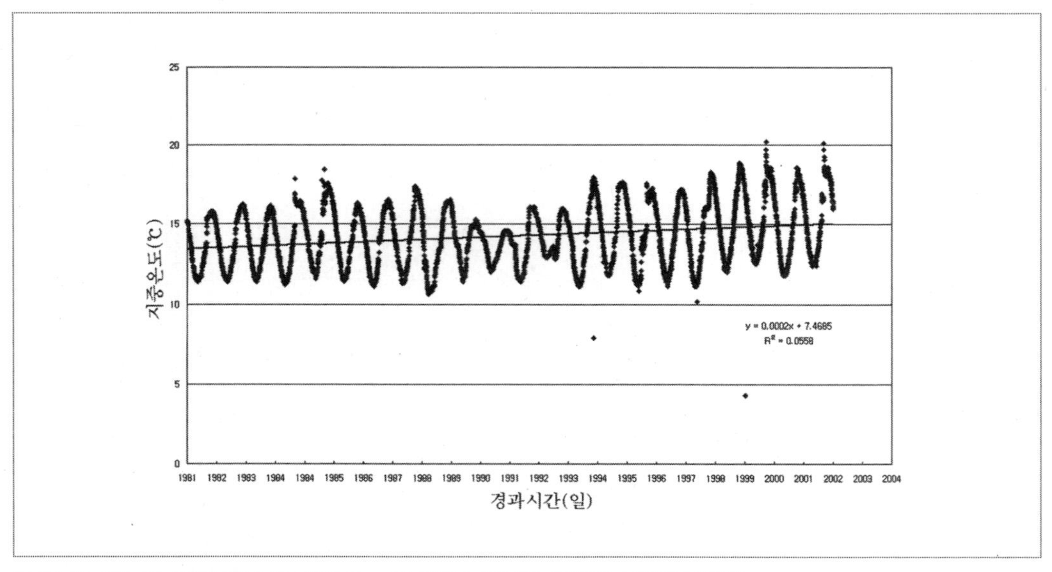

[그림 6-11(a)] 서울관측소의 지하 5m 지점에서 측정한 월평균 지중온도변화

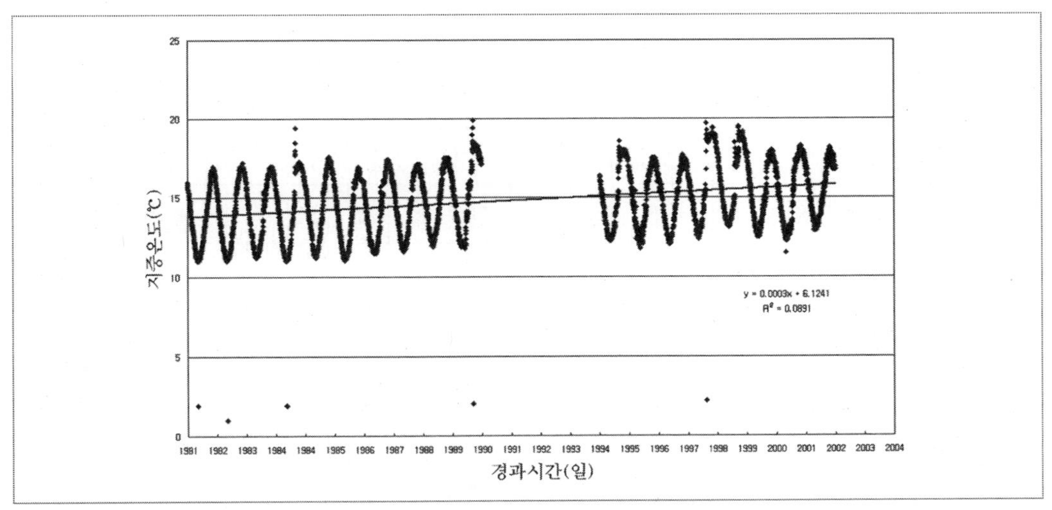

[그림 6-11(b)] 강릉관측소의 지표하 5m 지점에서 측정한 월평균 지중온도변화

6.5.2 국내 천부 지하수의 수온특성

전국적으로 설치된 총 236개소의 국가 지하수관측소 가운데 2002년 말까지 지하수위와 지하수 온도를 연속적으로 측정한 자료가 양호하게 기록되어 있는 암반과 충적층 관측정의 개수는 총 314개소(암반관측정 : 202개, 충적층관측정 : 112개)이다. [표 6-5]는 이들 암반과 충적층 관측정에서 측정한 지역별 월평균 지하수온도(℃), 연평균 지하수온도와 연간수온의 변동폭(진폭) 및 관측 센서의 설치심도, 측정지점의 지질을 나타낸 일부 대표지점의 요약표이다. 전국의 지하수온도 현황은 부록-5에 상세히 기록되어 있다. 이들 내용을 세론하면 다음과 같다.

(1) 전국 지하수의 온도분포상태

1) 암반지하수의 온도 분포도

[그림 6-12]는 1995년~2002년 사이에 전국적으로 설치한 총 236개공의 암반지하수 관측정에서 측정한 연평균 지하수온을 이용하여 0.1℃ 간격으로 작성한 한반도 남단의 암반지하수온도 분포도이다.

지하수온도 분포도에 의하면 태백산맥과 소백산맥을 위시하여 조선계 및 평안계 분포지역의 연평균 지하수온도는 12℃~13℃ 규모로서 국내에서 가장 낮으며 이에 비해 경상북도의 남부지역과 경상남도의 중부 및 전라남도의 북동부지역의 연평균 지하수온도는 비교적 높은 15~16℃이다. 이들 지역에 분포된 암종은 대체적으로 중생대의 경상계 퇴적층과 화강암이다. 특히 서울시, 경기도, 충청남북도와 전라북도 중심부지역에 부존된 지하수의 연평균온도는 13℃~14℃ 정도이며 그 외 지역은 14℃~15℃ 규모이다.

[표 6-5] 국가 지하수 관측망[암반(1)과 충적층(2)]에서 측정한 지역별 월평균 지하수온도, 연평균 지하수온도(℃)와 월평균 온도차 및 관측센서의 설치심도, 측정지점의 암상

1암반 2충적	순번	관측소명	설치 년도	충적층 두께(m)	기반암명	센서 설치깊이	1월	2월	3월	4월	5월	6월	7월	8월	9월	10월	11월	12월	평균온(℃)	표준편차	온도차	기타
1	서울	서울장위	2005	10	흑운모화강암	20	15.60	15.60	15.60	15.60	15.40	15.50	15.50	15.50	15.50	15.50	15.50	15.50	15.53	0.06	0.20	
1	서울	서울항동	2005	7	호상흑운모편마암	20	14.00	14.10	14.00	13.90	13.80	14.00	13.90	13.90	13.90	13.90	13.90	13.90	13.93	0.08	0.30	
1	울산	울산달천	2001	5.8	흑운모화강암	20	14.80	14.70	14.60	14.60	14.60	14.70	14.80	15.10	15.30	15.70	15.40	15.30	14.97	0.38	1.10	
1	울산	울산범서	1997	13	셰일	20	16.50	16.60	16.50	16.00	15.40	15.70	16.00	16.10	16.20	16.20	16.20	16.30	16.14	0.34	1.20	
2	울산	울산범서				10	19.10	17.20	15.50	13.90	13.60	14.10	16.00	16.70	17.40	17.40	18.00	18.40	16.44	1.83	5.50	
1	울산	울산상북	1997	13	흑운모화강암	79	16.50	16.60	16.60	16.60	16.70	16.70	16.80	15.90	15.20	15.20	15.50	15.50	16.15	0.64	1.60	
2	울산	울산상북				12	15.50	14.20	13.30	13.00	13.90	15.20	15.90	16.80	17.50	15.90	15.40	13.30	14.99	1.45	4.50	
1	울산	울산온양	1997	9	저색셰일	20	15.10	15.10	15.10	15.10	15.10	15.10	15.00	15.10	15.20	15.20	15.20	15.20	15.13	0.06	0.20	
2	울산	울산온양				8	13.70	12.00	11.20	11.20	12.50	13.30	13.80	14.30	14.80	15.10	15.20	14.80	13.49	1.46	4.00	
1	인천	인천만수	2005	11	흑운모편암	20	14.20	14.20	14.20	14.20	14.20	14.20	14.20	14.20	14.20	14.20	14.20	14.20	14.20	0.00	0.00	
1	인천	인천연수	2005	16	흑운모화강암	20	14.80	14.80	14.80	14.80	14.80	14.80	14.80	14.80	14.80	14.80	14.90	14.90	14.82	0.04	0.10	
2	인천	인천연수				15	14.70	14.80	14.80	14.80	14.80	14.80	14.80	14.80	14.80	14.80	14.80	14.80	14.79	0.03	0.10	
1	인천	인천하점	1998	9	호상편마암	20	13.80	13.70	13.70	13.60	13.50	13.40	13.20	13.10	13.00	12.90	12.90	12.80	13.30	0.36	1.00	
1	전남	강진성전	1998	17.5	편마상화강암	20	14.90	14.70	14.60	14.80	14.90	15.00	15.10	15.20	15.20	15.20	15.10	15.10	14.98	0.20	0.60	
2	전남	강진성전				9	14.50	14.40	13.70	13.10	13.50	14.20	15.10	16.40	18.00	17.60	17.10	16.50	15.34	1.70	4.90	
1	전남	강진칠량	1998	40	화강암질편마암	20	15.20	15.10	15.10	14.90	14.80	14.80	14.70	14.80	14.80	14.80	14.70	14.50	14.85	0.20	0.70	
2	전남	강진칠량				10	15.70	15.40	14.90	14.40	14.20	14.10	14.20	14.80	15.00	15.20	15.50	15.80	14.93	0.61	1.70	
1	전남	고흥대서	1998	16	반상변정질편마암	20	15.50	15.40	15.40	15.30	15.30	15.20	15.20	15.20	15.30	15.20	15.70	16.20	15.41	0.29	1.00	
1	전남	곡성고달	2001	18	혼성암질편마암	20	13.70	13.20	12.90	12.90	13.10	14.00	14.30	14.40	14.40	14.40	14.50	14.30	13.84	0.64	1.60	
2	전남	곡성고달				10	13.60	11.60	10.90	10.70	11.40	12.50	13.40	15.60	17.50	18.40	17.40	15.10	14.01	2.74	7.70	
1	전남	곡성목사동	2002	11.5	화강암질편마암	20	16.50	15.80	15.80	15.80	15.80	15.80	15.70	15.70	15.70	15.80	15.80	15.80	15.83	0.21	0.80	
1	전남	곡성입면	1996	10.6	편마암	20	16.30	15.80	15.50	15.30	15.20	15.30	15.40	15.60	15.80	16.00	16.30	16.50	15.75	0.44	1.30	
2	전남	곡성입면				7	10.00	8.00	7.80	9.20	12.30	16.80	19.70	22.00	22.50	21.00	19.00	15.40	15.31	5.63	14.70	
1	전남	광양봉강	2005	8	알카리장석화강암	20	17.20	17.20	17.10	17.20	17030	17.40	17.40	17.40	17.40	17.40	17.40	17.30	17.31	0.11	0.30	
1	전남	구례토지	2004	17	화강암질편마암	20	12.60	10.80	9.90	10.20	11.30	12.50	13.60	14.50	15.60	16.60	17.30	15.90	13.40	2.57	7.40	
1	전남	나주봉황	1999	9	광주화강암	20	15.60	15.60	15.80	15.50	15.50	15.50	15.40	15.40	15.40	15.40	15.30	15.30	15.48	0.14	0.50	
2	전남	나주봉황				8	16.60	16.10	15.60	15.20	15.00	15.10	15.30	15.50	15.10	15.10	15.50	15.80	15.49	0.48	1.60	
1	전남	나주삼도	1996	26.9	흑운모화강암	20	14.80	14.80	14.80	14.80	14.80	14.80	14.80	14.80	14.80	14.80	14.80	14.80	14.80	0.00	0.00	
2	전남	나주삼도				10	15.60	15.70	15.60	15.40	14.90	14.80	14.60	14.50	14.50	14.60	14.90	15.30	15.03	0.46	1.20	
1	전남	담양담양	1997	16.2	순창화강암	20	14.60	14.60	14.50	14.50	14.50	14.60	14.60	14.60	14.60	14.60	14.60	14.60	14.58	0.05	0.10	
1	전남	목포용당	1995		응회암	20	16.60	16.60	16.70	16.50	16.10	16.30	16.30	16.40	16.70	16.70	16.70	16.70	16.53	0.21	0.60	
1	전남	무안몽탄	2001	30	화강암질편마암	20	15.20	15.20	15.10	15.10	15.10	15.10	15.10	15.10	15.20	15.20	15.20	15.10	15.14	0.05	0.10	
1	전남	무안무안	1996		응회암	60	16.70	16.60	16.40	16.30	16.50	16.50	16.50	16.40	16.30	16.30	16.40	16.40	16.44	0.12	0.40	
1	전남	무안해제	2003	9.5	화강암질편마암	20	15.00	15.00	15.00	15.60	15.80	15.80	15.70	15.70	15.70	15.80	15.80	15.80	15.56	0.34	0.80	
1	전남	보성겸백	1998	11.5	반상변정질편마암	20	15.00	15.00	15.00	15.00	15.00	15.00	14.90	15.00	15.10	15.00	15.10	15.10	15.02	0.06	0.20	
1	전남	보성벌교	2002	14.5	편마암	20	15.50	15.50	15.50	15.60	15.60	15.60	15.60	15.70	15.70	15.60	15.30	15.40	15.55	0.12	0.40	
1	전남	순천상사	1999	10.2	화강암질편마암	20	16.70	16.70	16.70	16.90	16.50	16.60	16.60	16.60	16.60	16.60	16.60	16.60	16.64	0.10	0.40	
1	전남	순천승주	1999	15.1	화강암질편마암	20	15.40	15.40	15.30	15.30	15.30	15.30	15.40	15.40	15.50	15.50	15.50	15.60	15.41	0.10	0.30	
1	전남	순천외서	1997	12	반상변정화강편마암	20	14.50	14.50	14.40	14.70	14.90	14.90	15.00	15.00	15.00	15.00	15.00	15.00	14.83	0.23	0.60	
2	전남	순천외서				10	15.30	14.70	14.10	13.50	13.10	13.00	13.50	14.20	15.10	15.60	15.80	15.70	14.47	1.04	2.80	
1	전남	순천풍덕	1995	12	응회암	20	15.30	13.30	15.30	15.30	15.30	15.30	15.30	15.30	15.30	15.30	15.30	15.30	15.30	0.00	0.00	
2	전남	순천풍덕				8	16.60	16.40	16.00	14.90	13.50	13.50	14.90	15.70	15.40	15.80	16.20	16.40	15.44	1.06	3.10	
1	전남	순천황전	1999	20.5	화강암질편마암	30	16.10	16.10	16.10	14.10	16.10	16.10	16.10	16.10	16.10	16.10	16.10	16.10	16.10	0.00	0.00	
2	전남	순천황전				20	15.70	15.70	15.70	15.70	15.60	15.60	15.60	15.60	15.60	15.60	15.60	15.60	15.63	0.05	0.10	
1	전남	영광불갑	2002	6.5	흑운모화강암	20	15.30	14.80	14.50	14.30	14.30	14.40	14.50	14.70	15.00	15.20	15.30	15.40	14.81	0.42	1.10	

주 : 전국의 지하수온도 현황표는 부록 - 5 참조

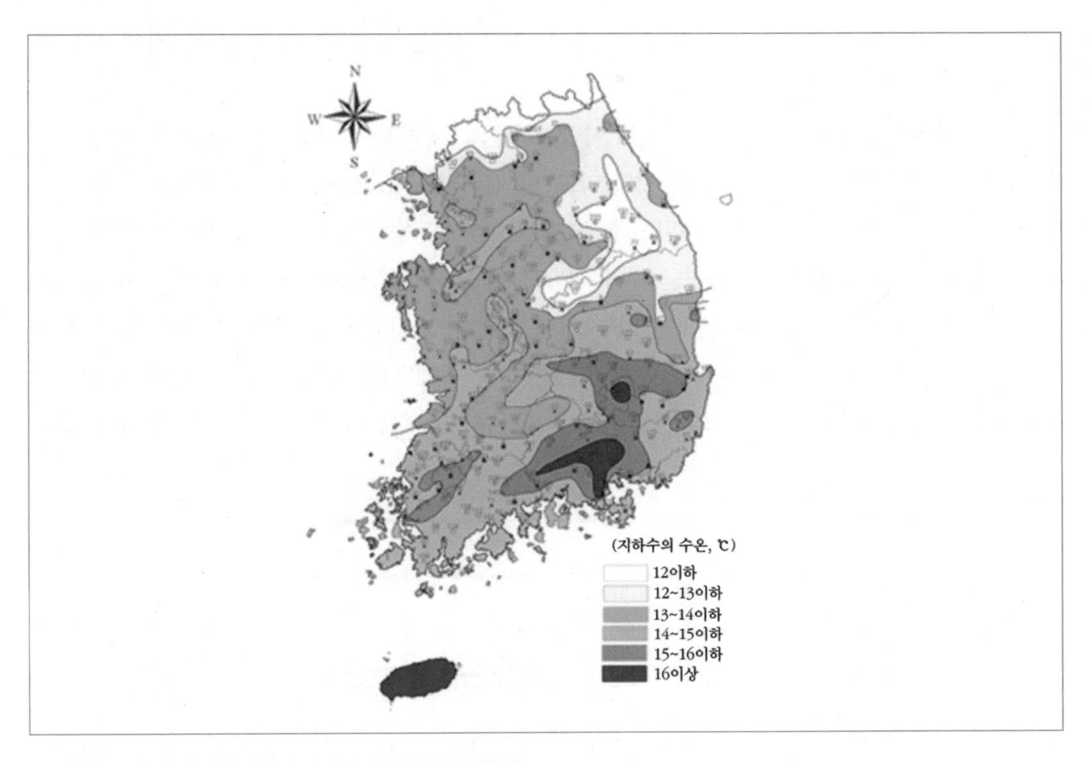

[그림 6-12] 전국 지하수의 연평균 수온 분포도(℃)

일반적으로 국내 지하수의 연평균온도는 위도, 지형고도 및 암종에 따라 차이가 있으나 대체적으로 북북동향으로 발달된 옥천계를 중심으로 하여 그 이남 지역의 연평균 지하수온은 14℃ 이상이고, 이북 지역은 14℃ 이하이다.

2) 암반지하수와 충적층지하수의 월 평균온도의 변화와 행정구역별 월평균온도의 변화

국내 암반지하수와 충적층지하수의 월평균온도 변화는 [그림 6-13(a)]와 같다 충적층지하수의 월 평균온도의 연간 변동치는 2.3℃ 정도이나 암반 지하수의 연간 변동치는 1℃ 미만으로 연중 거의 일정한 온도를 유지하며 암반지하수의 연평균 온도는 14.5℃ 이고 편차는 0.9℃ 이다. 또한 충적층지하수의 연평균온도는 14.3℃ 로서 암반지하수의 연평균온도와 대동소이하며 편차는 약 3.5℃ 이다. 암반지하수의 월평균온도가 충적층지하수의 월평균온도에 비해 연중 변화폭이 적은 이유는 암반지하수는 해당지역의 항온대보다 깊은 곳에 포장되어 있고 대기온의 영향을 거의 받지 않기 때문이다.

충적층지하수와 암반지하수의 온도가 가장 낮은 시기는 여름철이 시작하기 전인 4월말과 5월 초순이며 지하수온이 가장 높은 시기는 겨울철이 시작하기 바로 전인 10월말과 11월 초순이다.

환언하면 국내 지하수는 여름철에 냉방열원으로, 겨울철에는 난방열원으로 사용하기에 가장 좋은 수문지열학적인 조건을 구비하고 있다.

[그림 6-13(b)]는 우리나라의 행정구역별로 암반지하수의 월평균온도 변화를 도시한 그림이다. 이에 의하면 남위도에 소재한 제주도와 경상남도 및 전라남도의 월평균 지하수온도가 가장 높고 연간 변동폭도 가장 적은데 비해 북위도에 소재하는 경기도와 충청북도의 월평균 지하수온도는 남위도에 소재하는 행정구역의 월평균 지하수온도보다 낮고 그 변동폭도 다소 크다. 특히 강원도에 분포된 암반지하수의 월평균 온도가 타 지역에 비해 가장 낮은 이유는 이 지역이 다른 지역보다 고도가 비교적 높고 북위도지역에 속하기 때문이다. 이에 비해 국내에서 최남단에 소재한 제주도의 분출화산암류에 저유된 공극단열수의 월평균온도는 연중 15.7℃로서 거의 변화가 없다.

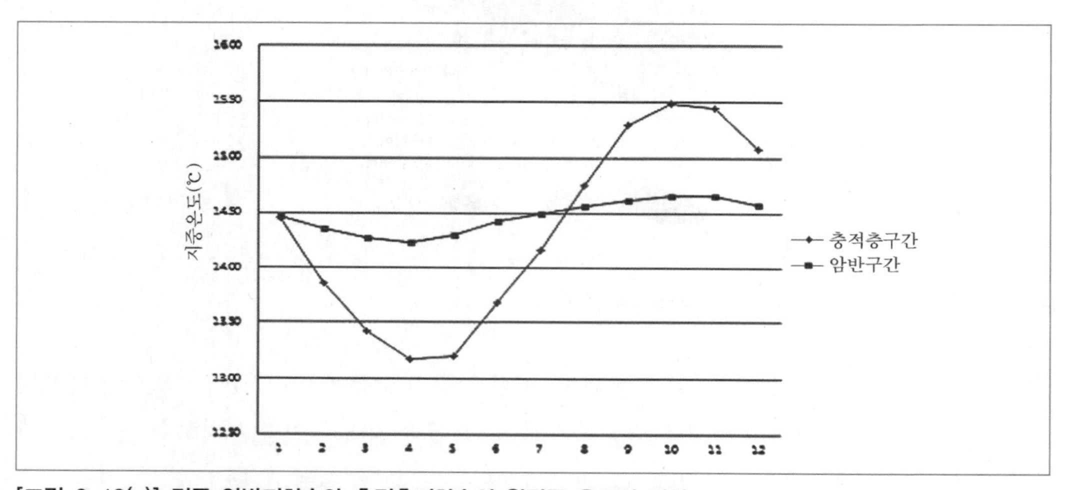

[그림 6-13(a)] 전국 암반지하수와 충적층지하수의 월평균 온도의 변화

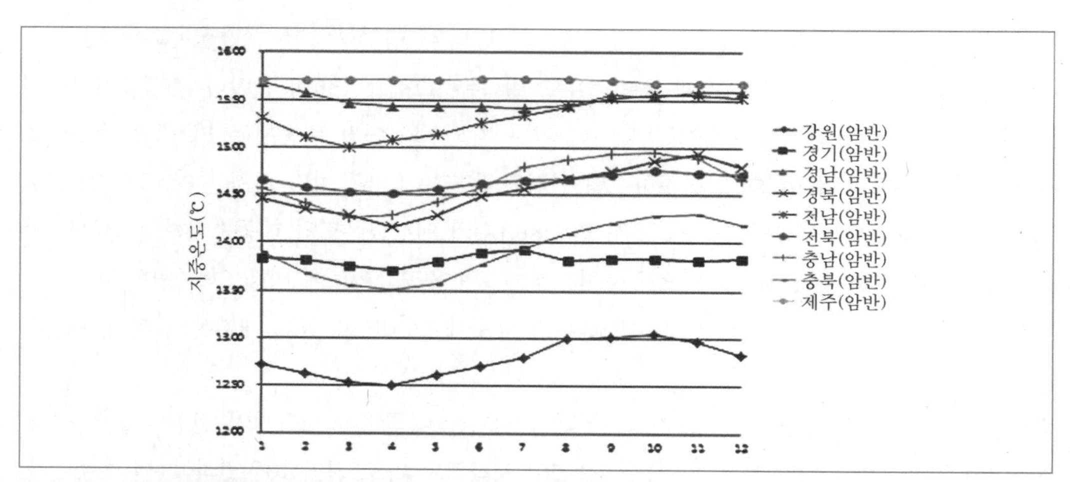

[그림 6-13(b)] 전국 행정구역별 암반지하수의 월평균 온도의 변화

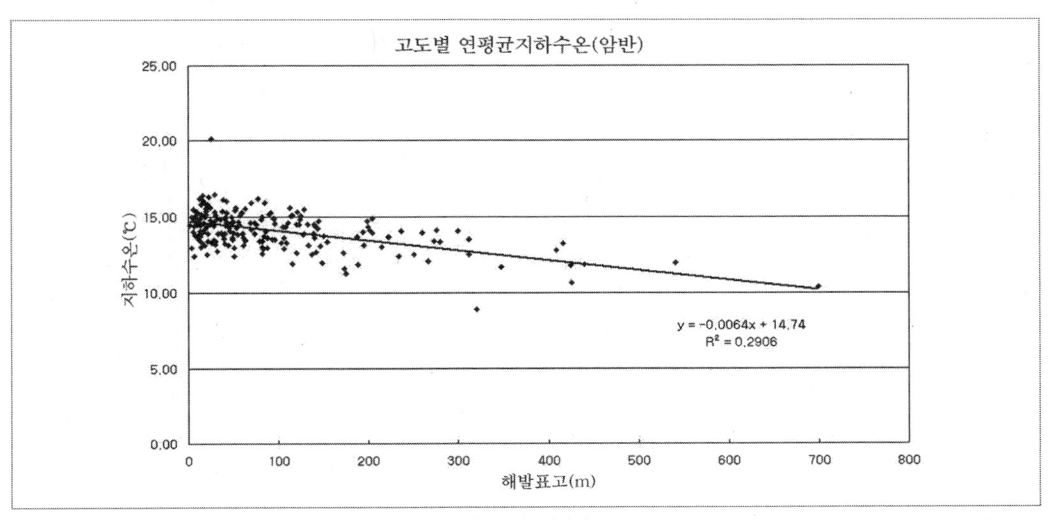

[그림 6-14(a)] 국내 암반지하수의 고도별 연평균 지하수온 변화(℃)

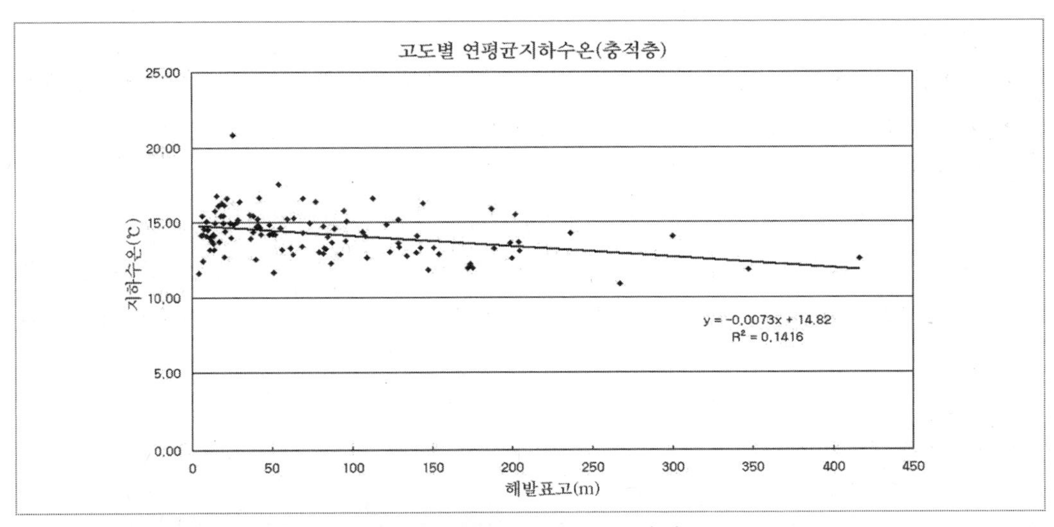

[그림 6-14(b)] 국내 충적층지하수의 고도별 연평균 지하수온 변화(℃)

3) 고도별 지하수온도의 분포특성

[그림 6-14(a)]와 [그림 6-14(b)]는 국가지하수관측소 구성관측정의 해발표고와 연평균 지하수의 수온과의 상관관계를 암반 및 충적층 지하수별로 도시한 그림이다.

[그림 6-14(a)]에 나타난 바와 같이 국내 암반지하수의 연평균온도는 14±1℃ 정도이고 고도가 100m씩 높아짐에 따라 평균 0.64℃ 씩 내려간다. 이에 비해 충적층지하수의 연평균 수온은 14.5±1.5℃ 가 대종을 이루고 있으며 고도가 100m씩 높아짐에 따라 지하수온은 0.73℃ 씩 하강한다. 국내 충적층지하수와 암반지하수의 연평균온도의 중앙값은 각각 14.2℃ 와 14.3℃ 이다.

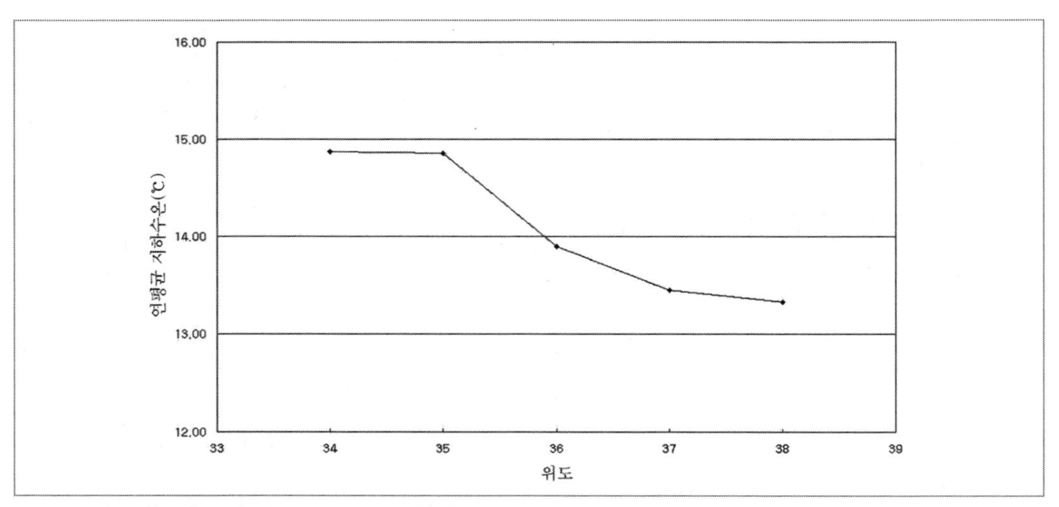

[그림 6-15] 국내 암반지하수의 위도별 연평균 지하수온 변화(℃)

4) 위도별 지하수온의 분포특성

[그림 6-15]는 국내지하수의 위도별 연평균 지하수온도를 도시한 그림이다. [그림 6-15]에 나타난 바와 같이 위도가 낮은 지역에 부존된 지하수일수록 수온은 높고 위도가 높은 지역일수록 지하수온은 낮다.

위도가 34° 인근 지역에 저장된 지하수의 연평균 온도는 14.8℃인데 비해 위도가 37℃ 인근지역에 부존된 지하수의 수온은 13.45℃로 감소한다. 대체적으로 위도가 1° 증가함에 따라 지하수온의 감소율은 0031℃/1도이다. 국내 위도별 연평균 지하수의 온도를 요약하면 [표 6-6]과 같다.

[표 6-6] 위도별 연평균 지하수의 온도

위도(°) / 수온	34	35	36	37	38	비고
연평균 수온(℃)	14.87	14.85	13.89	13.45	13.32	위도 1°당 0.31℃

6.5.3 국내 지하수 온도의 변동유형과 특성

(1) 계절별 수온변동 유형

국내 지하수온도의 경시별 변동 유형을 파악하기 위하여 총 314개의 국가지하수관측소의 관측자료를 분석하였다. 그 결과 우리나라 지하수의 온도는 [표 6-7]과 [그림 6-16]과 같이 크게 A, B, C형의 3가지 유형으로 분류할 수 있고 이를 다시 5가지로 소분류할 수 있다.

[표 6-7] 국내 지하수의 온도변동 유형

대분류	소분류	변동 특성		대표 암종
		연간온도 변동폭(진폭)	변동주기의 반복성	
A	A-1	연중 지하수온의 변동폭(진폭)이 3℃ 이내 이거나 거의 일정한 온도를 유지하는 지하수	연중 최고 · 최저온도 출현시기가 주기적으로 반복 재현되지 않는 형태	암반 지하수
	A-2	上同	연중 최고 · 최저 온도 출현 시기가 주기적으로 반복 재현되는 형태	
B	B-1	연중 지하수온의 변동폭(진폭)이 3℃ 이상인 지하수	연중 최고 · 최저온도 출현시기가 주기적으로 반복 재현되지 않는 형태	
	B-2	上同	연중 최고 · 최저온도 출현시기가 주기적으로 뚜렷이 반복 재현되는 형태	충적층 지하수
C	C	연중 지하수온의 변동폭(진폭)이 불규칙하게 변하는 지하수	최저 최고온도 출현시기가 나타나지 않거나 불규칙한 형태	

[표 6-7]과 같이 A형은 지하수온의 연중변동폭(진폭)이 3℃ 이하이거나 연중수온이 거의 변하지 않는, 즉 연중 어느 정도 일정한 수온을 유지하는 형태이고, B형은 연중 수온 변동폭이 3℃ 이상인 형태이며, C형은 연중 지하수온의 변동폭이 불규칙하게 변하면서 최저, 최고 지하수온의 출현시기가 주기적으로 반복 재현되지 않은 형태이다. 위 표에 제시된 바와 같이 A형은 다시 연중 최고, 최저 수온의 출현시기가 주기적으로 반복-재현되지 않으며 연간수온의 변동진폭이 소규모인 A-1형과 연중 최고, 최저 수온의 출현시기가 주기적으로 반복-재현되는 A-2형으로 구분된다.

B형 지하수는 연중 최고, 최저 수온의 출현시기가 주기적으로 정현 함수형으로 뚜렷이 반복-재현되는 B-2형과 그렇지 않은 B-1형으로 구분할 수 있다.

국내 암반지하수는 연중온도 변동진폭이 3℃ 이하이거나 연중온도 변동이 아주 미미한 A-1형이 전체 암반지하수의 47.5%에 이른다.

연중 지하수온도 변동진폭이 3℃ 이하인 A유형(A-1유형과 A-2유형)은 국내 암반지하수 가운데 약 56.9%에 이르고, 이에 비해 지하수온의 변동진폭이 주기적으로 뚜렷하게 반복-재현되는 A-2 유형과 B-2유형은 전체 암반지하수의 18.3%에 해당한다. 잔여 24.8%는 C유형으로서 국내 암반지하수의 연중수온은 대체적으로 13~16℃ 규모이다. 암반지하수온도 가운데 15% 분포빈도에 해당하는 연평균 지하수온도는 13℃ 정도이고 85% 분포빈도에 해당하는 연평균 지하수온도는 15.3℃ 였으며 그 중앙값과 연평균 온도는 각각 14.3℃ 와 14.2℃ 이다.

이에 비해 충적층 지하수의 온도는 해당지역의 대기온도 변화에 직접적인 영향을 받는다. 충적층 지하수의 연중온도진폭은 대체적으로 3℃ 를 상회하며 최고, 최저 지하수온의 변동이 주기적으로 반복 재현되는 B-2형이 전체 충적층지하수의 50.9%에 이른다.

[표 6-8] 국내 암반지하수와 충적층지하수의 온도변동 유형

<table>
<tr><th colspan="2" rowspan="2">내용 / 유형</th><th colspan="4">암반지하수</th><th colspan="4">충적층 지하수</th></tr>
<tr><th colspan="2">개수</th><th colspan="2">%</th><th colspan="2">개수</th><th colspan="2">%</th></tr>
<tr><td colspan="2">A-1</td><td colspan="2">95</td><td colspan="2">47.5</td><td colspan="2">14</td><td colspan="2">12.5</td></tr>
<tr><td colspan="2">A-2</td><td colspan="2">19</td><td colspan="2">9.4</td><td colspan="2">21</td><td colspan="2">18.7</td></tr>
<tr><td colspan="2">B-1</td><td colspan="2">19</td><td colspan="2">9.4</td><td colspan="2">4</td><td colspan="2">3.5</td></tr>
<tr><td colspan="2">B-2</td><td colspan="2">18</td><td colspan="2">8.9</td><td colspan="2">57</td><td colspan="2">50.9</td></tr>
<tr><td rowspan="2">C</td><td>3℃ 이하</td><td rowspan="2">50</td><td>33</td><td rowspan="2">24.8</td><td>16.4</td><td rowspan="2">16</td><td>6</td><td rowspan="2">14.4</td><td>5.5</td></tr>
<tr><td>3℃ 이상</td><td>17</td><td>8.4</td><td>10</td><td>8.9</td></tr>
<tr><td colspan="2">계</td><td colspan="2">202</td><td></td><td>100</td><td colspan="2">112</td><td colspan="2">100</td></tr>
</table>

충적층지하수의 연평균 온도범위는 11~17℃이고 15% 분포빈도에 해당하는 연평균지하수온도는 12.8℃이며, 85% 분포빈도에 해당하는 지하수온도는 15.5℃이고 중앙값과 연평균 지하수온도는 각각 14.2℃와 14.3℃이다.

[표 6-8]에 나타난 바와 같이 암반지하수인 경우에 연중 지하수온의 변동이 미미하거나 3℃ 이하인 A-1형은 전체 암반지하수의 47.5%에 이르지만 충적층 지하수의 경우에는 A-1형이 12.5% 정도이다.

이에 비해 연중 지하수온 변동진폭과 변동반복주기가 계절별로 뚜렷하게 재현되는 B-2형은 충적층 지하수의 경우에 약 51%인데 반해 암반지하수의 경우에는 8.9% 밖에 되지 않는다. 따라서 국내 암반지하수는 A-1유형이 대종을 이루고 있는 반면 충적층 지하수는 B-2형이 대종을 이루고 있다([그림 6-16] 참조).

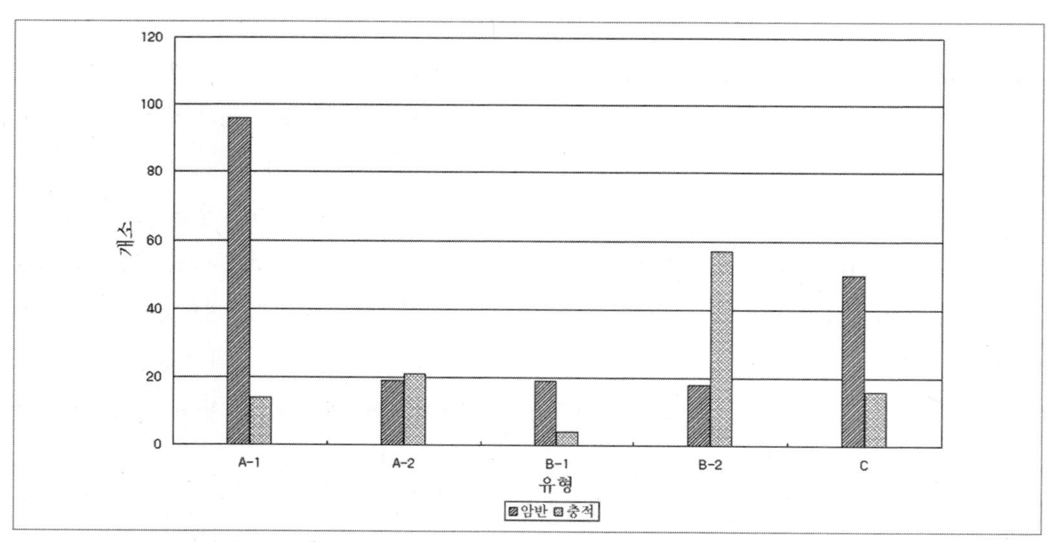

[그림 6-16] 국내 지하수의 유형 분류

(2) 연평균 최고 지하수온 출현시기와 최고 대기온 출현 시기와의 위상 지연

국내 암반지하수의 연중수온이 주기적으로 반복 재현되는, 즉 어느 정도의 정현함수형태로 변동하는 약 51개 측정치를 분석한 결과는 [표 6-9]와 같다. 국내 암반지하수 중 수온 변동이 경시별로 반복 재현되는 지하수 가운데 연평균 최고 지하수온과 최고 대기온 출현시기와의 위상지연차가 약 2~3개월 정도 되는 지하수(최고 지하수온 출현달이 10월인 경우)는 전체분석 대상개수의 27.5%였다.

[표 6-9] 최고 지하수온 출현달과 최고 대기온 출현달과의 위상차(개월)

최고수온 출현월(月)	암반지하수 (개/%)	위상차 개월(평균)	충적층지하수 (개/%)	위상차 개월(평균)
2~9	8 / 15.7	-	13 / 15.3	-
10	14 / 27.5	2~3 (2.5)	15 / 17.6	2~3(2.5)
11	10 / 19.6	3~4 (3.5)	13 / 15.3	3~4(3.5)
12	11 / 21.5	4~5 (4.5)	24 / 28.3	4~5(4.5)
1	8 / 15.7	5~6 (5.5)	20 / 23.5	5~6(5.5)
소계	51(100)	-	85(100)	-

특히 위상 지연차가 3~5개월 정도 되는 지하수(최고 지하수온 출현시기가 11월과 12월인 경우)는 41.1%였고 위상지연차가 5~6월 정도 되는 지하수(최고 지하수온 출현월이 1월인 경우)는 약 15.7%였다. 환언하면 국내 지하수의 온도는 겨울철에 가장 높고 봄철에 가장 낮으며, 여름철에 비교적 낮게 나타났다. 충적층 지하수의 경우에 위상지연 차가 2~4개월 정도인 지하수(최고 지하수온 출현달이 10월 내지 11월인 경우)는 32.9% 정도였으며 이에 비해 위상지연차가 4~6개월인 지하수(최고수온출현달이 12월과 1월경)는 전체 분석대상 지하수 가운데 51.8%였다. 충적층과 암반지하수 공히 위상지연차가 1개월 정도로 짧은 경우는 약 15% 규모였다.

결론적으로 국내 지하수의 최고 수온출현시기와 최고 대기온출현시기 사이의 위상차이는 약 3~6개월이다. 따라서 난방기인 겨울철의 지하수온은 연중 가장 높은 상태를 유지하고 반대로 냉방기인 여름철의 지하수온은 비교적 낮은 온도를 유지하고 있기 때문에 지하수 열펌프나 밀폐형 지열펌프의 냉온열원으로 지하수열원(지중열원포함)을 적극적으로 이용할 시 지열펌프의 COP와 EER을 극대화시킬 수 있음은 물론 국내 에너지절약과 친환경적인 에너지 이용정책에 크게 기여할 수 있다.

(3) 국내 대표 암종별 지하수의 온도

[표 6-10]과 [그림 6-17]은 국내에 분포되어 있는 대표 수리지질학적인 암종 내에 저유되어 있는

암반 지하수의 온도범위, 15 및 85% 온도 분포범위와 그 중앙값을 나타낸 표와 그림이다. [표 6-10]과 같이 연평균 지하수온이 가장 높은 암종은 화산암과 관입암 및 쇄설성 퇴적암류로서 이들 암석 내에 부존되어 있는 지하수의 연평균온도는 14.7~14.8℃ 정도이고, 결정질 화성암류와 결정질 편마암 내에 저유된 암반지하수의 연평균온도는 14.1~14.2℃ 정도이다. 이에 비해 석회암류에 부존되어 있는 지하수의 연평균온도는 12.6℃ 로서 국내에서 가장 낮다.

[표 6-10] 국내 대표 암종별 지하수의 온도(℃)

암종 \ 온도	최소	최대	15%	85%	중앙값	평균값	비고
결정질화성암류	10.6	17.1	13.0	15.1	14.0	14.1	104
화산 및 관입암류	13.9	15.6	14.4	15.2	14.7	14.8	10
쇄설성퇴적암류	10.4	20.2	13.3	16.1	14.9	14.7	39
턴선염암류	8.9	14.9	11.7	14.6	12.7	12.6	8
변성암류	11.8	15.2	12.3	14.9	13.4	13.4	7
결정질편마암류	10.7	16.6	13.1	15.4	14.4	14.2	65
기타	13.3	14.6	13.5	14.6	13.4	14.0	4

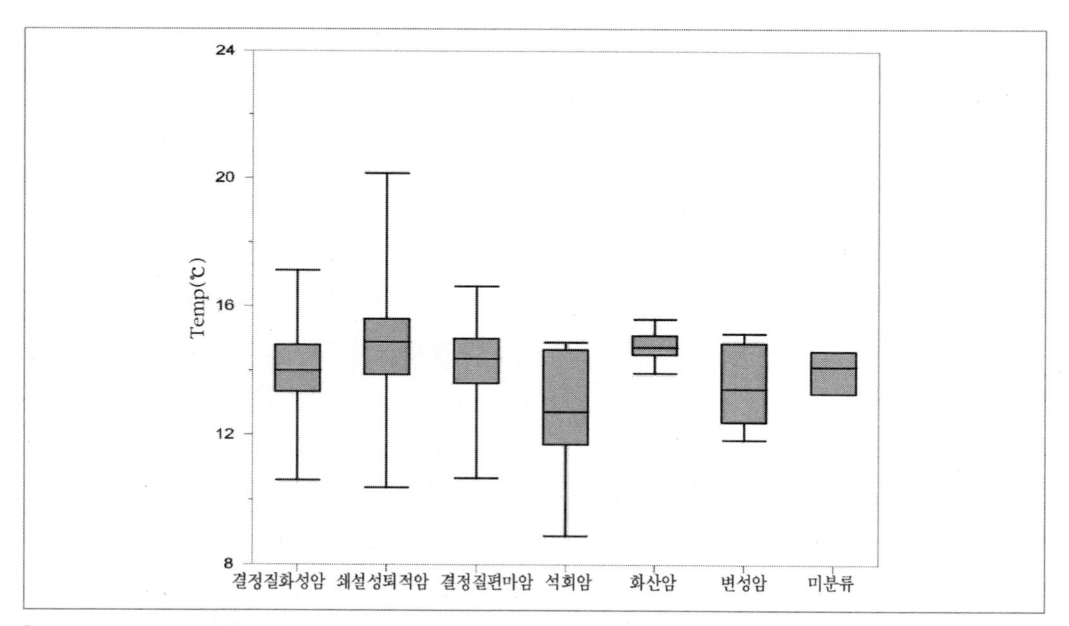

[그림 6-17] 국내 대표 암종별 지하수온도의 범위(최소, 최대), 15 및 85% 분포빈도의 수온 및 중앙값

(4) 연평균 지표면온도, 연평균 암반 및 충적층 지하수온과 연평균 기온과의 관계

국내에 소제하는 56개 기상관측소에서 측정한 대기온도(T_a)와 지표면온도($T_{지표면}$)의 연평균 값 사이의 상관관계를 알아보기 위하여 이들 사이의 관계를 도시한 결과는 [그림 6-18(a)]와 같고

그 관계식은 다음과 같다.

$$T_{지표면} = 1.03 \cdot T_a + 0.88 \tag{6-4}$$

또한 56개 기상관측소 인근에 설치되어 있으면서 현재 가동중인 국가지하수관측망에서 1995년부터 측정하고 있는 암반지하수의 연평균온도($T_{암반}$)와 충적층지하수의 연평균온도($T_{충적층}$)와 인근 기상관측소에서 측정한 연평균 대기온도와의 상관관계를 도시한 결과는 각각 [그림 6-18(b)]와 [그림 6-18(c)]와 같고 이들 사이의 관계식들은 다음과 같다.

$$T_{암반} = 0.36 \cdot T_a + 8.5 \tag{6-5}$$

$$T_{충적층} = 0.48 \cdot T_a + 6.1 \tag{6-6}$$

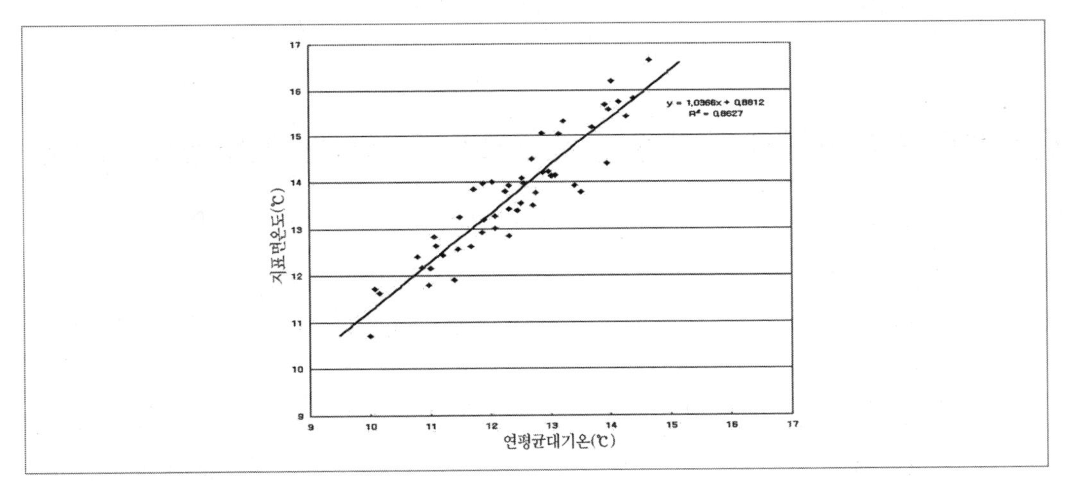

[그림 6-18(a)] 연평균 지표면 온도와 연평균 대기온도

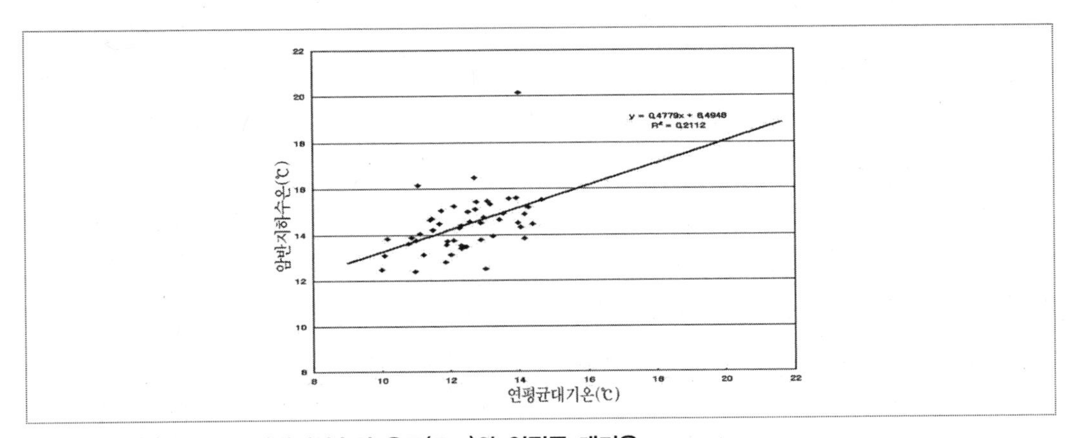

[그림 6-18(b)] 연평균 암반지하수의 온도($T_{암반}$)와 연평균 대기온

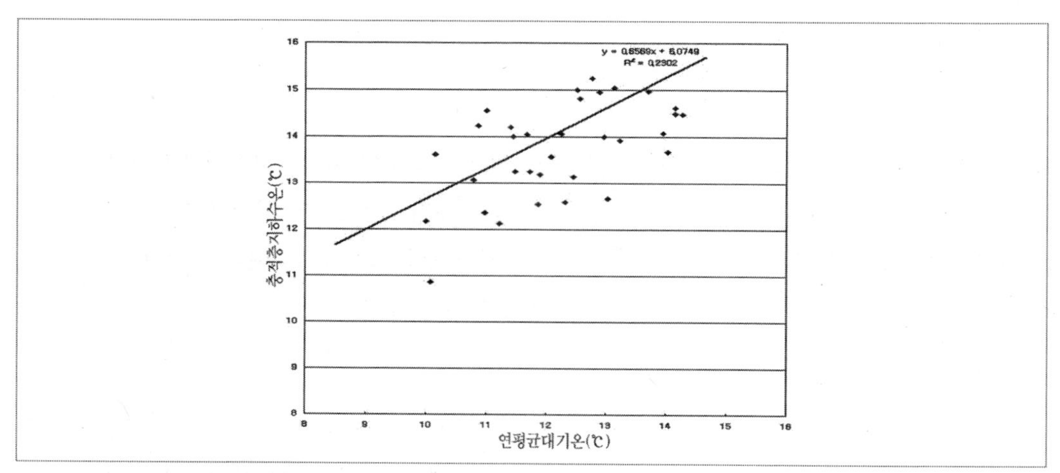

[그림 6-18(c)] 연평균 충적층지하수의 온도($T_{충적층}$)와 연평균 대기온(T_a)

6.6 천부 지하수열과 지중열을 열원으로 이용하는 지열펌프 시스템

전 절에서 설명한 바와 같이 우리나라의 천부 암반지하수와 충적층지하수를 위시하여 천부 지중열은 타국에 비해 냉난방시스템의 열원으로 이용하는 데 있어 가장 양호한 수문 지열학적인 조건을 구비하고 있다. 지열펌프시스템은 지중에서 지열을 추출(absorb)하거나 실내에서 추출한 열을 지중으로 방열(reject)하기 위해 여러 가지 형식의 지중열교환기 또는 지중순환회로(ground heat exchanger, GHEX 또는 loop)를 지하에 설치한다. 지중순환회로는 일단 지하에 설치하고 나면 눈에 보이지 않으며, 겨울철에는 지중에서 지열을 흡수하고 여름철에는 실내에서 추출한 열을 지중에 방열하여 필요한 곳의 냉난방 에너지를 공급한다.

일반적으로 지열펌프시스템은 지중이나 수체(호소, 연못) 내에 설치한 밀폐형 순환회로(closed loop) 내에서 순환하는 액체를 이용하여 지열을 추출하는데, 통상 밀폐형 순환회로는 수평 또는 수직으로 설치한다. 또한 지열펌프시스템은 지열을 추출하는 순환회로의 형식과 그 규모에 따라 [표 6-11]과 같이 분류할 수 있다.

또한 열펌프는 그 크기에 따라 가정/주택용-지열펌프(residential geothermal heat pump)와 상업용-지열펌프(commercial geothermal heat pump)로 2분하기도 한다. 여기서 상업용이라 함은 학교, 기숙사, 호텔, 모텔, 사무실, 병원, 다층 대규모 빌딩, 양식장, 골프장 및 온실 등의 비교적 대규모시설을 뜻하며, 가정/주택용이라 함은 주택 및 자동차 세차장 등 소규모로 지열을 이용하는 시설을 뜻한다. 지열펌프에 적용하고 있는 지중열교환기(GHEX) 또는 순환회로(loop)는 각각 그들 나름대로의 장단점이 있다. 지열펌프시스템이 열에너지를 지중에서 추출 및 방열하는 지중열교환기의 형식에 따라 다음과 같이 세분한다.

[표 6-11] 지중 순환회로 형식에 따른 지열펌프 시스템의 분류

회로형식	지열펌프system의 종류	열원
1) 개방형 지열펌프 시스템 (Open loop system)	① 개방형 · 2정(井) 시스템(Open loop-2 well system)	천부 지열 지하수, 해수 및 지표수이용
	② 개방형 · 1井 혹은 수정개방형 시스템(Open loop-1 well system)	〃
	③ 개방형 · 水柱地熱井 시스템(Standing column well system)	〃
2) 밀폐형 지열펌프 시스템 (Closed loop system)	① 수평 밀폐형 시스템(Horizontal-closed loop system)	천부 지열, 지하수 및 지표수 이용
	② 수직 밀폐형 시스템(Vertical-closed loop system)	〃
	③ 수정 밀폐형 또는 밀폐형 수체시스템 (Modified closed water loop system)	〃
3) 혼합형 지열펌프 시스템 (Hydrid geothermal heat pump)	① 기존의 냉각탑 또는 보일러와 연계시킨 지열펌프 시스템	천부 지열 지하수, 및 기존의 냉난방시설이용
	② 경우에 따라 개방형 및 밀폐형을 사용	〃

6.6.1 개방형 지열펌프 시스템과 수주 지열정 시스템(SCW)

개방형 지열펌프시스템은 ① 2개 우물을 설치하여 1개 우물은 供給井으로, 다른 우물은 注入(배출)井으로 사용하는 개방형 2井-시스템, ② 1개 채수정만 이용하여 순환회로에서 사용한 지하수는 인근 수체로 방류하는 개방형 1井-시스템 및 ③ 1개 심정의 저면에서 산출되는 비교적 따뜻한 온도의 지하수와 심정 내에서 재순환시킨 기존의 순환수를 함께 채수하여 전반적으로 수온이 다소 상승한 신규순환수(기존의 순환수+지하수)를 실내 열교환기의 열원으로 공급하고, 사용한 신규순환수는 深井의 상부구간으로 재순환시키는 水柱地熱井(standing column)시스템 등 3가지가 있다. 대표적인 개방형 지열펌프시스템은 지하수열 펌프시스템(groundwater heat pump system)이다. 이들은 다음과 같다.

(1) 개방형 2井 시스템(two well system 또는 doublet system)

본 시스템은 지하수가 풍부하게 부존되어 있는 지역에서 대수층을 축열조로 이용하거나 사용한 지하수를 다시 인근 수체로 방류하여 효율적으로 지열을 이용하는 시스템이다. 그러나 개방형 시스템을 설치하기 전에 반드시 지하수자원의 보전을 위해 관계당국과 협의를 해야 한다. 개방형 2정(井) 시스템은 실제로 지난 20년간 미국에서 가장 성공적으로 이용되어 왔고, 설치되어 온 간편한 지하수 열펌프시스템이다. 이 시스템은 대수층에 설치한 공급정(supply well)으로부터 지하수를 채수하여 냉난방 대상지역에 설치된 지열펌프로 공급한 후, 지열은 추출하여 이용하고, 열을 이용하고 난 지하수는 동일대수층 내에 설치된 주입(배출)정으로 재주입 순환시키는 시스템이다([그림 6-19] 참조).

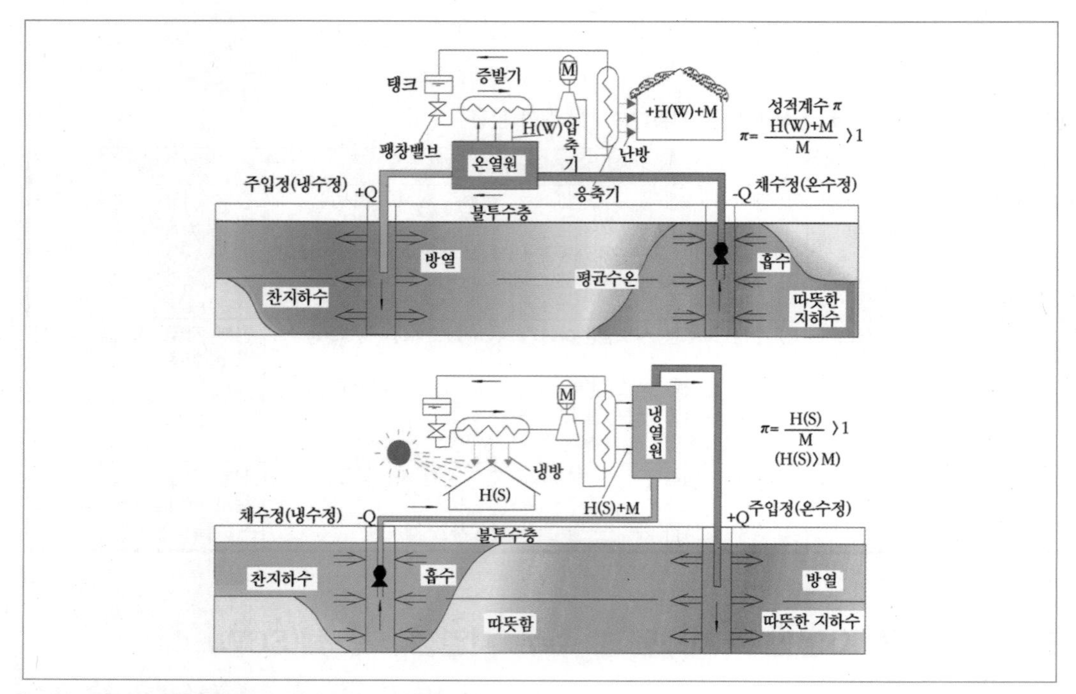

[그림 6-19] 전형적인 개방형 2정 시스템 모식도

일반적으로 공급정과 배출(주입)정 사이의 이격 거리는 냉난방부하 용량에 따라 각기 다르지만 평균 30m 정도이다. 개방형 2정 시스템의 우물 배열방식은 지하수를 천정(淺井, shallow well)이나 소규경의 우물로부터 적정량을 공급받는 기존 우물의 경우에 가장 적합한 방식이다. 통상 지열펌프에 지하수를 공급할 단일목적으로 우물을 설치하는 경우에 우물의 심도는 15m~100m 정도이면 충분하다. 그 이유는 이 정도 심도이면 지하수를 이용하는 지열펌프에 충분한 열에너지를 공급할 수 있기 때문이다. 우리나라의 경우 제4기 충적퇴적층, 석회 규산염암, 고생대 석회암류, 두께가 두터운 결정질암의 풍화대, 다공질 화산암류 및 대규모 단열대가 발달 분포된 지역들은 개방형-2정 시스템의 최적지이다. 미국의 경우 지하수 지열펌프용 개방형 주입정은 지하 주입계획(Underground Injection Control, UIC)의 Class 5에 속한다. 그러나 지하수 지열펌프가 추출 사용하는 온도는 3~8℃ 정도밖에 되지 않으므로 별도로 규제를 하지 않으며, 특히 밀폐형 시스템에 관한 규제조항은 전혀 없다. 현재 국내에서는 대용량의 지중 축열시스템의 일환으로 투수성이 양호한 충적층과 일부 결정질암의 풍화대에서 이 시스템의 적용성에 관한 실증시험들이 수행된 바 있다. 이 방법은 대용량의 축열시스템 이외에도 소규모 타설정을 이용하여 가정용 생활용수 공급은 물론 가정용 냉난방시스템으로 충분히 사용할 수 있는 시스템이다.

[그림 6-20] 전형적인 개방형 1井 시스템

(2) 개방형 1井 시스템(open loop-one well system)

개방형 2정 시스템은 공급정과 배출정과 같은 최소 2개 이상의 우물이 필요 한데 반해 개방형 1정 시스템(수정개회로 시스템)은 개방형 2정 시스템의 2개 우물 가운데 주입배출정은 빼버린 시스템으로서 일종의 지하수 열펌프 시스템이다(그림 6-20). 즉 공급정에서 채수한 지하수의 열에너지를 열교환기에서 추출하고 난 후, 순환되는 냉각 또는 가열된 지하수는 주입배출정을 통해 지하로 주입하지 않고 인근 하수구나 다른 수체(water body)로 방류하는 경우이다. 대다수의 경우 이 기법은 도랑이나 소계류가 있는 농어촌지역에서 널리 사용하고 있는 방법이다.
이 방법의 최적 적용지는 지하철역사에서 산출되는 지하수이다. 예를 들면, 서울시 지하철은 현재 8개 노선에서 1일 500m^3 이상 지하수가 산출되는 역사는 73개 역사이다. 이들 역사로부터 발생되는 지하수량은 1일 약 153,000㎥로서 전철노선 하부에 설치된 집수관을 통해 각 전철역의 집수정으로 집수된다. 현재 이들 지하수는 집수정에서 양수하여 역사의 관리용수, 도로청소용수, 수경공원용수 및 인근 소하천의 하천유지 용수로 이용되고 있다.
지하철 역에서 집수되는 지하수의 온도는 계절별, 지역별로 약간 차이가 있긴 하나 연중 13~20℃ 규모로 일정하기 때문에 각 지하철 역사에 개회로 1정 시스템을 설치하여 이를 냉난방용으로 이용할 수 있다. 즉 지하철 역사의 집수정으로 모인 지하수는 일단 지열펌프로 순환시켜 지열을 추출한 후 해당 지하철 역사의 냉난방용으로 이용한 다음, 주변 소하천의 유지용수나 인근 공원이나 물수요처에 공급하면 2중의 효과를 얻을 수 있다. 특히 지하철 역사에는 이미 기존 집수정과 덕트시설이 설치되어 있기 때문에 별도로 공급정과 덕트시설을 설치할 필요가 없다. 따라서 기존의 지하철은 가장 경제적으로 지하수의 지열을 이용할 수 있는 곳이다.
이 시스템은 주입배출정을 사용하지 않기 때문에 상당한 시간과 경비를 절약할 수 있다. 여기서 언급하고 있는 우물은 착정기로 굴착한 우물(기계관정)이다. 기계관정에서 지하수를 채수할 수 있는 양은 대수층의 유효공극을 통해 유동하는 지하수량에 의존하기 때문에 지열 펌프가 필요로 하는 소요수량을 확보하기 위해서는 표준 우물설계 방법에 따라 우물을 설치해야 한다.

(3) 수주지열정(水柱 地熱井, standing column well, SCW) 시스템

이 시스템에서 사용하는 지열 추출 및 배출용 우물은 미국의 북동부 지역과 현재 우리나라에서 널리 개발 이용되고 있는 기술로서 간혹 에너지정(energy well, TM), 난류정(turbulent well), 개방형 수직 심정형 지열정 또는 단순히 수주(水柱)지열정(standing column well, SCW)이라고도 한다. 수직심정의 구경은 통상 150mm 이상이고, 심도는 (450±α)m이다.

Standing column(水柱)이란 우물 전체 심도에서 지표면하의 자연수위 심도를 뺀, 즉 우물이 지하수로 차 있는 우물내 물 기둥(水柱)를 의미하며 수리지질학에서는 우물 내에 저장된 물의 높이(well storage)를 뜻한다. 예를 들어, 심도가 500m인 우물에서 지하수위가 지표면하 10m에 분포되어 있다면 이 우물의 포화 두께인 水柱(standing column)는 490m이다.

수주지열정의 설치 방법은 기본적으로 일반 우물(water well, 水井)의 설치방법과 대동소이하다. 그러나 수주 지열정은 자연수위가 낮은, 즉 우물내 포화 두께가 두터운 지역에서만 적용할 수 있는 기법이다. 예를 들어 심도가 150m인 우물의 자연수위가 지표하 15m인 경우에 수주는 135m이므로 이 우물은 수주 지열정으로 이용 가능하지만 자연수위가 지표하 30m 이상 일 경우에는 수주 지열정으로 사용하기에는 부적절하다. 즉 자연수위가 우물심도의 20% 이상인 우물은 수주 지열정으로 사용하기 부적합하다.

전술한 바와 같이 지하심부로 내려갈수록 지열과 지하수의 온도는 상승한다. 난방형식인 경우 수주지열정은

① 일단 실내 열교환기를 통과하면서 열을 빼앗긴 순환수를 심정상부로 주입시키면

② 심정하부에 설치된 압상용 펌프까지 이들이 흘러내려가면서 심정공벽의 암체로부터 지중열을 흡수하여 순환수의 온도는 상승한다.

③ 이에 부가하여 심정하부에서 산출되는 다소 고온의 심부지하수를 동시에 채수(채수 가능량은 순환수량의 약 10% 이상)하여 온도가 상승한 순환수를 실내열교환기에 공급하여 실내난방을 시키고

④ 열을 빼앗긴 순환수는 다시 심정으로 재주입/순환시켜 순환수의 입구온도를 상승시키는 방식을 채택하고 있다(냉방형식은 이와 반대 방향으로 열을 교환시킨다).

특히 이 방법은 미국보다 유럽의 오스트리아, 독일, 스위스, 네덜란드 및 최근에는 우리나라와 중국 등지에서 널리 이용되고 있다. 이 경우에 열원으로 채수한 지하수는 지하수가 보유한 열만 이용한 후 각종 생활용수나 빌딩용수로 이용할 수 있다. 미국은 1일 평균 지하수 이용량에 따라 수주지열정 시스템을 허가 또는 신고사항으로 규정하고 있으며 설계·시공은 유자격자로 제한하고 있다. 그러나 USEPA는 지하수 열펌프시스템과 수주지열정을 이미 지하수의 유익한 이용

(beneficial use)인 Class V로 분류하여 그 이용을 적극 권장하고 있다(2003, New York city).

1) 수주지열정의 구조와 열교환 방식

수주지열정은 미고결암구간을 굴착(굴착경 350~400mm)한 후 상부 우물자재(casing 구경 약 250mm)을 암반 상단부까지 설치하고 착정굴착구간(350~400mm)과 상부케이싱(250mm) 사이 구간(일명 공벽구간(annular space)이라 함)은 차수용 그라우트로 밀폐시킨다. 이때 케이싱 설치 심도는 최대 60m를 초과하지 않아야 한다. 그런 다음 케이싱 하부구간은 통상 나공(open hole) 상태로 굴착한다(굴착경은 150~200mm). 계획심도까지 굴착이 완료된 심정 내에 내부 케이싱(sleeve라고 함)을 공저부의 입구에 발달된 투수대까지 설치하되, 내부 케이싱은 열전도율이 낮은 무공관을 이용하나 최하단부에서는 환수가 내부 케이싱 내로 유입될 수 있도록 유공관을 설치한다. [그림 6-21]은 수주지열정의 대표적인 우물구조도이다.

수중모터펌프를 내부 케이싱 안에 설치하여 최하단부에 설치한 유공관으로부터 따뜻한 온도를 유지하고 있는 지하수를 열펌프의 열원측(heat source측)의 열공급수로 이용한다. 그런 다음 열원으로 사용한 지하수는 동일한 심정의 내부케이싱과 외부케이싱 사이구간으로 재주입(환수)시켜 심정 하부구간에 분포되어 있는 주변지층과 환수(주입수) 사이에 직접 열교환이 일어나도록 한다(그림 6-22). 반대로 냉방시에는 열배출원(heat sink source)으로 이용한다.

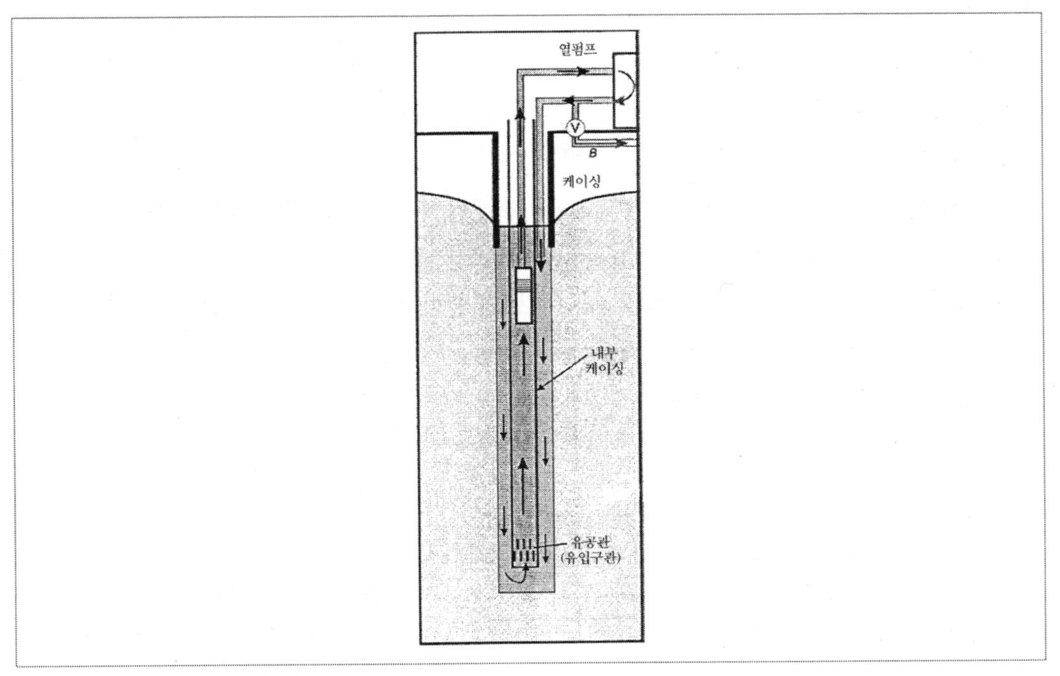

[그림 6-21] 전형적인 수주지열정의 모식도

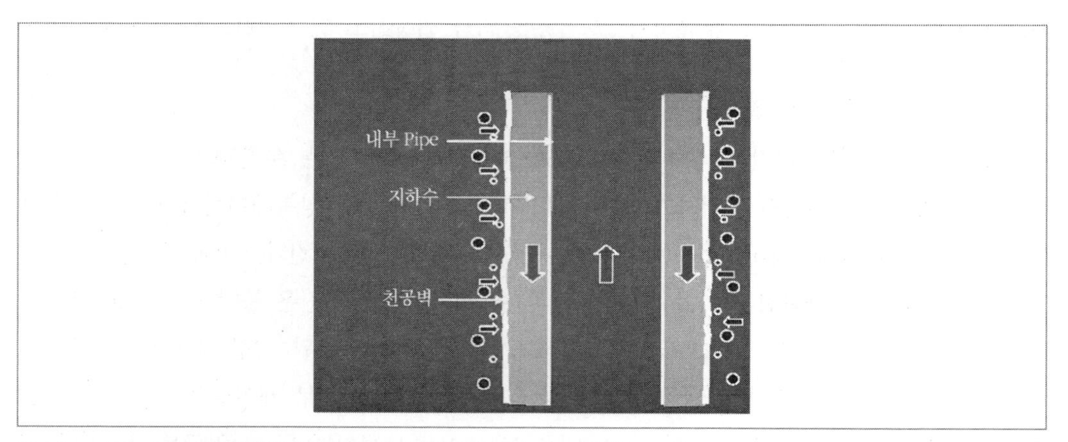

[그림 6-22] 수주지열정에서 주입환수와 주변암체와의 열교환방식 모식도

국내 결정질암에서 지하수의 평균 산출량은 통상 1개공당 100m^3/일 이내이며 최적 우물굴착심도는 평균 100m 이내이다(한정상, 2000). 또한 우리나라 수문지열계의 특성상 지열이상대가 아닌 일반지역에서 지온 증가율은 100당 ±2℃ 정도이므로 100m 이상 되는 심정을 설치하더라도 20℃ 이상의 지하수를 확보하기란 쉬운 일이 아니다.

암반지하수 중에서 지하수가 다량으로 산출되는 부위는 연약한 단열대(파쇄대, 절리군, 단층대등)이다. 주입 순환수가 내외부 케이싱 사이구간에서 순환할 때 나공구간에 발달된 단열대나 대수대가 세굴되어 공내로 붕락하여 이질물질이 순환수내 함유되면 결국 열교환기의 파손과 빈번한 휠터교체 및 심지어 공매몰 현상이 발생할 수 있다. 문제가 발생한 SCW 심정을 재생시킬 경우와 터빈펌프를 채수용 수중펌프로 사용할 경우를 대비하여 SCW 심정의 수직도는 반드시 1% 이내로 유지시킬 수 있는 심정굴착법을 사용해야 한다.

이에 부가해서 대체적으로 국내 퇴적암 대수층은 결정질암의 단열 대수대처럼 견고하지 않아 공내붕괴 현상이 쉽게 발생하기 때문에 사전에 수리지질학적인 특성을 파악해야 한다.

[그림 6-23]은 수주지열정을 판형열교환기와 수원열펌프시스템 및 휀코일에 연결하여 실내 냉난방을 시키는 모식도이다. [그림 6-23]에 제시된 바와 같이 수주 지열정은 여름철에 열배출원으로, 겨울철에 열원으로 이용한 지중루프시스템과 지하수 열펌프의 장점을 조합시킨 일종의 지원열 열펌프시스템이라 할 수 있다.

2) 수주지열정(水柱 地熱井)의 적용조건과 설계지침

수주지열정은 대체적으로 지열정 자체에 생산되는 지하수 산출량과는 관계없이 1개 심정을 열공급원(heat source)과 열배출원(heat sink)으로 동시에 이용하는 시스템이다. 그러나 수주 지열정을 지하수산출성이 매우 양호한 단열매체에 설치하면 1RT당 굴착해야 하는 소요심도를 대

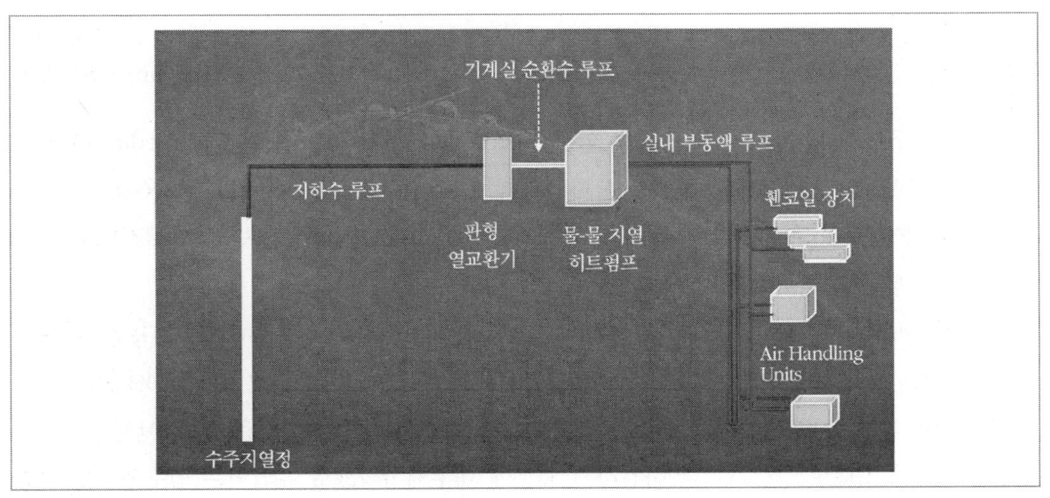

[그림 6-23] 수주지열정을 판형열교환기와 수원열펌프시스템 및 휀코일에 연결하여 실내 냉·난방을 시키는 모식도

폭 감축시킬 수 있음은 물론 성적계수를 크게 향상시킬 수 있다.

수주지열정 시스템을 가장 효율적으로 적용할 수 있는 최적 수리지질학적인 조건들은 다음과 같다.

① 지하수 산출량(지하수 채수 가능량)이 풍부하고,

② 자연 수위가 비교적 낮으며

③ 환수가 순환하는 구간에서 공내붕괴가 일어나지 않는 지층이어야 하고

④ 수질이 양호하여 부식이나 스케일 현상이 발생하지 않아야 하고

⑤ 지열원측 입구온도가 환수온도에 의해 장기적으로 급격히 변하지 않는 수문 지열계 (hydrogethrmal system)여야 한다. 만일 지하수 채수 시 양수위가 심하게 하강하면 지하수 채수에 소요되는 동력비가 과다하게 들어 비효율 및 비경제적이 된다.

이 시스템에서 지열펌프의 열교환기를 거쳐 나온 지하수를 건물의 일반 용수로 이용한 다음, 다시 일정한 온도를 유지하고 있는 수주 지열정으로 환수시키는데, 이는 마치 2정 개방형시스템과 같은 역할을 하게 된다. 만일 심정 순환수의 급격한 온도 변화나 주입량과 채수량이 동일하지 않을 경우에 순환수가 지표로 방류될 수도 있기 때문에 이에 따른 배수계획을 별도로 수립해 두어야 한다.

수주지열정은 대수층과 수리지질학적으로 서로 연결되어 있는 우물이긴 하나 아직까지 명확한 설계기준은 가용하지 않다. 따라서 수직 밀폐형 루프시스템을 설계할 때 사용하는 일반원칙을 수주지열정에 그대로 적용하면 결과적으로 큰 문제가 발생할 수 있다.

가) 일반 지침

수주지열정을 설계할 때 사용하는 일반 지침들은 대체적으로 다음과 같다(Rawling, 2004).

① 수주지열정으로 재주입(환수)한 물을 인근 지표수체나 하수구로 지표방류(bleeding)시키지 않을 경우, 1RT당 필요한 우물심도는 다음과 같이 추천하고 있다(Rawling, 2004). 즉 열전도도가 양호한 결정질 단열매체인 경우 : 1RT당 약 (16±1.5)m이고, 반대로 열전도도가 낮은 단열 매체에서는 1RT당 약(31±6)m 정도이다.

② 첨두 냉난방시 지표로 배출시키는 순환수의 배출량(bleeding rate, 대수대에서 신규로 유입되는 지하수 때문에 흘러넘치는 순환수의 량)은 일반적으로 주입량(환수량)의 (20±10%) [10~30%] 이내여야 한다. 이때 1RT당 필요한 심도는 대폭 축소시킬 수 있다. 즉 첨두 냉난방시에는 환수온도가 최대로 상승하거나 하강하기 때문에 내부케이싱으로 유입되는 입구온도를 연중 비교적 일정하게 유지시키려면 일부 주입용 환수를 지표로 배출시켜야 한다. 지표로 배출시키는 환수량 만큼 수주지열정 자체의 대수대(帶水帶)에서 지하수가 공급되어야 한다. 수주지열정의 대수대에서 공급되는 지하수량이 많을수록 지열정의 심도를 축소시킬 수 있다.

③ 대수대로부터 소요수량(환수량)을 100% 확보할 수 있는 수주지열정 시스템은 바로 지하수 열펌프시스템이다.

④ 수주지열정에서 케이싱의 최대 설치심도는 60m 이내여야만 경제적이다.

⑤ 수주지열정의 지하수 개발 가능량은 우물 포화 두께를 안전하게 유지할 수 있을 정도로 충분한 산출성이 있어야 하고, 지하수위는 가능한 한 높게 유지되어야 한다.

⑥ 자연 수위가 45m 이상 되는 우물은 수주지열정으로 사용하지 않는다.

⑦ 지하수 산출량은 지표배출량보다 많거나 최소한 같아야 한다.

⑧ 수주지열정에서 지하수 채수 가능량이 B/D용수 이용량과 배출량보다 큰 경우에는 B/D 용수원으로 이용해도 무방하다.

⑨ 실제 수주지열정을 지하수 공급정으로 사용하면 연중 수온(입구온도)을 알맞게 유지 공급할 수 있으므로 수주지열정의 성능계수를 향상시킬 수 있다.

⑩ 수주지열정에서 필요한 순환수 유량은 밀폐형 지중열 교환기와 마찬가지로 1RT당 9.5~11.4*lpm(2.5~3.0 gpm)* 정도이다.

⑪ 첨두 냉난방시 수주지열정으로부터 개발 가능한 지하수 산출량은 최소 순환수유량의 (20±10)%이어야 한다. 즉 지표배출량과 최소한 동일한 양이어야 한다.

나) 수주지열정(SCW) 간의 최적 이격거리(SCW recommended specification/earth coupling, NYRES doc.)

SCW는 1개의 심정을 주입 채수정으로 동시에 이용하는 일종의 천부 지열이용시스템으로서 지하수의 산출성과 흐름에 무관하게 적용하고 있다. 그러나 국내와 같은 단열암체는 암반 지하수가 유동하거나 상당량 산출되므로 지열시스템의 성능계수 향상은 물론 수주지열정의 심도를 대폭 축소시킬 수 있다.

여러 개의 수주지열정을 설치하여 냉난방에너지원으로 이용할 때 각 수주 지열정 사이의 최적 이격 거리는 시스템의 첨두 냉난방부하, 첨두 부하기간, 대수층의 두께 및 해당 수주지열정에서 개발 가능한 지하수산출량과 유동상태에 따라 좌우되나 통상 60~180m 규모이다.

2정 지하수 열펌프시스템의 주입정과 채수정(diffusion well) 사이에 적용하는 적정설계 거리는 30~150m로써 다음 식을 이용하여 산정한다(미국의 Staten Island).

$$\text{심정사이의 적정 이격거리 (m)} = 0.271 \times [\text{설계부하(kcal/h)}]^{1/2} \qquad (6\text{-}7)$$

미국 뉴욕주의 수주지열정(SCW)에 대한 추천 시방에 의하면 (recommended specifi- cation, earth coupling/SCW) 가정용 SCW의 개수는 최소 1개, 열공급량은 10RT 규모여야 하고, SCW의 水柱(우물내 물기둥 높이)는 약 210m 이상이어야 하며, SCW에서 생산되는 지하수 개발 가능량은 약 11.4~ 15.1*lpm*(3~ 4*gpm*)이어야 한다.

이에 비해 상업용 SCW는 "수주가 각각 약 450m 이상 되는 심정 2개공과 각공별 지하수 산출 가능량이 18.9~37.8*lpm*(5~10*gpm*)이고 설계 열에너지 공급 가능량은 70RT여야 한다"라고 규정하고 있다.

다) 심도, 필요한 순환수 유량, SCW정의 지하수 산출량 및 공내순환수의 유속

첨두 냉난방시 필요한 열량을 지속적으로 유지시키기 위해 열원측의 열을 이용하고 난 다음 환수량 가운데 일부 (20± 10)%는 지표로 방류 시킨다. 이때 지표로 방류시키는 량만큼 SCW 내에서 산출되는 지하수를 SCW로 재보충시켜 주면 여름철에는 순환수의 수온을 냉각시키는 역할을 하고 반대로 겨울철에는 순환수의 수온을 가열시키는 역할을 하여 내부 케이싱 내에서 순환수의 수온(입구온도)을 연중 비교적 일정하게 유지시킬 수 있다. 즉 시스템의 성적계수를 향상 시킬 수 있다.

라) 설계지침기준 요약

① 수주지열정의 심도(포화 수주) : 1RT당 15~16.5m

② 순환수의 소요유량 : 1RT당 9.5~ 11.4*lpm*(2.5~ 3*gpm*)

③ 지표 배출량(SCW의 지하수 산출량) : 순환수량의 (20±10)%, 평균 20%

예 6-3

30RT용 SCW설계

① 심정 심도(포화 수주) : 30RT×(15~16.5)= 450~500m

② 순환수 유량 : (9.5~11.4)×30RT = 285~342*lpm*, (410~492 CMD)

③ SCW의 지하수 산출량(지표 배출량) : (410~492)×0.2 =82~98 CMD

예 6-4

700m 심도(포화 수주)의 심정을 SCW로 이용 시 설계

① 공급가능 열부하 : 700m/(15~16.5)=4247RT, 평균 45RT

② 순환수 유량 : 45RT×(9.5~11.4)=427~513*lpm*(620CMD)

③ SCW의 지하수 산출량(지표 배출량) : 620×0.25=155CMD

6.6.2 밀폐형 지중연결 지열펌프 시스템(closed loop, earth coupled system)

대수층은 열에너지를 가장 잘 저장하고 운반하는 매체이기 때문에 지열펌프시스템은 주로 지하수를 이용하고 있다. 그러나 모든 곳에서 필요한 수량이나 양호한 수질을 가진 지하수가 산출되지는 않는다. 지하수가 전혀 없는 곳도 있고 수질이 부적절한 곳도 있으며, 지하수자원의 보호를 위해서 개방형 시스템 설치를 금지하는 곳도 있을 수도 있다. 따라서 지하수의 수질이 불량하고 지하수가 전혀 산출되지 않는 곳이나 또는 개방형 시스템 설치가 곤란한 곳에서는 밀폐형 지열펌프를 설치하여 냉난방용으로 이용한다.

이 시스템은 열에너지원으로 지하수가 부존되어 있지 않은 지역에서는 지하수 대신에 지중에 저장되어 있는 천부 지중열을 이용하는 시스템이다. 본 기법은 열 에너지원으로 지하수를 사용하는 대신 지열을 보유하고 있는 지중에 polyethylene(PE) 파이프나 polybutylene(PB) 파이프로 이루어진 밀폐형 회로를 매설하고 이들 밀폐 회로 내에서 물이나 또는 부동액이 혼합된 순환수(지중순환수라 한다)가 순환되도록 하여 지중순환수가 땅 속의 지중열을 흡수, 추출하도록 하는 방법이다. 이 방식에는 수평밀폐형, 수직밀폐형 및 호소밀폐형 등이 있다.

(1) 수평 밀폐형 지열펌프시스템(horizontal closed ground loop)

이 방식은 통상 밀폐형 회로를 부설할 수 있는 충분한 공간이 있고 굴착대상 지중토양이 굴착하기에 용이한 곳에서 가장 경제적으로 설치할 수 있는 지열펌프 시스템 설치방식으로서 대체적

[그림 6-24] 밀폐형 루프(지중열교환기)를 수평으로 설치한 지열-펌프시스템의 모식도

으로 소량의 냉난방 에너지가 필요한 소규모 상업용 빌딩이나 가정용 주택에 주로 설치하는 방식이다.

굴착 깊이는 최소 1m~3m 규모이며, 굴착부위 저면에 수평방향으로 PE관(지중열교환기)을 부설한다(그림 6-24). 냉난방용량 1RT(냉동톤)당 필요한 PE관의 부설길이는 통상 120m~180m이고, 제한된 굴착 공간 내에 PE관을 보다 많이 설치하기 위해서 원형(Slinky형)의 코일형태([그림 6-25] 참조)로 감아서 부설하기도 한다.

수평밀폐형 지열펌프의 RT당 필요한 수평 PE 파이프(수평 지중열교환기)의 규격별 설치형식별 소요길이는 대개 [표 6-12]와 같다.

Slinky형 폐회로를 설치 시 지열펌프 RT당 필요한 굴토면적과 루프파이프 길이는 [표 6-13]과 같다.

[그림 6-25] Slinky형 밀폐형 루프 시스템(호소 및 하천형 시스템)

[표 6-12] 수평 밀폐형 루프로 구성된 지열펌프의 RT당 소요 loop 파이프 길이

loop 파이프 설치형식 (inch)	설치심도 (m)	RT당 소요 loop 파이프 길이(m)	비고
$1\frac{1}{4}$~2" 구경의 단일 파이프	1.2~1.8	107~152	물순환
$1\frac{1}{4}$~2" 구경의 평행 파이프	1.2~1.8	RT당 굴토길이 : 64~92 RT당 소요 파이프길이 : 128~184	물순환
$\frac{3}{4}$~1" 구경의 4층(열) loop 파이프	1.8 이상	RT당 굴토길이 : 38~61 RT당 소요 파이프길이 : 153~244	파이프 간격은 최소 0.3m

[표 6-13] Slinky형 폐회로 지열펌프의 톤당 필요한 굴토면적과 루프파이프의 길이

코일규격(m)		상부 연결 파이프의 설치심도(m)	지열펌프 RT당	
간격	직경		굴토규모(m)	loop 파이프 길이(m)
0.5	0.76~0.8	지표하 1.2	30(길이)×0.9(폭)×1.8(심도)	pitch가 0.45m 일 때 $\frac{3}{4}$inch 파이프의 길이 : 230~245

그러나 정확한 지중열교환기(PE loop)의 길이는 건물의 소요냉난방 부하를 충분히 소화할 수 있는 규격을 가진 지열펌프를 선정하고, 선정한 지열펌프의 냉난방 부하능력이나 PE관 설치형식과 PE관 설치구간에 분포된 토양과 암석의 열전도성에 따라 지중으로부터 동절기에 추출해야 할 지열량과 하절기에 지중으로 방열해야할 열량에 따라서 구해야 한다.

최근에는 수평착정기를 사용해서 설치지점의 미관을 해치지 않고 밀폐형 루프를 설치할 수 있는 방법이 개발되었다. 따라서 수평착정법을 이용할 수 있을 경우에는 기존의 건물이나 주차장 하부에 밀폐형 루프를 설치할 수 있다. 이 시스템을 설치할 때 지열펌프가 필요로 하는 충분한 양의 열에너지를 전달·흡수할 수 있도록 충분한 길이의 루프를 지하에 매설해야 한다. 예를 들면 난방시 지열펌프의 열교환기 코일 내에서 순환수(물 또는 부동액 혼합수)가 순환할 때 지열펌프의 냉매에 의해 수온은 최소 약 2℃~4℃ 하강한다. 그렇기 때문에 폐회로인 루프의 설치길이는 사용한 순환수가 손실한 열량만큼 지하로부터 지열을 다시 흡수할 수 있을 정도로 설치한다.

● 주의

물을 지중순환수로 사용하는 경우에 천부 지열은 계절별로 약 6~8℃씩 변한다. 따라서 이에 부합되게끔 폐회로의 규격을 결정한다. -지표면은 여름철에 과잉 가열되고 겨울철에는 가냉각된다. 즉 지중순환회로(loop) 내에서 순환하는 지중순환수은 여름철에는 38℃까지 온도가 상승할 수도 있고 겨울철에는 0℃까지 내려가기도 한다. 겨울철에 지중순환회로 내에서 순환되는 지중순환수가 0℃ 이하로 내려가더라도 동파되지 않도록 부동액을 사용한다. 최근에는 이러한 단점을 보완하기 위해서 지중순환회로 내에서 순환하는 지중순환수를 물과 부동액을 혼합하여 사용한다. 대다수의 지열펌프 장치는 순환수의 온도가 5~7℃ 이하로 내려가면 가동이 되지 않거나 순환수의 온도가 10℃ 이하인 경우에는 운영효율이 현저히 떨어진다. 특히 천부에 수평 밀폐형 루프를 설치하는 경우, 동기에는 저온, 하기에는 고온문제가 발생할 수 있다.

(2) 수직 밀폐형 지열펌프 시스템(vertical closed ground loop system)

이 방식은 굴착대상지가 암반으로 구성되어 있고 주변의 미관 유지를 위해 최소한의 미관회손과 교란만 허용하는 지역이거나 대용량의 냉난방 에너지를 필요로 하는 곳(주로 건물)에 가장 적합한 방식이다.

평균 50~150m 심도의 수직천공(bored hole)을 건물하부나 인근에 굴착한다. 그런 다음 두 개의 PE관을 U-bend로 연결한 지중열교환기(GHEX)를 굴착천공 내에 설치한다. 지중열교환기를 설치한 천공의 공벽구간은 적절한 저투수성 물질로 되메움을 하거나 그라우팅을 실시한다. 이와 같이 수직으로 설치한 PE관을 [그림 6-26]과 같이 지표하 1.8~2.5m에 매설한 상부연결관(header pipe)과 서로 연결한다. 이들 PE관으로 이루어진 수직 밀폐형 회로는 지중순환수로 충진시키고 이들 지중순환수가 지열을 열교환기에 이송하고 전달할 수 있도록 한다.

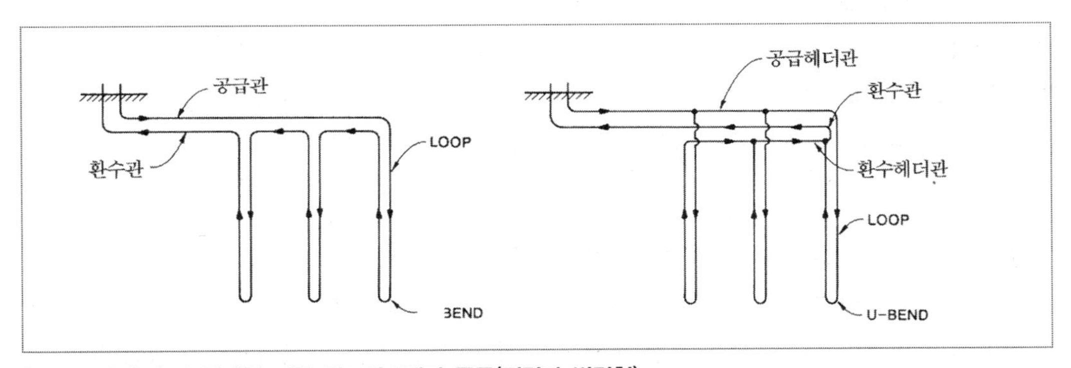

[그림 6-26] 수직 밀폐형 지열 펌프시스템의 종류(직렬과 병렬형)

일반적으로 수직 GHEX는 설치비가 수평 GHEX에 비해 비싸지만 설치심도가 깊기 때문에 동절기에는 따뜻하고 하절기에는 비교적 차기 때문에 GHEX의 설치길이가 수평 GHEX의 길이보다 짧다. [그림 6-26]은 수직방향으로 설치한 밀폐형 지중 순환회로(loop)의 모식도이다. 수직 loop형 지열펌프의 RT당 필요한 수직 굴착공의 길이와 소요 loop파이프 길이는 대개 [표 6-14]와 같다.

[표 6-14] 수직 밀폐형 지열펌프 시스템의 RT당 수직천공 길이와 루프파이프의 소요길이

파이프의 규격 (inch)	상부 연결관의 규격(inch)	소요 수직공의 길이(m)	loop 파이프의 길이(m)	비고
구경 0.7~1 인치 규격의 단일 U bend loop	$1\frac{1}{4}$ - 2	46~85	92~152 (300~500ft)	loop 파이프의 길이는 수직천공 심도의 약 2배
구경 1~2 인치 규격의 단일 U-bend loop	$1\frac{1}{4}$ - 2	38~68	76~69 (250~450ft)	loop 파이프의 규격 1", $1\frac{1}{4}$", $1\frac{1}{2}$", 2 inch pipe에 적용

수직GHEX로 사용하는 PE loop의 정확한 길이는 전술한 바와 같이 건물의 냉난방 부하, 지열펌프의 규격, 수직 PE loop의 설치 및 배열방식, PE관 설치지점에 분포된 토양과 암석의 열전도도, 열저항, 및 grout재의 특성 등에 따라 전산처리하여 산정한다.
수평 및 수직 밀폐형 지열펌프 시스템의 장단점을 요약하면 다음과 같다.

• 장점

① 폐회로 내에서 순환하는 순환수는 누수 · 손실되지 않는다.
② 순환수의 수질문제는 폐회로에 충진하기 전에 처리한 후 사용할 수 있다.
③ 스케일 및 부식과 같은 문제를 최소화시킬 수 있다.
④ 밀폐형은 개방형에 비해 회로내 액체를 순환시키는 데 필요한 동력이 적게 소모된다(개방형에 비해 50% 이하).
⑤ 밀폐형 순환 펌프는 지하실에 설치할 수 있어 보수가 간편하다.
⑥ 밀폐형 지열펌프는 설치 시 거의 규제를 받지 않는다.
⑦ 순환펌프(circulator)의 마력수는 매우 적기 때문에 유지비가 저렴하다.
⑧ 지하수의 부존과 수질문제의 유무에 무관하게 설치할 수 있다.

• 단점

① 만일 밀폐형 루프의 설치구간이 암반으로 이루어져 있거나 기존의 적절한 우물이 가용치 않을 경우 초기 밀폐형 루프 설치비용이 과다하게 소요된다.
② 루프내 순환수의 온도가 동결온도 이하로 내려가면 지열펌프의 성적계수는 떨어진다.
③ 굴착대상 지역에 상당량의 조골재(전석)가 있으면 굴착비용이 과다하게 소요된다.
④ 수직 밀폐형 루프를 부적절하게 설치하여 누수가 발생하면 보수가 어렵다.
⑤ 밀폐형 루프 내에 기포가 생기면 순환수의 순환을 방해한다.
⑥ 정확한 폐회로의 크기, 배관재료의 선정, 설치 방법 등은 아직까지도 많은 연구가 필요한 신기술이다.

(3) 호소형 밀폐형 시스템 또는 수정 지중연결 루프시스템(pond 또는 lake closed loop, modified earth coupled loop system)

지열펌프의 냉난방용 열원으로 호수와 저수지 및 하천수의 수온을 저렴하게 이용할 수도 있다. 이 경우에 물을 여과시키지 않고 사용하면 조류나 탁도에 의한 생물학적인 막힘현상(fouling 등)이 발생하여 열교환기에 악영향을 미칠 수 있다.
호소수를 에너지원으로 이용할 때의 주안점을 열거하면 다음과 같다.

① 지표수열펌프 가동이 호소(크기, 수심, 면적)에 미치는 영향은 호소로부터 열을 추출하는 겨울철(난방 시)에 비해 열을 방열하는 여름철이 훨씬 크다. 지표수 지열펌프를 가동할 수 있는 호소의 규모는 다음과 같다.
- 수심이 9m 이상 되는 호소의 여름철 수온은 7~10℃ 정도는 되어야 하며
- 남위도 지역에 소재한 호소인 경우 그 수심이 4.5~5m 정도일 때 8월달의 수온은 27℃ 이하여야 한다.

② 여름철(냉방시기)에 수심이 3m 이하인 저수지에 방열을 하면 수온층이 파괴된다.

③ 수심이 6m 이상 되는 깊은 저수지에서의 방열 부하량은 호소면적 4,000m^{2}당 최대 8.5RT(ton) 규모이다. 이에 비해 수심이 4.5~6m 정도 되는 얕은 호소에서의 방열량은 4000m^{2}당 15 RT 이하여야 한다.

④ 지표수 열펌프시스템을 호소에 설치할 때 필요한 최소면적, 수심 및 지열펌프시스템의 크기는 다음과 같다.
- 난방시 : 1 에이커(4,000m^2)당 10 RT 이하, 수심은 3.7m 이상
- 냉방시 : 1 에이커(4,000m^2)당 20 RT 이하, 수심은 3.7m 이상

⑤ 1 RT당 필요한 호소형 지중열교환기(PE pipe)의 계략적인 길이는 난방시 약 96m/RT이고, 냉방시 약 100m/RT이다.

⑥ 순환펌프의 규격은 통상 37.8*lpm*(10*gpm*) 규모이며, 지열펌프가 요구하는 양수량에 부합되게 펌프 규격을 정한다.

6.6.3 복합형 지열펌프 시스템(hybrid system)

빌딩의 냉난방 요구조건이 서로 다른 경우에는 비용을 줄이기 위해서 이미 설치되어 있는 기존의 보일러에 의한 난방시설과 기타 냉각탑을 이용한 냉방시설을 지열펌프 시스템과 연계시켜 운영할 수 있다. 이러한 시설을 복합형 또는 혼합형 시스템이라 한다. 이 경우 지하에 설치한 지중열교환기의 크기는 빌딩이 필요로 하는 냉난방 부하 중에서 적은 쪽에 부합되도록 설계한다. 필요에 따라서는 지열펌프 시스템의 규모에 무관하게 빌딩의 난방부하가 큰 경우에는 기존의 보일러를 이용하여 추가 열에너지를 공급받고 반대로 냉방부하가 큰 경우에는 냉각탑이나 빙축열 시스템에 연계시켜 추가적으로 냉방을 할 수도 있다.

일반적으로 복합형 지열펌프 시스템에서는 초기시설 투자비를 줄이기 위해서 가능한 한 지하에 부설하는 지중열교환기를 적게 설치한다. 지열펌프는 낮에 집중적으로 사용하기 때문에 지중열교환기에 과잉열이 집적된다. 따라서 낮 동안에 과잉 집적된 열을 밤에 방열시키기 위해서 냉각탑을 사용하는데, 혼합형식의 지열시스템은 야간의 증발시스템의 변환에 달려 있다. 그렇게 하

면 열배출원으로서 작용하는 밀폐형 회로 내에 들어 있는 순환수의 온도가 지열펌프의 효율저하를 방지해 준다. 특히 이 시스템은 낮 온도가 높고 밤 온도가 낮은 기후 조건에서 가장 이상적인 방법이다. 뿐만 아니라 우리나라의 도시지역처럼 수직지중열교환기를 설치할 가용면적이 좁은 지역에서는 기존의 이미 설치되어 있는 냉난방(boiler나 냉각탑 등) 시스템과 연계해서 지열펌프시스템을 설치 · 운영하면 연간 운영비를 크게 절약할 수 있다.

전술한 바와 같이 상업용 지열펌프시설은 지하에서 열을 교환하기 위해 설치한 지중열교환기(loop)와 1개 이상의 지열펌프로 이루어져 있다. 지열펌프는 작동 시 소음이 전혀 없고 공기에서 열을 추출하는 시설이 아니기 때문에 주로 실내에 설치한다.

즉 지열펌프는 실내에 있는 벽장이나 천장에 걸거나 콘솔 형태로 설치할 수 있다. 상업용 지열펌프는 빌딩의 크기나 소요 냉난방 용량에 따라서 그 규격과 크기가 다양하다. 현재 이용되고 있는 지열펌프의 규격은 약 88종 이상이며, 특히 고속도로의 톨게이트나 경비실과 같은 소규모 냉난방용으로 사용되는 지열펌프의 규격은 0.5RT가 대종을 이루고 있다. 이에 비해 초고층 건물은 수백 개의 지열펌프를 이용하는데, 그 규모는 수천 톤(RT)의 냉난방 시스템을 종합해서 배열하기도 한다.

상업용 지열펌프의 종류에 따라서 빌딩 내에서 냉난방을 하는 방법도 서로 상이하다. 어떤 빌딩은 따뜻한 공기를 덕트시설을 통해 덕트 송풍기로 순환시키는가 하면 우리나라의 주거용 아파트와 같은 건물은 온수를 순환시켜 바닥-난방을 한다. 또한 두 시스템을 동시에 사용하는 경우도 있다.

미국의 일부 석유회사들은 주유소나 편의점과 세차장을 한 곳에서 운영하는 소위 혼합형 C-store(combination gas station/convinience store/car wash)에 지열펌프를 설치하여 양질의 공간 냉난방에너지와 값싼 온수를 제공하고 있다. 여기서 C-store는 동절기에는 세차용 차들의 진입로 결빙 방지는 물론 세차용으로 온수를 이용하고 이에 부가해서 store의 냉동기나 ice maker가 사용하고 남은 폐열을 회수하여 다른 용도의 필요한 열에너지로 이용한다. 이들 시스템은 바로 열에너지를 폐기시키지 않고 다시 재활용하는 고효율시설이다. 따라서 지열펌프는 필요한 곳에 열을 옮겨서 쓰고, 후에 남는 열을 이용하기 위해 열을 순환회로 인근 지중에 저장하는 시스템이다.

학교나 고층빌딩과 같은 대규모 빌딩은 구역별 또는 각 객실별 온도조절은 물론 쾌적한 환경을 유지시키기 위해 지열펌프를 이용한다. 즉 학교의 교실, 호텔의 객실 및 사무실 빌딩의 각 방마다 별도의 지열펌프를 설치한 후 빌딩 내에 설치한 순환회로에 이들 개별 지열펌프를 연결시켜 통합적으로 운영하기도 한다. 이를 통합시스템(integrated system)이라고도 한다. 이와 같은 통합시스템에 있어서 지열펌프는 빌딩 중 햇빛이 잘 드는 쪽은 냉방을 제공하고 햇빛이 들지 않는

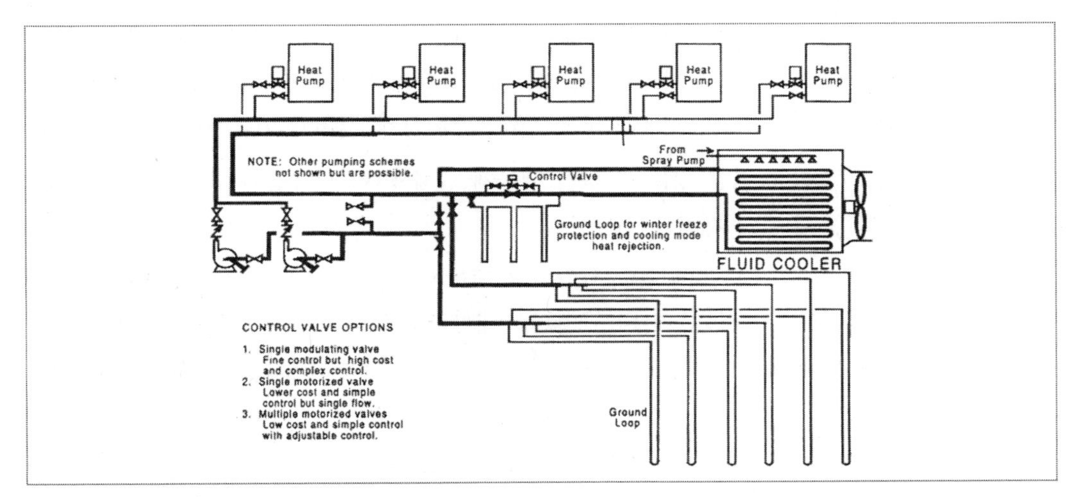

[그림 6-27] 냉각탑을 열펌프시스템의 GHEX와 연결시킨 복합 GCHP시스템

그늘진 쪽은 난방을 제공한다. 또한 대규모 빌딩 내에 구역별로 필요한 냉난방을 할 수 있도록 서로 다른 규격과 종류의 지열펌프를 설치하기도 한다.

현재 1개 지열펌프가 공급할 수 있는 냉난방 용량은 0.5RT에서 60RT 정도이다. 대규모 빌딩 내에서 통합시스템으로 지열펌프를 운용하면 빌딩내 일부 구역에서 남아도는 열은 열이 모자라는 구역으로 보낼 수 있어 상당한 냉난방비를 절약할 수 있다.

대규모 지열펌프와 소규모 지열펌프를 빌딩 내에 함께 설치하면 에너지 절감효과는 상승한다. 왜냐하면 각 구역별로 필요한 열에너지만큼만 제공할 수 있어 열손실을 최대한 줄일 수 있기 때문이다. 이 경우에 빌딩이 요구하는 냉난방 에너지 사이의 차이에 해당하는 열량만큼만 지하에 설치한 지중순환회로(GHEX)가 열원과 열배출원으로 이용된다.

만일 여러 개의 빌딩에 냉난방을 실시하는 경우에는 각 빌딩에 설치한 지열펌프들을 동일한 지중순환회로에 연결시켜 사용할 수 있다.

일례로 학교에 지열펌프 시스템을 설치하는 경우에는 각 빌딩마다 지열펌프를 설치하고 이들 지열펌프들은 한 개의 대규모 지중순환회로에 연결시켜 사용한다. [그림 6-27]은 냉각탑이 설치되어 있는 대규모 빌딩에 각 구역별 냉난방부하에 적합한 지열펌프를 설치한 후, 냉각탑과 지열펌프를 1개 수직 밀폐형 지열교환기에 연결해서 운영하는 통합시스템의 대표적인 모식도이다.

6.7 지중 열교환기(GHEX)의 종류와 사용재료의 사양

겨울철에 지중에서 지열을 추출하고 여름철에는 실내에서 추출한 열에너지를 지하로 방열시키기 위해 지하에 설치한 순환수의 밀폐형 순환회로를 지중순환회로(loop system), 지중코일, 지중

열교환기(ground heat exchanger, GHEX), 천공열교환기(bore hole heat exchanger, BHE) 또는 단순히 지중루프(loop)라고 다양하게 부른다. 지중열교환기 설계는 최소 비용으로 최대 효과를 얻을 수 있는 지중순환회로의 종류와 형식을 결정하는 데 있다. 따라서 지중열교환기의 종류와 형식 중에서 가장 양호한 것이란 있을 수 없기 때문에 설계자(certified geoexchange designer, CGD)는 여러 대안 중 최적의 대안을 선택한다.

지중순환회로의 설계법으로는 Oklahoma 대학을 주축으로 한 IGSHPA, EPRI 및 NRECA가 채택하고 있는 loop설계방법이 있고, 그 외 Alabama 대학과 ASHRAE가 개발한 수직공의 천공설계 방법이 있다. Oklahoma 대학은 주로 외기온도를 loop 설계기준으로 사용하는데 반해 Alabama 대학은 해당지역의 지중온도(또는 지하수온도)를 기준으로 사용한다.

[그림 6-28]은 지중열교환기의 종류를 나타낸 것으로서 대표적인 수직 · 수평 열교환기를 도시한 것이다. [그림 6-29(a)]는 직렬 · 수평으로 1개(단일형)의 지중열교환기(horizontal single layer series loop)를 도시한 그림이며, [그림 6-29(b)]는 직렬의 수평 2개열(2층 구조)로 설치한 지중열교환기를, [그림 6-29(c)]는 수평 · 병렬 4층 구조를 가진 지중 열교환기를, [그림 6-29(d)]는 수직 병렬형의 단일 U-bend(혹은 U-tube라 한다)로 구성된 병렬형 지중열교환기를, 마지막으로 [그림 6-29(e)]는 수직 · 직렬형 단일 U-bend로 구성된 지중 열교환기의 모식도이다.

6.7.1 지중 루프의 형식과 종류

(1) 지중 루프(horizontal or vertical loop)

지중 순환회로를 설치할 토지의 가용성, 해당부지의 국지적인 토양/암석의 특성, 굴착비용 및 미관유지의 필요성 등에 따라서 지중열교환기는 수평 또는 수직으로 설치한다. 만일 암반과 같은 견고한 암석이 분포되어 있지 않은 곳으로서 공지가 넓은 지역에서는 수평으로 루프(loop)를 설치하는 것이 가장 경제적인 방법이다.

각종 배관이 설치되어 있는 곳에서는 수평 루프를 설치가 용이하지 않다. 특히 수직 loop system은 우리나라의 도시지역처럼 토지 가용성이 제한되어 있는 곳에서 설치하는 방법일 뿐만 아니라 일반 굴착기로는 굴착이 불가능한 암반 분포지역에서 주로 이용하는 방법이다.

수평 또는 수직 루프 가운데 어떤 형식을 선택할 것인가를 결정할 때는 지중열교환기 설치 대상 토지의 이용 가능성과 설치비용을 검토해 보아야 한다.

(2) 직렬 및 병렬흐름(series and parallel flow)

지중 순환회로는 [그림 6-29(a)], [그림 6-29(b)], [그림 6-29(e)]처럼 직렬(series)로 설치하거나 또는 [그림 6-29(c)] 및 [그림 6-29(d)]처럼 병렬(parallel)로 설치한다.

1) 직렬 배열방식(series)

직렬 배열방식은 지중 순환회로(loop) 내에서 순환수(물과 부동액의 혼합액)의 흐름이 한 방향(only one fluid path)으로만 흐르지만 병렬인 경우에는 둘 이상의 반대방향으로 순환수가 흐른다. 선택방법은 loop의 설치비에 좌우된다. 일반적으로 직렬형 loop의 경우에는 파이프 구경이 크기 때문에 병렬형에 비해 자재비가 더 많이 들지만 굴착 천공비는 적게 든다.

순환수의 유량이 1RT당 7.56~ 11.34*lpm*(2~ 3gpm) 이하로 제한되어 있는 지열펌프 루프(Re가 2,500~3,000 이상)를 직렬로 설치하면 열전도성을 양호하게 유지할 수 있다.

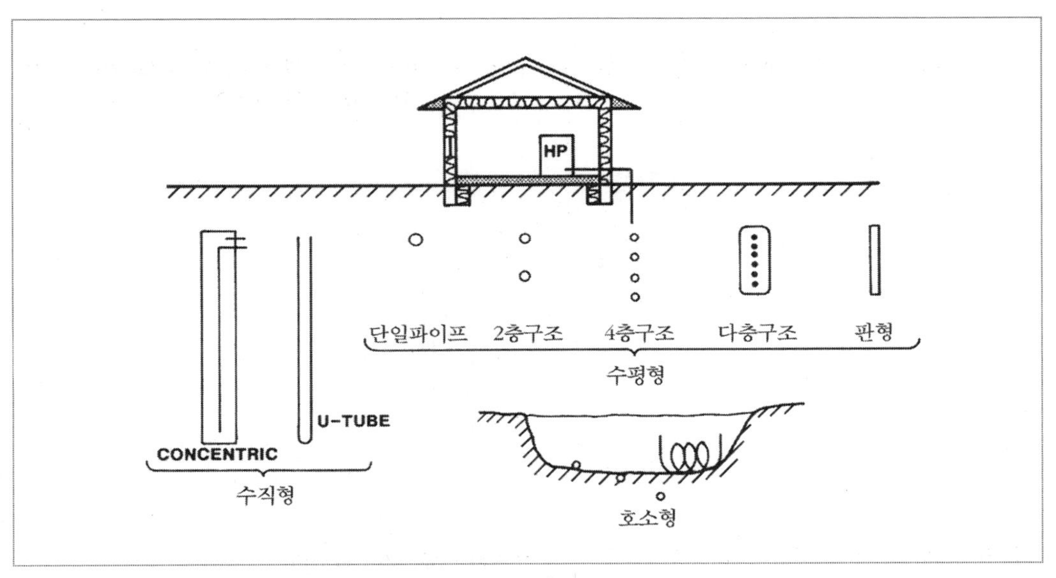

[그림 6-28] 지중 열교환기의 종류(수직, 수평 및 지표수)

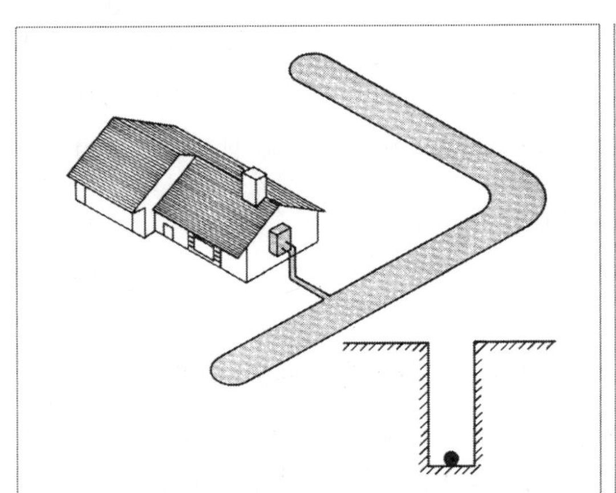

[그림 6-29(a)] 직렬의 수평 1개열로 구성된 단일형 지중 loop system(GHEX)

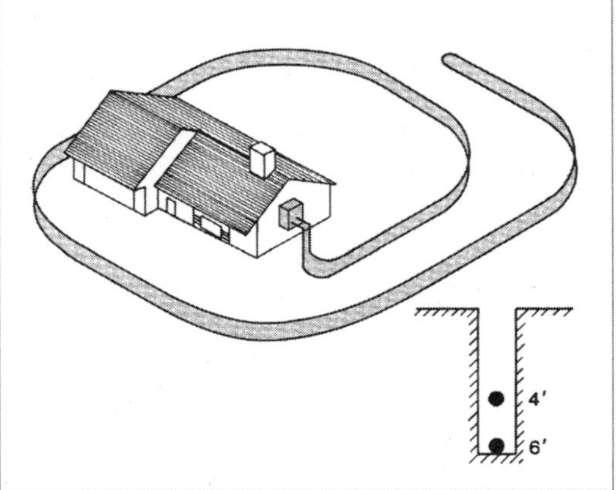

[그림 6-29(b)] 직렬의 수평 2개열로 구성된 지중 loop system

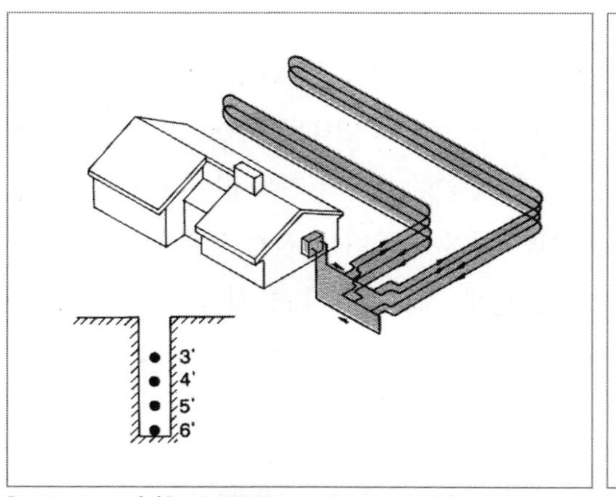

[그림 6-29(c)] 수평병렬 4개열로 구성된 지중 loop system

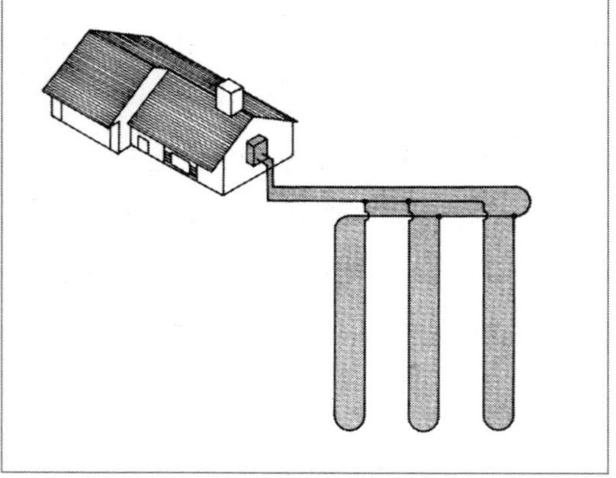
[그림 6-29(d)] 수직 병렬형의 단일 U-bend로 구성된 지중 loop system

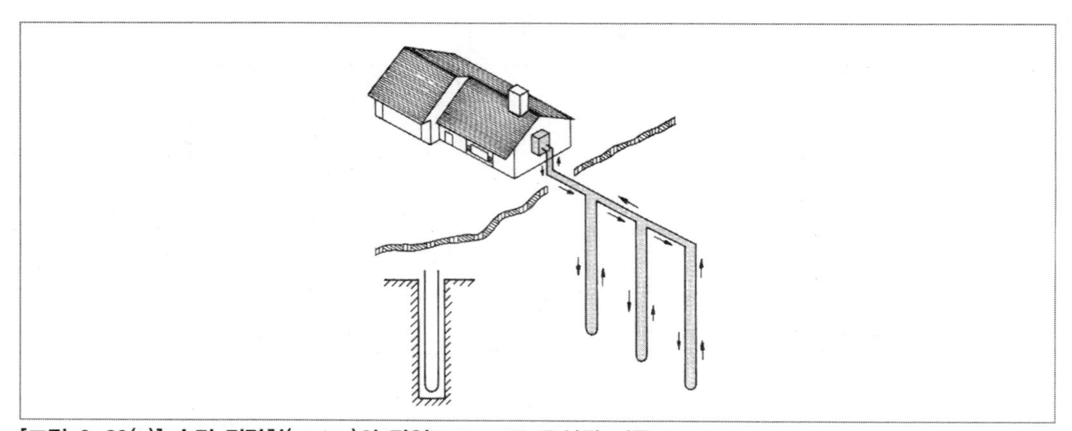
[그림 6-29(e)] 수직 직렬형(series)의 단일U-bend로 구성된 지중 loop system

직렬 흐름의 경우 순환수의 흐름경로가 잘 알려져 있고, loop 파이프 세정(flushing)시 관내에 잔존되어 있는 공기를 제거시킬 수 있는 장점이 있으나 ① 구경이 큰 loop 파이프를 사용하기 때문에 부동액과 재료비가 많이 들며 ② 구경이 큰 파이프는 무겁기 때문에 설치비용이 병렬방식에 비해 많이 든다.

2) 병렬 배열방식(parallel)

병렬형식(parallel)은 직렬 형식에 비해 구경이 적은 파이프를 사용하기 때문에 비용이 적게 든다. 구경이 적은 파이프를 사용하기 때문에 고속의 세정작업[flushing, 0.9m/sec(3ft/sec)]을 할 때 배관 내에 잔존해 있던 공기가 완전히 배제될 수 있도록 파이프를 설계하고 조립한다. 뿐만 아니라 개개 병렬회로는 길이가 서로 같아야 하고(허용차 10% 이내) 지중 순환회로 내에서의

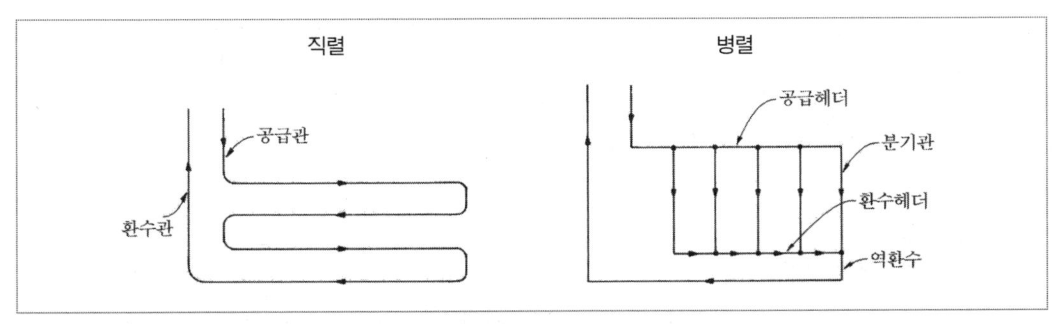

[그림 6-30(a)] 천부구간에 GHEX를 수평으로 설치한 평면도(직렬 및 병렬형)

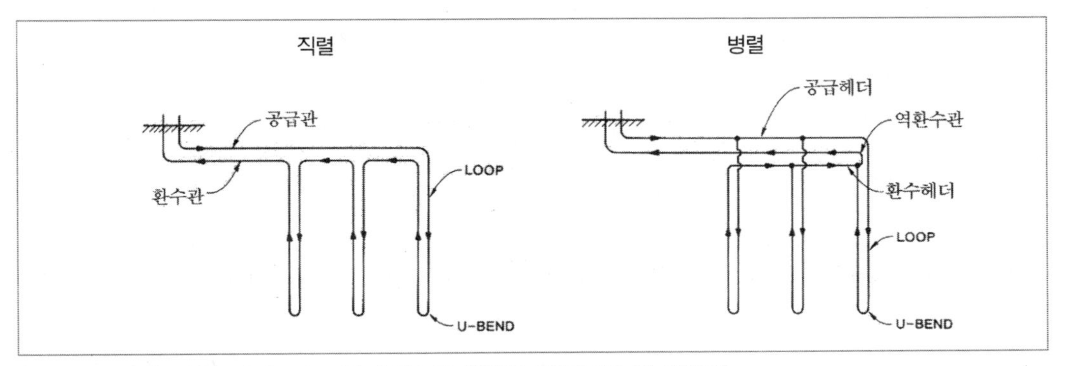

[그림 6-30(b)] 심부구간에 GHEX를 수직으로 설치한 경우(직렬 및 병렬형)

유속이 동일해야 한다. 또한 개개 loop의 유입, 유출구에서 작용하는 압력을 동일하게 유지시키기 위해 loop관의 구경보다 큰 관으로 만들어진 상부연결관(header pipe)을 설치한다. [그림 6-30(a)]는 지중 순환회로를 천부구간(지표하 1.2m~1.8m 하부)에 수평으로 설치했을 때의 모식도로서 이를 직렬과 병렬형식으로 도시한 그림이다. 이에 비해 [그림 6-30(b)]는 지중 순환회로를 지하 깊은 심도(구경 115~150mm로 최대심도 150m 이내)까지 수직으로 설치하고 이를 직렬과 병렬로 연결했을 경우의 모식도이다.

상기 지중열교환기를 구성하고 있는 주요부분을 약술하면 다음과 같다(그림 6-31).

가) header pipe(순환수의 상부 연결관)

상부 연결관(header)은 지열펌프에서 직렬 또는 병렬형 지중순환회로까지 순환수를 공급·환수시키는 역할을 한다. 지열펌프 전체 시스템의 유량을 상부 연결관이 처리하기 때문에 순환수의 흐름으로 인한 압력수두 손실을 최소화시키기 위하여 loop의 구경보다는 큰 구경의 파이프를 사용한다. 상부 연결관에서 발생하는 수두손실이 전체 수두손실의 30% 이상이 될 때에는 역환수 상부연결관(reverse return)을 사용한다([그림 6-31] (a)).

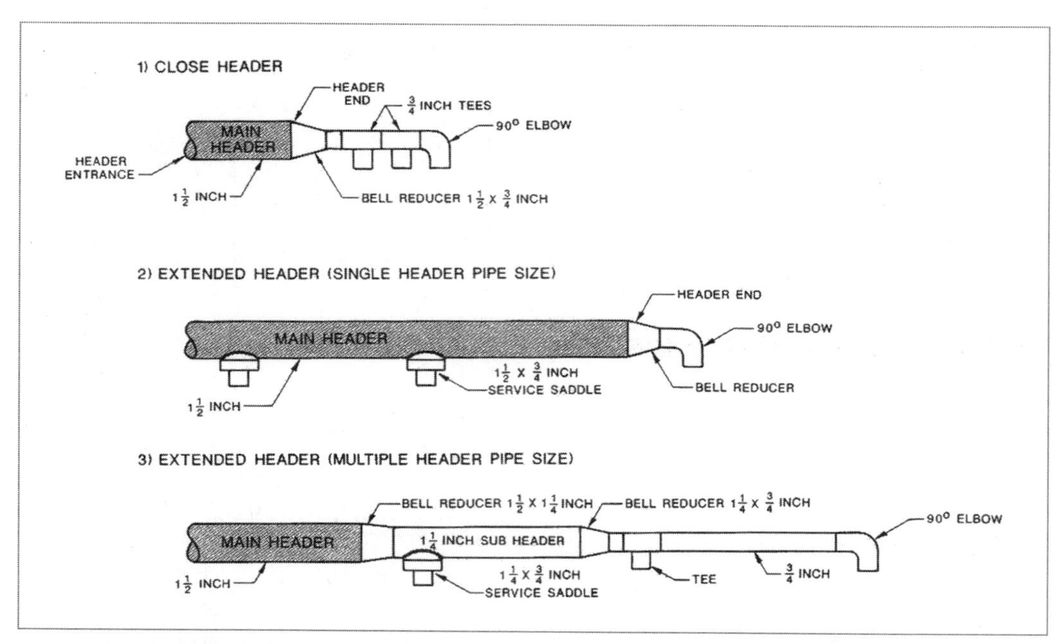

[그림 6-31(a)] 지중열교환기 상부에 연결하여 사용하는 각종 상부 연결관(header pipe)들

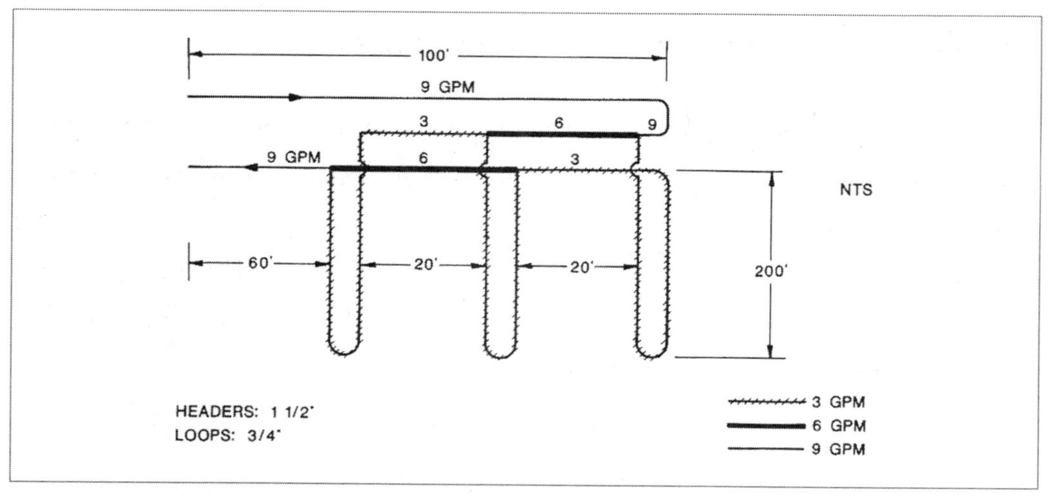

[그림 6-31(b)] 지중순환회로(지중열교환기)와 역순환회로

나) 지중 순환회로(loop, GHEX, 또는 지중열교환기)

지중순환회로의 상부 연결관과 그 하부 굴착공이나 굴토구간에 설치한 순환회로 내에서 순환수가 유동하는 통로로서 지열펌프가 필요로 하는 지열을 추출하거나(동절기), 여름철에 사용하고 남은 폐열을 지하에 방열시키기 위해 설치된 일종의 지중열교환기(ground heat exchanger, GHEX)이다.

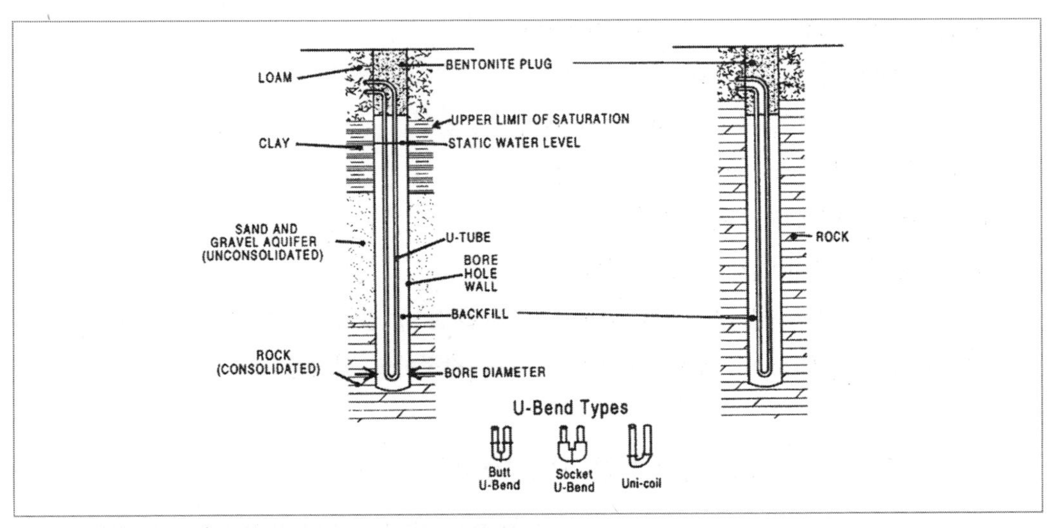

[그림 6-31(c)] 수직 지중열교환기 하단에 연결된 각종 U-bend들

다) 역순환 혹은 역환수(逆還水, reverse return)배열

병렬시스템을 이루고 있는 개별 loop에서 순환수의 압력이 동일한 유입·배출압을 갖도록 하기 위해 PE파이프를 배열하는 방식으로서 상부 연결관(header line)을 따라 발생하는 압력 손실을 최소화시키기 위해 이 방식을 사용한다. 가장 긴 header에서 발생하는 수두손실이 전체 loop에서 발생하는 수두손실에 비해 30% 미만일 경우에는 직순환 상부연결관(direct return header)을 사용하지만, 30% 이상일 경우에는 역순환 상부연결관(reverse return header)을 사용한다.

라) U-bend(U-tube)

[그림 6-31(c)의 하단에서 볼 수 있는 것과 같이 2개의 평행한 loop를 수직굴착공의 공저나 굴착부 밑바닥에서 연결시켜 순환수가 그 지점에서 정 반대방향으로 유동할 수 있도록 PE관 말단에 설치한 90°각도를 가진 연결부를 U-bend라 한다.

6.7.2 지중 열교환기 설계절차

지중 열교환기의 설계절차는 다음과 같다.

① 순환회로(loop)인 지중열교환기의 설치방식은 다음 중 한 가지 또는 조합으로 결정한다.

- 수평 또는 수직
- 직열 또는 병열흐름 배열

② 다음사항을 고려하여 지중 순환회로의 재료인 loop 파이프를 결정한다.

- 재질 : 폴리에틸렌(PE)이나 폴리부틸렌(PB)
- 규격 : SDR이나 SCH
- 지중 loop 파이프의 구경과 순환수의 유량
- loop 파이프의 길이 : 설치심도, 배열형
- loop 파이프 내에서 순환수의 수두손실

③ 지중열교환기의 총 loop 길이를 계산한다.

- Trench 또는 수직시추공의 공당 심도와 총연장 길이, 설치심도 및 배열방식 등

④ 순환수의 순환펌프(circulation pump)의 규격을 결정하고 선정한다.

6.7.3 지중 열교환기로 사용하는 PE 파이프의 사양

GCHP 시스템에서 사용하는 배관류는 열융접을 한 Polyethylene(PE)와 Polybutylen(PB) 파이프, 즉 HDPE 파이프류이다. 이들 파이프는 유연성이 있고 열융접(heat fushion)시켰을 때 원재질보다 용접부위는 더 강해지는 장점이 있다. 일반 PVC pipe를 GHEX의 루프로 사용하지 않는다. 이 배관의 ASTM number는 PE 3408로서 그 범위가 매우 넓다. IGSHPA에 의하면 loop system에 사용하는 PE 3408 셀(cell)분류는 345434C, 345534C 및 355434C(ASTM D3350) 등이 있다.

(1) PE 파이프의 규격과 PE 파이프 종류별 매설심도별 원위치 토양·암석의 열저항치

[표 6-15]는 GHEX 설계 시 가장 많이 사용하는 PE 파이프의 규격을 나타낸 표이다. PE 파이프의 두께와 파이프 강도는 SCH(schedule rating)나 SDR(size dimension ratio)로 표현한다. 여기서 SDR(size dimension ratio)은 다음 식으로 구한다.

$$\text{SDR} = \text{상응하는 강관 파이프의 외경} \div \text{PE 파이프의 두께} \qquad (6\text{-}8)$$

따라서 SDR이 클수록 PE pipe의 두께는 얇아지고 내경은 커진다. GHEX에 사용할 수 있는 파이프는 [표 6-15]와 같이 두 종류가 있다.

HDPE 파이프 제작회사들은 전통적인 철강제 파이프의 Schedule Dimension 대신 표준규격비(standand dimension ratio, SDR)를 사용하는데, SDR에는 SODR[파이프외경(OD)/파이프두께]와 SIDR[파이프 내경(ID)/파이프 두께] 2가지가 있다. SODR은 천연가스 배관이나 열융접 파이프류에 주로 사용하며, SIDR은 밴드를 이용해서 배관을 연결하는 바버형(barb) 파이프류에 널리 사용한다. 여기서 SIDR의 내경은 Schedule 40 강제 파이프의 규격과 동일하며 SODR의 외경은 철재파이프의 외경과 같다.

상기 파이프는 모두 국내에서 가용한 파이프류이다. PE 파이프의 경우에 지중지열교환기 설계자는 두께가 가장 얇은, 즉 SDR 값이 큰 PE 파이프를 지중순환회로로 이용하고 SDR 값이 적은, 즉 두께가 두터운 PE 파이프는 상부 연결관(header pipe)용으로 사용한다(표 6-15(a)). 즉 구경이 적은 20~25mm(3/4~1인치) PE 파이프들은 지중 순환회로로 이용하고 상부연결관(header)은 이보다 구경이 큰 PE 파이프를 사용한다.

[표 6-15(a)] PE 파이프의 규격(size)과 파이프의 열저항치(thermal resistance)

No.	파이프 종류	호칭구경 (mm)	외경 (OD, mm)	내경 (ID, mm)	파이프 열저항R_s	단일 loop N = 2 R_{PE}	D_{OE}(mm)	2중 loop N = 4 R_{PE}	D_{OE} mm
Polyethylene									
1	SDR-11	20(3/4)	26.67	21.84	0.095	0.0645	37.6	0.045	53.3
2		25(1)	33.40	27.36	0.095	0.0645	4.7.2	0.045	66.8
3		32(1 1/4)	42.16	34.49	0.095	0.0645	59.7	0.045	84.3
4		40(1 1/2)	48.26	39.47	0.095	0.0650	68.3	0.045	9.6.5
5		50(2)	60.33	49.35	0.095	0.0650	5.8.3	0.045	120.7
6	SCH-40	20(3/4)	26.67	20.93	0.114	0.0780	37.6	0.0540	53.3
7		25(1)	33.40	26.64	0.017	0.0730	47.2	0.0500	66.8
8		32(1 1/4)	42.16	35.05	0.087	0.0598	59.7	0.4170	84.3
9		40(1 1/2)	48.26	40.89	0.079	0.0540	68.3	0.0370	96.5
10		50(2)	60.33	52.50	0.066	0.0457	85.3	0.0316	120.7
Polybuthylene									
11	SDR-17	40(1 1/2)	48.26	42.57	0.107	0.0739	68.3	0.052	96.5
12	IPS	50(2)	60.33	53.21	0.107	0.0739	85.3	0.052	120.7
13		25(1)	28.57	24.30	0.134	0.094	40.4	0.0659	57.2
14	SDR-13.5	32(1 1/4)	34.93	29.74	0.134	0.095	49.3	0.0659	67.9
15	CTS	40(1 1/2)	41.28	35.18	0.134	0.094	58.4	0.0659	82.6
16		50(2)	33.98	46.00	0.134	0.094	76.2	0.0659	107.9
파이프 저항단위(R_s R_{PE}) : hr..m.℃ / kcal, N : PE pipe의 수, ( )단위 : inch									

구분	규격	
PE 파이프	PE 3408, PE 3408,	SDR = 11(11.3kg/cm²압) SCH = 40
PB 파이프	PB 2110, PB 210,	SDR = 13.5 SDR = 17(17kg/cm²압)

만일 지중루프를 [표 6-15(b)]에 제시된 방식 중 한 가지 방식으로 지중에 설치하는 경우(PE loop의 구경, 종류, 심도 및 배열방식 등) 지중루프 설치지점의 원위치 토양이나 암석의 열 저항치를 알아야만 필요한 건물의 냉난방 부하를 처리할 수 있는 지중루프의 최적 길이를 계산할 수 있다(6.9.2절 참조). 이때 지중루프 길이 산정에 필요한 원위치 토양/암석의 열저항치는 [표 6-15(b)]의 값을 사용한다. 지중에 설치할 지중푸프의 배열방식이나 규격이 [표 6-15(b)]와 상이

한 경우에는 ASHRAE의 Design/Data manual for closed loop/ground coupled heat pump system이나 IGSHPA의 Earth coil design manual을 이용한다.

[표 6-15(b)]의 원위치 토양/암석의 열저항치 계산과정은 매우 지루하고 시간이 많이 걸리기 때문에 GLD나 GchpCalc와 같은 전산 프로그램을 이용하여 계산하면 시간을 절약할 수 있다.

[표 6-15(b)] PE 파이프의 종류, 구경, 심도 및 배열방식별 토양/암석의 열저항(m·hr·℃/Kcal)

파이프 경(인치)	Rp(1개 pipe) / Rpe (2개 이상 pipe 또는 u-bend(수직 loop))				Rs (습윤한 조립질흙) / Rs (조립질흙-건조한 세립질흙-습윤한흙)										Rs(암석) / Rs(비고결암)
	PE SCH 40	PE SDR-11	PE SDR-17	PE SDR-13.5											
3/4	.114/.078	↑	↑	↑	0.69/0.93	0.71/0.97	0.73/0.99	0.75/1.00	0.88/1.19	0.92/1.24	1.38/1.85	1.44/1.92	1.42/1.92	1.26/1.70	0.40/0.71
1	.107/.073	↑	↑	↑	0.65/0.89	0.69/0.92	0.70/0.94	0.71/0.95	0.85/1.14	0.89/1.19	1.34/1.80	1.41/1.87	1.39/1.87	1.24/1.66	0.38/0.68
1 3/4	.087/.060	.095/.065	.108/.074	.134/.094	0.60/0.84	0.65/0.88	0.67/0.90	0.68/0.91	0.82/1.10	0.85/1.14	1.32/1.75	1.38/1.83	1.36/1.82	1.20/1.61	0.36/0.65
1 1/2	.079/.054	↓	↓	↓	0.60/0.81	0.63/0.85	0.65/0.87	0.66/0.89	0.80/1.07	0.84/1.12	1.29/1.73	1.36/1.80	1.34/1.79	1.18/1.59	0.36/0.63
2	.066/.046	↓	↓	↓	0.57/0.77	0.60/0.81	0.62/0.83	0.63/0.85	0.77/1.03	0.81/1.05	1.26/1.69	1.33/1.76	1.30/1.75	1.15/1.54	0.34/0.56

(주) PE SCH 40의 Pipe size $\frac{3}{4}$ inch인 경우, R_p/R_{PE} = 0.114/0.078
1개 파이프 사용 시 열저항/2개 이상의 Pipe or 수직 loop의 U-bend 사용 시 열저항
토양/수평 단일loop(심도 1m) : 0.69/0.93, Rs(습윤조립토)/Rs(건조조립토 또는 습윤세립토)
수직천공 : R_s(암석)/R_s(heavy-damp soil): 0.4/0.71 : 암석의 열저항/조립흙의 열저항

(2) PE 파이프의 구경

loop용으로 사용할 PE 파이프 규격을 결정하기 이전에 다음과 같이 서로 상반된 2가지의 공학적인 기준에 따라 그 규격을 결정한다.

① 마찰수두손실을 최소화시켜 순환수의 순환 동력비가 최소가 되도록 하기 위해서는 배관구경이 충분히 커야 하며

② 반대로 loop 내에서 순환하는 순환수와 파이프의 벽면 사이에서 열전도가 잘 일어나도록 하기 위해서는 PE 파이프 내부에서 흐르는 순환수는 난류가 되도록 유속이 빨라야 한다. 즉 레이놀드수(R_e)가 2,500~3,000 이상이 될 수 있도록 PE 파이프 구경은 충분히 적어야 한다.

따라서 위의 두 가지 상반된 기준, 즉 순환수의 수두마찰손실을 최소화시키면서 열전도성을 촉진시킬 수 있는, 즉 유속이 빠른 파이프 구경을 결정하기 위해서는 이 분야의 상당한 경험과 자격이 있는 전문가들이 설계를 하도록 권장하고 있다. 그런 다음 시중에 가용한 파이프의 규격을 선택하고 설치비가 가장 적게 드는 경제적인 파이프 재질과 파이프 경을 선택한다.

[표 6-16]은 물을 위시한 부동액의 온도별 점성과 밀도을 나타낸 표이다. 이를 이용하여 지중 loop내 순환수의 Re가 2,500~3,000 이상이 되는, 즉 loop내 순환수의 흐름이 난류가 될 수 있는 최소 유량은 [표 6-17]과 같다. [표 6-17]은 loop내 순환수의 Re가 2,500~3,000이상 되어 그 흐름 상태가 난류가 될 수 있는 최소 관내 유량을 관경별 및 부동액 혼합 순환수별로 유량을 liter/분(*lpm*)으로 나타낸 표이다.

[표 6-16] 물과 각종 부동액의 온도별 점성과 밀도

내용 / 용액	온도(℃)	점성 (centipoise)	밀도	
			g/㎤	Lb/ft³
물	4.5	1.55	1	62.4
Calcium chloride	-4	4.0	1.19	74.3
Propylene glycol	-4	5.2	1.02	63.6
Methanol	-4	3.5	0.92	60.8

따라서 GHEX 설계자는 GHEX의 모든 구간에서 이러한 2가지 조건이 충족되는지 먼저 검토해야 한다.

[표 6-17] 난류가 되기 위한 지중순환회로의 관경별 최소유량(R_e > 2,500)

호칭구경 (mm)	물(4℃) (*lpm*)	Calcium Chloride 20%(-4℃)	Propylene Glycol-20%(-4℃)	Methanol 20%
PE (SDR-11)				
20 (¾")	4.16	8.69	12.85	9.07
25 (1")	4.91	10.96	16.64	11.72
32 (1¼")	6.43	13.61	20.80	14.75
40 (1½")	7.82	15.50	23.82	16.64
50 (2")	7.07	19.66	29.87	20.80
PE (SCH 40)				
20 (¾")	3.78	8.32	12.48	8.69
25 (1")	4.91	10.58	15.88	11.34
32 (1¼")	6.43	13.99	21.17	14.75
40 (1½")	7.56	16.26	24.57	17.39
50 (2")	9.45	20.80	31.75	22.30
PB (SDR-17, IPS)				
40 (1½")	7.94	17.01	25.71	18.14
50 (2")	9.83	21.17	32.13	22.30
PB (SDR-13.5, CTS)				
25 (1")	4.54	9.45	14.75	10.21
32 (1¼")	5.29	11.72	17.76	18.52
40 (1½")	6.43	13.99	21.17	14.75
50 (2")	8.32	18.15	27.60	19.28

대다수의 loop는 호칭구경 20mm(3/4"), 25mm(1"), 32mm($1\frac{1}{4}$"), 40mm($1\frac{1}{2}$") 및 50mm(2") 규격의 PE 파이프를 사용한다. 병렬식 지중loop는 구경이 적은 PE pipe를 사용하고, 냉난방 대상 건물 내에 설치한 B/D순환 회로를 따라 순환되는 B/D순환수를 송수하는 상부 연결관은 지중 loop에 사용한 파이프보다 큰 구경을 가진 파이프를 사용한다.
일예로 3RT규모의 지열펌프는 호칭구경 20~25mm으로 이루어진 약 120m의 loop와 40mm 구경으로 된 약 60m의 상부 연결관을 사용한다.

(3) PE 파이프 길이(長)

PE 파이프의 길이는 순환수의 유량과 이에 따라 발생하는 허용 마찰수두손실(이하 수두손실이라 한다)을 토대로 계산한다. 만일 지중 순환회로인 PE loop의 수두손실이 너무 커서 효율적으로 순환수를 순환시킬 수 없을 경우(전력비가 많이 소요될 경우)의 조치사항으로는

① PE 파이프 길이를 짧게 하든지
② PE 파이프경이 큰 것으로 대체 하든지
③ 파이프 배열을 병렬형식으로 바꾼다.

[표 6-18] 준칙-1

부동액의 혼합비	활증률
20% Propylene glycol	1.36
20% Calcium cloride	1.23
20% Methanol alcohol	1.25
20% Potasium acetate	1.25

일반적으로 지중 순환회로를 따라 발생하는 수두손실은 지중회로와 그 부속배관을 따라 발생하는 수두손실과 거의 같다. 이러한 내용은 필요조건은 아니지만 설계를 여러 번 반복조정해서 상기 범주 내에 들도록 한 후에 파이프 구경과 길이를 결정한다.
[표 6-19]는 밀폐형 지열펌프(cl/gs, heat pump)에서 일반적으로 사용하는 자재와 배관의 구경별로 해당 배관에 순환수가 흐를 때 발생하는 수두손실(100m당)을 나타낸 표이며, 이때 순환수의 온도는 4.5℃일 때이다. 일반적인 준칙으로 지중loop의 순환수를 순수한 물만 사용했을 때 발생하는 마찰수두 손실을 1이라고 하면 순수한 물에 다음과 같은 비율로 부동액을 혼합했을 경우의 수두손실 활증률은 [표 6-18]의 〈준칙-1〉을 적용하여 구한다.

[표 6-19] 각종 PE Pipe loop의 100m 상당길이당 마찰수두 손실(m/100m)

호칭파이프구경과 재질(*mm*)	내경 (mm)	유량(*lpm*)									
		3.78	7.56	11.34	15.12	18.9	22.72	30.3	37.8	45.5	53.3
연결호스 (25)	26.67	*	*	*	1.33	1.95	2.68	4.43	6.53	8.99	11.77
PVC관 (20)-14kg/cm^2		*	*	*	3.7	5.7	*	*	*	*	*
PVC관 (25)-14kg/cm^2		*	*	*	1.0	1.9	2.7	4.2	6.3	8.9	11.8
동관 (20)		*	*	*	4.3	6.3	*	*	*	*	*
동관 (25)		*	*	*	1.5	1.9	2.7	4.5	6.9	9.6	12.8
PE3408(Polyethylene) 1. SDR-11 20 (3/4)	21.84	0.20	1.03	2.07	3.41	5.03	*	*	*	*	*
2. SDR-11 25 (1)	27.36	0.07	0.36	0.71	1.18	1.73	2.38	3.92	*	*	*
3. SDR-11 25~32 (1-1/4)	34.49	*	0.12	0.24	0.39	0.58	0.79	1.31	1.93	2.65	3.47
4. SDR-11 25~40 (1-1/4)	39.47	*	*	0.13	0.21	0.31	0.42	0.69	1.02	1.40	1.83
5. SDR-11 50 (2)	49.35	*	*	*	0.07	0.11	0.15	0.24	0.35	0.48	0.63
6. SCH 40 20 (3/4)	20.93	0.25	1.26	2.54	4.18	6.16	8.46	*	*	*	*
7. SCH 40 25 (1)	26.64	0.08	0.40	0.81	1.33	1.96	2.69	4.45	*	*	*
8. SCH 40 25~32 (1-1/4)	35.05	*	0.11	0.22	0.36	0.54	0.74	1.21	1.79	2.46	3.21
9. SCH 40 25~40 (1-1/2)	40.89	*	*	0.11	0.18	0.26	0.35	0.58	0.86	1.18	1.55
10. SCH 40 50 (2)	52.50	*	*	*	*	0.08	0.11	0.18	0.26	0.36	0.47
PB2110 (Polybutylene) 11. SDR-17, IPS 25-40 (1-1/2)	42.57	*	*	0.09	0.15	0.21	0.29	0.48	0.71	0.98	1.28
12. SDR-17, IPS 50 (2)	53.21	*	*	*	0.05	0.07	0.10	0.17	0.25	0.34	0.44
13. SDR-13.5, Cts 25 (1)	24.30	0.11	0.62	1.25	2.06	3.03	4.16	*	*	*	*
14. SDR-13.5, Cts 25~32(1-1/4)	29.74	*	0.24	0.48	0.79	1.17	1.60	2.46	*	*	*
15. SDR-13.5, Cts 25~40(1-1/2)	35.18	*	0.11	0.22	0.36	0.53	0.72	1.19	1.76	2.41	3.20
16. SDR-13.5, Cts 50 (2)	46.00	*	*	0.06	0.10	0.15	0.20	0.33	0.49	0.68	0.88

주. 1. 수온이 4℃일 때의 직관 100m당 수두손실(m)이다.
2. 엘보, 티, reducer, 유량계 등과 같은 부속품의 상당길이는 100m당 3m(3%)로 가정
3. 순환수에 부동액을 혼합해서 사용할 경우의 수두손실은 각각 다음과 같이 활증한다.
20% Propylene Glycol 1.36 : 20% Calcium Chloride 1.23 : 20% Methanol Alcohol 1.25

6.8 건물의 냉난방 부하 계산법

6.8.1 건물의 낸난방 부하계산용으로 사용되는 방법들(전산법 포함)

가장 일반적인 수계산(손계산) 방법으로는 Manual-J을 이용해서 최대 냉난방부하를 계산할 수 있다. 이 방법은 해당 건축물의 단면 구조, 기밀도 등을 설계도면에서 읽어 획득하고, 열통과율, 일사차폐계수와 같은 건축물의 열적 경계값들을 산정하여 특정 시각의 온도차나 일사량을 서로 곱한 후 이들을 모두 합산하여 부하를 계산하는 방법이다. 이 방법을 이용하면 실내외 열적조건이 안정된 상태에서 부하계산을 할 수 있다.

● 참고 : 일사차폐계수

일사차폐물 때문에 차폐된 후에 부하로 되는 비율로서 차폐계수는 방사성분과 대류성분으로 이루어져 있다. 일반적인 부하계산 시에는 이들을 합한 일종의 종합 차폐계수를 일사차폐개수라 하여 사용한다.

최대부하를 계산하기 위해서 수계산 방법을 이용할 때나 전산기를 사용할 때의 기본식은 동일하지만 사용 전산프로그램의 종류나 조건 등에 따라 그 결과가 달라질 수 있다. 그러나 전산기를 이용하면 계산시간을 줄일 수 있고 실내외 조건이 수시로 변화할 때의 조건을 반영시킬 수 있어 수계산에 비해 보다 현실성이 있는 결과를 얻을 수 있다.
현재 부하계산에 널리 사용하고 있는 대표적인 프로그램들을 요약하면 [표 6-20(a)]와 같다.

[표 6-20(a)] 현재 부하계산에 널리 사용하고 있는 대표적인 프로그램들

프로그램 명	주요 내용
HASS	일본 공기조화 학회 규격 HASS 112에 제시된 방법으로서 건물 용도별로 단위면적당 부하(단위 W/m^2)를 구할 수 있으며 냉난방 부하를 개략적으로 추정할 경우나 최대 부하 계산법으로 구한 결과를 검토할 경우에 사용.
SMASH (Simplified Analysis System for Housing Air Conditioning Energy)	PC용 열부하 계산 프로그램이다. 대형 계산기용에 쓰이는 계산수법을 열적으로 더 운 부분에 대한 전열계산과 환기계산에 대해 간략화 한 것으로 주로 주택용 부하계산 시 사용.
BAMALOAD	Alabama 대학이 개발한 상업용 건물과 주택의 냉난방 부하 계산에 사용하는 전산프로그램으로서 지열 냉난방 열펌프의 규격 결정에 사용

건물의 냉난방 부하 계산법으로는 LCC 분석과 같은 총량적인 에너지사용량 분석을 위한 연간부하 계산법과 장비 선정 시 사용하는 최대 부하계산법 등이 있다. 최대 부하 계산법으로는 ASHRAE가 1967년에 개발한 수계산용 TETD/TA, 1972년의 TFM (Transfer Function Model), 1977년의 CLTD/CLD(Cooling Load Temp.Diff.), 1992년의 CLTD/ SCL /CLFC을 토대로 한 미래 98과 2001년도에 개발된 RTS 등이 있다([표 6-20(b)] 참조).
국내에서는 CLTD/CLFC을 토대로 개발한 Load sys과 HCL, DHLH-98이 있고 2005년에 AHSRAE의 Handbook of Fundmentals을 기초하여 대한설비공학회가 개발한 RTS-SAREK 등이 널리 이용되고 있다. 이들 외에도 전술한 Mannual-J와 DOE 등과 같은 많은 프로그램들이 가용하다. 대체적으로 건물의 냉난방 부하계산용으로 개발되어 사용되고 있는 방법들을 요약하면 [표 6-20(b)]와 같다.

[표 6-20(b)] 건물의 냉난방 부하계산용으로 사용되는 방법

년도	방법
1967	TETD/TA, ASHRAE/Handbook of Fundmentals의 열취득계산을 手作業用으로 실시
1972	TFM (Transfer Function Model), 전도 전달함수(CTF)와 룸 전달함수(RTF)를 사용하여 부하거동 분석을 일, 월, 연간으로 에너지량을 분석

1977	CLTD/CLD(Cooling Load Temp.Diff.)는 TFM대신 Table화된 手計算用
1992	CLTD/SCL/CLFC을 토대로 하여 미래 98이 개발
2001	RTS(Radient Time Series, 복사시계열)는 열평형을 간소화하여 설계 냉난방부하를 계산하는 최신 부하계산법으로서 이는 열취득 계산용으로 TFM의 전도전달 함수와 유사한 전도시계열(CTS)과 룸전달 대신 복사시계열(RTS)을 사용하는 부하 계산용 전산법
2005	현재 AHSRAE의 Handbook of Fundmentals을 기초하여 대한설비공학회가 RTS-SAREK 프로그램을 개발하여 널리 이용

6.8.2 소규모 건물의 간이 부하기준을 사용하는 방법

주택이나 소규모 건물인 경우에는 냉난방 시설의 용적이 소규모이기 때문에 여러 가지 간이부하 계산법을 널리 사용하고 있다. 간이부하 계산법은 일본의 공기조화 · 위생공학회 규격 HASS 112에 제시된 계산방법으로서 건물 용도마다 단위 면적당(단위는 W/m^2)의 부하를 구할 수 있다. 이 방법은 냉난방부하를 개략적으로 추정할 경우나 최대부하 계산법으로 구한 결과를 검증할 때 건물의 냉난방에 관련되는 에너지 절감성능의 개략 평가 시 사용하기도 한다. 이들 방법에는 각각의 장·단점이 있기 때문에 계산의 정밀도나 계산에 소요되는 시간 등을 고려하여 사용한다. 간단한 소규모 주택의 방 배치를 이용하여 집합주택의 부하를 계산하는 간이방법을 설명하면 다음과 같다.

(1) 주택의 표준부하 계산

[표 6-21(a)]는 집합주택의 냉난방부하를 계산할 때 사용하는 일반적인 표준부하계산 기준표 이다. 이를 이용하여 ① 냉난방시에 냉난방기를 운전하는 가장 일반적인 사용방법인 간헐운전 즉 냉난방을 원하는 시각에만 운전하는 일반·집합 주택설비의 부하계산과 ② 고기밀·집합주택 과 같이 24시간 연속 냉난방을 실시하는 설비의 부하계산과 같은 2가지를 예로 들기로 한다. 가정용 및 소규모 건물의 간단한 지열펌프의 규격을 선정할 경우에는 이 방법을 사용해도 무방하다.

(2) 기타 부하계산 기준과 소요 부하 계산사례

사례 주택의 각 방별 면적은 [표 6-22]와 같고 적용조건은 다음과 같다.

① 집합 주택의 중간층·중간 주호로 한다.

② 부하 계산으로서 단위 면적당의 표준 부하를 기본으로 한다.

③ 부하 계산방법으로 「JIS C 9612」 및 「HASS 112」의 계산법을 사용한다.

④ 각방의 면적은 벽심(중심선)간의 치수로부터 계산한다.

각종 부하 계산법의 단위 면적당 부하는 [표 6-21(b)]의 기준치와 같으며, 본 예제에서는 냉난방 기기를 선정할 때에 현재 시판되고 있는 룸-에어컨이나 팬-코일 유닛 등 카탈로그에 기재되어 있는 기기의 적용면적과 거의 일치하는 가장 일반적이고 간편한 공기 조화 · 위생공학회 규격 HASS 108을 기본으로 한 JIS C 9612의 간이 부하계산을 사용하였다.

[표 6-21(a)] 각종 부하 계산시의 기준표

내용 / 냉난방	집합 주택	단위 면적당 부하(kw/m^2)					
		간이 계산법				상세 계산법	상세 전산기 계산
		일본 공업 규격	공기 조화·위생공학회 규격				범용 소프트
		JSC 9612	HASS 108 & 109		HASS 112	최대 부하 계산법	SMASH
냉방	중간층	0.145(125)	0.145(125)	0.104(89)	0.062(53)	-	0.165(142)
	최상층	0.185(159)	0.185(159)	0.111(96)	0.067(58)	-	0.201(173)
	층 구분 없음	-	-	-	-	0.162(139)	-
	실내 조건	27℃	27℃	26℃	26℃	26~27℃	26℃
	실외조건	33℃	33℃	-	-	-	
난방	중간층	0.220(189)	-	0.163(140)	0.057(49)	-	0.241(184)
	최상층	0.250(215)	-	0.169(145)	0.059(51)	-	0.275(237)
	층 구분 없음	-	-	-	-	0.221	-
	실내 조건	20℃	-	20℃	20℃	20~22℃	20℃
	실외 조건	0℃	-	-	-	-	
기 타 조 건	기기	난방 : 열펌프	-	-	-	-	-
	방위	남향	남향	-	-	-	-
	방	양실	양실	-	-	-	거실·식당
	환기 횟수	1회/h	1회/h	0.5회/h	-	-	-
	운전	간헐 운전	간헐운전	간헐운전	-	-	-
	지역	-	-	Tokyo	Tokyo	Tokyo	Tokyo

(　　)의 단위 kcal/m^2.h

1) 간헐 운전을 하는 일반 집합주택 설비의 부하계산

[표 6-21(b)]의 단위면적당 냉난방 표준부하를 적용하여 모델 주호 각실의 냉난방 부하를 계산하면 [표 6-22]와 같이 총 난방부하는 28,350㎉/h이고 총 냉방부하는 18,750㎉/h이다.

[표 6-21(b)] 일반 및 고기밀 집합주택 설비의 단위 면적당 냉난방 표준 부하

운전방법 \ 내용	냉난방	kw/m² 일본공업규격	kcal/(m²·h)	m²/RT	비고
일반집합 주택설비 (간헐운전)	난방	0.22	189	16.5	
	냉방	0.145	125	24.1	
고기밀집합주택 (24hr 운전의 냉난방 환기시설)	난방	0.15	129	23.1	
	냉방	0.1	86	35.0	
바닥난방 (0.116 kw/m²)	단독주택	0.81	70	43.0	70% 적용
	집합	0.070	60.2	60.1	60% 적용

1kcal/h = 3.698Btu/h, 1kw = 860kcal/h = 3,412Btu/h, 1m³ = 35.31ft³ 1평 : 3.306m²

[표 6-22] 일반 · 집합 주택 설비의 냉난방부하(150m²)

실명	실면적(m²)	난방부하(kcal/h)	냉방부하(kcal/h)
거실 · 식당	65	12,285	8,125
양실(발코니쪽)	15	2,835	1,875
양실(통로쪽)	30	5,670	3,750
양실(높은 천장쪽)	40	7,560	5,000
계	150	28,350	18,750

2) 고밀도 집합주택설비의 부하계산(24시간 연속운전의 냉난방 환기시설)

고기밀 주호는 냉난방과 함께 24시간 연속적으로 환기를 시키기 때문에 항상 신선한 공기와 쾌적한 온도를 유지할 수 있다. 24시간 냉난방 및 환기 시 부하계산은 주호 전체에 대해 24시간 연속운전을 기본으로 하여 계산한다. 따라서 [표 6-21(b)]와 같이 고밀도 집합 주택에서 냉난방 시 단위 면적당 부하계산 기준은 일반주택의 간헐 운전보다는 약간 적다.

이를 이용하여 고기밀 주호 각실의 냉난방부하를 계산하면 [표 6-23]과 같이 전체 난방부하는 19,350kcal/h이고 전체 냉방부하는 12,900kcal/h이다.

[표 6-23] 고기밀 · 집합 주택 설비의 냉난방 부하

실 명	실면적(m²)	난방 부하(kcal/h)	냉방 부하(kcal/h)
거실·식당	65	8,385	5,590
양실(발코니쪽)	15	1,935	1,290
양실(통로쪽)	30	3,870	2,580
양실(높은 천장쪽)	40	5,160	3,440
계	150	19,350	12,900

또한 지열펌프 제작사의 실험에 의하면 고기밀-고단열의 단독 주택인 경우에 단위 시간당 냉방 부하로는 0.05W/m^2(43kcal/m^2.h)를 사용하였는데, 단열구조, 기밀성 등의 차이 때문에 여기서는 고기밀·집합 주택으로서 [표 6-21(b)]와 같은 값을 사용하였다.

3) 온수 난방

온수난방은 온풍난방, 방사난방 및 바닥난방으로 대별할 수 있다. 여기서 온풍난방이라 함은 방열기로 보내진 약 80℃의 온수를 실내공기와 교환하여 따뜻해진 공기를 실내측에 송출 및 난방하는 방법이다.

이에 비해 방사난방은 바닥난방이 대표적인 예로서 열원기에서 만든 약 60℃의 온수를 온수매드내에 순환시켜 바닥 마감재를 통한 방사열을 이용하여 실내를 난방하는 경우이다.

바닥난방은 바닥면을 약 30℃의 방사열로 난방하기 때문에 방전체가 수직적으로 골고루 따뜻해지는 특징이 있으며, 대체적으로 바닥표면의 최적온도는(28±3)℃이다.

일반적으로 바닥난방 부설율의 기준은 다음과 같다.

① 단독주택 : 방바닥 면적의 70% 이상
② 집합주택 : 방바닥 면적의 60% 이상

난방 기종 선정 시 바닥 난방의 설계 순서에 대하여 설명하면 다음과 같다.

가) 바닥 난방을 하는 방의 난방부하를 산정한다.

특히 거실 · 식당에 온수 바닥난방을 부설할 경우 :

① 방 면적(거실과 식당) : 65m^2
② 바닥 난방 부설률(집합 주택) : 60%

바닥면을 30℃로 난방할 때 단위 면적당 방열량 : 116W/m^2(≒100kcal/h.m^2)을 적용하며 거실과 식당의 방열량은 65(방면적)×0.6(부설률)×116W/m^2 = 4524W가 된다.

나) 열원기의 선정

열원기는 방열량, 배관을 통한 열손실과 바닥 밑으로의 손실 등을 고려하여 그 규격을 선정한다. 배관의 열손실을 1m당 20W라고 하면 본 예제의 경우에 연장 약 10m로부터 발생하는 배관손실은 200W이며, 바닥 밑으로의 방열손실은 약 2,300W(방열량과 배관 손실열의 약50%)이다. 따라서 필요한 난방 열량은 4524+200+2300≒7000W이다. 이 경우 열펌프의 규격은 약 7kW정도의 난방능력을 가진 것을 사용해야 한다.

(3) 실내온도 권장치

일반인에 비해 고령자나 신체 장애자의 실내온도 기준은 약간 다르다. 즉 고령자나 신체장애자의 온도기준은 유사하지만 일반인의 기준과 비교할 때 겨울에는 약간 높고 여름에는 약간 낮으며 온도의 허용폭은 일반인의 기준에 비해 낮은 것이 특징이다. 주택의 객실별 일반기준과 고령자나 신체장애자의 냉난방 온도기준은 [표 6-24]와 같다.

이상과 같이 주택의 실내온도 기준은 개인의 생활방식, 연령, 남녀노소 등의 차이로 인해 일률적으로 설정할 수가 없다. 최근에는 쾌적성을 토대로 하여 예측 평균신고(predicted mean vote, PMV)에 의한 평가기법을 이용한 새로운 실내 설계목표값이 검토되고 있다. 그러나 주택은 업무용 사무실 건물에 비해 냉난방 설비에 필요한 요구조건이 많이 다르기 때문에 그 특수성에 의한 설계 목표값을 간단히 설정할 수가 없다. 따라서 주택의 실내 온도기준은 실내환경 권장치로 평가한다.

[표 6-24] 주택의 냉난방 온도기준(℃)

기준 / 내용	일반기준			고령자			신체 장애자		
	겨울	중간기	여름	겨울	중간기	여름	겨울	중간기	여름
거실, 식당	17~24	21~27	25~29	21~25	22~26	23~27	21~25	22~26	23~27
침실	15~21	19~25	24~28	18~22	20~24	23~27	18~22	20~24	23~27
주방, 욕조	15~21	19~25	24~28	20~24	20~24	23~27	20~24	20~24	23~27
욕실, 탈의실	22~26	24~28	26~30	23~27	24~28	26~30	23~27	24~28	25~29
화장실	20~24	22~26	25~28	22~26	22~26	25~29	22~26	22~26	23~27

[표 6-25]는 실내온도 권장치로서 객실용도별 일반기준과 노약자별 온도범위는 [표 6-24]에 제시한 냉난방 설계조건의 온도이며 생활방식에 따라 설정한다. 특히 유아나 고령자, 실간의 극단적인 온도차 및 주택의 내부환기 등을 충분히 고려하여 실내 설계온도를 설정한다.

[표 6-25] 주택의 실내 설계온도 권장치

내용	난방	냉방	비고
설계 목표치	19~20℃	26~27℃	일본 ARI
온도 범위	12~26℃	24~27℃	

6.9 최적 지열펌프(GHP)의 선정과 지중열교환기 규격 결정

6.9.1 건물의 냉난방 부하와 지열펌프 규격과의 관계

GHP의 규격을 결정할 때 냉방부하를 기준으로 할 것인지, 난방부하를 기준으로 할 것인지를 문의하는 사람들이 많다. 사용된 열역학적인 순환특성상 대다수의 기후조건하에서 2가지 부하를 동시에 만족시킬 수는 없다. 일반적으로 냉방부하를 기준으로 해서 GHP 규격을 선택하면 난방부하를 충족시키기가 어렵고, 난방부하에 맞추어 GHP 규격을 결정하면 냉방 시 규모가 너무 커진다. 따라서 이러한 문제를 해결하기 위해 일차적으로 고려해야 하는 사항이 바로 쾌적성과 안락성이다.

고려대상 구조물의 냉방부하보다 적은 용량을 가진 GHP를 사용하면 쾌적함을 유지할 수 없고 냉방부하보다 큰 용량을 가진 GHP를 사용하면 불필요하게 GHP가 자주 가동되어 코일온도의 상승원인, 부적절한 실내제상, 더위로 인한 불쾌감 등의 문제가 발생할 뿐만 아니라 GHP의 빈번한 가동(단기순환)으로 인해 GHP의 내구년수 단축, 여름철 냉방시의 에너지 사용량의 과다와 초기투자비의 증가요인이 된다. 따라서 공인된 HVAC 관련기관들은 다음 사항을 권장하고 있다. 즉 GHP의 규격을 결정할 때 난방부하가 냉방부하의 10~15% 이상 초과하지 않도록 권장하고 있다.

[표 6-26] 지열펌프의 규격 결정시 경험적으로 적용하는 기준

부하	GHP 규격 선정기준
1. 냉방부하가 난방부하와 동일 또는 5% 미만	난방부하(냉방부하=95% 난방부하)
2. 냉방부하가 난방부하보다 5% 이상 클 때	냉방부하(냉방부하≥1.05 난방부하)
3. 난방부하가 냉방부하보다 20% 이상 클 때	난방부하75%(난방부하≥1.25 냉방부하)
4. 난방부하가 냉방부하보다 크되 20% 미만	난방부하
5. 최근의 규격 결정 기준	냉방부하를 기준으로 규격을 선정하되 GHP의 규모는 냉방부하의 125% 이내 또는 난방부하의 75% 이상으로 하거나 부족한 난방부하는 보조열원 이용

이와 같은 GHP 규격결정에 대한 권장은 여름철의 충분한 습도제거와 짧은 주기로 GHP가 가동되는 것을 방지하기 위함이다. 실제로 약간 초과되는 규격을 사용하면 습도제거가 잘 된다. 그러나 지열펌프에 대한 경험이 축적됨에 따라 계산된 난방부하나 냉방부하를 토대로 할 때 그 규모가 상당히 초과된 GHP를 사용하는 것이 사실이다.

대체적으로 GHP 규격은 난방부하의 75% 이상 이거나 냉방부하의 150~200% 범위 내에서 결

정한다. 특히 날씨가 추운 북위도 지역에서는 겨울철의 최저기온을 감안하여 규모가 조금 큰 GHP를 사용하더라도 겨울철의 운영비와 소비전력 절감에는 큰문제가 없다. 그러나 아직까지 지열펌프의 과다설계에 대한 타당성이 있는 기준을 제시한 공인 HVAC 기관은 없다.

대체적으로 지열펌프의 규격을 결정하는 기준으로 현재 사용하는 부하는 냉방부하이다. 그 이유는 이 기준을 이용해서 선정한 설비는 아주 혹한기에도 부수적으로 추가 전열기를 사용하는 경우에 연중 가장 최적의 쾌적감을 유지할 수 있기 때문이다. Oklahoma 주립대학의 경험에 의하면 난방부하가 비교적 크고, 여름철 잠열(latent load)이 비교적 낮은 북위도 지역에서는 어느 정도의 과다규격(over sizing) 선정은 허용해도 좋으나 설계 냉방부하의 25% 이상 초과되지 않도록 하는 것이 좋은 방법이라고 권장하고 있다([표 6-26] 참조).

지중순환회로의 설계법으로는 Oklahoma 대학을 주축으로 한 IGSHPA, EPRI 및 NRECA가 채택하고 있는 루프 설계방법과 Alabama 대학과 ASHRAE가 개발한 수직공의 천공 설계방법이 있다. Oklahoma 대학은 주로 외기온도를 루프 설계기준으로 사용하는데 반해 Alabama 대학은 해당지역의 실제 지중온도를 기준으로 사용한다.

6.9.2 지중열교환기의 소요길이 산정

겨울철에 지중에서 지열을 추출하고 여름철에는 실내에서 추출한 열에너지를 지중으로 방열시키기 위해 지중에 설치한 지중순환수의 순환회로를 지중순환회로(loop system), 천공열교환기(BHE, bore bole heat exchanger), 지중코일, 지중열교환기(ground heat exchanger, GHEX) 또는 단순히 지중루프(loop)라고 한다. 지중열교환기 설계는 최소 비용으로 최대 효과를 얻을 수 있는 지중순환회로의 종류와 형식을 결정하는데 있다. 그러나 지중열교환기의 종류와 형식 가운데 가장 양호한 것이란 있을 수 없기 때문에 설계자는 여러 대안 중 최적의 대안을 선택한다. 지중순환회로의 설계법으로는 전술한 바와 같이 Oklahoma 대학을 주축으로 한 IGSHPA, EPRI 및 NRECA가 채택하고 있는 지중루프 설계방법과 Alabama 대학과 ASHRAE가 개발한 수직공의 천공설계방법이 있다.

수직 지중 순환회로를 설계하는데 현재 널리 이용되고 있는 전산 프로그램들은 다음과 같다.

① Oklahoma 대학이 개발하여 IGSHPA가 판매하고 있는 GLHE Pro-3(ground loop heat exchanger design)

② Alabama 대학의 Kavanaugh가 개발한 GchpCalc V-4.0이 있으며 이들 프로그램들은 상업용 건물에 적용할 수 있다.

③ 장기적인 지중온도 영향이 반영된 지중루프 설계프로그램으로서 수직/수평 및 지표수 열펌프 시스템의 냉난방용 열교환기 설계에 현재 널리 사용되고 있는 GLD(ground loop design)가 있다.

④ 이에 비해 주택용 수직 및 수평 폐쇄회로 GHEX의 설계용 Software로는 Oklahoma 대학의 Boss 교수가 개발한 CLGS(closed loop ground source design) 등이 있다.

이 가운데 GLHE Pro-3 프로그램은 Swedwn의 Lund 대학이 개발한 순수한 열전도모델을 토대로 다년간의 열분석을 기초로 하여 Oklahoma 대학인 개발한 지중 열교환기의 최적 길이 산정 프로그램이다. 따라서 이 모델은 지하수의 자연 및 인공적인 유동에 의한 열전달(대류)에 따른 영향이나 지중에서 연간 열을 방열하거나 흡수하므로 발생하는 열평형은 고려하지 않았다. 특히 천공장소를 확대시키는데 지장이 없고 여름철 냉방 시 짧은 길이의 천공길이를 선택하는 경우에 기존의 냉각탑과 같은 보조 방열장치를 사용할 수 있도록 고안된 프로그램이다.
GchpCalc 프로그램은 Arkansas 대학의 Hart와 Couvillion의 열전도모델을 토대로 하여 Alabama의 에너지 정보서비스와 Kavanaugh가 개발한 수직 지중열교환기의 길이 산정용 프로그램으로서 기본조건은 지중의 설계 방열량과 추출열량 및 온도간섭 현상 등이 고려된 프로그램이다.
지중열교환기의 소요길이 산정 기준식으로는 다음과 같이 Oklahoma 기준과 Alabama 기준이 있다.

(1) Oklahoma 기준을 사용하는 경우

필요한 지중열교환기 설계방법은 ① 해당 지역의 최고 및 최저기온에 따른 최저 및 최고 지온을 결정하고 ② 고려대상 건물의 냉난방부하를 충분히 공급할 수 있는 지열펌프의 규격[HPC]을 결정한 다음, ③ 지중 열교환기가 설치될 구간의 평균 지중온도와 ④ 지열펌프에서 지중 순환수의 최소 및 최대 입구온도와 출구온도 ⑤ 지열펌프의 COP_C , COP_H, 사용할 루프(PE pipe)의 열저항과 지중토양의 열저항 등을 산정한다. 그런 다음 이들 자료를 (6-10)식과 (6-11)식에 대입하여 필요한 수평/수직 지중열교환기의 길이를 계산한다.

난방 시 GHEX의 전체 루프파이프 길이

$$\mathrm{L_H(m)} = \frac{HPC_H[(COP_H - 1) \div COP_H] \times (R_P + R_S \times F_H)}{\mathrm{T_L} - \mathrm{EWT_{min}}} \quad \text{또는}$$

$$\mathrm{L_H(m)} = \frac{HPC_H[(COP_H - 1) \div COP_H] \times (R_P + R_S \times F_H)}{\mathrm{T_g} - \left(\dfrac{\mathrm{EWT_{min}} + LWT_{\min}}{2}\right)} \qquad (6\text{-}10)$$

냉방 시 GHEX의 전체 루프파이프 길이

$$\mathrm{L_{C}(m)} = \frac{HPC_c[(COP_c+1) \div COP_c] \times (R_p + R_s \times F_c)}{\mathrm{EWT_{max}} - T_H} \quad \text{또는}$$

$$\mathrm{L_{C}(m)} = \frac{HPC_c[(COP_c+1) \div COP_c] \times (R_p + R_s \times F_c)}{\left(\dfrac{\mathrm{EWT_{max}} + LWT_{\max}}{2}\right) - T_g} \tag{6-11}$$

여기서

L_C : 지열펌프의 냉방용량(HPCc)에 필요한 지중 loop pipe의 길이(m)

L_H : 지열펌프의 난방용량(HPCH)에 필요한 지중 loop pipe의 길이(m)

HPC_H : 건물의 첨두 난방부하를 공급할 수 있도록 선정한 지열펌프의 난방용량

HPC_C : 건물의 첨두 냉방부하를 공급할 수 있도록 선정한 지열펌프의 냉방용량

COP_H : T_{min} 온도에서 지열펌프의 난방 성적계수(무차원)

COP_C : T_{max} 에서 지열펌프의 냉방 성적계수(ERR/0.86, 단위: Kcal/W.h

즉, $\dfrac{COP_C+1}{COP_C} = \dfrac{ERR+0.86}{EER}$

R_P : loop pipe의 열저항치(h·m℃/Kcal): [표 6-15(a)] 참조]

R_S : 원위치 토양/암석의 열저항치(h·m·℃ /Kcal): [표 6-15(b)] 참조]

T_{max} : 지열펌프로 유입되는 7월달의 평균 최고수온으로서 설계자가 선택한다. 설계월인 7월달의 평균 최대 유입수온.

T_{min} : 지열펌프로 유입되는 1월달의 평균 최저수온으로서 설계자가 선택한다. 설계월인 1월달의 평균 최소 유입수온.

T_L : 최저 지중온도로서 위치 및 지중순환회로의 심도에 따라 설정(℃)

T_H : 최고 지중온도로서 위치 및 지중 순환회로의 심도에 따라 설정(℃)

F_H : 1월달의 설계월 동안의 지열펌프의 가동시간을 분율로서 1보다 적은 값 : (지열펌프의 월간 총가동시간)÷(31×24)hr

F_C : 7월의 설계월 동안 지열펌프의 가동시간을 분율로서 1보다 적은 값 : (지열펌프의 월간 총가동시간)÷(31×24)hr

EWT_{min} : 난방설계조건에서 최소 입구온도

LWT_{min} : 난방설계조건에서 최소 출구온도

EWT_{max} : 냉방설계조건에서 최대 입구온도

LWT_{max} : 냉방 설계조건에서 최대 출구온도

T_g : GHEX가 설치될 천공구간의 평균 지중온도

(2) Alabama 기준을 사용하는 경우

수직 지중열교환기(수직 loop pipe 또는 GHEX)를 설치할 수직 시추천공의 구경, 심도등과 같은 규격결정을 위한 설계는 해당 지층의 종류와 열적 성능에 영향을 미치는 특성들이 서로 다르기 때문에 상당히 복잡하고 어려운 작업이다. 따라서 수직 루프 설치지점의 구성암석, 함수비 및 지하수의 유동특성 파악은 필수적이다. 전술한 바와 같이 지표하 150m 이내의 천부 지하수온도와 천부 지중온도는 거의 동일하다. 따라서 6.5절에서 언급한 국내 지하수온도의 지역별 및 경시별 변동특성, 연평균 지중온도 및 국지적인 지하수의 흐름특성 등은 필요한 천공심도와 수직 루프의 길이를 산정하는데 가장 중요한 입력변수이므로 이를 최대한 활용해야 할 것이다. 이 방법은 1개 지역에 여러 개의 지중열교환기를 설치하여 장기적으로 지열을 추출 및 방열할 경우에 발생하는 지중온도의 간섭현상은 물론, ① 장기적인 즉 연간 열에너지의 비평형 이동량(q_a)과 ② 설계월 동안의 월평균 열이동률 및 ③ 단기간 동안의 최대 열이동률을 고려하여 지중열교환기가 필요로 하는 천공심도를 Carslaw와 Jaeger의 열이동식(순수한 열전도에 의해 열이동이 발생하는 경우)을 근거로 해서 냉방 시와 난방 시로 구분하여 (6-12)식과 (6-13)식으로 산정한다. 1개 천공당 굴착심도는 전체 천공길이를 천공수로 나눈 값이다.

$$L_c = \frac{q_a R_{ga} + (q_{lc} - 0.86KW)(R_b + PLF_m \times R_{gm} + R_{gd} \times F_{sc})}{t_g - \frac{t_{wi} + t_{wo}}{2} - t_p} \tag{6-12}$$

$$L_h = \frac{q_a R_{ga} + (q_{lh} - 0.86KW)(R_b + PLF_m \times R_{gm} + R_{gd} \times F_{sc})}{t_g - \frac{t_{wi} + t_{wo}}{2} - t_p} \tag{6-13}$$

여기서

L_c : 냉방 시 필요한 천공길이(m)
L_h : 난방 시 필요한 천공길이(m)
F_{sc} : U-tube 부근에서 단기적으로 순환하는 열손실계수
(일반적으로 1.01 ~ 1.06을 사용)
PLF_m : 설계월(design month) 동안의 부분 부하계수
q_a : 연간 지중에서 발생하는 열이동량(Kcal/h)
q_{lc} : 건물의 설계냉방 블록부하(Kcal/h)
q_{lh} : 건물의 설계난방 블록부하(Kcal/h)
R_{ga} : 연간 지중의 유효열저항(h·m·℃/Kcal), 연간 열진동(펄스)
R_{gm} : 월간 지중의 유효열저항(h·m·℃/Kcal), 월간 열펄스
R_{gd} : 일간 지중의 유효열저항(h·m·℃/Kcal), 일간 열펄스
R_b : 천공의 열저항치(천공+PE관)(h·m·℃/Kcal)

t_g : 비교란 지중온도{자연상태의 연중 일정한 지중(지하수)온도(℃)}

t_p : 열간섭(temperature penalty), 주변에 설치한 수직 지중열교환기의 영향으로 발생한 장기적인 온도변화(초기값으로 -1.7℃ 사용)

t_{wi} : 지열펌프의 coax coil로 유입되는 지중순환수의 입구온도(℃)

t_{wo} : 지열펌프 출구에서 지중순환수의 배출온도(℃)

W_c : 설계 냉방부하 시 소요전력(W)

W_h : 설계 난방부하 시 소요전력(W)

상기 식들의 입력인자로 사용하고 있는 각종 변수들과 구체적인 사용방법들에 관심이 있는 독자들은 "지열에너지"(도서출판 한림원, 2010, 한정상 외)의 제9장을 참고하기 바란다.

6.10 최적 순환펌프 선정과 배관설계 및 최적 GHEX 설계 전산예

6.10.1 순환펌프의 효율적인 설계기준과 순환펌프의 등급

지중 순환회로를 설계할 때 가장 주요한 부분은 순환펌프의 에너지 소비량과 시스템의 냉방효율을 저하시키지 않은 범위 내에서 충분한 유량을 유지시키는데 필요한 동력이다. 순환수의 최적 유량은 1 RT당 9.45~11.34*lpm* 정도이지만, 이 량은 이미 설치한 지열펌프의 냉방부하 용량에 근거한 값이 아니라 건물의 최대 냉난방부하를 토대로 산정한 필요 유량이다.

[표 6-27]은 지열펌프 1 RT당 필요한 최소 유량이 9.45*lpm(2.5gpm)*일 때 순환펌프와 배관시스템을 효율적으로 설계했는지 여부를 판단할 때 사용하는 등급기준이다. 즉 [표 6-27]에서 등급기준이란 산정된 순환펌프의 동력(Watt)을 냉방부하로 나눈 값이거나 아니면 산정된 순환펌프의 동력을 100RT의 냉방부하로 나눈 값이다. 만일(순환펌프의 마력/100RT 냉방부하)의 값이 5~7.5사이 값이면 이는 B등급에 해당한다.

[표 6-27] 냉방 시 순환펌프의 효율적인 설계기준(benchmark)과 순환펌프의 등급

[순환수의 유량 : 9.45~11.34lpm/ton (2.5~3gpm/ton) 기준]

순환펌프동력(Watt)÷ 냉방부하(watt/ton)	순환펌프마력(HP)÷ 냉방부하100 RT	등급
50 이하	5 이하	A급 : 우수(excellent)
50 ~ 75	5~7.5	B급 : 양호(good)
75 ~ 100	7.5~10	C급 : 보통(moderate)
100 ~ 150	10~15	D급 : 보통이하(poor)
150 이상	15 이상	F급 : 불량(bad)

[표 6-27]에서 제시한 냉방부하에 대한 펌프동력이 상위등급(A 및 B 등급)에 속하도록 하기 위해서는 다음과 같은 설계지침을 따른다.

① 최대블럭 부하당 필요유량은 1 RT당 11.34*lpm*(3*gpm*/ton) 이하이어야 한다.
② 배관의 마찰수두손실을 최소화 시킨다.
이를 위해 [표 6-28], [표 6-29] 및 [표 6-17]의 내용을 준수한다.
③ 순환펌프는 최대효율의 5% 이내에서 운영될 수 있는 것을 사용하며
④ 지열펌프에서 발생하는 수두손실은 3.6m 미만으로 한다.
⑤ 조절밸브의 CV는 지열펌프의 유량보다 커야 한다.
⑥ flow setter나 평형밸브의 수두손실은 1.5m 미만으로 한다.
⑦ gate, butterfly 및 볼밸브를 위시한 각종 밸브류에서의 수두손실은 최소가 되도록 한다.
⑧ 펌프모터는 에너지 효율적인 모델을 이용하고
⑨ 부동액을 과다하게 사용하지 않는다.
⑩ 한 개의 대규모 중앙 집중식 루프보다는 여러 개의 분리된 소규모 루프를 사용한다.

지중열 교환기가 포함되어 있는 GCHP 배관시스템 설계는 일반 HVAC 기술자들에게는 다소 생소한 분야이다. 열이동 특성을 저해하지 않은 범위 내에서 수두손실을 최소화 시켜야 하기 때문에 순환수의 속도가 빨라야 할 이유가 없다. 즉 지중 순환회로 주변의 열저항은 주로 PE 파이프와 그 인근 지중매체의 열적특성에 의해 좌우된다. 따라서 순환수의 유동은 최대 부하상태가 아닐 때에는 층류가 되기도 하나 이는 전체 시스템 성능에 크게 나쁜 영향을 주지는 않는다. 대다수 상업 및 공공건물은 냉방 시에 다소 문제가 발생하기도 한다. 그러나 이때는 지중으로 열을 방열하기 때문에 지중 순환회로내의 순환수 온도는 상승한다. 따라서 부동액 혼합수 내에 함유된 부동액은 온도 상승으로 인해 점성이 감소하므로 순환회로 내에서 층류는 거의 발생하지 않는다. 루프 규격을 결정할 때에는 일반적으로 전체 냉방부하를 기준으로 설계를 하기 때문에 부분 부하 시에 일부 층류현상이 발생하드라도 전체적으로 보아 루프 용량 이상의 적당한 여유를 가지고 있다. [표 6-28]은 마찰수두손실이 최소로 발생하는 조건하에서 U-tube의 구경별 적정굴착 심도를 나타낸 표이다.

[표 6-29]는 GCHP(ground coupled heat pump system)의 주요 배관길이당 추천 수두손실을 배관 100 m당의 수두손실(m)로 나타낸 표이다. 만일 수직천공의 심도를 [표 6-28]에서 제시된 심도보다 깊게 설치해야 하는 경우에는 U-tube를 병렬로 설치하여 수두손실을 감소시킨다. 호칭구경이 25mm인 U-tube로 이루어진 수직 지중 순환회로(지중 열교환기, GHEX)의 필요 길이가 총 2,375m이라고 하자. 이들 GCHP를 병렬로 설치하고 1개 수직공당 심도를 90m로 하는 경우에 필요한 총 수직공의 수는 27개공이 되고 1개 수직공의 심도를 45m로 설치하는 경우의

총 수직공의 개수는 53개공으로서 [표 6-28]에 의하면 최적의 경우이다. 그러나 이 경우에 전자의 경우는 후자의 경우에 비해 수두손실이 커진다. 즉 병렬 루프의 수가 적을수록 수두손실은 커지고, 반대로 병렬 루프수가 많아질수록 순환수의 유속은 적어지나 배관작업은 복잡해진다. [표 6-29]와 같이 수두손실(m)은 총 배관길이(m)의 1~3%일 때가 가장 최적이다.

[표 6-28] 수직 GHEX의 U-tube 구경별 천공의 적정심도(m)

병렬회로당 수직 굴착 천공의 최적심도(m)			
U-tube의 호칭직경(mm)	필요한 시스템 펌프의 효율		
	최적	보통	불량
20 (3/4 in)	30 ~ 60	75까지	75 이상
25 (1 in)	40 ~ 90	105까지	105 이상
30 (1.25 in)	75 ~ 150	180까지	180 이상
40 (1.5 in)	90 ~ 180	300까지	300 이상

[표 6-29] GCHP의 각종 배관100m당 수두손실에 관한 지침

상부연결관과 접속관의 규격 결정을 위한 수두손실 추천치			
수두손실 / 배관류	필요한 시스템 펌프의 효율성		
	최적	보통	불량
주배관부와 상부연결관	1m ~ 3mH_2O	3m ~ 5mH_2O	5mH_2O 이상
접속배관(6m 이하)	2m ~ 5mH_2O	5m ~ 10mH_2O 소음발생	10mH_2O 이상 소음발생

6.10.2 GLD program을 이용한 수직 지중열교환기 설계 사례

이 예제는 http://gaiageo.com에서 demo GLD program을 download 받아 시험(trial)기간 동안에 실행해 볼 수 있으며 장기적으로 사용 시에는 구매를 해야 한다.

지금 아래 (1)의 건물개요와 같이 단열이 양호한 콘크리트 2층 사무실 건물(1,208m^2)의 첨두 냉난방부하가 각각 100KW(28.5RT)와 71.3KW(20.3RT)이다.

① 건물부하(28.5RT)를 처리할 수 있는 최적 열펌프를 선택하고 [(2)참조],

② GLD 전산프로그램을 사용하여 다음과 같은 12가지 옵션별로 필요한 최적 천공심도 (지중 열교환기의 길이)를 모의 계산하고 최적대안을 제시하라[(3)~(5)참조].

- 천공간격 : 6과 7m(2가지 옵션),
- U-tube의 설치방식 : average(PE pipe를 천공의 중심부에 설치하는 경우)와 outer(PE pipe를 천공의 벽에 부착시켜 설치하는 경우)에 설치하는 2가지 옵션,
- 되매움재의 종류 : 30% bentonite(20%bentonite + 40% 규질모래), Geothermal grout

Select(3가지 옵션)

③ 난방과 냉방 시 지중열의 추출과 방열로 인해 발생하는 지중온도의 변화($\triangle T_h/\triangle T_c$)는 난방 시 1.5℃와 냉방 시 3.0℃ 이하로 유지하는 조건이어야 하며

④ 이 경우 필요한 냉방시의 지중열교환기의 최적길이(L_c)와 옵션별 최적 대안을 모의하여 제시하라[(6) 참조]

(1) 건물 개요

1) 면적 : $604m^2 \times 2$층$=1,208m^2$ 단열이 양호한 콘크리트 2층 사무실 건물

2) 시간대별 시간당 최대 냉난방부하(KW) - 첨두냉방부하 28.5RT

시간대	첨두냉방부하(KW)	첨두난방부하(KW)
08:00~Noon	89.9	71.3(20.3RT)
Noon~16:00	100(28.5RT)	60.0
16:00~20:00	37.0	40.0
20:00~08:00	40.0	30.0
연간등가 총부하시간(hr)	1,100	870

3) 주당 운전일 : 5일

(2) 최대 건물부하(28.5RT)를 처리할 수 있는 선택한 열펌프 사양과 성능 :

1) 사양 : FHP사의 GT-series, GT062(5.17RT형) : 물 대 공기 열펌프
대수 : 6 set(28.5RT÷5.17RT/set=5.5≒6) 또는 全水型 : WP072(6 set)

2) GT062-열펌프의 성능

내용	냉방	난방
Capacity(KW)	102.9	107.1
Power(KW)	27.26	28.83
COP	3.8	3.7
유량(리터/분)	322.9	230.2
PLF	0.97	0.67

3) 1 RT당 지중 순환수의 유량(Q) : 11.4 L/min/RT.

4) 하기 및 동기의 지중 수환수의 입구온도 : EWT_c = 29.4 ℃, EWT_h = 7.0 ℃

5) 열펌프의 하기 및 동기의 순환공기의 입구온도 : EAT_c = 19.4 ℃, EAT_h = 21.2 ℃

6) 설계온도 목표치 : 냉방온도 : 26~27℃, 난방온도 : 19~20℃

(3) GLD 입력

1) Extra power(순환펌프의 동력) : 배관의 마찰수두손실을 감안한 순환펌프의 동력

[계략적인 총 수두 : $\triangle h=(140+5\times7+7\times2+15)^{m}\times2^{조}\times0.03\times1.2^{배}=14.7m$,

Q = 325 L/min. 펌프효율=80%,

$\therefore$ HP = $2.2\times10^{-4}\times325\times14.7m/0.80=1.31HP$

배관설계등급 : 1.31HP < (28.5RT×5HP/100RT)=1.43HP, "A～B Grade Design"

2) Pattern(GHEX의 배열) : 5열 × 6행=30공

회로당 천공수 : 1개 천공간 거리 : 6m와 대안으로 7m인 경우 모의

3) U-Tube의 사양(PE pipe, 천공경 및 그라우트제의 열전도도) :

R_{pe}=0.060mk/KW, 난류, 단일형(single)

종류 : SDR-11 PE-Pipe, 파이프 경 : 25mm, 천공경 : 152mm

설치방식 : average, 대안으로 along outer wall인 경우 모의

되메움재의 K_G : 0.64, 대안으로 1.26 및 2.0W/m·k인 경우 모의

종류	K(W/m·k)	비고
30% Bentonite	0.64	표 6-5
20%Bent+40% Silicious sand	1.26	
GeothermalGrout Select	2.0	5×10^{-8}cm/s 미만

4) Soil(해당지역 지반지질의 열적특성) : Not changeable

연 평균 지중온도(t_g) = 16.7℃

지층분포 상태와 열적특성{열전도도(K)와 열확산계수(α)} k_g=2.25W/m·k

Layer	Soil & Rock	두께(m)	K(W/m·k)	α (m^2/d)
1층	Silty-sand	10	1.59	0.065
2층	Bedrock(gr)	140	2.89	0.084
	Average		2.25	0.080

α	0.08 m^2/d
Kg	2.25 mk/KW
비열	0.879
밀도	2,400 Kg/m^3
함수비	5%

5) Fluid (지중-순환수의 특성)

열펌프의 EWT_c = 29.4℃ 범위 : [15+(14±3)] = (26～32)℃ ---- OK

열펌프의 EWT_h = 7.0℃ 범위 : [15-(8.5±2.5)]=(4～9) ℃ ---- OK

지중순환수 : EWT_h=7℃, LWT_h=3.7℃ 이므로 순수한 물을 사용해도 무방하나 혹한기의

동파를 대비하여 부동액(EG 8.8%)을 사용

1 RT당 필요한 유량 : 11.4 L/min/RT

6) 지하수의 산출조건 : 평지로서 지하수 유동률은 낮고,

기반암은 저투수성이며 단열형 자유면지하수. 지하수위 : GL-2.0m

(4) GLD 입력내용

1) 전술한 (1), (2) 및 (3)의 입력내용을 이용하여 .gld file을 작성한다(예 ExamVert-1.gld).
2) Begin → Tutorial → Commercial
3) Main menu bar에서 open project icon ↓ ExamVert-1.gld
4) 시간대별 냉난방부화(Average Block Load)/열펌프 선택(Heat Pump Module)창과 시추공 설계(Borehole Design Project)창이 동시에 화면에 뜸. 주어진 입력조건에 따라 모의 실시

(5) 모의 결과와 검토

기본입력자료 : EWT_c=29.4℃, EWT_h=7℃, t_g=16.7℃, K=2.25W/m·k, α =0.08m^2/d, 28.5RT, U-Tube : dia=25mm. 5×6=30 holes, single configuration, drilled dia=152mm, Q=11.4 L/min., Geofluid=EG 8.8%, option : 천공경(2가지), K_{Grout}(3가지), U-Tube 설치방식(2가지) 등 12가지 모의 결과는 다음 표와 같다.

간격 (m)	U-Tube 설치방식	K_G (W/m·k)	L_C (m)	감소율 (%)	L_h (m)	m/RT (m)	△T(C/h) (℃)	Remarks
6	average	0.64	3,864.7	0	1,566.9	135.6	0.9/2.1	30% Bentonite
	"	1.26	2,969.2	23.2	1,058.1	104.2	1.1/3.2	20%Bt + 40% silica sand
	"	2.0	2,627.1	32.0	864.9	92.2	1.3/3.9	Thermal Grout Select
	outer wall	0.64	3,075.3	20.5	1,118.1	107.9	1.1/3.0	28.5RT
	"	1.26	2,568.2	33.6	831.6	90.1	1.3/4.0	
	"	2.0	2,374.5	38.6	722.5	83.3	1.4/4.6	
7	average	0.64	3,793.1	1.90	1,663.9	133.1	0.6/1.4	
	"	1.26	2,897.5	25.0	1,156.9	101.7	0.8/1.9	조건 : 95m/RT 이하
	"	2.0	2,555.4	33.9	963.6	89.7	0.9/2.3	1.5/3.0℃ 이하
	outer wall	0.64	3,003.6	22.3	1,217.0	105.4	0.8/1.8	조건을 만족하는 경우:
	"	1.26	2,496.2	35.4	930.3	87.6	0.9/2.4	1) d=7m, average, 열증강Gr
	"	2.0	2,302.8	40.4	820.9	80.8	0.1/2.7	2) d=7m,Geoclip, sand+B

△T(C/h) : C는 냉방, h는 난방

(6) 최적 대안

모의조건에 가장 부합하는 최적의 대안은 천공간격이 7m, PE pipe의 설치방식은 (outer wall+geoclip), 되매움제는 (20%bentonite+규질모래)를 사용한 경우이다. 이 경우에 지중온도의 변화는 0.1/2.7℃로 예측되었고 냉방 시 1RT당 필요한 천공길이는 80.8m이다.

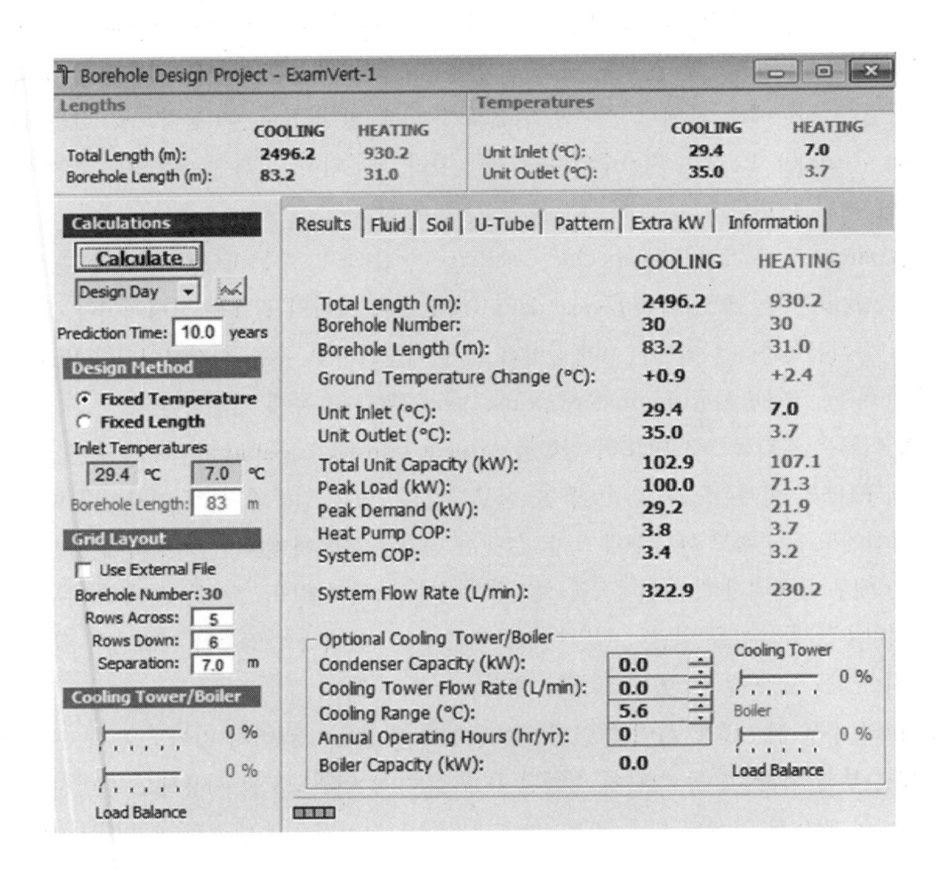

6.11 지하수류와 열에너지부하가 다중천공열교환기(BHE) 성능에 미치는 영향

6.11.1 이론적인 배경

천공 지중열 교환기(Borehole heat exchanger, BHE, 일명 천공열교환기)는 지원열에너지를 이용하는 가장 일반적인 시스템이다. BHE의 열교환과 열적성능은 지중매체의 유효열전도도에 따라 좌우된다. 유효열전도도는 전도성 열전달을 나타내는 지중매체(대수층)의 ① 전-열전도도

(bulk thermal conductivity)와 ② 지하수의 이류성(advective) 열전달을 等價의 열전도로 환산한 지하수 이류(移流), 즉 地下水流(advection 또는 forced convection이라 함)에 의한 전-열전도도와 같은 2개 성분으로 이루어져 있다(Johansen, 1977과 Sanner 등, 2005). 이러한 유효열전도도는 간혹 겉보기열전도도(apparent thermal conductivity)라고도 한다(Banks, 2010).

일반적으로 지하수의 이류에 의한 열이동과 순수한 열전도에 의한 열이동 사이의 관계는 열적 Peclet수(P_{ec})로 평가한다. 즉 열적 P_{ec}수는 지중매체(대수층)에서 지하수의 이류에 의해 발생하는 열이동량을 지중매체 자체의 순수한 열전도에 의해 발생하는 열이동량으로 나눈 값이다(Chiasson 등 2000). P_{ec}수는 지하수의 유동량에 따라 좌우되며, 지하수 유동량의 한계치는 지중열확산에 따라 변한다.

비배출량(Darcian velocity 또는 specific discharge라 함)과 P_{ec}수는 L/α로 표현할 수 있고 [여기서 L는 특성길이, α는 열확산계수(thermal diffusivity)] 이들 사이의 관계는 선형적이다. 일반적으로 지하수의 이류영향을 나타내는 비배출량과 이에 대응되는 P_{ec}수는 실제적이거나 BHE시스템의 모델링 또는 열응답시험(thermal response test, TRT)을 통해 결정한다.

지하수의 이류는 결과적으로 BHE의 열전달 능(heat transfer capabity)을 촉진 또는 개선시키기 때문에 BHE의 설계심도와 설치비용을 절감시킬 수 있는 일종의 설계 인자이다(Wang 등, 2013), 그럼에도 불구하고 대다수의 BHE 설계는 지하수 유동이 없다는 가정하에 실시하기 때문에 이는 매우 불합리하고 비경제적인 설계방식이다. 따라서 BHE 설계는 설계 초기부터 해당지역의 지하수 유동특성을 면밀히 파악한 후, 이를 BHE 설계에 반영하여 시스템의 열적 및 경제적인 지속성을 확보할 수 있도록 해야 한다.

단일 BHE의 경우에는 BHE 사이에 발생하는 열간섭 현상은 고려하지 않아도 된다. 따라서 설계단계에서 부터 지하수유동 영향이 감안된 유효(겉보기) 열전도도를 사용해도 무방하다. 그러나 여러 개의 BHE로 구성된 다중 BHE [BHE 配列場(field)] 경우에 단순한 유효(겉보기)열전도도를 사용하면, BHE 사이에 발생되는 열간섭 현상을 정확히 파악할 수 없고 특히 지하수의 이류와 유동방향에 따라 변경되는 熱雲(thermal plume)의 규모예측이 불가능하다.

BHE 사이의 이격거리(간격)은 열지질학과 시스템의 특성에 따라 결정되는 변수로서 다중 BHE 사이에 발생하는 열적인 간섭현상은 장단기적으로 BHE시스템의 열적성능을 저해하는 부(-)의 요인이 된다(He, 2012). 연구결과에 의하면 열생산을 지속적으로 확보하기 위해서, 단위 열부하가 50W/m(58kcal/m) 미만이며, 열전도도가 3W/(m · k)[3.5kcal/(m · k)] 정도 되는 수문지질계에서 BHE 사이의 이격거리는 최소 7~8m 정도는 되어야 한다.

Paly 등(2012)의 연구결과에 의하면 개별 BHE 에너지 부하를 선형적으로 최적화시키는 경우에 최대 지중온도는 약 20% 정도 감소하였다(이는 30년 가동시 지중순환수온도에서 단지 0.25℃의 개선

효과가 있음을 의미함). Beck 등(2013)은 지하수가 유동하지 않는 균질 지중매체에서 적절한 천공간 간격을 가진 최적의 BHE 배열을 사용하면, 지중방열 및 추출영향을 조절하는 것 보다는 단순하고 경제적이라고 했다.

현재 대다수의 지열교재와 연구논문들은 지하수류를 무시한 전도성(conductive) 열이동이 지배적인 지중조건하에서만 BHE의 원리나 설계방법 등을 다루고 있다. 투수성이 큰 대수층에서 비배출량은 결국 유효 지중열전도도를 증가시키는 역할을 하므로 지하수류에 의한 열이동량은 무시할 수 없는 요소이다(Chiasson 등 2000).

Gehlin(2002) 등은 수치 모의결과를 통해 천공주위나 천공내 지중온도는 지하수 유동상태에 따라 크게 영향을 받으며, Fujii(2005) 등은 $P_{ec} > 0.1$(비배출량이 10^{-3}m/s에 해당)인 지중매체에서는 열추출율은 커지고 지하수에 의한 이류적인 열전달(advective heat transfer)은 BHE 주변에서 지중온도 분포를 변화시키며 지중온도는 단기간에 평형상태에 도달한다(Dido 등, 2009).

Dehkorli와 Schincariol(2014)가 열적 및 수리지질학적인 지중매체 특성에 대한 민감도분석을 실시한 바에 의하면 BHE 운영기간 동안 BHE의 효율과 영향(유출량 > 10^{-7}m/s)에 가장 크게 영향을 미치는 요소는 비배출량이었으며 동시에 지중온도를 차후에 회수(유출량 > 10^{-8}m/s)하는 경우에도 동일하다고 하였다. 지하수와 상호작용을 하는 다중 BHE의 경우에, BHE와 전체시스템의 열적성능에 영향을 주는 열간섭 현상은 서로 밀접한 관련이 있다.

Choi 등(2013)은 지하수 유동방향이 서로 다른 9개의 BHE가 선형배열과 L형배열 및 장방형배열을 하고 있는 경우를 모의한 바, 지하수 유동방향에 가장 크게 영향을 받는 배열형식은 첫째 선형배열이었고 그 다음이 L형 배열이었으며 장방형배열은 거의 영향을 받지 않았다고 한다.

대다수의 건물들은 에너지 요구량이 계절별로 동일하지 않는 즉 냉방부하와 난방부하가 서로 다른 불균형 열에너지부하(unbalanced load, 지중 방열량≠ 지중 추출렬량)이다. 불균형 열에너지부하 시, 다중 BHE 시스템의 열적부하를 인위적으로 균형부하가 되도록 조절할 경우에는, 지중순환수와 지중온도가 과도하게 교란되지 않도록 해야 한다. 즉 열펌프의 효율감소나 극단적인 경우에 지중매체의 열적팽창이 발생하지 않도록 해야 한다(Bank, 2012). 이러한 지중온도의 변화는 주변환경과 생태계에 심각한 악영향을 미칠 수도 있기 때문이다(Markle와 Schincariol, 2007).

열교환의 균형은 지중매체 측면보다는 열요구 측면에서 서로 다를 수 있다. 일반적으로 냉방부하 요구량과 계절에 따른 에너지부하 사이의 균형은 단순히 대칭적인 관계로 취급한다. 일반 열에너지 사용자들의 에너지 요구량은 대체적으로 불균형에너지 요구량인데도 이를 인위적으로 균형을 맞추려고 한다.

천공 열에너지 저장시스템(borehole thermal energy storage system, BTES)에서 연간 열적부하는 일반적인 지중 열교환기 시스템(BTE)에 비해 비교적 균형을 이루고 있다(Banks, 2012).

이 경우(BTES)에 하절기 동안 지중에 저장한 열량은 열펌프 시스템의 지속가능한 운영을 확보하기 위해 건물의 난방부하와 동일하게 계산한다.
일반적인 BHE 시스템에서는 천공간격을 넓혀서 BHE 사이의 열적인 간섭을 최소화시키는데 반해(예 5m~10m 정도), BTES 시스템에서는 방열 및 추출열 에너지를 최적화시키기 위해 천공간격을 오히려 3~4m로 좁힌다. 지하수 유동은 BTES 시스템의 장기적인 효율과 열적성능에 지대한 영향을 미친다(Bauer 등 2009, Diersch 등, 2011b).
지하수유동과 BHE의 배열(수, 배치형식, 간격) 등이 천공과 다중 BHE 시스템의 전체 성능 사이에 발생하는 열적인 간섭현상(interference)에 미치는 영향을 수치모델링을 실시하여 평가한 내용을 간단히 소개하고자 한다. 모델링은 균형 및 불균형 열에너지 부하조건에서 장기적인 열적 지속성을 유지하는데 이들 요인들이 미치는 영향간의 명확한 구별이 가능하도록 하였다.

6.11.2 地下水流가 있는 지역에서 순수열전도 – 지하수이류형 열전달식

열전도-열전달(대류, 지하수류, 이류)식을 이용하여 지중매체 내에서 열이동량을 나타내면 아래 식과 같다.

$$-\nabla \cdot H = -\nabla \cdot [-K\, grad\, T + nc_f\rho_f\, TV] = \rho' c' \frac{\partial T}{\partial t} \qquad (6\text{-}14)$$

지금 K, n, ρ_f c_f, 가 일정한 경우에 윗 식은 다음과 같이 표현할 수 있다. 여기서 사용한 각종 변수와 기호의 내용은 [표 6-30]과 같다.

$$K\nabla^2 T - nc_f\rho_f [V \cdot \nabla T + T\nabla \cdot V] = \rho' c' \frac{\partial T}{\partial t} \qquad (6\text{-}15)$$

지하수의 흐름이 정류일 경우, $\nabla \cdot V = 0$ 이므로 윗식은 아래와 같이 되고

$$K\nabla^2 T - nc_f\rho_f V \cdot \nabla T = \rho' c' \frac{\partial T}{\partial t} \qquad (6\text{-}16)$$

윗식에서 지하수의 유속(V) = 0 일 때는 순수한 열전도식인 (6-19)식과 같아진다. 지금 (6-16)식에서 온도가 평형상태 ($\frac{\partial T}{\partial t}$ = 0)일 경우에 윗식은 다음 식과 같이 된다.

$$K\nabla^2 T - nc_f\rho_f V \cdot \nabla T = 0 \qquad (6\text{-}17)$$

이상에서 언급한 (6-14)식~(6-17)식들을 열전도-열전달 지배식이라 한다. 이들 식들은 열에너지가 한 지점에서 다른 지점으로 순수한 열전도와 대수층 내에 저유되어 있는 지하수의 이류에

의한 열전달에 의해 이동하는 열평형식으로서 일종의 질량보존 법칙의 표현식이다. (6-16)식을 1차원적으로 표현하면 다음 식과 같다.

$$\frac{K}{\rho' c'}\frac{\partial^2 T}{\partial x^2} - \frac{n\rho_f c_f}{\rho' c'} V_x \frac{\partial T}{\partial x} = \frac{\partial T}{\partial t} \tag{6-18}$$

윗식의 왼쪽의 첫 항은 열전도에 의해 이동한 열에너지량을 의미하고, 둘째 항은 지하수의 이류(地下水流)에 의해 이동한 열에너지량을 뜻한다. 이들 식들은 지중매체(수문지열계 또는 대열층)와 유체(지하수)의 온도가 동일하다는 가정에 근거를 두고 있으며 (6-18)식에서 V_x는 X 방향의 지하수의 공극유속(pore water velocity, 또는 평균선형유속이라고 한다)이고 $\frac{K}{\rho' c'}$는 열분산계수(thermal diffusivity, α)이며 차원은 L^2T^{-1}이다. 열분산의 열전달 효과는 K와 깊은 관련이 있다. 만일 지중 매체 내에 저유된 유체(지하수)가 유동하지 않을 경우에 열분산계수는 열확산계수와 같아진다.

열전도에 의한 열전달식은 Fourier 법칙으로서 (6-16)식에서 V = 0일 때이다.

$$\frac{K}{\rho' c'}\nabla^2 T = \frac{\partial T}{\partial t} \tag{6-19}$$

지중매체의 물리적인 특성이 온도와 관련이 있는 경우에 윗식을 위시한 기타 식들에서 사용하는 변수의 기호와 단위는 다음 표와 같다.

[표 6-30] 열전도-지하수류에 의한 열이동식들에서 사용한 각종 변수의 기호와 단위

기호	변수	단위	비고
c	비열용량	kcal/(kg · k)	
c′	용적비열용량	kcal/(kg · k)	bulk 용적
K	열전도도	kcal/(m · hr · k)	
K′	용적열전도도	kcal/(m · hr · k)	
n	공극률		
q	비배출량	$m^3/s/m^2$; m/s	Darcian velocity : n×V
V	지하수의 평균선형 유속	m/s	V = q ÷ n
ρ	밀도	kg/m^3	
ρ′	용적밀도	kg/m^3	
f	지하수	fluid	
s	매체	solid	

수문지질학적인 관점에서 대열층(지중매체)의 용적열용량과 용적열전도도는 다음과 같이 표현한다.

$$\rho' c' = n\rho_f c_f + (1-n)\rho_s c_s \tag{6-20}$$

$$K' = \epsilon_f K_f + \epsilon_s K_s \tag{6-21}$$

수문지열계 내에서 열균형이 이루어 지려면 (6-14)식에 지하수의 이류항를 첨가한다. 이 경우에 지하수류와 대열층의 순수한 열전도에 의한 총 열이동 전달식은 전술한 (6-16)과 같이 표현할 수 있다(Domenico와 Schwarts, 1998).

$$\frac{k'}{\rho' c'} \nabla^2 T - n\frac{\rho_f c_f}{\rho' c'} \nabla \cdot TV = \frac{\partial T}{\partial t} \tag{6-16}$$

(지층매체에서 열이동식에 관한 보다 상세내용에 관심이 있는 독자는 〈지열에너지〉 14.3절(한정상, 한찬 외, 2010) 참고 바람)

6.11.3 지하수류가 BHE 성능에 미치는 영향을 규명키 위한 모델링 방법

사용한 전산프로그램은 완전 밀도류 유동과 오염물질 거동코드이면서 3차원 유한요소법을 이용한 FEFLOW이다. 2014년에 개발 보급된 FEFLOW는 천공열교환기(BHE)에 사용하는 ①지중루프 파이프의 구경, 두께, 간격, 배열방식 및 열전도도와 ② 지중순환수의 각종 물성과 유량, ③ 천공지중열교환기의 설치대상 지중매체의 열물성과 공극율과 ④ 대열층에서 유동하는 지하수의 열적특성과 유동률 및 ⑤ 지중매체의 연평균 온도 등을 모두 고려하여 BHE주변 수문지열계에서 지하수유동(advection)과 열전도(conduction)에 의한 열이동식의 해를 구하는데 사용하는 최신 지하수유동-지중열전달 전산프로그램으로서 여기서 사용한 BHE해는 Eskilson과 Claesson(1988)의 해석학적인 방법을 토대로 하여 Diersch 등 (2010, 2011)이 개발한 것이다. Eskilson과 Claesson법에서 사용하고 있는 바와 같이 지표면 온도에 의한 영향은 무시하며, 평균 배경온도는 10℃로 하였다. 모델에 사용한 HDPE pipe로 이루어진 BHE의 특성과 기타 관련 변수(천공, 지중순환수, 지하수, 지중매체 및 그라우트제 등)들의 단위와 적용값들는 [표 6-31]과 같다.

초기에 비배출량(q)이 0(지하수가 유동하지 않는 무흐름 조건)인 경우와 비배출량이 10^{-7}m/s(지하수가 유동하는 조건)일 때, 균형 에너지부하(balanced energy load)와 불균형 에너지부하(unbalanced energt load)를 적용했을 경우에, 단일 BHE로부터 도출된 결과를 다중 BHE 모의 결과와 비교하는 기준으로 사용하였다.

모델에서 지하수 유동장(flow field)은 균일하며 무흐름경계(q=0)에 직각방향으로 두개의 평행한 정수두경계를 설정하였다.

[표 6-31] 모델에 사용한 천공과 지중매체의 변수와 적용 값들

변수		단위	적용값	비고(참고)
천공	심도	m	100	
	구경	m	0.15	6"
HDPE 파이프	간격	m	0.075	파이프중심 - 중심까지 거리 : 3"
	구경	m	0.048	1.5"
	두께	m	0.004	
	열전도도	J/(m · s · K)	0.475	0.41kcal/(m · h · K)
부동액 혼합지중 순환수	동점성계수 열전도도 열용량 밀도 유량	kg/(m · s) J/(m · s · K) J/(m^3 · K) kg/㎥ m^3/d	0.52×10^{-3} 0.48 4.0×10^{6} 1,052 25	
지하수	열전도도	J/(m · s · K)	0.65	0.55kcal/(m · h · K)
	용적열용량	J/(m^3 · K)	4.2×10^{6}	602kcal/(m^3 · K)
지중매체 (대열층)	열전도도	J/(m · s · K)	3	Crystalline rocks
	용적 열용량	J/(m^3 · K)	2.52×10^{6}	
	공극률		0.3	
그라우트재의 열전도도		J/(m · s · K)	1.5	1,000kcal/(m^3 · K)
연평균 지중온도		℃	10	

[그림 6-32]는 초기 첫해 동안 지중으로 방열 및 추출한 균형 및 불균형 에너지부하를 경시별로 나타낸 것으로서, 계절별로 적용한 이 형태의 부하변동은 모의 기간인 25년 동안 매년 동일하게 반복하도록 하였다. 균형 에너지부하 모의 시 1년 동안에 6개월간은 동일한 크기의 열추출과

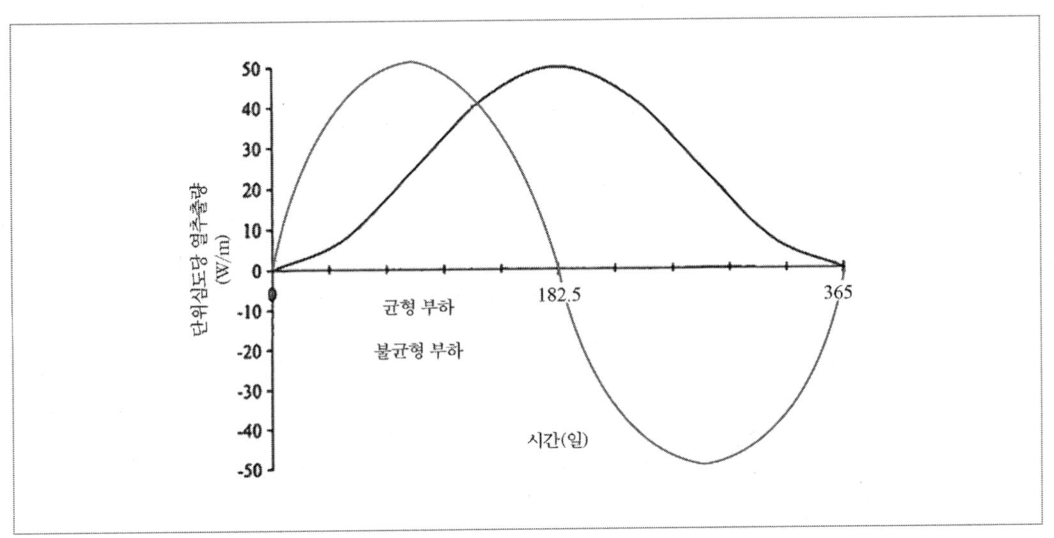

[그림 6-32] 모의 시 사용한 1년 동안의 균형 열에너지 부하와 불균형 열에너지 부하
(출처 : S.E.Dehkordi, R.A.Schicariol & B.Olofsson, Groundwater 53, No.4(2015), 561-569)

열방열(주입)이 일어나도록 했으며, 불균형 에너지부하 모의 시에는 1년 12개월 동안 지중열을 추출하는 것으로 가정하였다(그림 6-32).

이러한 균형 및 불균형 열에너지부하를 지중에 주입 및 추출하는 경우에 최대 단위 m당 열 추출/주입률은 50W/m로 일정하게 적용하였다.

BHE의 배열방식은 (2×1), (4×1), (2×2) 및 (4×4)형태의 4가지 배열방식을 사용하였으며 상술한 4가지 배열방식에 따라 균형 및 불균형 에너지 부하 형태로 지중열에너지를 추출할 경우에 비배출량(q)이 각각 0일 때와 10^{-7}m/s일 때의 결과를 모의하였다.

또한 BHE 사이에 발생하는 열간섭현상을 파악하기 위해 지하수 유동방향과 천공배열의 장축방향이 같은 방향(평행하도록)이 되도록 설정하여 천공간의 열간섭현상이 최대로 일어나도록 하였다(Choi 등, 2013). 모의 시 사용한 BHE 간의 이격거리는 모두 7.5m를 적용하였다(Signorelli 등, 2005).

[표 6-32] BHE 배열방식, 지하수 유동(流)의 유무, 열에너지부하 형식 및 BHE 사이의 간격에 따른 지중순환수의 온도변화에 대한 모의 시나리오(모의 조건)들

BHE 배열방식	비배출량(m/s)	열부하형식	BHE 간격(m)
1	0	균형	7.5
	10^{-7}	불균형	7.5
2×1	0	균형	7.5
	10^{-7}	불균형	7.5
4×1	0	균형	7.5
	10^{-7}	불균형	7.5
2×2	0	균형	7.5
	10^{-7}	불균형	7.5
4×4	0	균형	7.5
	0	균형	5
	0	불균형	7.5
	0	불균형	10
	10^{-7}	균형	7.5
	10^{-7}	불균형	7.5

6.11.4 모의결과 및 분석내용

(1) 지하수 무흐름(q=0m/s)과 지하수 유동(q=10^{-7}m/s) 시, 에너지부하와 BHE 배열형식이 시스템 성능에 미치는 영향

모의 결과 도출된 평균 지중순환수 온도를 시스템 성능조건에 대한 일종의 지시자로 사용하였다. 초기 지중온도를 10℃로 설정했기 때문에 지중매체와 열에너지부하 사이에 발생한 열 교환은 지중매체에 전달된 에너지 부하로 재현된다. 지중순환수 온도는 난방기에 하강하고 냉방기에는 반대로 상승한다. 즉, 동일한 에너지부하를 고려할 때 초기 지중온도에 비해 평균 지중순환수 온도의 진폭은 크게 변동한다. 이는 전반적인 시스템 성능의 감소나 성능개선을 의미한다.

1) 지하수류가 없는 경우에(q=0m/s), 에너지부하와 BHE 배열형식이 시스템 성능에 미치는 영향
지하수 흐름이 없는 경우(q=0)에 BHE를 단공(1), (2×1) 형식과 (4×1)형식인 직선형 배열과 (2×2)형식인 장방형 배열 및 (4×4) 정사각형 배열로 설치하여 모의한 평균 지중순환수온도를 토대로 하여 BHE의 성능을 비교하였다.

[그림 6-33]은 균형 에너지부하 조건에서 25년 동안 발생한 평균지중순환수를 모의한 결과로서 BHE의 배열형식[(4×1)배열과 (2×2)배열]에 무관하게 평균 지중순환수의 경시별 온도변화는 매년 거의 동일하게 변하였으며, 두 배열 모두 온도변동은 빠르게 정상상태에 도달하였다.

이에 비해 불균형 에너지부하인 경우에 평균 지중순환수의 경시별 온도변화는 [그림 6-34]와 같이 시간에 지남에 따라 점진적으로 하강하였다. 평균 지중순환수온도는 (2×2)배열이 (4×1)배열에 비해 더 큰 폭으로 하강하는데 이는 시스템의 성능이 저하되었음을 뜻하며, (2×2)배열은 (4×1)배열에 비해 BHE간의 간격을 더 증가시켜야 함을 암시한다.

선형배열인 (2×1)배열과 (4×1)배열 그리고 장방형배열인 (2×2)배열과 (4×4)배열의 경우에, 사용한 BHE의 개수로 인해 발생하는 열간섭 영향을 검토한 결과, 균형 열에너지부하 시에는 BHE의 수가 증가되더라도 모의기간인 25년 동안 지중순환수 온도에 미치는 영향은 거의 없는 것으로 나타났다. 즉, 단일 BHE의 경시별 지중 순환수온도의 변동은 매년 거의 동일하게 반복하였다([그림 6-33] 참조). 이러한 사실은 적절한 천공간격(여기서는 7.5m)과 균형 열에너지부하 조건하에서 다중 BHE의 장기적인 지속성은 BHE의 개수와는 무관함을 뜻한다.

이에 비해 불균형 열에너지부하 조건에서 (4×1)배열을 사용하면, (2×2)배열을 사용할 경우보다 지중순환수의 평균온도는 현저히 하강한다([그림 6-34] 참조). 25년간 시스템을 가동한 후, (2×1)배열의 지중순환수의 온도는 단일 BHE에서 발생한 지중순환수의 최저 온도에 비해 약 1℃(25%) 정도 더 내려가고, (4×1) 배열은 약 2.2℃(55%) 더 하강한다. 또한 [그림 6-34]에서 볼수 있듯이 불균형 에너지부하 시 장방형배열[(2×2) 및 (4×4) 배열]은 선형배열[(2×1) 및 (4×1)배열]에 비해 지중순환수 온도는 훨씬 크게 하강한다. 환언하면 BHE의 수가 증가하면 지중순환수의 온도는 빠르게 하강한다. 즉 준 평형상태에 도달하고 시간은 길어지며 시스템 성능은 지속적으로 감소한다[(2×2)배열과 (4×4)배열]. FEFLOW program은 잠열효과나 이에 따른 상(相)변화 등은 고려하지 않기 때문에 [그림 6-34]에서 평균 지중순환수 온도가 0℃ 이하로 하강한 구간은 단지 지중매체가 동결될 수 있음을 뜻하는 것으로 이해하면 될 것이다.

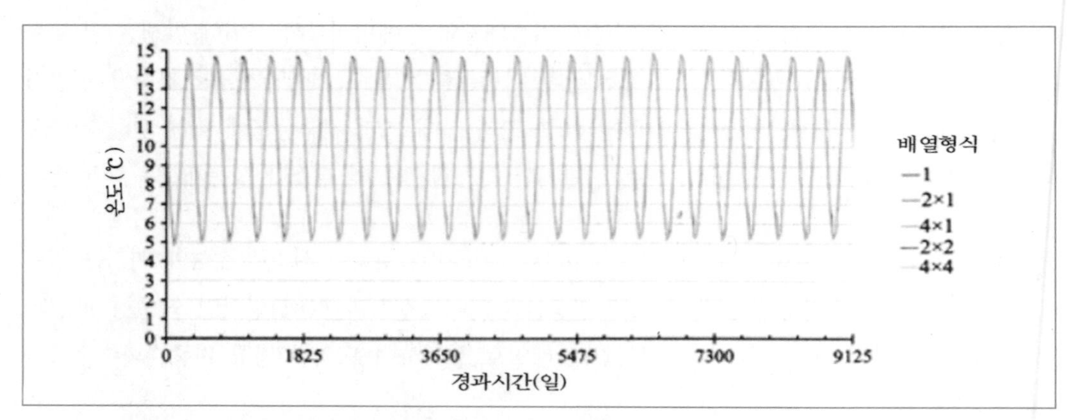

균형부하(추출=방열), 배열과 무관하게 계절별 변동폭 : 동일(14.5~5℃)

[그림 6-33] 무흐름[비배출량(q)=0], 균형 에너지 부하 시, BHE의 배열방식에 따른 경시별 지중순환수의 평균온도
(출처 : S.E.Dehkordi, R.A.Schicariol & B.Olofsson, No.4, 2015).

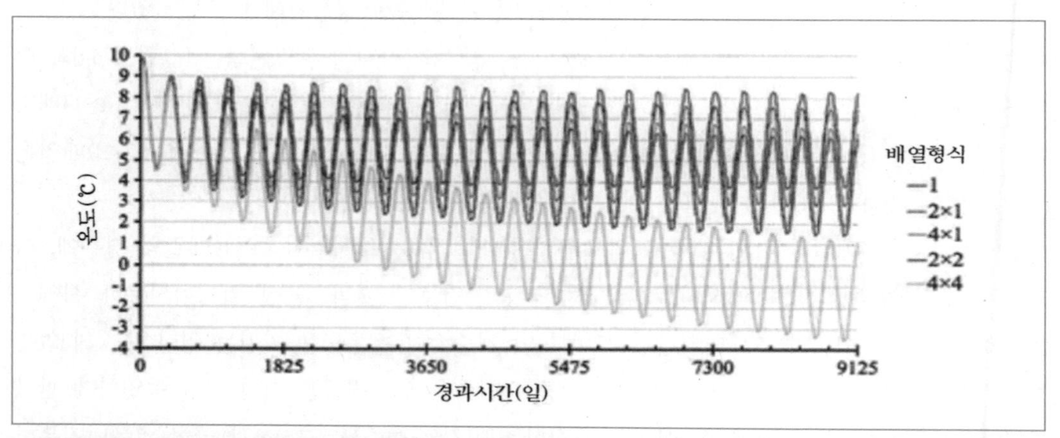

[그림 6-34] 무흐름(q=0), 불균형 에너지부하시, BHE의 배열방식에 따른 경시별 지중순환수의 평균온도
(출처 : S.E.Dehkordi, R.A.Schicariol & B.Olofsson, 2015).

열교환은 BHE와 지중매체 사이의 상대적인 온도차에 의해 발생하는 것이지 절대온도차에 의해 발생하는 것이 아니다. 이들 모의 결과에 의하면 BHE의 초기 천공간의 간격이 7.5m일 때 균형 에너지부하 상태하에 있는 시스템은 시험대상 BHE의 배열상태에서 열적인 지속성을 충분히 유지할 수 있음을 잘 나타내고 있다. 이에 반해 불균형 에너지부하 상태하에 있는 BHE 시스템은 부분적으로 BHE 간에 발생하는 열적간섭 현상 때문에 시간이 지남에 따라 시스템의 성능은 저하한다. 이와 같은 효율성의 감소는 BHE 수를 증가시키든가 BME배열을 직선형에서 장방형으로 변경시키면 줄일 수 있다. 천공간의 열간섭 현상을 감소시킬 수 있는 방법으로는 천공간격을 넓히거나 굴착경비의 문제가 있긴 하지만 BHE의 설치심도를 증가시키면 된다.

천공간격이 지중순환수온도에 미치는 영향을 알아보기 위해 (4×4)배열에서 천공간격을 균형 에

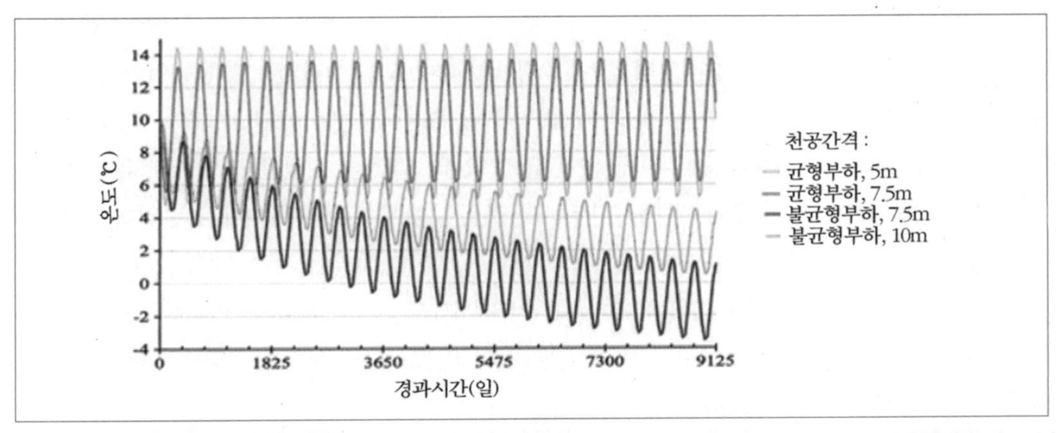

[그림 6-35] 무흐름(q=0), BHE배열(4×4), BHE 간격이 각각 5, 7.5, 10m일 경우, 균형 및 불균형 부하 시 25년 후 지중순환수의 평균온도변화(출처 : S.E.Dehkordi, R.A.Schicariol & B.Olofsson, 2015)

너지부하 시에는 2.5m 축소시키고(천공간격을 7.5m에서 5m로), 불균형 부하 시에는 2.5m 증가시킨(천공간격을 7.5m에서 10m로) 후 모의를 해 보았다([그림 6-35] 참조). 두 가지 경우 모두, 첫 해부터 BHE 간격변화가 지중순환수 온도에 영향을 미치는 것으로 나타났으며 특히 균형에너지 부하 시, BHE 사이의 간격을 7.5m에서 5m로 좁히면 시스템 성능은 다소 감소하나 시간이 지남에 따라 안정(stable)되어 장기적인 지속성의 문제는 없는 것으로 나타났다.

반면에 불균형 에너지부하 시에 BHE 간격을 7.5m에서 10m로 늘리면 시스템 성능은 훨씬 개선(지중순환수 온도의 변동폭은 감소)되고 안정되는 기간도 단축된다(초기 배경 지중온도에서 하강율의 감소).

따라서 많은 수의 BHE를 사용하는 대규모 시스템을 설계할 경우에는 반드시 천공간격과 천공심도와 같은 변수들은 시스템의 에너지부하 특성에 알맞게 적용해야 한다. BHE의 간격과 심도 등에 관한 설계요인들을 현재 관습적으로 적용하고 있는 일반적인 관행(예, 심도는 1RT당 50m, 공간간격은 5m 등)이나 부정확한 계산에 따라 선정하면 장기가동 시, 큰 누적오차를 초래하게 된다.

2) 지하수류가 있는 경우에($q=10^{-7}$m/s), 에너지부하와 BHE 배열형식이 시스템성능에 미치는 영향

지하수가 유동하는 지역(지하수류가 있는 지역)에 BHE를 설치할 때, 지하수유동($q=10^{-7}$m/s)이 에너지부하와 BHE 배열 조건에 따라 어떻게 지중순환수온도에 영향을 미치는 지에 관해 언급하고자 한다. 여기서 비배출량을 10^{-7}m/s으로 취한 이유는 이 값이 이전의 여러 연구조사들 가운데 가장 명확하게 지중순환수온도에 영향을 미쳤던 값이었기 때문이다.

Choi 등(2013)에 의하면 BHE 배열을 지하수 유동방향과 동일한 직선형으로 설치하면 장방형

으로 배열한 경우에 비해 보다 민감한 반응을 보인다(영향을 크게 받음). 이 연구에서 사용한 지하수 유동방향은 BHE의 장방형배열의 장축과 평행하거나 직선형 배열방향과 동일한 방향으로서 최악의 상태를 가상한 경우이다. 만일 지하수 유동방향이 직선형 배열방향과 수직방향을 이루고 있을 경우에는 지하수유동(이류)에 의한 BHE 간의 열간섭 현상은 일어나지 않는다.

비배출량이 10^{-7}m/s일 경우에 균형 에너지부하와 불균형 에너지부하 상태에서 단일 BHE에 미치는 영향을 모의한 후, 비배출률이 0일 때의 결과를, BHE 배열이 각각 (2×1), (4×1), (2×2)와 (4×4)인 경우의 결과와 비교 검토하였다. 즉 이 경우에도 지하수유동과 연계해서 천공배열형식이 시스템의 성능에 미치는 영향을 비교할 때 단일 BHE로부터 도출된 결과를 다중 BHE 모의결과와 비교하는 기준으로 사용하였다.

균형 에너지부하 시에는 지중순환수 온도가 지하수유동 여부에 관계없이 크게 영향을 받지 않고 (지중 순한수온도의 변동폭은 약 0.5℃ 정도로서 시스템 성능은 소규모 증가) 전체 모의기간 동안 거의 일정하였다. 또한 경시별 평균 지중순환수의 온도변동은 [그림 6-33]과 대동소이 하였다. 즉 천공배열 형태와 천공수에 따른 영향 또한 거의 받지 않는다. 따라서 균형 에너지부하 조건에서는 지하수유동이 BHE 사이에 열간섭을 일어키거나 시스템의 성능개선에 미치는 영향은 미미하다.

BHE 설계 시, 현재 국내에서 적용하고 있는 기존의 이론들은 대다수가 순수한 전도형 열전달 모델을 사용하므로 균형 에너지부하인 경우에는 BHE 설계에 적용해도 별 무리가 없다. [그림 6-36]은 지하수가 유동하는 지역(q=10^{-7}m/s)에서, 불균형 부하 시, BHE의 배열방식에 따른 모의기간(25년) 동안 발생한 경시별 지중순환수의 평균온도 변동 곡선이다. [그림 6-36]에 나타난 바와 같이 순수열전도(q=0)와 열전도-이류형 열전달모델 (q=10-7m/s)에서 BHE 배열에 따른

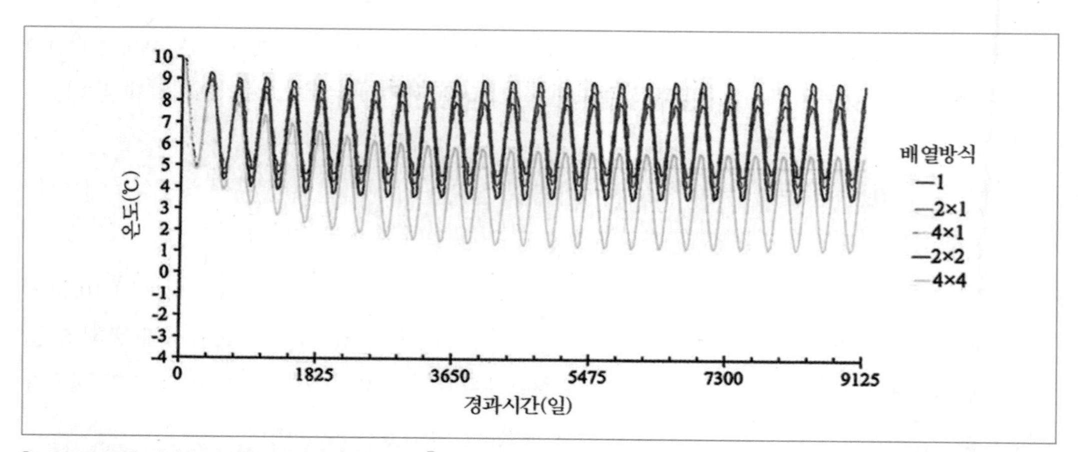

[그림 6-36] 지하수가 유동하는 지역(q=10^{-7}m/s)에서, 불균형부하시, BHE의 배열방식에 따른 경시별 지중순환수의 평균온도(출처 : S.E.Dehkordi, R.A.Schicariol & B.Olofsson,2015).

지중순환수의 온도차는 단일 BHE에서 (2×1), (4×1), (2×2) 및 (4×4) BHE 배열의 순으로 감에 따라 증가한다.

[그림 6-34]처럼 지하수의 무흐름 지역(q=0)에서 불균형 에너지부하를 적용하면 (4×1)배열이 (2×2)배열 보다 양호한 시스템 성능(지중순환수의 온도)을 보이지만 지하수가 유동하는 지역 (q=10^{-7}m/s)에서도 시스템 성능은 q=0인 경우와 비슷하게 나타났다(그림 6-36).

[그림 6-37]은 25년간 2가지 조건하에서(지하수류가 없는 경우와 지하수류가 있는 경우) 지중 순환수 온도와 직결되어 있는 BHE 주변의 지중온도 분포상태를 나타낸 등온선도이다. 순수 열전도모델에서 (4×1)배열의 1번째와 4번째 BHE인 a공와 d공의 시스템 성능은 양호하지만 중간에 소재한 2번째와 3번째 BHE인 b공와 c공의 성능은 가장 불량하다[그림 6-37(a)]. 이러한 현상은 Four 법칙이 Darcy 법칙과 유사하기 때문에 우물수리학에서 잘 알려진 중첩원리로 설명이 가능하다.

동일한 개수의 BHE를 사용하는 경우에 지하수유동에 의한 열간섭 현상은 직선형배열[그림 6-37(1)]이 장방형배열[그림 6-37(2)]보다 더 심하게 받는다. [그림 6-37(2)]에 의하면 지하수가 유동하는 경우에 BHE 주변에서 발생한 온도간섭 영향은 크지 않을 지라도 하류구배 방향으로 열운(thermal plume)이 형성된다. 따라서 최적의 BHE 배열방식과 설치방향을 결정할 때, 해당 지역의 수문지열계의 지하수 유동방향과 유동률 및 지하수의 계절별 변동 특성에 관한 자료 파악이 얼마나 중요한지를 알 수 있을 것이다.

이러한 정보들은 현장 수리지질 조사를 실시하여 취득할 수 있다. 그러나 이 조사는 일반적으로 지열교환기 설치와 설계 시 거의 실시하지 않고 있다. 지하수유동 때문에 형성되는 열운은 평형 에너지부하 시에는 소규모적이나 불균형 에너지부하 시에는 매우 광범위 하게 형성된다([그림 6-37(1)]과 [그림 6-37(2)] 참조).

대규모 시스템에서 지하수류에 의해 형성되는 열운, 즉 지하수의 이류에 의한 열이동은 하류구배 구간에 열적 및 환경적인 영향을 미치며 그 중요성은 시간이 지남에 따라 증가한다. 지하수유동이 열운을 분산시키고 하류 구배구간에서 온도 차이를 감소시키기는 하지만 열운은 지하수 유동율과 유동방향에 따라 더 분산되고 불확실성은 증대되기도 한다(Casasso와 Sethi 2014, Choi 등 2013).

따라서 해당지역의 지하수의 동수구배의 변화를 파악할 수 있도록 충분한 기간 동안의 가용 수리지질자료를 수집해야만 대규모 다중 천공지중열교환기 시스템의 최적 시스템을 확보할 수 있으며 주위에 설치된 BHE 시스템 사이의 열간섭을 방지하고 주변의 지표수와 지하수 자원의 보호 및 관련된 생태계 보호를 합리적으로 수행할 수 있다.

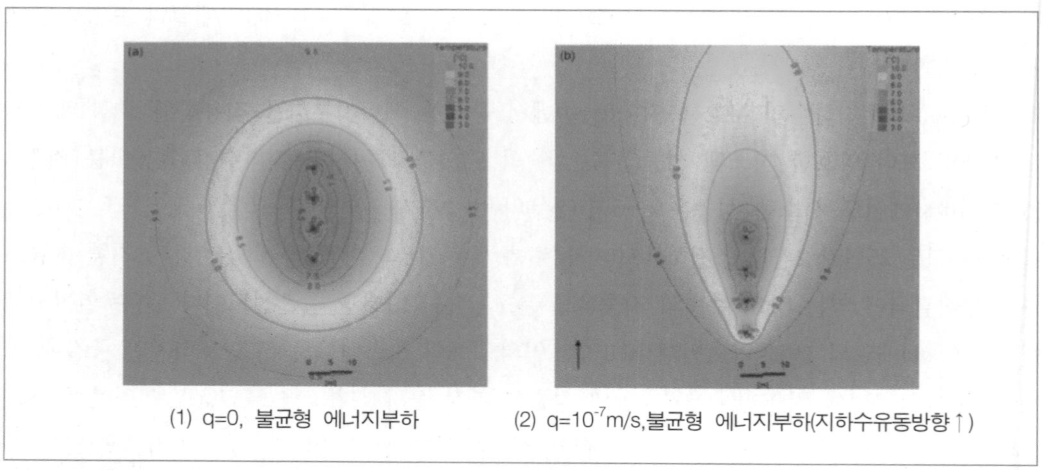
(1) q=0, 불균형 에너지부하 (2) $q=10^{-7}$m/s,불균형 에너지부하(지하수유동방향↑)

[그림 6-37] BHE 배열(4×1), q=0와 $q=10^{-7}$m/s일 때, 불균형 부하 시, 25년째 난방기간 말의 지중 온도분포와 熱雲(thermal plume)(출처 : S.E.Dehkordi, R.A.Schicariol & B.Olofsson, 2015).

여러 가지 시나리오별로 모델링을 실시하여 BHE 설계의 신뢰성 제고는 물론, 제반 영향을 예측해 보아야 한다. BHE 사이에 발생하는 열간섭에 영향을 미치는 요인으로는 ① 지하수의 이류와 ② BHE 사이의 간격 등이다.

6.11.5 밀폐형 BHE 시스템에서 열이동의 주 기작 선별기준(이류 또는 열전도)

(1) 지하수류(이류)가 열이동의 주 기작이 되는 비배출량의 범위

지중에서 열전달은 주로 지하수의 이류(지하수류)와 지중매체의 순수한 열전도에 의해 발생하며 전술한 바와 같이 (6-16)식으로 표현한다.

$$\frac{K}{\rho' c'}\nabla^2 T - \frac{\rho_f c_f}{\rho' c'}\nabla \cdot (Tq) = \frac{\partial T}{\partial t} \tag{6-16}$$

지하수 흐름장에서 열이동을 지배하는 식을 열전도 - 전달(대류)식이라고 한 바 있다. 특정 경계조건과 초기조건하에서 산정한 이식들의 해를 이용하여 연구 대상계의 온도분포 상태를 파악할 수 있다.

수문지열계 내에서 열이동 특성은 무차원변수의 조합에 따라 변하는데 무차원변수는 지하수 수리학에서 널리 이용되고 있는 변수로서 열이동식에서 특성온도 (characteristic temperature)를 T_e라 하고, 무차원 량을 t 첨자로 표시하면 무차원 온도 $t^+ = T/T_e$로 나타낼 수 있으며 이때 열전도 - 전달식인 (6-16)식은 다음 식과 같이 표현할 수 있다.

$$\nabla^{2+} T^{+} - \left[\frac{nVLc_f\rho_f}{K}\right]\nabla^{+} T^{+} = \left[L^2\left(\frac{c_f\rho_f}{KT_e}\right)\right]\frac{\partial T^{+}}{\partial t^{+}} \quad (6\text{-}22)$$

윗식에서

$$\frac{nc_f\rho_f VL}{K} = \frac{c_f\rho_f qL}{K} = \frac{qL}{\frac{K}{c_f\rho_f}} = P_{ec} \quad (6\text{-}23)$$

여기서, L : 특성 길이 (Bredehoel 와 Papadopulos, 1965)

윗식의 열에너지 이동식에서 P_{ec}를 Peclet수라 하며, q는 Darcy의 비배출량(nV, specific discharge, Darcian velocity)이고 L은 특성 길이(characteristic length, Bredehoef, Papadopulos,1965)이다. P_{ec}수는 (6-23)식과 같이 지하수의 이류에 의해 발생한 열에너지의 이동과 열전도에 의해 일어난 열이동량과의 비이다. 즉 P_{ec}수는 강제 열전달량인 이류에 의한 열전달량을 열전도량으로 나눈 값과 같다. 열전도와 이류의 상대적인 중요성은 P_{ec} 수로 알려진 무차원 상수로 평가한다. 따라서 지하수의 이류에 의한 열에너지 이동량이 열전도에 의한 열에너지 이동량보다 큰 경우에 P_{ec}수는 커진다($P_{ec} > 0.4$).

일반적으로 온도가 0℃에서 100℃로 변할 때 지하수의 밀도는 약 5% 정도 변하고, 열용량은 1% 정도 변하기 때문에 밀폐형 지열 시스템 분석에서 지하수의 밀도와 열용량은 크게 문제가 되지 않는다(Lide, 2013). 대체적으로 일반 지하수의 밀도와 열용량은 각각 1,000kg/m^3와 4,184 J/kg 정도이며 지중매체의 겉보기 열전도도는 1.4~4.5W/(m · k) 정도(Deming, 2002)이고, 지하수의 비배출량(q=nV)은 해당지역의 지하수 동수구배와 수리전도도에 따라 몇 차수 정도의 차이가 나는 단위면적당 지하수의 배출 및 유출량이다.

특성길이(L)는 여러 가지 방식으로 정의하는데, 그 기준으로 평균 입경(Bear, 1972), 천공 구경(Fujit, 2005), 천공 심도(Molona-Giraldo 등, 2011) 및 천공 간격(chiasson 등 2000) 등을 사용한다. 이 절에서는 Chiasson이 제시한 천공간격을 사용하였다. BHE의 설치간격은 일반적으로 인접한 BHE 간에 열간섭 현상이 일어나지 않는 거리를 사용한다.

Siqnorell 등(2004)은 밀폐형 BHE 시스템에서 적정 천공간격을 7~8m로 추천했으며, 실제로 현장에서 적용하고 있는 설치간격은 4.5~10m 정도이다(Chiasson 등, 2000). P_{ec}가 1에 가까운 경우에는 이류와 전도에 의한 열이동 현상이 거의 비슷해지지만 열전달이 전적으로 이류에 의해 발생하는 상하선은 규정하기는 그리 용이하지 않다(Van der kamp와 Bachu, 1989). 그간 밀폐형 지열시스템에서 p_{ec}수를 산정한 연구결과를 분석하여 p_{ec}의 범위를 파악해 보았다.

Chiason 등(2000)은 천공간격을 L로 취했을 때 실제 현장시험을 실시해본 결과 $P_{ec}=1$일 때 이류가 열전달에 지배적인 기작임이 뚜렷하게 나타나지 않았다고 했으며, Fujit 등(2005)은 천공외경을 L로 취하고 비배출량(q) 대신 지하수유속(V)을 사용했을 때 $P_{ec} < 0.1$인 조건에서는 이류가 열이동의 주기작이 아니었고, 지하수유속이 8.8×10^{-7}m/s일 때 P_{ec} = 1.7이었다고 하였다. 그러나 Sutton 등(2003)은 L= 0.054m을 사용할 경우, $P_{ec} > 0.01$일 때 지하수의 이류가 열전달에 가장 뚜렷한 역할을 한다고 하였다.

이들 연구들에서 천공구경 대신에 전형적인 천공간격인 8m를 L로 사용했을 경우, 이류가 뚜렷한 열전달 기작일 때의 P_{ec}은 0.45였다(SignoDelli 등, 2004).

Zanchini 등(2012)은 $P_{ec} < 5.1$인 경우에 뚜렷한 이류의 기여도를 확인할 수 없었으며 Hecht-Mendz 등(2013)은 $q < 8.7\times10^{-7}$m/s이거나 P_{ec}= 0.4인 환경에서는 전도에 의해서만 열전달이 발생한다고 했다.

여러 연구자들의 연구결과를 종합해 보면 지하수류가 열전달에 중요한 역할을 하는 P_{ec}의 범위는 $0.4 < P_{ec} < 5.1$이다. 따라서 P_{ec} = 0.4를 이류가 열전달의 주요한 역할을 하는 선별목적의 보수적인 기준치로 사용하였다. 전형적인 밀폐형 지열시스템에서 P_{ec}=0.4는 $1.4\times10^{-8}\text{m/s} < q < 9.6\times10^{-8}$m/s에서 발생한다(그림 6-38 참조). 위의 범위는 전술한 천공간격과 열저항치의 범위를 고려하여 산정한 값이다.

다른 환경에서 열 유동에 관한 연구 결과들도 이류형 열유동의 하한선으로 유사한 값을 제시한 바 있다. Sillman 등(1995)은 하상 퇴적층에서의 열 유동연구에서 $q < 8\times10^{-8}$m/s인 조건에서

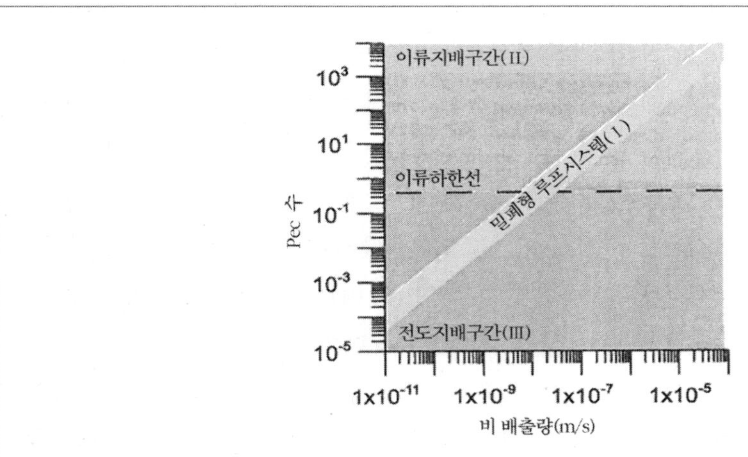

I 구간 : 밀폐형 지중열교환기를 설치할 수 있는 가능 영역구간, 이 구간의 P_{ec}수와 비배출량과의 가능한 조합관계는 (6-20)식이나 밀도, 열용량, 특성 길이와 열전도도의 전형적인 범위의 값을 토대로 해서 작성

II 구간 : 열이동이 주로 지하수의 이류에 의해 지배적으로 발생하는 구간($P_{ec} > 0.4$)

III 구간 : 열이동이 주로 지층의 열전도에 의해 지배적으로 발생하는 구간($P_{ec} < 0.4$)

[그림 6-38] 밀폐형 지중열교환기를 설치할 때, P_{ec}수와 비배출량을 이용하여 지중열이동의 주 기작이 순수열전도인지 또는 이류인지를 식별하는 방법(출처 : Ferguson, Groundwater 53, No.3, 2015).

는 이류형 열유동은 무시할 수 있을 정도였으며, Anderson(2005)은 지하수 추적자를 이용한 열이동 연구에서 온도를 뚜렷이 교란시키는 비배출량의 하한치는 $q=3\times10^{-8}m/s$이라고 했다. Ferquson 등(2006)은 역사적인 지표면 온도의 변동연구를 위해 지중온도의 소규모 변동을 이용한 연구에서 $q < 2\times10^{-8}m/s$인 조건은 이류형 열전달에 중요하지 않다고 하였고 이들 값들은 여기에서 사용한 비배출량의 한계치 [(그림 6-38)과 (그림 6-39)의 $10^{-8}m/s$]보다는 모두 큰 값이라고 하였다.

비배출량은 Darcy 법칙에서 지하수의 동수구배와 수리전도도를 곱한 값으로서 지중매체의 종류에 따라 다음과 같이 표현한다.

$$q = -K\frac{dh}{d\ell} \tag{6-24}$$

여기서 K : 포화 지중매체의 수리전도도

$\frac{dh}{dl}$: 지하수의 동수구배

대체적으로 우리나라를 위시한 자연상태에서 전형적인 동수구배는 10^{-2}~10^{-3} 규모(Hahn, 1990)이며, 그 하한치를 10^{-5}까지도 가능하다. [그림 6-38]은 밀폐형 지중열교환기를 설치할 때, P_{ec}수와 비배출량을 이용하여 지중열 이동의 주 기작이 지하수의 이류(advection)인지 아니면 순수한 열전도(conduction)를 식별할 경우에 사용하는 그림이다.

또한 포화 대수층의 수리전도도는 구성암의 종류에 따라 몇 차수의 차이가 나기 때문에 [그림 6-38]에 나타난 바와 같이 $P_{ec} > 0.4$일 때, 비배출량(q)은 $10^{-8}m/s$ 이상의 범위를 가지게 된다.

(2) 지하수류가 열이동의 주기작이 되는 경우를 선별하는 간이방법

[그림 6-39]는 BHE 설치 대상 지역에 분포된 토양과 암석의 종류, 지하수의 동수구배와 지중매체의 수리전도도를 바탕으로 계산한 비배출량을 이용하여 지하수가 지중열 이동의 주 기작인지 여부, 즉 밀폐형 천공 지중열교환기(BHE) 시스템 운영에 영향을 주는 주 기작이 이류형 열전달인지 여부를 판별하는데 사용할 수 있는 도표이다. 이 도표에서 왼쪽 그림의 적색으로 표시된 이류 하한선의 상부 구간에서 수평선을 그었을 때, 오른쪽 그림에 속하는 암종들은 수리전도도가 비교적 양호하여 지중에서 이류가 열이동의 지배적인 기작을 하는 암석들이다.

이에 비해 대체적으로 투수성이 지극히 불량한 괴상의 화성암, 변성암, 셰일 및 점토층 등은 지하수의 이류를 무시할 수 있는 저투수성 수문지열계이다. 즉 이들 암종들이 분포되어 있는 지역에서 자연상태의 동수구배와 기 알려진 수리전도도를 이용하여 구한 비배출량이 $10^{-8}m/s$ 이상 되는 경우는 흔치 않다. 따라서 열전도(conduction)가 지중 열전달의 주기작이 되는 지역은

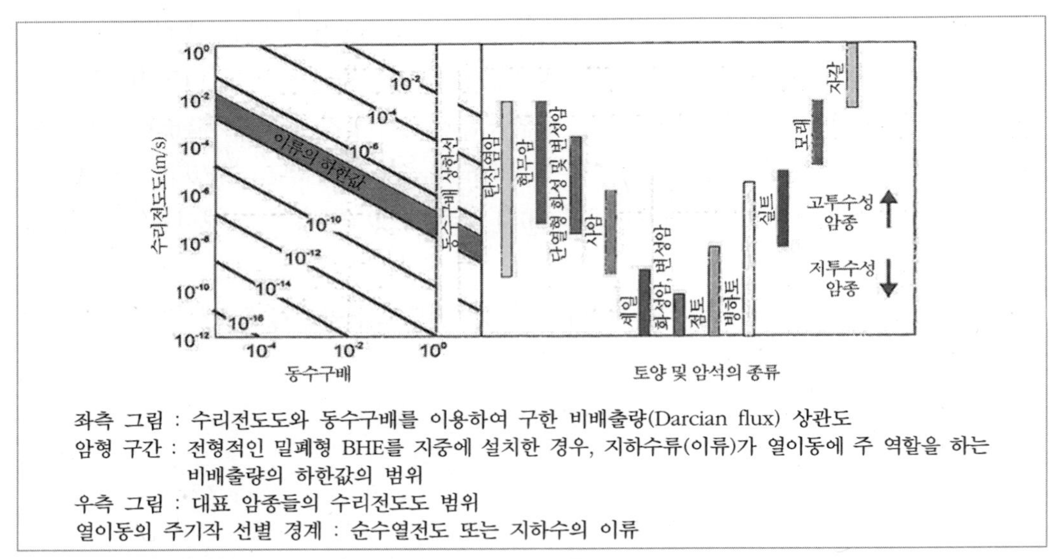

[그림 6-39] 암종별 수리전도도와 동수구배 및 비배출량을 이용하여 지중열이동의 주기작이 순수 열전도인지 또는 이류인지를 식별할 때 사용하는 그라프(2)(출처 : Ferguson, 2015).

상술한 저투수성이면서 괴상의 암종들이 분포되어 있는 지역들이다. 그러나 실제적으로 우리나라의 저투수성 화성암과 변성암 및 셰일들은 거의 대다수가 단열형 암종으로서 이들 암종에 100m심도의 심정 1개공을 설치하면 1일 최소 1㎥ 정도의 암반 지하수개발은 가능하다(예:비배출량이 10^{-8}m/s인 지역에 설치한 평균심도 100m되는 암반 심정에서 1일 개발 가능한 지하수 산출량은 최소 0.6m^3/day 규모). 즉 이러한 지역에 발달된 단열 저투수성 암석들의 비배출량은 10^{-8}m/s를 상회한다. 따라서 밀폐형 지중열 교환기와 ATES 또는 BTES를 이와 같은 저투수성 암종에 설치할 경우에도 반드시 해당지역의 수리지질 특성(단열의 규모와 분포 상태, 단열의 수리성 및 지하수 유동방향 등)을 먼저 규명한 후에 지중열 교환기를 설계해야만 비용-효과적인 설계를 할 수 있다.

부록

[부록 1] 원주율
[부록 2] 단위 환산표
[부록 3] TOE와 tCO_2 배출량 산정법
[부록 4] 환경오염물질의 물리적인 특성
[부록 5] 국내 대표지역별 월 및 연 평균 지중온도

[부록 1] 원주율

번호 기호
원자량 영문이름

1A	2A	3A	4A	5A	6A	7A	8		1B	2B	3B	4B	5B	6B	7B	8B
1 H 1.008 hydrogen																2 He 4.003 helium
3 Li 6.941 lithium	4 Be 9.012 beryllium										5 B 10.81 boron	6 C 12.01 carbon	7 N 14.01 nitrogen	8 O 16.00 oxigen	9 F 19.00 fluorine	10 Ne 20.18 neno
11 Na 22.99 sodium	12 Mg 24.31 magnesium										13 Al 26.98 aluminum	14 Si 28.09 silicon	15 P 30.97 phosphorus	16 S 32.06 sulfur	17 Cl 35.45 chlorine	18 Ar 39.95 argon
19 K 39.10 potassium	20 Ca 40.08 calcium	21 Sc 44.96 scandium	22 Ti 47.90 titanium	23 V 50.94 vanadium	24 Cr 52.00 chromium	25 Mn 54.94 manganese	26 Fe 55.85 iron	27 Co 58.93 cobalt	28 Ni 58.70 nickel	29 Cu 63.55 copper	30 Zn 65.38 zinc	31 Ga 69.72 galium	32 Ge 72.59 germanium	33 As 74.92 arsenic	34 Se 78.96 selenium	35 Br 79.90 bromine	36 Kr 83.30 krypton
37 Rb 85.47 rubidum	38 Sr 87.62 strontium	39 Y 88.91 yttrium	40 Zr 91.22 zlconium	41 Nb 92.91 niobium	42 Mo 95.94 molybdenum	43 Tc (98) technetium	44 Ru 101.1 ruthenium	45 Rh 102.9 rhodium	46 Pd 106.4 paladium	47 Ag 107.9 silver	48 Cd 112.4 cadmium	49 In 114.8 indium	50 Sn 118.7 tin	51 Sb 121.8 antinony	52 Te 127.6 tellurium	53 I 126.9 iodine	54 Xe 131.3 xenon
55 Cs 132.9 cesium	56 Ba 137.3 barium	57 La 138.9 lanthanum	72 Hf 178.5 hafnium	73 Ta 180.9 tantalum	74 W 183.9 Tungsten	75 Re 186.2 rhenium	76 Os 190.2 osmium	77 Ir 192.2 iridium	78 Pt 195.1 platinum	79 Au 197.0 gold	80 Hg 200.6 mercury	81 Ti 204.4 thallium	82 Pb 207.2 lead	83 Bi 209.0 bismuth	84 Po (209) polonium	85 At (210) astatine	86 Rn (222) radon
87 Fr (223) francium	88 Ra 226.0 radium	89 Ac 227.0 actinium															

A : 고체원소　A : 기체원소　A : 액체원소　A : 합성원소

란탄계열	58 Ce 140.1 cerium	59 Pr 140.9 pcaseodymium	60 Nd 144.2 neodymium	61 Pm (145) promethium	62 Sm 150.4 samarium	63 Eu 152.0 europium	64 Gd 157.3 gadolinium	65 Tb 158.9 terbium	66 Dy 162.5 dysprosium	67 Ho 164.9 holomium	68 Er 167.3 erbium	69 Tm 168.9 thulium	70 Yb 173.0 ytterbium	71 Lu 175.0 lutetium
악티늄계열	90 Th 232.0 thorium	91 Pa 231.0 protactinium	92 U 238.0 uranium	93 Np 237.0 neptunium	94 Pu (244) plutonium	95 Am (243) americium	96 Cm (247) curium	97 Bk (247) berkelium	98 Cf (251) califonium	99 Es (252) einsteinium	100 Fm (257) fermium	101 Md (268) mendelevium	102 No (259) nobelium	103 Lw (260) lawrencium

[부록 2] 단위 환산표

1. 길이

m	cm	yard	ft	in	km	해리	yard	mile	리
1	100	1.093 61	3.280 84	39.370	1	0.510 0	1 093. 01	0.621 37	0.254 63
0.01	1	0.010 936	0.032 803	0.393 70	1.852	1	2 026.67	1.151 5	0.472
0.914 40	91.44 00	1	3	36	0.000 914	-	1	-	-
0.304 80	30.480	0.333 33	1	12	1.609 34	0.869	1760	1	0.409 79
0.025 40	2.540 00	0.027 78	0.083 33	1	3.927 27	2.121	-	2.440 29	1

2. 면적

m^2	ft	尺^2	坪	ha	km^2	acre	$mile^2$	町步
1	10.764	10.890	0.303 5	1	0.010 0	2.471	0.003 86	1.008 3
0.092 90	1	1.011 7	0.028 10	100	1	247.10	0.386 1	100.83
0.091 83	0.988 4	1	0.027 78	0.404 7	0.004 047	1	0.001 563	0.408 1
3.306	35.58	36.00	1	259	2.590	640	1	261.2
	1 ft^2=	1 in^2=		0.991 7	0.009 917	2.450 6	0.003 829	1
	144 in^2	0.006 946 ft^2						

3. 체적

l	m^3	ft^3	yd^3	gal(美)	立 方 尺
1	0.001 0	0.035 31	0.001 308	0.264 2	0.035 94
1.000	1	35.31	1.308 0	264.17	35.94
28.317	0.028 32	1	0.037 04	7.481	1.017 6
764.6	0.764 6	27.00	1	201.97	27.48
3.785 4	0.003 785	0.133 7	0.004 95	1	0.136 04
27.83	0.027 83	0.982 7	0.036 40	7.351	1

4. 속 도

m/sec	km/hr	ft/sec	mile/hr	노 트
1	3.600	3.280 8	2.237	1.943 8
0.277 8	1	0.911 3	0.621 4	0.540 0
0.304 8	1.097 3	1	0.681 8	0.592 5
0.447 0	1.609 3	1.466 7	1	0.869 0
0.514 4	1.852 0	1.687 8	1.150 8	1

5. 중량

kg	t	oz	lb	t(美)	貫
1	0.001	35.27	2.204 5	0.001 10	0.266 7
1000	1	3.527×10^4	2 204.6	1.102 3	266.7
0.028 35	2.835×10^{-5}	1	0.062 50	3.125×10^{-5}	0.007 56
0.453 6	4.536×10^{-3}	16	1	0.0005	0.120 98
907.2	0.907 2	32.000	2.000	1	241.9
3.750	0.003 75	132.28	8.267	0.004 13	1

6. 유 량

l/sec	m^3/sec	英 gpm	美 gpm	ft^3/sec	美 gpd	t/日
1	0.001	13.198	15.850	0.035 31	0.022 81	86.4
0.277 8	2.778×10^{-4}	3.666	4.403	9.810×10^{-3}	6.637×10^{-3}	24
1000	1	1.3198×10^4	1.5850×10^4	35.31	22.81	86.400
0.075 78	7.577×10^{-5}	1	1.201 0	0.002 676	0.001 729	6.547
0.063 09	6.309×10^{-5}	0.832 7	1	0.002 228	0.001 439	5.451
7.866×10^{-2}	7.886×10^{-4}	0.103 81	0.124 68	2.778×10^{-4}	1.795×10^{-4}	0.679 6
28.32	0.028 32	373.7	488.8	1	0.646	2.447
43.81	0.043 81	578.2	694.4	1.547	1	3.785
0.011 57	0.1157×10^{-4}	0.152 8	0.183 4	4.087×10^{-4}	2.640×10^{-4}	1

*美 gpd : Million Gallon per Day(10^6gal/日), gpm=gallon per minute

7. 압 력

M dyne/ cm^2(bar)	kg/cm^2	lb/in^2 (PSI)	atm (標準)	수 은 주(0° C)		수 주 (15° C)	
				m	in	m	in
1	1.0204	14.514	0.986 9	0.750 6	29.55	10.213	402.1
0.980 0	1	14.223	0.967 2	0.735 5	28.96	10.009	394.0
0.068 90	0.070 31	1	0.068 00	0.051 71	2.036	0.703 7	27.70
1.013 3	1.034 0	14.706	1	0.760 5	29.94	10.349	407.4
1.332 4	1.359 5	19.337	1.314 9	1	39.37	13.607	535.8
0.033 84	0.034 53	0.491 2	0.033 40	0.025 40	1	0.345 6	13.607
0.097 91	0.099 91	1.421 1	0.096 63	0.073 49	2.893	1	39.37
0.002 487	0.002 538	0.036 10	0.002 456 4	0.001 866 6	0.073 49	0.025 40	1

8. 밀 도

g/cc	kg/m³=(g/l)	g/m³	lb/ft³	oz/ft³
1	1×10^{3}	1×10^{6}	62.43	988.8
0.001	1	1×10^{3}	0.062 43	0.998 8
1×10^{-6}	1×10^{-3}	1	6.243×10^{-5}	9.988×10^{-4}
0.016 018	16.018	$1.601\ 8\times10^{4}$	1	16
0.001 001 2	1.001 2	$1.001\ 2\times10^{3}$	0.062 5	1

9. 점 도

poise=g/cm · sec (C.G.S)	centipoise (C.P)	kg/m · sec	kg/m · hr	lb/ft · sec
1	100	0.1	360	0.067 20
0.01	1	0.001	3.6	6.720×10^{-4}
10	1 000	↑	3 600	0.672 0
2.778×10^{-3}	0.277 8	2.778×10^{-4}	1	1.8867×10^{-4}
14.881	1 488.1	1.488 1	5 357	1

10. 일량 및 열량

joule =10^{7}erg	kg-m	ft-lb	kW-hr	PS-hr	HP-hr	kcal (平 均)	BTU (平 均)
1	0.102 04	0.738 1	2.778×10^{-7}	3.777×10^{-7}	3.725×10^{-7}	2.389×10^{-4}	9.480×10^{-6}
9.800	1	7.233	2.722×10^{-7}	3.701×10^{-6}	3.651×10^{-6}	2.341×10^{-3}	2.291×10^{-3}
1.354 9	0.138 26	1	3.764×10^{-7}	5.117×10^{-7}	5.047×10^{-7}	3.237×10^{-4}	$1.284\ 5\times10^{-3}$
3.6×10^{6}	3.973×10^{5}	2.657×10^{8}	1	1.359 6	1.341 0	860.0	3.413
2.648×10^{6}	2.702×10^{5}	1.9543×10^{6}	0.735 5	1	0.986 3	632.5	2 510
2.685×10^{6}	2.739×10^{5}	$1.981\ 3\times10^{6}$	0.745 7	1.013 9	1	641.3	2.545
161.33	10.340	74.79	2.815×10^{-5}	3.827×10^{-5}	3.774×10^{-5}	2.421×10^{-2}	9.606×10^{-2}
4 186	427.1	3 090	$1.162\ 8\times10^{-3}$	$1.580\ 9\times10^{-3}$	$1.559\ 3\times10^{-3}$	1	3.969
1 054.8	107.63	778.5	2.930×10^{-4}	3.984×10^{-4}	3.929×10^{-4}	0.252 0	1
1 898.6	193.73	1 401.3	5.274×10^{-4}	7.170×10^{-4}	7.072×10^{-4}	0.453 6	1.8

1cal(平均) = 4.186 joule
1cal(15° C) = 4.185 joule
1cal(20° C) = 4.181 joule
1BTU(60° F) = 1064.6 joule
1BTU(平均) = 2054.6 joule
1BTU(39° F) = 1060.4 joule

11. 동 력

KW (1000J/sec)	kg-m/sec	ft-lb/sec	PG	HP	kcal/sec (平均)	BTU/SEC (平均)
1	102.04	0.738 1	1.359 6	1.3410	0.238 9	0.948 0
0.009 800	1	7.233	0.013 324	1.314×10^{-2}	2.341×10^{-3}	9.291×10^{-3}
1.3549×10^{-2}	0.138 26	1	1.8422×10^{-3}	1.8169×10^{-3}	13.237×10^{-3}	1.2845×10^{-3}
0.735 5	75.05	542.8	1	0.986 3	0.175 70	0.697 3
0.745 7	76.09	550.4	1.031 9	1	0.178 14	0.707 0
4.186	427.1	3.090×10^{3}	5.691	5.613	1	3.969
1.054 8	107.63	778.5	1.434 1	1.414 5	0.252 0	1

12. 온 도

$$C=\frac{5}{9}(F-32) \qquad F=\frac{5}{9}C+32$$

13. 수리전도도 (K)

1 m^3/分/m^2= 1m/分 = 24.55 gpm/ft^2=3.28 ft^3/m/ft^2= 3.28 ft/分

1 gpm/ft^2=0.0407 m^3/分/m^2= 0.1337 ft^3/分/ft^2

1 darcy= $0.987\times10^{-8}cm^2$= $1.062\times10^{-11}ft^2$

= 0.966×10^{-3}cm/sec(20°C)

14. 투수량계수

1 m^3/day/m = $\frac{264.17 gallon/day}{3.28 ft}$= 80.54 gpd/ft

1 gpd/ft = 0.0124m^3pd/m= 0.1337 ft^3/ft

15. Moment

1 Lbf · ft = 0.1383 kgf · m =1.3558 N · m

16. Energy

1 ft · Lbf=1.3558J

N = Newton = kg · m/s^2

Pa =Pascal= N/m^2

J = Joule= m · N

[부록 3] TOE와 tCO_2 배출량 산정법

1. 지열시스템에서 사용하는 단위들과 이산화탄소 배출량

가. 기본단위

열은 高溫度 體(물체)에서 低溫度 體(물체)로 전달된다. 지열에너지 시스템에서 주로 사용되는 열량 단위와 종류는 다음과 같다.

1) 1 Kcal/h : 표준 대기압하에서 순수한 물 1 Kg을 1시간 동안 1℃ 변화 시키는 데 필요한 열량(Btu/h, watt, Joule)
2) 感熱(sensible heat): 일정한 압력하에서 물체의 相은 변하지 않고 溫度만 변할 때 물체 1 Kg에 가해진 열량
3) 潛熱(latent heat): 일정한 압력하에서 물체의 溫度는 변하지 않고 相만 변할 때 물체 1 Kg에 가해진 열량
4) 냉동톤(RT): 표준 대기압하에서 0℃의 순수한 물 1 ton을 24시간 동안에 0℃의 얼음으로 相變化 시키는 데 필요한 潛熱 에너지(물의 잠열 = 79.68 Kcal/Kg)
5) 1 RT(CGS) = 1,000 kg × 79.68 Kcal/Kg ÷ 24h = 3,320 Kcal/h
   1 RT(US) = 2,000 Lb × 144 btu/Lb ÷ 24h = 12,000 Btu/h
   = 12,000 ÷ 3.968(Btu/h/Kcal/h) = 3,024 Kcal/h
   = 3,024 ÷ (860 Kcal/h/KW) = 3.516 KW
6) 총발열량 = 순수발열량 + 수증기 잠열
7) 순발열량 = 총발열량 - 수증기 잠열
8) TOE (Ton of Oil Equivalent)와 계산법 (총발열량 기준) :
   국제 에너지기구(IEA)에서 정한 단위 : 석유 환산톤, 원유 1 ton이 발열하는 발열량 ≒ 10^7 Kcal(환산계수 1)
   1 TOE = 연료별 총발열량(kcal)/10^7 Kcal
9) TC 와 이산화탄소 배출량(tCO_2) 계산법(순발열량 기준, IPCC의 탄소배출계수)
   TC = TOE'(연료의 순발열량)×TC/TOE'(탄소배출계수)
   tCO_2 = TC×(44/12)

2. TOE 와 TC 및 tCO_2 계산 예 (경유 1,000L을 사용하는 경우)

가. TOE 계산법(총발열량 기준)

1) 총발열량 = 1,000 × 9,050 = 9,050,000 Kcal(표-1참조)
2) TOE = 9,050,000/10^7 = 0.905

나. 이산화탄소 배출량(tCO_2)계산법(순발열량 기준)

1) 순 발열량= 1,000×8,450=8,450,000 Kcal (표-1참조)

2) TOE' = 8,450,000/10^7=0.845

3) tCO_2 = TOE'×탄소배출계수×(CO_2분자량/탄소원자량)

탄소배출계수(TC/TOE')=0.837이므로 1000L/t당 tCO_2

= (1,000/1,000L/t)×0.845×0.837×(44/12)=2.5933 tCO_2(표-2 참조)

다. 대표 연료 1,000L별 이산화탄소 배출량(tCO_2)

1) 원유 : 1.01×0.829×(44/12)=3.07

2) 휘발유 : 0.74×0.783×(44/12)=2.12

3) 천연가스 : 1.175×0.637×(44/12)=2.74

4) 전력 1 MWh : 0.1213×(44/12)=0.4448 tCO_2/MWh

[표 1] 에너지 총 및 순열량 환산기준과 석유환산계수(TOE)

에너지 종류	단위	총/순발열량 Kcal	발열량 MJ	석유환산계수
원유	Kg	10,750 10,100	45.0 42.3	1.075 1.01
휘발유	리터	8,000 7,400	33.5 31.0	0.8 0.74
경유	리터	9,050 8,450	37.9 35.4	0.905 0.845
프로판	Kg	12,050 11,050	50.4 46.3	1.205 1.105
천연가스(LNG)	Kg	13,000 11,750	54.5 49.2	1.3 1.175
도시가스(LPG)	Nm^3	15,000 13,800	62.8 57.8	1.5 1.38
국내무연탄	Kg	4,650 4,600	19.5 19.3	0.465 0.46
수입무연탄	Kg	6,550 6,400	27.4 26.8	0.665 0.64
전력	KWh	2,150 2,150	9.0 9.0	0.215 0.215

㈜ 1 KWh = 2,150 Kcal, 1,000 KWh의 전력은 원유 환산톤으로 0.215 TOE에 해당
최종 에너지사용 기준으로 전력량을 환산시 1 KWh=860 Kcal 적용
1 Kcal=4,186.8J, 1 MJ=106J,
상단 : 에너지기본법 제5조1항의 총발열량기준, 하단 : CO_2 배출량계산시 순발열량 적용(IPCC 기준)

[표 2] IPCC의 탄소배출계수(ton C/TOE)

연료구분			탄소배출개수	
			(kg C/GJ)	Ton C/TOE
액체화석연료	1차 연료	원유	20.00	0.829
		천연액화가스(NGL)	17.20	0.630
	2차 연료	휘발유	18.90	0.783
		항공가솔린	18.90	0.783
		등유	19.60	0.812
		항공유	19.50	0.808
		경유	20.20	0.837
		중유	21.10	0.875
		LPG	17.20	0.713
		납사	20.00	0.829
		아스팔트(BItumen)	22.00	0.912
		윤활유	20.00	0.829
		Petroleum Coke	27.50	1.140
		Refinery Feedstock	20.00	0.829
고체화석연료	1차 연료	무연탄	26.80	1.100
		원료탄	25.80	1.059
		연료탄	25.80	1.059
		갈탄	27.60	1.132
		Peat	28.90	1.186
	2차 연료	BKB & Patrnt Fuel	25.80	1.059
		Coke	29.50	1.210
기체화석연료		LNG	15.30	0.637
바이오매스		고체바이오매스	29.90	1.252
		액체바이오매스	20.00	0.837
		기체바이오매스	30.60	1.281

전력의 탄소배출계수=0.1213TC/MWh (0.1213×44/12= 0.4448)tCO_2/MWh

[부록 4] 환경 오염물질의 물리적인 특성

성분명	분자량	Henry상수 (atom.m^3/mol)	증기압(mmHg)	용해도(Mg/L)	log K_{oc}
A					
Acenaphthene	154.21	7.9×10^{-5} (25°C)	0.00155 (25°C)	3.47 (25°C)	1.25
Acenaphthylene	152.20	2.8×10^{-4}	0.0290 (20°C)	3.93 (25°C)	3.68
Acetone	58.08	3.97×10^{-5} (25°C)	266 (25°C)	Miscible	−0.43
Acrolein	56.06	4.4×10^{-6} (25°C)	265 (25°C)	200,000 (25°C)	−0.28
Acrylonitrile	53.06	1.10×10^{-4} (25°C)	110–115 (25°C)	80,000 (25°C)	−1.13
Aldrin	364.92	4.96×10^{-4}	6×10^{-6} (25°C)	0.011 (25°C)	2.61
Anthracene	178.24	6.51×10^{-5} (25°C)	1.95×10^{-4} (25°C)	0.075 (25°C)	4.41
Acetaldehyde	44.05	6.61×10^{-5} (25°C)	760 (20.2°C)	Miscible	Unavailable
Acetic acid	60.05	1.23×10^{-3} (25°C)	11.4 (20°C)	Miscible	Unavailable
Acetic anhydride	102.09	3.92×10^{-6} (25°C)	5 (25°C)	12% by wt. (20°C)	Unavailable
Acetonitrile	41.05	3.46×10^{-6} (25°C)	73 (20°C)	Miscible	0.34
2-Acetylaminofluorene	223.27	—	—	—	3.20
Acrylamide	71.08	3.03×10^{-3} (20°C)	7×10^{-3} (20°C)	2.155 g/l (30°C)	Unavailable
Allyl alcohol	58.08	5.00×10^{-6} (25°C)	20 (20°C)	Miscible	0.51
Allyl chloride	76.53	1.08×10^{-2} (25°C)	360 (25°C)	—	1.68
Allyl glycidyl ether	114.14	3.83×10^{-6} (20°C)	3.6 (20°C)	141 g/l	Unavailable
4-Aminobiphenyl	169.23	3.89×10^{-10} (25°C)	6×10^{-5} (20–30°C)	842 (20–30°C)	2.03
2-Aminopyridine	94.12	—	Low	100 wt. % at (20°C)	Unavailable
Ammonia	17.04	2.91×10^{-4} (20°C)	10 atm (25.7°C)	531 g/l (20°C)	0.49
n-Amyl acetate	130.19	3.88×10^{-4} (25°C)	4.1 (25°C)	1.8 g/l (20°C)	Unavailable
sec-Amyl acetate	130.19	4.87×10^{-4} (20°C)	10 (35.2°C)	0.2 wt. % (20°C)	Unavailable
Aniline	93.13	0.136 (25°C)	0.6 (20°C)		1.41
o-Anisidine	123.15	1.25×10^{-6} (25°C)	0.1 (30°C)	1.3 wt. % (20°C)	Unavailable
p-Anisidine	123.15	—	—	3.3 (room temp)	Unavailable
Antu	202.27	—	≈ 0 (20°C)	600 (20°C)	
B					
Benzene	78.11	0.00548 (25°C)	95.2 (25°C)	1800 (25°C)	1.92
Benzidine	184.24	3.88×10^{-11} (25°C)	0.83 (20°C)	500 (25°C)	1.60
Benzo[*a*]anthracene	228.30	8.0×10^{-6}	1.1×10^{-7} (25°C)	0.014 (25°C)	6.14
Benzo[*b*]fluoranthene	252.32	1.2×10^{-5} (20–25°C)	5×10^{-7} (20°C)	0.0012 (25°C)	5.74

성분명	분자량	Henry상수 (atom.m^3/mol)	증기압(mmHg)	용해도(Mg/L)	log K_{oc}
Benzo[*k*]fluoranthene	252.32	0.00104	9.59×10^{-11} (25°C)	0.00055 (25°C)	6.64
Benzoic acid	122.12	7.02×10^{-8}	0.0045 (25°C)	3,400 (25°C)	1.48–2.70
Benzo[*ghi*]perlene	276.34	1.4×10^{-7} (25°C)	1.01×10^{-10} (25°C)	0.00026 (25°C)	6.89
Benzo[*a*]pyrene	252.32	$< 2.4 \times 10^{-6}$	5.6×10^{-9} (25°C)	0.0038 (25°C)	5.60–6.29
Benzyl alcohol	108.14	Insufficient vapor pressure data for calculation at 25°C	1 (58°C)	42,900 (25°C)	1.98
Benzyl butyl phthalate	312.37	1.3×10^{-6} (25°C)	8.6×10^{-6} (20°C)	42.2 (25°C)	1.83–2.54
α-Bhc	290.83	5.3×10^{-6} (20°C)	2.5×10^{-5} (20°C)	2.0 (25°C)	3.279
β-Bhc	290.83	2.3×10^{-7} (20°C)	2.8×10^{-7} (20°C)	0.24 (25°C)	3.553
δ-Bhc	290.83	2.5×10^{-7} (20–25°C)	1.7×10^{-5} (20°C)	31.4 (25°C)	3.279
Bis(2-chloroethoxy)methane	173.04	3.78×10^{-7}	1 (53°C)	81,000 (25°C)	2.06
Bis(2-chloroethyl)ether	143.01	1.3×10^{-5}	1.55 (25°C)	10,200 (25°C)	1.15
Bis(2-chloroisopropyl)ether	171.07	1.1×10^{-4}	0.85 (20°C)	1,700 (20°C)	1.79
Bis(2-ethylhexyl)phthalate	390.57	1.1×10^{-5} (25°C)	6.2×10^{-8} (25°C)	0.4 (25°C)	5.0
Bromodichloromethane	163.83	2.12×10^{-4}	50 (20°C)	4,500 (0°C)	1.79
Bromoform	252.73	5.6×10^{-4}	5.6 (25°C)	3.130 (25°C)	2.45
4-Bromophenyl phenyl ether	249.20	1.0×10^{-4}	0.0015 (20°C)	No data found	4.94
2-Butanone	72.11	4.66×10^{-5} (25°C)	100 (25.0°C)	25.57 wt. % (25°C)	0.09
Benzo[e]pyrene	252.32	4.84×10^{-7} (25°C)	5.54×10^{-9} (25°C)	0.0038 (25°C)	5.6
Benzyl chloride	126.59	3.04×10^{-4} (20°C)	1 (22.0°C)	493 (20°C)	2.28
Biphenyl	154.21	4.15×10^{-4} (25°C)	10^{-2} (25°C)	7.5 (25°C)	3.71
Bromobenzene	157.01	2.4×10^{-3} (25°C)	4.14 (25°C)	409 (25°C)	2.33
Bromochloromethane	129.39	1.44×10^{-3} (24–25°C)	141.07 (24.05°C)	0.129 *M* (25.0°C)	1.43
Bromotrifluoromethane	148.91	5.00×10^{-1} (25°C)	149 (20°C)	0.03 wt. % (20°C)	2.44
1,3-Butadiene	54.09	6.3×10^{-2} (25°C)	2,105 (25°C)	735 (20°C)	2.08
n-Butane	58.12	9.30×10^{-1} (25°C)	1,820 (25°C)	61 (20°C)	Unavailable
1-Butene	56.11	2.5×10^{-1} (25°C)	2.230 (25°C)	222 (25°C)	Unavailable
Butoxyethanol	118.18	2.36×10^{-6}	0.76 (20°C)	Miscible	Unavailable
n-Butyl acetate	116.16	3.3×10^{-4} (25°C)	15 (25°C)	5,000 (25°C)	Unavailable
sec-Butyl acetate	116.16	1.91×10^{-4} (20°C)	10 (20°C)	0.8 wt. % (20°C)	Unavailable
tert-Butyl acetate	116.16	—	—	—	Unavailable
n-Butyl alcohol	74.12	8.81×10^{-6} (25°C)	7.0 (25°C)	74,700 (25°C)	Unavailable
sec-Butyl alcohol	74.12	1.02×10^{-5} (25°C)	13 (20°C)	201,000 (20°C)	Unavailable
tert-Butyl alcohol	74.12	1.20×10^{-5} (25°C)	42 (25°C)	Miscible	Unavailable
n-Butylbenzene	134.22	1.25×10^{-2} (25°C)	1.03 (25°C)	1.26 (25.0°C)	3.40
sec-Butylbenzene	134.22	1.14×10^{-2} (25°C)	1.81 (25°C)	309 (25.0°C)	2.95
tert-Butylbenzene	134.22	1.17×10^{-2} (25°C)	2.14 (25°C)	34 (25.0°C)	2.83

성분명	분자량	Henry상수 (atom.m^3/mol)	증기압(mmHg)	용해도(Mg/L)	log K_{oc}
n-Butyl mercaptan	90.18	7.04×10^{-3} (20–22°C)	55.5 (25°C)	590 (22°C)	Unavailable
C					
Carbon dissulfide	76.13	0.0133	360 (25°C)	2,300 (22°C)	2.38–2.55
Carbon tetrachloride	153.82	0.024 (20°C)	113 (25°C)	1.160 (25°C)	2.35
Chlordane	409.78	4.8×10^{-5}	1×10^{-5} (25°C)	1.85 (25°C)	5.57
cis-Chlordane	409.78	Insufficient vapor pressure data for calculation at 25°C	No data found	0.051 (20–25°C)	6.0
trans-Chlordane	409.78	Insufficient vapor pressure data for calculation at 25°C	No data found	No data found	6.0
4-Chloroaniline	127.57	1.07×10^{-5} (25°C)	0.025 (25°C)	3.9 g/l (20–25°C)	2.42
Chlorobenzene	112.56	0.00445 (25°C)	11.8 (25°C)	502 (25°C)	1.68
p-Chloro-*m*-cresol	142.59	1.78×10^{-6}	No data found	3,850 (25°C)	2.89
Chloroethane	64.52	0.0085 (25°C)	1,064 (20°C)	5,740 (20°C)	0.51
2-Chloroethyl vinyl ether	106.55	2.5×10^{-4}	26.75 (20°C)	15,000 (20°C)	0.82
Chloroform	119.38	0.0032 (25°C)	198 (25°C)	9,300 (25°C)	1.64
2-Chloronaphthalene	162.62	6.12×10^{-4}	0.017 (25°C)	6.74 (25°C)	3.93
2-Chlorophenol	128.56	5.6×10^{-7} (25°C)	1.42 (25°C)	28,000 (25°C)	2.56
4-Chlorophenyl phenyl ether	204.66	2.2×10^{-4}	0.0027 (25°C)	3.3 (25°C)	3.6
Chrysene	228.30	7.26×10^{-20}	6.3×10^{-9} (25°C)	0.006 (25°C)	5.39
Camphor	152.24	3.00×10^{-5} (20°C)	0.18 (20°C)	0.12% (20°C)	Unavailable
Carbaryl	201.22	1.27×10^{-5} (20°C)	6.578×10^{-6} (25°C)	0.4105 (25°C)	2.42
Carbofuran	221.26	3.88×10^{-8} (30–33°C)	2×10^{-5} (33°C)	700 (25°C)	2.2
Chloroacetaldehyde	78.50	—	100 (20°C)	about 50 wt. %, forms a hemihydrate	Unavailable
α-Chloroacetophenone	154.60	—	0.012 (20°C)	Miscible	Unavailable
o-Chlorobenzylidenemalonitrile	188.61	Not applicable reacts with water	3.4×10^{-5} (20°C)	Not applicable reacts with water	Not applicable reacts with water
p-Chloronitrobenzene	157.56	< 6.91×10^{-3} (20°C)	< 1 (20°C)	0.003 wt. % (20°C)	2.68
1-Chloro-1-nitropropane	123.54	1.57×10^{-1} (20–25°C)	5.8 (25°C)	< 0.8 wt. % (20°C)	3.34
Chloropicrin	164.38	8.4×10^{-2}	23.8 (25°C)	1.621 g/l (25°C)	0.82
Chloroprene	88.54	3.20×10^{-2}	200 (20°C)	—	—
Chloropyrifos	350.59	4.16×10^{-6} (25°C)	1.87×10^{-5} (25°C)	2 (25°C)	3.86
Crotonaldehyde	70.09	1.96×10^{-5}	30 (20°C)	18.1 wt. % (20°C)	Unavailable
Cycloheptane	98.19	—	—	30 (25°C)	Unavailable
Cyclohexane	84.16	1.94×10^{-1} (25°C)	95 (20°C)	58.4 (25°C)	Unavailable
Cyclohexanol	100.16	5.74×10^{-6} (25°C)	1 (20°C)	36,000 (20°C)	Unavailable

성분명	분자량	Henry상수 (atom.m^3/mol)	증기압(mmHg)	용해도(Mg/L)	log K_{oc}
Cyclohexanone	98.14	1.2×10^{-5} (25°C)	4 (20°C)	23,000 (20°C)	Unavailable
Cyclohexene	82.15	4.6×10^{-2} (25°C)	67 (20°C)	213 (25°C)	Unavailable
Cyclopentadiene	66.10	—	—	0.0103 mol/l at room temperature	Unavailable
Cyclopentane	70.13	1.86×10^{-1} (25°C)	400 (31.0°C)	164 (25°C)	Unavailable
Cyclopentene	68.12	6.3×10^{-2} (25°C)	—	535 (25°C)	Unavailable
D					
p, p′ DDD	320.05	2.16×10^{-5}	1.02×10^{-6} (30°C)	0.160 (24°C)	4.64
p, p′ DDE	319.03	2.34×10^{-5}	6.49×10^{-6} (30°C)	0.0013 (25°C)	6
p, p′ DDT	354.49	5.2×10^{-5}	1.9×10^{-7} (25°C)	0.0004 (25°C)	6.26
Dibenz[*a,h*]anthracene	278.36	7.33×10^{-9}	≈ 10^{-10} (20°C)	0.00249 (25°C)	6.22
Dibenzofuran	168.20	Insufficient vapor pressure data for calculation at (25°C)	No data found	10 (25°C)	3.91–4.10
Dibromochloromethane	208.28	9.9×10^{-4}	76 (20°C)	4,000 (20°C)	1.92
Di-*n*-butyl phthalate	278.35	6.3×10^{-5}	1.4×10^{-5} (25°C)	400 (25°C)	3.14
1,2-Dichlorobenzene	147.00	0.0024 (25°C)	1.5 (25°C)	145 (25°C)	3.23
1,3-Dichlorobenzene	147.00	0.0047 (25°C)	2.3 (25°C)	143 (25°C)	3.23
1,4-Dichclorobenzene	147.00	0.00445 (25°C)	0.4 (25°C)	74 (25°C)	2.2
3,3′-Dichlorobenzidine	253.13	4.5×10^{-8} (25°C)	1×10^{-5} m/l (22°C)	3.11 (25°C)	3.3
Dichlorodifluoromethane	120.91	0.425 (25°C)	4.887 (25°C)	280 (25°C)	2.56
1,1-Dichloroethane	98.96	0.00587 (25°C)	234 (25°C)	5,060 (25°C)	1.48
1,2-Dichloroethane	98.96	9.8×10^{-4} (25°C)	87 (25°C)	8,300 (25°C)	1.15
1,1-Dichloroethylene	96.94	0.021	591 (25°C)	5,000 (25°C)	1.81
trans-1,2-Dichloroethylene	96.94	0.00674 (25°C)	410 (30°C)	6,300 (25°C)	1.77
2,4-Dichlorophenol	163.00	6.66×10^{-6}	0.089 (25°C)	4,500 (25°C)	2.94
1,2-Dichlorophenol	112.99	0.00294 (25°C)	50 (25°C)	2,800 (25°C)	1.71
cis-1,3-Dichloropropylene	110.97	0.00355	43 (25°C)	2,700 (25°C)	1.68
trans-1,3-Dichloropropylene	110.97	0.00355	34 (25°C)	2,800 (25°C)	1.68
Dieldrin	380.91	2×10^{-7}	1.8×10^{-7} (25°C)	0.20 (25°C)	4.55
Diethyl phthalate	222.24	8.46×10^{-7}	0.22 (±0.7) Pa (25°C)	1,000 (25°C)	1.84
2,4-Dimethylphenol	122.17	6.55×10^{-6} (25°C)	0.098 (25°C)	7,868 (25°C)	2.07
Dimethyl phthalate	194.19	4.2×10^{-6}	0.22 ± 0.7 Pa (25°C)	4,320 (25°C)	1.63
4,6-Dinitro-*o*-cresol	198.14	1.4×10^{-6}	5.2×10^{-5} (25°C)	250 (25°C)	2.64
2,4-Dinitrophenol	184.11	1.57×10^{-8} (18–20°C)	0.00039 (20°C)	6,000 (25°C)	1.25
2,4-Dinitrotoluene	182.14	8.67×10^{-7}	1.1×10^{-4} (20°C)	270 (22°C)	1.79
2,6-Dinitrotoluene	182.14	2.17×10^{-7}	3.5×10^{-4} (20°C)	≈ 300	1.79

성분명	분자량	Henry상수 (atom.m³/mol)	증기압(mmHg)	용해도(Mg/L)	log K_{oc}
Di-*n*-octyl phthalate	390.57	1.41×10^{-12} (25°C)	0.0014 mm (25°C)	3 (25°C)	8.99
1,2-Diphenylhydrazine	184.24	4.11×10^{-11} (25°C)	2.6×10^{-5} (25°C)	221 (25°C)	2.82
2,4-D	221.04	1.95×10^{-2} (20°C)	0.0047 (20°C)	890 ppm (25°C)	1.68
Decahydronaphthalene	138.25	39.2 (25°C)	1 (22.5°C)	0.889 ppm (25°C)	Unavailable
n-Decane	142.28	1.87×10^{-1} (25°C)	1.35 (25°C)	0.022 (25°C)	Unavailable
Diacetone alcohol	116.16	—	1 (22.0°C)	Miscible	Unavailable
1,4-Dibromobenzene	235.91	5.0×10^{-4} (25°C)	0.161 (25°C)	16.5 (25°C)	3.2
1,2-Dibromo-3-chloropropane	236.36	2.49×10^{-4} (20°C)	0.8 (21°C)	1,000 at room temperature	2.11
Dibromodifluoromethane	209.82	—	688 (20°C)	—	—
1-3-Dichloro-5,5 Dimethylhydantoin	197.03	Not applicable reacts with water	—	0.21 wt. % (25°C)	Not applicable reacts with water
Dichlorofluoromethane	120.91	≈ 2.42×10^{-2} (20–30°C)	760 (8.9°C)	1 wt. % (20°C)	1.57
sym-Dichloromethyl ether	114.96	Not applicable reacts with water	—	Decomposes	Not applicable reacts with water
Dichlorvos	220.98	5.0×10^{-3}	0.0527 (25°C)	≈ 1 wt. % (20°C)	9.57
Diethylamine	73.14	2.56×10^{-5} (25°C)	195 (20°C)	815,000 (14°C)	Unavailable
2-Diethylaminoethanol	117.19	—	1 (20°C)	Miscible	Unavailable
1,1-Difluorotetrachloroethane	203.83	—	40 (19.8°C)	—	—
1,2-Difluorotetrachloroethane	203.83	1.07×10^{-1} (20°C)	40 (19.8°C)	0.01 wt. % (20°C)	2.78
Diisobutyl ketone	142.24	6.36×10^{-4} (20°C)	1.7 (20°C)	0.05 wt. % (20°C)	Unavailable
Diisopropylamine	101.19	—	60 (20°C)	Miscible	Unavailable
N,N-Dimethylacetamide	115.18	—	1.3 (25°C)	Miscible	Unavailable
Dimethylamine	45.08	1.77×10^{-5} (25°C)	1,520 (10°C)	Miscible	Unavailable
p-Dimethylaminoazobenzene	225.30	—	—	13.6 (20–30°C)	3
Dimethylaniline	121.18	4.98×10^{-6} (20°C)	1 (29.5°C)	1,105.2 (25°C)	Unavailable
2,2-Dimethylbutane	86.18	1.943 (25°C)	319.1 (25°C)	21.2 (25°C)	Unavailable
2,3-Dimethylbutane	86.18	1.18 (25°C)	234.6 (25°C)	19.1 (25°C)	Unavailable
cis-1,2-Dimethylcyclohexane	112.22	3.54×10^{-1} (25°C)	14.5 (25°C)	6.0 (25°C)	Unavailable
trans-1,4-Dimethylcyclohexane	112.22	8.70×10^{-1} (25°C)	22.65 (25°C)	3.84 ppm (25°C)	Unavailable
Dimethylformamide	73.09	—	3.7 mm (25°C)	Miscible	Unavailable
1,1-Dimethylhydrazine	60.10	2.45×10^{-9} (25°C)	157 (25°C)	Miscible	−0.7
2,3-Dimethylpentane	100.20	1.73 (25°C)	100 (33.3°C)	5.25 (25°C)	Unavailable
2,4 Dimethylpentane	100.20	3.152 (25°C)	98.4 (25°C)	5.50 (25°C)	Unavailable
3,3-Dimethylpentane	100.20	1.84 (25°C)	82.8 (25°C)	5.94 (25°C)	Unavailable
2,2-Dimethylpropane	72.15	2.18 (25°C)	1.287 (25°C)	33.2 (25°C)	Unavailable
2,7-Dimethylquinoline	157.22	—	—	1.795 (25°C)	—

성분명	분자량	Henry상수 (atom.m^3/mol)	증기압(mmHg)	용해도(Mg/L)	log K_{oc}
Dimethyl sulfate	126.13	2.96×10^{-6} (20°C)	0.5 (20°C)	2.8 wt. % (20°C)	0.61
1,2-Dinitrobenzene	168.11	< 1.47×10^{-3} (20°C)	< 1 (20°C)	0.015 wt. % (20°C)	Unavailable
1,3-Dinitrobenzene	168.11	2.75×10^{-7} (35°C)	8.15×10^{-4} (35°C)	0.05 wt. % (20°C)	2.18
1,4-Dinitrobenzene	168.11	4.79×10^{-7} (35°C)	2.25×10^{-4} (35°C)	0.01 wt. % (20°C)	Unavailable
Dioxane	88.11	4.88×10^{-6} (25°C)	37 (25°C)	Miscible	0.54
Diuron	233.11	1.46×10^{-9} (25–30°C)	2×10^{-7} (30°C)	42 (25°C)	2.51
n-Dodecane	174.34	24.2 (25°C)	0.057 (25°C)	0.008 (25°C)	Unavailable
E					
α-Endosulfan	406.92	1.01×10^{-4} (25°C)	10^{-5} (25°C)	0.530 (25°C)	3.31
β-Endosulfan	406.92	1.91×10^{-5} (25°C)	10^{-6} (25°C)	0.280 (25°C)	3.37
Endosulfan sulfate	422.92	Insufficient vapor pressure data for calculation	No data found	0.117	3.37
Endrin	380.92	5.0×10^{-7} (25°C)	7×10^{-7} (25°C)	0.26 (25°C)	3.92
Endrin aldehyde	380.92	3.86×10^{-7} (25°C)	2×10^{-7} (25°C)	0.26 (25°C)	4.43
Epichlorohydrin	92.53	$2.38–2.54 \times 10^{-5}$ (20°C)	13 (20°C)	60,000 (20°C)	1
EPN	323.31	—	0.0003 (100°C)	—	3.12
Ethanolamine	61.08	—	< 1 (20°C)	Miscible	Unavailable
Ethylbenzene	106.17	0.00868 (25°C)	10 (25.9°C)	152 (25°C)	1.98
2-Ethoxyethanol	90.12	—	4 (20°C)	Miscible	Unavailable
2-Ethoxyethyl acetate	132.18	9.07×10^{-7} (20°C)	2 (20°C)	23 wt. % (20°C)	Unavailable
Ethyl acetate	88.11	1.34×10^{-4} (25°C)	94.5 (25°C)	100 ml/l (25°C)	Unavailable
Ethyl acrylate	100.12	$1.94–2.59 \times 10^{-3}$ (20°C)	29.5 (20°C)	1.5 wt. % (20°C)	Unavailable
Ethylamine	45.08	1.07×10^{-5} (25°C)	400 (2.0°C)	Miscible	Unavailable
Ethyl bromide	108.97	7.56×10^{-3} (25°C)	386 (20°C)	0.9 wt. % (20°C)	2.67
Ethylcyclopentane	98.19	2.10×10^{-2} (25°C)	40 (25.0°C)	245 (25°C)	Unavailable
Ethylene chlorohydrin	80.51	—	8 (25°C)	Miscible	Unavailable
Ethylenediamine	60.10	1.73×10^{-9} (25°C)	10 (21.5°C)	Miscible	Unavailable
Ethylene dibromide	187.86	7.06×10^{-4} (25°C)	11 (25°C)	3,370	1.64
Ethylenimine	43.07	1.33×10^{-7} (25°C)	250 (30°C)	Miscible	0.11
Ethyl ether	74.12	1.28×10^{-3} (25°C)	442 (20°C)	6.05 wt. % (25°C)	Unavailable
Ethyl formate	74.08	2.23×10^{-4} (25°C)	194 (20°C)	118,000 (25°C)	Unavailable
Ethyl mercaptan	62.13	2.74×10^{-3} (25°C)	527.2 (25°C)	1.3 wt. % (20°C)	Unavailable
4-Ethylmorpholine	115.18	—	6.1 (20°C)	Miscible	Unavailable
2-Ethylthiophene	112.19	—	60.9 (60.3°C)	292 (25°C)	Unavailable

성분명	분자량	Henry상수 (atom.m³/mol)	증기압(mmHg)	용해도(Mg/L)	log K_{oc}
F					
Fluoranthene	202.26	0.0169 (25°C)	5.0×10^{-6} (25°C)	0.265 (25°C)	4.62
Fluorene	166.22	2.1×10^{-4}	10 (146°C)	1.98 (25°C)	3.7
Formaldehyde	30.03	3.27×10^{-7}	400 (–33°C)	Miscible	0.56
Formic acid	46.03	1.67×10^{-7} at pH 4	35 (20°C)	Miscible	Unavailable
Furfural	96.09	$1.52–3.05 \times 10^{-6}$ (20°C)	2 (20°C)	8.3 wt. % (20°C)	Unavailable
Furfuryl alcohol	98.10	—	0.4 (20°C)	Miscible	Unavailable
G					
Glycidol	74.08	—	0.9 (25°C)	Miscible	Unavailable
H					
Heptachlor	373.32	0.0023	4×10^{-4} (25°C)	180 ppb (25°C)	4.34
Heptachlor epoxide	389.32	3.2×10^{-5}	2.6×10^{-6} (20°C)	0.350 (25°C)	4.32
Hexachlorobenzene	284.78	0.0017	1.089×10^{-5} (20°C)	0.006 (25°C)	3.59
Hexachlorobutadiene	260.76	0.026	0.15 (20°C)	3.23 (25°C)	3.67
Hexachlorocyclopentadiene	272.77	0.016	0.081 (25°C)	1.8 (25°C)	3.63
Hexachloroethane	236.74	0.0025	0.8 (30°C)	27.2 (25°C)	3.34
2-Hexanone	100.16	0.00175 (25°C)	3.8 (25°C)	35,000 (25°C)	2.13
n-Heptane	100.20	2.035 (25°C)	45.85 (25°C)	2.24 (25°C)	Unavailable
2-Heptanone	114.19	1.44×10^{-4} (25°C)	2.6 (20°C)	0.43 wt. % (25°C)	Unavailable
3-Heptanone	114.19	4.20×10^{-5} (20°C)	1.4 (25°C)	14,300 (20°C)	Unavailable
cis-2-Heptene	98.19	4.13×10^{-1} (20°C)	48 (25°C)	15 (25°C)	Unavailable
trans-2-Heptene	98.19	4.22×10^{-1} (25°C)	49 (25°C)	15 (25°C)	Unavailable
n-Hexane	86.18	1.184 (25°C)	151.5 (25°C)	9.47 (25°C)	Unavailable
1-Hexene	84.16	4.35×10^{-1} (25°C)	186.0 (25°C)	50 (25°C)	Unavailable
sec-Hexyl acetate	144.21	$4.38–5.84 \times 10^{-3}$ (20°C)	4 (20°C)	0.013 wt. % (20°C)	Unavailable
Hydroguinone	110.11	$< 2.07 \times 10^{-9}$ (20–25°C)	1 (132.4)	70,000 (25°C)	0.98
I					
Indeno[1,2,3-*cd*]pyrene	276.34	2.96×10^{-20} (25°C)	10^{-10} (25°C)	0.062	7.49
Isophorone	138.21	5.8×10^{-6}	0.38 (20°C)	12,000 (25°C)	1.49
Indan	118.18	—	—	88.9 (25°C)	2.48
Indole	117.15	—	—	3,558 (25°C)	1.69
Indoline		—	—	10,800 (25°C)	1.42

성분명	분자량	Henry상수 (atom.m^3/mol)	증기압(mmHg)	용해도(Mg/L)	log K_{oc}
1-Iodopropane	169.99	9.09×10^{-3}	43.1 (25°C)	0.1065 wt. % (23.5°C)	2.16
Isoamyl acetate	130.19	5.87×10^{-2} (25°C)	4 (20°C)	0.2 wt. % (20°C)	1.95
Isoamyl alcohol	88.15	8.89×10^{-6} (20°C)	2.3 (20°C)	26,720 (22°C)	Unavailable
Isobutyl acetate	116.16	4.85×10^{-4} (25°C)	20 (25°C)	6,300 (25°C)	Unavailable
Isobutyl alcohol	74.12	9.25×10^{-6} (20°C)	10.0 (20°C)	8.7 wt. % (20°C)	Unavailable
Isobutyl benzene	134.22	1.09×10^{-2} (25°C)	2.06 (25°C)	33.71 (25°C)	3.9
Isopropyl acetate	102.13	2.81×10^{-4} (25°C)	73 (25°C)	18,000 (20°C)	Unavailable
Isopropylamine	59.11	—	478 (20°C)	Miscible	Unavailable
Isopropylbenzene	120.19	1.47×10^{-2} (25°C)	4.6 (25°C)	48.3 (25°C)	3.45
Isopropyl ether	102.18	9.97×10^{-3} (25°C)	150 (25°C)	0.65 wt. % (25°C)	Unavailable
K					
Kepone	490.68	3.11×10^{-2} (25°C)	2.25 (25°C)	2.7 (20–25°C)	4.74
L					
Lindane	290.83	4.8×10^{-7}	6.7×10^{-5} (25°C)	7.52 (25°C)	3.03
M					
Malathion	330.36	4.89×10^{-9} (25°C)	7.95×10^{-6} (25°C)	330 (30°C)	2.46
Maleic anhydride	98.06	Not applicable reacts with water	5×10^{-5} (20°C)	—	Not applicable reacts with water
Methoxychlor	345.66	Insufficient vapor pressure data for calculation at (25°C)	No data found	0.1 (25°C)	4.9
Methyl bromide	94.94	0.2	1,633 (25°C)	13,000 (25°C)	1.92
Methyl chloride	50.48	0.010 (25°C)	3,789 (20°C)	7,400 (25°C)	1.4
Methylene chloride	84.93	0.00269 (25°C)	455 (25°C)	13,000 (25°C)	0.94
2-Methylnaphthalene	142.20	Insufficient vapor pressure data for calculation	No data found	25.4 (25°C)	3.93
4-Methyl-2-pentanone	100.16	1.49×10^{-5} (25°C)	15 (20°C)	1.91 wt. % (25°C)	0.79
2-Methylphenol	108.14	1.23×10^{-6} (25°C)	0.24 (25°C)	25,000 (25°C)	1.34
4-Methylphenol	108.14	7.92×10^{-7} (25°C)	0.108 (25°C)	23,000 (25°C)	1.69
Mesityl oxide	98.14	4.01×10^{-6} (20°C)	8.7 (20°C)	3 wt. % (20°C)	Unavailable
Methyl acetate	74.08	9.09×10^{-5} (25°C)	235 (25°C)	240,000 (20°C)	Unavailable
Methyl acrylate	86.09	$1.23–1.44 \times 10^{-4}$ (20°C)	70 (20°C)	52,000	Unavailable
Methylal	76.10	1.73×10^{-4} (25°C)	400 (25°C)	33 wt. % (20°C)	Unavailable
Methyl alcohol	32.04	4.66×10^{-6} (25°C)	127.2 (25°C)	Miscible	Unavailable

성분명	분자량	Henry상수 (atom.m^3/mol)	증기압(mmHg)	용해도(Mg/L)	log K_{oc}
Methylamine	31.06	1.81 × 10^{-2} (25°C)	3.1 atm (20°C)	9.590 (25°C)	Unavailable
Methylaniline	107.16	1.19 × 10^{-6} (25°C)	< 1.0 (20°C)	5.624 g/l (25°C)	Unavailable
2-Methylanthracene	192.96	—	—	0.039 (25°C)	5.12
2-Methyl-1,3-butadiene	68.12	7.7 × 10^{-2} (25°C)	550.1 (25°C)	642 (25°C)	Unavailable
2-Methylbutane	72.15	1.35 (25°C)	687.4 (25°C)	49.6 (25°C)	Unavailable
3-Methyl-1-butene	70.13	5.35 × 10^{-1} (25°C)	902.1 (25°C)	130 (25°C)	Unavailable
Methyl cellosolve	76.10	—	6 (20°C)	Miscible	Unavailable
Methyl cellosolve acetate	118.13	—	7 (20°C)	Miscible	Unavailable
Methylcyclohexane	98.19	4.35 × 10^{-1} (25°C)	46.3 (25°C)	16.0 (25°C)	Unavailable
o-Methylcyclohexanone	112.17	—	≈ 1 (20°C)	—	—
1-Methylcyclohexene	96.17	—	—	52 (25°C)	Unavailable
Methylcyclopentane	84.16	3.62 × 10^{-1} (25°C)	137.5 (25°C)	41.8 (25°C)	Unavailable
Methyl formate	60.05	2.23 × 10^{-4} (25°C)	625 (25°C)	30 wt. % (25°C)	Unavailable
3-Methylheptane	114.23	3.70 (25°C)	19.5 (25°C)	0.792 (25°C)	Unavailable
5-Methyl-3-heptanone	128.21	1.30 × 10^{-4} (20°C)	2 (25°C)	0.26 wt. % (20°C)	Unavailable
2-Methylhexane	100.20	3.42 (25°C)	65.9 (25°C)	2.54 (25°C)	Unavailable
3-Methylhexane	100.20	1.55–1.64 (25°C)	61.6 (25°C)	4.95 (25°C)	Unavailable
Methylhydrazine	46.07	—	49.6 (25°C)	Miscible	Unavailable
Methyl iodide	141.94	5.87 × 10^{-3} (25°C)	405 (25°C)	2 wt. % (20°C)	1.36
Methyl isocyanate	57.05	3.89 × 10^{-4} (20°C)	348 (20°C)	6.7 wt. % (20°C)	Unavailable
Methyl mercaptan	48.10	3.01 × 10^{-3} (25°C)	1,516 (25°C)	23.30 g/l (20°C)	Unavailable
Methyl methacrylate	100.12	2.46 × 10^{-4} (20°C)	40 (26°C)	1.5 wt. % (20°C)	Unavailable
4-Methyloctane	128.26	10.27 (25°C)	7 (25°C)	0.115 (25°C)	Unavailable
2-Methylpentane	86.18	1.732 (25°C)	211.8 (25°C)	13.8 (25°C)	Unavailable
3-Methylpentane	86.18	1.693 (25°C)	189.8 (25°C)	17.9 (25°C)	Unavailable
2-Methyl-1-pentene	84.16	2.77 × 10^{-1} (25°C)	195.4 (25°C)	78 (25°C)	Unavailable
4-Methyl-1-pentene	84.16	6.15 × 10^{-1} (25°C)	270.8 (25°C)	48 (25°C)	Unavailable
1-Methylphenanthrene	192.26	—	—	269 ppb (25°C)	4.56
2-Methylpropane	58.12	1.171 (25°C)	10 atm (66.8°C)	48.9 (25°C)	Unavailable
2-Methylpropene	56.11	2.1 × 10^{-1} (25°C)	2.270 (25°C)	263 (25°C)	Unavailable
α-Methylstyrene	118.18	—	1.9 (20°C)	—	—
Mevinphos	224.16	—	0.003 (20°C)	Miscible	Unavailable
Morpholine	87.12	—	13.4 (25°C)	Miscible	Unavailable
N					
Naphthalene	128.18	4.6 × 10^{-4}	0.23 (25°C)	30 (25°C)	2.74
2-Nitroaniline	138.13	9.72 × 10^{-6} (25°C)	8.1 (25°C)	1,260 (25°C)	1.23–1.62

성분명	분자량	Henry상수 (atom.m^3/mol)	증기압(mmHg)	용해도(Mg/L)	log K_{oc}
3-Nitroaniline	138.13	Insufficient vapor pressure data for calculation	1 (119.3°C)	890 (25°C)	1.26
4-Nitroaniline	138.13	1.14×10^{-8} (25°C)	0.0015 (20°C)	800 (18.5°C)	1.08
Nitrobenzene	123.11	2.45×10^{-5}	0.28 (25°C)	2,000 (25°C)	2.36
2-Nitrophenol	139.11	3.5×10^{-6}	0.20 (25°C)	2,000 (25°C)	1.57
4-Nitrophenol	139.11	3.0×10^{-5} (20°C)	10^{-4} (20°C)	16,000 (25°C)	2.33
N-Nitrosodimethylamine	74.09	0.143 (25°C)	8.1 (25°C)	Miscible	1.41
N-Nitrosodiphenylamine	198.22	2.33×10^{-8} (25°C)	No data found	35.1 (25°C)	2.76
N-Nitrosodi-*n*-propylamine	130.19	Insufficient vapor pressure data to calculate	No data found	9,900 (25°C)	1.01
Naled	380.79	—	2×10^{-4} (20°C)	—	Not applicable reacts with water
1-Naphthylamine	143.19	1.27×10^{-10} (25°C)	6.5×10^{-5} (20–30°C)	1,700	3.51
2-Naphthylamine	143.19	2.01×10^{-9} (25°C)	2.56×10^{-4} (20–30°C)	586 (20–30°C)	2.11
Nitrapyrin	230.90	2.13×10^{-3}	0.0028 (20°C)	40	2.64
4-Nitrobiphenyl	199.21	—	—	—	—
Nitroethane	75.07	4.66×10^{-5} (25°C)	15.6 (20°C)	45 ml/l (20°C)	Unavailable
Nitromethane	61.04	2.86×10^{-5}	27.8 (20°C)	22 ml/l (20°C)	Unavailable
1-Nitropropane	89.09	8.68×10^{-5} (25°C)	7.5 (20°C)	1.4 wt. % (25°C)	Unavailable
2-Nitropropane	89.09	1.23×10^{-4} (25°C)	12.9 (20°C)	1.7 wt. % (20°C)	Unavailable
2-Nitrotoluene	137.14	4.51×10^{-5} (20°C)	0.15 (20°C)	0.06 wt. % (20°C)	Unavailable
3-Nitrotoluene	137.14	5.41×10^{-5} (20°C)	0.25 (25°C)	0.05 wt. % (20°C)	Unavailable
4-Nitrotoluene	137.14	5.0×10^{-5} (25°C)	5.484 (26.0°C)	0.005 wt. % (20°C)	Unavailable
n-Nonane	128.26	5.95 (25°C)	4.3 (25°C)	0.122 (25°C)	Unavailable
O					
Octachloronaphthalene	403.73	—	< 1 (20°C)	—	—
n-Octane	114.23	3.225 (25°C)	14.14 (25°C)	0.431 (25°C)	Unavailable
1-Octene	112.22	9.52×10^{-1} (25°C)	17.4 (25°C)	2.7 (25°C)	Unavailable
Oxalic acid	90.04	1.43×10^{-10} (pH 4)	< 0.001 (20°C)	9.81 wt. % (25°C)	0.89
P					
PCB-1016	257.90	750	4×10^{-4} (25°C)	0.22–0.25	4.7
PCB-1221	192.00	3.24×10^{-4}	0.0067 (25°C)	1.5 (25°C)	2.44
PCB-1232	221.00	8.64×10^{-4}	0.0046 (25°C)	1.45 (25°C)	2.83
PCB-1242	154–358 with an average value of 261	5.6×10^{-4}	4.06×10^{-4} (25°C)	0.24 (25°C)	3.71

성분명	분자량	Henry상수 (atom.m^3/mol)	증기압(mmHg)	용해도(Mg/L)	log K_{oc}
PCB-1248	222–358 with an average value of 288	0.0035	4.94×10^{-4} (25°C)	0.054	5.64
PCB-1254	327 (average)	0.0027	7.71×10^{-5} (25°C)	0.012 (25°C)	5.61
PCB-1260	324–460 370 (average)	0.0071	4.05×10^{-5} (25°C)	0.080 (24°C)	6.42
Parathion	291.27	8.56×10^{-8} (25°C)	9.8×10^{-6} (25°C)	24 (25°C)	3.68
Pentachlorophenol	266.34	3.4×10^{-6}	1.7×10^{-4} (20°C)	20–25 (25°C)	2.96
Phenanthrene	178.24	2.56×10^{-5} (25°C)	6.80×10^{-4} (25°C)	1.18 (25°C)	3.72
Phenol	94.11	3.97×10^{-7} (25°C)	0.34 (25°C)	93,000 (25°C)	1.43
Pentachlorobenzene	250.34	0.0071 (20°C)	6.0×10^{-3} (20–30°C)	2.24×10^{-6} M (25°C)	6.3
Pentachloroethane	202.28	2.45×10^{-3} (25°C)	4.5 (25°C)	7.69 and 500 were reported at 25°C and 20°C	3.28
1,4-Pentadiene	68.12	1.20×10^{-1} (25°C)	734.6 (25°C)	558 (25°C)	Unavailable
n-Pentane	72.15	1.255 (25°C)	512.8 (25°C)	39.5 (25°C)	Unavailable
2-Pentanone	86.13	6.44×10^{-5} (25°C)	16 (25°C)	5.51 wt. % (25°C)	Unavailable
1-Pentene	70.13	4.06×10^{-1} (25°C)	637.7 (25°C)	148 (25°C)	Unavailable
cis-2-Pentene	70.13	2.25×10^{-1} (25°C)	494.6 (25°C)	203 (25°C)	Unavailable
trans-2-Pentene	70.13	2.34×10^{-1} (25°C)	505.5 (25°C)	203 (25°C)	Unavailable
Pentycyclopentane	140.28	—	—	0.115 (25°C)	Unavailable
p-Phenylenediamine	108.14	—	—	38,000 (24°C)	Unavailable
Phenyl ether	170.21	2.13×10^{-4} (20°C)	0.12 (30°C)	21 (25°C)	Unavailable
Phenylhydrazine	108.14	—	< 0.1 (20°C)	—	Unavailable
Phthalic anhydride	148.12	6.29×10^{-9} (20°C)	2×10^{-4} (20°C)	0.62 wt. % (20°C)	1.9
Picric acid	229.11	$< 2.15 \times 10^{-5}$ (20°C)	< 1 (20°C)	1.4 wt. % (20°C)	—
Pindone	230.25	—	—	18 (25°C)	2.95
Propane	44.10	7.06×10^{-1} (25°C)	8.6 atm (20°C)	62.4 (25°C)	Unavailable
β-Propiolactone	72.06	7.63×10^{-7} (25°C)	3.4 (25°C)	37 vol. % (25°C)	Unavailable
n-Propyl acetate	102.12	1.99×10^{-4} (25°C)	35 (25°C)	18,900 (20°C)	Unavailable
n-Propyl alcohol	60.10	6.74×10^{-6} (25°C)	20.8 (25°C)	Miscible	Unavailable
n-Propylbenzene	120.19	1.0×10^{-2} (25°C)	3.43 (25°C)	55 (25°C)	2.87
Propylcyclopentane	112.22	8.90×10^{-1} (25°C)	12.3 (25°C)	2.04 (25°C)	Unavailable
Propylene oxide	58.08	8.34×10^{-5} (20°C)	445 (20°C)	41 wt. % (20°C)	Not applicable reacts with water
n-Propyl nitrate	105.09	—	18 (20°C)	—	Unavailable
Propyne	40.06	1.1×10^{-1} (25°C)	4,310 (25°C)	3,640 (20°C)	Unavailable
Pyrene	202.26	1.87×10^{-5}	6.85×10^{-7} (25°C)	0.148 (25°C)	4.66
Pyridine	79.10	8.88×10^{-6} (25°C)	20 (25°C)	Miscible	Unavailable

성분명	분자량	Henry상수 (atom.m^3/mol)	증기압(mmHg)	용해도(Mg/L)	log K_{oc}
Tetryl	287.15	< 1.89×10^{-3} (20°C)	< 1 (20°C)	0.02 wt. % (20°C)	2.37
Thiophene	84.14	2.93×10^{-3} (25°C)	79.7 (25°C)	3,015 (25°C)	1.73
Thiram	269.35	—	—	30	—
2,4-Toluene disocyanate	174.15	—	0.01 (20°C)	Not applicable reacts with water	Not applicable reacts with water
o-Toluidine	107.16	1.88×10^{-6} (25°C)	0.1 (20°C)	15,000 (25°C)	2.61
1,3,5-Tribromobenzene	314.80	—	—	2.51×10^{-6} (25°C)	4.05
Tributyl phosphate	266.32	—	—	0.1 wt. % (20°C)	2.29
1,2,3-Trichlorobenzene	181.45	8.9×10^{-3} (20°C)	1 (40°C)	18.0 (25°C)	3.87
1,3,5-Trichlorobenzene	181.45	1.9×10^{-3} (20°C)	0.58 (25°C)	6.01 (25°C)	5.7 (average)
1,2,3-Trichloropropane	147.43	3.18×10^{-4} (25°C)	3.4 (20°C)	—	—
1,1,2-Trichlorotrifluoroethane	187.38	3.33×10^{-1} (20°C)	270 (20°C)	0.02 wt. % (20°C)	2.59
Tri-*o*-cresyl phosphate	368.37	—	—	3.1 (25°C)	3.37
Triethylamine	101.19	4.79×10^{-4} (20°C)	54 (20°C)	15,000 (20°C)	Unavailable
Trifluralin	335.29	4.84×10^{-5} (23°C)	1.1×10^{-4} (25°C)	240	3.73
1,2,3-Trimethylbenzene	120.19	3.18×10^{-3} (25°C)	1.51 (25°C)	75.2 (25°C)	3.34
1,2,4-Trimethylbenzene	120.19	5.7×10^{-3} (25°C)	2.03 (25°C)	51.9 (25°C)	3.57
1,3,5-Trimethylbenzene	120.19	3.93×10^{-3} (25°C)	2.42 (25°C)	48.2 (25°C)	3.21
1,1,3-Trimethylcyclohexane	126.24	—	—	1.77 (25°C)	Unavailable
1,1,3-Trimethylcyclopentane	112.22	1.57 (25°C)	39.7 (25°C)	3.73 (25°C)	Unavailable
2,2,5-Trimethylhexane	128.26	2.42 (25°C)	16.5 (25°C)	1.15 (25°C)	Unavailable
2,2,4-Trimethylpentane	114.23	3.01 (25°C)	49.3 (25°C)	2.05 (25°C)	Unavailable
2,3,4-Trimethylpentane	114.23	2.98 (25°C)	27.0 (25°C)	1.36 (25°C)	Unavailable
2,4,6-Trinitrotoluene	227.13	—	4.26×10^{-3} (54.8°C)	0.013 wt. % (20°C)	2.48
Triphenyl phosphate	326.29	5.88×10^{-2} (20–25°C)	< 0.1 (20°C)	0.001 wt. % (20°C)	3.72
V					
Vinyl acetate	86.09	4.81×10^{-4}	115 (25°C)	25,000 (25°C)	0.45
Vinyl chloride	62.50	2.78	2,660 (25°C)	1,100 (25°C)	0.39
W					
Warfarin	308.33	—	—	17 (20°C)	2.96
X					
o-Xylene	106.17	0.00535 (25°C)	6.6 (25°C)	213 (25°C)	2.11
m-Xylene	106.17	0.0063 (25°C)	8.287 (25°C)	173 (25°C)	3.2
p-Xylene	106.17	0.0063 (25°C)	8.763 (25°C)	200 (25°C)	2.31

Sources: Montgomery, J. H. and Welkom, L. M., *Groundwater Chemicals Desk Reference*, Lewis Publishers, Chelsea, MI, 1990; Montgomery, J. H., *Groundwater Chemicals Desk Reference*, Vol. 2, Lewis Publishers, Chelsea, MI, 1991.

[부록 5] 국내 대표지역별 월 및 연 평균 지중온도

1암반 2충적	순번	관측소명	설치 년도	충적층 두께 (m)	암석명	센서 설치 깊이	1월	2월	3월	4월	5월	6월	7월	8월	9월	10월	11월	12월	평균 온도 (℃)	st-dev	온도차
1	1	가평가평	1995	8.1	호상편마암	20	13.90	14.10	14.10	14.10	14.00	14.00	14.10	14.10	14.10	14.10	14.10	14.10	14.07	0.07	0.20
2		가평가평				6	14.50	12.80	11.70	11.10	11.40	12.20	15.20	15.30	16.30	17.10	17.20	16.40	14.27	2.31	6.10
1	2	가평북면	1997	12	호상편마암	20	13.00	13.00	13.00	13.00	13.10	13.10	12.90	12.80	12.80	12.80	12.90	12.90	12.94	0.11	0.30
1	3	가평상면	2005	9	반상화강암	20	13.10	12.90	12.40	12.20	12.60	12.90	13.20	13.20	13.30	13.50	13.50	13.50	13.03	0.44	1.30
1	4	가평외서	2004	11	호상편마암	20	12.80	13.10	13.10	13.10	13.10	13.20	13.20	13.10	13.20	13.20	13.20	13.30	13.13	0.12	0.50
1	5	강릉연곡	2003	11	화강암	20	13.20	12.90	12.70	12.40	12.20	12.30	12.50	12.80	12.90	13.10	13.20	13.20	12.78	0.36	1.00
1	6	강릉왕산	2002	20	사암	30	9.50	9.50	9.50	9.50	9.50	9.50	9.50	9.50	9.60	9.70	9.70	9.70	9.56	0.09	0.20
1	7	강릉홍제	1997	15	흑운모화강암	20	14.40	14.40	14.40	14.50	14.50	14.50	14.60	14.70	14.90	14.90	15.00	15.10	14.66	0.25	0.70
2		강릉홍제				10	15.70	15.30	14.90	14.60	14.50	14.70	14.80	14.40	14.90	15.30	15.60	15.60	15.03	0.46	1.30
1	8	강진성전	1998	17.5	편마상화강암	20	14.90	14.70	14.60	14.80	14.90	15.00	15.10	15.20	15.20	15.20	15.10	15.10	14.98	0.20	0.60
2		강진성전				9	14.50	14.40	13.70	13.10	13.50	14.20	15.10	16.40	18.00	17.60	17.10	16.50	15.34	1.70	4.90
1	9	강진칠량	1998	40	화강암질편마암	20	15.20	15.10	15.10	14.90	14.80	14.80	14.70	14.80	14.80	14.80	14.70	14.50	14.85	0.20	0.70
2		강진칠량				10	15.70	15.40	14.90	14.40	14.20	14.10	14.20	14.80	15.00	15.20	15.50	15.80	14.93	0.61	1.70
1	10	거제신현	1996	10	안산암질응회암	20	14.60	14.50	14.30	14.30	14.40	14.60	14.60	14.60	14.60	14.60	14.60	14.50	14.52	0.12	0.30
2		거제신현				10	14.90	14.20	13.60	13.30	13.40	13.70	14.00	14.40	14.80	15.20	15.50	15.60	14.38	0.81	2.30
1	11	거창거창	1997	9	흑운모화강암	20	14.70	14.70	15.40	15.50	15.50	15.60	15.70	15.20	15.20	15.10	15.10	15.10	15.23	0.32	1.00
2		거창거창				10	12.60	12.00	12.20	12.60	12.90	14.00	14.80	15.00	15.40	15.90	16.20	15.80	14.12	1.58	4.20
1	12	거창신원	2002		편마암상화강암	30	16.00	16.00	16.00	15.80	15.40	15.20	14.90	14.80	14.60	14.50	14.50	14.70	15.20	0.61	1.50
1	13	거창웅양	2003	14	흑운모화강암	20	14.60	13.90	13.50	13.40	13.60	14.10	14.70	14.80	14.90	15.20	15.20	15.20	14.43	0.69	1.80
1	14	경산남산	1996	10.5	흑색셰일	20	15.10	15.10	15.10	15.00	14.90	14.80	14.70	14.80	14.80	14.90	14.90	15.00	14.93	0.14	0.40
2		경산남산				11	15.70	15.20	14.70	14.10	13.80	13.90	14.50	15.20	15.70	16.10	16.00	15.70	15.05	0.83	2.30
1	15	경산진량	2001	4.9	셰일	20	13.70	13.50	13.30	13.00	12.90	14.60	14.60	14.70	14.70	14.70	14.70	14.70	14.09	0.75	1.80
1	16	경주건천	2001	18.5	셰일	20	14.80	14.80	14.70	14.70	14.70	14.70	15.00	15.50	15.40	15.40	15.50	15.50	15.06	0.37	0.80
2		경주건천				10	14.60	14.40	14.20	13.90	13.90	13.90	14.00	14.10	14.20	14.10	15.10	16.00	14.37	0.62	2.10
1	17	경주산내	1996	12.5	화산암,규장암	20	14.50	14.50	14.40	14.40	14.30	14.30	14.30	14.20	14.20	14.20	14.20	14.20	14.31	0.12	0.30
2		경주산내				6	12.00	10.80	10.20	10.40	11.20	12.10	12.90	13.80	15.50	15.60	15.50	14.30	12.86	2.04	5.40
1	18	경주양북	2005	28	급기응회암	20	14.80	14.70	14.70	14.70	14.70	14.70	14.70	14.70	14.70	14.70	14.70	14.70	14.71	0.03	0.10
2		경주양북				10	15.30	15.30	15.30	15.40	15.20	15.10	15.20	15.20	15.30	15.30	15.30	15.30	15.27	0.08	0.30
1	19	경주천북	1996	10	천북 역암	20	15.30	15.30	15.20	15.10	15.10	15.20	15.20	15.20	15.20	15.20	15.20	15.20	15.20	0.06	0.20
2		경주천북				7	16.00	15.50	15.00	14.60	14.50	14.50	14.70	15.00	15.40	15.90	16.20	16.50	15.32	0.70	2.00
1	20	고령고령	1997	10	셰일	20	14.50	14.50	14.50	14.50	14.40	14.30	14.30	14.40	14.40	14.40	14.40	14.30	14.41	0.08	0.20
2		고령고령				6	16.40	15.50	14.30	13.20	12.50	12.10	13.00	14.70	16.40	17.10	17.50	17.40	15.01	1.98	5.40
1	21	고성거류	1998	11.5	셰일 및 사암	20	15.80	16.00	16.10	16.00	15.80	15.80	15.90	15.90	15.90	15.90	15.90	15.90	15.91	0.09	0.30
1	22	고성토성	2005	5.6	흑운모화강암	20	14.70	14.70	14.40	14.00	14.00	14.10	14.30	14.20	14.40	14.70	14.90	14.90	14.44	0.33	0.90
1	23	고창고수	1996	9.5	화강편마암	20	15.00	15.00	14.90	14.80	14.80	14.80	14.80	14.90	15.00	14.90	14.90	14.90	14.89	0.08	0.20
2		고창고수				8	13.10	12.10	11.80	12.00	12.80	13.50	13.90	14.50	15.20	15.70	15.90	14.90	13.78	1.46	4.10
1	24	고창대산	2002	9	화강암	20	14.60	14.60	14.50	14.50	14.50	14.40	14.30	14.20	14.40	14.80	14.90	14.90	14.55	0.22	0.70
1	25	고창상하	2002	12	화강편마암	20	15.40	15.50	15.60	15.70	15.70	15.80	16.00	16.10	16.30	16.10	14.80	14.90	15.66	0.46	1.50
2		고창상하				10	15.00	15.00	14.70	14.60	14.50	14.30	14.40	14.60	14.80	15.20	15.20	15.30	14.80	0.34	1.00
1	26	고창성내	2003	17	흑운모화강암	20	15.30	15.40	15.40	15.40	15.40	15.40	15.40	15.40	15.30	15.30	15.30	15.20	15.35	0.07	0.20
2		고창성내				15	15.20	15.20	15.30	15.30	15.30	15.30	15.30	15.30	15.20	15.20	15.20	15.20	15.25	0.05	0.10
1	27	고창흥덕	2002	13	화강암	20	15.40	15.40	15.40	15.40	15.30	15.30	15.30	15.40	15.20	15.30	15.30	15.30	15.33	0.07	0.20
1	28	고흥대서	1998	16	반상변정질편마암	20	15.50	15.40	15.40	15.30	15.30	15.20	15.20	15.20	15.30	15.20	15.70	16.20	15.41	0.29	1.00
1	29	곡성고달	2001	18	혼성암질편마암	20	13.70	13.20	12.90	12.90	13.10	14.00	14.30	14.40	14.40	14.40	14.50	14.30	13.84	0.64	1.60
2		곡성고달				10	13.60	11.60	10.90	10.70	11.40	12.50	13.40	15.60	17.50	18.40	17.40	15.10	14.01	2.74	7.70
1	30	곡성목사동	2002	11.5	화강암질편마암	20	16.50	15.80	15.80	15.80	15.80	15.80	15.70	15.70	15.70	15.80	15.80	15.80	15.83	0.21	0.80
1	31	곡성입면	1996	10.6	편마암	20	16.30	15.80	15.50	15.30	15.20	15.30	15.40	15.60	15.80	16.00	16.30	16.50	15.75	0.44	1.30
2		곡성입면				7	10.00	8.00	7.80	9.20	12.30	16.80	19.70	22.00	22.50	21.00	19.00	15.40	15.31	5.63	14.70
1	32	공주반포	1996		반암류	20	13.90	13.80	13.70	13.60	13.40	13.30	13.10	13.30	13.50	13.60	13.60	13.70	13.54	0.23	0.80
1	33	공주신풍	1998	8.5	화강편마암	20	13.90	14.70	14.70	14.20	13.80	13.90	13.90	13.90	14.00	14.00	14.00	14.10	14.09	0.30	0.90
1	34	공주정안	2003	21	화강암질편마암	20	14.30	14.30	14.20	14.10	14.00	14.10	14.10	14.10	14.20	14.20	14.20	14.20	14.17	0.09	0.30
2		공주정안				10	13.40	12.60	11.80	12.30	12.20	12.70	13.30	13.70	13.90	14.00	14.20	14.20	13.19	0.84	2.40
1	35	공주탄천	2002	16	장석화강암	20	14.40	14.40	14.40	14.40	14.40	14.40	14.50	14.50	14.40	14.40	14.40	14.40	14.42	0.04	0.10
1	36	광명철산	1998	14.8	흑운모호상편마암	20	14.70	14.70	14.70	14.60	14.60	14.60	14.50	14.50	14.60	14.50	14.50	14.50	14.58	0.08	0.20
2		광명철산				10	15.90	15.10	14.80	14.40	14.00	13.70	13.70	13.90	14.20	14.50	14.90	15.10	14.52	0.67	2.20
1	37	광양봉강	2005	8	알카리장석화강암	20	17.20	17.20	17.10	17.20	17.30	17.40	17.40	17.40	17.40	17.40	17.40	17.30	17.31	0.11	0.30
1	38	광주광주	1998	4	호상흑운모편마암	20	14.20	14.10	14.00	14.30	14.10	14.10	14.20	14.30	14.40	14.30	14.30	14.30	14.22	0.12	0.40
1	39	광주운정	2003	4.2	흑운모화강암	20	15.20	15.20	15.20	15.20	15.20	15.20	15.30	15.30	15.30	15.30	15.30	15.30	15.25	0.05	0.10
1	40	광주유덕	1995	28	흑운모화강암	20	16.10	16.10	16.10	16.00	16.00	15.90	15.90	16.00	16.10	16.10	16.10	16.10	16.04	0.08	0.20
2		광주유덕				8	17.00	16.10	15.20	14.60	14.20	14.40	14.90	15.50	16.40	17.00	17.40	17.60	15.86	1.22	3.40
1	41	괴산괴산	1998	4	괴산화강섬록암	20	13.00	12.90	12.70	12.70	13.00	13.40	13.30	13.00	13.10	13.10	13.20	13.30	13.06	0.22	0.70
1	42	괴산증평	1998	24	반상화강암	20	13.50	13.40	13.20	13.10	12.90	12.90	12.80	12.80	12.70	13.40	13.80	13.70	13.18	0.37	1.10
2		괴산증평				10	14.80	14.00	13.50	13.20	13.00	13.30	13.80	15.20	16.10	16.00	15.80	15.80	14.54	1.20	3.10
1	43	구례토지	2004	17	화강암질편마암	20	12.60	10.80	9.90	10.20	11.30	12.50	13.60	14.50	15.60	16.60	17.30	15.90	13.40	2.57	7.40
1	44	구미고아	2002	11.6	섬록암	20	14.70	14.70	14.70	14.70	14.70	14.70	14.60	14.60	14.60	14.60	14.60	14.60	14.65	0.05	0.10
1	45	구미원평	1996	18.9	흑운모화강암	20	16.00	16.00	16.00	15.90	15.90	15.90	15.90	15.80	15.70	15.70	15.70	15.60	15.84	0.14	0.40
2		구미원평				7	15.90	15.10	14.60	14.10	13.70	14.10	15.60	17.40	18.30	18.00	17.40	16.70	15.91	1.63	4.60
1	46	군산서수	1996		편마암	20	14.40	14.40	14.40	14.40	14.30	14.30	14.20	14.20	14.30	14.30	14.30	14.30	14.32	0.07	0.20
1	47	군산임피	2005	26	운모편암(화강암류와 편암류가 혼재된 단층각력암)	20	14.60	14.60	14.60	14.60	14.50	14.50	14.50	14.50	14.50	14.50	14.50	14.50	14.53	0.05	0.10
2		군산임피				10	15.80	15.50	15.10	14.70	14.50	14.50	14.60	14.60	14.70	14.80	15.00	15.20	14.92	0.42	1.30
1	48	군위산성	2005	2	사질셰일	20	15.30	15.20	15.20	15.20	15.20	15.30	15.30	15.30	15.30	15.30	15.40	15.50	15.29	0.09	0.30
1	49	군위의흥	1997	8.5	셰일	20	14.50	14.20	14.20	13.20	13.40	13.50	14.30	16.00	16.00	15.90	15.90	16.00	14.76	1.13	2.80
2		군위의흥				10	10.20	9.90	11.00	11.00	0.00	13.20	13.70	13.90	14.40	14.90	15.30	14.70	11.85	4.20	15.30
1	50	군포당정	2000	11	안구상편마암	20	14.70	14.70	14.70	14.70	14.70	14.60	14.70	14.90	14.80	15.00	15.20	15.20	14.83	0.21	0.60
1	51	금산금산	2001	17	흑운모화강암	20	14.40	14.40	14.30	14.30	14.30	14.20	14.30	14.30	14.30	14.30	14.30	14.20	14.30	0.06	0.20

1암반 2충적	순번	관측소명	설치 년도	충적층 두께 (m)	암석명	센서 설치 깊이	1월	2월	3월	4월	5월	6월	7월	8월	9월	10월	11월	12월	평균 온도 (℃)	st-dev	온도차
2		금산금산				10	14.10	12.90	11.90	11.60	11.80	12.20	12.70	13.30	14.00	14.90	15.40	15.40	13.35	1.39	3.80
1	52	금산복수	1997	28	석영반암	20	8.50	6.80	6.40	8.40	11.50	14.30	17.50	19.50	19.80	18.40	16.20	11.50	13.23	5.02	13.40
2		금산복수				20	11.50	9.50	8.60	9.40	11.20	13.10	15.40	17.40	18.00	17.30	16.10	13.10	13.38	3.39	9.40
1	53	김제봉남	1997	22.5	편상화강암	20	15.10	14.90	14.80	14.70	14.80	14.90	15.10	15.00	15.00	15.00	15.00	15.00	14.94	0.12	0.40
1	54	김제부량	2004	27	흑운모화강암	20	14.20	14.00	14.00	14.00	14.10	14.10	14.10	14.20	14.20	14.20	14.20	14.20	14.13	0.09	0.20
1	55	김제용지	2003	19	흑운모화강암	20	15.30	15.30	15.30	15.30	15.30	15.30	15.40	15.40	15.30	15.30	15.30	15.30	15.32	0.04	0.10
1	56	김천대덕	2005	11	흑운모각섬석화강암	20	15.40	15.00	14.80	14.80	14.70	13.90	13.80	14.10	14.30	14.60	14.90	15.00	14.61	0.49	1.60
2		김천대덕				10	15.80	14.50	13.30	12.70	12.30	12.50	13.30	14.20	15.10	16.20	16.90	16.80	14.47	1.68	4.60
1	57	김천부항	2003	8.5	조립질화강편마암	20	14.80	14.80	14.80	14.80	14.90	14.90	14.90	14.80	14.90	14.90	14.90	14.90	14.86	0.05	0.10
1	58	김천지좌	2001	8.5	화강섬록암	20	15.10	15.20	15.10	15.10	15.20	15.20	15.20	15.50	15.70	15.70	15.70	15.80	15.38	0.28	0.70
1	59	김포김포	1996	17.5	편마암	20	13.40	13.40	13.40	13.40	13.40	13.40	13.40	13.40	13.40	13.40	13.40	13.40	13.40	0.00	0.00
2		김포김포				10	13.10	13.20	13.20	13.00	12.80	12.70	12.70	12.80	12.90	12.90	13.00	13.00	12.94	0.17	0.50
1	60	김포양촌	2004	6	운모편암	20	13.60	13.60	13.60	13.20	12.90	12.90	13.00	12.80	12.90	12.90	13.00	13.10	13.13	0.30	0.80
1	61	김해삼정	1995	29.5	이암	30	16.30	16.30	16.30	16.30	16.30	16.30	16.30	16.30	16.20	16.20	16.20	16.30	16.28	0.05	0.10
1	62	김해생림	2004	4.5	회류(응회암)	20	17.00	16.80	16.50	16.10	15.70	15.50	15.50	15.70	16.00	16.30	16.60	16.80	16.21	0.54	1.50
1	63	나주봉황	1999	9	광주화강암	20	15.60	15.60	15.80	15.50	15.50	15.50	15.40	15.40	15.40	15.40	15.30	15.30	15.48	0.14	0.50
2		나주봉황				8	16.60	16.10	15.60	15.20	15.00	15.10	15.30	15.50	15.10	15.10	15.50	15.80	15.49	0.48	1.60
1	64	나주삼도	1996	26.9	흑운모화강암	20	14.80	14.80	14.80	14.80	14.80	14.80	14.80	14.80	14.80	14.80	14.80	14.80	14.80	0.00	0.00
2		나주삼도				10	15.60	15.70	15.60	15.40	14.90	14.80	14.60	14.50	14.50	14.60	14.90	15.30	15.03	0.46	1.20
1	65	남양주별내	2003	18	호상편마암	20	12.90	12.80	12.70	12.70	12.80	13.00	13.10	13.20	13.20	13.20	13.10	13.00	12.98	0.19	0.50
2		남양주별내				10	11.00	10.60	10.40	10.90	11.30	11.80	12.20	12.50	12.60	12.80	13.20	13.60	11.91	1.06	3.20
1	66	남원도통	1995	6	흑운모화강암	20	15.10	15.20	15.20	15.20	15.10	15.10	15.10	15.10	15.20	15.10	15.20	15.20	15.15	0.05	0.10
2		남원도통				8	16.10	15.40	14.80	14.40	14.20	14.20	14.40	14.90	15.40	15.80	16.10	16.20	15.16	0.77	2.00
1	67	남해남해	2003	16.7	사암	20	15.30	15.50	16.00	16.00	15.80	15.70	15.80	15.70	15.90	16.00	16.10	15.60	15.78	0.24	0.80
1	68	논산상월	1996	7.4	화강섬록암	20	14.80	14.80	14.80	14.80	14.70	14.70	14.70	14.70	14.70	14.70	14.70	14.70	14.73	0.05	0.10
1	69	단양단양	1998	12.5	풍촌석회암	20	7.60	7.30	6.20	7.40	8.80	9.60	10.60	11.70	11.80	11.80	11.20	9.80	9.48	2.00	5.60
1	70	담양담양	1997	16.2	순창화강암	20	14.60	14.60	14.50	14.50	14.50	14.60	14.60	14.60	14.60	14.60	14.60	14.60	14.58	0.05	0.10
1	71	당진당진	2000	12	호상흑운모편마암	20	14.10	14.20	13.60	13.80	13.90	13.90	13.90	13.90	13.90	13.90	13.80	13.90	13.90	0.15	0.60
1	72	당진순성	2003	13	흑운모화강암	20	12.40	11.90	11.60	11.40	11.20	12.10	12.90	12.40	12.20	12.20	12.20	12.90	12.12	0.53	1.70
2		당진순성				10	10.10	8.70	7.60	7.10	7.20	8.40	9.70	10.80	12.90	14.10	14.70	14.90	10.52	2.94	7.80
1	73	대구가창	2003	11	화강반암류	20	14.90	14.70	14.60	14.50	14.60	14.70	14.80	14.80	14.60	14.60	14.60	14.60	14.67	0.12	0.40
2		대구가창				10	14.60	14.10	13.90	13.90	13.90	13.90	14.00	14.20	14.30	14.70	14.90	15.10	14.29	0.43	1.20
1	74	대구대봉	1998	11	셰일	20	17.90	17.90	17.80	17.70	17.50	17.30	17.20	17.20	17.30	17.50	17.60	17.80	17.56	0.26	0.70
1	75	대구비산	1995	13.5	셰일	20	20.90	20.90	20.90	21.00	20.90	21.00	20.90	20.90	20.90	20.90	20.90	20.90	20.92	0.04	0.10
2		대구비산				10	22.80	22.60	22.30	21.90	21.60	21.40	21.10	21.20	21.60	22.10	22.20	22.90	21.98	0.61	1.80
1	76	대구현풍	1997	6	흑색셰일	20	16.50	16.60	16.50	16.50	16.30	16.20	16.20	16.30	16.50	16.60	16.70	16.80	16.48	0.19	0.60
1	77	대전문평	1997	24	복운모화강암	20	18.20	18.20	18.10	18.10	18.10	18.00	17.90	17.90	17.90	17.80	17.70	17.60	17.96	0.19	0.60
2		대전문평				20	18.10	18.00	18.00	17.90	17.80	17.90	17.90	18.00	18.40	18.10	18.00	17.90	18.00	0.15	0.60
1	78	대전태평	1998	18	흑운모화강암	20	15.70	15.70	15.70	15.70	15.70	15.70	15.80	15.70	15.70	15.70	15.70	15.70	15.71	0.03	0.10
1	79	동두천상패	1997	9	대보화강암	20	13.30	13.30	13.20	13.20	13.20	13.20	13.20	13.20	13.30	13.30	13.30	13.30	13.25	0.05	0.10
1	80	동해귀운	1996	14.3	이회암	10	8.30	7.30	7.70	9.20	13.40	16.90	17.60	20.90	19.40	17.40	13.50	9.60	13.43	4.92	13.60
2		동해귀운				10	8.10	6.90	7.50	9.00	13.30	16.80	17.50	20.90	19.40	17.30	12.60	8.00	13.11	5.13	14.00
1	81	마산진전	1996	9.3	진동층군의이질사암	20	17.10	17.10	17.10	17.10	17.00	17.00	17.00	17.10	17.10	17.10	17.10	17.10	17.08	0.05	0.10
1	82	마산합성	2003	5.2	응회암	20	16.50	16.40	16.00	16.00	15.80	15.50	15.50	15.60	15.60	15.70	15.70	15.70	15.83	0.33	1.00
1	83	목포용당	1995		응회암	20	16.60	16.60	16.70	16.50	16.10	16.30	16.30	16.40	16.70	16.70	16.70	16.70	16.53	0.21	0.60
1	84	무안몽탄	2001	30	화강암질편마암	20	15.20	15.20	15.10	15.10	15.10	15.10	15.10	15.10	15.20	15.20	15.20	15.10	15.14	0.05	0.10
1	85	무안무안	1996		응회암	60	16.70	16.60	16.40	16.30	16.50	16.50	16.50	16.40	16.30	16.30	16.40	16.40	16.44	0.12	0.40
1	86	무안해제	2003	9.5	백운모화강암질편마암	20	15.00	15.00	15.00	15.60	15.80	15.80	15.70	15.70	15.70	15.80	15.80	15.80	15.56	0.34	0.80
1	87	무주무주	2005	2	규장암	40	13.10	13.10	13.10	13.10	13.10	13.10	13.10	13.10	13.10	13.10	13.10	13.10	13.10	0.00	0.00
1	88	무주무풍	2004	3.5	화강편마암	20	13.10	13.10	13.10	13.10	13.10	13.10	13.10	13.10	13.10	13.10	13.10	13.10	13.10	0.00	0.00
1	89	문경농암	1997	45	사질셰일,셰일	20	9.80	9.20	9.10	9.50	10.10	10.60	10.70	10.90	12.00	13.10	13.20	10.90	10.76	1.39	4.10
2		문경농암				9	5.70	4.90	5.90	8.10	9.90	12.60	15.80	17.00	20.30	19.70	15.80	10.30	12.17	5.49	15.40
1	90	문경문경	1998	17.5	흑운모화강암	20	13.40	13.50	13.50	13.50	13.50	13.30	13.40	13.40	13.40	13.40	13.30	13.30	13.41	0.08	0.20
2		문경문경				10	13.50	13.40	13.30	13.20	13.20	13.10	13.10	13.20	13.30	13.30	13.40	13.40	13.28	0.13	0.40
1	91	문경영순	2000	11	흑운모화강암	20	14.60	14.60	14.60	14.60	14.60	14.60	14.60	14.60	14.70	14.70	14.70	14.70	14.63	0.05	0.10
1	92	밀양가곡	1996	26	밀양안산암	20	17.00	17.00	16.90	16.90	16.90	16.90	16.90	16.90	16.90	16.90	16.90	16.90	16.92	0.04	0.10
2		밀양가곡				6	12.00	12.50	11.90	12.60	15.30	20.60	18.70	20.50	20.40	19.40	13.50	8.10	15.46	4.28	12.50
1	93	밀양단장	2001	12	셰일	20	14.60	14.60	14.60	14.60	14.60	14.70	14.70	14.90	15.10	15.20	15.30	15.40	14.86	0.31	0.80
1	94	밀양하남	2003	50	안산암류	25	15.50	15.60	15.40	15.50	15.60	15.70	15.70	15.70	15.70	15.70	15.70	15.70	15.63	0.11	0.30
2		밀양하남				20	15.70	16.10	15.30	15.30	15.40	15.30	15.20	15.90	16.10	16.10	16.10	15.30	15.65	0.38	0.90
1	95	보령웅천	2002	5	흑색셰일	20	14.90	14.10	14.50	14.60	14.70	14.90	14.80	14.90	14.90	15.00	14.90	14.40	14.72	0.27	0.90
1	96	보령청라	2004	15	화강편마암	20	14.50	14.40	14.30	14.30	14.20	14.10	14.30	14.40	14.40	14.40	14.40	14.40	14.34	0.11	0.40
2		보령청라				10	14.80	14.30	13.90	13.50	13.00	13.00	13.40	13.90	14.50	14.90	14.80	14.80	14.07	0.72	1.90
1	97	보령청소	2002	18	운모편암	20	14.20	14.10	14.10	14.10	14.20	14.20	14.20	14.00	14.00	14.00	14.10	14.10	14.11	0.08	0.20
2		보령청소				10	13.60	13.30	13.10	13.00	13.20	13.40	13.60	13.70	13.90	14.00	14.10	14.10	13.58	0.39	1.10
1	98	보성겸백	1998	11.5	반상변정질편마암	20	15.00	15.00	15.00	15.00	15.00	15.00	14.90	15.00	15.10	15.00	15.10	15.10	15.02	0.06	0.20
1	99	보성벌교	2002	14.5	편마암	20	15.50	15.50	15.50	15.60	15.60	15.60	15.60	15.70	15.70	15.60	15.30	15.40	15.55	0.12	0.40
1	100	보은마로	2000		사암	20	14.40	14.40	14.40	14.40	14.40	14.50	13.70	14.00	14.20	14.30	14.30	14.30	14.28	0.22	0.80
2		보은마로				10	13.70	13.00	12.60	12.10	12.30	12.80	13.10	13.40	13.90	14.20	14.50	14.60	13.35	0.84	2.50
1	101	보은보은	1996	14.4	대보화강암	20	13.60	13.60	13.60	13.60	13.50	13.50	13.40	13.40	13.40	13.40	13.40	13.40	13.48	0.09	0.20
2		보은보은				10	14.10	13.90	13.60	13.30	13.10	13.10	13.20	13.30	13.40	13.60	13.80	13.90	13.53	0.34	1.00
1	102	봉화명호	1996	12	청송화강암	20	14.10	14.10	14.10	14.10	14.10	14.10	14.00	14.10	14.10	14.10	14.10	14.00	14.08	0.04	0.10
2		봉화명호				10	14.50	14.40	14.20	13.60	13.30	13.40	13.60	13.80	14.00	14.20	14.30	14.40	13.98	0.42	1.20
1	103	봉화재산	2001	5	역암	20	12.30	12.30	12.10	12.00	12.00	12.10	12.10	12.10	12.00	12.10	12.00	11.90	12.08	0.12	0.40
1	104	부산덕천	2004	24	각섬석화강암	25	17.20	17.40	17.50	17.50	17.50	17.60	17.60	17.60	17.60	17.60	17.60	17.60	17.53	0.12	0.40
1	105	부산동대신	1997	9.5	안산암	60	16.00	16.00	16.00	16.00	16.10	16.40	16.90	16.90	16.90	17.20	18.10	17.40	16.66	0.69	2.10
1	106	부산장안	2003	5	안산반암	20	15.50	15.40	15.40	15.00	14.70	14.80	15.00	15.00	14.90	14.80	14.60	14.40	14.96	0.34	1.10
1	107	부안백산	2002	22	화강암	20	15.30	15.30	15.20	15.20	15.20	15.20	15.20	15.20	15.20	15.20	15.20	15.20	15.22	0.04	0.10
2		부안백산				10	15.70	15.80	15.60	15.40	15.30	14.80	14.70	14.60	15.00	15.10	15.20	15.40	15.22	0.39	1.20
1	108	부안상서	2002	37	산성화산암류	20	15.00	15.00	15.00	15.00	14.90	14.90	14.80	14.80	14.80	14.80	14.80	14.80	14.88	0.09	0.20
2		부안상서				10	14.80	14.90	14.90	14.80	14.60	14.60	14.50	14.50	14.60	14.60	14.70	14.70	14.68	0.14	0.40

1암반 2충적	순번	관측소명	설치 년도	충적층 두께 (m)	암석명	센서 설치 깊이	1월	2월	3월	4월	5월	6월	7월	8월	9월	10월	11월	12월	평균 온도 (℃)	st-dev	온도차
1	109	부여규암	1998	3	흑운모화강암	20	15.00	14.90	14.70	14.50	14.40	14.50	14.80	14.80	14.80	14.80	14.80	14.80	14.73	0.18	0.60
1	110	부여부여	1995	7	흑운모화강암	50	14.20	14.20	14.20	14.20	14.20	14.20	14.20	14.20	14.20	14.20	14.20	14.30	14.21	0.03	0.10
2		부여부여				23	13.70	13.80	13.90	14.10	14.40	14.30	14.20	14.20	14.20	14.20	14.20	14.20	14.12	0.21	0.70
1	111	부여양화	1997	30	우백질화강암	20	15.00	15.00	14.90	14.80	14.80	14.70	14.70	14.80	14.80	14.80	14.80	14.80	14.83	0.10	0.30
1	112	부여옥산	1997		화강암질편마암	20	14.80	14.80	14.80	14.90	14.90	14.90	14.90	14.90	14.80	14.90	15.00	15.00	14.88	0.07	0.20
1	113	부여은산	2004	17	화강편마암	20	15.20	15.20	15.20	15.20	15.20	15.20	15.10	15.10	15.10	15.10	15.10	15.10	15.15	0.05	0.10
1	114	부천옥길	1999	22	호상편마암	20	14.10	14.10	14.10	14.00	14.00	14.00	14.00	14.00	14.10	14.00	14.00	14.10	14.04	0.05	0.10
2		부천옥길				10	15.70	14.70	13.90	13.40	13.20	13.30	13.60	13.90	14.20	14.90	15.30	15.90	14.33	0.95	2.70
1	115	북제주조천	2005		대천동현무암	310	14.90	14.90	14.90	14.90	14.90	15.00	15.00	15.00	15.00	15.00	15.00	15.00	14.96	0.05	0.10
1	116	북제주한경	2005		광해악현무암	130	13.00	13.10	13.10	13.10	13.20	13.20	13.40	13.40	13.10	12.90	12.70	12.70	13.08	0.23	0.70
1	117	사천사천	2003	4	셰일	25	15.20	15.20	15.30	15.30	15.30	15.20	14.80	14.90	15.60	15.30	15.00	15.00	15.18	0.22	0.80
1	118	산청단성	2003	10.5	메타테틱편마암	20	15.10	13.90	12.70	12.10	12.70	12.80	13.20	13.60	14.00	14.70	15.60	16.00	13.87	1.25	3.90
2		산청단성				10	12.80	11.00	9.00	8.70	9.40	11.20	13.70	15.80	18.00	18.60	18.00	15.50	13.48	3.67	9.90
1	119	산청산청	2001	12	회장암	20	14.70	14.70	14.70	14.70	14.70	14.70	14.60	14.60	14.60	14.50	14.40	14.40	14.61	0.12	0.30
1	120	삼척가곡	2002	7.2	흑운모화강암	20	14.60	14.60	14.70	14.70	14.70	14.70	14.60	14.70	14.70	14.70	14.60	14.60	14.66	0.05	0.10
2		삼척가곡				8	15.70	14.30	12.90	11.70	11.60	12.30	15.60	18.20	19.50	18.20	17.50	16.10	15.30	2.74	7.90
1	121	삼척마평	2003		석회암	20	14.00	14.00	14.00	13.90	13.80	13.70	13.70	13.60	13.70	13.90	14.20	14.40	13.91	0.23	0.80
1	122	삼척신기	2003	15	석회암	20	13.80	13.50	13.40	13.30	13.20	13.40	13.50	13.50	13.70	13.70	13.70	13.70	13.53	0.19	0.60
1	123	상주공성	1996	11.6	흑운모화강섬록암	20	13.60	13.30	13.10	13.00	13.00	13.10	13.10	13.10	13.30	13.30	13.30	13.40	13.22	0.18	0.60
2		상주공성				10	10.10	6.30	4.90	6.00	8.60	12.00	14.80	17.70	21.50	20.50	18.10	14.50	12.92	5.80	16.60
1	124	상주서문	1999	13.5	셰일	20	14.40	14.50	14.30	14.00	14.20	14.50	14.60	14.80	14.80	14.80	14.80	14.80	14.54	0.27	0.80
1	125	서귀포동홍	2005		시오름조면현무암	170	17.30	17.30	17.20	17.20	17.10	17.10	16.90	16.70	16.70	16.80	16.30	16.30	16.91	0.36	1.00
1	126	서산석남	1997	11	흑운모화강암	25	14.10	14.00	13.90	13.90	13.80	13.70	13.50	15.00	15.10	15.00	14.80	14.80	14.30	0.59	1.60
1	127	서산운산	2001	6.3	흑운모화강암	20	28.15	28.14	28.13	28.15	28.18	28.24	28.38	28.22	28.15	28.15	28.17	28.17	28.19	0.07	0.25
1	128	서산팔봉	2004	3.4	흑운모화강암	20	14.00	14.00	14.00	13.90	13.90	13.80	13.70	13.80	13.90	13.80	13.90	13.90	13.88	0.09	0.30
1	129	서울마곡	2003	23.4	화강암질편마암	20	13.20	13.20	12.80	12.40	12.90	13.10	13.00	13.10	13.90	13.90	13.50	13.60	13.22	0.44	1.50
2		서울마곡				10	14.40	14.50	14.50	14.20	13.90	13.60	13.60	14.40	14.00	14.10	14.30	14.40	14.16	0.32	0.90
1	130	서울장위	2005	10	흑운모화강암	20	15.60	15.60	15.60	15.60	15.40	15.50	15.50	15.50	15.50	15.50	15.50	15.50	15.53	0.06	0.20
1	131	서울항동	2005	7	호상흑운모편마암	20	14.00	14.10	14.00	13.90	13.80	14.00	13.90	13.90	13.90	13.90	13.90	13.90	13.93	0.08	0.30
1	132	서천마산	2005	33	화강편마암	20	15.10	15.10	15.10	15.10	15.10	15.10	15.10	15.00	15.10	15.10	15.10	15.10	15.09	0.03	0.10
2		서천마산				10	15.10	15.20	15.10	15.00	14.80	14.80	14.70	14.60	14.70	14.70	14.80	14.90	14.87	0.19	0.60
1	133	성주벽진	1997	17	각섬석편마상화강암	20	15.40	15.40	15.50	15.40	15.40	15.10	15.40	15.20	14.80	15.20	15.80	15.70	15.36	0.26	1.00
2		성주벽진				9	17.30	15.80	14.30	13.50	13.00	12.70	13.00	13.90	15.00	15.80	16.20	16.20	14.73	1.53	4.60
1	134	속초노학	2001	17	흑운모화강암	20	13.30	13.30	13.20	13.00	12.70	11.70	11.70	12.20	12.50	13.10	13.00	13.20	12.74	0.59	1.60
2		속초노학				10	13.70	13.00	12.10	10.20	9.50	9.70	9.60	10.90	12.50	15.10	16.60	16.50	12.45	2.60	7.10
1	135	수원오목천	1997	16.5	화강편마암	20	14.00	13.70	13.30	13.20	13.20	13.20	13.30	13.30	13.30	13.30	13.30	13.30	13.37	0.24	0.80
1	136	순창순창	1999	17.1	편마산화강암	20	14.90	14.90	14.60	14.80	15.50	16.10	16.20	16.30	16.30	16.10	16.00	16.00	15.64	0.66	1.70
2		순창순창				10	13.90	13.30	13.30	13.80	14.60	15.00	15.40	15.80	16.00	16.10	16.30	15.90	14.95	1.13	3.00
1	137	순창쌍치	2002	11	산성화산암류	20	14.10	13.80	13.50	13.80	14.60	14.70	14.80	14.90	14.90	14.80	14.80	14.90	14.47	0.52	1.40
2		순창쌍치				10	14.00	13.60	12.80	12.90	13.60	13.80	14.10	14.10	14.20	14.80	15.20	14.80	13.99	0.73	2.40
1	138	순천상사	1999	10.2	화강암질편마암	20	16.70	16.70	16.70	16.90	16.50	16.60	16.60	16.60	16.60	16.60	16.60	16.60	16.64	0.10	0.40
1	139	순천승주	1999	15.1	화강암질편마암	20	15.40	15.40	15.30	15.30	15.30	15.30	15.40	15.40	15.50	15.50	15.50	15.60	15.41	0.10	0.30
1	140	순천외서	1997	12	반상변정화강편마암	20	14.50	14.50	14.40	14.70	14.90	14.90	15.00	15.00	15.00	15.00	15.00	15.00	14.83	0.23	0.60
2		순천외서				10	15.30	14.70	14.10	13.50	13.10	13.00	13.50	14.20	15.10	15.60	15.80	15.70	14.47	1.04	2.80
1	141	순천풍덕	1995	12	응회암	20	15.30	15.30	15.30	15.30	15.30	15.30	15.30	15.30	15.30	15.30	15.30	15.30	15.30	0.00	0.00
2		순천풍덕				8	16.60	16.40	16.00	14.90	13.50	13.50	14.90	15.70	15.40	15.80	16.20	16.40	15.44	1.06	3.10
1	142	순천황전	1999	20.5	화강암질편마암	30	16.10	16.10	16.10	16.10	16.10	16.10	16.10	16.10	16.10	16.10	16.10	16.10	16.10	0.00	0.00
2		순천황전				20	15.70	15.70	15.70	15.70	15.60	15.60	15.60	15.60	15.60	15.60	15.60	15.60	15.63	0.05	0.10
1	143	시흥군자	1997	17.5	호상편마암	20	13.60	13.60	13.50	13.50	13.40	13.40	13.30	13.30	13.20	13.10	13.10	13.00	13.33	0.20	0.60
2		시흥군자				10	14.00	14.20	13.80	13.70	13.60	13.40	13.40	13.60	13.70	13.90	13.90	14.10	13.78	0.26	0.80
1	144	아산도고	1997	18	각섬석편마암	20	14.90	14.90	14.90	15.00	15.30	15.20	15.00	15.20	15.50	15.70	16.30	16.50	15.37	0.54	1.60
2		아산도고				10	14.80	14.60	14.40	14.30	14.20	14.10	14.20	14.40	15.40	15.50	15.60	15.70	14.77	0.61	1.60
1	145	아산득산	1999	17	흑운모화강암	20	14.20	14.30	14.30	14.20	14.10	14.10	14.10	14.20	14.30	14.30	14.30	14.30	14.23	0.09	0.20
2		아산득산				10	15.70	15.30	14.90	14.50	14.30	14.20	14.40	14.60	14.90	15.20	15.40	15.60	14.92	0.52	1.50
1	146	안동길안	2001	10.7	셰일	20	15.90	15.90	15.90	15.80	15.70	16.00	16.60	15.20	15.10	15.10	15.00	15.00	15.60	0.51	1.60
2		안동길안				10	15.10	14.20	13.50	13.10	13.20	13.60	13.90	14.20	14.50	14.80	15.10	15.40	14.22	0.78	2.30
1	147	안동태화	1997	18	화강암	20	15.70	15.90	16.10	16.10	15.80	15.60	15.50	15.40	15.50	15.70	15.80	16.10	15.77	0.25	0.70
2		안동태화				9	15.30	15.60	15.80	15.00	14.00	13.50	13.60	14.20	14.90	15.40	15.80	16.20	14.94	0.91	2.70
1	148	안산부곡	2003	6	흑운모호상편마암	39	14.30	14.30	14.30	14.30	14.30	14.30	14.30	14.30	14.30	14.30	14.20	14.20	14.28	0.04	0.10
1	149	안성삼죽	1998	39	편마상각섬석흑운모화강암	20	14.00	13.90	13.90	13.80	13.80	13.80	13.80	13.80	13.90	13.90	13.90	13.90	13.87	0.07	0.20
2		안성삼죽				10	13.40	13.30	13.10	12.90	12.90	13.00	13.00	13.10	13.20	13.30	13.40	13.50	13.18	0.21	0.60
1	150	안성신모산	2003	5	각섬석흑운모화강암	35	14.60	14.60	14.60	14.60	14.60	14.60	14.60	14.50	14.50	14.60	14.60	14.60	14.58	0.04	0.10
1	151	안양비산	2004	11	우백질편마암	20	13.90	14.00	13.90	13.90	13.90	13.90	13.90	13.90	13.90	13.90	13.90	13.90	13.91	0.03	0.10
1	152	양구방산	1998	11	호상편마암	20	13.30	13.30	13.30	13.20	13.30	13.20	13.30	13.30	13.30	13.30	13.30	13.30	13.28	0.04	0.10
1	153	양산웅상	2004	11	역질안산암	20	15.10	15.00	15.00	15.00	14.90	14.90	14.90	14.90	14.80	14.90	15.00	15.00	14.95	0.08	0.30
2		양산웅상				10	15.50	15.20	14.90	14.50	13.90	13.90	14.30	14.70	15.10	15.30	15.40	15.50	14.85	0.59	1.60
1	154	양양손양	1998	20	흑운모화강암	20	0.00	0.00	0.00	0.00	0.00	0.00	0.00	0.00	13.30	13.30	13.30	13.30	4.43	6.55	13.30
2		양양손양				10	12.40	12.50	12.20	12.60	12.30	12.40	12.70	12.80	13.00	13.10	13.20	13.30	12.71	0.37	1.10
1	155	양주광적	2002	10	흑운모화강암	20	13.60	13.60	13.60	13.50	13.50	13.50	13.50	13.50	13.60	13.70	13.70	13.60	13.58	0.08	0.20
2		양주광적				10	13.70	13.60	13.50	13.30	12.80	12.70	12.90	13.20	14.20	14.20	13.60	13.60	13.44	0.49	1.50
1	156	양평개군	1999	11	대보화강암	20	14.20	14.20	14.20	14.20	14.20	14.10	14.10	14.10	14.10	14.10	14.10	14.10	14.14	0.05	0.10
2		양평개군				9	15.50	14.90	14.40	14.00	13.30	13.00	13.40	13.90	14.50	15.00	15.30	15.40	14.38	0.86	2.50
1	157	양평양동	1999	12	흑운모화강암	20	13.10	12.90	12.90	12.90	12.90	13.10	13.30	13.30	13.30	13.30	13.40	13.40	13.15	0.21	0.50
2		양평양동				10	3.90	2.60	3.70	3.70	7.50	12.50	14.80	16.50	17.70	16.40	15.20	14.50	10.75	5.95	15.10
1	158	양평양서	2005	20	호상흑운모편마암	20	14.30	14.30	14.30	14.30	14.30	14.40	14.40	14.40	14.40	14.40	14.40	14.40	14.36	0.05	0.10
2		양평양서				10	15.60	15.40	15.00	14.50	14.30	14.10	14.10	14.20	14.40	14.50	14.80	15.10	14.67	0.51	1.50
1	159	양평용문	1997	5.5	호상흑운모편마암	20	15.80	15.90	15.70	15.40	15.30	15.30	15.40	15.60	15.50	15.60	15.70	15.80	15.58	0.20	0.60
1	160	여수소라	2002	5.5	응회암	30	15.70	15.80	15.90	16.00	16.10	16.20	16.40	16.50	16.50	16.10	15.50	15.50	16.02	0.35	1.00
1	161	여주금사	2004	5	호상흑운모편마암	20	13.50	13.50	13.40	13.40	13.40	13.40	13.40	13.40	13.40	13.40	13.40	13.40	13.42	0.04	0.10
1	162	여주여주	1997	8.5	복운모화강암	20	12.80	12.80	12.80	12.80	12.80	13.50	13.60	13.80	13.80	13.80	13.80	13.80	13.34	0.49	1.00
1	163	여주점동	2004	17	흑운모화강암	20	13.40	13.40	13.50	13.40	13.30	13.20	13.20	13.30	13.30	13.40	13.50	13.40	13.36	0.10	0.30

1암반 2충적	순번	관측소명	설치 년도	충적층 두께 (m)	암석명	센서 설치 깊이	1월	2월	3월	4월	5월	6월	7월	8월	9월	10월	11월	12월	평균 온도 (℃)	st-dev	온도차
2		여주점동				10	14.20	14.10	13.50	13.10	13.00	13.00	13.10	13.30	13.40	13.50	13.80	14.00	13.50	0.43	1.20
1	164	연기조치원	2000	16	흑운모화강암	20	14.20	14.20	14.20	14.10	14.10	14.20	14.30	14.40	14.60	14.60	14.70	14.70	14.36	0.23	0.60
2		연기조치원				10	14.60	14.50	14.50	14.50	14.50	14.80	14.90	14.80	14.80	14.90	14.50	14.50	14.65	0.17	0.40
1	165	영광불갑	2002	6.5	흑운모화강암	20	15.30	14.80	14.50	14.30	14.30	14.40	14.50	14.70	15.00	15.20	15.30	15.40	14.81	0.42	1.10
1	166	영덕달산	2004	13.5	반암	20	14.30	13.30	13.20	13.10	13.60	14.20	14.40	14.60	14.50	14.50	14.60	14.60	14.08	0.60	1.50
2		영덕달산				15	14.30	11.40	10.70	10.80	12.60	13.60	14.10	14.40	14.90	15.40	15.80	14.70	13.56	1.77	5.10
1	167	영덕영해	1998	50	셰일 및 사암	20	13.70	13.80	14.20	14.50	14.70	14.90	14.90	15.50	15.50	15.50	15.30	14.50	14.75	0.64	1.80
1	168	영동심천	1999	20	불국사화성암류	20	15.00	15.00	15.00	15.00	15.00	15.00	15.00	15.10	15.00	15.00	15.00	15.00	15.01	0.03	0.10
1	169	영동양강	1998	10	셰일	20	10.40	8.10	6.90	7.80	9.90	13.40	16.30	17.90	19.00	17.80	16.40	14.10	13.17	4.38	12.10
2		영동양강				10	14.20	12.70	11.60	11.10	11.70	12.80	14.00	15.00	16.00	16.40	16.40	15.80	13.98	1.96	5.30
1	170	영양입암	1998	8	화강암질편마암	20	10.40	9.70	10.50	9.60	13.20	18.20	18.70	20.10	19.90	15.60	14.90	14.00	14.57	3.99	10.50
1	171	영월상동	1997	3.3	운모질규암	20	10.00	9.90	9.80	9.70	9.70	9.70	9.80	9.80	9.80	9.90	9.90	9.90	9.83	0.10	0.30
1	172	영월영월	2001	13.5	돌로마이트질석회암	30	13.20	13.20	13.20	13.30	13.30	13.30	13.30	13.30	13.20	13.20	13.20	13.20	13.24	0.05	0.10
1	173	영주문정	1999	13.5	셰일	20	13.40	13.50	13.50	13.40	12.80	12.00	11.60	11.90	12.20	12.90	13.20	13.30	12.81	0.70	1.90
2		영주문정				10	17.30	16.60	15.40	13.30	10.10	8.10	7.50	8.30	9.70	12.10	14.20	14.80	12.28	3.47	9.80
1	174	영천금노	2003	4.5	셰일	20	15.10	14.80	14.50	14.30	14.30	14.30	14.40	14.20	14.60	14.90	15.00	14.90	14.61	0.32	0.90
1	175	영천화북	2002	10	퇴적암(셰일)	20	15.00	14.80	14.40	14.20	14.20	14.40	14.60	14.70	14.80	14.80	14.90	15.00	14.65	0.29	0.80
1	176	예산덕산	1997	20	조립암질흑운모화강암	20	13.00	12.90	12.80	12.90	13.10	13.30	13.50	13.60	13.50	13.70	13.90	13.90	13.34	0.40	1.10
2		예산덕산				12	12.30	11.10	11.50	11.60	12.40	13.50	14.00	15.80	17.70	16.30	15.40	11.10	13.56	2.26	6.60
1	177	예산예산	1996	11.9	녹니석편암	20	15.60	15.10	14.90	14.80	14.80	14.80	14.90	14.90	15.00	15.00	15.10	15.20	15.01	0.23	0.80
2		예산예산				8.5	15.10	10.90	9.20	8.70	9.90	12.30	14.20	14.90	19.20	21.00	20.90	19.00	14.61	4.54	12.30
1	178	예산오가	2001	50	흑운모화강암	20	14.50	14.50	14.40	14.30	14.30	14.40	14.40	14.40	14.30	14.10	14.10	14.00	14.31	0.16	0.50
2		예산오가				10	14.70	14.30	13.90	13.20	13.10	13.30	13.50	13.30	13.20	13.60	13.90	14.10	13.68	0.51	1.60
1	179	예천예천	1995	30	흑운모화강암	20	14.10	14.10	14.10	14.10	14.10	14.10	14.10	14.10	14.10	14.10	14.10	14.20	14.11	0.03	0.10
2		예천예천				5	13.50	12.80	12.40	12.20	12.40	12.90	13.70	14.60	15.00	15.40	15.70	14.50	13.76	1.25	3.50
1	180	오산궐동	2004	5	흑운모편마암	20	14.00	14.00	14.00	14.00	14.10	14.10	13.90	14.00	14.00	14.00	14.00	13.90	14.00	0.06	0.20
1	181	옥천군북	1999	10	함역변성퇴적암	20	15.10	14.10	13.60	13.50	13.70	14.20	14.70	15.30	15.80	16.20	16.20	15.90	14.86	1.03	2.70
1	182	옥천이원	1999	35	반상흑운모화강암	20	14.70	14.70	14.70	14.80	14.70	14.70	14.70	14.70	14.70	14.80	14.80	14.80	14.73	0.05	0.10
1	183	옥천청성	1996	5	Graphite Gneiss	20	14.20	14.20	14.20	14.10	14.10	14.10	14.10	14.10	14.10	14.10	14.10	14.10	14.13	0.05	0.10
2		옥천청성				5	13.80	12.90	12.50	12.00	12.30	13.00	13.40	13.60	14.00	14.40	14.60	14.50	13.42	0.88	2.60
1	184	완주고산	2000	7.5	중성화산암류	20	14.90	13.80	13.70	13.80	14.10	14.60	14.70	14.70	14.90	15.00	15.00	15.00	14.52	0.52	1.30
1	185	완주삼례	2004	18	편상화강암	20	15.00	15.00	15.00	15.00	15.00	14.90	14.90	14.80	14.90	14.90	14.90	15.00	14.94	0.07	0.20
2		완주삼례				10	14.70	14.60	14.30	14.30	14.20	14.00	14.00	14.10	14.20	14.40	14.70	14.90	14.37	0.30	0.90
1	186	완주용진	1998	13.5	편상화강암	20	15.90	15.90	15.80	15.70	15.70	15.80	15.80	15.70	15.70	15.70	15.70	15.60	15.75	0.09	0.30
2		완주용진				10	17.30	16.90	16.20	15.60	15.20	15.30	16.00	16.50	16.90	17.30	17.80	18.00	16.58	0.94	2.80
1	187	완주운주	2000	11	석영반암	20	15.60	14.90	15.00	14.80	14.90	14.60	15.00	15.10	15.50	15.50	15.50	15.80	15.18	0.38	1.20
1	188	용인남사	2004	10	석영운모편암	20	13.60	13.50	13.30	13.20	13.20	13.20	13.30	13.30	13.20	13.20	13.20	13.20	13.28	0.13	0.40
2		용인남사				10	13.30	12.10	11.30	10.90	11.20	12.10	13.00	14.00	15.00	15.60	15.60	14.70	13.23	1.73	4.70
1	189	용인마평	1996	11.5	호상흑운모편마암	20	14.50	14.50	14.40	14.40	14.40	14.40	14.40	14.40	14.40	14.50	14.50	14.50	14.44	0.05	0.10
2		용인마평				8	15.40	14.30	13.50	13.00	13.00	13.40	13.80	14.20	14.60	15.30	15.90	16.10	14.38	1.09	3.10
1	190	울산달천	2001	5.8	흑운모화강암	20	14.80	14.70	14.60	14.60	14.60	14.70	14.80	15.10	15.30	15.70	15.40	15.30	14.97	0.38	1.10
1	191	울산범서	1997	13	셰일	20	16.50	16.60	16.50	16.00	15.40	15.70	16.00	16.10	16.20	16.20	16.20	16.30	16.14	0.34	1.20
2		울산범서				10	19.10	17.20	15.50	13.90	13.60	14.10	16.00	16.70	17.40	17.40	18.00	18.40	16.44	1.83	5.50
1	192	울산상북	1997	13	흑운모화강암	79	16.50	16.60	16.60	16.60	16.70	16.70	16.80	15.90	15.20	15.20	15.50	15.50	16.15	0.64	1.60
2		울산상북				12	15.50	14.20	13.30	13.00	13.90	15.20	15.90	16.80	17.50	15.90	15.40	13.30	14.99	1.45	4.50
1	193	울산온양	1997	9′	저색셰일	20	15.10	15.10	15.10	15.10	15.10	15.10	15.00	15.10	15.20	15.20	15.20	15.20	15.13	0.06	0.20
2		울산온양				8	13.70	12.00	11.20	11.20	12.50	13.30	13.80	14.30	14.80	15.10	15.20	14.80	13.49	1.46	4.00
1	194	울진북면	2004	14	화강편마암	20	14.00	14.20	13.90	13.40	12.90	12.80	13.20	13.70	13.70	13.80	13.90	14.00	13.63	0.45	1.40
2		울진북면				15	15.40	15.10	14.00	13.10	12.40	12.00	12.40	13.00	13.60	14.30	15.00	15.50	13.82	1.25	3.50
1	195	울진온정	1998	6.8	각섬석흑운모화강암	20	13.40	13.30	13.20	13.20	13.20	13.20	13.20	13.20	13.30	13.30	13.30	13.30	13.26	0.07	0.20
1	196	원주귀래	2001	9	흑운모화강암	20	13.60	12.90	12.50	12.20	12.30	12.70	13.30	13.30	13.40	13.80	14.00	14.00	13.17	0.64	1.80
1	197	원주명륜	2004	22	흑운모화강암	20	14.10	14.00	14.00	14.00	14.00	14.00	14.00	14.00	14.00	14.00	14.00	14.00	14.01	0.03	0.10
2		원주명륜				10	15.20	14.70	14.30	14.00	13.90	14.10	14.30	14.80	14.90	15.20	15.40	14.70	14.63	0.50	1.50
1	198	원주문막	1996	12	흑운모화강암	20	15.30	15.30	15.20	15.20	15.20	15.20	15.30	15.30	15.20	15.20	15.20	15.20	15.23	0.05	0.10
2		원주문막				7	13.90	13.00	12.40	12.00	12.80	16.20	17.90	20.30	19.60	17.80	16.70	15.50	15.68	2.87	8.30
1	199	음성대소	1996	35.9	대보화강암	20	14.20	14.20	14.20	14.20	14.20	14.20	14.20	14.20	14.20	14.20	14.20	14.20	14.20	0.00	0.00
2		음성대소				20	13.80	13.80	13.80	13.80	13.80	13.80	13.80	13.80	13.80	13.80	13.80	13.80	13.80	0.00	0.00
1	200	음성생극	1998	18	화강편마암	20	13.70	13.60	13.40	13.30	13.50	13.50	13.30	13.40	13.50	13.80	13.80	13.70	13.54	0.18	0.50
2		음성생극				10	14.50	14.20	13.90	13.50	13.20	13.00	13.00	12.90	13.30	13.80	14.20	14.40	13.66	0.58	1.60
1	201	음성음성	1999	8	흑운모호상편마암	20	14.40	14.40	14.80	14.70	14.70	14.70	14.70	14.80	14.70	14.80	14.80	14.80	14.69	0.14	0.40
1	202	의령낙서	2004	40	(적색)셰일	20	14.20	14.30	14.20	14.20	14.20	14.00	13.90	13.90	14.00	14.20	14.30	14.20	14.13	0.14	0.40
2		의령낙서				15	14.90	14.90	14.90	14.80	14.80	14.80	15.10	14.80	14.70	14.60	14.70	14.70	14.81	0.13	0.50
1	203	의령봉수	1997	9.5	셰일	50	15.60	15.50	15.50	15.60	15.40	15.30	15.40	15.30	15.30	15.10	14.90	14.90	15.32	0.24	0.70
2		의령봉수				8	15.30	13.30	12.00	11.90	13.30	14.70	16.60	18.30	20.60	20.50	19.80	18.20	16.21	3.24	8.70
1	204	의령의령	2001	20	적색셰일	20	17.10	16.60	16.60	16.70	16.70	16.70	16.70	16.60	16.70	16.70	16.80	16.80	16.73	0.14	0.50
2		의령의령				15	16.30	16.30	16.40	16.40	16.40	16.40	16.30	16.30	16.50	16.60	16.60	16.60	16.43	0.12	0.30
1	205	의성안계	2002	6	사암	20	15.40	15.10	14.80	14.50	14.40	14.50	14.60	14.70	14.80	15.10	15.30	15.20	14.87	0.34	1.00
1	206	의성의성	1998	6.4	셰일 및 사암	20	13.70	12.90	12.20	11.30	13.40	14.70	14.90	14.90	15.10	18.00	18.30	16.40	14.65	2.15	7.00
1	207	의정부신곡	1995	14	대보화강암	20	14.50	14.50	14.50	14.40	14.40	14.40	14.50	14.50	14.50	14.50	14.50	14.50	14.48	0.05	0.10
2		의정부신곡				10	14.60	14.20	13.90	13.70	13.80	13.80	14.00	14.20	14.50	14.70	14.90	15.10	14.28	0.47	1.40
1	208	이천율현	1996	14	흑운모화강암	20	15.00	15.00	15.00	15.00	15.00	15.00	15.00	14.90	14.90	14.90	14.90	14.90	14.96	0.05	0.10
2		이천율현				8	16.70	16.10	15.10	14.70	14.20	13.40	11.70	11.40	12.90	14.20	15.30	15.80	14.29	1.68	5.30
1	209	익산낭산	2005	30	흑운모화강섬록암	20	14.90	14.90	14.90	14.90	15.00	14.90	14.90	14.90	14.90	14.90	14.90	14.90	14.91	0.03	0.10
2		익산낭산				10	15.30	15.30	15.30	15.10	14.90	14.60	14.50	14.40	14.50	14.60	14.70	14.90	14.84	0.34	0.90
1	210	익산용동	1997	40	흑운모화강섬록암	20	15.50	15.50	15.50	15.40	15.10	15.10	15.20	15.20	15.20	15.20	15.20	15.20	15.28	0.15	0.40
1	211	인제기린	2005	3	흑운모화강암	20	11.00	11.00	10.90	10.90	10.80	10.90	10.80	10.80	10.90	10.90	10.90	10.90	10.89	0.07	0.20
1	212	인제남면	2005	13	호상편마암	20	14.00	14.10	14.20	14.00	13.20	13.30	13.40	13.80	13.80	13.80	13.80	13.90	13.78	0.32	1.00
2		인제남면				15	14.70	14.80	14.80	14.50	13.40	12.90	12.90	13.40	13.70	13.90	14.10	14.30	13.95	0.70	1.90
1	213	인제상남	2005	8	호상흑운모편마암	20	11.00	11.10	10.90	11.00	11.10	11.20	11.10	11.00	11.10	11.20	11.20	11.20	11.09	0.10	0.30
1	214	인제서화	2005	11	함석류석 화강편마암	20	12.00	11.60	11.30	10.90	11.40	11.80	12.00	12.00	11.90	12.20	12.10	11.80	11.75	0.38	1.30
1	215	인제인제	2003	11.5	호상편마암	20	13.70	13.70	13.80	13.80	13.80	13.70	13.60	13.70	13.70	13.70	13.70	13.70	13.72	0.06	0.20

1암반 2충적	순번	관측소명	설치 년도	충적층 두께 (m)	암석명	센서 설치 깊이	1월	2월	3월	4월	5월	6월	7월	8월	9월	10월	11월	12월	평균 온도 (℃)	st-dev	온도차
2		인제인제				10	14.40	14.10	13.70	13.30	13.00	12.90	12.80	13.20	13.70	14.00	14.30	14.30	13.64	0.59	1.60
1	216	인천만수	2005	11	흑운모편암	20	14.20	14.20	14.20	14.20	14.20	14.20	14.20	14.20	14.20	14.20	14.20	14.20	14.20	0.00	0.00
1	217	인천연수	2005	16	흑운모화강암	20	14.80	14.80	14.80	14.80	14.80	14.80	14.80	14.80	14.80	14.80	14.90	14.90	14.82	0.04	0.10
2		인천연수				15	14.70	14.80	14.80	14.80	14.80	14.80	14.80	14.80	14.80	14.80	14.80	14.80	14.79	0.03	0.10
1	218	인천하점	1998	9	호상편마암	20	13.80	13.70	13.70	13.60	13.50	13.40	13.20	13.10	13.00	12.90	12.90	12.80	13.30	0.36	1.00
1	219	임실덕치	2001	12	화강암질편마암	20	13.40	13.30	13.20	13.40	13.30	13.30	13.30	13.40	13.30	13.30	13.30	13.30	13.32	0.06	0.20
2		임실덕치				10	14.20	13.80	13.50	13.20	13.00	13.10	13.40	13.70	13.90	14.10	14.30	14.50	13.73	0.49	1.50
1	220	임실임실	1997	5.8	마이산역암	20	13.90	14.00	14.10	14.10	14.10	14.40	14.60	14.60	14.60	14.60	14.30	14.20	14.29	0.26	0.70
1	221	장성남면	2001	29	화강암질편마암	20	14.80	14.80	14.80	14.70	15.20	15.60	15.20	15.00	15.00	15.10	15.10	15.10	15.03	0.25	0.90
2		장성남면				10	15.20	15.20	15.60	16.00	16.00	15.90	15.80	15.80	15.70	15.20	15.30	15.30	15.58	0.32	0.80
1	222	장성북이	2002	12	편상화강암	20	13.70	13.10	12.80	12.70	13.30	13.60	13.70	13.70	13.70	13.70	13.70	13.70	13.45	0.38	1.00
2		장성북이				9	8.50	7.20	7.40	9.40	12.70	15.50	18.30	20.40	21.20	19.80	18.10	15.00	14.46	5.27	14.00
1	223	장성황룡	1996	9.3	화강암질편마암	20	15.80	15.80	15.70	15.50	15.20	15.50	15.70	15.70	15.70	15.70	15.70	15.70	15.64	0.17	0.60
2		장성황룡				10	16.30	15.60	15.10	14.50	13.90	14.40	15.40	16.30	16.90	17.00	17.10	16.90	15.78	1.13	3.20
1	224	장수번암	2001	6	흑운모편마암	20	13.40	13.50	13.70	13.70	13.50	13.60	13.50	13.60	13.60	13.60	13.60	13.60	13.58	0.09	0.30
1	225	장수산서	1997	10.6	남원화강암	20	14.10	14.00	13.90	13.90	14.00	13.70	13.50	13.60	13.70	14.10	14.10	14.20	13.90	0.23	0.70
2		장수산서				10	10.90	9.80	9.50	10.00	11.20	11.90	12.20	12.60	13.10	13.50	14.00	13.70	11.87	1.58	4.50
1	226	장수장수	1999	12.5	장수화강암	20	13.80	13.80	13.70	13.60	13.50	13.30	13.40	13.50	13.50	13.60	13.60	13.80	13.59	0.16	0.50
2		장수장수				10	12.70	11.80	11.20	10.90	11.20	11.80	12.20	12.60	12.90	13.40	13.80	13.60	12.34	0.98	2.90
1	227	장흥장흥	1998	13	화강암질편마암	20	15.60	15.60	15.50	15.50	15.50	15.50	15.60	15.60	15.60	15.60	15.60	15.60	15.57	0.05	0.10
2		장흥장흥				10	15.40	15.00	14.60	14.40	14.20	14.10	15.10	15.90	16.00	16.00	15.80	15.90	15.20	0.73	1.90
1	228	전주만성	1996	15.9	편마상화강암	20	14.60	14.60	14.60	14.60	14.60	14.60	14.60	14.60	14.60	14.60	14.60	14.60	14.60	0.00	0.00
2		전주만성				10	15.10	15.20	15.30	15.00	14.80	14.70	14.50	14.40	14.40	14.60	14.70	14.90	14.80	0.30	0.90
1	229	정선동면	2002	6.5	석회암	20	12.50	12.50	11.90	11.80	11.80	11.90	11.80	11.80	11.80	12.00	12.50	12.60	12.08	0.34	0.80
1	230	정선정선	2001	38	정선석회암	55	12.00	12.00	12.00	12.00	12.00	12.10	12.00	12.00	12.00	12.00	12.00	12.00	12.01	0.03	0.10
2		정선정선				37	12.10	12.10	12.10	12.10	12.10	12.10	12.00	12.00	12.10	12.10	12.10	12.10	12.08	0.04	0.10
1	231	정읍상평	2002	4.5	화강암	20	15.40	14.90	15.00	14.70	15.00	15.20	15.10	15.10	15.10	15.00	15.10	15.00	15.05	0.17	0.70
1	232	정읍신태인	1999	17.1	흑운모화강암	20	14.70	14.70	14.70	14.60	14.60	14.70	14.70	14.70	14.70	14.80	14.80	14.80	14.71	0.07	0.20
2		정읍신태인				10	15.50	14.80	14.70	14.60	14.50	14.30	14.30	14.50	14.60	14.50	14.40	14.10	14.57	0.35	1.40
1	233	정읍옹동	1996	12	엽리상화강암	20	15.00	15.10	15.10	15.00	14.90	14.90	14.90	14.90	14.90	15.00	15.10	15.20	15.00	0.10	0.30
2		정읍옹동				10	15.60	14.80	14.10	13.70	13.60	13.90	14.20	14.60	14.90	15.20	15.50	15.80	14.66	0.76	2.20
1	234	제주노형	2005		현무암	250	16.90	17.10	16.80	17.00	16.40	16.90	15.60	16.80	16.30	16.80	17.00	16.90	16.71	0.42	1.50
1	235	제천고암	1996	29.9	화강암	20	12.60	12.50	12.50	12.50	12.50	12.50	12.50	12.50	12.50	12.50	12.50	12.50	12.51	0.03	0.10
2		제천고암				10	11.90	11.40	11.00	10.70	10.50	10.60	10.50	10.80	11.10	11.30	11.60	11.90	11.11	0.51	1.40
1	236	제천청풍	1999		조선계대석회암	20	13.20	13.20	13.30	13.20	13.10	13.10	13.00	12.90	13.00	13.10	13.10	13.10	13.11	0.11	0.40
1	237	진도의신	2005	12.6	안산암질응회암	20	15.70	15.70	15.70	15.70	15.70	15.70	15.60	15.60	15.60	15.60	15.60	15.60	15.65	0.05	0.10
1	238	진안마령	1998	12	셰일,사암	20	12.80	12.80	12.70	12.70	12.70	12.70	12.60	12.60	13.00	13.70	13.70	13.70	12.98	0.45	1.10
1	239	진안정천	2000	10	화강암질편마암	20	15.40	15.30	15.30	15.20	15.00	15.30	15.60	15.90	16.30	16.60	16.60	15.40	15.66	0.56	1.60
1	240	진주일반성	2001	9.6	적색셰일	20	16.40	16.40	16.50	16.50	16.50	16.40	16.30	16.30	16.40	16.50	16.60	16.50	16.44	0.09	0.30
1	241	진주초전	1995	21	셰일	20	17.10	17.10	17.10	17.00	17.00	16.90	16.90	16.90	16.90	16.90	16.90	16.90	16.97	0.09	0.20
2		진주초전				10	17.40	17.30	17.10	16.80	16.50	16.30	16.20	16.50	16.80	17.30	17.50	17.70	16.95	0.50	1.50
1	242	진천진천	1998	10.5	조립질화강암	20	13.70	13.40	13.20	13.00	13.10	13.20	13.30	13.30	13.30	13.60	14.40	14.40	13.49	0.47	1.40
1	243	진해자은	1996	29.6	마산암	20	16.70	16.70	16.70	16.70	16.70	16.60	16.60	16.70	16.70	16.70	16.80	16.80	16.70	0.06	0.20
2		진해자은				8	18.00	17.60	17.20	16.60	16.00	16.00	16.10	16.40	16.80	17.30	17.70	17.80	16.96	0.74	2.00
1	244	창녕성산	1997	11.5	안산암	20	16.50	16.50	15.70	15.60	15.50	15.50	15.50	15.50	15.50	15.40	15.40	15.20	15.65	0.41	1.30
2		창녕성산				10	16.90	16.80	16.70	15.90	15.00	15.20	16.20	18.10	21.20	20.70	18.00	13.80	17.04	2.19	7.40
1	245	창녕영산	1998	5.5	셰일 및 사암	40	16.30	16.30	16.30	16.20	16.20	16.20	16.30	16.30	16.40	16.40	16.30	16.30	16.29	0.07	0.20
1	246	천안북면	2000	5	호상편마암	20	14.30	14.90	14.80	13.50	13.40	13.50	13.50	13.60	13.40	13.20	13.10	13.10	13.69	0.62	1.80
1	247	천안성거	1996	17.9	흑운모화강암	20	15.00	15.00	15.00	14.90	14.80	14.90	14.90	15.00	15.00	15.00	15.00	15.00	14.96	0.07	0.20
2		천안성거				15	15.10	15.10	15.10	14.90	14.90	14.90	14.90	15.00	15.00	15.00	15.00	15.10	15.00	0.09	0.20
1	248	천안수신	2001	12	호상흑운모편마암	20	14.30	14.30	14.20	14.00	14.10	14.00	14.00	14.00	14.00	13.90	13.90	13.90	14.05	0.14	0.40
2		천안수신				10	14.40	14.20	14.00	13.90	13.50	13.40	13.60	13.70	13.80	13.90	14.00	14.00	13.87	0.29	1.00
1	249	철원철원	2005	4	변성이질암	20	12.90	12.80	12.60	12.50	12.50	12.60	12.60	12.70	12.70	13.00	13.40	13.40	12.81	0.31	0.90
1	250	청도청도	2000	17	비현질안산암	20	15.70	15.70	15.60	15.70	15.60	15.70	15.70	15.70	15.70	15.80	15.80	15.80	15.71	0.07	0.20
2		청도청도				10	16.70	16.00	14.80	13.50	13.00	13.20	14.00	14.70	15.30	15.90	16.40	16.80	15.03	1.37	3.80
1	251	청송부남	2003	5.1	사암	20	15.70	15.70	15.70	15.70	15.70	15.70	15.70	15.70	15.70	15.60	15.70	15.70	15.69	0.03	0.10
1	252	청송파천	1996	10.7	청송화강암	20	12.80	11.90	11.60	11.80	12.10	12.60	13.30	14.10	14.80	15.10	15.20	14.60	13.33	1.37	3.60
2		청송파천				10	7.80	6.40	6.90	8.90	11.10	12.50	14.60	16.20	17.30	17.30	16.60	13.80	12.45	4.14	10.90
1	253	청송현서	2002	7.5	사암	65	13.00	13.20	13.40	13.60	13.50	13.50	13.40	13.40	13.30	13.50	13.40	13.50	13.39	0.16	0.60
2		청송현서				10	12.10	11.00	11.00	10.90	10.80	10.90	11.30	11.80	12.10	12.60	12.80	12.30	11.63	0.73	2.00
1	254	청양정산	1998	35.5	화강편마암	20	14.60	14.50	14.50	14.40	14.40	14.40	15.30	14.60	14.60	14.60	14.50	14.50	14.58	0.24	0.90
1	255	청원가덕	1995	18	흑운모화강암	30	14.60	14.50	14.50	14.40	14.40	14.40	15.30	14.60	14.60	14.60	14.50	14.50	14.58	0.24	0.90
2		청원가덕				20	13.70	13.70	13.70	13.70	13.70	13.70	13.70	13.70	13.80	13.80	13.80	13.80	13.73	0.05	0.10
1	256	청원강내	1999	14.5	흑운모화강암	20	14.60	14.70	14.90	14.90	14.60	14.60	14.60	14.60	14.60	14.70	14.70	14.70	14.68	0.11	0.30
2		청원강내				10	16.30	16.10	15.60	15.10	14.30	14.00	13.70	13.80	13.90	14.10	14.40	14.50	14.65	0.91	2.60
1	257	청원미원	1996	16.5	사질천매암	20	12.80	12.80	12.80	12.80	12.60	12.60	12.60	12.60	12.60	12.60	12.60	12.60	12.67	0.10	0.20
1	258	청원부용	2002	13.8	반상화강암	20	16.50	16.60	16.20	15.70	15.20	14.70	14.80	15.30	15.40	15.50	15.70	15.90	15.63	0.60	1.90
2		청원부용				10	18.80	16.80	14.20	12.60	11.60	11.30	12.40	13.80	15.30	16.90	18.10	18.90	15.06	2.80	7.60
1	259	청원북일	1996	6.7	반상화강암	20	13.20	12.40	11.70	11.30	11.40	12.00	13.10	13.40	13.50	13.90	13.90	13.80	12.80	0.99	2.60
1	260	청주내덕	1997	8.7	반상화강암	20	14.20	14.00	13.70	13.60	13.50	13.60	13.60	14.00	14.20	14.60	15.00	15.00	14.08	0.54	1.50
2		청주내덕				9	14.10	13.00	12.40	11.90	11.80	12.50	13.30	13.80	14.50	15.20	15.30	14.50	13.53	1.23	3.50
1	261	춘천북산	2002	5.5	흑운모편마암	20	12.00	11.90	11.90	11.90	11.90	12.10	12.00	12.00	11.90	11.90	11.90	11.90	11.94	0.07	0.20
1	262	춘천신동	2002	12	호상편마암	20	12.70	12.40	12.10	11.80	11.80	11.90	12.10	12.60	13.10	13.30	13.30	13.00	12.51	0.57	1.50
2		춘천신동				10	12.60	11.80	11.00	9.90	10.00	10.80	12.30	14.20	15.60	15.10	14.30	13.20	12.57	1.95	5.70
1	263	춘천우두	1995	12	흑운모화강암	20	16.40	16.40	16.50	16.40	16.50	16.60	16.60	16.60	16.60	16.60	16.50	16.50	16.52	0.08	0.20
2		춘천우두				7.5	17.50	17.20	16.40	15.90	15.70	15.40	15.00	15.70	16.60	17.00	17.20	17.30	16.41	0.85	2.50
1	264	충주가금	1995	16.5	흑운모화강암	20	13.70	13.70	13.70	13.70	13.70	13.60	13.30	13.80	14.00	14.00	14.00	14.00	13.77	0.21	0.70
2		충주가금				13	13.70	13.80	13.90	14.00	14.10	14.10	14.00	14.20	13.80	13.70	13.90	14.00	13.93	0.16	0.50
1	265	충주동량	1997	12	흑운모화강암	20	14.40	14.40	14.50	14.50	14.50	14.40	14.40	14.60	14.70	14.70	14.70	14.70	14.54	0.13	0.30
2		충주동량				11	16.10	15.90	15.40	14.90	14.40	14.30	14.30	14.60	14.80	15.00	15.00	15.10	14.98	0.58	1.80
1	266	칠곡가산	2001	12	역질사암	20	16.90	16.80	16.70	16.60	16.70	17.10	17.40	16.10	16.80	16.90	17.00	16.80	16.82	0.31	1.30

1암반 2충적	순번	관측소명	설치 년도	충적층 두께 (m)	암석명	센서 설치 깊이	1월	2월	3월	4월	5월	6월	7월	8월	9월	10월	11월	12월	평균 온도 (℃)	st-dev	온도차
2		칠곡가산				10	16,90	16,20	15,50	14,90	14,70	15,10	15,70	16,30	16,90	17,40	17,70	17,90	16,27	1,10	3,20
1	267	칠곡왜관	2002	12	화강암질편마암	20	14,70	14,70	14,60	14,60	14,50	14,50	14,50	14,50	14,50	14,40	14,40	14,40	14,53	0,11	0,30
2		칠곡왜관				10	15,20	14,90	14,70	14,40	14,30	14,30	14,40	14,60	14,70	14,80	14,90	15,10	14,69	0,30	0,90
1	268	태백황지	1997	5	적색사암	25	12,10	12,00	11,90	11,70	11,70	11,60	11,30	11,30	11,10	11,10	11,20	11,20	11,52	0,36	1,00
1	269	태안원북	1998	9	규암	20	14,00	11,30	8,10	9,70	12,60	13,40	15,30	15,00	15,80	17,70	17,40	12,90	13,60	2,91	9,60
1	270	태안태안	1998	24	흑운모화강암	20	13,70	13,60	13,50	13,40	12,80	13,10	13,50	13,80	13,90	13,90	13,90	14,20	13,61	0,38	1,40
1	271	통영용남	1998	2,5	안산암	20,93	14,50	14,20	13,90	14,50	14,80	14,90	14,90	14,90	14,80	12,40	12,50	12,80	14,09	0,97	2,50
1	272	파주맥금	2003	22,7	호상편마암	20	13,70	13,70	13,70	13,70	17,50	19,60	19,20	14,30	14,00	13,90	13,90	13,90	15,09	2,27	5,90
2		파주맥금				15	15,50	15,10	13,60	13,10	12,30	12,20	13,20	13,50	13,10	13,00	13,10	13,30	13,42	0,98	3,30
1	273	파주문산	2004	5	흑운모편마암	20	14,20	14,20	14,20	14,10	14,10	14,10	14,10	14,10	14,10	14,10	14,10	14,10	14,13	0,05	0,10
1	274	파주법원	1998	3,6	호상편마암	20	12,50	12,50	12,50	12,40	12,60	12,60	12,60	12,70	12,70	12,60	12,50	12,40	12,55	0,10	0,30
1	275	평창대화	1997	11,7	석회암	30	12,00	12,00	12,00	12,00	12,00	11,00	11,00	11,00	11,00	11,00	11,00	11,00	11,42	0,51	1,00
1	276	평창봉평	2002	17	화강섬록암	20	12,80	12,50	12,30	12,00	12,00	11,50	11,80	12,70	12,90	13,10	13,00	12,20	12,40	0,51	1,60
2		평창봉평				10	10,80	9,70	8,30	7,30	7,40	8,60	10,40	12,40	14,00	15,00	14,70	14,00	11,05	2,88	7,70
1	277	평창진부	2000	4,2	화강암	20	11,70	11,70	11,70	11,70	11,60	11,40	11,90	12,40	12,50	12,40	12,50	12,60	12,01	0,43	1,20
1	278	평창평창	2002	20	화강암	20	13,60	13,70	13,60	13,50	13,50	13,60	13,60	13,60	13,60	13,70	13,60	13,60	13,60	0,06	0,20
2		평창평창				10	14,10	13,80	13,40	13,00	12,80	12,80	13,40	14,20	15,20	15,70	16,00	16,20	14,22	1,25	3,40
1	279	평택안중	2005	16	호상편마암	20	14,20	14,20	14,20	14,20	14,10	13,80	13,90	14,10	14,10	14,10	14,10	14,10	14,09	0,12	0,40
2		평택안중				10	12,80	12,60	12,50	12,40	12,40	12,60	12,70	12,40	12,10	12,60	12,70	12,70	12,54	0,19	0,70
1	280	평택진위	2004	12,5	화강편마암	20	13,70	13,60	13,60	13,50	13,50	13,70	13,70	13,80	13,80	13,70	13,60	13,70	13,66	0,10	0,30
1	281	평택통복	1996	20,5	화강암질편마암	20	15,00	15,00	15,00	15,00	15,00	15,00	15,00	15,00	15,00	15,00	15,00	15,00	15,00	0,00	0,00
2		평택통복				10	15,50	15,40	15,40	15,20	15,10	14,90	14,90	15,30	15,20	15,30	15,50	15,60	15,28	0,23	0,70
1	282	포천영북	2005	30	흑운모화강암	20	12,60	12,60	12,40	12,40	12,40	12,50	12,50	12,50	12,60	12,60	12,60	12,60	12,53	0,09	0,20
2		포천영북				15	12,90	12,90	11,20	11,00	11,60	11,90	12,10	12,40	12,50	12,60	12,60	12,70	12,20	0,65	1,90
1	283	포천화현	1998	17	대보화강암	20	11,90	11,70	11,40	11,50	11,70	11,90	12,00	12,00	12,00	12,00	12,10	12,10	11,86	0,23	0,70
1	284	포항구룡포	2001	6	안산암	20	15,10	15,20	15,20	15,20	15,30	15,40	15,20	15,80	15,80	16,00	16,00	16,00	15,52	0,37	0,90
1	285	포항기북	2001	8,9	셰일	20	15,10	15,00	14,80	13,60	13,70	13,80	13,90	14,00	14,00	15,40	16,00	16,00	14,61	0,89	2,40
2		포항기북				10	15,10	13,80	13,00	12,50	13,10	13,60	14,00	14,20	14,60	15,20	15,70	16,00	14,23	1,11	3,50
1	286	포항신광	1997	7	흑운모화강암	28	15,30	15,30	15,30	15,30	15,30	15,30	15,30	15,30	15,30	16,60	17,30	17,30	15,74	0,82	2,00
1	287	포항연일	1995	39	이암	20	15,10	15,10	15,10	15,10	15,10	15,10	15,00	15,00	15,00	15,00	15,00	14,90	15,04	0,07	0,20
2		포항연일				20	15,30	15,40	15,40	15,10	15,20	15,30	15,30	15,30	15,30	15,30	15,30	15,40	15,30	0,09	0,30
1	288	포항장흥	1997	5,2	이암	20	15,50	15,50	15,50	15,50	15,50	15,50	15,50	15,50	15,30	15,30	15,50	15,50	15,47	0,08	0,20
1	289	하남하산곡	2004	15	호상흑운모편마암	20	13,80	13,80	13,80	13,80	13,70	13,80	13,70	13,70	13,70	13,70	13,70	14,10	13,78	0,11	0,40
1	290	하동양보	2002	10	각섬석편마암	20	15,80	15,80	15,80	15,80	15,80	15,80	15,90	15,90	15,80	15,80	15,90	15,90	15,83	0,05	0,10
1	291	하동하동	1996	16,9	반상변정질편마암	20	15,90	15,90	15,90	15,90	15,90	15,90	15,80	15,80	16,00	16,00	16,10	16,00	15,93	0,09	0,30
2		하동하동				9,5	16,40	15,90	15,60	15,10	14,70	14,70	15,60	16,00	16,70	17,00	17,10	17,00	15,98	0,87	2,40
1	292	하동화개	2001	17	화강암질편마암	20	15,60	15,30	15,00	14,90	14,90	15,10	15,10	15,30	15,80	16,30	16,50	16,20	15,50	0,57	1,60
2		하동화개				10	13,00	11,20	11,00	11,30	13,00	15,40	18,10	19,10	20,80	20,00	19,00	17,50	15,78	3,72	9,80
1	293	함안칠원	2000	11	암회색셰일	20	16,80	16,80	16,80	16,50	16,80	17,30	16,70	16,70	16,70	16,70	16,70	16,70	16,77	0,19	0,80
2		함안칠원				10	17,10	16,20	15,60	15,00	15,20	16,20	17,30	17,90	18,50	18,20	18,10	18,00	16,94	1,25	3,50
1	294	함양마천	2000	20	반려암질암	20	14,30	14,30	14,30	14,30	14,30	14,40	14,20	14,10	14,20	14,30	14,40	14,40	14,29	0,09	0,30
2		함양마천				16	15,40	15,40	15,80	15,10	14,00	14,00	13,90	13,80	13,80	13,80	13,80	13,90	14,39	0,78	2,00
1	295	함양병곡	2002	12	중립질화강암	20	14,50	14,50	14,50	14,50	14,50	14,50	14,50	14,50	14,50	14,60	14,60	14,60	14,53	0,05	0,10
2		함양병곡				10	15,30	15,40	15,50	15,40	15,40	15,30	15,00	15,10	15,00	15,00	15,10	15,30	15,23	0,18	0,50
1	296	함평신광	1997	5	유문암질응결응회암	20	15,00	15,00	15,00	15,00	15,00	15,00	15,10	15,10	15,10	15,00	15,10	15,10	15,04	0,05	0,10
2		함평신광				10	15,50	15,20	14,90	14,60	14,40	14,40	14,50	14,70	14,90	15,20	15,60	15,80	14,98	0,48	1,40
1	297	합천삼가	2004	5,5	(암회색)셰일	20	14,40	14,20	13,90	13,70	13,90	13,80	14,30	14,30	14,40	14,50	14,30	14,30	14,17	0,27	0,80
1	298	합천야로	2003	15	화강암	20	15,40	15,40	15,40	15,30	15,20	15,20	15,00	15,30	16,40	16,50	16,70	16,70	15,71	0,65	1,70
1	299	합천적중	1998	15,5	셰일	20	16,90	16,80	16,10	16,20	16,30	16,20	16,20	16,10	16,10	16,10	16,00	16,00	16,25	0,29	0,90
2		합천적중				15	16,70	16,70	16,90	17,00	17,00	16,80	16,70	16,70	16,60	16,60	16,60	16,40	16,73	0,18	0,60
1	300	합천합천	1996	16	편마상화강암	20	15,30	15,40	15,50	15,60	15,30	15,00	14,80	14,90	15,00	15,10	15,10	15,20	15,18	0,24	0,80
2		합천합천				8	18,20	17,80	17,20	16,30	15,10	13,80	12,80	13,80	14,90	16,70	17,70	18,00	16,03	1,88	5,40
1	301	해남해남	1997	3,5	편상복운모화강암	20	14,90	14,90	14,90	15,40	15,50	15,50	15,50	15,60	15,50	15,00	14,00	15,00	15,14	0,46	1,60
1	302	해남현산	2000	4,5	산성화강암류	20	14,80	13,50	13,40	14,20	14,80	15,40	15,90	16,70	17,80	18,20	17,70	16,60	15,75	1,67	4,80
1	303	홍성결성	2003	2,5	흑운모감섬석편암	20	13,50	13,60	13,50	13,70	14,00	14,10	14,20	14,20	14,20	14,30	14,30	14,30	13,99	0,32	0,80
1	304	홍성홍성	1997	49	홍성조립질흑운모화강암	25	14,20	14,20	14,20	14,20	14,20	14,30	14,20	14,20	14,20	14,20	14,20	14,20	14,21	0,03	0,10
1	305	홍천서면	2005	1,5	흑운모편마암	20	12,80	12,90	12,80	12,80	12,70	12,70	12,60	12,60	12,60	12,60	12,70	12,70	12,71	0,10	0,30
1	306	홍천서석	2002	9	흑운모화강암	20	11,90	11,80	11,70	11,60	11,70	11,70	11,70	11,70	11,90	11,90	12,00	11,90	11,79	0,12	0,40
1	307	홍천홍천	2000	12,4	석영-장석질편마암	20	14,40	14,40	14,40	14,30	14,40	14,70	14,50	14,50	14,50	14,50	14,60	14,60	14,48	0,11	0,40
2		홍천홍천				10	11,90	11,70	11,60	12,20	12,90	13,00	13,90	15,60	15,60	15,50	14,50	12,70	13,43	1,55	4,00
1	308	홍천화촌	2003	5	반상화강암	20	10,10	9,80	9,70	9,70	9,90	10,10	10,40	10,90	11,00	11,00	11,10	11,00	10,39	0,57	1,40
1	309	화성양감	2002	11,5	호상편마암	20	13,70	13,70	13,60	13,50	13,40	13,50	13,60	13,30	13,50	13,60	13,70	13,80	13,58	0,14	0,50
2		화성양감				10	13,50	12,40	11,60	11,30	11,50	12,00	12,70	13,40	14,50	15,40	15,80	15,30	13,28	1,63	4,50
1	310	화성우정	2004	19	(상부)편암	20	13,70	13,70	13,70	13,70	13,70	13,70	13,70	13,70	13,70	13,70	13,70	13,60	13,69	0,03	0,10
2		화성우정				15	14,00	14,10	14,10	14,10	14,20	14,20	14,20	14,20	14,20	14,20	14,20	14,20	14,16	0,07	0,20
1	311	화성팔탄	2003	16,8	상부편암	20	13,80	13,70	13,70	13,70	13,70	13,70	13,80	13,80	13,80	13,80	13,80	13,80	13,76	0,05	0,10
2		화성팔탄				10	13,60	13,20	13,00	12,80	12,70	12,80	12,80	12,70	12,90	13,00	13,20	13,40	13,01	0,29	0,90
1	312	화순남면	2004	5	화강암질편마암	20	14,50	14,50	14,00	14,40	14,50	14,70	14,90	14,90	14,90	14,80	14,80	14,90	14,65	0,28	0,90
1	313	화순능주	1997	31	흑운모화강암	20	15,60	15,50	15,30	15,20	15,20	15,40	15,80	15,80	15,80	15,80	15,60	15,50	15,54	0,23	0,60
2		화순능주				6	15,10	14,30	13,80	13,30	13,40	13,70	14,10	14,30	14,70	15,00	15,40	15,40	14,38	0,74	2,10
1	314	화순북면	1999	7	편마암	20	15,00	15,10	15,10	15,10	14,90	14,90	14,90	14,90	14,90	14,90	14,90	14,90	14,96	0,09	0,20
1	315	화순이양	2001	12	화강암질편마암	20	14,50	14,00	13,90	14,00	14,40	14,70	14,60	14,60	14,50	14,50	14,60	14,60	14,41	0,28	0,80
2		화순이양				10	13,80	12,70	12,10	12,00	12,40	13,00	13,50	14,30	15,40	15,90	16,00	15,50	13,88	1,50	4,00
1	316	화천간동	2001	21,5	복운모화강암	25	13,40	13,40	13,30	13,10	12,80	12,60	12,70	12,90	13,00	13,10	13,20	13,20	13,06	0,26	0,80
2		화천간동				15	14,00	13,40	13,20	11,80	10,30	11,30	13,20	15,10	16,30	15,50	15,50	14,60	13,68	1,85	6,00
1	317	화천사내	2001	12,7	석류석편마암	20	13,40	13,40	13,40	13,40	13,30	13,30	13,30	13,30	13,30	13,40	13,40	13,40	13,36	0,05	0,10
1	318	화천상서	2001	14,7	석류석편마암	20	12,60	12,40	12,40	12,40	12,60	12,70	12,80	12,90	13,00	12,90	12,50	12,50	12,64	0,22	0,60
2		화천상서				10	11,00	10,40	9,90	9,90	10,10	10,50	10,90	11,20	11,50	11,90	12,20	11,70	10,93	0,79	2,30
1	319	횡성안흥	1997	4,3	흑운모편마암	20	11,80	11,80	11,80	11,70	11,70	11,60	11,60	11,60	11,60	11,60	11,60	11,60	11,67	0,09	0,20
1	320	횡성횡성	2001	5,1	흑운모화강암	20	12,80	12,80	12,80	12,80	12,70	12,60	12,70	12,70	12,70	12,70	12,70	12,70	12,73	0,06	0,20
							2,038	2,202	2,251	2,1511	2,0254	1,8419	1,8074	1,8909	1,859	1,749	1,646	1,682			

참고문헌

- 건설교통부, 2013, 지하수관리계획 보고서.
- 건설교통부, 지하수조사연보, 2007, 2009 및 2013.
- 국토개발연구원, 1997. 제주도 중산간지역 종합조사.
- 김백록, 장휘우, 1994, "장백산 화산지질연구", 동북조선민족교육 출판사, p.21-31.
- 박영길, 리경해, 길영화, 1998, "지하수 분포상태와 매장량계산", 북한기상수문연구소, 기상과 수문, p.21-23.
- 박영길, 박성호, 1998, "다세포망에 의한 지하수 물높이 변화예보 계산 보형", 북한기상수문 연구소, 기상과수문, p.20-22.
- 사)대한지질학회, 1998, "한국의 지질", Σ시그마프레스, p.318-321, 465-474.
- 제주도, 2001, 제주도수문지질 및 지하수자원 종합조사(Ⅰ), p.53~58.
- 조용환 등, 1996, "남북한 수자원 비교평가연구", 한국과학기술단체총연합회, p.7-12, 18-26, 32-35, .41-42
- 최진옥, 1998, "북한 농업생산기반 현황과 남북한 협력방안", 농공기술, No. 61, p.44-53.
- 한정상, 김천수, 1992. 11, (사)대한지질학회, 광천음료수의 합리적인 관리방안에 관한 연구.
- 한정상, 우남칠, 1999. 11, 지하수 수질기준 타당성 검토 및 조정방안 연구, 환경부/(사)대한지하수환경학회.
- 한정상 외 2004, 지열펌프냉난방시스템, 도서출판 한림원.
- 한정상, 2015, 수리지질과 지하수모델링, 내하출판사.
- 한정상, 한찬, 한혁상, 2010, 지열에너지, 도서출판 한림원.
- 한정상, 한혁상, 윤운상, 2008, 현장 열응답시험과 현장 대수성시험결과를 동시분석 가능한 통합 전산 program에 관한 연구, 한국지열에너지학회논문집, Vol.4, No.1, p.11-19.
- 한정상, 한찬, 전재수, 윤운상, 한혁상, 2007, 하천 충적대수층계의 강변여과수를 열원으로 이용하는 지하수열펌프 시스템의 계절별 입구온도와 효율성평가, 한국지열에너지학회논문집, Vol.3, No.2, p.39-51.
- 한정상, 한혁상, 한찬, 김형수, 전재수, 2006, 수주지열정을 이용한 천부지열 냉난방시스템 설계지침, 자원환경지질, 39(5), p.607-613.
- 한정상, ED.Lohrenz, 한혁상, 한찬, 김형수, 2005,지중열교환기와 빙축열조(Thermal Ice Storage)를 연계시킨 통합지중열 빙축열조 시스템(Integrated GEO/TES), 자원환경지질, 38(6), p.717-729.
- 한정상, 1994, 미국 지하수자원의 최적관리기법과 보호전략에 관한 연구, 지질공학회지,4(.1), p.57-77.
- 홍순익, 1989, "조선자연지리(지리학부용)", 김일성종합대학 인쇄공장, p.10-35, 135-139.
- 히라타류타로, 1998, "북한농업실상과 농업생산 통계의 제문제", 농공기술 No.6, p.18-28.
- ARI Standard 330-93,1993,Ground Source Closed-Loop Heat Pump Equipment. Arlington, Va..

Air-Conditioning and Refrigeration Institute.

- ASHRAE, 1995, Geothermal Energy, ASHRAE Handbook-Applications, 29. p.14-29.
- Choi.J.C., J.Park, and S.R.Lee. 2013, Numerical evaluation of effects of groundwater flow on borehole heat exchanger arrays. Renewable Energy Vol.52 : p.230-240
- Claesson, J. and Eskilson, P., 1987, Thermal Analysis of Heat Extraction Bore Holes. Lund, Sweden, Lund Institute of Technology.
- Dekordi, S.E., R.Schincariol, B.Olofsson, 2015. Impact of groundwater flow and energy load on multiple borehole excangers, Groundwater, Vol.54, No.4, p.558-571
- Diersch, H.J.G., D.Bauer, W.Heiderman, W.Ruhaak, and P.Schatzer, 2010. Finite element formation for borehole exchangers in modeling geothermal heating systems by FEFLOW. FEFLOW white papers, Vol.-V, DHI-WASY GmpH, BERLIN, Germany.
- Eskilson, Per.,1987, Thermal Analysis of Heat Extraction Boreholes. Dept., of Mathematical Physics, University of Lund, Sweden.
- Ferguson,G., 2015. Screening for heat transport by groundwater in closed thermal system, Groundwater, Vol.53, No.3, p.503-506.
- Hahn, Jeong-Sang, Lee, Young-Hoon, 1997, A study on the groundwater protection strategies for the Cheju volcanic island/Korea. J .Environ. Health A32(3), p.813-834.
- IGSHPA, 2000, Closed-loop/Geohtermal Heat Pump Systems-Design and Installation Standands.
- IGSHPA, 2003, Certified Geoexchange Designer Training Book 1 and 2, IGSHPA.
- Kavanaugh.S.P. and Rafferty. K, 1997, Ground Source Heat Pump, ASHRAE.
- Kazemann, R.G. and Whitehead, W.R.,1980, The Spacing of Heat Pump Supply and Discharge Wells, Groundwater Heat Pump Journal, Summer 1980, Vol.1, No.2 Columbus, Ohio: Water Well Journal Publishing Co.
- Kusuda, T. and Achenbach, P.R., 1965, "Earth Temperatures and Thermal Diffusivity at Selected Stations in the U.S." ASHRAE Transactions, Vol. 71, Part 1.
- Mason, B., 1966. Principles of Geochemistry, p.41~50, New York, John Wiley and Sons, Inc.
- Matthess, G., 1982, The Properties of Groundwater, John Wiley and Sons, p.59~70.
- MIT, 2007, The future geothermal energy/Impact of EGS on the United States in the 21th Centry, p.1-1, 6-51.
- NewJersey Dept. of Envirn. Protection, 1999. 3, Guidelines for Developing Ground-water Protection Program Plans, Div. of Water Quality.
- NRECA etal, 1995, Closed-loop/Geothermal Systems-Slinky Installation Guide, RER Project 86-1.

- Palmer, C.M. et al., Principles of Contaminant Hydrogeology, Lewis Publishing Inc., 1292, p.95~187.
- Phiffer, R.W. et al., 1989, Handbook of Hazadous Waste Management, Lewis Publishers Inc., p.29~84.
- Remund, C.P., 1996, The Effect of Grout Thermal Conductivity on Vertical Geothermal Heat Exchanger Design and Performance, South Dakota State University.
- Robertson, E.C., 1988, Thermal Properties of Rocks, U.S. Geological Survey Open File Report 88-411, Washington D.C
- South Carolina,1999. Source Water Assessment and Protection Program.
- State of Pennsylvania, 1996. Groundwater Monitoring Gruidance Manual, Dept. of Envirn. protection.
- State of South Dakoda, 1995. 4, Wellhead Protection Quidelines, Dept, of Envirn. & Natural Resources.
- USEPA 570/9-91-009, 1991, Delineation of Wellhead Protection Areas in Fractured Rocks.
- USEPA, 1987, Guidelines for Delineation of Wellhead Protection Areas
- Woller, B.E., 1994, Design and Operation of a Commercial Water-loop Heat Pump with a Ground-Loop Heat Pump System, ASHRAE Transactions, Vol. 100, Part 1. Atlanta: Amarican Society of Heting, Refrigerating and Air-Conditioning Engineers, Inc.

:: EPILOGUE

1960년대에 우리나라의 지하수자원을 처음 조사 연구한 기관은 토지개량조합연합과 지질조사소 그리고 1960년 초에 미국의 지질조사소(USGS)와 미국의 개척국(USBR)에서 파견된 12명의 수문 및 수리지질전문가와 한국의 수문 및 지질기술자들이 제1차 경제개발계획에 의거하여 국내용수 문제를 조사하기 위해 USOM과 건설부가 결성한 한강유역합동조사단이었다. 대학을 졸업하고 군복무를 마친 후 조사단에 입사하여 한강유역을 중심으로 전국적인 지하수조사를 실시하였는데 당시 모시고 있었던 분으로는 우리나라 응용지질계의 원로였던 고 최승일 선배(서울대 2기)와 USGS의 지하수부장을 지낸 후 조사단에 합류한 Mr. J.T.Callahan이었다.

당시 조사단에는 지하수과가 있었고 지하수조사는 USGS의 지하수조사 방식으로 실시하였다. 다행히 저자는 1968년도에 정부연수생 자격으로 Colorado/Denver에 소재한 USGS(Fedral Center)에서 실시하는 지하수조사 과정을 반년간 연수할 기회가 있었다. 이 과정은 USGS에서 근무하는 연구원에게 매년 실시하는 연속교육 프로그램과정이었다. Callahan 씨의 특별 부탁으로 저자는 Quantitative hydrogeology 분야를 당시 USGS에서 근무하고 있던 DR. R.W.Stallman, Dr.M.I.Rorabough 및 Dr.J.G.Ferry들로부터 특별 지도를 받을 수 있었다.

1966년~ 1970년까지 한강유역 합동조사단에서 근무했는데 조사단이 새로 발족한 한국수자원개발공사에 흡수 합병되면서 본사 시험연구소의 지질계장으로 자리를 옮기게 되었다.

1973년에 (주)고려개발은 세계은행이 발주한 Bangladesh국의 Deep Tube Well Project를 수주하여 저자는 현장 소장으로 근무하게 되었다. 이 Project는 Ganges와 Bramabutra강의 Delta 지역에 분포된 고투수성 제4기 충적대수층에 구경 600mm, 심도 40~100m되는 600여공의 관정과 수중 모터 펌프 및 양수장 일체를 건설하는 사업이었다. 관정은 순수한 청수를 이용하여 Air lift(공기압축기 600CFM/150psi)의 역순환(reverse circulation) 방식으로 설치했으며, 굴착공의 수직도는 물론 공내 붕괴를 방지하면서 주대수층구간에 소정 규모의 스크린을 현장에서 직접 판단하여 설치하도록 설계되어 있었고 각 관정의 설계 수량은 $3ft^3/s(7,300m^3/d)$ 이상, 허용 토사 출량은 5ppm 미만이어야 하는 일종의 텅키 방식인 프로젝트였다. 이 당시 Air lift형 역순환 방식(모래층을 청수를 이용하여 굴착)은 우리에게 매우 생소한 착정법이었다. 그래서 장비제조회사인 네덜란드의 JuConrad에서 파견된 기술자로부터 5일간 집중 훈련을 받은 후에야 우리 자체의 능력으로 장비를 다룰 수 있게 되었다.
공사기간 동안 감리회사인 영국의 Sir Mcdonald사는 한국 팀의 기술과 성실성을 인정하여 현장 지하수 탐사 시 취득한 자료를 우리 팀에 의뢰하여 분석하기도 하였다. 당시에 이 프로젝트에 참가한 한국기술진음 윤동진, 윤태성, 권기옥, 저자, 한규상을 위시하여 Dacca 대학의 지질학과 출신의 5명의 현지 지질기술자와 40여 명의 기능공들이었다.
70년대 한국경제는 매우 급속하게 발전하는 시기였다. 이때 이미 삼성그룹은 경제성장에 발맞추어 각 공장별로 늘어나는 물수요량을 공장부지 내나 그 인근지에 부존되어 있는 지하수를 개발 · 이용하려는 계획을 세우고 일본기술자들을 초빙하여 용수수요처 별로 지구물리탐사(방사능 탐사)를 실시해 두었으며, 선정된 지점에서 지하수를 개발하기 위해 Spindle형 대형 착정기까지 도입하여 착정을 하였으나 만족한 만한 결과를 얻지 못한 상태였다. 저자는 방글라데시에서 1년 반 근무를 한 후 한국에 휴가를 나와 있었는데 당시 삼성그룹의 (주)중앙개발의 구자학 사장께서 한번 만나자고 해서 대면했던 것이 인연이 되어 그 회사에서 근무하게 되었다.
그 당시 (주)중앙개발이 보유하고 있던 착정장비는 구동장치가 베벨기아로 만들어진 Spindle형 TONE 착정기로 국내에서는 가장 좋은 장비에 속했지만, 경 200mm로 암반을 100m 굴진하는 데는 굴착 기간이 최소 3~6개월이 소요되는 구식장비였다. 따라서 1974년 당시 100m 심정 1개공을 굴착하는데 지불해야 하는 비용은 천이백만 원~천사백만 원 규모였다. 실제 이 당시 미국과 스웨덴을 위시한 선진국들은 고압의 대용량 공기압축기와 에어헴머를 조합시킨 고압공기회전식 착정기를 이용해서 하루에 100m (200mm 구경) 이상을 굴착할 수 있는 장비를 사용하고 있었다. 1968년 미국에서 연수받을 때 견학한 신형착정기를 구자학 사장과 이병철 회장께 보고 드리고 보다 정확한 탐사와 굴착공기를 단축할 수 있는 방안으로 수리지질기술자의 인력보강과 착정장비의 교체 및 지구물리 탐사장비(탄성파, 전기비저항, 검층기 등)의 구입을 건의하였다.
그런데 1960대 초에 주한 미8군은 이미 고성능 착정기를 이용하여 주한 미군부대의 각종 용수를 심부지하수로 대체하고 있었다. 하루는 미8군 FDA 소속의 지하수 담당자인 Mr.King으로부터 충북 진천에서 고성능착정기를 이용하여 심정을 굴착하고 있으니 견학을 하지 않겠느냐는 전갈을 받고 그 다음날 구자학사장과 함께 현장을 방문하여 직접 굴진속도를 점검하였다. 과연 굴착개시 1시간 만에 10m 이상씩 굴진하는 것을 확인하고 감탄하던 구 사장님의 모습이 지금도 눈에 선하다. 그 다음 주에 흔쾌히 1대에 280,000 US$에 달하는 고가의 Top head drive형의 T-4 착정기를 구매토록 허락해 주었다(그 후에 3대를 추가로 구매하였다).

1960~ 1970년대에 대다수 지질학자들은 경상계 퇴적층을 지하수산출성이 매우 저조한 저투수성의 난대수층으로 생각했다. 그러나 Callahan 씨를 위시한 한강유역팀은 경상계 지층의 심부지하수 산출성이 매우 양호하다는 확신을 갖고 있었다. 왜냐하면 68년대에 FDA가 대구에 소재한 Camp Henry에서 굴착한 경상계 퇴적층에서 1일 약 1,000m^3 이상의 심층 지하수를 개발한 사례들이 있었기 때문이다. 그래서 삼성그룹 소속공장 가운데 제일 먼저 경상계 퇴적층 분포지역에 소제한 대구의 제일모직 부지 내에 총 4개공의 심정을 80~120m 심도씩 굴착하였다. 예상한 데로 1개 공당 평균 800~2,000m^3/d 규모의 심부지하수를 개발할 수 있었다. 그 후 순차적으로 경산의 제일합성, 구미의 제일합성, 수원의 삼성전자 및 용인 자연농원들이 필요로 하는 용수를 암반지하수로 해결하였다. 이러한 결과를 본 이병철 회장은 지하수조사 개발 사업이야 말로 無에서 有를 창조하는 사업이라고 극찬을 해주었다. 그러면서 우리 삼성뿐만 아니라 용수를 필요로 하는 일반 기업들도 이 기술을 활용할 수 있도록 판촉해보라는 지시를 받고 국내 최초로 1976년에 지하수 수주를 위한 신문광고를 하게 되었다.

이 이외에도 재미있었던 일들이 많이 있었지만 그 중 기억나는 일은 (주)삼환기업이 74 ~ 75년도에 여의도에서 대규모 아파트 공사를 하고 있었는데 심정지하수가 필요하다고 해서 100m 심도의 심정 1개공을 천사백만 원에 계약을 하고 시공을 하였다. 굴착 개시 후 단 3일 만에 공사를 완료하고 청구서를 보냈더니 (주)삼환기업 사장이 담당자인 나를 직접 한번 보고 싶다고 해서 그의 사무실에서 만난 일이 있었다. 그 때 삼환 사장이 하시는 말씀이 우리는 아파트 30~40평짜리 1동(당시 가격이 1400만 원 정도였음)을 건설하는데 1~2년에 걸리는데 자네는 3일 만에 40평형 아파트공사비에 해당하는 일을 끝내고 대금을 청구하는 것을 보니 한편으로는 부럽고 한편으로는 속은 것 같기도 하다며 공사금 일부를 네고해 주어야겠다고 하셨다. 지하수탐사를 해서 지하수 개발지점을 선정하고 그 결과에 따라 심정을 시공하고, 각종 시험을 실시하는 것은 부장인 내 소관이지만 공사금은 우리 사장님께서 결정하는 일이라 1개 부장이 마음대로 조정할 수 없는 일이 아니겠냐고 했더니 원계약대로 공사금을 지출해준 일이 있었다. 이 일이 인연이 되어서인지 1975년 (주)삼환기업은 사우디아라비아의 홍해연안에 소재한 AlKybal-AlUlla 사이의 고속도로공사를 수주하였는데 흙다짐용으로 사용할 공사용수가 없다고 나에게 지하수를 탐사해 달라는 요청을 하였다. 그래서 3개월간 사우디아라비아의 사막에서 지하수 탐사를 실시하고 Wadi에서 천부지하수를 찾아준 예가 있다.

T-4와 같은 고압고용량의 고성능 착정장비가 국내 처음으로 삼성그룹에 의해 도입되고

지하수가 전혀 산출되지 않을 것으로 예상했던 결정질암에서도 다량의 단열형 암반지하수가 개발되는 것을 보고 용수가 필요한 용수 수요처(공장, 수영장, APT, 관말지역)에서 암반지하수 조사개발 의뢰가 폭주하기 시작했다. 1974~1976년 시기 동안 (주)중앙개발은 보유하고 있던 모든 착정기가 쉬지 않고 평균 3~4개월의 물량을 사전에 확보한 상태에서 지하수조사 개발 사업을 수행할 정도였다. 여하튼 국가기관이 아닌 사기업이 필요한 용수문제를 최단 시일 내에 자체 부지 내에서 해결해준다는 소식이 신문광고와 더불어 전국적으로 확산되기 시작하였다.

70년대 이전 시기에 물을 다루는 분들 가운데 상당수가 국내 지하수를 언급할 때 일반적으로 사용하던 말은 "국내 암반은 화강암처럼 괴상이어서 암반지하수는 전혀 기대할 수 없고 하천주변이나 풍화대내에 물이 저유되어 있긴 하나 이는 지하수가 아닌 지표수로 이루어진 복류수(underflow)"라고 국내 지하수자원을 비하하는데 복류수란 말을 자주 사용하였다.

1970년 중반부터 우리나라는 중동건설 붐이 일어나기 시작했다. 초기에는 여러 건설 회사들이 주로 고속도로 공사를 하였다. 그러나 전술한 (주)삼환기업처럼 공사용수를 확보하지 못해 중도에 공가를 해약 포기하는 등 중동 해외공사에 많은 어려움을 겪고 있었다. 1976년 초 벽산그룹은 국내 지하수조사개발과 환경사업 및 중동의 지하수 개발 사업을 동시에 수행하기 위해 (주)한국건업 내에 자원개발부를 신설하고 사우디아라비아에 (주)ALkhoraief HanKook KunUP Joint venture 회사를 설립하여 국내는 물론 Saudi Aeabia, Oman 등지에서 본격적인 심부지하수 개발 사업을 착수하였다. 이 당시 (주)한국건업에 근무했던 지하수기술자는 약 50여명에 달했고 기능공을 포함해서 국내외 인원이 200여 명에 이르렀다. 국내에서는 5대의 고성능 착정장비와 Saudi Arabia에서는 Turn table형과 Top head형 고성능 착정장비 10여 대 이상을 보유하여 각종 농업, 공사용, 음용수용 지하수 개발 사업을 수행하였다. 국내에서는 주로 공업용수, 아파트단지의 초기용수, 군부대 용수, 각급 학교의 생활용수용으로 심부지하수를 탐사 후 개발하여 공급했으며 구자춘 씨가 내무부장관으로 재직했던 시기에는 전국적으로 관말지역에 약 700여공의 심정을 개발하여 관말지역에 생활용수를 공급하기도 하였다. 이때 저자는 (주)한국건업에서 국내와 해외를 총괄하는 전무이사로 재직했다.

이 시기에 농업진흥공사는 국내 암반지하수를 농업용수용으로 체계적으로 조사·개발하는 데 주도적인 역할을 하였다. 따라서 농업기반공사, 삼성그룹과 벽산그룹은 국내 암반지하수의 산출성과 그 개발 잠재성을 밝힌 명실 공히 암반지하수의 선구자 역할을 한 기관들이다.

80년대에 들어서면서 상기 2개 사기업 이외에 (주)대성, (주)율산을 위시하여 많은 기업들이 지하수사업에 참여를 하였으며 지방의 소규모 착정 업체를 합하여 전국적으로 지하수개발 업체 수는 1,000여 개를 상회하였다. 이때부터 지하수의 난개발과 이로 인한 각종 지하수 장애가 발생하기 시작하였다. 따라서 80년대 말부터 국내 지하수 이용개발은 보다 조직적이고 체계적으로 즉 정부의 관리제도하에서 개발되고 보호되어야 한다는 공감대가 전문가들 사이에 형성되기 시작했다. 혹자는 이들 지하수 개발업체들이 지하수의 난개발을 부채질한 원인 제공자라고 비난하는 분들이 있다. 그러나 난개발이나 지하수오염이 이들 기업에게 있다기보다는 지하수자원을 제대로 관리할 수 있는 제도적인 장치를 정부가 적기에 마련하지 못한 데 더 큰 원인이 있다. 여하튼 현재 지하수 이용률을 연간 37억m^3(국내 총 용수 이용량의 11%)으로 끌어올린 공신은 이들 기업들의 노력이었음을 간과해서는 안 된다. 만일 현재도 1960년대처럼 지하수 이용률이 저조했더라면 지금처럼 지하수의 체계적인 관리나 보전의 필요성조차 제기되지 않았을 것이고 지하수는 60년대의 복류수 시절을 탈피하지 못했을 것이다.
돌이켜 보면 1989년에 (사)대한지질학회 이름으로 "환경정책 기본법 제정 시 지하수 보호규정 제정의 당위성"이란 책자를 인쇄하여 국회의원들과 관련부처를 동분서주하면서 지하수법 제정의 필요성을 역설하고 다녔는데 그때 국회의 김상현, 신상우 의원을 위시한 여러분이 많은 도움과 조언을 주었다. 1989년 12월~1991년 11월 사이에 과학기술처의 환경기술지원단 수질분과 위원으로 있으면서 회의시마다 국내 지하수자원의 중요성을 위원들에게 이해와 설득을 시키려고 노력했던 일이 기억이 난다. 그때 단장이었던 노재식 박사께서는 나만 보면 지하수 잘되어 나가냐고 묻곤 했다.
1991년 1월에 한라일보 주최로 제주 KAL 호텔에서 제주도 지하수함양보전 심포지엄을 700여 주민이 참석한 가운데 개최했는데 발표한 "제주도 지하수자원의 오염현황과 관리보전계획"이 제주도민에게 큰 반응을 불러 일으켰다. 이 심포지엄이 계기가 되어 제주도 지하수의 유일성과 오염취약성이 재부각되었고, 제주도 환경보전종합 대책이 수립되기 시작하였다. 그 후 약 20여 년간 제주도 지하수의 오염 취약성과 보전대책 및 제주도 광역상수도 사업에 참여하였다. 그 후에 제주도 수자원사업단이 발족되어 현재까지 제주도 지하수는 국내에서 가장 모범적으로 운영되고 있다.
88올림픽개최 이후인 1990년대 초기까지는 광천음용수(먹는샘물)의 국내 불법시판이 사회적인 문제가 되어 보사부는 "광천음료수의 합리적인 관리방안 연구"를 (사)대한지질학회에 의뢰하여 이 연구를 수행하였고 1992년 이후 수질업무는 환경부로 이관되었다. 그 후 황산성 씨가 환경부 장관으로 재직할 때 학회가 작성한 국내 광천음용수의 관리방안에 대해 지대한 관심을 보여 두어 번 장관을 만나 설명할 기회가 있었으며, 1993년 늦은 가을쯤 지하수법이 각의를 통과하는데 황 장관님이 큰 역할을 하셨다는 이야기를 들었다. 지하수법이 제정되기까지 우여곡절이 많았지만 법제정의 1등 공신은 (사)대한지질학회와 건설부이다. 그러나 이 법이 제정되기까지 뒤에서 음으로 양으로 많은 도움을 준 분이 있는데 그는 바로 나의 형(당시 통일부 부총리)이었다. 지하수법 제정자체가 개인을 위한 청탁도 아니고 국가를 위해 누군가는 반드시 해야 할 일이였기 때문에 형을 많이 괴롭혔다. 여하튼 그를 통해 법제정에 필요한 많은 사람들을 만날 수 있었고 그 필요성을 설득할 수 있었다. 이렇게 해서 드디어 1993년 12월 10일에 지하수법이 국회를 통과하여 제정되었다. 이를 계기로 3개월 후인 1994년 3월 25일에 (사)대한지하수환경학회가 서울 교육문화회관에서 창립되어 초대회장으로 이민성교수가 선출되었고 그 후 2대와 3대 회장을 저자가 역임하였다.

이 시기에 있었던 일 가운데 지금도 잊을 수 없는 일이 있는데 그 첫 번째는 94년 봄쯤에 당시 (사)대한지질학회 회장이었던 고원종관 교수님과 저자가(당시 지질학회이사였음) 황산성 장관 다음으로 부임한 박윤흔 장관(93.12~94.12 재직)을 위시하여 환경부 실.국장급 고위공무원들이 모두 모인 자리(박장관 회의실)에서 "지하수란 무엇이며, 우리나라 지하수의 현황과 국내 광천음용수(먹는샘물)특성과 관리의 필요성"에 대한 강의를 1시간 30분에 걸쳐 한바 있다. 아마 이때 실.국장급 고위 공무원들에게 상세히 설명했던 우리나라 암반지하수의 특성에 관한 이해가 그 다음해인 1995년 1월 15일 먹는물 관리법 제정에 상당한 역할을 한 것으로 알고 있다.

두 번째로 잊을 수 없는 일은 (사)대한지하수환경학회가 창립된 지 겨우 3개월밖에 되지 않은 1994년 6월 30일에 학회가 후원하고 농어촌진흥공사가 주최한 "지하수개발과 농어촌용수"를 주제로 한 지하수 개발이용 보전관리 심포지엄을 서울 교육문화회관에서 개최한 일이다. 당시 농어촌진흥공사의 조홍래 사장님은 남달리 지하수에 대한 애착심을 가지고 학회창립을 가장 격려해 주셨다. 이 심포지엄은 아침 9시부터 시작해서 거의 밤 9시경까지 무려 12시간 이상을 1,000여 명이 참석한 가운데 국내지하수자원의 현황, 최적관리기법, 지하수모델링, 해외사례 및 지하수법 시행령에 담아야 할 내용에 대해 진지한 발표와 열띤 토론을 하였다. 아마 학회 발족이후 이처럼 성황리에 개최된 심포지엄이 또 있었나 싶고, 이 시기가 알파요 오메가였던 것 같다. 그 후에도 학회가 주관한 지하수 모델링 단기교육을 적극적으로 지원했으며 단기교육의 입교와 수료식을 직접 주관할 정도로 학회에 남다른 관심을 보여 주었다.

지하수법과 먹는물 관리법을 제정할 당시에는 국내지하수 관련 자료가 거의 구축되어 있지 않아 추가 자료가 수집 정리되는 대로 5년마다 최소 한 번씩 현실에 부합되도록 이들 법을 수정하는 것을 원칙으로 하였다. 현재 지하수법은 제정 후 수십 차에 걸쳐 개정이 되었고, 먹는물 관리법은 십여 차에 걸쳐 개정이 되었다. 개정 때마다 학회는 앞서서 개정의 필요성에 대한 심포지엄과 공청회를 여는 등 법개정의 주도적인 역할을 하였다.

1990년대의 광천음용수(생수)에 대한 사회적인 인식은 매우 비판적이었다. 즉 광청음용수에 관련된 법이 제정되면 우리나라의 상수도 정책은 완전히 실종되는 것이 아니냐는 반대 여론들이 일부학계나 환경단체들로 부터 강하게 제기 되고 있었다. 그러나 이미 외국의 병입수(bottled water)가 버젓이 국내에서 시판되고 있었고 정부는 88올림픽 때 국내 병입수의 시판을 일부 허용했었다. 그러나 그 후 국내 병입수 제조회사의 병입수는 불법판매로 규정되어 심한 법정투쟁과 어려움을 겪고 있었다. 그래서 (사)대한지하수환경학회는 외국의 병입수보다 양질인 국내 암반지하수를 합리적으로 개발하여 철저한 정부관리하에 생산 시판하면 기존 생산업체도 살릴 수 있고, 외국산 병입수의 국내시판 허용에 대비함은 물론 외화도 절약할 수 있다는 판단 아래 그 누구도 감히 시도하려 하지 않았던 광천음용수 관련법 제정을 위한 심포지엄과 공청회들을 개최하여 정부가 먹는물 관리법을 제정할 수 있도록 뒷받침 하였다. 국회 심의 과정에서 광천음용수는 홍사덕의원의 발의로 먹는샘물로 개명되었고 지하수법이 제정된 지 약 1년 후인 1995년 1월 15일에 먹는물 관리법이 제정 · 공포되었다. 1999년 11월에 건교부가 대한지하수환경학회에 의뢰하여 수행한 "지하수관련제도 개선방안 연구보고서와 그 부록인 외국의 지하수 보호전략과 지하수 보호관리법령"은 학회회원 11명과 법제연구원의 오준근 박사가 공동연구를 해서 작성한 것으로서 3차 지하수법개정 때와 4차 먹는물 관리법 개정 시에는 내용이 많이 반영되었으며 현재도 널리 활용되고 있다.

먹는물 관리법이 제정된 그 이듬해인 1996년 3월 14일에 (사)대한지하수환경학회창립 당시의 주요 창립멤버와 토양전문가들이 주축이 되어 (사)한국토양환경학회를 창립하였다. 지하수환경학회 창립 당시의 창립멤버중 대다수가 토양환경학회의 주요 구성 멤버들이었기 때문에 토양환경학회 창립 후 2차년도인 1998년부터 양학회의 통합문제가 자연스럽게 제기되기 시작하였다. 예비 신랑 신부가 맞선을 본 다음에 그 후 수차례 만나서 서로의 인품 · 성격과 능력 등을 알아보고 마음이 맞으면 결혼을 하듯이 양학회도 통합하기로 합의한 후 2차에 걸쳐 공동학술 발표회를 개최하는 등 다각도로 예비신랑 신부로서 데이트를 충분히 한 후 2000년 5월 15일에 (사)한국지하수토양환경학회란 이름으로 새살림을 차리게 되었다.

찾아보기

ㄱ

가수분해(hydrolysis) _138
가역-비선형 동적흡착모델(reversible nonlinear kinetic sorption -model) _132
각종 미생물의 die off rate _73
간접 평가법 _191
감시정 _182
강제순환(forced convection) _87
개방형 1井 시스템(open loop-one well system) _375
개방형 2井 시스템(two well system 또는 doublet system) _373
거리(distance) 기준 _231
거시적 분산(macroscopic dispersion) _107
거시적인 이류(macroscopic advection) _88
겉보기열전도도(apparent thermal conductivity) _420
결정론적인 불균질성(deterministric heterogeneity) _105
경도(hardness) _51
경수(hard water) _51
경험적 평가법 _190
계단함수(step function) _91
계산된 고정반경(calculated fixed radius, CFR) _237
고염수(brine) _46
고정계단함수(fixed-step function) _113
고지향사대(paleo geosyncline zone) _279
공공취수정 _229, 248
공극유속 _82
공기원 열펌프 _336
공매현상(plugging) _60
공용해(cosolvent) _121
공헌구역(ZOC) _241
과포화용액 _24
관경별 최소유량 _399
관입화성암류-단열수 _273
광역적인 보호계획 _257
광영양생물(phototroophs) _147
괴상의 관입화성암 및 변성암의 단열수(massive Igneous and metarmorphic rock-fissure water) _271
교환흡착(exchange sorption) _122
구성효소 _145
국가지하수수질 측정망 _307
국가지하수관측소 _304
국가지하수정보센터 _300
국내 지하수 부존량(최소치) _297
국지적인 오염원 조절계획(local source control program) _263
국지적인 지하수 보호계획 _251
규모종속(scale dependent) _95, 110
규모종속효과(scale effect) _99
규산(silica) _58
균형 에너지부하(balanced energy load) _424
기생충(helminth) _147
기저유출 _268
깁스의 자유에너지(Gibbs free energy) _28

ㄴ

난방주기(heating mode) _340
난분해성 유기물질(nondegradable organic) _145
난열층(aestifuge) _334
내부 보호선 _248
내생이화작용(endogeneous catabolism) _145
냉동톤(RT) _339
농도이력곡선(breakthrough curve) _92, 113
농약 _188, 222
농약오염조사 _189
농약지수법(pesticide index) _222

농어촌지하수넷 _308
농촌 지하수관리 관측망 _308

ㄷ
단순 다종 모형 _256
단열(fissure) _297
단열계(fractured system) _97
담수(fresh) _46
당량(equivalent weight) _22
대류(convection) _350
대사과정(metabolic process) _145
대석회암층군 _279
대수층 보호계획 _257
대수층 보호지역(APA) _257
대수층 오염취약성도(groundwater pollution potential map) _264
대수층 함양지역 _261
대수층의 최대흡착량 _127
대수층이 동기를 부여한 흡착(sorbent motivated sorption) _122
대열층(aestifer) _334
대표요소체적(representative elementary volume, REV) _88
델파이기법 _191
독립영양생물(autotroophs) _146
돌출시간 _117
동적규모(kinetic scale) _106
동족체 _150
동질이성체(isomers) _158
동화능력(assimilative capacity) _230

ㄹ
랑미어 흡착 등온모델(Langmuir sorption isotherm) _123
링구조(ring structure) _162

ㅁ
마사토(麻砂土) _288
마찰수두 손실 _401
망간(Mn) _61
매립지의 오염가능성 평가(landfill site rating) _203
먹는물의 수질기준 _75
메콩강 _56
메탄계열 탄화수소 _158
모형다이아그램(pattern diagram) _63
몰농도(molarity) _21
몰랄농도(molality) _22
무관심(by deglect) _176
무전하점(point of zero charge) _136
무차원 상수(unitless constant) _153
무차원 농도 _115
무차원 시간 _115
물 대 공기열펌프(water to air heat pump, WAHP) _337
물리적인 흡착(physisorption) _122
물원 열펌프 _336
미고결암-공극수(uconsolidated rock-pore water) _270
미국 지하수협회 _197
미생물 _145, 146
미생물의 대사(metabolism) _145
미시적 규모(micro scale) _107
미시적인 분산(microscopic dispersion) _107
미의회 기술평가국(OTA) _176
민감지역 보호계획 _263
민감지역(sensitive area) _261
밀폐형 지열펌프(cl/gs, heat pump) _400
밀폐형 지중연결 지열펌프시스템(closed loop, earth coupled system) _382

ㅂ
바-다이아그램(bar-diagram) _61
바이러스(virus) _147
바이리니어 흡착모델 _132
박층의 규암 또는 석회암 협재 변성퇴적암류 _292
박층의 규암 또는 석회암을 협재한 선케브리아기의 변성퇴적암 _292
박층의 규암과 탄산염암을 협재하고 있는 변성퇴적암-공극단열수 _273

박테리아(bacteria) _147
반응용질(reactive solute) _87, 120
반응항(reaction term) _120
발효성대사 미생물(microorganism undergoing fermentative metabolism) _148
방향족 탄화수소(aromatic hydrocarbons) _162
방향족(aromatic) _157
배양통(culture vat) _145
배위자 교환(ligand exchange) _122
배출량(bleeding rate) _380
벳치(batch)시험 _130
변성암 기원의 지하수 _70
변성암-공극단열수와 단열수 _290
병렬 배열방식(parallel) _392
병원균 _147
보조 지하수 관측망 _306
보조오차함수 _114
보조지시인자(surrogate parameter) _58
복사(radiation) _350
복합형 지열펌프 시스템(hybrid system) _387
부동액 _399
부유물질(suspended solid) _45
부지 점수화 평가법(site rating methodology. SRM) _215
부지 점수화-등위 시스템(site rating system, SRS) _220
부지점수화 평가법 _215
북한의 수문지질 단위 _315
북한의 지하수 _311
분리계수(partition coefficient) _171
분리현상(partitioning) _121
분배계수(distribution coefficient) _93, 124
분산지수(dispersivity) _82, 95, 109
분자확산(molecular diffusion) _82, 93
분자확산계수(molecular diffusion coefficient) _82, 85
불균일성 _105
불균질성(heterogeneity) _105
불균형 에너지부하(unbalanced energt load) _424
불소(fluoride) _55
불소화합물 _55
불포화 탄화수소(unsaturated hydrocarbons) _159
브롬 _55
비-휘크거동(non-Fickian transport) _102
비가역적인 1급 동적흡착모델(irreversible first-order kinetic sortion model) _131
비규제법 _264
비다공질 화산암류-단열수 _273, 287
비반응 용질(non-reactive solute) _87
비배출량(Darcian velocity 또는 specific discharge _420
비산염($H_nAsO_4^{3-n}$) _56
비소(arsenic) _56
비전도도(specific conductance) _47
비점오염원(non-point or diffused source) _188
비중 _151
비탄산경도(non carbonate hardness) _51
비탄산성 변성암류(Non carbonate metamorphic rock) - 단열수 _293
비탄산염암인 변성암-공극수 _273
비평형(동적) 흡착모델(kinetic sorption model) _131
비포화대 _194
비표면적(specific surface area) _136

ㅅ

사해(Dead sea) _50
산도(acidity) _52
산성비 _190
산성수(acid type water) _52
산화-환원반응(oxidation-reduction, REDOX) _26
산화전위(oxidation potential) _30
삼각도식법(triliner plotting diagram) _63
상대적인 평가방법 _191
상식법(common law) _228
생물막(biofilm) _26
생물학적인 산소 소모량(biological oxigen demand, BOD) _146
생분해 _145
생분해성 유기물(biodegradable organic) _145

선별도구(screening tool) _130
선오염원(line source) _114
선형흡착 등온모델 _123, 125
설정기준(delineation criteria) _230
성적계수(coefficient of performance, COP) _345
세립질 퇴적암(hydrolyzate) _67
세정작업 _392
소규모 오염물질 배출 유발시설 _252
소수성 _133
소수성 유기화합물질(HOC) _140
소수성효과(hydrophobic effect) _140
속도장(velocity field) _102, 105
쇄설성 퇴적암과 화산분출암류의 공극단열수 (clastic sedimentary & volcanic rock - fissure pore water) _271
쇄설성 퇴적암류-공극단열수 _273
수리분산(hydrodynamic dispersion) _87
수리분산계수(hydrodynamic dispersion coefficient) _82
수리전도도의 불균질성 _107
수리지질 영향평가서(hydrogeologic impact assessment) _252
수문지열계(hydro-geothermal system) _194
수문지열환경 _334
수용성 _151
수위강하량(drawdown) 기준 _231
수위강하의 기준한계치 _238
수인성 전염병 _74
수주 지열정 시스템(SCW) _373
수주지열정(水柱 地熱井, standing column well, SCW) _376
수직 밀폐형 지열펌프 시스템(vertical closed ground loop system) _385
순환(convection) _87
스케일 _57
스팁(stiff)의 모형다이어그램(pattern diagram) _63
슬라임(slime) _61

ㅇ

안정음용수(SDWA) _229
알칸(alkane) _158
알칼리도(alkalinity) _52
알켄스(alkenes) _158
암반지하수의 월평균 온도 _364
암종별 지하수의 온도 _369
앙금(scale) _51
양이온 교환(CEC) _135
양이온교환능력 _141
양호한 지하수수역(Ⅱ수역) _258
에너지 소비효율(engergy efficiency ratio, EER 또는 COPc) _346
역순환 상부연결관(reverse return header) _395
역학적인 분산(mechanical dispersion) _83
역학적인 분산계수 _85
연계관리(conjugate water use) _297
연수(soft water) _51
열분산계수(thermal diffusivity) _423
열전달 능(heat transfer capabity) _420
열전도-열전달 지배식 _422
열지질학(thermogeology) _334
열펌프(heat pump) _335
열펌프의 종류 _336
염도(salinity) _46
염소 _55
영구경도(permanent hardness) _51
영양염류(nutrient) _145
영향권(zone of influence, ZOI) _231
예기치 않은 사고(by accident) _176
오염(pollution) _176
오염가능성 평가 _191
오염물질(contaminant) _176
오염물질의 이동시간 _231
오염운(plume) _115, 191
오염저감 지역 _229
오염지하수의 정화기준 _80
오염취약성 _191
옥천지향사 _279
옥천층군 _292

옥타놀-물분자계수 _151
완충지역(buffer zone) _234
외부 보호선 _248
용매(solvent) _20
용액(solution) _20
용존가스 _56, 57
용존물질(dissolved solid) _45
용질(solute) _20, 82
용해-소수성 모델(solvophobic model) _133
용해도(solubility) _24, 144
용해도곱(solubility product) _24
우물장 보호지역 _230
우물장 완충구역 _251, 252
우물장 함양 보호구역(Area-2) _251
원생동물(protozoa) _147
위상 지연 _369
유기탄소함량(f_{oc}) _140
유선효과(stream line effect) _101
유일대수층 보호계획(sole source aquifer program) _229
유해폐기물 처분장(hazardous waste sites) _180
유해한 물질(hazadous material) _176
유화수소(hydrogen sulfide) _57
유황(sulfur) _56
음의 압력수두(matric potential head) _165
응축코일 _341
의도적인 행위(by design) _176
이동시간(travel of time, TOT) _231
이라와디강 _56
이류(移流, advection) _82, 87
이류적인 열전달(advective heat transfer) _421
이비산염($H_nAsO_3^{2-n}$) _56
이온교환 흡착(ion exchange absorption) _135
이온교환(ion exchange) _53, 135
이온농도 다이아그램 _61
이온화(ionization) _136
이온확산계수(D_0, self, freewater, ionic diffusion) _85
일시경도 _51
임의의 고정반경(arbiterary fixed radius) _236
입지선정 _191

ㅈ

자연순환(natural convection) _87
자유전자의 활동(activity) _137
잔류풍화토 _288
잠열(latent heat) _335
잠재오염원 _176
저감능 _204
저감능(동화능)에 따른 기준 _234
저감능기준 _234
저유식(storage equation) _168
저질의 지하수 수역(Ⅲ 수역) _259
저항암(resistate) _67
적색토(terra rossa) _292
적응효소(adaptive enzime) _145
전구간 분산지수 _96
전기전도도(electrical conductivity, EC) _47
전도(conduction) _349
전도도(conductivity) _47
전자수용체(electron acceptor) _26, 150
전자제공체 _148
전하결함(charge deficiency) _135
전하전이(charge transfer) _122
절대적인 해석(absolute interpretation) _219
점수기법 _191
점오염원(point source) _176
정전기적인 흡착(sorption attachment) _122
정체지점(stagnant point) _240
정화 우선순위(NPL) _208
정화조(septic tank) _185
제1형 경계조건 _111
제2우선 보호구역 _251
제2형 경계조건 _112
제3형 경계조건 _112, 113
제4기 충적대수층-공극수 _274
제주도 화산분출암-공극단열수 _282
조도(roughness) _83
조류(algae) _147
종분산(longitudinal dispersion) _84

종분산계수 _90
종분산지수(longitudinal dispersivity) _90, 99
종속영양생물(heterotroophs) _146
주상시험(column test) _91, 99, 113, 130
준열층(aestitard) _334
중합반응(polymerization) _159
증기밀도(vapor density) _152
증기압(vapor pressure) _151
증발 잔유물(total solid, TS) _45
증발암(evaporate) _68
증발잔유물(total solid, TS) _45
증발코일(evaporator coil) _341
지방질 _157
지방질 탄화수소(aliphatic hydrocarbons) _158
지방질(aliphatic) _157
지연계수(retardation factor) _124, 128, 129
지연현상(retardation) _120
지열교환기(GHEX) _347
지열유량 _351
지열펌프(geothermal heat pump) _335
지원열펌프(ground source heat pump, GSHP) _337
지중루프회로 _342
지중순환수 _382
지중순환회로(ground heat exchanger, GHEX 또는 loop) _372
지중연결 지열펌프(ground coupled heat pump, GCHP) _338
지중열(ground source heat) _334
지중열교환기(ground heat exchanger, GHEX) _390
지표 저류시설 평가(surface impoundment assessment, SIA) _195
지표수 열펌프(surface water heat pump, SWHP) _338
지표저류시설(surface impoundment, SI) _183
지하수 감시 계획 _191
지하수 무흐름(q=0) _426
지하수 보호구역 _255
지하수 수질기준 _79
지하수 열펌프(groundwater heat pump, GWHP) _338
지하수 오염 가능성(groundwater pollution potential) _197
지하수 오염가능성도(groundwater pollution potential map) _203
지하수 오염취약성도 _225
지하수 유동(q=10^{-7}m/s) _426
지하수가 동기를 부여한 흡착(solvent motivated sorption) _123
지하수오염 가능성 _191, 197
지하수오염도 _191
지하수온도 분포도 _361
지하수의 광역적인 보호계획 _257
지하수의 온도변동 유형 _367
지하수의 유형분석 _64
지하수지도(1:50,000) _300
지하저장탱크(underground storage tank, UST) _176
지하천(underground stream) _228
직렬 배열방식(series) _391
질산성 질소 _54
질산염(nitrate) _53

ㅊ

차별이류(differential advection) _110
천공 열에너지 저장시스템(borehole thermal energy storage system, BTES) _421
천공 지중열 교환기(Borehole heat exchanger, BHE) _419
철(iron) _60
청색증(methemoglobinemia) _188
청정재생에너지(renewal energy) _357
체적 전기전도도(volume conductivity) _47
체적유출량(volumetric water flux) _164
총 고용 물질(total dissolved solid, TDS) _46
총경도(total hardness) _51
총무기탄소(total inorganic carbon, TIC) _58
총용존 할로겐화 유기화합물(total dissolved organic halogen, TOX or DOX) _59
총유기탄소(TOC, total organic carbon) _58

총자유에너지 _30
총탄소(total carbon, TC) _58
최상급 지하수 수역(I 수역) _258
최우선 보호구역 _251
최적 관리기법 _228
최적 지하수개발 가능량 _298
최적관리기법(best management practice) _261, 298
추가령 현무암-공극단열수 _286
추계론적인 불균질성(stochastic heterogeneity) _106
추적자 시험 _97
추적자 혼합용액(tracer labeled solution) _113
충적층지하수의 월평균 온도 _364
취수정 보호계획(well head protection program) _229
취수정 보호구역(WHPA) _230
치아결핍 현상 _55
친화성(affinity) _122
침전/용해(speciation) _139
침전암(precipitate) _67, 69
침출기법(leaching methdology) _222

ㅋ

콜로이드 물질(suspended solid) _45
콤프레셔 _341
크레노스릭스(crenothrix) _61

ㅌ

탄산가스(CO_2) _58
탄산염암의 카르스트 공동단열수(carbonate rock-karst & fissure water) _271
탄소원(carbon source) _147
탄화수소(hydrocarbon) _157
탈질작용(denitrification) _54
토지의 취득계획(aquifer land aquisition program, ALA) _249
토착미생물 _145
통기성 종속영양생물(facultative heterotroophs) _146
퇴적암 기원의 지하수 _67
특성 길이(characteristic length) _433

ㅍ

파라핀 _158
파이퍼(piper) 다이어그램 _63
평형분리계수(partition coefficient) _124
평형상수 _24
평형흡착 등온모델 _123
평형흡착 모델 _130
폐기물 관리방식 _216
폐기물 매립장 _182
폐기물 처분장 평가 표준 시스템(a standardized system for evaluating waste-disposal site) _204
폐기물, 비포화대(토양) 및 매립부지와 상호 연관 행렬식 평가법(waste-soil-site interation matrix) _207
포화 탄화수소(saturated hydrocarbons) _158
포화용액 _23, 24
포화탄화수소 _158
포획구간(capture zone) _263
폴리머(polymer) _159
표준 수소전극 _30
표준모형 _239, 241
표준전위 _26, 28
풍화 잔류토(saprolite) _275
풍화대(saprolite) _271
프로인드리히 흡착 등온모델(Freundlich sorption isotherm) _123, 125
피각현상 _51, 60

ㅎ

하상계수 _270
할로겐화한 알칸(halogenated alkanes) _159
항온대 _353
해석학적 방법 _241
해수침투 관측망 _308
헨리상수(Henry constant) _152
현열(sensible heat) _335
혐기성상태(unaerobic condition) _26

혐기성호흡(anaerobic 또는 anoxic respiration) _149
호기성상태(aerobic condition) _26, 149
혼용법 _264
혼합작용(mixing process) _85
혼합현상(mixing process) _83
화산분출암류-공극단열수 _273, 282
화성암 기원의 지하수 _66
화학적 영양생물(chemotroophs) _147
화학적 흡착(chemisorption) _122
화학적인 독립영양생물(chemoautotroophs) _147
화학적인 종속영양생물(chemoheterotroophs) _147
화학평형상수 _31
확산(Diffusion) _85
확산현상(diffusion) _85
확장밸브(metering device) _341
환원(reduction) _137
활동도 _33
횡분산(transverse dispersion) _84
횡분산계수 _91
효소(enzime) _145
휘발성 부유물질(volatile suspended solid, VSS) _45
휘발성 유기탄소(volatile organic carbon, VOC) _59
흐름경계에 따른 기준 _233
흑수(blackish) _46
흡착 등온모델 _123
흡착(adsorption) _121
흡착능(sorption capacity) _124
흡착지점(sorption site) _128
흡착항 _129

A

absorption(내부흡착) _121
adsorption(표면흡착) _121
APA(대수층 보호지역) _253
AT123 _223
Avogadro수 _21

B

Batch 시험 _125
BTEX _162
bulk movement _87

C

CEC _137
CERCLA _228
Crank _86
CWA _228
CXTFIT _130

D

Darcian 규모 _107
Darcian 유속 _88
Darcy법 _105
DNAPL(dense non-aqueous phase liquid) _151
DRASTIC _197
DRASTIC map _203
DRASTIC 지수 _201

E

Eh _33, 138
Eh-pH _59
Eh-pH 다이아그램 _36
epm(equivalent per million) _22, 61
equivalent per liter(eq/ℓ) _22

F

FEFLOW _424
Fick 법칙 _85
FID(flame ionization detector) _58
fingering 효과 _97
floater _151, 178
f_{oc} _130

K

K_{oc} _142, 144
K_{ow} _141, 142

L

Legrand-Brown 평가법 _203
leptoclases형 _289
LNAPL(light non-aqueous phase liquid) _151

M

mhos _47
milliequivalent per liter _22
MINTEQ4 _140
mole _21

N

Nernst식 _27, 33, 36
NO_2(nitrite) _54
NPL site _183
NPOX _59

O

Ogata해 _113
olefins _159
OPP(Office of Pesticide Program) _188

P

PE 3408 셀(cell)분류 _396
PE loop _386
PE 파이프 _400
Peclet number _92
Peclet 수(P_{ec}) _93, 420
Pec 수 _116
PESTAN _223
PESTRAN _223
pH(hydrogen concentration) _31, 33
POX _59
ppm(part per million) _20
PRZM _223
PZC(point of zero charge) _136

R

R-22 _342
random process _110
Rault 법칙 _154
REDOX 포텐셜(pE) _138
REDOX 반응 _148
REV _88
Riparian법 _228

S

Sauty해 _114, 129
SCH(schedule rating) _396
SDR(size dimension ratio) _396
SDWA _228
SESOIL _223
SESOIL과 AT123 프로그램 _223
setback zone _235
SHE _30
siemens _47
sinker _151, 178
SMACRA _228
solute _122
solvent _122
solvent motivated sorption _123
sorbate _122
sorbent _122
sorbent motivated sorption _122
sorption _121
SRM에서 점수요인(rating factor) _216
SRS의 평가요인 _220
Stiff Diagram _64
Super fund site _208, 215

T

TC _59
TDS _46
TIC _59
TOC _58
TOT(travel of time) _231, 240
TOX _59
TSDF(Treatment, Storage, Disposal facility) _190

U

U-bend _390
U-tube _395
UST _178

V

Van Genuchten _116
Van Genuchten의 해 _116

W

WHPA _230
WHPA 설정 _248
WHPA 설정방법 _236
WHPA 프로그램 _241
WHPA의 도형작업 _236

Z

ZOC _231
ZOI _231
ZOI나 ZOC(zone of contribution) _231

기타

$\frac{1}{2}$ 반응식(half reaction) _137
μmhos(micromhos) _47
mg/ℓ(milligram per litre) _20
熱雲(thermal plume) _420, 432

지하수관리와 응용

발행일 | 2015년 12월 21일
발행인 | 모흥숙
발행처 | 내하출판사

저자 | 한정상·한찬

등록 | 1999년 5월 21일 제6-330호
주소 | 서울 용산구 한강대로 104 라길 3
전화 | 02) 775-3241~5
팩스 | 02) 775-3246

E-mail | naeha@unitel.co.kr
Homepage | www.naeha.co.kr

ISBN | 978-89-5717-440-1 93450
정가 | 25,000원

이 도서의 국립중앙도서관 출판예정도서목록(CIP)은 서지정보유통지원시스템 홈페이지(http://seoji.nl.go.kr)와 국가자료공동목록시스템(http://www.nl.go.kr/kolisnet)에서 이용하실 수 있습니다. (CIP2015032748)